Umzug ins Offene · 4 Versuche über den Raum

Umzug ins Offene
Vier Versuche über den Raum

HERAUSGEGEBEN VON TOM FECHT UND DIETMAR KAMPER

Texte und Beiträge von Jürgen Albrecht, John Berger, Dieter Bogner, Büro Archipel, Hermann Czech, Daniel Defert, Christoph Ebener, Albert Einstein, Jan Fabre, Tom Fecht, Vilém Flusser, Gil Funccius, Ute Guzzoni, Folke Hanfeld, Thilo Hilpert, Dietmar Kamper, knowbotic research, Joachim Krausse, Manuel Kubitza, Volker Lang, Henri Lefebvre, Johan Lorbeer, Jakob Mattner, Birke Mersmann, Anthony Moore, Juan Muñoz, Walter Prigge, Hans Ulrich Reck, Erik Recke, Dirk Robbers, Andreas Ruby, Elisabeth von Samsonow, Jeanette Schulz, Ullrich Schwarz, Nasrine Seraji, Sabine Siegfried, Peter Sloterdijk, Lars Spuybroek, Ralph Stern, Nanaé Suzuki, Paul Virilio, Adolf Max Vogt, Bernhard Waldenfels, Ralf Weißleder, Corell Wex, Siegfried Zielinski

SpringerWienNewYork

The law of space resides within space itself, and cannot be resolved, into a deceptively clear inside-versus-outside relationship, which is merely a representation of space. Marx wondered wether a spider could be said to work. Does a spider obey blind instinct? Or does it have (or perhaps better, is it) an intelligence? Is it aware in any sense of what it is doing? It produces, it secretes and it occupies a space which it engenders according to its own lights: the space of its web, of its stratagems, of its needs. Should we think of the space of the spider's as an abstract space occupied by such separate objects as its body, its strands of silk making up the web, the flies that serves as its prey, and so on. No, for this would be to set the spider in the space of analytic intellection, the space of discourse, the space of this sheet of paper before me, thus preparing the ground too inevitably for a rejoinder of the type: »Not at all! It is nature (or instinct, or providence) which governs the spider's activity and which is thus responsible for that admirable and totally marvellous creation, the spider's web with it's amazing equilibrium, organization, and adaptability.« Would it be true to say that the spider spins the web as an extension of its body? As far as it goes, yes, but the formulation has its problems. As for the web's symmetrical and asymmetrical aspects and the spatial structures (anchorage points, networks, centre/periphery) that it embodies, is the spider's knowledge of these comparable to the human form of knowledge? Clearly not: the spider produces, which manifestly calls for »thought«, but it does not »think« in the same way as we do. The spider's »production« and the characteristics thereof have more in common with the seashell or with the flower evoked by the »Angel of Silesia« than with verbal abstraction. Here the production of space, beginning with the production of the body, extends to the productive secretion of a »residence« which also serves as a tool, a means. This construction is consistent with those laws classically described as »admirable«. Wether any dissociation is conceivable in this connection between nature and design, organic and mathematical, producing and secreting or internal and external, is a question which must be answered – resoundingly – in the negative. Thus the spider, for all its »lowliness«, is already capable, just like human groups, of demarcating space and orienting itself on the basis of angles. It can create networks and links, symmetries and asymmetries. It is able to project beyond its own body those dualities which help constitute that body as they do the animal's relationship to itself and its productive and reproductive acts. The spider has a sense of right and left, of high and low. Its »here and now« (in Hegel's sense) transcends the realm of »thingness«, for it embraces relationships and movements. We may say, then, that for any living body, just as for spiders, shellfish and so on, the most basic places and spatial indicators are first of all qualified by that body. The »other« is present, facing the ego: a body facing another body. The »other« is impenetrable save through violence, or through love, as the object of expenditures of energy, of aggression or desire. Here external is also internal inasmuch as the »other« is another body, a vulnerable flesh, an accessible symmetrie.

Henri Lefebvre: »The Production of Space«

Schriftenreihe
ÄSTHETIK UND NATURWISSENSCHAFTEN
Medienkultur
Herausgegeben von Hans Ulrich Reck
Beirat des Herausgebers: Aleida Assmann (Konstanz), Karlheinz Barck (Berlin), Christina von Braun (Berlin), Horst Bredekamp (Berlin), Friedrich Kittler (Berlin), Gertrud Koch (Bochum), Wolfgang Pircher (Wien), Christian Reder (Wien), Sigrid Weigel (Berlin), Liliane Weissberg (Philadelphia), Siegfried Zielinski (Köln)

Der Kulturbehörde der Freien und Hansestadt Hamburg danken wir für die finanzielle Unterstützung des Projektes und der vorliegenden Publikation im Rahmen der Woche der bildenden Kunst 1998.

Für weitere Teilfinanzierung und die Zusammenarbeit danken wir der Hochschule für bildende Kunst und der K.H. Ditze Stiftung Hamburg, der Architektenkammer Hamburg, der Bauhaus Akademie Dessau, der Akademie der Künste Wien sowie der Kunsthochschule für Medien Köln.

Inhalt

PROLOG

- 8 Vorwort: Umzug ins Offene
- 9 Henri Lefebvre: Die Gesetzmäßigkeit des Raumes
- 10 Vorwort: Vier Versuche über den Raum
- 12 Albert Einstein: Das Problem des Raumes
- 14 Nanaé Suzuki: Hausung 1/2
- 16 Vilém Flusser: Dach- und mauerlose Architektur

VERSUCH 1
THE PRODUCTION OF SPACE
GEHEIMNISSE DER RAUMPRODUKTION

- 20 Tom Fecht: Thesentelegramm 1
- 21 Nanaé Suzuki: Arena
- 22 Entortung/Verortung
- 23 Walter Prigge: Raumdebatten in Deutschland seit 1945
- 30 Manuel Kubitza: night in peripheria
- 32 Corell Wex: Lefebvres Raum – Körper, Macht und Raumproduktion
- 41 John Berger: The Art of Memory
- 42 Tom Fecht: Seapeace on Simonides
- 44 Johan Lorbeer: Proletarisches Wandbild
- 46 Juan Muñoz: La Posa
- 54 John Berger/Juan Muñoz: Ping-Pong – Briefwechsel
- 61 Andere Räume – Wortwechsel
- 70 Anthony Moore: Expanding, Spherical Waves and Social Space
- 76 Christoph Ebener: Temporärer Raum für ein Stadtbüro
- 78 Ralf Weißleder: www.tortuga.de

VERSUCH 2
SPACE BODY AFFECT · AUF DER SUCHE NACH DEM RAUM

- 80 Tom Fecht: Thesentelegramm 2
- 81 Jeanette Schulz: Das Denken ist naß
- 82 Ullrich Schwarz: Space Body Affect
- 86 Dieter Bogner: Inside the Endless House
- 102 Gil Funccius: Wer weiß, wo's langgeht … ?
- 104 Thilo Hilpert: Paul Virilio und die Rematerialisierung der Architektur
- 109 Paul Virilio im Gespräch: Der Körper – die Arche
- 124 Ralph Stern: Drei Ordnungssysteme des Raumes
- 141 Andreas Ruby: Space Time Architecture
- 146 Sabine Siegfried: Flucht oder Widerstand
- 148 Bernhard Waldenfels: Ortsverschiebungen – Zur Phänomenologie des Raumes
- 157 Adolf Max Vogt: Die Gegend der hereinbrechenden Ränder
- 160 Ullrich Schwarz: Jenseits der Zeichen
- 168 Jürgen Albrecht: Das Instrument

VERSUCH 3
SPACES OF TRANSITION · ENTWERFEN UND VERWERFEN

- 170 Tom Fecht: Thesentelegramm 3
- 171 Jakob Mattner: Maillol-ica I
- 172 Walter Prigge: Entwerfen und Verwerfen
- 176 Elisabeth von Samsonow: Ursprünge und Untergänge von Räumen
- 187 Joachim Krausse: Das Zwinkern der Winkel
- 215 Siegfried Zielinski: Einschwingen und Auslenken
- 229 Dietmar Kamper/Jan Fabre: »Ich spüre, daß ich verbrenne«
- 235 Walter Prigge: Weltkulturerbe im 20. Jahrhundert
- 236 Johan Lorbeer: Meteoritenschlag
- 238 knowbotic research: 10-dencies
- 240 Büro Archipel: Stadt ohne Eigenschaften
- 242 Andreas Ruby: Take a Walk on the Wild Side
- 248 Folke Hanfeld: Das Sehen des Körpers

VERSUCH 4
TOOLS FOR CONCEPTS
WERKZEUGE DER RAUMPRODUKTION

- 250 Tom Fecht: Thesentelegramm 4
- 251 Sabine Siegfried: Tools
- 252 Elisabeth von Samsonow: »In situ« oder »in motu«?
- 258 Lars Spuybroek: Motor Geometry
- 264 Andreas Ruby: Geschmeidige Übernahme
- 268 Dietmar Kamper/Hans Ulrich Reck: Der Horizont des Verschwindens
- 282 Nasrine Seraji: The Joycean Dilemma
- 284 Erik Recke/Dirk Robbers: Simulation
- 286 Hermann Czech: Cleaning the Tools for Design
- 288 Dietmar Kamper: Das Werkzeug als Modell des Werks
- 292 Volker Lang: Die Portugiesin
- 295 Birke Mersmann: Rostiges Messer und zweischneidiges Schwert

EPILOG

- 301 John Berger: Spacious Invention
- 302 Peter Sloterdijk: Anthropogonischer Exodus
- 313 Dietmar Kamper: Fluchtpunkte
- 316 Jakob Mattner: Fegefeuer
- 318 Quellen/Impressum/Dank

Vorwort der Herausgeber

DIETMAR KAMPER: UMZUG INS OFFENE

Umzug ins Offene – das wäre die Angabe einer Richtung, die das Menschen-Wesen beim individuellen und kollektiven Älterwerden einschlägt: von der (Bauch)Höhle über die Wiege, das Zimmer, das Haus, den Hof, den Marktplatz, die Stadt, das Land, das Meer, den Globus bis zum Weltraum und so weiter. Die Richtung hat eine gewisse Zwangsläufigkeit, obwohl die Stationen in Kette eine eigene, retardierende Kultur ausbilden und das in den fortgesetzten Umzug jeweils investierte Risiko kaum unterschätzt werden kann. Im nachhinein betrachtet, ergibt sich so etwas wie ein Programm: vom Kleinen ins Große, aus der Nähe in die Ferne, vom Körperlich-Materiellen zum Abstrakt-Geistigen, von der Tiefe des Raumes auf die Bildfläche, vom Geborenwerden, das abhängig ist, zur Autonomie, die alles selber machen will, von der Determination zur autopoietischen Konstruktion, von der rhythmischen Zeit zur absoluten Beschleunigung.

Das Hauptproblem des Umzugs scheint der Abriß der erreichten Stationen aus der Kette ihrer Herkunft zu sein. Gibt es Sicherungen gegen den »point of no return«? Läßt sich die Reversibilität im Prozeß der Menschwerdung organisieren? Beim Umzug vom Globus zum Weltraum ist offenbar erneut ein Punkt erreicht, nach dessen Überschreitung eine Rückkehr nicht mehr möglich ist. Die erreichte »Befreiungsgeschwindigkeit« entmachtet die traditionellen, räumlichen und zeitlichen Körperordnungen definitiv. Muß deshalb weltpolitisch die Notbremse gezogen werden? Bedarf es in Zeiten schwer erträglicher Obdach- und Bodenlosigkeit neuer Schließungen des Horizontes? Geht das überhaupt? Funktioniert der Umzug in den Weltraum und dementsprechend der Eintritt in Cyberspace und Internet nur als Ablösung von der alten Kultur? Oder ist der Geist, der sich für global hält, doch nur eine lokale Größe, eine kleine lächerliche Form der Selbstüberhebung mit todernsten Konsequenzen?

Man kann die Schwierigkeiten, die derzeit bei den Wegen aus der Enge ins Weite aufgetaucht sind, wie folgt klassifizieren und reihen: Verkehrung, Überschreitung, Steigerung, Umstülpung. Diese Akronyme, diese »Hochworte« der aktuellen Kulturwissenschaft und historischen Anthropologie, korrespondieren auf eine aufschlußreiche Weise mit der »Stellung des Menschen im Kosmos« (Max Scheler), mit der Stellung eines isolierten menschlichen Körpers im Raum. Sie re-formulieren eine körperliche Grundordnung, die wohl nicht mehr gehalten werden kann, nämlich (in der genannten Reihenfolge): links/rechts; hinten/vorne; unten/oben; außen/innen. Vierfaches Thema des vorliegenden Buches ist also:

1. die Verkehrung von links und rechts mit all ihren Wenden und Kehren;

2. die Überschreitung von Grenzen, an denen sich unterderhand der Fortschritt in Rückschritt verwandelte;

3. die Steigerung bzw. Übersteigerung nach oben, die den Menschen zum Fall machte und immer wieder Abstürze nach sich zog;

4. die Umstülpung der Haut, bei der einem das Fell über die Ohren gezogen wurde, nach dem Motto: »Your outside is in, your inside is out«.

Was Henri Lefebvre über den Raum schreibt, gilt auch für den Körperraum und den Körper im Weltenraum: »Seine Geheimnisse können nicht durch ein Trugbild scheinbar klarer Verhältnisse zwischen innen und außen gelüftet werden.« ... »Es folgt daraus, daß die fundamentalen Gesetze der Raumorientierung zuallererst im Körper selbst angelegt sind.«

Prolog

»Die Gesetzmäßigkeit des Raumes ruht im Raum selbst. Seine Geheimnisse können nicht durch ein Trugbild scheinbar klarer Verhältnisse zwischen Innen und Außen gelüftet werden … Kann man von einer Spinne behaupten, sie arbeitet? Gehorcht eine Spinne blindem Instinkt? Hat sie oder besser: ist sie Intelligenz? Hat sie überhaupt irgendein Bewußtsein von dem, was sie tut? Sie produziert, scheidet Sekret aus und nimmt einen Raum in Besitz, erzeugt und bringt ihn durch eigene Fäden ans Licht: den Raum ihres Netzes, einen Ort jägerischer List und elementarer Bedürfnisse. Kann man den Raum der Spinne als abstrakten Raum denken, der von so unterschiedlichen Objekten besetzt ist wie ihrem Körper, ihren Spinndrüsen und Beinen? Mit allem, woran sie ihr Netz fixiert, mit dem seidigen Gewebe, aus dem es besteht, mit den Fliegen, die ihr zum Opfer fallen und so fort? Nein, denn so würde man die Spinne in einen analytischen Denkraum versetzen, den Raum der Diskurse, in den Raum auf diesem Blatt Papier. Damit wären wir auf dem Holzweg. Denn Naturkräfte regeln Leben und Treiben der Spinne – wir könnten auch Instinkt oder göttliche Fügung sagen. Als solche sind sie verantwortlich für diese bewundernswerte Schöpfung, für ein Netz mit verblüffendem Gleichgewicht, von erstaunlicher Organisation und Anpassungsfähigkeit. Kann man also behaupten, die Spinne knüpft ihr Netz als Verlängerung, als Anbau ihres eigenen Körpers? Bis zu einem gewissen Punkt, ja. Aber diese Formulierung birgt auch Probleme. Sobald man nämlich von den symmetrischen und asymmetrischen Seiten räumlicher Strukturen spricht, wie Befestigungspunkten, Maschenwerk, Zentrum und Peripherie, die das Netz ja verkörpert: weiß dann die Spinne von diesen Strukturen als solchen? Durch ein Wissen, das dem unseren entspricht? Sicherlich nicht: die Spinne produziert. Aber ohne zu denken? Sicher denkt sie, aber nicht wie wir. Die Produktion des Raumes beginnt hier mit der Produktion des Körpers und dehnt sich bis zur produktiven Ausscheidung eines Wohnens aus, das gleichzeitig Werkzeug und Mittel ist. Natur und Entwurf, das Organische und das Mathematische, Produzieren und Ausscheiden kann man daher genausowenig voneinander trennen wie das Innen vom Außen. Bereits die Spinne, als niederes Wesen, markiert den Raum und orientiert sich an Winkeln wie wir … Schon sie dehnt sich jenseits ihres tierischen Körpers in einer zweiten Natur von Besitztümern aus, die sie nun selbst wieder hervorbringen, in ihrem produktiven und reproduktiven Treiben. Für die Spinne gibt es links und rechts, oben und unten … Ihr Hier und Jetzt verläßt so den Bereich des rein Gegenständlichen, weil es Beziehungen und Bewegungen in sich einschließt. – Es folgt daraus, daß die fundamentalen Gesetze der Raumorientierung zuallererst im Körper selbst angelegt sind. Das Andere ist gegenwärtig als Gegenüber des Ich. Ein Körper gegenüber einem anderen Körper, undurchdringlich, außer für Gewalt – oder Liebe, Objekt sich ausdehnender Kräfte, Aggression oder Begehren. Hier ist Innen auch Außen, so wie das Andere auch Körper ist, verletzbares Fleisch, empfängliche Symmetrie … «
(So liegen Sekret und Geheimnis eng beieinander.)

Nach Henri Lefebvre, aus: »La production de l'espace«, 1974

Vorwort der Herausgeber

TOM FECHT: VIER VERSUCHE ÜBER DEN RAUM

Die vier Versuche sind eine vielfältige Suchbewegung, die die zeitgenössische Praxis der Raumproduktion jenseits von Gewohnheiten, aber immer wieder vom Körper ausgehend betrachtet und befragt. Neben architektonischen und künstlerischen Strategien und Methoden werden grundsätzliche Fragen des mentalen und sozialen Raumes als house habits, als Gewohnheiten tangiert. Das Tasten nach neuen Öffnungen im Raum entzieht sich jeder Zusammenfassung; die vier Experimente, mal Rückversicherung, mal Katapulte, sind nicht dafür gemacht. Die Funktionsweisen des Raumes und des Unbewußten im Körper bedürfen zu ihrer Entschlüsselung und Entwicklung neuartiger poetischer Erkenntnisverfahren, die sich jenseits von reiner Deskription und Analyse zu einem KörperDenken verbinden.

Der Großversuch »Po(e)litics« der Documenta X mit ihrem Kassandra-Ruf »Die Stadt ist alles, was wir haben, mehr als jemals zuvor« (Rem Koolhaas), war erste Anregung, die Stadt als zentrale ästhetische Erfahrung am Ende des Jahrtausends genauer zu betrachten, und hat schließlich über das Verfassen von Fragen beim Sehen[1] zu einem ungewöhnlichen Schlüssel ohne Bart geführt: zur Raumproduktion. Henri Lefebvre, Urheber dieses überraschenden Begriffs, hatte 1974 einen ungewöhnlichen Bericht über die Gesetzmäßigkeit des Raumes verfaßt, dessen Kern er in wenigen unscheinbaren Zeilen beschreibt. Lefebvre befragt in dieser Passage die Raumproduktion der Spinne und zugleich sich selbst. Dabei entsteht ein metaphorisch ungewöhnlich dichter Text, den man wie beim Erlernen eines Tanzes nur durch Wiederholung erfaßt. Er diente bei unseren Versuchen als Referenz und wurde nicht zufällig im Epilog vorangestellt. Mehrfach und laut vor sich hin und im eigenen Körper gelesen, wird man vom Luftzug einer Möbiusschleife sanft erfaßt, einem endlosen Band, das nicht aufhören will, Einsichten und Aussichten zu fördern. So haben wenige Zeilen über ein Tier den ersten Versuch über die Geheimnisse der Raumproduktion eröffnet und mich selbst beim Betreten des neuen Feldes wie eine Erkennungsmelodie begleitet, die man heimlich vor sich hin trällert, um sich nicht zu verlieren.

Prolog und Epilog des Umzugs geben den vorliegenden Versuchen über den Raum an ihren offenen Enden eine Klammer, die sich in einem Echo verliert. Im Prolog durchschwebt man die Komplexität der Raumproduktion der Spinne mit einer einzigen Ausdehnungsbewegung des Körpers wie in einem Schöpfungsbericht an der Grenze zur Poesie: von innen nach außen ins Offene. Kurz und schmerzhaft folgt Albert Einsteins Einführung in das Feld, der Anfang vom Ende des Behälterdenkens: Raum ist nicht im Menschen, Menschen sind nicht im Raum, weder Raum noch Körper sind Behälter. Der Raum hat in der Feldtheorie seine physikalisch gültige Fassung gefunden. Mit den Schwierigkeiten, den Raum in seiner Struktur als Feld zu begreifen und hinderliche Gewohnheiten zu überwinden, beschäftigen sich die Beiträge aus wechselnden Perspektiven. Im Entwurf einer dach- und mauerlosen Architektur skizziert Vilém Flusser die neuen Rahmenbedingungen des Häuserbaus der Zukunft, dabei werden die Fäden zur intelligenten Raumproduktion im vierdimensionalen Feld weitergesponnen.

Die vier Versuche über den Raum werden mit je einem Thesentelegramm vorgestellt. Ausgehend von Notizen Dietmar Kampers und unter Verwendung von zahlreichen Zitatfragmenten aller Beteiligten, wurde jeder Versuch zum rhythmischen Muster der zentralen Suchbewegung verdichtet. Die Thesentelegramme folgen den Fallinien zahlreicher Diskussionen, denen auch die redaktionelle Bearbeitung entspricht. Den Versuchen jeweils vorangestellt, bilden sie die eigentliche Einführung dieses Bandes, die telegrafierten Thesen und Begriffe können bei der Lektüre leicht wiedererkannt und gegen den Strich gelesen werden. Eine mögliche Lesart ist in einem gemeinsamen Gespräch mit Paul Virilio zu finden, das am Anfang der Versuche stand und das Ornament der diskutierten Fragen vervollständigt. Dazu gehört die Enge und das Gefühl des Eingeschlossenseins in einer entdeckten und fertiggemachten endlichen Welt und des unbewohnten virtuellen Raums als Substitutionsraum einer Zweiten Natur, in der fortgesetzte Ausdehnung nach innen möglich scheint; im Körper-der Arche: Beim Begreifen der Welt eine Instanz des Außerirdischen zu retten ist wohl endgültig gescheitert. Ein Ansatz, den alle vier Versuche gemeinsam haben, legt eine überraschende Wendung ins Offene nahe: sich nämlich zuerst mit der Bewegung zu beschäftigen, den Raum der Bewegung also nachzuordnen. Die schöpferischen Bewegungen des Kreatürlichen finden nicht im Raum statt. Nein, sie bringen den Raum im Feld erst zum Vorschein, sie lösen den Raum erst aus. Die Körperbewegung läßt den Raum gewissermaßen von der Leine. Die Bewegungsenergien des Körpers und seiner Sinne im Feld bilden zusammen das Herzstück des eigentlichen Raumgenerators unseres

Seins. Körper und Bewegung und Raum scheinen zusammen ineinander zu gehören wie Herz und Puls und Blut. Damit verbinden sich Möglichkeiten, Erkenntnis als verkörpertes Handeln zu begreifen. Die Gesetze der Raumproduktion scheinen uns eine Welt nahezulegen, die sich aus einer Kette von Handlungen produziert, deren Gleichzeitigkeit sich mit kinematographisch-virtuell geprägten Augen wohl leichter fassen lassen wird.

Um ins Offene zu kommen, erscheint auch ein Vorschlag nützlich, den Begriff »Raum« im Architekturdiskurs zu suspendieren, um ihn nicht gleich als house habit zu streichen. Danach dürfte man über Raum nur noch als Resultat eines Körpers sprechen, der sich im Zustand einer Erfahrung befindet, in Erregung, ein Körper, der sich im Affekt bewegt. Der Vorschlag kommt von Architekten. In den Versuchen zieht ein Phänomen verstärkt die Aufmerksamkeit an, das unmittelbar mit dem Gleichgewichtssinn, dem im Ohr verborgenen Raumsinn, korreliert: die Gravitation. Sowohl die künstlerisch-literarischen als auch die analytisch-theoretischen Beiträge lenken die Aufmerksamkeit auf die außerordentliche Rolle, die die synästhetische Konditionierung mit dem Gravitationszentrum des Gleichgewichtssinns für unsere Wahrnehmung und für unsere Anschauung vom Raum spielen, u.a. bei Joachim Krausse, Johan Lorbeer, Elisabeth von Samsonow und Paul Virilio.

Der Epilog wird von einer Raumfalle eröffnet, vom britischen Schriftsteller John Berger in den Raum gestellte Worte unter Wechselstrom. Im Epilog auch erste Elemente einer nichttrivialen Raumtheorie, von Peter Sloterdijk zum Umzug von »Sein und Zeit« in »Sein und Raum« verfaßt. Sie verhelfen u. a. zu einem neuen Blick auf das Städtische: Als Sphären genauer betrachtet, erscheinen sie als die zeitgenössischen Orte einer Resonanz, an denen die Art und Weise, wie Lebe-Wesen beisammen sind, selbst zu einer plastischen Macht wird. Raumbeherrschung und Ekstase ins Offene werden, ausgehend von Martin Heidegger, neu zueinander gewendet. Ute Guzzoni beendet den Epilog mit einem Blick ins Offene, die Geheimnisse des Horizonts lesen sich wie eine Kurzmeditation.

Beim Auslösen, Koordinieren und Verfolgen ganz unterschiedlicher Suchbewegungen blieb oft nichts anderes, als meiner Intuition zu folgen. Daraus folgten logisch chaotische Momente, also: Haus gemacht? Dietmar Kamper, als Anthropologe besser als ich geübt im Zweifeln, hat unseren gemeinsamen Versuch auch in die Enge der Zwischenräume hinein begleitet, auch beim Unterwandern der Übergänge wollten wir bestehen auf träumendem Gleiten, provisorischen Leitern, Horizont. Dieses Risiko war allen Beteiligten bekannt. Wir haben im Gewohnten das Neue entdeckt und uns mit alten Bekannten vertrauter gemacht. Vieles ist viel zu kurz gekommen, z. B. Astronomie, Bewegung, Biologie, Chaos, Chemie, Geographie, Geologie, Kinder, Musik, Nahrung, Spiel und Sport, Unruhe und die vielfältigen Formen der Resonanz. Natürlich auch die besonderen Werkzeuge der Raumproduktion, insbesondere die künstlerischen erscheinen mir geeignet für den leidenschaftlichen Gebrauch.

Jakob Mattner hat das Risiko dieses taumelnden Lernens in zwei schwindelerregenden Sätzen als Fegefeuer beschrieben und, getarnt als lächelnde Maioll-ica, eine letzte Frage aufgeworfen, die verführt: Geheimnisse der Raumproduktion – oder eine Landpartie? Mit Stuhl und Tisch im Finistère am Wasser auf dem Lande sitzend, habe ich die Frage einem jungen Mädchen zugespielt: »Wer macht den Raum? Da, bis zum Horizont?« Janina sofort: »Der Wind!« Bei solchem Spielen fällt die Landparty ins Wasser und die Umzüge beginnen mit ländlichen Tänzen im Raum.

John Berger: »Arche«

1   Tom Fecht: »Die Ausstellung als moderne Ruine. Parcour der Melancholie – Die Stadt als heimliches Leitmotiv«, in: Kunstforum international, Bd. 138, 1997

Albert Einstein: Das Problem des Raumes

…«Was nun den Raum-Begriff angeht, so scheint es, daß ihm der Begriff ›Ort‹ vorangegangen ist als der psychologisch einfachere. ›Ort‹ ist zunächst ein mit einem Namen bezeichneter (kleiner) Teil der Erdoberfläche. Das Ding, dessen ›Ort‹ ausgesagt wird, ist ein ›körperliches Objekt‹. Der ›Ort‹ erweist sich bei simpler Analyse ebenfalls als eine Gruppe körperlicher Objekte. Hat das Wort ›Ort‹ unabhängig davon einen Sinn (bzw. kann man ihm einen Sinn geben)? Wenn man hierauf keine Antwort geben kann, wird man so zu der Auffassung geführt, daß ›Raum‹ (bzw. ›Ort‹) eine Art Ordnung körperlicher Objekte sei und nichts als eine Art Ordnung körperlicher Objekte. Wenn der Begriff ›Raum‹ in solcher Weise gebildet und beschränkt wird, hat es keinen Sinn, von leerem Raum zu reden. Und weil die Begriffsbildung stets von dem instinktiven Streben nach ›Sparsamkeit‹ beherrscht war, so kommt man dazu, den Begriff ›leerer Raum‹ abzulehnen. Man kann aber auch anders denken. In einer bestimmten Schachtel können soundso viele Reiskörner oder auch soundso viele Kirschen etc. untergebracht werden. Es handelt sich hier um eine Eigenschaft des körperlichen Objektes ›Schachtel‹, die im gleichen Sinne ›real‹ gedacht werden muß, wie die Schachtel selbst. Man kann dies ihren ›Raum‹ nennen. Es mag andere Schachteln geben, die in diesem Sinne gleich großen Raum haben. Dieser Begriff ›Raum‹ gewinnt so eine vom besonderen körperlichen Objekt losgelöste Bedeutung. Man kann auf diese Weise durch natürliche Erweiterung des ›Schachtel-Raumes‹ zu dem Begriff eines selbständigen, unbeschränkt ausgedehnten Raumes gelangen, in dem alle körperlichen Objekte enthalten sind. Dann erscheint ein körperliches Objekt, das nicht im Raum gelagert wäre, schlechthin undenkbar. Dagegen erscheint es im Rahmen dieser Begriffsbildung wohl denkbar, daß es einen leeren Raum gibt.

Man kann diese beiden begrifflichen Raum-Auffassungen gegenüberstellen als:
a) Lagerungs-Qualität der Körperwelt
b) Raum als ›Behälter‹ aller körperlichen Objekte
Im Falle a) ist Raum ohne körperliches Objekt undenkbar. Im Falle b) kann ein körperliches Objekt nicht anders als im Raum gedacht werden; der Raum erscheint dann als eine gewissermaßen der Körperwelt übergeordnete Realität. Beide Raumbegriffe sind freie Schöpfungen der menschlichen Phantasie, Mittel, ersonnen zum leichteren Verstehen unserer sinnlichen Erlebnisse.

Diese schematischen Betrachtungen betreffen die Natur des Raumes vom geometrischen bzw. vom kinetischen Standpunkte. Sie werden in gewissem Sinne miteinander versöhnt durch Descartes' Einführung des Koordinatensystems, obwohl dieses den logisch ›gewagteren‹ Raumbegriff b) schon voraussetzt.

Durch Galilei und Newton ist der Raumbegriff bereichert und kompliziert worden, in dem der ›Raum‹ als selbständige Ursache des Trägheitsverhaltens der Körper eingeführt werden muß, wenn man dem klassischen Trägheitsprinzip (und damit dem klassischen Bewegungsgesetz) einen exakten Sinn geben will. Dies in vollkommener Klarheit erkannt zu haben ist, nach meiner Ansicht, eine von Newtons größten Leistungen. Im Gegensatz zu Leibniz und Huygens war es ihm klar, daß der logisch einfachere Raumbegriff a) nicht genüge, um dem Trägheitsprinzip und dem Bewegungsgesetz als Grundlage zu dienen. Er traf diese Entscheidung, trotzdem er das Unbehagen lebhaft mitfühlte, welches das Widerstreben der beiden anderen erzeugte; der Raum wird nicht nur als selbständiges Ding neben den körperlichen Objekten eingeführt, sondern es wird ihm ganz im kausalen Gefüge der Theorie eine absolute Rolle zugeschrieben. Absolut ist diese Rolle insofern, als er (als Inertialsystem) zwar auf alle körperlichen Objekte wirkt, ohne daß diese auf ihn eine Rückwirkung ausüben.

Die Fruchtbarkeit von Newtons System hat diese Skrupel für einige Jahrhunderte zum Schweigen gebracht. Der Raum vom Typus b) war allgemein von den Physikern akzeptiert in der präziseren Gestalt des auch die Zeit umspannenden ›Inertialsystems‹. Heute wird man zu jener denkwürdigen Diskussion sagen: Newtons Entscheidung war bei dem damaligen Stand der Wissenschaft die einzig mögliche und insbesondere die einzig fruchtbare. Aber die spätere Entwicklung der Probleme hat über einen Umweg, den zu jener Zeit kein Mensch ahnen konnte, dem intuitiv begründeten, aber mit unzureichenden Argumenten gestützten Widerstand von Leibniz und Huygens recht gegeben.

Das Problem des Raumes

Es hat schweren Ringens bedurft, um zu dem für die theoretische Entwicklung unentbehrlichen Begriff des selbständigen und absoluten Raumes zu gelangen. Und es hat nicht geringerer Anstrengung bedurft, um diesen Begriff nachträglich wieder zu überwinden – ein Prozeß, der wahrscheinlich noch keineswegs beendet ist.

Dr. Jammers Buch ist zum großen Teil auch der Frage gewidmet, wie es mit dem Raumbegriff im Altertum und Mittelalter bestellt war. Er neigt auf Grund seiner Studien der Auffassung zu, daß der moderne Raumbegriff b), d. h. der Raum als Behälter (ɔcontainerɔ) aller körperlichen Objekte, sich erst seit der Renaissance entwickelt habe. Es scheint mir, daß die Atomtheorie der Alten mit den separat existierenden Atomen den Raumbegriff b) zur notwendigen Voraussetzung hatte, während allerdings die einflußreiche Schule des Aristoteles suchte, ohne den Begriff des selbständigen Raumes auszukommen. Dr. Jammers Ansichten über theologische Einflüsse auf die Entwicklung des Raumbegriffs, die sich meiner Beurteilung entziehen, werden gewiß das Interesse derer erwecken, welche sich vorwiegend vom historischen Gesichtspunkte mit dem Raumproblem beschäftigen. –

Die Überwindung des absoluten Raumes bzw. des Inertialsystems wurde erst dadurch möglich, daß der Begriff des körperlichen Objektes als Fundamentalbegriff der Physik allmählich durch den des Feldes ersetzt wurde. Unter dem Einfluß der Ideen von Faraday und Maxwell entwickelte sich die Idee, daß die gesamte physikalische Realität sich vielleicht als Feld darstellen lasse, dessen Komponenten von vier raum-zeitlichen Parametern abhängen. Sind die Gesetze dieses Feldes allgemein kovariant , d. h. an keine besondere Wahl des Koordinatensystems gebunden, so hat man die Einführung eines ›selbständigen‹ Raumes nicht mehr nötig. Das, was den räumlichen Charakter des Realen ausmacht, ist dann einfach die Vierdimensionalität des Feldes. Es gibt dann keinen leeren Raum, d. h. keinen Raum ohne Feld. Auch von dem denkwürdigen Umwege, auf dem die Schwierigkeiten dieses Problems – wenigstens zum guten Teile – überwunden wurden, handelt Dr. Jammers Darstellung. Eine andere Möglichkeit für die Überwindung des Inertialsystems als den über die Feldtheorie hat bis jetzt niemand gefunden.«

Aus dem Vorwort zu Max Jammer: Das Problem des Raumes, Princeton, New Jersey 1953

Leo Baeck Institute, NY

Nanaé Suzuki: »Hausung 1/2« – 1998

Vilém Flusser: Dach- und mauerlose Architektur

Wir sind wohnende Tiere (sei es in Nestern, Höhlen, Zelten, Häusern, übereinandergeschichteten Würfeln, Wohnwagen oder unter Brücken). Denn ohne einen gewöhnlichen Ort könnten wir nichts erfahren. Um dies einzusehen, ist es nicht nötig, Informationstheorie gelernt zu haben. Es genügt, Tourismus zu machen. Erfahrungen sind Geräusche, die erst im Gewöhnlichen Bedeutung gewinnen (dort zu Informationen verarbeitet werden). Unbehauste Touristen kann es nicht geben: Sie würden im Chaos irren, gar nichts erfahren. Im Mittelalter allerdings hielt man uns für derartige unbehauste Touristen: »homines viatores«, im Jammertal herumirrende Chaoten. Maimonides hat bekanntlich einen »Führer für Verirrte« geschrieben. Gegenwärtig verfügen wir statt dessen über Michelins, finden aber oft trotzdem nicht nach Hause. Es häufen sich Anzeichen für ein neues Unbehaustsein. Wahrscheinlich, weil unsere Häuser der Aufgabe nicht mehr gerecht werden, Geräusche zu Erfahrungen zu prozessieren. Wahrscheinlich haben wir die Häuser umzubauen.

Häuser bestehen aus einem Dach, aus Mauern mit Fenstern und Türen und aus nicht ganz ebenso wichtigen anderen Teilen. Das Dach ist das Entscheidende: »unbehaust« und »obdachlos« sind Synonyme. Dächer sind Werkzeuge für Untertanen: Man kann sich unter ihnen vor dem Herrn (sei er ein Gott oder die Natur) ducken und verstecken. Das deutsche »Dach« kommt aus dem gleichen Stamm wie das griechische »techne«: Dachdecker sind die eigentlichen Künstler. Sie ziehen die Grenze zwischen dem Hoheitsbereich der Gesetze und dem Privatraum des untertänigen Subjektes. Unter Dach gelten die Gesetze nur mit Reserven. Schon Baumkronen dienten dem Hominiden als Dach ihrer Nester. Wir glauben nicht mehr an uns aufgesetzte Gesetze, seien sie transzendent oder natürlich. Wir glauben eher, daß wir selbst die Gesetze projizieren. Wir brauchen keine Dächer.

Mauern sind Verteidigungsanlagen gegen außen, nicht gegen oben. Das Wort kommt von »munire« – sich schützen. Es sind Munitionen. Sie haben zwei Wände: Die Außenwand wendet sich gegen gefährliche (draußen fahrende) Ausländer, potentielle Immigranten, die Innenwand wendet sich an die Häftlinge des Hauses, um für ihre Sicherheit zu haften. Bei obdachlosen Mauern (etwa in Berlin oder China) wird diese Funktion deutlich: Die Außenwand ist politisch, die Innenwand heimlich, und die Mauer hat das Geheimnis vor dem Unheimlichen zu schützen. Wem Heimlichtuerei zuwider ist, muß Mauern niederreißen.

Aber selbst Geheimniskrämer und Patrioten müssen Löcher in Mauern reißen. Fenster und Türen. Um schauen und ausgehen zu können. Bevor das Wort »Schau« zum Synonym für »Show« wurde (das ja eigentlich »zeigen« bedeutet), meinte es jenen inneren Blick nach außen, wofür das Fenster das Instrument ist. Man sah von innen, ohne dabei naß zu werden. Die Griechen nannten das »theoria«. Gefahrloses und erfahrungsloses Erkennen. Jetzt allerdings wird es möglich, Instrumente aus dem Fenster nach außen zu strecken, also gefahrlose Erfahrung zu gewinnen. Die erkenntnistheoretische Frage: Sind Experimente impertinent, weil sie vom Fenster aus (von der Theorie her) durchgeführt werden? Oder muß man durch die Tür, um zu erfahren? »Phänomenologisch«? Fenster sind nicht mehr verläßliche Instrumente.

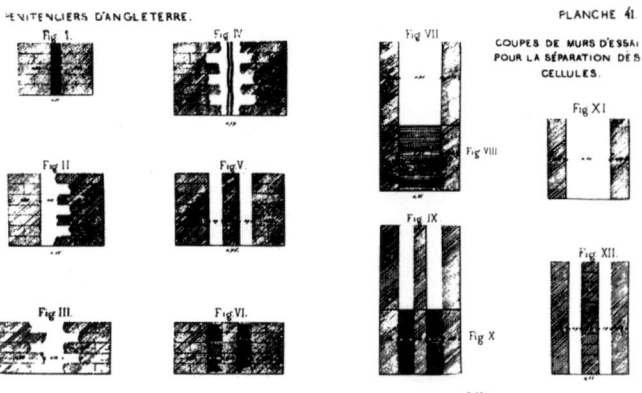

Millbank Penintentiary 1830, Versuchswände von Abel Blouet und Michael Faraday, um die Kommunikation über die Gefängniszellen hinweg unmöglich zu machen

Türen sind Mauerlöcher zum Ein- und Ausgehen. Man geht raus, um die Welt zu erfahren, und verliert sich dort draußen, und man kehrt heim, um sich wiederzufinden, und verliert dabei die Welt, die man erobern wollte. Dieses »Türpendeln« nennt Hegel das »unglückliche Bewußtsein«. Außerdem kann geschehen, daß man bei der Heimkehr die Tür geschlossen findet. Zwar hat man einen Schlüsselbund in der Tasche (man kann den Geheimcode entschlüsseln), aber der Geheimcode kann sich in der Zwischenzeit umkodiert haben. Heimtücke ist für Heim und Heimat charakteristisch. Dann bleibt man obdachlos im Regen unter der Traufe. Türen sind weder glückliche noch verläßliche Instrumente.

Dach- und mauerlose Architektur

Außerdem ist gegen Fenster und Türen noch das folgende einzuwenden: Man kann von außen in die Fenster hineinschauen und -klettern, und die Öffentlichkeit kann durch die Tür ins Privathaus brechen. Man kann allerdings die Fenster dank Gittern vor Spionen und Dieben und die Tür dank Fallbrücken vor der Polizei schützen, aber dann lebt man unter vier Wänden in der Angst und Enge. Derartige Architekturen haben keine blühende Zukunft.

Dach, Mauer, Fenster und Tür sind in der Gegenwart nicht mehr operationell, und das erklärt, warum wir beginnen, uns unbehaust zu fühlen. Da wir nicht mehr gut zu Zelten und Höhlen zurückkehren können (wenn einige dies auch versuchen), müssen wir wohl oder übel neuartige Häuser entwerfen. Tatsächlich haben wir damit bereits begonnen. Das heile Haus mit Dach, Mauer, Fenster und Tür gibt es nur noch in Märchenbüchern. Materielle und immaterielle Kabel haben es wie einen Emmentaler durchlöchert: auf dem Dach die Antenne, durch die Mauer der Telefondraht, statt Fenster das Fernsehen und statt Tür die Garage mit dem Auto. Das heile Haus wird zur Ruine, durch deren Risse der Wind der Kommunikation bläst. Das ist ein schäbiges Flickwerk. Eine neue Architektur ist vonnöten.

Architekten haben nicht mehr geographisch, sondern topologisch zu denken. Das Haus nicht mehr als künstliche Höhle, sondern als Krümmung des Feldes der zwischenmenschlichen Relationen. So ein Umdenken ist nicht einfach. Schon das geographische Umdenken aus ebener Fläche in Kugeloberfläche war eine Leistung. Aber das topologische Denken wird dank synthetischer Bilder von Gleichungen erleichtert. Dort sieht man etwa die Erde nicht mehr als geographischen Ort im Sonnensystem, sondern als Krümmung im Gravitationsfeld der Sonne. So hat das neue Haus auszusehen: wie eine Krümmung im zwischenmenschlichen Feld, wohin Beziehungen »angezogen« werden. So ein attraktives Haus hätte diese Beziehungen einzusammeln, sie zu Informationen zu prozessieren, diese zu lagern und weiterzugeben. Ein schöpferisches Haus als Knoten des zwischenmenschlichen Netzes.

Bevor wir hier fortfahren, muß ein anderer Aspekt des Werkzeugmachens ins Auge gefaßt werden. Vor der industriellen Revolution gab es unbelebte und belebte Werkzeuge: Steinmesser und Schakale zum Jagen, Bronzepflüge und Ochsen beim Pflügen. Steinmesser simulierten Zähne und Schakale Beine, Bronzepflüge simulierten Zehen und Ochsen Muskeln. Unbelebte Werkzeuge waren relativ dauerhaft, dafür dumm, belebte waren sterblich, dafür etwas gescheiter. Die industrielle Revolution fußte auf wissenschaftlichen Theorien bei der Werkzeugerzeugung. Es gab aber damals keine Theorien für Belebtes: Ochsen konnten technisch nicht hergestellt werden. Darum begannen die Maschinen, die Schakale und Ochsen zu verdrängen. Jetzt beginnen wir, über Ansätze zu verwendbaren biologischen Theorien zu verfügen. Wir können jetzt zum Beispiel einige Funktionen des Nervensystems in Unbelebtem simulieren. Die Maschinen werden intelligenter. Das sind nur Ansätze, und bald werden wir auch belebte Werkzeuge herstellen können, künstliche Lebewesen. Gebäude waren bisher unbelebte Maschinen. Sie werden intelligenter werden. Man wird sich dessen bewußt werden, daß sie die Haut simulieren, und künstliche sensorische und motorische Nerven, künftig sogar wahrscheinlich ein Zentralnervensystem, in sie einbauen. Und in weiterer Zukunft wird man vielleicht künstliche Lebewesen bewohnen. Wie Romulus unter der Wölfin. Vielleicht in Uterussen. Das kann vorausgesehen werden.

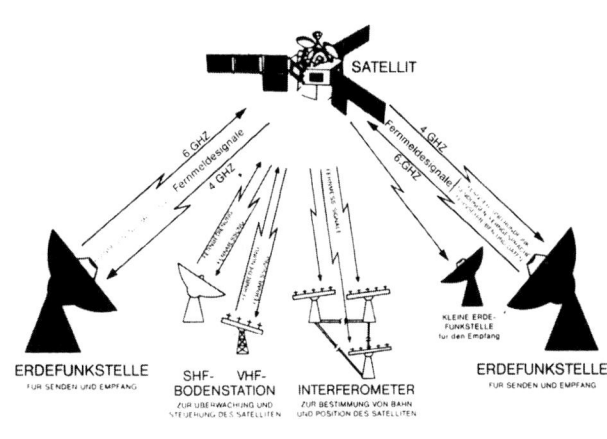

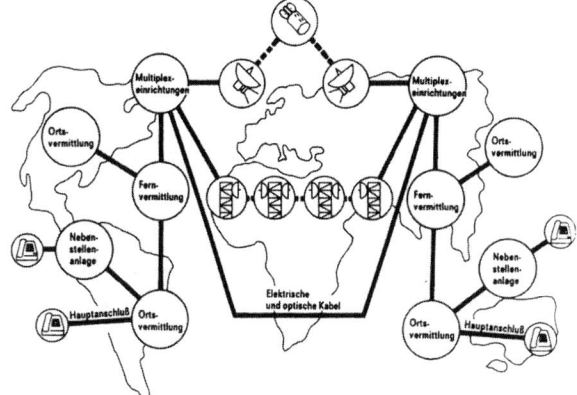

Oben: Prinzip von Nachrichtenübertragung durch Satelliten; darunter: Prinzipieller Aufbau des weltweiten Fernmeldenetzes mit den Übertragungseinrichtungen und -medien.

Vilém Flusser

Zwar bietet uns die Tradition keine Gebäudemodelle, aber die Phänomenologie kann dies. Sie sagt: Gebäude seien simulierte Häute. Also ist unsere Haut simuliertes Modell für künftige Häuserentwürfe. Sie ist ein außerordentlich komplexes Organ, und Architekten und Urbanisten (falls diese Begriffe künftig noch einen Sinn haben werden) müssen die Haut gründlich untersuchen. Sie müssen Dermatologen werden. Es wird nicht nur darum gehen, sensorische und motorische Nervensimulationen ins Gebäude einzubauen (und vielleicht auch ein Zentralnervensystem), sondern vor allem darum, die eigentliche Permeabilität und zugleich Impermeabilität der Haut zu simulieren. Ein intelligentes Gebäude ist nicht nur ein Werkzeug zum Empfangen, Prozessieren und Senden von Informationen, sondern auch zum Bewahren von Informationen. Es ist ein Gedächtnis. Und das meinen wohl Begriffe wie »Wohnung« und »Gewohnheit«: gespeicherte, verfügbare, abrufbare Informationen haben. In diesem intelligenten Sinn werden die künftigen Gebäude Wohnorte zu sein haben.

Aber all dies ist nur der ökonomische und ökologische Aspekt der künftigen Gebäudeentwürfe: simulierte Häute als Werkzeuge zum Hereinholen und Verändern der Umwelt. Grundlegender ist der anthroplogische »existentielle« der künftigen Gebäude: simulierte Häute als Werkzeuge zur Veränderung unseres Daseins. Eine Anthropologie, auf die sich Gebäudeentwürfe stützen könnten, ist erst im Entstehen. Sie besagt, daß »Mensch« nicht ein Etwas ist, das man »an sich« definieren kann, sondern ein Aspekt konkreter Relationen. Was immer man sein mag, ist eine Funktion eines konkreten Verhältnisses (zum Beispiel ist man Vater oder Schriftsteller, oder Träger eines Anzuges), und außerhalb aller konkreten Beziehungen ist man bestenfalls eine Abstraktion aus Relationen. Die traditionellen Anthropologien mit ihrem »Selbst« (oder Geist oder Seele) sprechen nicht von konkreten Menschen, sondern von Abstraktionen. Es gibt keine Substanz, die das Substantiv »Selbst« bedeuten könnte, und daher kann man sich selbst nicht identifizieren, sondern man kann sich nur in Beziehung auf etwas identifizieren. Logisch gesprochen: »Identität und Differenz« implizieren einander. Existentiell gesprochen: »Ich« ist, wozu »du« gesagt wird. So eine im Entstehen begriffene Anthropologie sieht im Menschen einen Knotenpunkt von Beziehungsfeldern. Die künftigen Gebäude sind als simulierte Häute derartiger Knotenpunkte zu entwerfen.

Ein solcher Hausbau aus Verkabelungen ist voller Gefahren. Die Kabel können nämlich statt zu Netzen zu Bündeln geschaltet werden, »faschistisch« statt »dialogisch«. Wie Fernsehen, nicht wie Telefone. In so einem entsetzlichen Fall wären die Häuser Stützen für einen unvorstellbaren Totalitarismus. Die Architekten haben für eine Vernetzung von reversiblen Kabeln zu sorgen. Das ist einen technische Aufgabe, und die Architekten sind ihr gewachsen.

Allerdings wäre so ein Häuserbau eine technische Revolution, die weit über die Kompetenz der Architektur reichen würde. (Das ist übrigens der Fall bei allen technischen Revolutionen.) Eine derart dach- und mauerlose Architektur, die weltweit offenstünde (also nur aus reversiblen Fenstern und Türen bestünde), würde das Dasein verändern. Die Leute könnten sich nirgends mehr ducken, sie hätten weder Boden noch Rückhalt. Es bliebe ihnen nichts übrig, als einander die Hände zu reichen. Sie wären keine Subjekte mehr, es gäbe über ihnen keinen Herrn mehr, vor dem sie sich verstecken, aber auch in dem sich zu bergen wäre. (Schiller irrt, wenn er meint, daß über Millionen von Brüdern ein guter Vater »wohnen« müsse.) Und es gäbe keine Natur mehr, die sie bedroht und die sie beherrschen wollen. Dafür aber würden diese einander offenen Häuser einen bisher unvorstellbaren Reichtum an Projekten erzeugen: Es wären netzartig geschaltete Projektoren für allen Menschen gemeinsame alternative Welten.

Eine der ersten Vermittlungsstellen mit bis zu 50 Leitungen, Paris um 1880.

Dach- und mauerlose Architektur

So ein Häuserbau wäre ein gefährliches Abenteuer. Weniger gefährlich jedoch als das Verharren in den gegenwärtigen Häuserruinen. Das Erdbeben, dessen Zeugen wir sind, zwingt uns, das Abenteuer zu wagen. Sollte es gelingen (und das ist nicht ausgeschlossen), dann würden wir wieder wohnen können. Sollten wir das Abenteuer nicht wagen, dann sind wir für alle ersichtliche Zukunft verurteilt, zwischen vier durchlöcherten Wänden unter einem durchlöcherten Dach vor Fernsehschirmen zu hocken oder im Auto erfahrungslos durch die Gegend zu irren.

ANMERKUNG
Dieser Text wurde zusammengestellt aus: »Einiges über Dach- und mauerlose Architektur mit verschiedenen Kabelanschlüssen«, Basler Zeitung vom 22. 3. 89, Nr. 69 und »Vom Unterworfenen zum Entwerfer von Gewohntem«, Referat zum Symposium Intelligent Building, Karlsruhe, Oktober 1989 (Quelle Arch+ Nr. 104, Juli 1990)

Ein Techniker vor einer der 18 Relaiswände der Fernvermittlungsstelle der US-Telefongesellschaft New Jersey Bell (aus Geo Wissen 2/1989, S.107)

Versuch 1

TOM FECHT: THESENTELEGRAMM 1

Wenn der Raum nicht hervorgebracht wird, ist er nicht vorhanden und es entsteht kein Feld. Verfällt er, geht er als Feld mit seinem vielfältigen Beziehungsgeflecht verloren. Das gilt längst für den öffentlichen wie für den privaten Raum und Zwischenraum. In ihrer Gewohnheit haben die Menschen vergessen, wie sie den Raum »gemacht« haben. Das liegt einerseits an der unvorstellbar langen Dauer des genannten Prozesses, andererseits an der Überlagerung ungezählter Raummuster, die Wirklichkeit geworden sind. Kein Muster hält sich als einziges durch, keines geht ganz verloren. Im Gedächtnis des Körpers ineinander verzahnt und zusammengefaltet, bilden sie als geflochtene Kette den Horizont der Raumproduktion. Im Verschwinden und Wiederauftauchen werden Körper, Raum und Macht immer neu dekliniert. Am Horizont dieser Kette bewegt sich der Umzug ins Offene gedanklich entlang.

Ob die Schwingungsknoten der biographisch und historisch wirksamen Raumproduktionen bis auf den Grund transparent gemacht werden können, bleibt fraglich, sie werden sich wohl als Geheimnisse erhalten und weiter Neugier produzieren. Denn die Produktion der Räume als Felder in die wir hineingeboren werden, die wir zwischen Träumen und Handeln verwandeln, geschieht weitgehend unbewußt. Verbleiter Horizont der physikalischen Felder, Verschwiegenheit, Geheimnisse der Raumgeburt, kurzer Schlaf der Lust auf langer Wanderschaft. Im Unbewußten des Körpers sind alle Gesetze der Raumorientierung angelegt und bleiben durch ständige Ausdehnung in neuen Grenzen. Der Körper ist das universelle Werkzeug, mit dem sie weitergegeben werden. Performance, Katastrophen, Natures mortes, Stilleben informieren uns über unser neugewonnenes Verhältnis zum Raum – Gravitation, Zäsuren, Zyklus und Saat. Das Temporäre, die Resonanzen tasten das Verborgene ab, Ekstase, Heterotopia, Andere Räume. Im Raum verbirgt sich die größte Macht. Nichts Neues unter der Sonne, aber die Sonne neu jeden Tag.

Die Erinnerung, angewiesen auf den Ort, reicht nicht aus, um an die Muster und Werkzeuge der Raumproduktion heranzukommen. Um die vergessenen Geheimnisse zu lüften und neue zu finden müssen Wiederholungen stattfinden: Rekonstruktion und Dekonstruktion, moderne und postmoderne Durchdringung, Erfahrungen einer transformierten Anordnung, Montage und Deformation. Ragtime, Steptime, Rock, Bebob, Techno, alles Körper-, alles Tanzmelodien, permanente Wiederholung der immer neuen Strategien der Spezialisten des Städtischen, lauter Stationen des Zeitgenössischen und künstlerischer Raumproduktion.

Das Einfache, das schwer zu machen ist: die Stadt gleichzeitig im Kopf um- und auf ihrer Fontanelle zu drehen, damit das Innen zum Außen ständig wird. Das gehört zur wiederholenden Praxis der Avantgarden und Situationisten im physischen, mentalen und sozialen Raum. All das wird Reservoir rhetorischer Figuren, die die psychische und physische Dimension des Körpers treffen, aber die Seele meinen. Ping-Pong, die Wiederholung von fast immer gleichen Wegen, Pong-Ping dem Urbanen eine neue Form geben. Posa ist der Ort, Ort der Begegnung im Überall, in der Stadt, Zusammenkunft in der Gleichzeitigkeit, allein in der Gemeinschaft. Im Archiv der verschwundenen Bilder – die Poesie der Stadt.

A night in peripheria. www. tortuga @ nothing changes. changing things is hard. de

Nanaé Suzuki: »Arena«, 1997

Umzug ins Offene

The Production of Space
Geheimnisse der Raumproduktion

Entortung / Verortung

Büro Archipel: »Hamburg«, 1945

Walter Prigge: Raumdebatten in Deutschland seit 1945

Ich habe eine doppelte Aufgabe: Ich möchte über die Raumdebatten seit 1945 berichten und gleichzeitig überleiten zu Lefebvres Raumtheorie, unserem Ausgangspunkt. Das letztere fällt mir leicht, das erste weniger. Denn ich habe in der Vorbereitung gemerkt, daß es nach 1945 in Deutschland doch weniger substantielle Raumdebatten gab als zunächst vermutet. Das hat seinen ersten Grund in der Zeit unmittelbar vor 1945: Die nationalsozialistische Thematisierung des Raumes hat das Räumliche zu einem Tabuthema werden lassen. Der zweite Grund liegt in der These begründet, daß der einzige substantielle Beitrag zur Raumdebatte in Deutschland von den Avantgarden des Neuen Bauens geliefert wurde. Die zwanziger Jahre, in denen sich eine neue Gesellschaftsform entwickelte, die wir heute die fordistische nennen, waren die hohe Zeit der Zeit- und Raumdebatten unter den Spezialisten des Raumes und den städtischen Intellektuellen. Tempo, Technik, Hektik und die neuen industriellen Rhythmen beherrschen die Debatten um die Zeitlichkeit der industriellen Epoche, hier stießen auch Intellektuelle und künstlerische Avantgarden auf das Problem der Räumlichkeit.

Heute nun stehen wir am Ende dieser fordistischen Gesellschaftsformation. Der Umbruch der modernen Gesellschaft ist auch einer der Zeit und des Raumes. So wie in den zwanziger Jahren die Zeit das beherrschende Thema darstellte, so steht seit zehn Jahren das Verhältnis von Raum und Gesellschaft im Vordergrund der soziologischen und kulturellen Debatten. Zwei Zitate sollen anzeigen, daß wir uns heute im Zeitalter des Raumes befinden. Michel Foucault sagte bereits 1967:

> »Hingegen wäre die aktuelle Epoche die Epoche des Raumes. Wir sind in der Epoche des Simultanen, wir sind in der Epoche der Juxtapositionen, in der Epoche des Nahen und Fernen, des Nebeneinander, des Auseinander. Ich glaube also, daß die heutige Unruhe grundlegend den Raum betrifft, jedenfalls viel mehr als die Zeit.«

Und Fredric Jameson schrieb 1984:
> »Es ist oft gesagt worden, daß wir in einer Zeit der Synchronie und nicht der Diachronie leben, also der Struktur und nicht der Geschichte. Ich glaube, daß man in der Tat empirisch nachweisen kann, daß unser Alltag, unsere psychischen Erfahrungen und die Sprachen unserer Kultur heute im Gegensatz zur vorangegangenen Epoche des Hochkapitalismus eher von Kategorien des Raumes als von denen der Zeit beherrscht werden.«

I.

Es gibt einen Begriff, der die zwanziger Jahre sehr treffend charakterisiert: der Begriff der Durchdringung. Wie kein anderer charakterisiert dieser Begriff den Erfahrungsraum einer tiefgreifenden Veränderung der gesellschaftlichen Ordnung: die Erfahrung des beschleunigten Fortschritts in der alltäglichen Lebenswelt, die Revolution der Methoden des intellektuellen Begreifens und Gestaltens im Erwartungshorizont des sozialen Fortschreitens und die kulturellen Ausdrucksmomente dieser erwarteten Zukunft in Kunst, Gerät und städtischer Architektur. Das zeigt ein Zitat von Ernst Wichert, der damals im neuen Frankfurt der zwanziger Jahre Leiter der Kunstgewerbeschule war:

> »Wie sich im Gesellschaftsleben die Entstehung immer größerer Einheiten oder ›Ganzheiten‹ verfolgen läßt – es gibt sogar schon eine Philosophie dieses Vorgangs – so treten auch in der Baukunst immer größere Gestaltungskomplexe hervor. Die Bindung der Einheiten endlich, von den Einzelpersonen bis zu den großen und größten Vereinigungen, bis zu Städten, Staaten, Erdteilen, Gewerkschaften, Konfessionen und Völkerbünden – die einzelnen Arten solcher Einheiten außerdem noch miteinander verzahnt und durcheinander geschoben –, diese immer stärker sich ausbreitende Bindung der gesamten Gesellschaftsordnung findet ihren ganz eindeutigen Ausdruck im Pfeiler- und Flächensystem, in der sehr weitgehenden Wiederholung gleicher Gebilde und Einzelformen und in einer auf großartige Weise geübten Kunst der Durchdringung.«

Der Begriff der Durchdringung nun hat drei Dimensionen. Erstens bezeichnet er die Erfahrung einer transformierten Anordnung gesellschaftlicher Räume. Dies läßt sich durch ein Zitat von Nikos Poulantzas von 1978 sehr gut verdeutlichen, aus dem Kapitel »Raum und Zeit« seiner »Staatstheorie«:

> »Der gesellschaftlichen Arbeitsteilung in Maschinerie und großer Industrie liegt die totale Trennung des Arbeiters von den Arbeitsmitteln zugrunde. Diese gesellschaftliche Arbeitsteilung impliziert eine völlig verschiedene Raummatrix. Es handelt sich um einen seriellen, fraktionierten, diskontinuierlichen, parzellierten, zellenförmigen und irreversiblen Raum, der für die tayloristische Teilung der Fließbandarbeit in der Fabrik charakteristisch ist. Er besteht aus einer Reihe von Distanzen, Differenzen, Lücken und Fraktionierungen, aus Einfriedungen und Grenzen, aber er hat kein Ende, denn der kapitalistische Arbeitsprozeß kann tendenziell auf die ganze Welt ausgedehnt werden. Damit ist der moderne Raum

Walter Prigge

> geboren: ein Raum, in dem man durch das Überschreiten von Trennungslinien ad infinitum die Stelle wechselt, in dem man sich ausdehnt durch Assimilierung neuer Segmente, die durch das Verschieben ihrer Grenzen homogenisiert werden müssen. In diesen Raum sind die Bewegungen des Kapitals und seine erweiterte Reproduktion, die Verallgemeinerung des Austauschs und die Geldströme eingeschrieben.«

Diese neue, fordistische Stufe der kapitalistischen Entwicklung ist durch einen neuen gesellschaftlichen Raum gekennzeichnet: den Durchdringungsraum einer großen Industrie, der im taylorisierten Fließband-Arbeitsprozeß fundiert ist und zu transformierten ökonomischen, politischen und kulturellen Beziehungen führt.

Erfahrbar wird diese neue Ordnung gesellschaftlicher Räumlichkeit in der Wirklichkeit von großstädtischen Lebensweisen, die bereits durch soziale Homogenisierung und Individualisierung, Rationalisierung und industrielle Arbeitsteilung, Geldkultur und Tempo der Gleichzeitigkeit geprägt sind. Es sind vor allem auch die städtischen Intellektuellen, die diese Erfahrung des Übergangs zu einer neuen Gesellschaftsformation verarbeiten – abendländische Rationalisierung und Bürokratie bei Max Weber, Liebe, Luxus und Kapitalismus bei Werner Sombart, Individualisierung und Unbewußtes bei Sigmund Freud, Steigerung des Nervenlebens und Geldkultur bei Georg Simmel, geschichtsphilosophische Passagen und Moderne bei Walter Benjamin, Politische Ökonomie und Kultur der Industrialisierung in der Kritischen Theorie Frankfurter Prägung.

Während diese historisch-kritische Durchdringung der gesellschaftlichen Entwicklung den abgespaltenen Arbeitsbereich des klassischen Intellektuellen in der Figur des kritischen Sozialforschers während der zwanziger Jahre repräsentiert, bilden diese Reflexionen den geistes- und sozialwissenschaftlichen Hintergrund für die praktischen Versuche der gleichzeitigen technologischen und ästhetischen Avantgarden, die von der gesellschaftlichen Arbeitsteilung verursachten Trennungen in der neuen Aufteilung des Wissens aufzuheben. Wissenschaft und Technik, Kunst und Alltag oder auch Hand und Kopf und Theorie und Praxis werden zusammengeführt. Auf dieser zweiten Ebene formuliert der Begriff der Durchdringung die Praxis der Avantgarden und Spezialisten des Städtischen, um die in den Disziplinen des neunzehnten Jahrhunderts formierten Grenzen des Wissens interdisziplinär zu durchbrechen und die spezialisierte wissenschaftliche, technische und auch ästhetische Intelligenz kooperativ zusammenzuführen. In den Schulen dieser Avantgarden nimmt der Begriff der Durchdringung folglich den Status einer konzeptiven Ideologie an. In der »Kunst der Durchdringung«, von der Wichert sprach, wird die neue Zeit-Räumlichkeit der großstädtischen Kultur experimentell erforscht und in die Produktion von Gerät, Architektur und Städtebau umgesetzt. In diesem konstruktiven Zusammenfügen der arbeitsteiligen Spezialisierungen entwickelten sich die avantgardistischen Ansätze, die sämtlich mit der Problematik einer Kunst der Durchdringung konfrontiert waren.

Die dritte Dimension des Begriffs der Durchdringung möchte ich noch andeuten durch ein Zitat von Schiller: »Ich kenne ihn, ich durchdringe seine Seele.« So gesehen enthält dieser Satz von Schiller die Problematik der Aufklärung, die mit der Erkenntnis des Individuums gegebene Möglichkeit seiner Beherrschung. Das Wissen vom Menschen formiert sich in den Disziplinen des achtzehnten und neunzehnten Jahrhunderts, die mittels Mikrophysiken des analytischen Raumes und der seriellen Zeiten den Körper treffen, jedoch, wie Foucault erkannte, auf die Seele zielen. Das bezeichnet die dritte, wie es damals hieß, psycho-physische Dimension des Begriffs der Durchdringung.

Siegfried Gideon vor allem, der zeitgenössische Propagandist und Geschichtsschreiber der Moderne wird die konzeptive Ideologie der Durchdringung für den Bereich der Architektur ausarbeiten. Ansatzpunkt ist die historische Ableitung der modernen Raum-Zeit-Konzeption in der Weltgeschichte von Architektur und Städtebau:

> »Es bereitet sich eine neue Zivilisation vor, die keineswegs international gleichmacherisch sich entwickelt. Gemeinsam ist die Raumkonzeption, die der Gefühlsstruktur dieser Epoche ebenso entspricht, wie ihrer geistigen Einstellung. Nicht die einzelne ablösbare Form ist das Allumfassende der heutigen Architektur, sondern das Sehen der Dinge im Raum, die Raumkonzeption.«

Diese dritte Raumkonzeption in der Geschichte der Zivilisation setzt, nach Gideon, mit der optischen Revolution nach 1900 ein und hebt durch Kubismus, Konstruktivismus und Futurismus das perspektivische Prinzip des Sehens im Räumlichen, den einen festgelegten Blickpunkt auf.

Raumdebatten in Deutschland seit 1945

Neben der Wiederentdeckung der raumausstrahlenden Kraft frei aufgestellter Volumen treten neue Elemente hinzu:

> »Eine nie gekannte Durchdringung von Innen- und Außenraum, eine Durchdringung verschiedener Niveaus unter und über der Erdoberfläche. Durch das Auto wurde die Bewegung zu einem untrennbaren Element der Architektur. All dies führte zur Raum-Zeit-Konzeption unserer Zeit, die das Rückgrat der entstehenden Tradition bildet.«

Mit Licht, Luft und Öffnung benennt Gideon die architektonische Ideologie dieser neuen Raumkonzeption. Gegenüber den festungs- und palastähnlichen Bauten des neunzehnten Jahrhunderts propagiert das neue Bauen die Durchsichtigkeit des geöffneten Hauses als befreites Wohnen:

> » ... leicht, lichtdurchlassend, beweglich. Es ist nur eine selbstverständliche Folge, daß dieses geöffnete Haus auch eine Widerspiegelung des heute seelischen Zustandes bedeutet: Es gibt keine isolierten Angelegenheiten mehr, die Dinge durchdringen sich.«

Durchdringung ist der entscheidende Mechanismus in den zwanziger Jahren in der Durchsetzung einer neuen Raum- und Zeitkonzeption. Ich möchte dies durch zwei Zitate aus dem Bereich der Architektur unterstreichen. Formzertrümmerung ist der entscheidende architektonische Mechanismus im Aufbau eines neuen sozialen Raumes. Dazu László Moholy-Nagy:

> »früher schuf man aus sichtbaren, meßbaren, wohlproportionierten Baumassen geschlossene Körper, die man Raumgestaltung nannte, heutige Raumerlebnisse beruhen auf dem Ein- und Ausströmen räumlicher Beziehungen in gleichzeitiger Durchdringung von innen und außen, oben und unten, auf der oft unsichtbaren Auswirkung von Kräfteverhältnissen, die in den Materialien gegeben sind.«

Die neue Architektur ist also elementar, sie transformiert nicht nur den Raum, sondern auch mit der Zeit das Element der Bewegung. Standardisierung, Typisierung und Taylorisierung der Architektur, wie sie paradigmatisch im neuen Frankfurt oder im neuen Berlin erscheinen, verändern die Wirklichkeit von Raum und Zeit. Dazu Theo van Doesburg:

> »Die neue Architektur rechnet nicht nur mit dem Raum, sie rechnet auch mit der Größe der Zeit. Durch die Einheit von Raum und Zeit wird das bauliche Äußere einen neuen und vollkommenen plastischen Aspekt erhalten (vierdimensionale plastische Raum-Zeit-Aspekte) [...] Voraussetzung ist die Fähigkeit, in vier Dimensionen zu denken – das heißt: die Architekten des Plastizismus [...] müssen innerhalb von Raum und Zeit konstruieren.«

Ich habe den Exkurs in die zwanziger Jahre so weit ausgedehnt, um diese Erkenntnis zu betonen: Der Raum wird konstruiert. Er ist nicht das Gegebene, nicht mehr die bloße Geographie. Dieses konstruktive Element erscheint mir das bedeutendste Moment in der deutschen Raumdebatte des zwanzigsten Jahrhunderts zu sein. Und angesichts virtueller Welten, der Beziehung und Durchdringung von virtuellen und realen Räumen müssen wir auch heute noch einmal in die zwanziger Jahre zurück; nicht um die Avantgarden zu feiern, sondern weil einige Probleme dort aufscheinen, jedoch noch nicht zu Ende gedacht worden sind. Das ist eine Aufgabe, die nun ansteht.

Soweit also zum Zusammenhang von Raum, Zeit und Architektur in den zwanziger Jahren. Ich möchte noch zwei Stimmen aus einem anderen Bereich, nämlich den intellektuellen Reaktionen auf die neue Räumlichkeit der fordistischen Gesellschaft anführen. Einerseits stand die Raumthematisierung in den zwanziger Jahren unter der Dominanz der Zeitlichkeit. Die neuen Rhythmen von Massenkultur und Industrie veränderten das Leben des Alltags gravierend. Der Film ist das neue urbane Medium, und ein Zitat von Walter Benjamin bringt den Zusammenhang von Film, Zeit und großstädtischer Raumerfahrung gut zum Ausdruck:

> »Er [der Film] ist das einzige Prisma, in welchem dem heutigen Menschen die unmittelbare Umwelt, die Räume, in denen er lebt, seinen Geschäften nachgeht und sich vergnügt, sich sinnlich faßlich, sinnvoll, passionierend auseinanderlegen. An sich selber sind diese Büros, möblierten Zimmer, Kneipen, Großstadtstraßen, Fabriken und Bahnhöfe häßlich, unfaßlich, hoffnungslos traurig. Vielmehr: sie waren und schienen so, bis der Film war. Er hat dann diese ganze Kerkerwelt mit dem Dynamit der Zehntelsekunde gesprengt, so daß nun zwischen ihren weitverstreuten Trümmern wir weite, abenteuerliche Reisen unternehmen ... Weniger der dauernde Wandel der Bilder, als der sprunghafte Wechsel des Standortes bewältigt ein Milieu, das jeder anderen Erschließung sich entzieht, und holt noch aus der Kleinbürgerwohnung die gleiche Schönheit heraus, die man an einem Alfa-Romeo bewundert.«

Es ist also diese filmische Zeitigkeit in den zwanziger Jahren, der Wechsel des Standortes, die Bewegung der Kamera, die den modernen urbanen Großstadtraum aufschließen

Walter Prigge

kann. Die kinematographischen Erfahrungen und Prinzipien gehen dann auch ein in die Konstruktion von Architektur – Bewegung im Raum war eine der grundlegenden Prinzipien des neuen Bauens.

Auf der anderen Seite analysierten Benjamin und vor allem Sigfried Kracauer die neue Architektur und die Großstadtträume selbst als Ausdruck der transformierten industriellen Modernität. Kracauer schrieb:

>»Jede Gesellschaftsschicht hat den ihr zugeordneten Raum. Jeder typische Raum wird durch typische gesellschaftliche Verhältnisse zustande gebracht, die sich ohne die störende Dazwischenkunft des Bewußtseins in ihm ausdrücken. Alles vom Bewußtsein verleugnete, alles, was sonst geflissentlich übersehen wird, ist an seinem Aufbau beteiligt. Die Raumbilder sind die Träume der Gesellschaft. Wo immer die Hieroglyphe irgendeines Raumbildes entziffert ist, dort bietet sich der Grund der sozialen Wirklichkeit dar.«

Es sind also die urbanen Raumformen, die es erlauben, die gesellschaftlichen Verhältnisse zu dechiffrieren. Der Film und seine kinematographischen Prinzipien, sowie die Prinzipien der Bewegung überhaupt, sind diejenigen Elemente, welche in die architektonischen Konstruktionen und die Planung der urbanen Wirklichkeit eingehen. Soweit zu den produktiven zwanziger Jahren mit ihren vehementen künstlerischen, experimentellen und soziologischen Debatten um die neue Zeit-Räumlichkeit der fordistischen Gesellschaft.

II.

Gegenwärtig erleben wir das Ende dieses Typs von Gesellschaft. Heute durchdringen die virtuellen die realen Räume und wir stehen wieder vor dem Problem, solche Konstruktion und Produktion von Raum zu analysieren. Was war dazwischen? Damit komme ich auf das Thema »nach 1945«. Zwei Punkte sind hier zu nennen, die zusammenhängen: der Faschismus und die fünfziger Jahre. Wenn es auch personelle Kontinuitäten zum Beispiel bei den Architekten gab, so bricht doch diese Raum-Zeit-Debatte am Ende der zwanziger Jahre ab. Der Faschismus war kunst- und großstadtfeindlich. Außer den großen Schrecken und Barbareien hatte der Faschismus einen uns hier interessierenden Effekt, der in der deutschen Kultur lange nachwirken sollte: die Diskreditierung des Raumbegriffs. Raum bedeutete im Nationalsozialismus wieder Territorium, Erde und zu erobernder Lebensraum des Volkes. Bloße Geographie also, die geopolitisch besetzt und artikuliert wurde. Davon haben sich die deutsche Geographie und auch der Erdkundeunterricht bis heute nicht richtig erholt. Das alles führte, wie wir wissen, in den Krieg und in den Osten, der erobert werden sollte. Man kann diese geopolitische Geschichtsphilosophie des Raumes im Nationalsozialismus, so meine ich, ganz gut mit einem Zitat von Foucault einordnen.

>»Es ist erstaunlich, wie lange es gedauert hat, bis das Problem des Raumes als geschichtliches und politisches Problem auftauchte: entweder wurde der Raum auf die 'Natur' zurückgeführt, auf das Gegebene, auf die unmittelbaren Gegebenheiten, auf die bloße Geographie: sozusagen Teil der Vorgeschichte; oder er war als Wohn- und Expansionsraum eines Volkes, einer Kultur, einer Sprache, eines Staates konzipiert. Man analysierte ihn als Boden oder als Fläche: wichtig allein waren der Raum als solcher und seine Grenzen.«

Diese erste Hälfte des Zitates beschreibt recht treffend die Begrifflichkeit des Raumes während des Nationalsozialismus – eine Rückkehr der Raumthematik zu einer Problematik des gegebenen Raumes, der Erde, des Volkes, der Grenze. Foucault fährt fort:

>»Im gleichen Moment, als sich (gegen Ende des 18. Jahrhunderts) allmählich eine ausdrückliche Politik des Raumes entwickelte, beraubten die neuen Einsichten der theoretischen und experimentellen Physik die Philosophie ihres alten Rechts, von der Welt, vom Kosmos, vom endlichen und unendlichen Raum zu sprechen. Das Problem des Raumes wurde nun doppelt angegangen: einerseits von der politischen Technologie, andererseits von der wissenschaftlichen Praxis; die Philosophie aber wurde auf die Problematik der Zeit verwiesen. Nach Kant ist die Zeit das Thema, das den Philosophen geblieben ist. Hegel, Bergson, Heidegger.«

Im zweiten Teil des Zitates wird deutlich, vor welchem Problem wir gerade in der deutschen Situation der Raumdebatten stehen: es ist die Dominanz der Zeitlichkeit und damit der Geschichte über die Debatten des Raumes. Diese Dominanz hält bis in die achtziger Jahre in Deutschland an. Bevor ich dazu komme, möchte ich noch auf einen zweiten Punkt hinweisen, der die Raumdebatten nach 1945 betrifft und der auch mit der Zeit des Nationalsozialismus zusammenhängt.

In seiner Kunst- und Großstadtfeindlichkeit greift der Faschismus auf klassizistische – das sind für ihn deutsche – Traditionen in Architektur und Stadt zurück. Gegen die

Raumdebatten in Deutschland seit 1945

industrielle kulturelle Modernität der zwanziger Jahre hieß es nun wieder Masse, Körper und Raum im klassischen Sinne: barocke Achsen und Monumentalität mit griechischen Säulen. Untergründig jedoch, in der Industriearchitektur zum Beispiel, werden die industrielle Rationalität und die förmliche Modernität während des Faschismus weitergeführt. Diese Auseinandersetzung konnte erst in den fünfziger Jahren, nach dem Krieg, öffentlich debattiert werden: die Auseinandersetzung nämlich zwischen Traditionalisten und Modernisten, mit der aus den zwanziger Jahren wieder aufgenommenen Kritik der Neuen Sachlichkeit, die gemäßigten Modernen gegen die Anhänger der Avantgarde. Für einen kurzen Augenblick in der Geschichte taucht nun in den fachspezifischen Debatten der Architekten der Raumbegriff wieder auf: im Darmstädter Gespräch »Mensch und Raum« von 1951 (mit dem berühmten Vortrag von Heidegger) oder auch in der Bauhausdebatte von 1953, an die ich hier erinnern möchte. Der Raumbegriff wird in diesen beiden Debatten aber ganz klassisch artikuliert, als künstlerisch zu gestaltender Behälterraum, in den die Menschen durch neue Techniken hineingestellt sind und »wohnen« sollen, so Heidegger aus dem Gespräch von »Mensch und Raum«. Hier wird wieder völlig abstrahiert von den analytischen Erkenntnissen der Raum-Zeit-Durchdringung in den zwanziger Jahren. Es geht sehr humanistisch zu, mit der Frage also, wie eine klassische Massenarchitektur angesichts moderner Techniken zu retten sei. Es bleiben jedoch spezifische Debatten unter Architekten, die keine breitere Öffentlichkeit erreichen. Die reale modernistische Bewegung in Architektur und Stadt ist über diese Debatten hinweggefegt, die reduzierte Wiederaufnahme der Formen der Neuen Sachlichkeit hat sich mit der fordistischen Konsumgesellschaft in der Nachkriegszeit durchgesetzt, wie wir heute wissen.

Erst in den siebziger Jahren wird die Kritik am sogenannten Bauwirtschaftsfunktionalismus, also die Kritik an der Neuen Sachlichkeit, praktisch. Die urbanen Protestbewegungen reagieren auf den Verlust von Urbanität durch die sanierungsbedingten Zerstörungen des städtischen Raumes. Die Kritik der modernen Großstadt wird praktisch – in Häuserkämpfen klärt sich die Bevölkerung über die kapitalistischen Prinzipien der städtischen Raumproduktion selber auf. Von der städtischen Seite aus gesehen sind die urbanen Protestbewegungen eine Reaktion auf die Zerstreuungsphänomene der industriellen Konsumgesellschaft; Zerstreuung im kulturellen Sinne, wie es etwa von den internationalen Situationisten in Paris artikuliert wurde, aber auch im räumlichen Sinne, was ich mit folgendem Zitat von Lefebvre aus dem Jahre 1957 andeuten möchte:

> »Die Problematik des Städtebaus verschärft sich sowohl in Frankreich, als auch in der übrigen Welt, die Probleme der ländlichen Gebiete verlieren langsam aber sicher an Bedeutung [...] In den Außenbezirken von Paris wird anfangs in verantwortungsloser Weise experimentiert«

Folgendes bezieht sich auf die Grand Ensembles oder den sozialen Wohnungsbau auch in Deutschland.

> »Diese Art der Planung sollte dann zur festen Einrichtung werden und allgemeine Anwendung finden [...] Alles sieht ähnlich aus; nicht nur die Autobahnen und Flugplätze; sondern auch die Wohnhäuser und die öffentlichen Gebäude. Unterdrückt diese gewollte Homogenität nicht die Phantasie, das Schöpferische und den Einfallsreichtum? [...] Nun verhindert diese Homogenität des Raumes nicht dessen Zersiedelung. Der zersiedelte Raum wird in Parzellen verkauft und genutzt. Für die Homogenität sind die Behörden und die Wirtschaft verantwortlich, während die Zersiedelung dem Markt und der Privatinitiative zuzuschreiben ist. Aber das ist noch nicht alles. Der zersiedelte Raum ist stark hierarchisch strukturiert: Es gibt Wohnungsgebiete, Zentren für dies und jenes, mehr oder weniger edle Gettos, Anlagen mit unterschiedlichen Statuten usw [...] Es ist möglich darzulegen, daß dieser zuvor an der Raumordnung erprobte Plan auf andere Gebiete übertragen worden ist, wie etwa auf die Wissenschaft. Es kam zu einer immer stärkeren Homogenität (gleiche Normen, Vorschriften und Beschränkungen von einheitlicher Logik und ähnlichen Institutionen), zu einer immer stärkeren Aufteilung (Spezialisierung) und zu einer immer stärkeren Hierarchisierung (je nach Dringlichkeitsgrad und technologischer Anwendung). Das Schema wird zum Modell, es verlagert sich von der Realität in die Sphäre der Kultur, bringt zu seiner Rechtfertigung Ideologien hervor (zum Beispiel den Strukturalismus).«

»Unbegrenzte Großstadt« lautete das Motto der fordistischen Planung in der Nachkriegszeit. Das heißt: Ausdehnung der innerstädtischen Prinzipien der Raumstrukturierung, des tertiären Sektors, auf die Peripherien, welche homogenisiert und hierarchisiert werden; und umgekehrt: Peripherisierung des Zentrums, welches ehemals die Geschichte von Stadt und Gesellschaft verkörperte. Es implodiert, so Lefebvre, in der Banalität der modernen, tertiären Architektur der Stadt. Das Zentrum wird zum leeren Raum-

Walter Prigge

punkt, der die gesellschaftlichen Beziehungen der Einwohner nun nicht mehr symbolisch darstellt, das wäre Urbanität, sondern sie in ihrer bloß zeichenhaften Verräumlichung von Konzentration und Zerstreuung enthüllt – das heißt Verstädterung:

> »Das Urbane ist also eine reine Form: der Punkt der Begegnung, der Ort einer Zusammenkunft, die Gleichzeitigkeit. Diese Form hat keinerlei spezifischen Inhalt, aber alles drängt zu ihr, lebt in ihr. Sie ist – wiewohl das Gegenteil einer metaphysischen Einheit – eine Abstraktion, eine konkrete, an die Praxis gebundene Abstraktion [...] Was erschafft sie? Nichts. Sie zentralisiert die Schöpfung. Und dennoch, sie erschafft alles. Nichts existiert ohne Austausch, ohne Annäherung, ohne Beziehungsgefüge also. Sie schafft die urbane Situation, in der unterschiedliche Dinge zueinander finden und nicht länger getrennt existieren, und zwar vermöge ihrer Unterschiedlichkeit. Das Städtische, indifferent gegenüber jeder ihm eigenen Differenz [...] führt sie ja gerade zusammen. In diesem Sinne wird das soziale Beziehungsgefüge durch die Stadt konstruiert, verdeutlicht, sein Wesen wird freigesetzt.«

Die sozialen Beziehungen sind urbanisiert, so Lefebvre in dem Buch »Revolution der Städte«.

Aus dieser abstrakten Unwirklichkeit der Städte resultieren die Stadtflucht und die Suburbanisierung des Landes in den sechziger und siebziger Jahren, auch die Intellektuellen wohnen jetzt am Stadtrand. Die Zerstreuung der Bevölkerung wird universell. Die industriellen und tertiären Arbeitskräfte werden auf die Grand Ensembles der Pariser Region verteilt, ihre Beziehungen zur Stadt gleichen denen von Nomaden, die im Achtstundentakt die Pariser Geschäftszentren füllen und wieder verlassen. Der Planer, als spezieller Intellektueller des verstädterten Raumes, ist der Mann der Stunde, Technokratie die institutionalisierte Form seiner Herrschaft. Die homogenisierte Industriestadt hierarchisiert sich zum differentiellen Raum der urbanisierten Konsumgesellschaft in der fordistischen Epoche. Jeder Ort kann hier Subzentrum werden, das klassische Verhältnis von Zentrum und Peripherie der europäischen Stadtstruktur wird dezentriert.

Gegenüber den Durchdringungsmechanismen der zwanziger Jahre nun also die Zerstreuung der Stadt in den sechziger und siebziger Jahren, die Zerstreuung dessen, was wir heute unter dem alten Titel »Europäische Stadt« debattieren. Der Verlust von Urbanität in der europäischen Stadtstruktur wird als Entfremdung der Individuen im Großstadtraum wahrgenommen und als »Unwirtlichkeit der Großstädte« – so der berühmte Titel von Alexander Mitscherlichs Buch – begriffen. Mit diesen städtischen Debatten taucht auch in den siebziger Jahren ansatzweise ein neues Interesse am Raumbegriff auf – zum erstenmal eigentlich im Deutschland nach 1945. In der deutschen Diskussion wollte man lange nichts davon wissen. Hier herrschte eben die mit dem Foucaultschen Zitat angedeutete Dominanz der Geschichte, also der Zeitlichkeit über die klassischen und auch kritischen Debatten. Und auch die späteren postmodernen Diskussionen bleiben nicht nur an der Oberfläche der Fassaden, sondern auch in dem Element der Geschichtlichkeit hängen.

Ende der siebziger Jahre mußte man von Deutschland also nach Paris fahren, um in dieser Debatte der Räumlichkeit weiterzukommen: mit den strukturalen Ansätzen von Foucault, Althusser, Poulantzas und anderen, in denen, unbelastet vom deutschen Raumbegriff und dominanten Zeitbegriff, die Räumlichkeit der zeitgenössischen Gesellschaft theoretisiert wurde. Es war vor allem Lefebvre, der diese Debatte von Raum, Stadt, Produktion und Kapitalismus geführt hat. Zwei Elemente erscheinen wichtig in der Rezeption, auf die wir heute, und das bezeichnet ihre Aktualität, wieder zurückkommen. Die kapitalistische Raumproduktion ist komplex und findet auf drei Ebenen statt: der Raum der alltäglichen Praxis, das ist der wahrgenommene Raum; zweitens die Repräsentationen des Raumes durch Architekten, Planer und Wissenschaftler, das ist der herrschende, konstruierte und symbolisch dargestellte Raum; und drittens wird der Raum imaginiert in den Bildern eines Raumes der Repräsentation, das ist der erlebte und beherrschte Raum. Diese Imaginationen, die ihre Kraft auch zum Beispiel aus der Kunst beziehen, können die Herrschaft der symbolisch dargestellten Räume abgrenzen und damit ihre alltägliche Wirkung im wahrgenommenen Raum untergraben. Das bezeichnet, so glaube ich, das subversive Element von 1968 in Paris, wo Lefebvre eine vorbereitende und entscheidende Rolle gespielt hat. Es sind diese drei Raumdimensionen, die in seinem Buch, »Die Produktion des Raumes«, auf nur eineinhalb Seiten aufgezeigt werden; und diese kurze, doch äußerst konzentrierte und systematische Stelle spielte über die ganze Welt der Raum-

Raumdebatten in Deutschland seit 1945

disziplinen, bis hin insbesondere zu den radikalen Geographen in Amerika, eine entscheidende Rolle für die Entwicklung der neueren Raumtheorien im Umbruch der modernen Gesellschaftsformation. Über die amerikanische Rezeption der in Paris geführten Raumdebatte (Sennet, Soja, Berman u. a.) kommt Lefebvre nach Deutschland zurück, und da stehen wir, glaube ich, heute noch.

Ein zweites, geschichtsphilosophisches Moment in der Raumtheorie von Lefebvre, an das ich zum Abschluß mit einem Zitat erinnern möchte, hat uns damals (und ich denke, auch noch heute) am meisten aufgeregt. In ihm ist die für die heutigen Globalisierungsdebatten entscheidende theoretische Weichenstellung bereits vor 30 Jahren gestellt worden:

> »So wäre zu sagen, daß das Städtische (im Gegensatz zum Urbanismus, dessen Zweideutigkeit deutlich wird) am Horizont aufsteigt, langsam auf epistemologisches Gebiet übergreift, zur Episteme der Zeit wird. Geschichte und Geschichtliches entfernen sich.«

Das ist Ende der sechziger Jahre gesprochen. Nicht mehr das Industrielle, und das ist die Erkenntnis dieses Zitats, nicht mehr das Industrielle und seine auf Kapital, Arbeit und Klassen fundierte Geschichtlichkeit bilden die Episteme, das ist die Möglichkeit der Erkenntnis der heutigen Gesellschaftsformation, sondern das Städtische und damit seine auf Konsum, Planung und Spektakel zurückzuführenden räumlichen Formen enthüllen die Tendenzen der gesellschaftlichen Entwicklung in der zweiten Hälfte des zwanzigsten Jahrhunderts.

Die europäische sowohl als auch die amerikanische Soziologie und Philosophie, weniger die deutsche, hat diese Erkenntnis nachvollzogen. In der europäischen und amerikanischen Philosophie und Soziologie wird die Räumlichkeit der Gesellschaft zunehmend thematisiert: Denn im Zeitalter der Globalisierung hat der Urbanismus über den Industrialismus gesiegt. Das ist die Revanche des Städtischen in den Globalisierungstendenzen heute: Die Städte, und damit eine Raumform, stellen die entscheidenden epistemologischen Voraussetzungen zur Erklärung der heutigen Gesellschaft dar.

Und das gilt auch für den Bereich Künste, mit dem wir in dieser Veranstaltung konfrontiert sind. So hat zum Beispiel die Dokumenta X eindringlich gezeigt, wie stark das Urbane die künstlerischen Debatten seit den sechziger Jahren fundierte und die heutige Zeit auf dem Wege künstlerischer Bearbeitung erhellen kann: Eine urbane Kunst gehört zum Feld jener Imaginationen des Raumes, welche die alltägliche Herrschaft gesellschaftlicher Beziehungen im Räumlichen kritisch thematisieren können.

night in peripheria
Eine Fotoarbeit von Manuel Kubitza

Stadt und Land sind nicht länger als alleinige, wenn auch gegensätzliche Erscheinungsformen des Phänomens Landschaft begreifbar. Die Peripherie ist längst zur meistverbreiteten Landschaft geworden und somit omnipräsente Lebenswirklichkeit der meisten Europäer.

Tagsüber leidet der uns umgebende Siedlungsbrei unter dem Fehlen dauerhafter Bilder. Des Nachts entsteht dort – abseits der bedeutungsvoll übercodierten Zentren unserer Städte – ein Raum von bizarr-poetischer Schönheit. Aufgeladen durch Elektrizität, zeigt uns die Peripherie als Stadt vor der Stadt ihr magisch anziehendes Gesicht.

Corell Wex: Lefebvres Raum: Körper, Macht und Raumproduktion

1. LEFEBVRES RAUM

Der Umzug ins Offene beginnt mit einer Passage aus dem Hauptwerk des französischen Soziologen und »Raumforschers« Henri Lefebvre »La production de l'espace« (1974). In dieser Passage aus »Die Produktion des Raumes« entwirft Lefebvre am Beispiel der Spinne die Bezüge des Körpers zum Raum; die Bewegung des Textes werde ich später noch einmal aufnehmen. An dieser Stelle möchte ich vielmehr auf eine andere Seite des Textes, den Kontext, aufmerksam machen: Wir haben den Text nicht zufällig vom Band gehört. Angela Winkler hat ihn für uns mitten in Berlin gelesen. Im Hintergrund hört man die Stadt, die verschiedenen Stimmen der Stadt. Man hört den Raum, man sieht ihn nicht, und doch ist er da, präsent, weil der Raum, in dem wir leben, den wir gestalten, zuallererst gehört wird, wie Lefebvre immer wieder hervorhebt. Denn der Körper positioniert sich über den Gleichgewichtssinn, über die lateralisierten akustischen Beziehungen im Raum, und konstituiert sich selbst als räumliches Wesen. Es scheint dieser anthropomorphen Dimension gegenüber gerade eine der Grundzüge der Moderne zu sein, die ganze Sinnlichkeit des Menschen auf das Visuelle zu reduzieren. Der Mensch vor dem Bildschirm wird ortlos.

Und ein weiterer Punkt wird dadurch erfaßbar: Findet unser Denken nicht tatsächlich in der Stadt seinen Ort? Gerade auch wissenschaftliches oder künstlerisches Denken? Ist es nicht die Stadt selbst, wo uns die gesellschaftliche Situation anschaulich, greifbar begegnet?

Greifbar auch, von wo die »persistance voice«, die Stimme von Lefebvre, wie David Harvey (1989) sagt, zu uns spricht? Eines Menschen, der inzwischen von vielen gerade im angelsächsischen Raum als Begründer einer neuen räumlichen Sichtweise gesehen wird (z. B. Edward Soja, Mark Gottdiener, David Harvey), oder im deutschen Sprachraum von Walter Prigge (1990 + 1995) oder Christian Schmid (1994 + 1995). Lefebvre schrieb seine Texte meist mit Bleistift in seiner Wohnung in Paris, die er selbst in der Kritik des Alltagslebens so beschreibt:

> »Während ich diese Seite schreibe, sehe ich auf eine der schönen Landschaften in der Umgebung von Paris. In der Ferne eine gemächliche, weite Windung der Seine, auf deren ruhigem und blauem Band Konvois von Schleppkähnen dahinziehen. Glitzernde Autoschlangen bewegen sich über die Pont St-Cloud. Auf beiden Seiten bewaldete Hügel; Parks und Wiesen – Zeugen königlicher oder fürstlicher Besitztümer. Zwischen den erhabenen Höhen gewahre ich die konzentrierte Macht der Renaultfabriken auf ihrer Insel.« (KdA I, 54).

Es ist der Blick des Theoretikers, der fern vom Geschehen ist, so scheint es. Doch schon an derselben Stelle schärft er seinen Blick, geht in die Mikroebene und reflektiert über das Alltagsleben der kleinen Leute, die in seiner Nähe in Pavillons wohnen. Auf der anderen Seite reiste er in den sechziger und siebziger Jahren viel, besuchte die großen Weltstädte, ließ sich von Stadtforschern durch ihr Innenleben führen, arbeitete in Stadtforschungs- und -planungsprojekten mit, agierte also im Raum.

Aber dieses Bild kann noch weiter gefaßt werden, denn die Strukturen der Raumproduktion, um die es hier letztlich geht, hat Lefebvre im Zuge seines langen Lebens (1901 bis 1991) entdeckt, das schon am Anfang das Problem des Raumes kannte. Wie er in einem autobiographischen Text (Le temps de meprises, 217) schreibt, hat ihm schon als Jugendlicher die philosophische Trennung von Objekt und Subjekt, der Welt und des Körpers nicht eingeleuchtet. Im Raum vermischte sich das Konkrete und Abstrakte, findet seinen Ort. Sein Leben selbst spielte sich in verschiedenen Gegenden, unterschiedlichen sozialen Räumen ab und hielt diese Spannung bis zum Ende. Edward Soja (1996, 26ff) spricht von den »extraordinary voyages« des Henri Lefebvre, die ihn als Peripheren (périphérique) aus dem ländlichen Aquitanien ins Zentrum Paris bringen. Lefebvre selbst meinte später, daß nur von der Peripherie aus große Theorie gedacht werden kann, weil das Zentrum ein Blindfeld ist. Hier ist auch sein philosophischer Grundgedanke der Spannung von Gelebtem und Gedachtem angelegt, für das Gelebte steht seine Heimat, für das Gedachte die Philosophie, die Intellektualität in Paris.

Es ist bekannt, daß Lefebvre gerne und viel spazierte und in den Bergen wanderte, ja er verfaßte auch ein kleines Buch darüber (den Fotoband, Les Pyrénées). Auch seine Doktorarbeit »La vallée de Campagne«, in den 50er Jahren über ein kleines Bauerntal, entstand aus dem direkten räumlichen Kontakt, denn er lebte mit diesen Bauern zu Zeiten der Resistance, als er flüchten und sich verstecken mußte. Doch ich greife in der biographischen Abfolge etwas vor. Vielleicht macht das nichts, wir können ohnehin nur durch dieses erfüllte Leben wandern, einige Aussichten genießen, einige Einblicke gewinnen.

Lefebvres Raum: Körper, Macht und Raumproduktion

Auf diese Weise werden wir aber in einer anschmiegsamen »Gangart« (Lefebvre) dem Werk Lefebvres gerecht, daß nicht nur aus der »Produktion des Raumes« besteht, sondern vor allem aus der in Deutschland viel bekannteren Kritik des Alltagslebens (1948, 1959, 1961, 1981) und speziell seinem opus magnum, der Staatstheorie (De L´État I-IV, 1976-1978), die allerdings in engstem Zusammenhang zu seiner Raumtheorie steht. Ausgehend von diesen drei Werken möchte ich kurz eine grafische Vergegenwärtigung der komplexen tripolaren Dialektik des Lefebvreschen Gesamtansatzes zeigen (siehe Grafik 1).

Ich hoffe, daß im Verlaufe dieses vorgetragenen Spaziergangs diese Dialektik mit ihren Verbindungen, Abzweigungen und Wegen klarer wird. Es scheint sich zumindest nach und nach herauszustellen, daß jemand, der so viel reiste, so verschiedene soziale Räume wie Lefebvre kennenlernte, der den sozialen Raum der kommunistischen Partei erlebte, in die er 1928 eintrat und aus der er nach dreißig Jahren nach links austrat; oder den der surrealistischen Bewegung, an deren Anfängen er beteiligt war, daß es für so jemand kein Zufall ist, einen qualitativ gefüllten Begriff von Raum zu erarbeiten. Während er von der Räumlichkeit des Seins spricht, behandelt ein Philosoph wie Immanuel Kant, der nie aus Königberg hinauskam, den Raum nur als leere Anschauungsform, als apriori.

Was haben wir noch vergessen bei unserem Spaziergang? Wir haben noch vergessen, daß Lefebvre langsam akademisch aufstieg, daß er zwischen 1945 und 1950 einer der Chefideologen der KPF wurde, daß er aber immer mit dem Dogmatismus in Widerspruch geriet und sich nach dem kleinen Buch »Probleme des Marxismus heute« (1958) die Wege endgültig trennten. Denn er hatte dem Marxismus nicht nur vorgeworfen, eine Staatsideologie und eine Ideologie des Staates zu werden, nein, sondern auch, langweilig geworden zu sein und die wirklichen Probleme nicht mehr sehen zu können.

Ich habe vielleicht auch vergessen zu erwähnen, welche Gegenden und Gebiete ich nun für eine kleine Fremdenführung durch das Lefebvresche Denken und seinen Begriff der Raumproduktion vorgesehen habe. Die erste Führung wird uns in das karge Gebirge der abstrakten Strukturen der Raumproduktion, möglichst auch in ihre Geheimnisse einführen. Im folgenden wollen wir uns dem eigentlichen Bestand unseres Selbst, dem Körper und seiner Räumlichkeit, zuwenden. Doch dieser kurze Ruhepunkt wird uns sofort wieder in die großen Städte, die Stätten von Kapital und Staat, führen und damit die Räumlichkeit der Macht vorführen. Nachdem wir deren komplexe Gestalten als flüchtigen Eindruck wahrgenommen haben, werden wir schließlich zum »Mehr«, ins Offene des Raumes vordringen. Der erste Rundgang beginnt.

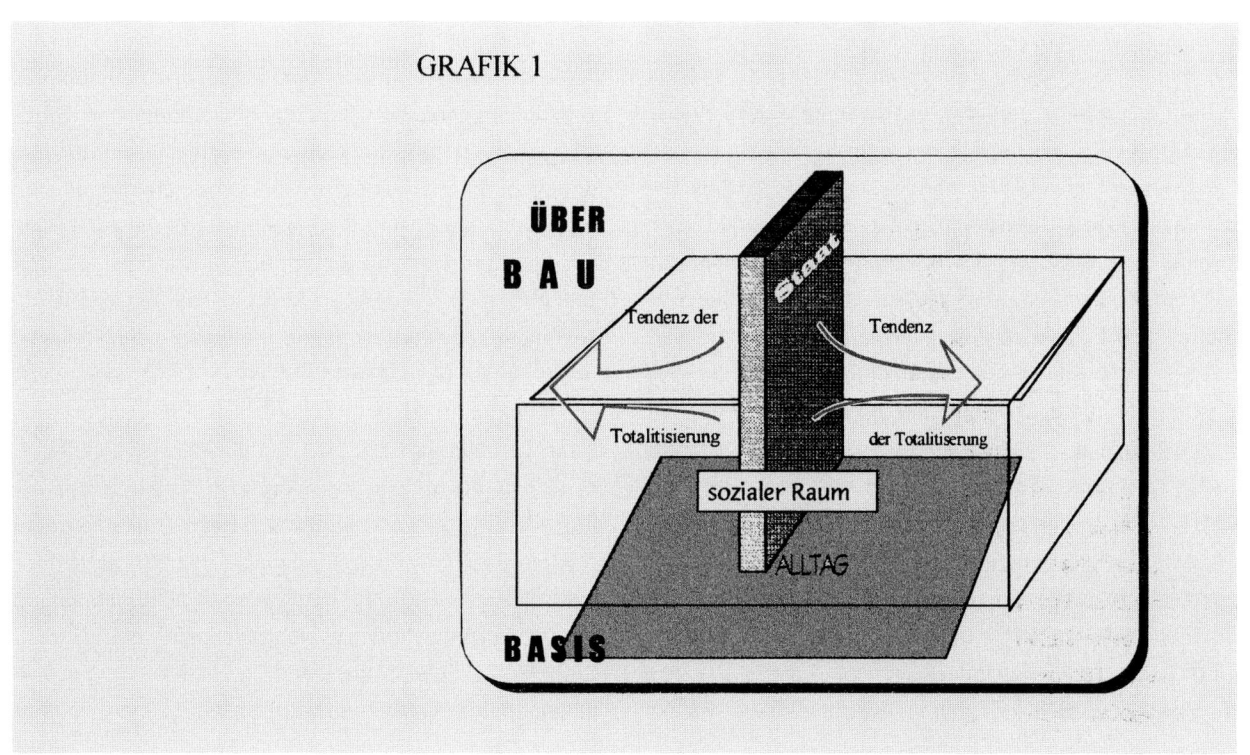

2. STRUKTUREN DER RAUMPRODUKTION

Der Begriff, der den Zugang zu diesen seltsamen Gegenden der Lefebvreschen Theorieproduktion prägt, ist der der Raumproduktion, der immer wieder Verwunderung hervorgerufen hat. Vielleicht läßt er sich besser begreifen, wenn man auf den Unterschied von weitem und engem Begriff von Produktion eingeht. Lefebvre stellte bei einer Neulektüre der Marxschen Werke fest, die er anfangs der siebziger Jahre unternahm, daß es bei diesem erstaunlicherweise zwei Begriffe von Produktion gibt: einen, den wir heute noch ganz landläufig verwenden und der darauf abstellt, isolierte Dinge, Produkte herzustellen. Aber für Lefebvre, der von einer praxistheoretischen Position ausging, war dies nicht einfach so hinzunehmen. Es zeigte sich, daß es bei Marx noch einen zweiten Begriff gibt, der das Herstellen von sozialen Beziehungen und Werken meint (vgl. PdE 87ff). Wobei der Werkbegriff von Lefebvre in einer spezifischen Weise ausgearbeitet wurde: er verstand darunter sowohl Kunstwerke wie auch die Stadt als Ganzes oder die Staatsform (vgl. La présence et l'absence).

Wird der Produktionsbegriff so gefaßt, kann man auch verstehen, wieso der Raum als soziale Form produziert wird. Es zeigt sich, daß dieser Raum kein Ding und auch kein Nichtding ist, nein: er ist eine soziale Form, eine Realabstraktion wie das Geld, er wird strukturiert und strukturiert selbst (vgl. PdE 87 u. 212); er ist Subjekt und Objekt zugleich. Er sprengt diese bewußtseinsphilosophische Auffassung, er geht längst darüber hinaus, wird zum Grundbegriff der metaphilosophischen tripolaren Dialektik, die Lefebvre immer wieder hervorhebt (vgl. Retour de la dialectique).

Lefebvre hat hier – unterderhand sozusagen – ein Problem des klassischen Marxismus gelöst, das durchaus auch andere materialistische Theorien umtreibt, nämlich das Schema von Basis und Überbau (vgl. Une pensée devenue monde, 157). Zuallererst muß aber betont werden, daß Basis und Überbau bei Marx so überhaupt nicht vorhanden sind, sondern in der berühmten Stelle aus der »Kritik der politischen Ökonomie« (MEW 18) spricht dieser von der ökonomischen Basis der Gesellschaft, dem politischen und juristischen Überbau und den »entsprechenden Bewußtseinsformen«, worunter Religion, Kunst u. ä. verstanden werden. Also auch hier ist von einer tripolaren Dialektik die Rede und nicht von einer dichotomischen Gegenüberstellung. Lefebvres Verdienst ist es, zu zeigen, daß sich diese tripolare Dialektik in und mittels des Raumes entwickelt.

Raum und Zeit werden damit in ein neues dialektisches Verhältnis gesetzt, es kommt zu einem relativistischen Quantensprung innerhalb der Gesellschaftswissenschaften.

Eine schwierige Wegstrecke, die wir bisher zurückgelegt haben, ein steiler Aufgang, den wir erklommen. Aber jetzt stehen wir vielleicht auf sichererem Boden, vielleicht auch auf einer Hochebene und können nun klarer überblicken, was uns umgibt. Es ist auch hier wieder Lefebvre, der uns aufzeigt, daß das, was uns umgibt, sich in drei verschiedene geographische Bereiche aufteilen läßt – vermag man nur die Spuren zu lesen.

Da wären zum einen die räumlichen Praktiken auf der untersten Ebene oder auch das Wahrgenommene (vgl. PdE 42 u. 48), der Bereich, worin der Mensch unmittelbar mit dem Raum körperlich umgeht. Dies ist auch der Raum, in dem er sich selbst befindet und den er auch gestaltet. Zum anderen gibt es die Repräsentation des Raumes, das sind Darstellungen des Raumes, Signale, Codes, Pläne, die eine Lesbarkeit des Raumes implizieren. Das ist auch die Ebene des Gedachten, die Ebene, auf der Akteure wie Architekten, Stadtplaner sich zumeist befinden. Leider auch, wie Edward Soja hervorgehoben hat, ein Großteil der auf den Raum ausgerichteten Wissenschaften (vgl. Soja 1996, 60ff), die in diesem second space verharren. Als drittes Element kommen nun die Räume der Repräsentation ins Spiel, also der Vorstellungsraum, das sind komplexe Symboliken, die das Gelebte des Menschen ausmachen. Anschaulich wird dies in der Kathedrale oder der Piazza einer Renaissance-Stadt, die beide weder allein durch die räumlichen Praktiken noch durch das Gedachte ihre soziale Form erhalten, sondern durch die Symboliken, die sich an sie knüpfen und damit einen spezifischen Vorstellungsraum erstehen lassen. Erst mit einer solchen tripolaren Dialektik, mit drei Polen, die sich gegenseitig beeinflussen, einschränken, überlappen, interferieren, kann die Gegend umschrieben werden, in der wir uns befinden.

Wenn wir allerdings die Führung durch Lefebvres Raum von einer anderen Seite beginnen, kann diese tripolare Dialektik auch als die von physischem Raum, mentalem und sozialem Raum gesehen werden. So zielt die Kunst nach Lefebvre auf die Gestaltung des mentalen Raumes ab und schafft dabei neue Räume der Repräsentation, z.B. im Theater, in der Musik. Selbstverständlich implizieren diese Vorstellungsräume räumliche Praktiken, das Bühnenbild muß

Lefebvres Raum: Körper, Macht und Raumproduktion

geschaffen werden, die Akteure agieren mit einer bestimmten Gestik, setzen ihren Körper ein etc. Das Schreiben darüber wäre der Darstellungsraum.

Der Raum ist also nicht ein leeres Tableau, eine leere Form, in die etwas eingeschrieben wird. Sondern der Raum selbst wird produktiv. Und hier macht Lefebvre Anleihen bei einem anderen Spaziergang, nämlich bei der Marxschen Kritik der politischen Ökonomie: der Raum wird zur Produktivkraft. Wie? In der Form der Stadt, die selbst nichts produziert, wie Lefebvre (Revolution der Städte, 127) hervorhebt, aber alle Produktionen und Waren zusammenführt und versammelt. Er denkt hier selbstverständlich zuallererst an die mittelalterlichen Städte und nicht an die Industriestädte, die recht häufig formlose Antistädte sind (RdS, 19f). Durch die Zusammenführung verschiedener Aspekte wird die Stadt mit ihren Lagern und Verkehrswegen, mit ihren Marktplätzen und Geschäften zu einer Produktivkraft, indem sie akkumuliert und sogar weitergehend zum historischen Subjekt wird. Dies ist keine Ableitung aus einer überzeitlichen kapitalistischen Logik, sondern umgekehrt: Für Lefebvre ist das Industrielle nur ein Mittel, während das Städtische der Zweck ist. Es kommt im 20. Jahrhundert zu einer »Revolution der Städte«, das heißt, die Städte ergießen sich auf ihr Umland, schaffen ein Geflecht von Wegen, auch Zugangswegen zu den Köpfen (vgl. PdE 307f). Das heißt auf allen drei Ebenen werden Regionen, Territorien umgestaltet, letztlich zur Form des territorialisierten Nationalstaats, den wir uns in der nächsten Reise genauer ansehen werden. Es erscheint fast so, als wäre die Stadt das eigentliche historische Subjekt, auf jeden Fall aber ein Produkt der Raumproduktion. Doch sind wir zu schnell gegangen, haben uns zu weit vorgewagt? Oder haben wir uns erst einmal einen Überblick über Lefebvres Raum verschafft? Nun sollten wir noch einmal genauer hinschauen.

3. DIE RÄUMLICHKEIT DES KÖRPERS UND DER SOZIALEN BEZIEHUNGEN

An den Anfang dieser Führung durch die Geheimnisse der Raumproduktion möchte ich ein Zitat stellen, das eigentlich mein Lieblingszitat aus »La production de l'espace« ist. Die Sozialwissenschaften, so die allgemeine Auffassung, baue sich auf den sozialen Beziehungen auf, es stelle sich nur die Frage, ob diese nun Strukturen oder Handlungen darstellen. Dagegen fragt Lefebvre, was genau ist »die Art der Existenz der sozialen Beziehungen? Wesenhaftigkeit?

Natürlichkeit? Formelle Abstraktion? Die Studie des Raumes erlaubt darauf zu antworten: die sozialen Beziehungen der Produktion haben eine soziale Existenz, sofern sie eine räumliche Existenz haben; sie entwerfen sich in einem Raum, sie schreiben sich in diesen ein, indem sie ihn produzieren.« (Pde 152). Aber wie werden diese sozialen Beziehungen produziert, wenn nicht durch den Körper? Ist es nicht dieser, der sich in einem poetischen Akt, in seiner Kreativität im Raum entfaltet und diesen umgestaltet?

Hier kommen wir zum Text über die Spinne zurück (vgl. S. 9). Denn diese produziert ein Netz, das als Ausfluß ihres Körpers ihren Lebensraum gestaltet. Sie denkt dabei nicht wie Menschen, aber auf irgendeine Weise denkt sie. Sie hat räumliche Praktiken, die auch wir haben, macht den Raum zu ihrem Produkt, nimmt ihn nicht als leere Form hin. Die räumlichen Praktiken stehen am Anfang von allen.

Die Betonung der Körperlichkeit war der große Einspruch gegen eine alte französische Tradition der Bewußtseinsphilosophie, angefangen bei Descartes, die auch in Deutschland verankert ist. Sie will alles auf das Gedachte reduzieren und will nicht das Gelebte und das Geliebte sehen, das Lefebvre immer wieder mit Zähnen und Klauen verteidigt.

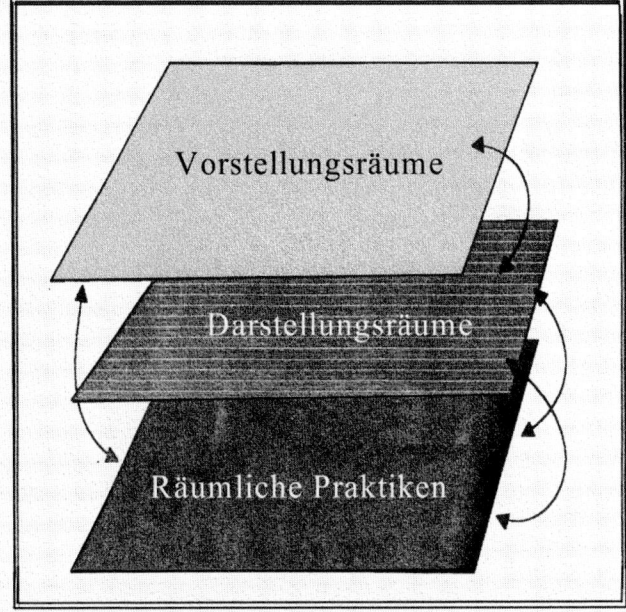

Grafik 2

Ein Einspruch, der weiß, daß in der Welt immer mehr ist, als in einer Philosophie sein kann (vgl. RdS 162).

Lefebvre will nun aber nicht von irgendeiner Körperlichkeit ausgehen, vom Hobby-Freizeitmenschen vielleicht oder den Körpern des Maschinenanhängsels Arbeiter. Nein: er will vom sinnlich-sensiblen Körper ausgehen, der aus dem Raum seine Energien bezieht und sie in diesen zurückgibt. Es ist seine große Anklage gegen die alte Philosophie, daß diese den Körper auf den Diskurs, den Intellekt reduziert und damit auf eine Summe von Organen (vgl. PdE 202). Dieser Körper wird solchermaßen zugerichtet für die linearen Rhythmen der modernen Gesellschaft – und in letzter Instanz ruiniert. Dies zeigt sich z. B. deutlich im Stadtbild, das der moderne Urbanismus geschaffen hat: Hier fehlen alle räumlichen Orientierungspunkte, alle Lateralisierungen, also die Seitenbeziehungen (vgl. PdE 231). Es kann nicht mehr gehört werden in solchen Städten, diese Städte sind wie Texte aufgebaut, die sich vom göttlichen Auge des Stadtplaners lesen lassen und erst dort Sinn und Schönheit ergeben. Sie sind mit ihren monumentalen Plätzen, mit ihren allzu ordentlichen Zeilenbebauungen nur Darstellungsräume, die so nicht gelebt werden können.

Wie wird nun der Körper mit dem Raum verknüpft? Lefebvre gibt eine ganz einfache Antwort: durch die Gesten. Kürzlich hat Richard Sennett die Geschichte »Fleisch und Stein« (1997) geschrieben, die zeigt, wie das Verständnis des Raumes den öffentlichen Diskurs bestimmt, die Vorstellung von Politik, die Vorstellungen aber auch des Menschen über sich und seinen Körper. Es sind nicht nur fahrige Gesten, die der Mensch hervorbringt, nein: Gesten werden nicht zuletzt durch den Einfluß der Arbeit und der Werke von Menschenhand ritualisiert und kodifiziert. Auch die öffentlichen Plätze haben hier einen großen Einfluß, z. B. die griechische Agora, die multifunktional war und schon im Forum der Römer reduziert wird, wie dies Sennett detailliert aufgezeigt hat (vgl. ebd., 130ff). Es werden aber auch Räume produziert, die bestimmten Gebräuchen vorbehalten bleiben, wie z. B. Sportstätten oder Kriegsorte. Die hier ausgeführten Gesten sind es, die den mentalen Raum mit dem physischen Raum vermitteln und dabei einen sozialen Raum schaffen. Dieser geht über die Unmittelbarkeit des biomorphen Raumes hinaus, die sozialen Beziehungen existieren, sofern sie eine räumliche Existenz haben. Aus einer solchen Sicht ist auch die Kunst vielleicht so etwas wie das Netz für die Spinne. Mit der künstlerischen Aktivität wachsen uns neue Sinne, neue Arme und Beine. Und verhält sich das mit den Begriffen nicht ähnlich? Sind diese nicht die Griffe, an denen man die Dinge zu packen bekommt, wie Brecht meinte?

Wir können nun an diesem Punkt unserer Reise klarer erkennen, was es heißt, wenn der Raum als Realabstraktum gesehen wird. Wir können nun auch klarer erkennen, wie hier die Werkzeuge der Raumproduktion entstehen. Denn gerade die Abstraktion ist selbst ein trennendes Werkzeug, aber noch mehr: sie erlaubt das Werkzeug und die Waffe, wie Lefebvre scharfsinnig bemerkt (vgl. De L'État II, 71). Von ritualisierten Gesten ausgehend, werden räumliche Praktiken geschaffen, Räume nach Produktion oder Erholung geschieden oder multifunktionale Räume, die zurückschlagen auf das Denken der Menschen, ihnen Handlungen vorschreiben und andere verhindern. Man kann es an einem Beispiel noch einleuchtender machen: Man verhält sich an seinem Arbeitsort anders als in der Kneipe. Es ist der Raum, der den Unterschied macht. Aber nicht als rein physischer, sondern als sozialer Raum, der durch bestimmte Handlungen von Menschen strukturiert wird. Es ist die sogenannte Atmosphäre, die unser Handeln beeinflußt. Es ist dieses seltsame Ding oder Nichtding Raum, das unser Tun in diese oder jene Richtung orientiert, also auch ihm einen Raum gibt und damit Entwicklungen hervorbringt. Das heißt aber umgekehrt, daß wir neue Räume eröffnen müssen, wenn wir versuchen, einen Ausweg aus der räumlichen Konfusion der heutigen Städte zu finden, die immer mehr mit ihrer Funktionstrennung auf Verkehrsflächen reduziert werden und davon abgeschiedenen Orten der Entspannung. Das impliziert allerdings auch eine Veränderung unseres Naturbezuges, denn dieser wird in der Raumtheorie als längst von Menschenhand konstituierter Raum mitgedacht. Es ging Lefebvre darum, im Horizont einer kollektiven Aneignung des Raumes unseren Planeten wieder bewohnbar zu machen (vgl. PdE 485). Den Weg dazu öffnen wir nur mit einer Suchbewegung durch die Räumlichkeiten der Macht.

4. DIE RÄUMLICHKEIT DER MACHT

Wäre es nicht an der Zeit, hier einen anderen französischen Wegbegleiter vorzustellen, der schon eine ganze Weile bei uns war, dem es im Zentrum seines Denkens um den Körper ging? Vielleicht können wir Michel Foucault (vgl. Soja 1996) gerecht werden, indem wir eine Problematik hervorheben, die auch ihn ständig umtrieb, nämlich die der Macht (vgl. u. a. Lemke 1997).

Lefebvres Raum: Körper, Macht und Raumproduktion

Wir haben schon einen langen Weg zurückgelegt, viele wesentliche Strukturen der Raumproduktion gefunden und doch die Historizität desselben nicht genug beachtet. Lefebvres Gang in der »Produktion des Raumes« zeigt vor allem die Wandlung zwischen dem absoluten Raum des Feudalismus und dem dynamisierten Raum des Kapitalismus auf. Dieser ist ein abstrakter mit all den Kennzeichen, die dazugehören: er ist ein geometrischer, lesbarer, visueller Raum (vgl. PdE 328f). Er ist der Raum der Ware und ihrer Entfaltung. Wenn ich vorhin schon davon sprach, wie sich die Stadt auf das Umland ergießt und die städtische Kultur das ganze Land durchdringt, dann ist es auch die Ware, mittels der diese innere Landnahme erfolgt. Es entsteht ein Raum der Rechenbarkeit, der Verkäuflichkeit und der grenzenlosen Aufteilbarkeit, die den konkreten Ort, den genius loci zerstört. Ja, es geht heute sogar so weit, daß Raums tücke in Form von Immobilien als weltweites Anlagenkapital gehandelt werden, ähnlich wie Aktien. Es entsteht, wie Lefebvre betont (RdS 169 u. PdE), ein zweiter Kreislauf der Ökonomie. Nicht mehr nur Waren werden in einem ersten Kreislauf produziert, sondern auch das Gefäß der Ware selbst wird ergriffen, gemäß den kapitalistischen Imperativen produziert.

Gegen diesen abstrakten Raum des Kapitalismus hoffte Lefebvre immer noch auf den Körper als Widerstandspotential. Allerdings ist es die reale Bewegung, die einen immer entleerteren Raum hervorbringt, der den Körper unterwirft. Man sieht: Dieser leere Raum wird von einem Objekt besetzt: dem Staat. Der territoriale Nationalstaat war es, der den konkreten Körper des Königs entmachtete (vgl. De L'État II, 61) und enthauptete und damit den Bezug der Macht zum Natürlichen löste. Statt dessen wurde die Macht über den abstrakten Raum des Territoriums ausgeübt. Insgesamt haben diese Staaten als Staatsform die Welt erobert, sie haben eine Katholizität erreicht, die keine Religion je erreichte (vgl. De L'État I, 11). Die Staatsform ist heute allgemein geworden und wird auch nicht durch die Globalisierung angegriffen, im Gegenteil: Sie hat diese hervorgerufen.

Dieser Staat hat fast alle Räume besetzt, er ist omnipräsent und omnipotent. Er versucht sich einzumischen in alle sozialen Beziehungen, indem er sie einem einheitlichen Schema unterwirft. Er versucht soviel Homogenität herzustellen wie möglich, was ihm zusammen mit der Ware auch glänzend gelungen ist. Er kann dabei die Fragmentarisierung nicht verhindern, die letztlich aber seinem Kalkül dient (vgl. De L'État III, 197).

Die verschiedenen sozialen Räume werde auf diese Weise voneinander getrennt und gerade damit in die Hierarchisierung des Staates eingebunden. Da die Gesellschaft aber nur weiterfunktionieren kann, wenn diese verschiedenen Räume miteinander vermittelt werden, werden diese über die staatliche Kontrolle zusammengeführt. Der Staat macht sich unentbehrlich (vgl. De L'État I, 202, KdA II, 290 und Grafik 3), obwohl er nach Lefebvres Überzeugung entbehrlicher wäre als alles, was Menschen als Werk bisher geschaffen haben.

Man sieht hier als Schlußfolgerung, daß die Macht ein soziales Verhältnis ist, das durch den Raum vermittelt ist. Dies nenne ich die Logistik der Macht und hoffe, damit einen Teil des Phänomens Macht der Erklärung zugänglich machen zu können. Außer Lefebvre haben die sozialräumliche Gründung der Macht wenige gesehen, an erster Stelle Michael Mann (1986 u. 1993) und Michel Foucault (1976 u. 1978). Denn auch letzterem ging es darum, die Räumlichkeit der Macht zu entschlüsseln, verschiedene räumliche Praktiken aufzuzeigen, die Macht konstituieren wie die Klinik oder das Gefängnis. Foucault hat auch auf die Diskurse

Sabine Siegfried: »Der Vorleser«, Havanna 1997

37

als mentalen Raum hingewiesen, die ein Feld der Macht entstehen lassen, indem sie das Andere aus- und einschließen. Doch auch Lefebvre hat betont, wie die Kontrolle von Netzwerken aus Stoff- und Energieflüssen bis hin zum symbolischen Raum diese Logistik der Macht schaffen. Gerade die Abwesenheit der ausgeübten Macht sichert die Macht. »Die Ordnung des Raumes verbirgt sich hinter einem Raum der Ordnung«. (Pde 332), sagt Lefebvre in einem anderen meiner Lieblingszitate. Zuerst wurde der

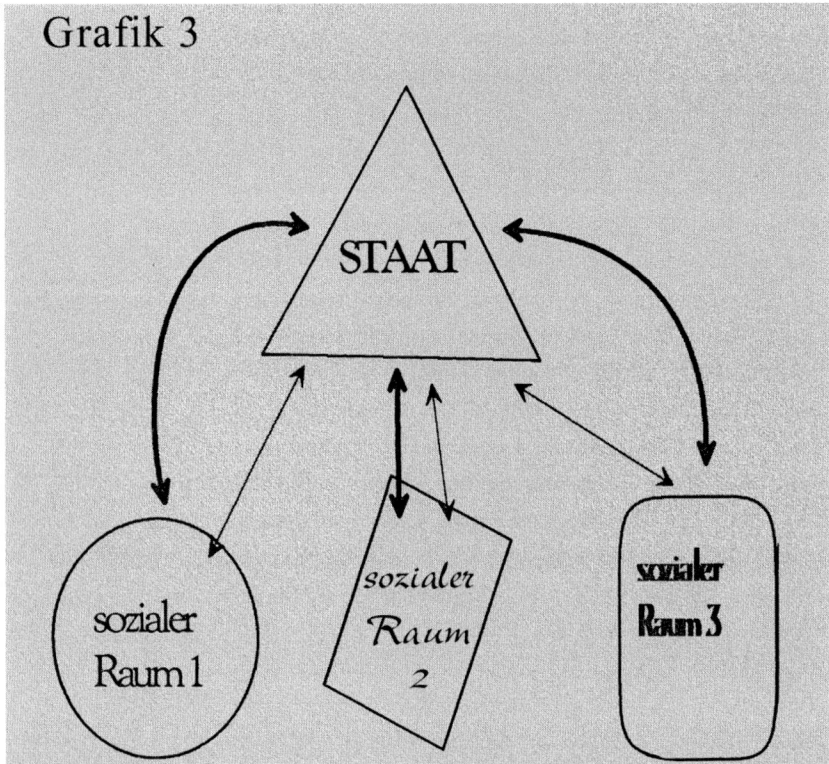

Raum des Sinnlichen durch verschiedene räumliche Praktiken entleert, unter anderem durch Raumplanung, die das Gelebte auf das Gedachte der Pläne reduzierte (vgl. De L'État II, 151). Dann wurde der Staat durch die Besetzung des Raumes abgesichert, weil er nun im wahrsten Sinne des Wortes alles zu sehen meint (vgl. De L'État III, 179f). Aber nicht nur das, er selbst ist der Lichtwerfer, der der Wissenschaft Mittel und Aufgaben zuweist, diese in eine Arbeitsteilung einpfercht, die wiederum seine Logistik reproduzieren.

Es war vielleicht die Tragik Henri Lefebvres, daß er sich niemals diesen Disziplinen und disziplinären Räumen unterwerfen wollte. Und doch gab es zumindest einen geschichtlichen Moment, in der radikale Kritik praktisch wurde: im Mai 68. Die Studierenden hatte er mit seiner Schrift »Das Alltagsleben in der modernen Welt« sehr beeinflußt, die Revolte ging insgesamt von der Universität Nanterre aus, an der er selbst lehrte. Lefebvre sah diesen Aufstand der Spontaneität zusammen mit dem Prager Frühling als Angriff auf die staatliche Produktionsweise in Ost und West. Er hatte sich mittlerweile als Professor etabliert, aber weigerte sich nach wie vor, eine Schule zu gründen oder der langen Liste an Systemen ein weiteres hinzuzufügen. Er hat lieber Reisen unternommen, geistige Reisen in Form eines »mental mapping«. Aber: wie auf jeder Reise verwirrten sich die verschiedensten Eindrücke, überforderte die Vielzahl von Bezügen die meisten Reisenden. Und so blieb die »Produktion des Raumes« selbst ein Geheimnis, weil sie in die Geheimnisse der Raumproduktion einführte. Auch ich selbst habe nur versucht, eine von unzähligen möglichen Routen durch dieses Werk zu legen, eine gewisse Orientierung vorzugeben, und möchte, nachdem wir uns durch den Dschungel der Begriffe geschlagen haben, die Landschaften vorstellen, die die Öffnung des Raumes darstellen.

5. DIE ÖFFNUNG DES RAUMES

Erst nach und nach wurde erkannt, welche epochale Bedeutung dem Werk von Lefebvre insgesamt und der »Produktion des Raumes« im besonderen zukommt. Ein erfrischendes Denken, das in seiner präzisen Offenheit erst die Grundlagen legte für eine sozialräumliche Sichtweise, die leider in deutscher Sprache noch immer nicht zu haben sind. So muß man sich bis heute noch immer an die vielfältige angelsächsische Rezeption halten, die bei David Harvey, Andrew Molotek, Andrew Sayer oder Rob Shields zu interessanten Resultaten kam und vor allem herausstellte, daß es sich beim Werk Lefebvres nicht um eine Art von Stadtsoziologie, eine Sozialgeographie oder eine Form von Architekturkritik handelte. La production de l'espace ist all das und noch viel mehr: eine Geschichtsabhandlung, eine Kritik der Macht, eine anthropologische Verräumlichung, eine Ökonomie- und Philosophiekritik. Immer deutlicher wurden nun auf einmal auch Autoren wie Antonio Gramsci als räumlicher Denker oder John Berger wiederentdeckt. Gerade letzterer hat mit seinem Satz, daß »it is space that hides consequences from us, not time« auf die Besonderheit der Kategorie Raum hingewiesen, die in ihrem spiegelnden, verdeckenden Charakter liegt (vgl. Soja 1989).

Ich sprach vorhin schon einmal von dem kollektiv angeeigneten Raum als Werk, denn Aneignung ist eine Kategorie, die bei Lefebvre höher steht als Freiheit. Gemeint ist

Lefebvres Raum: Körper, Macht und Raumproduktion

damit vor allem die bewußte Inbesitznahme unserer eigenen Raumproduktion (vgl. PdE 485). Sie wäre das Gegenteil der kapitalistischen Enteignung, die ständig stattfindet, die uns unserer eigentlichen Lebensmittel beraubt, die uns orientierungslos zurückläßt, indem sie den Raum als logistischen Raum der Macht konstituiert.

Einen Umzug ins Offene, eine Öffnung des staatlich reglementierten, geistig verbarrikadierten Raumes sehe ich in drei Möglichkeiten vorgezeichnet:

a) Zum einen wäre das die Selbstverwaltung des gesamten Raumes, das Recht auf Urbanität, wie Lefebvre es formuliert hat (vgl. Le droit à la ville und Espace et société). Dies stellt sozusagen die ethisch-politische Seite dar. Es sind die arbeitenden Menschen, die aus dem Stadtzentrum vertrieben wurden, es sind heutzutage die Obdachlosen, die Objekt einer neuen Law-and-Order-Politik werden, wie dies Klaus Ronneberger (1998) am Beispiel Frankfurt am Main kürzlich aufzeigte. Gleichzeitig wird diese Fußgängerzone zum Einkaufsparadies, zur Residenz der Welt der Ware. Kulturpessimistisch könnte man fragen: Wo sind die Orte der Gemeinsamkeit heutzutage geblieben? Aber man kann dagegen auch ein Recht auf Urbanität proklamieren, das kein natürliches Recht wäre, sondern eines, das erkämpft werden muß. Zusammen mit dem Recht auf Differenz und Information gäbe das Konturen eines antihegemonialen Projektes, wie es Lefebvre (1990) in seinem allerletzten Werk formulierte.

b) Die zweite Dimension sehe ich in der kreativen Raumgestaltung, also der ästhetischen Dimension. Wären nicht über neue Räume neue Situationen herzustellen, die zumindest einen Anreiz bieten würden, den Mensch und seinen Körper in neuer Weise erfahrbar zu machen? Und läge hierin nicht die vornehmste Aufgabe der Künste, auch und gerade der Architektur, zur größten aller Künste beizutragen, nämlich der Lebenskunst (vgl. Brecht, Kleines Organon)? Hierin sehe ich auch den wesentlichen Grund dieser experimentellen Zusammenkunft über Disziplingrenzen hinweg; denn die Theorie kann nur eine Orientierung weisen, die Praxis muß den Weg vorangehen (vgl. De L'État IV, 441).

c) Und noch eine dritte Dimension, nämlich die Rückgewinnung eines differentiellen Raumes mittels der Solartechnologien gehört zu dieser Praktik. Diese Solartechnologien sind ihrem prinzipiellen Wesen nach demokratisch (vgl. Krusche u. a. 1982, Scheer 1993), und wenn es denn richtig ist, daß sich die Logistik der Macht vor allem auf zentralistische Stoff- und Energieflüsse stützt, dann müssen wir diese Logistik brechen, um einen neuen Raum zu eröffnen und letztlich eine Gegenlogistik zu etablieren. Ganz unterderhand wird damit auch ein ganz neuer körperlicher Raumbezug begründet werden, wir können tatsächlich erleben, wie wir uns mit Wärme, Wasser oder Strom versorgen können, ohne auf den Strom aus der Steckdose zu warten. Es wäre auch ein Stück mehr Transparenz der gesellschaftlichen Zusammenhänge zu erhoffen, die erst das Funktionieren von Selbstverwaltung garantieren kann. Und der abstrakte Bezug zwischen der Regierung, die weit oben thront, man weiß nicht wo, und den Menschen hier unten könnte abgeschafft werden, um damit unsere Körper in eine neue Macht über ihre unmittelbaren Lebensbedingungen zu setzen.

Vielleicht kann dieser kleine Spaziergang durch die Produktion des Raumes dazu anregen, über eine solche Perspektive zu diskutieren.

LITERATUR
NEIL BRENNER (1997a): Global, fragmented, hierarchical: Henri Lefebvre's geographies of globalization. Public Culture 10, 1, Fall
NEIL BRENNER (1997b): Die Restrukturierung staatlichen Raums. Stadt- und Regionalplanung in der BRD 1960–1990. in: Prokla 109, Nr. 4/ 1997, 545-565
NEIL BRENNER (1997c): Between fixity and motion: space, territory and place in the social production of spatial scale, manuscript
NEIL BRENNER (1998): Global, fragmented, hierarchical: Henri Lefebvre's geographies of globalization. in: Public Culture
MICHEL FOUCAULT (1976): Überwachen und Strafen. Ffm, (Suhrkamp)
MICHEL FOUCAULT (1978): Der Wille zum Wissen. Sexualität und Wahrheit Bd. I
MICHEL FOUCAULT (1978): Dispositive der Macht. Berlin
MICHEL FOUCAULT (1980): Questions on Geography. in: C. Gordon (Ed): Power/Knowledge. Selected Interviews and other Writings 1972-77, 63-77
MICHEL FOUCAULT (1986): Of other Spaces: Diacritics 16, 22-27. Dt: Andere Räume. In: Wentz 1991

MARK GOTTDIENER (1993): A Marx for our Time: Henri Lefebvre and The Production of space, in: sociolgoy theory 11, 1, 129-134
MARK GOTTDIENER (1995): New Urban Sociology
MARK GOTTDIENER (1996): The Social Production of Urban Space, Austin: Texas University Press [Soz 31041] [2. Aufl.
DAVID HARVEY (1985): The Urbanization of Capital. Baltimore
DAVID HARVEY (1989): The condition of postmodernity. Oxford
REMI HESS (1988): Henri Lefebvre ou l'aventure du siècle. Paris. A. M. Métaillé.
ROGER KEIL (1992): Die Produktion des Raums: Auswege aus der Krise des Fordismus? Eine Entgegnung auf James O'Connor, in: Prokla 88, 476-483
PER KRUSCHE u.a. (1982): Ökologisches Bauen. Wiesbaden
HENRI LEFEBVRE (1947): Critique de la vie quotidienne, I, Introduction. Grasset, zweite Auflage mit langem Vorwort, Archée., dt. München 1974, Carl Hanser
HENRI LEFEBVRE (1958): Problèmes actuels du marxisme. Presses universitaires de France. Dt. : Probleme des Marxismus heute, Ffm 1965, Suhrkamp
HENRI LEFEBVRE (1962 Critique de la vie quotidienne, II, Fondement d'une sociologie de la quotienneté. L'Arche. Dt. Kritik des Alltagslebens Bd. II, München 1975, Carl Hanser
HENRI LEFEBVRE (1963): La vallée de Campan. – Étude de sociologie rurale. Presses universitaires de France
HENRI LEFEBVRE (1965): Pyrénées. Lausanne. Ed. Rencontre.
HENRI LEFEBVRE (1965): Métaphilosophie. Éditions de Minuit. Dt. Metaphilosophie. Prolegomena. Ffm 1975, Suhrkamp
HENRI LEFEBVRE (1968): Le droit à la ville. Anthropos. Dt. o.O. Basis Verlag 1972
HENRI LEFEBVRE (1967): La vie quotidienne dans le monde moderne. Gallimard. Dt. Das Alltagsleben in der modernen Welt. Ffm 1972, Suhrkamp
HENRI LEFEBVRE (1968): L'irruption de Nanterre au sommet. Anthropos. dt. Aufstand in Frankreich. zur Theorie der Revolution in hochindustrialisierten Ländern. Ffm 1969, Edition Voltaire.
HENRI LEFEBVRE (1970): La revolution urbaine. Gallimard. Dt: Die Revolution der Städte. München 1972, Paul List Verlag. 2. Auflage Ffm 1990, Anton Hain-Verlag
HENRI LEFEBVRE (1973): Espace et politique (zweiter Band von Le droit à la ville), Anthropos.
HENRI LEFEBVRE (1974): La production de l'espace. Anthropos.
HENRI LEFEBVRE (1975): Les temps de méprises. Stock
HENRI LEFEBVRE (1976-78) De l'État. vier Bände:
1 L'État dans le monde moderne, 1976
2 Théorie marxiste de l'État de Hegel à Mao, 1976
3 Le mode de production étatique, 1977
4 Les contradictions de l'État moderne, 1978. Alle UGE collection 10/18
HENRI LEFEBVRE (1980): La présence et l'absence. Casterman
HENRI LEFEBVRE (1980): Une pensée devenue monde. Faut-il abandonner Marx? Fayard
HENRI LEFEBVRE (1981): Critique de la vie quotidienne, III, De la modernité au modernisme. (Pour une métaphilosphie du quotidien). L'Arche
HENRI LEFEBVRE (1986): Le retour de la dialectique. Douze mots clefs pour le monde moderne. Messidor-Editions sociales
HENRI LEFEBVRE (1990): Du contrat de citoyenneté.
THOMAS LEMKE (1997): Eine Kritik der politischen Vernunft.
MICHEL FOUCAULT: Analyse der modernen Gouvernementalität. Berlin, – Argument –
MICHAEL MANN (1987): Geschichte der Macht. 2 Bände. Ffm, Campus
MICHAEL MANN (1993): The Sources of Social Power. Vol. 2. Classes and Nations 1760-1914. Cambridge
ANDY MERRIFIELD (1995): Lefebvre, Anti-Logos and Nietzsche. An Alternative Reading of the Production of Space, in: Antipode 3 (July), 294-303
ANDY MERRIFIELD (1993): Place and space: A Lefebvrian reconciliation in Transactions of the Institute of British Geographers 18, 516-531
HARVEY MOLOTEK (1993): The Space of Lefebvre. Review on »The Production of Space« in: Theory & Society, 222, Dez 1993, 887-895
WALTER PRIGGE (1991): Die Revolution der Städte lesen, in: Wentz 1991
WALTER PRIGGE (1995):Mythos Architektur. Zur Sprache des Städtischen, in: G. Fuchs / B. Moltmann: Mythos Metropole. Ffm 1995, S. 73-88
WALTER PRIGGE (1995A): Urbi et orbi - zur Epistomelogie des Städtischen, in: Hitz u. a. (1995), 176-187
KLAUS RONNEBERGER (1998): Law-and-Order in Frankfurt am Main. FR
HERMANN SCHEER (1993): Sonnenstrategie. München
HAJO SCHMIDT (1990): Sozialphilosophie des Krieges. Zur ... bei George Bataille und Henri Lefebvre Essen. Klartext-Verlag
NEIL SMITH (1997): Antinomies of Space and Nature in Henri Lefebvre's The Production of Space. In: Philosophy and Geography, vol. 2, 1997, 49-69
EDWARD SOJA (1996): Thirdspace: Journeys to Los Angeles and Other Real & Imagined places. London Blackwell
LYNN STEWART (1995): Bodies, Visions and Spatial Politics. A Review Essay (The Production of Space), in: Environment and Plannung D: Society & Space H5/1995, 609-618
MATHIAS WENTZ (1990) (Hg): Stadt-Räume. Ffm Campus

John Berger: The Art of Memory

So now we are with the ancient Greek poet Simonides, in the fourth century before Christ. He was asked by a local nobleman to write an ode, or rather to compose an ode, for a banquet, which he did, and then the banquet took place. You must imagine a table much larger than the one you see here, or maybe several tables longer. Because there were about sixty people there, and Simonides was sitting, surely not at the end in a rather insignificant position, but in a position where he could get up and read his ode. Of course the ode had to be in praise of the nobleman whose banquet it was. So he got up and he read his poem. Afterwards he was applauded and the nobleman said: »Yeah, it was good, but only half of it was about me. And the other half, I don't know, you talked about Castor and Pollux. So I'll pay you half the fee agreed between us. And the other half? Why don't you go one day and ask Castor and Pollux to pay you?«

The diners were seated, the banquet started, and than a servant came up and tapped Simonides on his shoulder and said: »There are two men outside, two young men outside, asking for you.« So the poet just left the table quickly and went outside to look for the two men. There was nobody there. But while he was outside the building in which the banquet was being held, this building, with its columns and its enormous stone roof, collapsed. Disastrously, catastrophically. And everybody sitting around the table was killed. Not only were they killed but the weight and mass of the masonry that had fallen on them made it impossible even to identify them. Simonides, now the only survivor, came back. By this time the news of the tragedy had spread and the families of everybody who had been at the banquet had come to find the bodies of their loved ones and then to bury them.

The Italian philosopher Vico, much later, claims that the word »humanitas« comes from the verb »humare«, to bury. To bury the dead with due dignity. But how could they? Because nobody knew who was sitting where. So Simonides took up more or less the same place where he had been in the room, and he went around what had been the table and he recited the name of each of the sixty people, in the order in which they had been sitting. And so he became recognised as the master of memory, although this was not really the first time that he had practised this art. All poets had already practised it, because they had to remember their poems and the poems of others.
When Simonides was asked, »What is your secret?«, he replied:
»Well, it's a question of place.

Tom Fecht: »Seapiece on Simonides«, Finistère 1997

Place, and a sequence of places, they give order to our memories, which are otherwise chaotic. The art is to place what you remember in a particular spot in a location you know by heart.

                 Then you can walk to it!«

Sabine Siegfried: »Havanna« 1997

Der Müllmann ist ein Signet der Urbanität. Sein Arbeitsfeld ist der Boden. Er steht im Dienste aller. Im proletarischen Wandbild ist das Verweilen senkrecht zur Wand in physikalischer Hinsicht unwahrscheinlich bzw. für einen noch kürzeren Augenblick nur grenzwertartig denkbar. Mein Anschauungsfeld aus der Wand stehend verhält sich normal, nämlich senkrecht. Die optische Wahrnehmung definiert die Wand zum Boden um. So sehe ich von meinem Standort aus den Betrachter an der Wand.

JOHAN LORBEER · STILL-LIFE-PERFORMANCE
Proletarisches Wandbild

Juan Muñoz: La Posa

SEGMENT

André Friedmann berichtet, wie er während einer archäologischen Expedition durch das peruanische Hochland »in einem Dorf namens Zurite auf ein Bauwerk unbestimmten Ursprungs und ungeklärter Geschichte stieß ... eine wahre Fundgrube von Hinweisen auf das absolute Rätsel, das wir Raum nennen«. Die peruanischen Bauern äußerten sich in einer Reihe von Interviews eingehend zur Konstruktion des Baus. Friedmann beabsichtigte, ein Transkript Gespräche zu veröffentlichen. Sein jäher Tod bei einem Helikopterunfall ließ die angefangene Studie unvollständig bleiben und hat uns seiner Schlußfolgerungen beraubt.

Mögen die folgenden Anmerkungen als Begleichung einer alten Schuld verstanden werden sowie als Zeichen einer freundschaftlichen oder vielmehr gutnachbarlichen Beziehung, als wir jahrelang identische Balkone auf der gegenüberliegenden Seite derselben Straße bewohnt haben.

LA POSA

Im peruanischen Hochland gibt es ein Dorf namens Zurite. Es liegt auf 3.391 Meter Höhe, hat 3.402 Einwohner. Die Abweichung der beiden Zahlen verhindert, daß dieses Durchschnittsdorf zu einem vollkommenen Gleichnis wird. Am Westhang des Vilcabamba-Berges gelegen, wird es von einem Zubringer des Flusses Apurimac bewässert. Getreide, Quinoa, Kakao und Kartoffeln. Alpacas und Vicunas.

Einmal im Jahr, Jahr um Jahr, pflegen die Dörfler mit einer Gleichgültigkeit, die an Verachtung grenzt, eine Baulichkeit zu verbrennen, die sie kurz zuvor neben dem Dorfplatz errichtet haben. Die »Posa« von Zurite, wie sie das Bauwerk nennen, ist ein Gebäude, das aus langen Stangen, schmalen Latten und Stricken besteht.

Zu sehen ist bei der Posa nicht viel. Zwei gleich hohe Wände bilden ein Spitzdach. Auf jeder Seite befindet sich eine türähnliche Öffnung: ein Ein- und ein Ausgang, die beliebig benutzt werden. Auffallend ist allenfalls das Fehlen jeglicher Wandverkleidung. Die senkrechten Stangen sind mit waagerechten Traversen verbunden, an denen wiederum die kürzeren Latten befestigt sind. Das Traggerüst steht. Aber keinerlei Grasabdeckung oder sonstiges Dach. Knapp ein Rahmen. Obwohl die Dorfeinwohner die Posa als Haus bezeichnen, erweckt sie eher den Eindruck einer Gebäudeskizze.

Ohne jeden ersichtlichen Grund betritt irgendeiner der Dorfbauern das Bauwerk. Er hält sich einige Sekunden oder einige Minuten darin auf. Aufrecht. Ruhig. Bewegungslos. Danach geht er wieder ins Freie. Einige Stunden später, oder am nächsten Tag, kommt ein anderer Passant vorbei, der wiederum einen Augenblick oder eine Stunde darin zubringt. Die anderen Einwohner von Zurite gehen scheinbar gleichgültig ihrem Tagwerk nach, ohne dem Eingetretenen die geringste Beachtung zu schenken, selbst wenn sie nur wenige Meter von der Posa entfernt sind.

Überraschend an der Konstruktion ist weniger das Fehlen jeglicher Funktionalität als vielmehr deren absolute Transparenz, die sich jeder Vorstellung von Heimstatt oder Zuflucht widersetzt.

In den von Friedmann durchgeführten Interviews beschrieben die peruanischen Bauern, ebenso präzise wie paradox, was sie während eines solchen Aufenthalts empfanden. Ihre Erläuterung sollte nicht allein im Hinblick auf den ihr innewohnenden poetischen Sinn begriffen werden; ebensowenig im Hinblick auf ihre religiöse Bedeutung, auch wenn A. Valente sie als »eine Erfahrung beschreibt, deren letzter Sinngehalt die Leere ist, sofern sie als Verneinung jeglichen Gehalts begriffen wird, die wiederum das Gegenteil des transparenten Zustands ist, in dem eine mystische Wahrnehmung möglich wird«. Damit wird jegliche Erläuterung der Antwort sinnlos – oder überflüssig. »Ihre Empfindungen im Inneren des Baus?«

»Als ob man in einem dunklen Zimmer wäre; jawohl, als wäre man unbeweglich in einem dunklen Zimmer.«

LEBEN AUF EINEM BALKON

Stilistisch ist das unscheinbare Gebilde äußerst schlicht. Zwei Wände, die sich mit der Oberkante aneinanderlehnen und über dem Boden ein gleichschenkliges Dreieck bilden. Etwa vier Meter lang und sechs Meter hoch. So geräumig, daß zwei Menschen aneinander vorbeigehen können oder drei oder gar vier bewegungslos darin stehen können. Nicht so sehr ein Haus, sondern das Sinnbild eines Hauses. In einer Konstruktion, deren Formen »keine Evolution aufzuweisen scheinen, sind sie einfach da, als ob sie immer dagewesen wären. Deswegen steht ihnen jeder linguistische Gestus fern. Sie sind stumm.« Die Beschreibung von V. Scully als Hinweis darauf, daß die formale Erscheinung der Posa – mit dem Detailreichtum und Mysterium eines

La Posa

Spiegels – das Leben dupliziert, das sich in ihrem Inneren abspielt. Der Raum ist weder majestätisch noch heilig-erhaben. Es verbürgt bloß, daß das lange Schweigen im Inneren von niemandem gestört wird.

Einmal eingetreten, bleibt der Passant innerhalb der vier Meter stehen. Ob er nun gerade vor sich hin blickt oder aus dem Augenwinkel nach rechts oder links späht, reden wird er nicht. »Das absolute Rätsel« ist in diese spezielle Stille eingehüllt. Durch sein Schweigen bewahrt der Passant das Geheimnis aller Schweigen, die dem Raum zuvor innegewohnt haben. Und dennoch, tanzenden Stäubchen nach dem Vorbeimarsch der Parade gleich, bleibt eine Frage offen. Ob dieser Ort der Verbindung und Sammlung zugleich auch eine Wohnung, ein Heim zu sein vermag? Jedenfalls ist er mehr als ein Denkmal, mehr als ein symbolisches Gebilde, das sich als Haus tarnt. Ein Korridor, möchte man präzisieren, der durch das gelegentliche Beschreiten noch lange nicht zum Haus wird. Anderseits: Hätte sich der peruanische Bauer für die Zeremonie eine beunruhigende Form oder ein komplexes geometrisches Gehäuse gewünscht, hätte er sich nicht für das Sinnbild eines Hauses, eines beliebigen Hauses oder beliebigen leeren Hauses, entschieden.

In »Totalität und Unendlichkeit« bestätigt E. Levinas, daß ein Heim, »das Haus, für das man sich entscheidet … das absolute Gegenteil einer Verwurzelung ist. Es bezeugt vielmehr die nomadische Lebensform, die das Haus überhaupt ermöglicht hat«. Es bestätigt, daß das Wesen eines Hauses nicht so sehr darin besteht, daß es einen Wurzeln schlagen läßt, sondern vielmehr die »nomadische Lebensform«, die, Francesco Dal Co zufolge, »die Existenz überhaupt ermöglicht«. In unserem Fall ist der Passant nicht ein schlichter Voyeur, der Zeit totschlagen will. Im Gegenteil, der peruanische Bauer, der die Posa betritt, gelangt zur Würde dessen, der sich an einem Ort aufhält, wo nichts geschieht – weder mit ihm noch überhaupt.

Wenn für einen Bauern, der sich in dem Gebilde auf der Plaza von Zurite aufhält, die Zeit vergeht und eine gelegentliche erfrischende Brise ihn dieses Vergehen der Zeit empfinden läßt und ihm, der sich dort aufhält, nichts geschieht, so nimmt er den Raum doch durchaus konkret ein. Wie man sich auf einem Balkon aufhält, wo alles in der Schwebe bleibt und nichts entschieden ist. Ein Mann, der sich auf ein Balkongeländer stützt (sich dabei der ewigen Dämmerung hingibt), wird von einer Räumlichkeit umgeben, die einerseits einem bestimmten physikalischen Zustand entspricht, andererseits wiederum durch die konstitutiven Gegebenheiten ebendieses Zustands definiert wird. So gesehen ist der Balkon nicht nur ein Ort, sondern ein Raum. Und die Person, die an diesem Ort des absoluten Übergangs innehält, solange sie sich dort aufhält, dessen Bewohner.

Der peruanische Bauer, der still und schweigsam im Zentrum der Posa steht, aufmerksam, zukunftslos, weil ihn nichts erwartet, erfaßt darin sein eigentliches Zentrum. Schon beim Eintreten weiß er, daß beim Herauskommen alles genau so bleibt, wie es ist; daß keine unvermuteten einfachen Lösungen oder glücklichen Schicksalswendungen stattgefunden haben werden.

INTERVALLE
Kreuzweg. Ort des Übergangs. Raum, dem eigenen Exil eingeschrieben. Intervall. Der flüchtige Raum, den dies Haus einnimmt, konzentriert und erweitert den anderen Raum, auf den sich Sartre einst bezog: »Der ursprüngliche Raum stellt sich mir von Pfaden und Straßen durchkreuzt dar.« Die Posa ist keine Raststätte für den Reisenden aus der Ferne. Der Bauer aus Zurite hält dort zwischen zwei Aktionen inne, um einen Augenblick des Aufgehobenseins zu erfahren. Das Gebäude, zu dem alle Wege führen, sich darin kreuzen, ermöglicht seinem bewegungslosen Okkupanten, sich in einem Raum des Gehens und Kommens aufzuhalten. In einem Mittelpunkt, wo sich die Distanzen nach allen Richtungen überschneiden. Sofern sich zwei oder mehr Pueblo-Bewohner darin begegnen, sprechen sie sich nicht an. Keiner kommt aus Neugier her oder um dem Brummen eines Insekts zu lauschen. Ein Bau, in dem nichts erhofft, niemand erwartet wird. In dem nur das Geheimnis der sich überschneidenden Pfade abgehandelt wird.

Geoffrey Scott, der sich damit wohl als Schüler Berensons erweist, versuchte die Besonderheit aller Baulichkeiten auf einen Nenner bringen. Scott meinte, beim Betreten einer Kirche würde der Raum, wenn man die lange Säulenperspektive aus dem Hintergrund des Kirchenschiffs betrachte, eine Bewegung hin zum Altar suggerieren: »Eine Bewegung ohne Sinn, die nicht zu einem Höhepunkt strebt, widerspricht unseren Impulsen, ist unmenschlich.« Aber

Juan Muñoz

auch dem peruanischen Bauern erscheint jede Straße als Trajekt, das irgendwohin führt. Gerade ihre Ausrichtung und Vermittlungsfähigkeit machen die Straße ja zur Straße. Die etwa zwei Meter im Zentrum der Posa heben die Ausgerichtetheit der sich darin kreuzenden Wege auf. Weil es auf der kurzen Wegstrecke, die das Haus einnimmt, keine Endgültigkeit gibt. Kein Ort, um Opfer darzubringen, sondern nur eine andere Straße.

Wäre die Posa ein Heiligtum statt eines Nullraums, entspräche sie eher dem weitläufigen Inneren einer arabischen Moschee oder der zentrifugalen Kraft des byzantinisch-maurischen Raumes als den theatralischen Kurven und Drapierungen des Barock.

Kreuzweg. Ort des Übergangs. Raum, dem eigenen Exil eingeschrieben. Haus/Intervall. Wo die Bewegung negiert wird und zugleich Pfade eröffnet werden.

DIE STIMME DES BAUERN
Die Sprache, die man in den Interviews André Friedmanns hört, ist klar und knapp. »Die Posa stammt aus der Vorzeit. Sie ist das erste Haus, das unsere Ahnen in Zurite bauten. Deswegen verwenden wir jedes Jahr Hölzer aus unseren Häusern, die wiederum vom ersten abstammen, wie Saatgut.« Auf die Frage, warum sie vor der Zerstörung der Posa einige Hölzer entfernen, setzen sie, laut Friedmann, »dies Holz wieder ein, um andere Wände oder Böden zu bauen als die, von denen sie dieselben entfernt haben«. Holz kommt und geht. Woher und wohin, spielt für den peruanischen Bauern keine Rolle, solange dadurch die Verbindung zum »ersten Haus« aufrechterhalten wird.

»Einmal im Jahr bauen wir die Posa auf und machen sie stets im gleichen Jahr wieder kaputt«. Die Einwohner Zurites halten, was die zeitliche Abfolge angeht, ihr ungeschriebenes Gesetz exakt ein. Doch ob das Gebilde nun einen oder dreihundertfünfundsechzig Tage zu stehen hat, wird von der Tradition freigestellt.

Jedes Jahr »bauen wir sie an einer Platzseite«. Stets vom Platzmittelpunkt abgerückt, ohne je festzulegen, ob nach rechts oder nach links. Zwei Wände, die ein Spitzdach bilden und auch in ihrem halbfertigen Zustand gleich als Haus erkannt werden. Als Friedmann einige der Erbauer der Posa interviewte, erklärten sie ihm, die Regeln würden von den Eltern an die Kindern weitergegeben, von Generation zu Generation. Keiner konnte erklären, wieso sie jedes Jahr abgerissen wurde oder wieso sie »an einer Platzseite« verankert werden mußte.

URSPRUNG
»Die Posa ... ist das erste Haus.« Die erste Grotte. Erste Höhle, erste Hütte, erstes Haus, erster zu Wohnzwecken errichteter Bau. Darüber, wie und wieso das erste Haus errichtet worden ist, gibt es mehr Theorien als Historiker, die eine jede glauben. B. Flechter zufolge ist das Haus ausschließlich als Witterungsschutz entstanden. Milizia glaubt an Nachahmung der Natur. Rykwert beruft sich auf den Zwang der Umstände. Von der Kate Vitruvs bis zu Chambers primitiver Hütte (wobei beide die konische Bauform für die einfachste halten) beziehen sich die unterschiedlichsten Vorstellungen über die Erscheinungsform des ersten Hauses durchweg und unterschiedslos auf dieselben Klassifikationen: Klima, Materialeinsatz, Schutzfunktion. Alle halten sie den Ursprung für einfach und bescheiden, und hauptsächlich auf das Bedürfnis zurückzuführen, sich von der Außenwelt zurückzuziehen.

Die Posa in ihrer Transparenz bietet sich den Unbilden der Witterung geradezu verächtlich dar. Sie besteht aus Materialien, die weit mehr einer halbvergessenen Parabel entsprechen als den materiellen Anforderungen der sie umgebenden Wirklichkeit. Eine Schutzfunktion widerspricht ihrer Bestimmung als Schwelle. Die Posa scheint Etienne-Louis Boullées Hypothese – der darin Albertis Unterscheidung von Konzept und Ausführung aufgreift und übertrifft – verwandt, der zufolge die ersten Menschen ihre Baulichkeiten erst errichten konnten, »nachdem sie sich ein Bild von denselben gemacht hatten«.

In seinem Essay »Der Stil« erwägt Gottfried Semper (bemerkenswerterweise auch ein Freund Schinkels) »die Anfänge der Konstruktion könnten mit denen des Webens koinzidieren«. [rückübersetzt] Somit ließe sich behaupten, daß die mit Schnüren zusammengebundenen Stöcke und Latten der Posa dem Bild der ersten von Menschen erfundenen Raumeinteilung entsprechen: »der Einfriedung aus geflochtenen und zusammengebundenen Stöcken«. [rückübersetzt]

La Posa

Nur der große französische Historiker André Leroi-Gourhan wagte, eine weitere Möglichkeit ins Auge zu fassen. Leroi-Gourhan wies auf die bekannte Tatsache hin, daß die ersten erhaltenen Baulichkeiten zeitgleich mit den ersten rhythmischen Markierungen entstanden sind. Wenn auf Höhlenwände eine Reihe von Punkten, gebrochenen Linien und symbolischen Zeichen gemalt wurden – Formen, in denen das Mysterium Gestalt annahm –, hätte die gleiche Symbolik aus der Höhle auf die erste gebaute Bleibe übertragen werden müssen.

Soweit es sich dabei um gesicherte archäologische Fakten handelt, läßt sich daraus (mit oder ohne Zustimmung Leroi-Gourhans) schließen, daß für die ersten Häusern der symbolische Impuls wichtiger war als das zwingend praktische Erfordernis; daß rhythmische Markierungen das Innere und Äußere des ersten Gebäudes gestalteten; daß die verwobene Einfriedung (mit oder ohne Zustimmung Sempers) eine Abfolge von Knoten war, ehe sie Wand wurde. Und damit haben wir den Ursprungsort des Labyrinths erreicht. Das Ornament hat, so paradox das klingt, Vorrang vor der Struktur. Das Haus war Zeichen, ehe es Schutzraum wurde. Ein mit den vielfältigsten Allegorien versehener Symbolträger, bevor es als Wohnstatt diente. Ein Schwarm ungesicherter Unterstellungen, hinter denen sich die eine wohlüberlegte Tatsachenbehauptung verbirgt: daß sich der peruanische Bauer mit dem »ersten Haus«, das er in der Posa von neuem zu errichten sucht, Jahr um Jahr einen andersartigen Bezugsrahmen setzt.

ANDERE ZEITWEILIGE HÄUSER

»Einmal im Jahr bauen wir die Posa auf und machen sie stets im gleichen Jahr wieder kaputt.«

Ein anderes Zitat, anderen Ursprungs, aber genauso exakt: »Unsere Kirchen werden zwischen sieben und acht Metern breit sein, wobei die Länge und Höhe diesen Vorgaben zu entsprechen hat.« Überraschender als die Mäßigung und Bescheidenheit der Beschreibung einer Karmeliter-Kirche, die St. Johannes vom Kreuz unter Aufsicht der heiligen Theresa 1581 niederschrieb, ist die Genauigkeit der Maße. Die glühende Frömmigkeit Sankt Theresas, die sich in der Schlichtheit und Strenge ihres Bettlerordens erweist, hätte aus ihren himmlischen Höhen gewiß Anstoß an der provisorischen Kirche genommen, die Valladolid zu Ehren ihrer Heiligsprechung errichtete. In dem 1615 verfaßten Aufsatz über zeitweilige Bauten schreibt Rios Hefia, daß die Karmeliterinnen sich entschieden, für ebendiese Feierlichkeiten eine neue Kirche zu planen, weil es im Stadtzentrum keine gab. »Indem sie eine Straße von Wand zu Wand mit Beschlag belegten«, wurde eine neue hölzerne Kirche errichtet, die wenige Tage später »mit Geschick und eigenartiger Entschlossenheit« demontiert wurde. Eigenartigerweise betrug die Straßenbreite sechsunddreißig Fuß, knapp acht Meter. Die Verbindung von Zufall und Ordnung erreichte ihren rhetorischen Gipfel in der Fassadengestaltung. Denn diese wurde auf der Rückseite wiederholt, so daß die Gläubigen beim Verlassen der Kirche dieselbe Fassade erblickten, die sie beim Betreten der Kirche gesehen hatten.

Bonet Correda berichtet, daß die Häuser im 18. Jahrhundert mit Scheinfassaden versehen waren. Wie Triumphbögen oder zeitweilige Gebäude blieben die Hausverkleidungen »drei, vier, fünf oder gar sechs Tage« stehen. Mit Ausnahme der Porta Nuova von Palermo oder dem Arco de Santa Maria de Burgos, die zu bleibenden Werken wurden, wurden alle die Baulichkeiten wenige Tage nach ihrer Errichtung wieder zerstört.

Die Zeitlichkeit bestimmter Bauten läßt sich unterschiedlich interpretieren, entsprechend ihrer historischen Epoche oder ihrem geographischen Ort. Das Alter eines klassischen japanischen Gebäudes wird daran gemessen, wie oft seine Bestandteile ausgetauscht worden sind. Wenn man in der Geschichte nach Analogien für die Posa sucht, stößt man auf zahlreiche und vielfältige Korrespondenzen. Im Verlauf der letzten tausend Jahre ist der bekannte Ise-Shinto-Tempel alle zwanzig Jahre abgerissen worden, um durch einen identischen Nachbau ersetzt zu werden.

Sie alle könnten als ständig verschwindende Häuser bezeichnet werden. Im Laufe der Zeit finden sie ihre einzige Dauer in der Beschreibung.

Die Posa nähert sich den vielfältigen Gestaltungsmöglichkeiten der karmelitischen Kirchen an, während sie sich vom barocken Zierat oder der ständigen Renovation distanziert. Ihr verwandter ist der Stellenwert, den afrikanische oder ozeanische Stämme ihren Statuen zusprechen. So schreibt Susan Kuechler in ihrem Aufsatz »Absent Meaning: Death and the Resurrection of the Objective Value« (Das Fehlen der Bedeutung: Tod und Auferstehung des objektiven

Juan Muñoz

Werts), daß dadurch, daß westliche Museen und Sammler Schnitzwerke und rituelle Artefakte der ozeanischen Stämme aus Neu-Irland erwarben, die Vielfalt der nachahmungswürdigen Formen immer mehr abnahm. Sie berichtet, daß nur diejenigen Stammesmitglieder, die ein bestimmtes Stück erwarben und es daraufhin zerstörten, das Recht erhielten, es neu zu reproduzieren. Solange das Objekt besteht, ist diese Berechtigung aufgehoben. Auch die Erbauer der Posa empfinden den Zusammenhang von Form und deren Zerstörung als geschlossenen Kreislauf.

SAATGUT

»Deswegen verwenden wir jedes Jahr Hölzer aus unseren Häusern ... wie Saatgut.«

Wie die Fragmente ordnen, die die Posa bilden und charakterisieren? Wobei jeder Stock nicht nur ein Kreuzungspunkt zwischen Wandoberfläche und Wandunterbrechung darstellt. Jeder Holzsplitter gehört zu einer auseinandergeborstenen Form und wird ihrer wieder teilhaftig sein.

Jede Latte entstammt zahlreichen früheren Bauten. Angenommen, die scheinbare Ursache für den Bau hätte sich erledigt, das Gebäude hätte zu verschwinden. Nur kann man nicht verschwinden lassen, was bereits aufgelöst ist. Jeder Baumast wird wieder Straßenecke, Masse, Kreuzungspunkt, während er zuvor ein Zaun oder eine Mauer war.

Zu den vielen Paradoxen, die die Eigenart dieser Räumlichkeit in Frage stellt, gehört die Feststellung, daß sie niemals gänzlich zerstört, sondern allenfalls neu errichtet werden kann. Dadurch, daß das neue Gebäude jedes Jahr in Brand gesteckt wird, endet zwar seine Erscheinungsform, aber nicht sein Daseinszweck. Dadurch, daß es seine zyklische Funktion erfüllt, setzt es zwar dem Irrlichtern seiner Form ein Ende, aber nicht dem geschlossenen Kreislauf der Gesetze, denen es unterworfen ist. Die Zerstörung der formalen Ordnung ist eine dynamische Reaktion, denn die Elemente, die die Konstruktion bestimmten, waren bereits Bestandteile eines Verfallsprozesses und werden nach der Zerstreuung wieder in eine neue fraktale Geometrie eingeordnet.

Das fragile Geflecht von Holzstückchen scheint auf die Unvorhersehbarkeit jedweden Strebens nach Dauerhaftigkeit hinzuweisen. Und dennoch wird die Behauptung der Ungewißheit jährlich wiederholt. Der Bauer hält an der Tradition fest, einige Latten, die er als Saatgut bezeichnet, von einem Haus ins andere zu übertragen. Nur gibt er mit nichts zu verstehen, wie die Posa oder der Pflanzort dieser Saatgut-Latten denn auszusehen hat.

Wie läßt sich sicherstellen, daß die Posa stets gleich aussah? Könnte sie nicht einmal kreisförmig gewesen sein oder aus zwei einfachen Stangengruppen bestanden haben, die einige Meter voneinander entfernt in den Boden gesteckt worden waren? Ein Korridor oder eine schlichter Eingang? Könnte nicht, zugleich mit dem Vorsatz zur Erinnerung, der sich jährlich manifestiert, ein Weg des Vergessens gefunden worden sein? Die Posa, die im Laufe der Zeit zur Andeutung eines Hauses wurde, veranschaulicht ihren historischen Sinn, während sie zugleich die Unmöglichkeit jeglicher Dauer betont. Dadurch, daß man ihrer Dauer jedes Jahr ein Ende setzt, bestätigt man den dauerhaften Charakter der Tradition.

Wenn sich die Posa »vom ersten [Haus] ... wie Saatgut« herleitet, wie sah dann die zweite und die fünfte aus, wo die Samenkörner von der präkolumbianischen Epoche bis zur heutigen Gegenwart derart viele stilistische und bautechnische Veränderungen über sich ergehen lassen mußten? Könnte die bescheidene Konstruktion nicht auch eine jährlich wiederholte Geste sein, um an das Gebot zur Erinnerung der Geschichte zu mahnen und gleichzeitig die Furcht vor dem Vergessen heraufzubeschwören?

TRANSPARENZ

Die peruanischen Bauleute errichten die Posa jährlich an einem wenig bemerkenswerten, aber nicht eigenschaftslosen Ort abseits der Plaza, am Rande, am Rande ihrer urbanen Befindlichkeit. Der Bauort ist in keiner Hinsicht exakt festgelegt und dennoch nicht völlig beliebig. Der Tradition zufolge muß die Posa etwas abseits, aber nicht zu weit entfernt von dem Ort aufgestellt werden, wo sie im Jahr zuvor stand. Irgendwo am Rande der Plaza. Das ist alles.

Dies gänzlich einsehbare, beinahe durchsichtige Haus besitzt keinen Eingang oder Warteraum. Ebensowenig einen Korridor, da es insgesamt eine einzige Schwelle darstellt. Kein Fenster, weil das keine Öffnung bilden könnte. Versteckt nichts und beherbergt nichts. Wirkt furchterregend in seiner Verkörperung des Mysteriums der vollkommenen Symmetrie. Beim Betreten wird der Raum gegabelt. Zwei neue, zuvor nicht existente Möglichkeiten: der Eingang wird zum Ausgang und zur Doppelspiegelung.

La Posa

Dem wäre hinzuzufügen, daß die Exzessivität der Plazierung zu den grundlegenden Errungenschaften des Gebäudes gehört. Die Posa wird neben und entsprechend außerhalb der Plaza von Zurite errichtet: im Zentrum der urbanen Aktivität, wo ihre Extraterritorialität und ihr Abseitsstehen vom Platz optimal zur Geltung kommen. Wenn, Heidegger zufolge, »nur ein Ort Raum gewähren kann« [rückübersetzt], verbunden mit dem Hinweis, daß »wir die Dinge, die als Ort Raum gewähren, Gebäude heißen« [rückübersetzt], läßt sich die Posa als Ort betrachten, der nur flüchtig besetzt wird, wobei das Gebäude davor wie danach beispielhaft für die »grenzenlose Impotenz des als Heimstatt getarnten Unterstands« steht, die Massimo Cacciari erwähnt.

VOR DEM AUTONOMEN BILD I
Das Haus, ein Archipel der Symbole, verbringt die Nacht allein. So kurzlebig wie die Verschlußdauer, die die Fotografie entstehen ließ, die am betreffenden Spätnachmittag dessen Existenz rechtfertigt. Seitliche Aufsicht. Gänzlich unvergilbt. Aufgescheuchtes Zeitkontinuum. Plötzlich vergangen. Keine Spur von Heimweh.

VOR DEM AUTONOMEN BILD II
Die Posa besteht gerade eben aus ein paar Stöcken, die zufällig und unabgemessen zur Hand waren. Ein paar zufällig zusammengestellte, unabgemessene Holzstücke vermögen einen Ort zu umschreiben, der das Nichts umfaßt. Ein Zufallsort fast, der für einen kurzen Augenblick jedweden Glauben suspendiert; der dennoch auch von Menschen bewohnt wird: wo die Tage nicht rückwärts verlaufen und der Boden gefegt wird, gnadenlos.

DAS AUTONOME BILD
Die Bauern, die zum Rand der Fotografie zu streben scheinen, sind wahrscheinlich die Zerstörer der Posa, wenn nicht deren Erbauer. Ein nagender Verdacht. Ob sie, wie die Romanfiguren von Flaubert oder Tolstoi, nicht zu denen gehören, die niemals die Geschichten kennen, deren Protagonisten sie sind. Novalis pflegte zu sagen, »der Dichter tut nicht, er läßt geschehen«. Worauf Oktavio Paz zweifellos geantwortet hätte: »Wer tut dann?« Wenn dem Dorfbewohner von Zurite, der im Inneren der Posa still steht, nichts geschieht und er nichts tut, wer ist dann der »Macher«?
Der peruanische Bauer muß spüren, daß er beim Betreten des Gebäudes den Begriff des Habitats auf die äußerste Spitze treibt. Irgendwann wird er, auf seine Weise, empfinden, daß er sich beim Aufenthalt in dem Gebäude ins eigentliche Zentrum des Raumes stellt, um mit und durch den Raum eine Erfahrung zu machen, die ein bewohnter Raum nicht gewähren kann: die Leere. Wenn er die Schwelle überschritten hat, muß er spüren, daß der Raum weder Flucht- noch Aussichtspunkt kennt. Und wenn der andere Ort, von dem aus sich die Dinge in die Perspektive rücken lassen, nicht vorhanden ist, wie soll das Gesehene vom Sehenden unterschieden werden?

Einmal mehr überquert ein Mensch die Plaza. Er geht auf die Posa zu. Tritt ein. Bleibt kurz darin stehen. Geht raus. Verschwindet. Das Haus, der Raum bleiben allein. Vielleicht, daß sie die Abwesenheit der vorigen Präsenz bewahren. Die Stunden vergehen. Möglich, daß ein anderer Bauer vorbeikommt. Jemand ist gewiß in der Nähe, aber wer immer das sein mag, er ist nicht zu sehen. Die Posa wird zum offensichtlichen Zentrum der Aufmerksamkeit. In ihrem durchsichtigen Inneren scheint sich das Fehlen jeglicher menschlichen Präsenz zu verewigen, und zwar ohne jeden erkennbaren Grund. Ein Ort, der die Spannung zwischen Aufhebung der menschlichen Gegenwart und ihrer möglichen Wiedererscheinung in sich aufgenommen hat. Zwischen dem Gehen und dem möglichen Kommen.

Gönnen wir uns ein letztes Mal ein Bild. Das Bild des Bauern, der über die Plaza schlendert. Die Hände in den Taschen. Er geht durch die Tür der Posa. Hält inne. Bleibt kurz stehen. Möglich, daß er die Hände aus den Taschen nimmt. Sie haben lange Finger. Er geht durch die gegenüberliegende Tür heraus, die einmal Eingang war und nun zum Ausgang wurde. Der schmale Raum der Struktur hat ein genau bemessenes Innehalten in sich aufgenommen. Wir wollen uns an die Antwort zu Anfang erinnern: »Als ob man in einem dunklen Zimmer wäre; jawohl, als wäre man unbeweglich in einem dunklen Zimmer.«

DAS FEUER
Ort des Übergangs. Kreuzweg. Raum, dem eigenen Exil eingeschrieben. Intervall. »Platz der absoluten Beschwörung«, wie J. A. Valente die »Xemaa-el-Fna« nannte, die einst, in der Frühzeit der marokkanischen Sprache, »Platz der Zerstörung« hieß, die Plaza von Marrakesch, die gleichzeitige Vereinigung der Menge und der Leere, ist, etymologisch betrachtet, ein Ort der Zerstörung. Welcher Zerstörung? Ebenso die peruanische Plaza; die Posa wird verbrannt und zerstört. Woher dieser Impuls zur Zerstörung? Das tut im Grunde nichts zur Sache. Dieses Gebäude – Summe des

Juan Muñoz

Innehaltens, der Unterbrechungen, der Aussparungen, vom Zwischenspiel bewohnt – ist schon durch seine Bestandteile als Provisorium definiert.

Das Anstecken der Posa verbietet jeden Anflug von Nostalgie, dem Hinweis auf Entfremdung. Einmal zerstört (und sie wird ziemlich gleichgültig zerstört), bleiben weder ein leerer Raum noch Brandspuren zurück. Irgendwann im kommenden Jahr wird sich an einem noch zu bestimmenden Datum an einem noch zu bestimmenden Ort ihr Lattenwerk erheben. Das Gebäude ohne pädagogische Berufung, den vielfältigen Deutungsmöglichkeiten der eigenen vertrackten Geometrie fremd, wird zwangsläufig und mitleidlos verbrannt.

Im Gegensatz zu anderen rituellen Konstruktionen beruft sich deren Zerstörung nicht auf das Vorrecht des zeitgebundenen Ritus, sondern auf die dialektische Opposition zum Haus als eventuellem Ort der Nostalgie. In den übrigen Baulichkeiten von Zurite verbinden sich Sehnsüchte mit aufgegebenen Hoffnungen – bis die Wände unter Gebräuchen und Gewohnheiten zusammenbrechen. Damit ist die Vernichtung der Posa eine affirmative und kraftvolle Geste, die das Kontinuum der Jahre mit dem Beweis der Distanz konfrontiert.

»Einmal im Jahr wird die Posa gebaut und im gleichen Jahr wieder kaputtgemacht«, fordert die Tradition. So kommt es, daß eines Morgens, eines Monats, der Bauer, beim Betreten des Korridors, den sie »Posa« nennen, beim Eintreten begreift, daß er nur eine Geste wiederholt. Vielleicht meint er beim Eintreten wie beim Verlassen nur gewöhnliche Alltagsgesten zu wiederholen; und sich durch diese Wiederholung des Alltäglichen den Empfindungen früherer Besuche zu entfremden. Er verliert, was ihm dort geschehen oder nicht geschehen ist. Und so kommt es, daß eines Morgens der eine oder andere peruanische Bauer bemerkt, daß er mehrmals an der Posa vorbeigeht, ohne das Bedürfnis zu haben, sie zu betreten. Und vielleicht bemerkt der eine oder andere gar, daß er seit Tagen oder Monaten nicht mehr durch den Korridor gegangen ist, den er selber errichtet hat.

Eines schönen Tages kommen einige von ihnen, ohne weitere Umstände oder Beratungstermine, überein, daß niemand mehr den Raum aufsucht. Sie beschließen daraufhin, etwas vom Flechtwerk der Baulichkeit zu entfernen. Worauf sie sich, alleine oder zu mehreren, daranmachen, ohne weitere Umstände die übrigen Holzstücke zu verbrennen. Die Zerstörung erfolgt rasch und unvermutet. Ein paar Flammen und einige schattenhaft abgezeichnete Gestalten, die dem Feuer den Rücken kehren und sich davonmachen.

EPILOG

Tagtäglich kommen unsere Gespräche immer wieder, vielleicht infolge der Last der Jahre, auf dieselben Geschichten zurück. Hauptmann Giovanni Drogo angesichts der Tartarenwüste. Leutnant Grange angesichts der Ardennen. In Erwartung einer Schlacht, die sie ebensosehr fürchten wie herbeisehnen: autonome Figuren angesichts einer leeren Wüste.

Angesichts der Sehnsucht ergibt sich, von Zeit zu Zeit, die Möglichkeit, einen Raum zu errichten, in dem der nachfolgende Moment ewig verzögert wird, vielleicht gar nie stattfinden wird. Ein Raum, in dem die nächste Zukunft niemals erfolgt.

Ein anderer Saal. Ein anderer Ort eines möglicherweise schwindelerregenden Ereignisses. Im New Yorker Metropolitan Museum of Art gibt es einen Saal, der heute abgebaut ist. Mögen die Fotografien des aufgehobenen Augenblicks des Universums der Möglichkeiten teilhaftig sein.

Stephen Tree (Aus dem Französischen und Englischen)

La Posa: »Hinweise auf das absolute Rätsel, das wir Raum nennen«
Foto: Archiv Juan Muñoz

La Posa

John Berger / Juan Muñoz: Ping-Pong

EIN BRIEFWECHSEL ÜBER DIE GEHEIMNISSE DER RAUMPRODUKTION

Quincy, Haute Savoie, France, 4th January 1998
Dear Juan,
I enclose with this letter the plans and drawings for the house we have been discussing and discussing now for a year. I hope we can go forward. With my best wishes — John

Madrid, Spain, 10th January 1998
Dear John,
today I am writing as the client, and perhaps the future owner of a house which I can see in my mind's eye from where I am sitting here at the table where I write this letter. I can see quite clearly the little plot of garden where the new pavilion will be built, between the trees, almost at the bottom of the garden. I can almost imagine the two storeys of the building. I am writing because over the years, the next few years, that house, your house, would be mine. Because this is where I shall spend a part of my life. I do not wish to have to tell myself some day that I failed to write this letter. Please allow me to talk about my house, your house, and please forgive me if I reveal some more of my anger. A building, a structure, a dwelling, a house, a pavilion, call it what you will, what matters is my anger. The way I am feeling now, right now. Looking through this window between the trees at the bottom of the garden. I remember the words I used, when I tried to explain just what I imagined the house would be like. What I actually said was »If I am bored with life in my house I may return to the pavilion and stay there for a while«. I did not say to you »If I am bored with my life in my house«. I tell you this because I do not wish to appear indifferent to the plans and drawings which I received from you this morning.

I am not concerned whether this house, this place, this building, is modern or not. Or is new or old compared with other buildings, or whether its shapes have existed before, or have been newly blocked together in this way. Or whether constructing windows is so very difficult. Or whether their unending circle of repetition is a reflection of their openings and closings. What matters to me, and what seems so essential, is that this house is necessary for me, for me with my anger. Make no mistake. I repeat, in case I have misunderstood or in case I have not expressed myself well: I do not want to go out of my house. I go across the garden to find there what I did not have here. When I go out of this room, where I am now seated and I walk through the garden to reach the pavilion, then I do not expect to leave my house like an old man, loitering between dream and reality. I don't want the house, which is an idiotic hiding place, to take cover in. I want to cross this garden at night and, walking between the trees, to approach your building and put the lights on. And there come across myself. I think you will understand me if I say, that this pavilion finds its centre somewhere outside itself; precisely, right opposite itself; precisely in this window, from which I am looking out now, from the very place I write.
Thank you for the Alfred Schnittke recording, I hope to be able to listen to it over the weekend. — Juan

Sir,
I am replying on behalf of my brother, John, to whom unfortunately you offered the commission of building a pavilion for you at the bottom of your garden. I am replying because my brother, my unfortunate brother, suffered a nervous breakdown after the endless altercations, and despite your, for the most part, kindly good humour. What you were asking from him was beyond his means. The problem as I see it is not about the design or structure of the building. Whether we call it temple, tool shed or pavilion. All three designations are interchangeable, are they not? We could talk about the tool shed of Sacré Coeur in Paris, or, as I have seen more than once in suburban avenues, a pavilion called Poseidon. No, your problem concerns hospitality. More precisely, in your present house, from which you wrote to my unfortunate brother, you are bound to be either alone or host. What you dream of at the bottom of the garden is being guest and host simultaneously. And all this amounts to remaining alone.

Don't you think boredom often comes, not from a desire to change one's life (there, there, there your anger was justified) but from a wish to change rôles. It may well be that boredom is more frequent in cultures where the mask has either been abolished or is despised. Even the presence of a mask, before it is worn or put on, is a kind of anti-boredom vaccine. You want to go to the bottom of your garden, and be welcomed there by yourself. But not only that, Sir. Because you are also a generous man, you want to be at the bottom of the garden offering hospitality to the first comer. A vulgar mind might suggest a mirror as a solution.

Ping-Pong

It would in fact be broken quite quickly. An almanac would be better. Do you follow me there Juan?

Today there is more and more talk about space. Mostly the talk about space is empty. By contrast the spaces in which people live become mostly more and more cluttered. People talk about space and its problems to avoid talking about other subjects. Poverty for example. The real spatial invention of our century is exclusion. And although it concerns a spatial metaphor, it's about something other than space. What matters is how, and with what, space is filled. And here, dear Sir, I am not talking about furniture. As you say, you want your pavilion, your tool shed, your temple, to be made, how shall I say, out of an encounter. It sometimes seems to me that acoustics leads us better into space than models or drawings. And perhaps this is why my so unfortunate brother sent you the Alfred Schnittke recording. Could it be that what you want at the bottom of your garden is a tango? I await your response, and be assured of my best wishes, — John

Herisao, 14th April 1998
Dear Sir,
I am writing to you concerning some recent changes in the condition of your unfortunate brother John. His nervous break is - well, the down is still down. But the break, I mean the break as breaking point, is finally happening. He is talking. He does not talk to me or to other doctors but he does talk occasionally to one other patient. Your unfortunate brother likes to take long walks along the promenade of trees surrounding the hospital building. Recently he likes to walk with his new friend, who is a Swiss writer by the name of Robert Walser. I do not want you to think that your brother is acting what we call normally. But, even if it is only a couple of words, he is clearly talking. Allow me to explain the details of this. Mr. Walser reads to your brother every afternoon as they walk along the promenade. It's always the same short story, called »Geneva«, from a book that he wrote thirty years ago. Every time Mr. Walser has finished reading his story your brother says in a somehow delirious but clear voice: »Space, what is space? Again Robert, again.« So Walser reads to your brother again and your brother, when he is finished says: »A space, what is space? Again Robert, again?« As you can imagine, people in the hospital are very pleased with this recent change of attitude on the part of your unfortunate brother. Nevertheless his predisposition to collaborate with the doctors and the staff of the hospital remains zero. He is in good health, except that he laughs for no reason when talking, and he eats and sleeps like a dog. The brief reason for this letter is to ask you for your help. Do you know what space he is talking about every time Walser finishes his story about Geneva? I am looking forward to our new encounter, be assured of my best wishes, yours sincerely — Juan

Quincy, Haute Savoie – France, 17th June 1998
Dear Juan,
Yes, I am a bit better. I think I found the space they were asking about. I found it on an uncut page of a book. The book was of letters that Antonio Gramsci wrote in prison. The inmates of prison and the inmates of other institutions, as I know, often become experts about space. And in this letter he is telling a story for one of his children, one of his children in fact whom he had never seen because the child was born after his imprisonment. Here is the story: A small boy is asleep with a glass of milk on the floor beside his bed. A mouse drinks the milk. The boy wakes up and, finding the glass empty, begins to cry. So the mouse, who wants to stop the boy crying, goes to the goat to ask for some milk. The goat has no milk, because she needs grass. The mouse goes to the field and the field has no grass because it's too parched. The mouse goes to the well and the well has no water because it needs repairing, and has needed repairing for years and years and years. The mouse goes to the mason who hasn't got the right stones for repairing the well. So the mouse goes to the mountain, and the mountain doesn't want to hear anything, and looks like a skeleton, because it has lost all its trees. In exchange, the mouse says to the mountain, when the boy grows up he will plant chestnuts and pines on your slopes. Well, upon that, the mountain agrees to give the stones. Later, the boy has so much milk, that he washes in it. Later, later, much later still, when he becomes a man, he plants the trees, the erosion stops and the land, in the fairy story, becomes fertile. Be assured of my best wishes, — John

Madrid, 4th July
Dear John,
thank you for your Italian letter about the mouse. Last night, after I read it, I went out for dinner and I told the story to a man sitting next to me, he was a traveller. When I finished he turned to me and said, »Do you want to hear the story of another house?« He told me how, in an archaeological expedition to the Peruvian highlands, he found, in a village

John Berger / Juan Muñoz

called Zurite, a building of uncertain origins and unknown precedents, a genuine source of the utter enigma we call space. The details surrounding the construction of the building were told to him by some Peruvian peasants through a series of interviews. Please find enclosed my excerpts about the »Posa«, an archaic house in the village of Zurite. The surprising thing about its construction is not the absence of function, but rather that its pure transparency rules out the idea of this house as a shelter or lodging. My dinner party companion told me, that the Peruvian peasants describe with absolute paradoxical clarity the emotions they felt while inside the Posa. One morning he asked a peasant: »What do you feel, when you are inside?« The peasant said: »It is like being in a darkroom, that's it, standing still in a darkroom.« The Peruvian peasant restores the dignity of being in a place where nothing happens to him, and where nothing occurs. A room where the next moment is eternally delayed, indefinitely postponed. A room where a future, forever to come, never takes place. John, may the photograph of that indefinitely postponed suspended moment serve us as part of the universe of the possible. — Juan

>Quincy, Haute Savoie, 10th July 1998
>Dear Juan, finally I have something more to tell you. It is the story of the day before yesterday ...

Juan Munoz:
Why finally?

John Berger:
It's more polite. I mean if I say: »Firstly I have something more to tell you«, it sounds as if I am putting you in your place.

Juan Munoz:
You mean the pavilion, the place I dream of living in? Nothing will please me better! Put me there!

John Berger:
If I say: »Finally, I have something more to tell you«, it suggests, I am soon going to leave you in peace.

Juan Munoz:
In peace? Where?

John Berger:
One day, we will go together to the romantic cemetery in Madrid. Last time I was there, I found a mausoleum with its door open. Do you know what I found inside? I found a suitcase with a leather strap around it.

Juan Munoz:
Anything in it?

John Berger:
Space!

Juan Munoz:
A suitcase in a hotel lift is not the same as a suitcase in a cemetery, certainly.

John Berger:
The day before yesterday I was driving back home on my motorbike from the village post office, driving fairly fast because it is a road I know well. And suddenly there was a small bird, I mean it happened in a flash of a second, a thousandth of a second, and I saw, like that, a flash of red and yellow. So it may have been a chaffinch. The small bird flew into the visor of my helmet. I did not stop immediately, I drove on as before. Then it occurred to me that maybe I should turn around. It was a very deserted road, may be I should turn around, go back, find the bird on the road and put it out of its agony. So I turned around, drove slowly back to the place, put the bike on its stand and looked at the road. No chaffinch. I looked in the grass along the side of the road, no chaffinch. I looked under the trees a little further away, no chaffinch. And it was only then, slow as I am, that I noticed something else. There was no blood on my visor. Nothing. And when you are going at that speed, I mean even a butterfly or a wasp leaves a little trace of blood. And this was a bird, small, but a bird. Or perhaps it was not a chaffinch, but it was a bird. May be the bird was saved by the slipstream. Anyway it went its way, and this is the point. If we are thinking about space it is not so bad to begin with ways, paths, roads, streets. The whole earth around this building – the surrounding hectar if we take a small area; the whole earth if we take a large area – is crossed and re-crossed continually by countless networks of road and paths. Each network is more or less invisible to the other networks, although occasionally travellers on one get a momentary glimpse of another. Think of them. The ant, the earthworm, the mole, the swallow, the ferret, the wild boar, the kangaroo in Australia, the pike at the bottom of the river, all the sparrows around the city roofs. Each has its own network of paths. And each in reading those paths – and you read a path by following it – creates discoveries and is enclosed by its own version of space. Today we have to be reminded of this as a consequence of our increasingly concentrated urban life. In the past everybody was more or less aware of this intersecting. Which is one of the reasons why the constellations of the stars were so often called after animals. Countless spaces coexist according to their network.

Ping-Pong

Countless parts cross over, fly over, dig through, and the sum of all existing spaces is what mystics called God. Be assured of my best wishes, — John

Madrid, 1st of August
John,
I hope you received the photo I sent you last Wednesday, the photo of the street. This street is a place where a game is played. Both the game and the street are called Raspao. An appropriate translation would be something like »the scraping place« or »there, where a scraping is done«. The man in white is my father. I imagine you opening the envelope and looking at the photo with no note attached. A photo of the scraping place in the street with some man playing in it. I do not wish to bore you with the rules, since I know you are going to like them and all ball games differ with respect to their rules and yet they are identical in a sense. A ball flies into the air, hits a wall or bounces off the ground. Someone observes this ball and, moving, gets in front of it. He interrupts the trajectory of the ball with a blow, lifts it up, and returns it into the air towards a point which will never be the same as that from which it came. In the game of Raspao two men play against two others with a ball which looks like a walnut. If you look at the photo you will see that the spectators are all on the left of the street and nobody is on the right. The street is everything but a street. Here nobody comes to take a stroll, here nobody comes passing by from one place to another. Nobody waits for a bus, nor do they come to window shop or to make purchases. There is no unity in this game, just a few men hitting a tiny ball with the palms of their hands while others watch them from half the way down the same street. So that between the comings and goings, all forms of chance come together. Playing thus to understand that the desire that moves the arm, which moves the hand, which moves the ball requires the urgency of looking, and this in turn requires the predetermination of a deceit, and this deceit requires in turn the elegance of knowing, uh, how to hide that desire, and the violence needed to carry it out, playing so as to play. Do you understand John, a space just to play? Like going to our daily exile. A thing without being there, a crossing of the street without heading towards work, towards duty. I imagine that upon observing the photo the first time, you must have been surprised by the arrow painted on the ground. I am not certain if I explained to you that the name of the game, the name of the street, the name of where the scraping is done, refers to the moment when the players try to hit the ball which rolls along the ground and sometimes to be able to re-lift the ball they have to scrape the ground with their fingers for an instant, that very ground on which the arrow is painted. — Juan

Postcard (from Channel-Tunnel)
Juan, do they protect their rearguard? — John

Barcelona, 15th August
John, it is hot, very hot. An afternoon on a day when the fire falls from the sky. As we say here El Cae Fuego. Even the lightest sheet is intolerably hot if you are lying on a bed

Foto: Archiv Juan Muñoz

John Berger / Juan Muñoz

having siesta. We are in a poor square. Four storey apartment buildings without any lift. A fountain that doesn't work. A lot of litter. A plane tree with many leaves, and there is a dog. The dog is talking, I can hear him .... — Juan

Dear Juan
... I am lying in the shade under a tyreless car.
The air's heavy with a smell of bones
turning to dust. A good place for a dog,
when it's the Cae Fuego. It's cooler on
the ground than on the roof.
In the square there are three cats hungry
and asleep, a cheap fish restaurant which is
shut, and a boy in shorts throwing a ball
against the wall of an apartment block and
catching it. He hasn't been spotted yet.

WALL   A wall without windows they call blind!
I've seen everything. I've seen
more than the sheets they hang
out to dry across the alley-ways.

There are no surprises for the boy.
He knows by heart both the ball and
the wall they are as listless as he is.

To make a little change – it is far more
difficult to change anything than most
men believe – to make a little change,
the boy decides to catch the ball as it
comes back at the very last moment.

WALL   To change anything you have to take risks.
BALL   I'll come away high!

BOY   I am going to almost miss you,
almost miss you!
The wall sends the ball back. The boy
doesn't move.
BALL   You'll need two hands, two hands!
GROUND   He'll need four hands!

How he savours the holding back and doing nothing!

BOY   Not moving a finger.

Refusing to move, he's at one with
the ever-present force which makes
it so difficult to change anything.
BALL   Put your hand under me.
BOY   Caught!

Lazily the boy throws again and, after
another sweetly drawn-out, so sweetly
drawn-out wait, he bends his knees to
catch the ball between his heels.

BALL   A hair's breadth from the ground!
He throws again

BALL   Here I come.
BOY   I don't move.
WALL   Quick.
BOY   Doing nothing, honey, nothing!
WALL   Quick!
BOY   Fuck it!

The wall stares at the ball which has rolled into the gutter.
WALL   If I fell flat on my face now, would
anyone wake up?

The boy is on the far side of boredom.
The ball stares at him. He has a hand
under his belt scratching his tummy.
His little hand is the only thing moving
in the square.

GROUND   Nothing changes.
WALL   A blind wall is an open
book for all the words
which have to be written.

Sabine Siegfried: »Havannac, 1997

Ping-Pong

Eventually the boy walks in his frayed
sneakers across the square to fetch the ball
and I come out from under the tyreless car.

Hey!
We look at each other.

BOY   Do you want to play?

The boy bounces the ball on the ground.
I could easily catch it and I don't.

BALL   Men live six times as long as dogs.
BOY   I throw it against the wall and
                when the wall sends it back, you
                have to catch it before I do, OK?
WALL   They write on me because I am silent.

He throws and I don't move.
The ball laughs.
It is far more difficult to change anything
than men believe.
Through the heat, distant city noises
emphasize the silence.

BOY   If you catch it this time, we'll do
                something more difficult, OK?

Like what? I ask him.
He smiles for the first time.
He throws and I catch.

GROUND Now we go.
BOY   Ready for the nick?
WALL   Up to you!

The boy hurls the ball into the angle where
the wall joints another, and the ball does
the nick and ricochets. I haven't seen this
before, and so the boy is in the right place
and I am not. He gets the ball and I don't
and he laughs.

Changing things is hard.
Again! I tell the boy.
Watch! says the ball.

The boy repeats the same throw and this
time I'm there and we both jump and hit
each other in mid-air.

BALL   Donkeys play better than you.
GROUND Good afternoon!

I get to my legs and fetch the ball who is
asleep beside a beer can.

BOY   Give!

I run away.

Suddenly I turn round to face him and drop
the ball at his feet, mouth open.

We're going to change something. It's
the four of us against the afternoon.
Winner gets the world.

The boy throws hard and high. Higher than any
tag painter is going to reach. Lower down the wall,
the letters of the words are hunched up like
gigantic rosebuds. You need to be a dog to
read them. The boy has thrown hard and high.
DON'T RUN AWAY the tag letters say.
The ball does the nick, comes back laughing
and spinning to my right, as I knew he would,
so I'm there.
I jump to the volley.

Get your balance, the ball whispers to my teeth.
I'll roll it to the boy, the ground mutters to my feet.

WALL   One.
GROUND Two.
BOY   Three.
BALL   Fast.
WALL   Faster.
GROUND Faster still.
BOY   Fastest.
BALL   Look at the dog!

I rush to the wall to get a drop shot, then
prance back ready for the next.

Foto © Sabine Siegfried 1998

John Berger / Juan Muñoz

WALL   Shooting left.
GROUND   Come here.
BOY   Catch it dog!
BALL   I love his tongue.

I catch and give to the boy, catch and give to the boy, catch and give to the boy. The speed takes us in its huge hand and holds us all up like the sea does when you are swimming.

The five of us float out of our depth, our feet no longer touching the earth.

The cats have fled. The wall tells all the walls to watch.

BALL   Heroes have to die.
BOY   I'll die!
GROUND   Faster still.

When we do change something, it goes faster than you can believe.

The tag rosebud letters are now telling

THE END OF THE WORLD.

The five of us see nothing but each other and all our eyes are watering from the salt of the sweat.

Nothing will be the same again. All the time good length.

Sooner or later it had to break. The boy threw it too low against the W of the WORLD and I couldn't get there. The ball rolls to the cheap fish restaurant to sleep, the wall turns its back, the ground vanishes, and the boy buries his still laughing mouth in my shoulder, our ears touching.

END

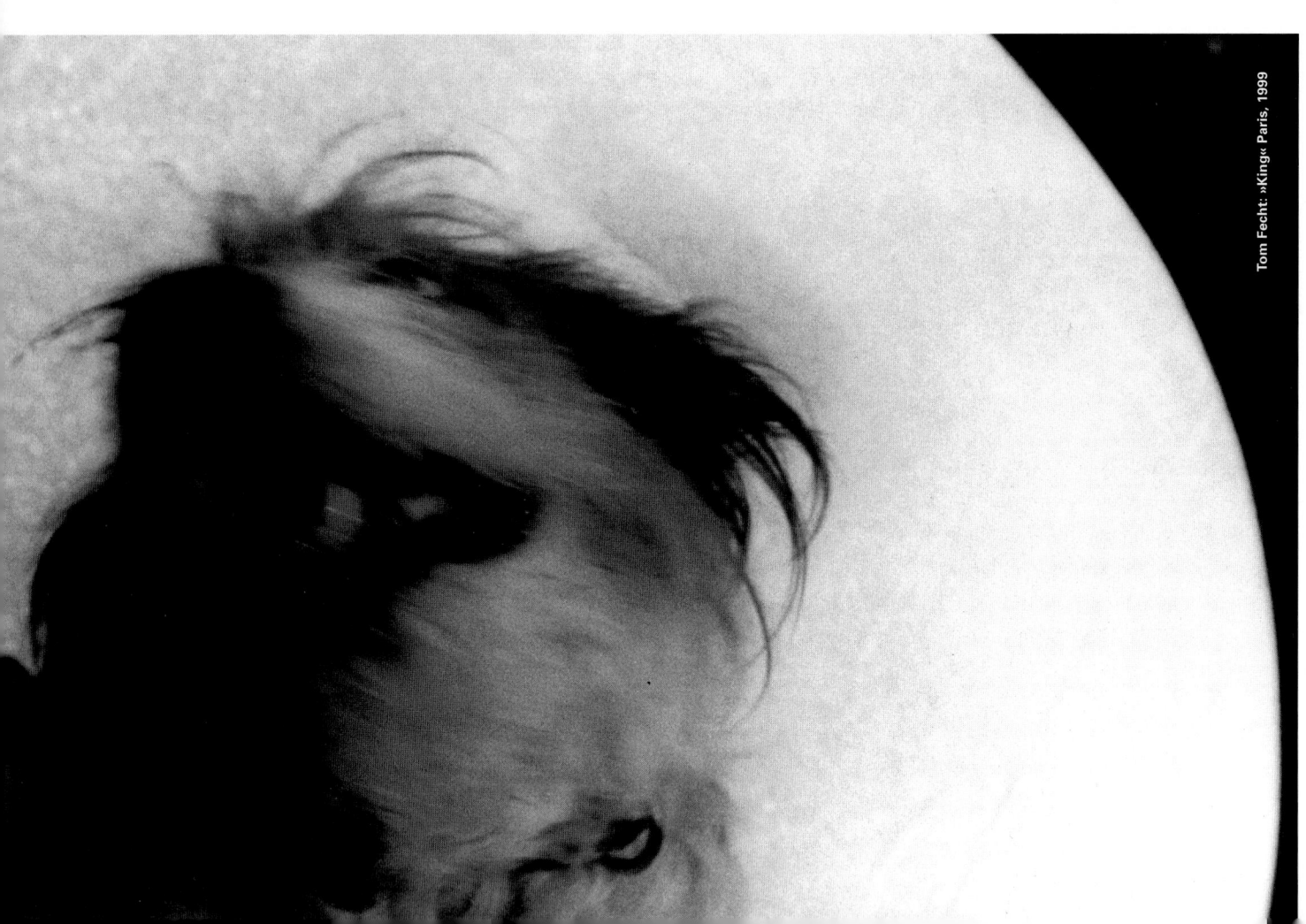

Tom Fecht: »King« Paris, 1999

Andere Räume

WORTWECHSEL
Daniel Defert, Jan Fabre, Tom Fecht, Dietmar Kamper, Walter Prigge, Andreas Ruby, Corell Wex

Dietmar Kamper: Ich möchte meine Antwort an Daniel Defert mit einer kleinen Exkursion in die Zeit verbinden, die er selbst angedeutet hat (vgl. Daniel Defert: »Foucault, der Raum und die Architekten«, in: Po(e)litics, Buch zur Dokumenta X Kassel/Stuttgart 1997, S. 274-283. Die Thesen waren in überarbeiteter Fassung Beitrag der Diskussion). Die Zeit, als Thomas Morus schrieb und Machiavelli, brachte uns schon diese eigenartige Kombination von Raum und Macht zu Gehör und zu Bewußtsein, und es hat seitdem nicht aufgehört, die Bemächtigung der Räume und die Bemächtigung mit Räumen in unsere Erfahrungen einzuprägen. Die wichtigen Überlegungen, die Foucault selbst angestellt hat und die mit diesem wunderschönen Bild vom Schiff, das der heterotope Ort schlechthin ist, endeten, sind ja Hoffnungsvarianten der Möglichkeit, sich einem homogenisierten Raum auf diesem Globus doch noch entziehen zu können. Ich wollte nur fragen, welche Chance hat die Heterotopie in dieser Zeit der Globalisierung, welche Chance hat irgendeine Art von Wildnis, verbotenem Ort oder Outer Space hinsichtlich der Einschluß- und Ausschlußräume, auf die sich Foucault so gut verstand und die er immer wieder prägnant beschrieben hat. Ist es nicht angesichts der gegenwärtigen Situation dringend erforderlich, sich noch einmal Rechenschaft darüber zu geben, welche Chance das Andere, die anderen Räume unter den Bedingungen, sagen wir nicht der eisernen, sondern der diamantenen Homogenität überhaupt noch hat?

Walter Prigge: Ich möchte einen Umweg machen zur Beantwortung dieser Frage, einen Umweg über den Text »Andere Räume« von Foucault selbst, den es zu aktualisieren gilt.

1. Wo sind die »Anderen Orte«, von denen Foucault sprach, heute geblieben? Wenn man diese anderen Orte anders sortiert als Foucault selbst, so handelt es sich um nicht-öffentliche Orte, also Kasernierungs- und Ausschließungsorte, die es auch heute noch gibt. Doch Ausschließung bezieht sich heute auch auf andere Räume als diese Kasernen, die soziale Disziplinierung bricht aus den Anstalten heraus, dazu gleich. Die andere Hälfte sind öffentliche Orte wie Kinos, Theater, Gärten, Museen etc. – also Räume des Erlebens. Solche Orte kennen wir heute noch, sie haben jedoch eine andere Struktur: Sie existieren in kombinierter Form, als Erlebnisparks oder Freizeitparks oder Einkaufszentren. Es handelt sich um besondere Misch-Räume, die durch konstruierte Atmosphären charakterisiert sind, wir nennen sie heute mit Rem Koolhaas »Räume ohne Eigenschaften«. Ich glaube, dieses ist ein ganz gutes Bild für die verstädterte globalisierte Gesellschaft heute. Auf der einen Seite gibt es die Tendenz, immer mehr Orte zu Räumen des öffentlichen Erlebens zu machen und diese zu Erlebniszentren zusammenzufügen. Auf der anderen Seite existieren Orte des sozialen Ausschlusses, die sich in die öffentlichen Räume ausdehnen.

2. Ein zweites interessantes Element im Text von Foucault betrifft eine sozusagen skandalöse Dimension in der Auseinandersetzung zwischen Strukturalisten und Marxisten, Daniel Defert hat es angedeutet: Foucault sagt im Text, ich hatte heute morgen bereits darauf verwiesen, der Raum stehe über der Geschichte und der Zeit. Die Zeit sei nur eine Art und Weise, den Raum zu denken. Lefebvre konkretisierte diese These, indem er sagt: Nicht mehr die industriellen Beziehungen dominieren die hochkapitalistische Gesellschaft, sondern die städtischen Beziehungen. Für historisch-materialistische Denker war das ein Skandal (denken Sie zum Beispiel an »Humanisten« wie Alfred Schmidt in der Frankfurter Kritischen Theorie). Heute gehen wir also davon aus, daß die Industriegesellschaft in Westeuropa zu Ende geht; deshalb sprechen wir heute von Dienstleistungs-, Erlebnis- oder Kulturgesellschaft – bis hin zur Informations- und Mediengesellschaft. Das Angebot an Visionen für die Zukunft der Industriegesellschaft ist heute groß. Nun handelt es sich bei diesen Tendenzen zweifellos um städtische Elemente – das Städtische dominiert wirklich die gegenwärtige Gesellschaft, die Verstädterung ist global geworden. Das Falsche an der heutigen Globalisierungsdebatte besteht darin, zu glauben, daß das Kapital heute footless im globalen Raum agiert, ohne sich je verorten zu müssen: Das ist falsch, denn auch die Global Player müssen sich heute lokal und regional verorten – sie suchen die Einbettung in die regionalen Milieus, und seien es nur die weichen Standortfaktoren wie zum Beispiel kulturelle Milieus, die auch zur Standortwahl beitragen. Diese Verortung im Raum ist ein entscheidender Punkt, der zum Text von Foucault zurückführt.

3. Foucault sagt, der mittelalterliche Raum sei Ortungsraum, strukturiert durch Orte, die gegenübergestellt sind. Dann unterscheidet er davon historisch den seit Galilei »ausgedehnten Raum«, heute würden wir dagegen in einem Raum der Plazierung und Lagerung leben, in dem

Hamburger Gespräche

sich die Nutzungen überlagern und vom Standort her genau plaziert werden. Diese Überlagerung führt uns die Globalisierung deutlich vor Augen. Wir haben heute allerdings noch große Schwierigkeiten, solche Überlagerung zu denken, da wir dafür noch keine adäquaten theoretischen Raumwerkzeuge haben (Andeutungen gibt es zum Beispiel bei Althusser und Poulantzas). Auf der einen Seite haben wir also einen heterogenen, fragmentierten Raum, für den das globalisierte Städtische steht. Auf der anderen Seite finden wir eine Homogenität zweiten Grades, die durch den Staat und den Markt hergestellt wird. Die Globalisierung stellt gleichzeitig, darin liegt ihre Ambivalenz, eine solche Macht der Homogenisierung dar – denken Sie an die Vereinheitlichungstendenzen in der Weltkultur. Dieser Aspekt globaler Macht führt auf den vierten Punkt und wieder zurück auf die Ausschließungen.

4. Achim Könneke von der Hamburger Kulturbehörde sprach davon, daß wir eine mächtige Refeudalisierungstendenz in den Städten beobachten: die zunehmende Ausgrenzung von sozialen Gruppen in den städtischen Räumen. Es findet so etwas wie eine Reterritorialisierung statt, die sozialen Gruppen schließen sich zunehmend über den Raum zusammen und gegeneinander ab. Die Individuen bilden Gruppen im Raum, mit verstärkter Tendenz zur Segregation und Ghettoisierung: Damit bilden sie verstärkt über den Raum Nachbarschaften (Dietmar Kamper hatte das vorhin vom Körperlichen her gesehen bestritten), und sie bilden auch wieder Identität. Die Ghettos in Amerika oder in den französischen Großstädten sprechen dafür. Zum Teil sind diese Segregationen, in gehobenen Milieus, selbstgewählt: Gentrifizierungen. Zum anderen jedoch beobachten wir die Tendenz der Privatisierung des öffentlichen Raumes durch polizeiliche Taktiken der »Säuberung« von unliebsamen »Elementen«: Der öffentliche Raum der Städte wird den politischen Technologien der Kontrolle unterworfen. Diese Tendenzen der Kontrolle und Privatisierung verstärken nicht nur die Fragmentierung oder Heterogenisierung der städtischen Räume, sondern tragen vor allem zur Erosion des Öffentlichen bei.

Und hier schließt sich nun der Kreis von Ausschließungs- und Erlebnisorten: Die eigentlichen »anderen« öffentlichen Orte sind heute die privat hergestellten Zentren, in denen wir Erlebnisse ohne das störende Dazwischen der komplizierten sozialen Beziehungen haben können. Öffentlichkeit ist heute gleich Erlebnis, das jedoch dominant privat hergestellt wird: Die heutigen Erlebnisorte basieren auf Ausschließung, die globalisierte Gesellschaft gründet in einem gewandelten Verhältnis von öffent-

Andere Räume

lichen und privaten Räumen und ihrer überwachten Abgrenzung durch Kontrollmächte. In diesen transformierten Zusammenhängen müßte man also nach den zeitgenössischen Heterotopien suchen. Dieser Begriff muß also transformiert werden: Der Text von Foucault ist 30 Jahre alt und man kann auf diese Weise versuchen, ihn zu aktualisieren.

Corell Wex: Es gibt diese beiden großen Theoretiker M. Foucault und Henri Lefebvre, die sich speziell mit dem Raum beschäftigt haben, und ich denke, daß die Diskussion leider nur um einen wirklich kurzen und kleinen Text von Foucault gekreist ist. In diesem kurzen Text bemerkt er auch, daß es eine ganze Geschichte noch zu schreiben gäbe von Macht und den Räumen. Walter Prigge hat gerade aufgezeigt, welche Verbindungen es in den menschlichen Alltag gibt und in unser räumliches Leben selbst am Ende des 20. Jahrhunderts. Welche homogonen Räume, um Dietmar Kamper aufzunehmen, es heute sind, die die Heterotopien immer mehr einschränken. Es erscheint mir ganz typisch auch für unsere Art der Diskussion zu sein, weil wir im Raum diskutieren und es vielleicht auch geschafft haben, nicht mehr nur über den Raum zu reden, daß wir sozusagen ausfasern. Wir kommen von einem kleinen Raum in den nächsten Raum. Es läßt sich auch nicht so trennen. Doch umgekehrt hat vorhin John Berger vermittelt, wie sich das Gedächtnis an die räumliche Ordnung bindet. Sätze, die mich sehr beeindruckt haben. Denn wenn es richtig ist, daß die Macht sich durch die Ordnung des Raumes ausdrückt und sich dadurch erhält, heißt das, daß die Macht den Raum ordnet, und würde dann auch heißen, daß Macht unser Gedächtnis ordnet. Vielleicht ist das auch eines der Geheimnisse, warum viele Theoretiker, die sich mit dem Raum beschäftigt haben, sich erst nach Jahren mühsamen Kampfes gegen die Vorherrschaft der Zeit in der Erkenntnistheorie langsam durchgesetzt haben. Das gilt für Lefebvre noch viel mehr als für Foucault, aber mir scheint, daß bei Foucault der Machtbegriff sehr oft unräumlich gesehen und eher metaphysisch interpretiert wurde. Es gilt immer zu bedenken, von wo aus jemand spricht. Mir erscheint es sinnvoll, auch auf den Text von Edward Soja einzugehen, auf den Daniel Defert vorhin auch kurz hinwies (Thirdspace: Journeys to LA and Amsterdam, London 1996), in dem er Amsterdam und Los Angeles vergleicht, wo er aber auch im ersten Teil vom »thirding as othering« spricht, also von dem Dritten, welches das Andere darstellt. Diese Idee, die von Lefebvre stammt, wäre interessant zusammenzubringen mit den Heterotopien. Es ginge darum, dieses Dritte zu schaffen, Utopia, also den Ort der Utopie. Denn auch Lefebvre hat hervorgehoben, daß Raum immer politisch gewesen ist, immer strategisch, ein Einsatzziel. In der Geopolitik sehen wir das ganz deutlich und heute verstärkt in der Globalisierung und nicht, wie es umgekehrt dargestellt wird. Wenn ich noch einmal zurückgehe zu unserem Gedächtnis, daß unsere Gedanken auch von der Macht bestimmt werden, weil sie im Raum von diesen geordnet werden, ist es da nicht auch typisch, daß man versucht uns darzulegen, daß die Globalisierung raumlos wäre? Und wird nicht versucht, uns mittels Bildschirmen als Gemeinwesen, zusammen mit unseren Körpern und unserem Agieren im Raum, ortlos zu machen? Das wäre vielleicht eine Dimension, in der man weiterdenken könnte, um die Geschichte von Raum und Macht zu vertiefen.

Daniel Defert: Ich glaube, daß Globalisierung sich nicht unbedingt gegen Heterotopien wenden muß. Zum Beispiel gibt es Club Mediterranée überall. So wurden in Tunesien polynesische Strukturen eingeführt, obwohl sie nichts zu tun haben mit Tunesien. Somit könnte Polynesien überall sein, auch Sibirien – Prison is also a technical pattern which has been imposed, all over the world. I think the question of globalization and heterotopia is not a contradiction, it is just a question of the function of certain angles of views and visions. There is no real indication of space. You can produce a space of contest. I mentioned the photos made by Felix Gonzales Torres. These photos were exhibited in Manhattan. You see a private structure – a bed opposes to the public structures of the city – which creates a new space.

The analysis of the function of space is not necessarily an analysis of the production of a general space, only the production of specific spaces. In that context I remember the text Rem Kolhaas presented at the Documenta X, when he spoke about new cities in South Asia and the forced coexistence of modern cities. But in the case of Bejing the total destruction of an old city generates a new (whatever you call it) town. This is a big conflict and I think that more and more people are emotionally getting into that discussion of the heterogenity of spaces. Movements of consumers are demanding certain types of spaces which get in conflict with other types of space. For example people who want to preserve certain areas or to reconstruct old areas are perhaps in conflict with modern urban development. There is a social struggle about the heterogenity of space.

Hamburger Gespräche

Dietmar Kamper: Ich interveniere hier noch einmal kurz. Mir fiel ein bei der Darstellung oder bei der Vorstellung dieser Konsumptionsräume oder Erlebnisorte, daß sie möglicherweise eine Dimension verloren haben, daß sie schon Bilder von Räumen sind, die nachträglich realisiert werden. Kann es nicht sein, daß es eine ganz entscheidende Rolle spielt, von wo aus man den Raum eigentlich betritt? Gibt es nicht zunehmend Räume, die man nur noch über den Bildschirm betreten kann? Die auch so geartet sind, daß sie nur Oberflächen darstellen, ohne Tiefe zu besitzen, daß die menschlichen Körper, wenn man sie denn mitnimmt, gewissermaßen ihre eigene dritte Dimension abstreifen müssen, um dort überhaupt noch existieren zu können?

Walter Prigge: Ich glaube, Sie haben recht und auch wieder nicht. Jene neuen Erlebnisräume, von denen ich sprach, funktionieren nur über die bildliche Aneignung. Von dieser Seite aus gesehen haben Sie recht: Es handelt sich um vorgefertigte Bilder, nach denen die Räume gestaltet sind. Andererseits hat die kulturkritische These der Manipulation noch nie gestimmt: Der Zuschauer war immer schon, auch zu Zeiten der traditionellen Kulturindustrie, ein produktiver Zuschauer. Die Studien zu Disneylands, also zu den heute dominierenden Bildräumen, zeigen einen Aspekt der Aneignung, der besagt: Die Individuen werden in diesen Räumen zu Spielern, welche Rollen annehmen und sich auch von ihnen distanzieren können. Sie verfallen nicht zwangsläufig diesen Orten, sondern können potentiell spielerisch mit den Angeboten umgehen, die ihnen durch die Bilder dieser Erlebniswelten gemacht werden. Gerade durch ihre zunehmende Kombination aus unterschiedlichen Elementen (Konsum, Freizeit, Sport, Kultur etc.), die ihre Struktur komplexer konstituiert, entfalten diese privat hergestellten und kontrollierten Orte eine zunehmende Qualität des Öffentlichen, was ermöglicht, daß die Besucher, zu beobachten besonders bei Jugendlichen, mit den Angeboten anfangen zu spielen – sie eignen sich die kulturellen Angebote auf ihre Art an, die den eigentlich intendierten Sinn verschieben oder transformieren können. Zwar werden sie über den Körper-Bild-Zusammenhang durch die konstruierten Atmosphären der virtuell-realen Architekturen im Verhalten gelenkt – diese gestatten ihnen jedoch, flexibel und auch distanziert darauf zu reagieren. Das gleiche gilt für das Fernsehen, das uns heute auf über 127 Kanälen mit der Welt verbindet. Auch hier können wir aussortieren, wählen oder abschalten.

Daniel Defert: Doch man navigiert in beidem.

Dietmar Kamper: Aber was heißt das. Das Internet ist ein Ort, den man nur durch den Schirm betreten kann, der sonst nicht zugänglich ist. Ein Schiff kann landen, man kann es betreten und mitfahren. Es gibt ja die neue Lebensart, daß man als Bild lebt und man in der Schule, auf der Universität und in der Öffentlichkeit lernt, sich als Bild zu benehmen, als das man den anderen erscheint. Und damit schneidet man alles ab und auch weg, was man der Hinfälligkeit des Körpers schuldet. Man muß immer in Form sein, darf nicht zugeben, einen Gedanken verloren zu haben, und auch wir müssen gewissermaßen hier als Bilder auftreten. Es bleibt uns nichts anderes übrig. Um hier nur als Körper aufzutreten, muß man schon so genial sein wie John Berger.

Walter Prigge: Ja, wir befinden uns hier im Augenblick dieser Veranstaltung in einem öffentlichen Raum und abstrahieren von unseren privaten Rollen, spielen jedoch auch Rollen – und zwar gegen die Tendenzen der Intimisierung des öffentlichen Raumes, da müssen wir Rollen spielen, die uns Distanz geben zum Privaten. Obwohl ich noch nicht im

Felix Gonzales Torres

Andere Räume

Internet war (man kann ja auch darüber bloß nachdenken), erscheint es mir nicht richtig, zu sagen, daß das Internet ein Raum ist, den man nur durch das Bild betritt. Natürlich betritt man diesen Raum durch den Bild-Schirm, aber dieser Raum ist etwas anderes – ein Raum, in dem man sich ausschließlich bewegt, in dem man liest. Er wird durch Sprache konstituiert. Das Internet ist eine Kommunikationsgemeinschaft, in der Verständigung stattfindet – welcher Art auch immer, und sei es bloßes Geschwätz. Denken wir an die virtuellen Städte im Netz, sei es die digitale Stadt Amsterdam oder Berlin. Die digitalen Städte sind Sonderformen, die auf gemeinschaftliche Verständigung über allgemeine öffentliche Angelegenheiten zielen: also auf das, was in der städtischen Öffentlichkeit verlorenzugehen droht. Der Möglichkeit nach können sich hier Bürger über ihre Angelegenheiten auseinandersetzen, streiten oder gemeinschaftlich Aktionen ausdenken. Das kann hier stattfinden, indem man ein virtuelles Café oder ein angebotenes Forum betritt und sich dort austauscht. Ich glaube, daß diese Sonderforen im Netz besonders wichtig sind, da sie etwas, das in den anderen Wirklichkeiten droht verlorenzugehen, bereitstellen.

Tom Fecht: An diesem Punkt sind wir beim Thema Schnittstelle angelangt, mit dem sich Lars Spuybroeck in seiner »Motor Geometry« beschäftigt (vgl. dazu S. 258-263). Ähnlich wie knowbotic research versucht er mit Sensortechniken die Schnittstelle Körper/Architektur weiter voranzutreiben. Es entsteht eine interaktive Architektur mit intelligenten Fassaden, Böden, Lichtsystemen, Türen und Wänden, die die reale Präsenz des Körpers in einer spezifischen Weise in die Raumkonstruktion einbindet und den Raumnutzer neu definiert. Es scheint hier ein Stück Zukunft durch, ein wenig von Vilém Flussers »Dach- und mauerloser Architektur« in den Kinderschuhen (vgl. S. 16-19).

Andreas Ruby: Walter Prigge hat die Möglichkeiten von Heterotopien heute, also 30 Jahre nach dem Text von Foucault, beschrieben. Ich finde auch, daß das Internet eine relevante Alternative ist, und mir fällt nichts ein, was dagegenspricht, diese Alternative wahrzunehmen, nur weil man dort vielleicht über ein Bild eintritt oder sich in ein Bild verwandelt, um eintreten zu können. Ich glaube, daß die Formen, unter denen sich im Internet Räume materialisieren können, eigentlich alles überschreiten, was wir bis jetzt als Texte oder Bilder unterscheiden können. Hier möchte ich ein Beispiel nennen: Seit diesem Januar ist im Internet eine amerikanische Software namens »The Brain« erhältlich (download unter http://www.natrificial.com). Diese Software bietet eine Alternative zu der hierarchischen Abspeicherung von Daten, die bis jetzt überwiegend gebräuchlich ist – nämlich wo die Verzeichnisstruktur der Dateien dem Stammbaumprinzip folgt und es ein Root-Verzeichnis gibt, das hierarchisch absteigend in Unterverzeichnisse untergliedert ist.

»The Brain« funktioniert nach einem rhizomatischen Modell. Alle Informationen werden gleichberechtigt behandelt, ohne Hierarchien durch Über- und Unterordnung aufzubauen. Das heißt, der Computer speichert die Daten in einer ähnlichen Weise wie unser Gehirn – durch assoziative Verknüpfungen. Man knüpft einen Gedanken an den nächsten, um von dort aus wieder zu einem anderen zu kommen. Die Masse an Daten ist ähnlich wie ein neuronales Netz strukturiert. In dem Maße nun, in dem man Informationen, Gedanken und Notizen in dieses »Brain« hineinschreibt und miteinander verknüpft, entsteht mit der Zeit eine hypertextuelle Repräsentation der eigenen Gedankenwelt. In der nächsten Version des Programms wird es nun möglich sein, dieses »Brain«, welches sich jeder individuell aufgebaut hat, in das Internet zu stellen und es damit netzwerkfähig zu machen. Das führt zu der spannenden Situation, daß diese von jedem unterschiedlich konfigurierten »Brains« miteinander interagieren können. Das heißt, ich klinke mich, wenn ich das möchte und wenn der andere mich läßt, in sein »Brain« ein und kann mich mit diesem austauschen, es ergänzen, verändern usw. Ich glaube, daß wäre ein Beispiel für eine moderne Heterotopie, die über das Internet hergestellt werden kann.

Walter Prigge: Der entscheidende Punkt ist die Interaktivität. Das Internet ist das erste Medium, das potentiell wirklich interaktiv funktioniert. Beim Fernsehen konnte man anrufen und bei TED mitbestimmen – also eine reduzierte Form der Mitbestimmung. Das Internet kritisiert alle vorhergehenden modernen Ein-Weg-Medien. Der zweite Punkt ist die Echtzeit. Das ist ein Skandalon für uns alteuropäische Intellektuelle. Bisher fand ein Ereignis statt, das vermittelt werden mußte, um wahrgenommen zu werden. Es wurde aufgezeichnet, vermittelt und wieder wahrgenommen – daraus wurde Geschichte geschrieben, und aus dieser Geschichte wurde dann ein neues Ereignis produziert. Dieser Dreischritt, aus dem unsere Kultur besteht, ist nun durchbrochen. Nun ist es möglich, in Echtzeit ein Ereignis zu vermitteln und unmittelbar daraus ein neues Ereignis zu

Hamburger Gespräche

machen. Flusser sagt dazu richtig: Das ist die Vernichtung von Geschichtlichkeit. Der Historismus in vielen unseren Kulturabteilungen zeigt diesen Verlust an. »Geschichte und Geschichtliches entfernen sich« – so Lefebvre. Damit sollten wir uns beschäftigen, da hier neue Räume entstehen, die eine andere, vielleicht doch »heterotypische« Qualität aufweisen. Das letzte Bespiel, das Sie gerade genannt haben, verweist auf einen dritten Punkt. Die Hoffnung besteht ja, daß die neuen Medien die ersten sind, in denen die »interaktiven« Produktivkräfte nicht durch die Produktionsverhältnisse (Markt etc.) festgehalten werden. Das ist ja auch normalerweise bei den modernen Massenmedien der Fall. Die Möglichkeit, daß die Produktivkräfte die Verhältnisse durchbrechen, konnte ihr Beispiel zeigen. Selbstprogrammierung wäre die Parole der neuen Medien und ihrer Aneignung. Beim Fernsehen und den anderen Ein-Weg-Medien werden wir programmiert, weil wir dem Programm

tion und Modellbildung eine neue Stufe erarbeitet, kommt das schmerzhafte Elend der Wiederholung. Unser Körper paßt sich an und erschließt die neue Abstraktionsebene durch neue Signale und vertraute Nebengeräusche erneut der vollständigen sinnlichen und körperlichen Erfahrung. Die Welt als Zwiebel, ein wunderbares Gewürz: ständiges Öffnen, Schälen, Aufnehmen, Verdauen, Ausscheiden und tiefer Vordringen, vorübergehend auch hilflos, bis zum Hals darin steckend. Erst wenn die Augen tränen, weiß unser Körper, daß wir da hindurchmüssen und lernen; es ist doch klar, daß wir das unbewohnte Ungewohnte zunächst leidenschaftlich ablehnen, es läuft unserer Körpererfahrung zuwider! Dietmar Kamper spricht hier von Geistesgegenwart und Körperdenken, in unserem Gespräch mit Paul Virilio über den Körper – die Arche, hat Paul Virilio bei der Herausbildung des virtuellen Raumes die Entstehung einer neuen Stereorealität diagnostiziert: Einerseits die aktuelle

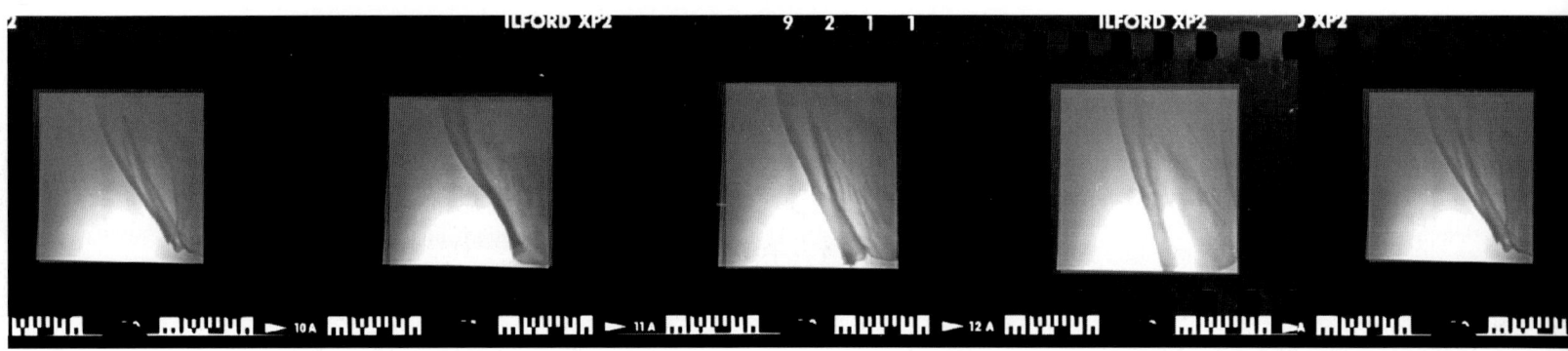

folgen (wir können jedoch auch abschalten); im Internet schreiben wir potentiell unser eigenes Programm, und das ist das Spannende dabei.

Tom Fecht: Wenn ich als Bildhauer darauf reagieren darf: Natürlich kann ich mich auf neuartige Mnemotechniken und Brain-Technologie einlassen, die heterotopischer Ort sein kann. Aber wenn meine Raumerfahrungen auf den Kopf und seine Gesichtssinne reduziert werden, gibt es bei mir eine Fehlermeldung. Was ich wahrnehme, ist eine Sache, wie ich wahrnehme, entscheidet mein Begreifen, mein Durchatmen der Welt. Ich komme mir lieber »primitiv« vor wie diese Spinne, über die Lefebvre schreibt, auch wir d e h n e n uns »jenseits unseres Körpers in einer zweiten Natur von Besitztümern aus in unserem produktiven und reproduktiven Treiben«. Siegfried Zielinski nutzt gerne die Treppe als evolutionäres Modell, ständige Repetition und Differenz (vgl. S. 215). Haben wir uns durch Abstrak-

Wirklichkeit, andererseits das Virtuelle, in unserem Körper wird es zu einem stereorealen Relief im gleichen Feldeffekt zusammengeführt. Für ihn geht es heute darum, den Körper erneut zu domestizieren, um ihn zu befähigen, in einer außerhalb von ihm selbst vollprogrammierten Welt zu leben.

Corell Wex: Wenn man die virtuelle Realität betrachtet, ist der Hinweis ganz richtig – es geht inzwischen längst weiter. Man muß aber sagen, daß es auch in der körperlichen Dimension weitergeht. Es wird daran gearbeitet, mit verschiedenen technischen Mitteln über Distanzen, hinweg auch fühlen zu können. Es wächst uns sozusagen ein neuer Raum zu, eine neue Art von Körperlichkeit vielleicht auch. Nur: so begeistert man darüber sein mag, so interessant das auch scheint, so muß man doch gerade, als kritischer Intellektueller auf zwei Prozesse hinweisen: Einerseits ist natürlich die Verteilung des Internetzugangs, auch wenn dieser prinzipiell offen ist, sozial, geographisch und

Andere Räume

vor allem geschlechtlich ungleich. Das ist eine Tatsache, die leicht zu ändern wäre, da prinzipiell die Möglichkeit eines offenen Zugangs gewährleistet ist. Die Realität sieht leider so aus, daß diese Möglichkeit noch nicht für alle genutzt werden kann. Auch haben wir die Problematik der Kapitalisierung des Internets, welches immer mehr als Geschäftsmittel genutzt wird. Es ist vielleicht auch interessant darauf hinzuweisen, daß es Paul Sweezy war, der einer der Mitentwickler des Internets war. Das weiß kaum jemand, da er eigentlich bekannt wurde als jemand, der die Marxschen Schriften interpretiert hat. Und das Internet war ursprünglich ja der Versuch, eine militärische Informationsstruktur unangreifbar zu machen, durch das Fehlen eines klaren hierarchischen Zentrums. Das heißt, man sieht auch hier wieder, wie der Staat, der normalerweise versucht, Hierarchien herzustellen, im Kampf mit dem Raum sich als empfindlich erweist und das Gegenteil produzieren muß.

Jan Fabre: I was interested in the story of Daniel Defert about Felix Gonzales Torres and what this artist did. He created an utopian space in the sense, that you see on the print that there in the cushion could be a person. But there is nobody. It seems that there is an invisible physical presence. This work of Torres is a private utopian space with an invisible presentation of a body. There is another american artist who shows his everyday life 24 hours in the internet So you can watch him fucking, dressing, shitting – everything you can see and the strange thing is that it remains privat space because he doesn´t leave his appartment even in the internet. So the net don´t seem to be any longer an utopian place because you see a flat body without imagination and at the same time when I´m watching this I rather have an invisible body that creates space of a life-performance where I still can smell the physical presence of a body, you see him sweating in the Net for exam-

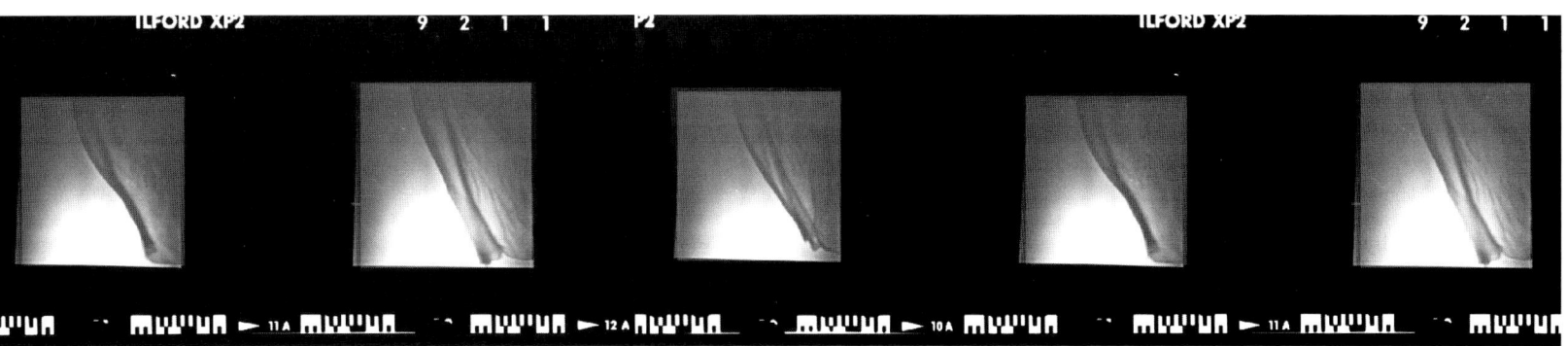

Eine Aussicht, die uns durchaus hoffen lassen kann. Auf der anderen Seite, sehe ich immer noch, daß Menschen in Kneipen und Diskos gehen, öffentliche Plätze betreten, daß gerade wir Deutschen begeistert sind von den Plätzen in Italien, Spanien oder Südfrankreich, wo Menschen sich einfach im Raum befinden, in einem Darstellungsraum, und sich selbst dort mit ihrer ganzen Körperlichkeit darstellen können. Die Begegnungen zwischen Menschen, die Atmosphäre, die nicht in Datenmengen umgerechnet werden können, auch nicht, wenn man es vielleicht versucht. Man merkt ja so etwas wie Atmosphäre und man kann wahrscheinlich bis heute nicht entschlüsseln, wie das physikalisch nun zu erklären ist, aber es macht einen Unterschied, und dieser wird auch weiterhin bestehen bleiben. Das ist die andere Seite der Kommunikation, die ich nie missen möchte. Ich möchte mich nicht ausschließlich über das Internet verständigen, sowie ich diese Möglichkeit auch nicht ausschließen möchte, was auch eine Paradoxie ist.

ple. My question is : Is it possible that this work by Torres is important as a private space, as an utopian space because there is a representation of a body as an invisible thing? What would be the difference with a body on that photo?

Daniel Defert: This is a very good question. Maybe with a body it will be a photo and now without a body it seems to be a dream, a heteropia, a space which has its existence in outer space. But according to Foucault's definition, who refers to other space, which does not exist in itself and which is part of the heterotopia. So with a body it is a photo and a photo is part of our space not of utopia. I have no answer to your question. The print of the missing body opens Torres's photo to other styles of life, other spaces –

Jan Fabre: If you look at this artist, I was talking about before, who is showing his private life in the internet, do you think that a private space could be an utopian space?

Hamburger Gespräche

Daniel Defert: Yes, perhaps. Dietmar, you mentioned, I think, that in the internet there are no persons, only screens, photos and in a way it seems to be an outer space. Outer space, because it seems to be unlimited. I don't know if the artist who presents his dayly life in the internet, is a person who becomes a heterotopia for others?

Walter Prigge: Vielleicht sollte man doch eine Unterscheidung treffen, die noch nicht gemacht wurde, nämlich die zwischen Leib und Körper. Die richtige Frage lautet: Welche Sinne, die ja historisch sind, entwickeln sich durch neue Technologien und Wahrnehmungsapparate? Das gehört zur Seite des Leibes. Im Internet jedoch werden »Körper« präsentiert, die es den Individuen erlauben, sich Subjektstatus zu geben, und sie können auch mit diesen körperlichen Symbolen spielen. Daher ist es Frauen möglich, sich dort als Männer zu symbolisieren und ohne Gefahr »für ihren Leib« mitzuspielen. Der Körper nun ist das Symbol des Leibes, und auf dieser Seite des Leibes stehen die Sinne – das Hören, Sehen und alle sinnlichen Praktiken, die gegenwärtig mediatisiert werden. Der multiple Körper kann die vielen Dimensionen des Leibes symbolisieren – hier steckt der Zwischenraum, der für uns im Vordergrund stand. Es ist der zwischen Körper und Leib, der heute vor allem in den neuen Medien und im Zusammenhang mit künstlerischen Praktiken eine große Rolle spielt.

Daniel Defert: In fact, the text about heterotopia is only one part of two about this subject. The second part took place only once on the radio and had never been published. According to Foucault's last will not to publish anything after his death I only can say, it was about mirror and corpse. Two places where I can be without actually being there. There is an extraordinary symmetry between the mirror and death. So this was one starting point in the discussion of utopia – versus heterotopia.

Tom Fecht: Ich möchte gerne noch einmal die Spinne mimen und Querfäden ziehen. Zum »Sehen des Körpers«, wie es Folke Hanfeld in seiner Ausstellung in unserem Stadtbüro vorführt (vgl. S. 248-249). Er verhunderfacht in seinen Stereofotografien den normalen menschlichen Augenabstand von ca. 65 mm auf ca. 650 cm. Das Ergebnis ist der (simulierte) Blick eines Riesen auf die Erdoberfläche. Die Landschaft wirkt plötzlich wie möbliert, die Gebäude werden in ihren ursprünglichen Modellmaßstab des Entwurfs zurückgeführt, die Städte sind nur noch zusammengeklebte Fallerhäuschen. Es riecht überall nach Uhu und wir sehen etwas, was man angeblich nicht so recht fotografieren kann: Zwischenräume, das Bindegewebe des urbanen Geflechts, Produktions- und Reproduktionsräume als Teile eines komplexen sozialen Netzes.

Aber die neuen Raumfahrttechnologien sind weiter, bald ist auch die Erde komplett kartografiert, als Stereorelief von zwei Weltraumkameras im hunderttausendfach vergrößerten Augenabstand aus göttlicher Perspektive im Orbit erfaßt. Dank GPS (Global Positioning System) gibt es keine heimlichen Inseln und neue Räume mehr zu entdecken; was uns bleibt, sind die Geheimnisse der Raumproduktion selbst. Die zentralperspektivischen Modelle werden von einem stereorealen Feldeffekt abgelöst, die Form unseres Sehens scheint sich allmählich der physikalischen Beschaffenheit des Raumes als Feld anzupassen. Wie Elisabeth von Samsonow sieht auch Paul Virilio einen direkten Zusammenhang zwischen dem Ende der physischen Eroberung des realen (des terrestrischen und extremistischen) Raumes und der Entwicklung einer riesigen Blase des virtuellen Raumes. Die Eroberung des extraterrestrischen Raumes ist für den Menschen abgeschlossen, zur Eroberung des interstellaren Raumes schießen wir unsere Augen in die Umlaufbahn, so wie wir im Internet ganz selbstverständlich einen Cursor benutzen. Der Pfeil Amors, der Blick des Begehrens hat sich zu einer neuen Pfeilwaffe formiert, der Cursor wird zum Inbegriff der Suchbewegung und Ausdehnung im Cyberspace. So dehnen wir uns, mit Lefebvre gesprochen, in einer zweiten Welt von Besitztümern immer weiter aus. Paul Virilio hat unsere Frage »Was ist das Virtuelle?« deshalb auch kurz und bündig beantwortet: ein Subsitutionsraum.

Und jetzt verrate ich, welchen Raum ich vor allem begehre: den Ruheraum.

Andere Räume

Jakob Mattner, »Echo«, 1998 · Foto: Dirk Robbers

Die Bewegungen der sich ständig wandelnden Lichtprojektion waren ständige Begleiterscheinung der Hamburger Gespräche (s. Bildserie S. 66-67). Das »Gesprächsmöbel« wurde nach dem Vorbild eines Küchentisches aus der ehemaligen Kantine der Sorbonne in Paris von Tom Fecht entworfen. Das Original steht im französischen Finistère und fand u. a. beim »Seestück für Simonides« und dem Titel Verwendung. Die in die Tischplatte eingearbeitete kuppelförmige Öffnung zitiert ein Geheimnis antiker Mess-Architektur. Das Motiv der beiden angelehnten Stühle hat den britischen Komponisten Anthony Moore wiederum zu seiner Toninstallation »Sounding Chairs« animiert. Der Wortwechsel fand am 7. 5. 1998 in der Hochschule für bildende Künste in Hamburg statt.

Anthony Moore: expanding, spherical waves and social space

1. THE CHAIRS

The »Sounding Chairs« (for I think there must be at least two) have assumed great significance for me. Apart from the notion of a place for absent friends, potential latecomers etc. they will perfectly serve, placed or propped up at each end of the long table, as the stereo sound sources for the ping-pong samples, thus leaving the surface of the table clear, uncluttered by loudspeakers. The chairs could be made available, singly or severally, to other guests such as John Berger and Juan Muñoz should they feel a »dialogue« with an extra place at the table (an apparently empty but far from silent chair) might be appropriate within the context of their presentation. The interaction need not be complex. The sounding chairs could simply be playing through a selection of sounds, scraping carrots, snapping branches, interspersed with random silences. I am particularly interested in the idea (for its direct link to »Cellula«, if you recall option no.3, »multi-channels for hidden speakers behind walls, in furniture etc.«) of »fragments of speech, sentences, words and parts of words«, being played back through the chairs. Other than in the case of the ping-pong samples which should be clearly heard, I am unsure how audible the chairs should be. I can easily imagine the volume being rather quiet.

2. TABLE-TENNIS

This sound of a table-tennis ball might seem to be a real-time recording of the ball being played back and forwards between two players, but in fact it is not. What has happened is that two separate »hits« of the ball with a bat and two slightly different »bouncings« of the ball on a table similar to this one here, have been sampled. These samples are then triggered using a simple musical framework of beats. Player A hits the ball on the first beat of the bar, the first bounce occurs three and a half beats later just before the beginning of the second bar which is when player B hits the ball. Three and a half beats later still, that is a half a beat before the end of the second bar, the second bounce occurs just before the answering strike of player A again. At this point one could make a loop. With the stereo panned full left and right, the tempo is continuously shifted to simulate the irregularities of the time the ball spends in the air. So this raises questions like does the sound of the ball actually travel, even though the recordings were of single hits and bounces and not of the ball flying through the air? Furthermore, there is the fact that each of the sound samples includes the echo, the ambience of the room it was recorded in, which was not this room. This means that flying through the ambience of this room, projected by the speakers, is a sphere of ambience from another space surrounding the ping-pong ball which itself contains a resonating space.

3. CELLULA

The idea is to define with sound, a small, confined space within a larger space and to examine questions of inside / outside, of location and identity, the paradox of skin which consists of that which it contains as well as that which contains it, a drop in the ocean. The sounds that move through, across and around the structure, thus delineating its form, will be fragments of speech, sentences, words and parts of words from various texts such as the Carceri d'Invenzione of Piranesi. And whenever I hear »a drop in the ocean«, I always imagine the drop suspended somewhere mid-way between the ocean floor and the surface, somehow existing in the middle of the depths of the sea, separate and identical. And if space contains other spaces how are we aware of them, can an emptiness contain other emptinesses, and what is it that allows them to maintain (in the case of the sound of words for example) their autonomous existence? This idea of differing spaces, made up of the same material, existing inside each other, is to ask what separates, what is the skin of a sound that makes it distinguishable from the surrounding soundfield which is more often than not, a cacophonous accompaniment. Why can we understand a conversation against a noisy background, how is it that sounds can retain their individuality, and when do they lose their distinctive qualities and merge and dissolve into each other like paint, forming new colours, greens, where the blues and yellows are no longer distinguishable? The loudness of a sound may obliterate a softer one; white noise will mask out sounds, and the dissolving effects of echoes off reflecting surfaces will all threaten the perceptible individuality of a sound. The possibility of hearing simultaneously and still being able to distinguish individual sounds from a mix of many layers is dependent on an absence of reflections that introduce time. And it is, perhaps, when consecutive time is reproduced and played back with its on-going self that we can no longer pick out individual identities.

In her book »Membranes«, Laura Otis writes, »Anatomically, a membrane defines a cell's form; in essence, microscopists knew that cells existed because they could see their bound-

Notes from Hamburg

aries. More important though, the membrane plays a key physiological role. Discussing vitalism in 1858, Virchow wrote that the fundamental quality of life was simultaneous independence (Selbständigkeit) and dependence (Abhängigkeit), a quality epitomised by the bounded cells he observed: »Life«, (wrote Virchow), »consists of an exchange, but it would stop being life if this exchange did not have certain limits. These limits establish certain standards of moderation and regulation, as much in the simple cell as in the organism composed of cells. In the cell we have come to know the membrane and the nucleus as the regulators and moderators. The membrane defined the cells not only because it made them visible and set their limits in a physical sense but also because it let them regulate their own inputs and outputs. While these semi-permeable membranes never entirely sealed cells off from their environments, they allowed cells to resist them and to select the molecules that could enter.« Examples of other spaces inside our now-space? Memory spaces, other people's memories that remain in the design of objects, in furniture with drawers that contain books which contain thoughts.

St. Paul's: what you are hearing is a recording taken from the inside of St. Paul's Cathedral, nothing in particular is happening, it is just the sound of the space and the idea of listening to one space inside another, and in this case, a larger one inside a smaller.

4. SPATIALITY & SUBJECTIVITY

From the perspective of sound, the listener is at the vanishing point. What for the eye is in the distance is, for the ear, the closest. The vanishing point is the point of starting out

Sabine Siegfried: Anthony Moore in Dessau

Anthony Moore

and is located at the centre, the centre of an expanding sphere, which becomes a space that may contain other spaces. In sound there is a sense of a radial divergence. But at the centre, the very middle of anything, there is only room enough for one of us. At the same time each point of view is also unique, separate, but you can look at someone looking at something and look at it too, a socialising triangulation. In a way, like thinking, you can never really know what people are hearing. Thinking and listening both start from the same place, the vanishing point between the ears. At the beginning of sound you are alone in listening, at the end of seeing you are alone in the vanishing point. At the beginning of seeing you can at least imagine others gazing down the sight-lines of the periphery, at the end of hearing, no longer at the centre but in the skin, you can at least imagine an expanding sphere that holds those same others.

Inversion of function: The idea is concerned with two internal, sonic phenomena generated by the ear-brain, tinnitus and oto-acoustical emissions. By addressing the issue of OTEs, we are reversing the normally accepted function of the ear purely as receiver.

Listening inwards is like looking at your own retina. There might be a tendency to think of ourselves as surrounded from without, on all sides information flying at us, colliding with our sensors, meteorites of stuff hitting our skin. But noises are also generated from within, which may include the noise of our thoughts as well as the physical sound of the body at work.

Listening to the inner soundscape, the sound of the inside of one's head, and thinking about the problem of bringing the inside to the outside, of externalisation and subjectivity, of no objectivity, inevitably raises the question of how it might be possible to move outwards from the centre of one's hearing. Sing with somebody else, then the two sounds, the inside and the outside meet at the surface of your self, that is the tympanic membrane and the bones of the skull. And here is »Cellula« again, the cell becomes your head, the eardrum is the skin through which signals pass in both directions, the sound inside your ears and the surrounding field of sound outside your ears. The membrane is set vibrating from both sides. It is the skin surrounding the drop in the ocean, a denser collection of molecules, a thickening of the air around an airpocket. It is what occurs at the wavefront where sounds meet, pass through each other, retain their identity or get lost. Sounds emerging from the ear meet sounds on the way in at the interface of the tympanic membrane and reveal patterns of complex waves that in some cases will amplify each other and in others, cancel each other out.

But what do we really hear? How much is lost to us through habituation? If you are unaware are you still hearing or listening? (Hearing, yes, due to that vertiginous feeling that comes with the sudden absence of a continuous sound you had ceased to notice). But if you are aware of listening then the sound you are listening to will disappear; (this, according to some audiologists and a new approach towards a cure for tinnitus based on the idea of the brain turning off anything that goes on and on – »if music be the food of love«). Previously it was thought the more one dwelt on the sounds, the more present and irksome they would become. Now the belief is that it is possible to bring about a kind of psycho-cancellation, as if super-awareness is the penultimate stage towards complete non-awareness, that attention, awareness, consciousness doesn't fade in and out but rather switches on and off quite suddenly. Cage said that the only true silences are caused by inattentiveness. So does the sound stop because you continue to be aware or because you have slipped into unawareness?

For the very reason that our ears are ever open, even when we sleep, we create sound-screens, psychosomatic earlids that close at the point where the signals reach the brain. We have been taught to do this by our bodies. Even in the womb we have learnt to screen out the incessant roar of blood streaming through our veins, by far the loudest sound we could ever hear and yet silent to us. And for all these sounds, internal and external, there is this function of the brain that auto-selectively masks or cancels out ongoing information that may appear unthreatening, unnecessary. This process of habituation is a time-shift that locks into opposite phase and consequently produces nothing, silence, which forces a kind of forgetting that inescapably asserts itself by the very awareness of its happening. For only the briefest space of time something new makes itself known to us.

It is certainly true that the way in which a sound arrives, its envelope-shape, contains as much of its identity as the attendant harmonics or overtones which give us the timbral

Notes from Hamburg

information needed to distinguish between two instruments sounding the same note. The speed of forgetting is a function of the envelope too and it may be that memories are more likely to arrive suddenly than forgetfulness, which fades. And fading is the dissolution of skin that surrounds space and identity. One switches and is switched between states of awareness and unawareness. The shape of the envelope affects the perception of the state-change. If you have a gradual attack and a slow release then you are not exactly sure when you ceased to be aware.

5. THE GREAT OLD BRITISH TRADITION OF SLAPPING NEW-BORNS

The howl for air, the expanding sphere, the first feedback loop, the yell to the ears. If we can accept the anthropomorphic notion of a sound that listens to itself, a sound with ears (!), and the model of the negentropic solution, then that first sound you made and heard, the howl for air, became an expanding bubble inside which all other proceeding sounds, heard or made, continue to be contained. What then is the difference between a sound you hear and a sound you make if the act of hearing is a making and the making, an act of hearing? The permeable and elastic membrane that surrounds the expanding, spherical after-life of a sound might also act as a diaphragm through which carrier waves of information flow both in and out. These waves are themselves other sounds moving out from their sources and passing through each other. This simultaneous autonomy and permeability is a vital property of existence.

If all sounds are contained inside each other, by those that came before them, and they all travel at the same speed, and a more recent sound fades out before an earlier one, then what happens is a contained dispersal, a more entropic event within a lesser one; fading is the dissolution of the skin. Perhaps the most important »organ« we have.

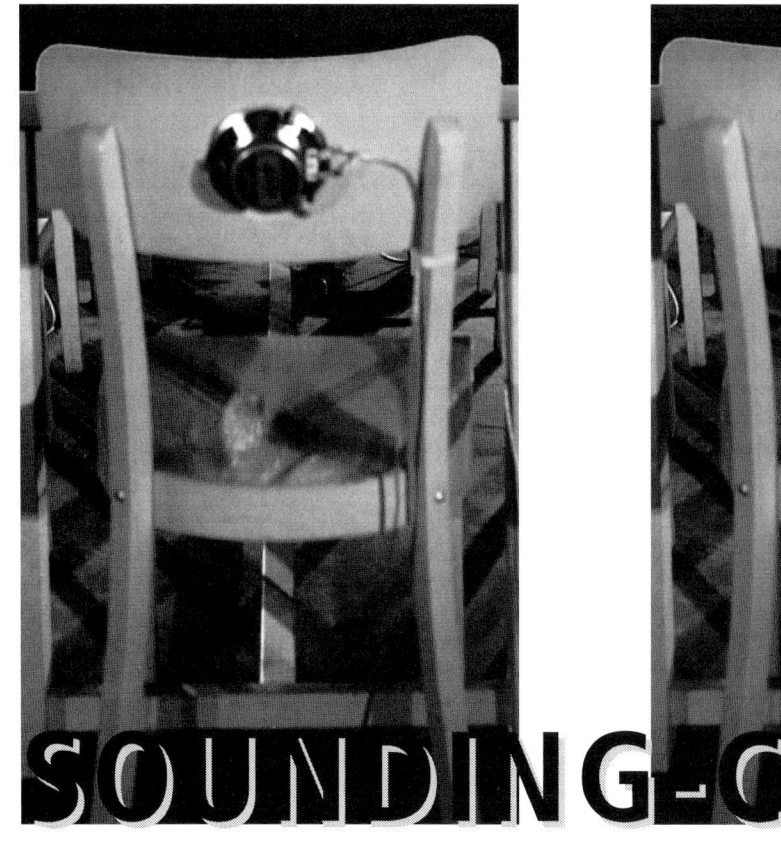
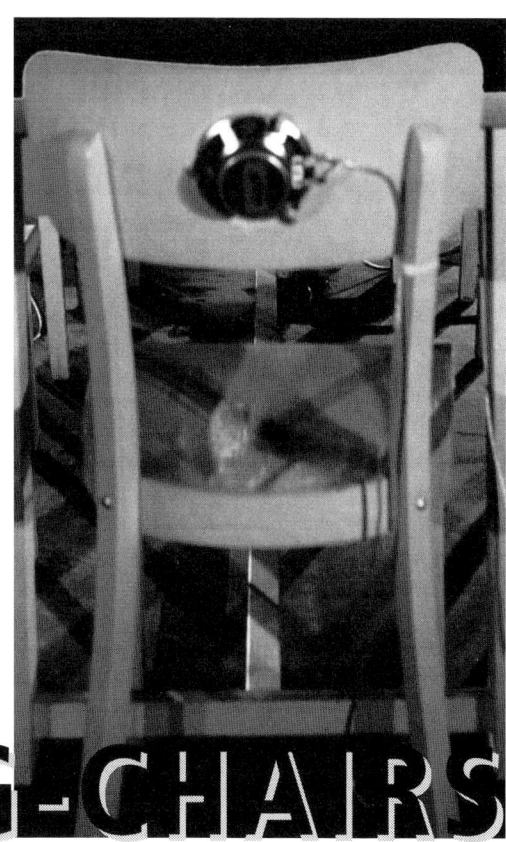

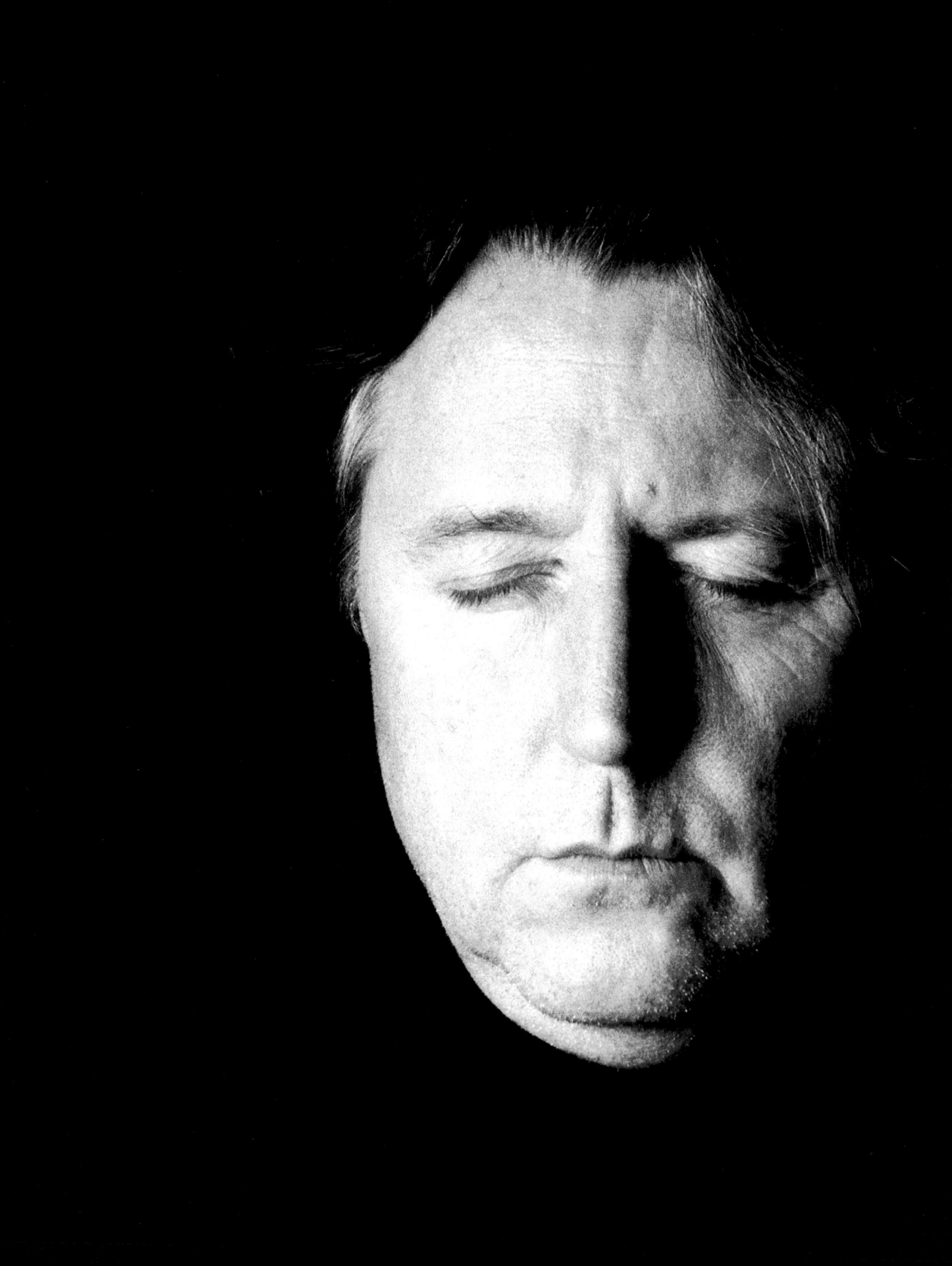

Tom Fecht: »Listening into the eye · Looking into the ear« · Köln 1999

Christoph Ebener http://home.t-online.de/home/Ebener

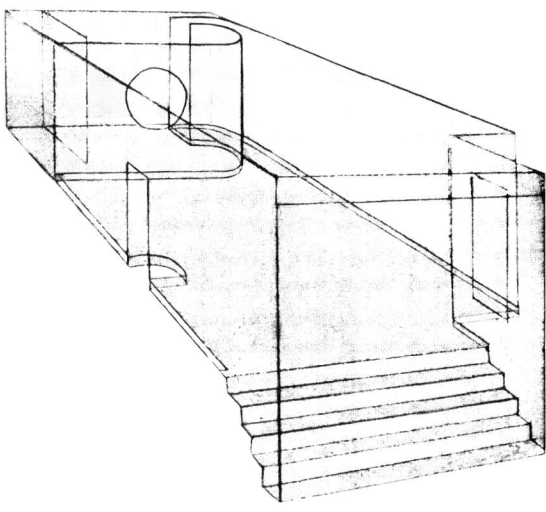

Christoph Ebener: Temporärer Raum für ein
Stadtbüro

Das »Stadtbüro« war für den Umzug ins Offene täglich und im regulären Ausstellungsbetrieb 3 Tage in der Woche geöffnet. Um Passanten auch außerhalb der Öffnungszeiten einen Einblick in die Installation zu geben, wurde die Raumbeleuchtung erst um Mitternacht automatisch abgeschaltet.

Von Außen durch das Schaufenster betrachtet, bestimmt eine Treppe über die ganze Fensterbreite das Bild. Diese Treppe beginnt an der Unterkante des Fensterrahmens und erreicht nach vier Stufen etwa Augenhöhe und Raumniveau.

Zwischen dem um 10 cm erhöhten Fußboden und den Seitenwänden verläuft eine von unten beleuchtete Fuge, nur in der Querrichtung des Raumes stößt der Boden direkt auf die Wände. Linker Hand beginnt diese Lichtfuge an der Treppe, wird durch die Eingangstür unterbrochen und endet an der Rückwand. Die Fuge der rechten Seitenwand nimmt ihren Anfang hinter dem Teilnehmerarchiv, das am rechten Treppenabschluß eingebaut wurde. Sie beschreibt wie die Wand erst eine Gerade und endet dann nach einem Bogen parallel zum halbkreisförmigen Abschluß der Rückwand im Büro. An dieser Stelle bricht auch der Fußboden ab, der sich erschließende Raum befindet sich hier wieder auf ursprünglicher Höhe. Die Rückwand schirmt das hier einfallende Tageslicht vom vorderen Raum ab. Diese natürliche Lichtquelle ist durch 8 Solarien-Leuchtstoffröhren ersetzt, die durch einen Kreisausschnitt die Installation beleuchten.

Das Stadtbüro war einerseits eigenständige Installation und hatte andererseits wechselnde Funktionen zu erfüllen. In der Planung wurde deshalb versucht, die eingesetzten Elemente möglichst mehrdeutig und unterschiedlich lesbar zu halten.

So wie die Treppe von außen als imaginärer Eingang oder Einstieg ins Bild gesehen werden kann, funktioniert diese von innen als Sitzgelegenheit für Besucher, die sich in das Teilnehmerarchiv vertiefen möchten.

Sowohl der beleuchtete Kreisausschnitt in der Rückwand als auch die Krümmung der rechten Seitenwand leiten den Besucher in den Raum hinter der Rückwand, wo er aber wider Erwarten aus der Installation »herausfällt«, deren Rückseite zu sehen bekommt und Karten für die Veranstaltungen kaufen kann.

Da die Eingangstür als einziges unveränderliches Ding einen Maßstab vorgab, wurde der Radius, den die Tür beim Öffnen beschreibt, auf die beiden anderen im Raum vorkommenden Kreise angewandt. So bildet sich die einzig benutzbare Öffnung sowohl im Ausschnitt des Lichtkreises als auch im Rundabschluß der Rückwand ab.

Die Möbelstücke der Installation wiederum sind in einem Maß gehalten, daß sie sowohl als Hocker, als Tisch oder als Sockel einsetzbar macht. Entsprechend der jeweiligen Nutzung wurden sie für Besprechungen als Sitzgelegenheit in der Raummitte gruppiert, bei Vernissagen und Feiern als Serviertische eingesetzt und während Ausstellungen als Sockel oder Videomöbel genutzt. Im Ruhezustand des Raumes werden diese Möbel an der linken Seitenwand zwischen Eingangstür und Rückwand aufgereiht.

Der »Temporäre Raum für das Stadtbüro« war von vornherein als Raum für einen begrenzten Zeitrahmen konzipiert. Durch die verwendeten Materialien Hartfaser und Preßspan sowie eine Konstruktionsweise, die sonst eher im Bühnen- und Kulissenbau zum Einsatz kommt, konnte der Raum problemlos auf den vorgefundenen aufgesetzt werden. Zum Ende des Projektes hatten sich nach vier Ausstellungen (Folke Hanfeld/Nanae Suzuki, Christoph Ebener, Gil Funccius, Ralf Weißleder), Meetings und Feiern entsprechende Gebrauchsspuren in die Oberflächen gegraben, und die Installation wurde entsorgt.

Ralf Weißleder

www.tortuga.de

Versuch 2

TOM FECHT: THESENTELEGRAMM 2

Unser Verhältnis zum Raum artikuliert sich an der Nahtstelle von unbewußtem und bewußtem Denken. Eingebettet in die Gravitation elliptisch taumelnder Planeten, ruhen die Ordnungssysteme des Raumes offensichtlich auf der Spannung, die zwischen Sehkraft und Sehnsucht besteht. Die Wand vibriert, der Raum erregt den Körper, der Körper erregt den Raum und der Raum zuckt, in allen Winkeln. Das Wechselspiel dieses Affekts kann weder von der Bildfläche aus noch im Zuge der Schrift und Linie, noch durch einen Plan oder in der Abfolge bloßer Zahlen vermittelt werden. In dieser gegenseitigen Durchdringung bilden Raum und Körper zusammen einen Zwischenraum, der ohne Löschung der Differenzen den Zwischenkörper des Feldes erzeugt. Erst das Feld stellt die Verbindungen der disparaten Dimensionen Punkt, Linie, Fläche, Raum überhaupt her. Erst in der Bewegung durch den Raum wird der multidimensionale Scan des physikalischen Feldes in unserer Wahrnehmung gezeugt. Die Entdeckung des Raumes und das Raumgefühl gehen organisch Hand in Hand: von der Keimzelle und Grotte, vom Uterus weiter aus der leiblichen Sphäre in die Atmungs-Sphäre wechselnd, im Rhythmus von Herz und Wiege spielend durch das Haus in die Stadt, durch die Ekstase auf die Lichtung ins Offene der Welt. Das Offene ist aber nicht das Grenzenlose, das Offene kehrt zurück. Wie der Blick über den Horizont entstammt auch das Offene einem Körperdenken, einem Körperwissen, das aus der Wanderschaft heraus und nur in ihr zu wohnen versteht.

Die Architektur operiert in diesem historisch bestimmten Stoffwechsel. Um weiterzukommen, werden die Wiederholungen zwingend und die Differenz. Treppen auch hier, inside the endless house. Durch ständige Wiederholung psychomotorischer Muster bei der komplexen Wahrnehmung des architektonischen Raumes entwickelt sich der Raumbegriff. In ihm artikuliert sich schließlich das kritische Bewußtsein in Modernisierungsprozessen. Das Schöne, das Erhabene, das Vergessen der Orte und der Schmerz der Entfremdung. Wer weiß, wo's langgeht...? Kollaboration oder Widerstand? Ortsverschiebungen, klärendes Taumeln, Umzüge, Feste, Intervention, Revolution, Fest- und Revolutionsarchitektur. Entmaterialisierung des Raumes und Rematerialisierung in skulpturaler, gegenständlicher Architektur. Nach der Vollstreckung der Moderne die neu entfesselte Form. Räume der Metaphern, der Transformationsraum der Geschichte als Zitat. Archen, Tekturen, Bögen, gespannt zwischen Geschichte, Erzählung, Erlebnis, das Ganze architecture magique. Der Raum der Erotik schafft seine eigenen getrennten Welten: unter den Decken, unter der Straße, unter dem Bewußtsein, der Raum des Untergrundes, der Raum der Geburt und des Todes ist, der Raum aus Licht und Finsternis.

Der virtuelle Raum, aus der Krise des realen Raums entstanden, führt schließlich zum Körper zurück als dem letzten Planeten. Die Eroberung des terrestrischen Raumes gilt als abgeschlossen. Vom Repertoire zum Trajectoire. Wir bestaunen heute das Ende dieser einen Welt, aus der eine Neue Welt herausgeschleudert wird und sich virtuos entfaltet, ein Substitutionsraum der Zweiten Natur, faszinierende Virtualität. Sicherlich, wir ziehen um, wie einst das alte Europa in die Neuen Welten der beiden Amerikas – aber nicht unbedingt ins Offene, die Einheimischen machen uns zu schaffen. Das Virtuelle generiert zunächst die Attraktion der neuen Räume. Architektur braucht An- und Aufregung wie Raum und Körper den Affekt. Das anziehende gewisse Etwas, den kleinen Unterschied, ein organisches Ferment. Architektur braucht das immer wieder: Sex.

To really appreciate architecture you may even need to commit a murder – sometimes you need sex.

Umzug ins Offene

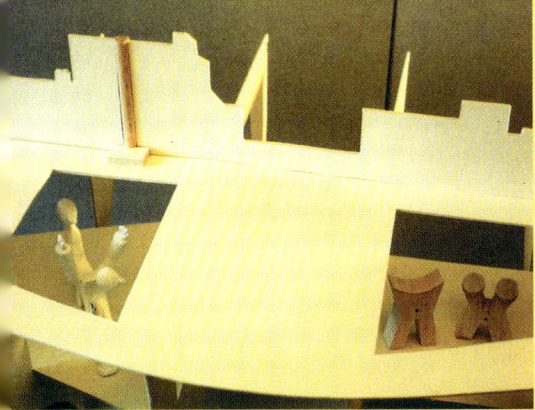

Space Body Affect
Auf der Suche nach dem Raum

Ullrich Schwarz: Space Body Affect

AUF DER SUCHE NACH DEM RAUM

Der Begriff des Raumes hat im Rahmen der sozialwissenschaftlichen Diskussion über Globalisierung heute eine zentrale Bedeutung erlangt. Diese Diskussion verleiht der ja keineswegs neuen Debatte über den Ort als Bezugspunkt und Einbettung der Architektur eine neue Aktualität. Wenn wir uns im vorliegenden Zusammenhang mit dem Begriff des Raumes beschäftigen, dann wird dabei der Begriff des Ortes als Schnittpunkt des Lokalen und des Globalen nicht unbedingt im Mittelpunkt stehen. Hier ist das Thema enger gefaßt. Es geht um den architektonischen Raum, die architektonische Raumproduktion. Auf den ersten Blick mag es trivial erscheinen, den Raum als zentrales Moment des Architektonischen zu thematisieren, unterstellt das heutige Alltagsverständnis fast schon eine selbstverständliche Implikation des Räumlichen im Architektonischen. Die wissenschaftliche Literatur ist sich allerdings weitgehend einig in dem Urteil, daß die Kunstgeschichte und die Architekturtheorie des 19. Jahrhunderts die Kategorie des Raumes als selbständige entweder gar nicht kennen oder sie zumindest nicht als Leitkategorie einsetzen.[1] Zu einer grundsätzlichen Neuorientierung kommt es erst am Ende des vergangenen Jahrhunderts. Der Kunsthistoriker August Schmarsow spielt hier eine herausgehobene Rolle. Gegen die Vorstellung, Architektur sei im wesentlichen Fassadenkunst, bietet er die prägnante Definition auf: »Architektur ist ihrem innersten Wesen nach Raumgestaltung.«[2]

Diese neue Tendenz ließe sich bei zahlreichen Autoren der Jahrhundertwende nachweisen. Als eine weitere bedeutende Etappe dieser Diskussion sei hier nur die zuerst während des Ersten Weltkriegs erschienene »Architektur Ästhetik« von Hermann Soergel genannt. Das Wesen der Architektur liegt auch für Soergel im »Raummäßigen«. »Das Problem der Form muß für die Architektur in ein Problem des Raumes umgeformt werden«, schreibt er.[3] Das Wesen der Architektur sieht Soergel weder im Körperhaften noch im Flächenhaften, sondern im Raum, genauer gesagt in der Herstellung eines konkaven Hohlraumes. In dem Sinne ist Architektur weder als Bild noch als Plastik aufzufassen:

»Wenn Architektur ›Kunst körperlicher Massen‹ wäre, so würde das äußere Massenvolumen die von außen sichtbaren Baukörper und nicht das innere Raumvolumen, das darin Wohnen und schützende Umgeben das Bedeutungsvolle sein. Der künstlerische Trieb hätte sich als ›Idee der äußeren Erscheinung‹ geäußert, er hätte den Sinn der Architektur in einem Schaukörper und nicht in dem Behälter, dem Gefäß eines menschlichen Aufenthaltsortes, gesucht. Diese Kunst körperlicher Massen ist die Plastik. Hier kommt es nur auf die Außenfläche an, hier ist das vorherrschende Gesetz die Konvexität. Anders bei der Architektur, wo das Gesetz der Konkavität zugrunde liegt, und der Kern das Ursprüngliche ist.«[4] Ganz charakteristisch, wie es für Autoren wie Schmarsow und Wölfflin schon festzustellen ist, verbindet auch Soergel die These, daß die Eigenart des Architektonischen im Raum zu suchen sei, mit einem Konzept der psychomotorischen Architekturwahrnehmung. Der Raum wird nicht abstrakt als formale Gegenstandsstruktur aufgefaßt, sondern in bezug auf das wahrnehmende Subjekt diskutiert. Die Entdeckung des Raumes geht so mit der Entdeckung des Raumgefühls Hand in Hand. An dieser Stelle darf allerdings der entscheidende Hinweis nicht fehlen, daß im Rahmen des Diskurses des Erhabenen diese Diskussion bereits im 18. Jahrhundert längst eingesetzt hat, in einer allerdings unvergleichlich radikaleren und bis heute auch folgenreicheren Form. Erwähnt seien nur Burke, Piranesi und Boullée.

Während das Erhabene tendenziell und in der Theoriegeschichte von Kant bis Adorno durchaus unterschiedlich akzentuiert das Verhältnis zwischen Subjekt und Objekt und damit auch die Konstitution und Souveränität des Wahrnehmenden selbst in Frage stellt, bleiben bei Schmarsow, Wölfflin und auch Soergel Betrachter und Betrachtetes und damit der Wahrnehmungsvorgang als solcher im Prinzip unhinterfragt. Zugestanden wird, daß die Raumwahrnehmung den Körper des Betrachters und seine Gefühle involviert, er bleibt im Rahmen dieser Stimmungsklaviatur jedoch grundsätzlich stabil und im Gleichgewicht, in Bewegung gerät er im wörtlichen Sinne motorisch: »Raumbildungen können nur im Herumgehen, sukzessiv betrachtet und künstlerisch aufgenommen werden, so daß in einem Raum mit zweidimensional, flachen Bildern nichts anzufangen ist«, heißt es bei Soergel.[5] Dieser Gedanke der Bewegung durch den Raum zieht sich bekanntlich durch die klassische Architekturmoderne.

Festzuhalten in Hinblick auf das Wechselspiel von Space Body Affect bleibt im Augenblick nur, daß unsere Aufmerksamkeit dort ansetzt, wo ein Zusammenhang zwischen Raum-Körper-Affekt überhaupt erkannt wird und dort fortgesetzt wird, wo wir anhand ausgewählter Statio-

Space Body Affect

nen weitere Entwicklungen innerhalb der Konstellation dieser drei Momente erkennen können.

Daß es sich bei diesen Begriffen nicht um geschichtslose Invarianten handelt, sondern um historische Phänomene, die sich wandeln, das gehört zu den Grundprämissen unserer Diskussion. Daß Kunstwerke und Architekturen nicht Erscheinungsformen eines zeitlos Schönen, sondern Variablen geschichtlicher Entwicklung sind, das hat Heinrich Wölfflin zwar nicht entdeckt, aber er hat manches zu dieser Einsicht beigetragen. Er hat die Zeitbedingtheit von Sehformen vor allem anhand der Entgegensetzung von Renaissance und Barock herausgearbeitet. So problematisch der heutigen Kunstgeschichte seine Methode im einzelnen auch erscheinen mag, so plastisch erscheint der Wandel des Formwollens und der Formmöglichkeiten. Und wenn Wölfflin dem Barock zuschreibt, daß er die grenzsetzenden Linien entwerte, die Ränder vervielfache, die Gesamtform in Bewegung setze und verflüssige, sie zu etwas kaum Erfaßbarem und Unabgeschlossenem mache, das der Erscheinung ein ewig Werdendes verleihe, dann kann man sich des Eindrucks einer gewissen Aktualität dieser Charakteristika in bestimmten Strömungen der aktuellen Architektur nicht völlig verschließen. Und tatsächlich ließe sich ohne Anstrengung nachweisen, daß insbesondere in bestimmten amerikanischen Kontexten eine Rezeption Wölfflins Hand in Hand geht mit der Lektüre des Barock-Buches von Deleuze mit dem seit etwa zehn Jahren vertrauten Ergebnis: folding in architecture. Und wie arm wären wir doch ohne Wölfflins Sätze wie diesen: »Die Wand vibriert, der Raum zuckt in allen Winkeln.«[6] Der Raum als Wesen des Architektonischen; der Raum als geschichtliches Phänomen. Fügen wir drittens die Unterscheidung zwischen dem mathematisch-geometrischen Raum und dem erlebten Raum hinzu, wie sie in der Literatur anzutreffen ist, bei Bollnow zum Beispiel, anders und nicht unbedingt damit zu verwechseln bei Heidegger. Zunächst ist zu sagen, daß sowohl der mathematische als auch der erlebte Raum ihre Geschichte haben.

Daß eine Fundierung einer Architekturlehre auf eine ontologisch verstandene Mathematik pythagoreisch-platonischer Provenienz im Sinne einer harmonischen Maßdurchgängigkeit im Universum 300 Jahre nach der querelle des anciens et des modernes zwischen Blondel und Perrault sich erledigt hat, dürfte nur der Form halber anzumerken sein, obgleich wir die späten Schattenwürfe bei Corbusier kennen und Colin Rowe noch nach dem Zweiten Weltkrieg über die Mathematik der idealen Villa im Vergleich zwischen Palladio und Corbusier spekuliert hat.

Daß Mathematik und Geometrie seit Euklid mehrere grundlegende Paradigmenwechsel erlebt haben, bedarf ebenfalls keiner weiteren Erläuterung. Daß neuere Konzepte wie Katastrophen und Chaostheorie und die Geometrie der Fraktale und die topologische Geometrie auch in der Architektur intensiv rezipiert worden sind, ist ebenfalls bekannt. Gesagt werden soll damit nur: Den mathematischen Raum gibt es nicht.

Ähnliches gilt für die Mathematisierung des Sehraumes durch die Perspektive. Die Perspektive ist in ihren Ursprüngen und ihrer Funktion inzwischen durchgreifend historisiert und als ein Regime des Sehens entschlüsselt, als eine »Ordnung der visuellen Erscheinung«, wie es bei Panofsky heißt.[7]

Doch wie immer die Mathematik sich den Raum vorstellen mag, dieser mathematische Raum ist nicht einfach »da«, schon gar nicht für Wahrnehmung und Erleben. Philosophisch gesprochen ist der Raum nicht wie ein objektiv präexistenter Rahmen allen Geschehens zu verstehen, in den das Subjekt sozusagen von außen hineintritt. Vielmehr führt die Annahme weiter, daß Raum eine der fundamentalen Dimensionen der Welterschließung darstellt und rückgekoppelt das erschließende Subjekt selbst erschließt. Dieser Position begegnen wir bei Heidegger. In seinem bekannten Vortrag »Bauen Wohnen Denken« heißt es: » Ist die Rede von Mensch und Raum, dann hört sich dies an, als stünde der Mensch auf der einen und der Raum auf der anderen Seite. Doch der Raum ist kein Gegenüber für den Menschen. Er ist weder ein äußerer Gegenstand noch ein inneres Erlebnis. Es gibt nicht den Menschen und außerdem Raum ...«[8] Für die Klärung der Frage, wie denn der Mensch den Raum, gemeint ist hier im engeren Sinne der architektonische Raum, sich erschließt, wie er ihn erlebt, hat Wölfflin einen vielbeachteten Ansatz vorgelegt. Es handelt sich um seine 1886 erschienene Dissertation mit dem Titel »Prolegomena zu einer Psychologie der Architektur«, eine Schrift, die in der deutschsprachigen architekturtheoretischen Diskussion der Gegenwart, soweit ich das übersehen kann, so gut wie keine Rolle gespielt hat. Aber insbesondere Christian Norberg-Schulz hat sich wiederholt auf Wölfflin als eine der wichtigsten Grundlagen seines

Ullrich Schwarz

eigenen Denkens berufen. Im übrigen dürfte bekannt sein, daß einer der wichtigsten Propagandisten der architektonischen Moderne, Sigfried Giedion, ein Schüler Wölfflins war. Wölfflin will nun mit seiner Psychologie der Architektur erklären, wie die durch Architektur hervorgerufenen seelischen Wirkungen zustande kommen. Seine These lautet: Bestimmend für unsere Auffassung von Körperlichem, d. h. auch von Architektur, auch von Raum, ist unsere eigene leibliche Organisation, die Organisation unserer eigenen Körperlichkeit. Wölfflin macht dies zum Beispiel an der Wahrnehmung von Vertikalität und Horizontalität deutlich. Meine eigene, vielleicht polemisch etwas zugespitzte Einschätzung lautet jedoch: Was so vielversprechend klingt, das entpuppt sich am Ende als ein allerletzter Versuch, das klassizistische Formenrepertoire (durchgängig ist von Symmetrie und Proportion die Rede) aus der Natur abzuleiten. Da aber auch Wölfflin nicht mehr ernsthaft die Regelhaftigkeit des menschlichen Maßes aus der Ontologie der harmonia mundi herleiten kann, bleibt ihm nur noch der Weg, die Wahrnehmung, die bereits bei Perrault einen geschichtlich variablen Status besaß, wieder zu naturalisieren. Wölfflin nennt das »ein organisches Verständnis der Formengeschichte«.[9]

Es liegt auf der Hand, daß eine solche Naturalisierung des menschlichen Maßes sich die Frage gefallen lassen muß, von welchem Bild des Menschen sie denn ausgeht, um bei einem bestimmten Bild von Architektur anzukommen. Dieses ist – nicht nur in bezug auf Wölfflin – eine der entscheidenden Fragen innerhalb der Begriffskonstellation Space Body Affect. Wölfflins Position bleibt dabei keineswegs singulär, auch zum Beispiel bei Bollnow können wir als eine der zentralen Bestimmungen des erlebten Raumes nachlesen: »Es gibt in ihm ein ausgezeichnetes Achsensystem, das mit dem menschlichen Körper und seiner aufrechten, der Schwerkraft entgegengestellten Haltung zusammenhängt.«[10] Hier konstituiert sich eine althumanistische Raumkonzeption und Raumpsychologie, die im Verlaufe des 20. Jahrhunderts mehr und mehr mit Positionen konfrontiert wird, die eher von einem dezentrierten Subjektbegriff ausgehen. In der Folge einer anderen Psychologie ergibt sich dann auch ein anderes Verständnis von Architektur und von Raum.

Nur beispielhaft soll die hier entstehende Spannung im Vergleich zwischen Bachelard und Heidegger angedeutet werden. Bachelard stellt in seinem bekannten Buch »Poetik des Raumes« »Bilder des glücklichen Raumes«[11] zusammen. Das Haus wird ihm zum Inbegriff des Raumes der beschützten Innerlichkeit, die Mütterlichkeit des Hauses formt sich zum behütenden Nest. Wenn für Bachelard das Haus zu einem Instrument der Analyse der menschlichen Seele wird, dann bleibt er zumindest so zurückhaltend, den Schutzraum des Hauses als Remedur für die metaphysisch unbehauste Seele wiederum nur auf der Ebene der Psychologie anzusiedeln. Das Haus ist selbst nichts anderes als ein seelischer Zustand, eine Stimmung. Hierin unterscheidet sich Bachelard von Norberg-Schulz, der – Heidegger mißverstehend – davon auszugehen scheint, den architektonischen Raum in universalen, um nicht zu sagen kosmischen Sicherungssystemen aufhängen zu können. Heideggers Geviert bildet jedoch kein Nest und läßt sich wohl kaum als ein Raum beschützender Mütterlichkeit verstehen.

Space Body Affect: wir unterstellen mit diesem Titel, daß es ein Wechselverhältnis zwischen architektonischem Raum und dem Menschen geben kann, daß es Wirkungen des Raumes geben kann, vielleicht sogar Prägungen. Wir nehmen dabei nicht an, daß der architektonische Raum so etwas wie eine Schachtel ist, die für sich gar nichts bedeutet, während der darin sich abspielende Inhalt alles ist und ohne Bezug zu dieser Schachtel bleibt. Kann der Raum aber wirklich mehr als eine bloße Hülle sein, ist er – abgesehen von einer eher dünnen Schicht des Stimmungshaften – neutral oder, vorsichtiger, unspezifisch? Was trägt die historische Erfahrung zu unserer Diskussion bei, daß die Räume für faschistische Regime sowohl von Speer als auch von Terragni gestaltet werden können? Hat das Gute korrespondierend auch eine gute Raumkonfiguration, das Böse aber eine böse Hülle? Vielleicht führen diese polemischen Fragen dazu, daß wir die möglichen Wirkungen des architektonischen Raumes differenzieren.

In der aktuellen Architektur gibt es eine Tendenz, die Aufmerksamkeit vom architektonischen Objekt eher weg- und zum Handeln hinzulenken. Hier sind vor allem Bernard Tschumi und sein Konzept der Ereignis-Architektur zu nennen. Architektur, sagt Tschumi, ist kein passives Objekt der

Space Body Affect

Kontemplation, sondern ein Ort der Konfrontation von Raum und Handlung. »Das Gebäude ist dafür gedacht, das Ereignis eintreten zu lassen, nicht aber selbst ein Objekt zu sein.«[12] Der Ereignisraum wird zum Katalysator. Ähnliche Ansätze findet man auch bei Koolhaas. »Der architektonische Raum ist kein passiver Raum, sondern ein Raum in Erwartung«, sagt Tschumi.[13] Auch wenn man von den theologischen Konnotationen einer solchen Redeweise einmal absieht, es klingt, als könne das erwartete Ereignis nur das Erscheinen des die Welt erlösenden Gottes sein ...: das Ereignis bleibt höchst unbestimmt. Dessen ungeachtet vertritt Tschumi aber die in unserem Zusammenhang interessante Position des »starken« Raumes. Denn selbstverständlich geht er davon aus, daß nicht jede beliebige Architektur diese katalysatorische Wirkung besitzt, sondern nur eine bestimmte.

In der Gegenwartsarchitektur ist nicht selten ein Hang zur Selbstbescheidung festzustellen, zur Abwehr als unmäßig und unerfüllbar empfundener Ansprüche, zur Abrüstung allzu vollmundiger Programmatik. Wo die gesellschaftlichen Verhältnisse eher als instabil und beständiger Veränderung unterworfen empfunden werden, wo der Vorrat an festen Wertsystemen offensichtlich dahinschwindet, wo die Entwicklung des Weltsystems sich kaum auf den Namen Fortschritt taufen lassen will – wo soll da ausgerechnet die Architektur das Stabile hernehmen, die klare Botschaft, die Zukunft verheißende Geste? Natürlich läßt sich immer noch bessere von schlechterer Architektur unterscheiden, aber die Emphase, daß die bessere Architektur auch ins bessere Leben führe, will nicht mehr recht gelingen.

Der Schweizer Architekt Peter Zumthor bringt in kluger und sympathischer Weise diese Selbstbescheidung auf den Begriff. Architektur ist für ihn »Hülle und Hintergrund des vorbeiziehenden Lebens, ein sensibles Gefäß für den Rythmus der Schritte auf dem Boden, für die Konzentration der Arbeit, für die Stille des Schlafs«.[14] Hülle und Hintergrund des vorbeiziehenden Lebens: wer die Grenzen der Möglichkeiten der Architektur so bestimmt, der müßte dann in der Konsequenz – deutlich gesagt: für Zumthor trifft dieses nicht zu – auch der folgenden Variante eines berühmten Satzes von Wittgenstein zustimmen: »Wir fühlen, daß selbst wenn alle möglichen Fragen der Architektur beantwortet sind, unsere Lebensprobleme noch gar nicht berührt sind.«

Das muß nicht unbedingt eine Schande sein, gab es dieselbe Fehlmeldung bereits auch von respektablen Konkurrenten, setzte Wittgenstein doch hier ursprünglich für Architektur Wissenschaft ein und Ernst Bloch gleich den ganzen Kommunismus. Dennoch schließt sich sofort die beunruhigende Frage an, wo und wie denn überhaupt »unsere Lebensprobleme« berührt werden. Haben unsere Lebensprobleme wirklich keinen Ort, haben sie wirklich keinen Raum?

ANMERKUNGEN

1 Vgl. z. B. WOLFGANG KEMP: Der Raum als kulturwissenschaftliche Leitidee, unveröffentlichtes Manuskript, Hamburg 1997
2 AUGUST SCHMARSOW: Das Wesen der architektonischen Schöpfung, Leipzig 1894, S.1
3 HERMAN SOERGEL: Architektur Ästhetik, München 1921, 3.Aufl., S.196
4 Ebd., S.2o6
5 Ebd., S.192f.
6 HEINRICH WÖLFFLIN: Kunstgeschichtliche Grundbegriffe, Basel 1991, 18. Aufl., S. 83
7 ERWIN PANOFSKY: Die Perspektive als »symbolische« Form, in: ders.: Aufsätze zu Grundfragen der Kunstwissenschaft, Berlin 1985, S.126
8 MARTIN HEIDEGGER: Bauen Denken Wohnen, in: ders.: Vorträge und Aufsätze, Pfullingen 1978
9 HEINRICH WÖLFFLIN: Prolegomena zu einer Psychologie der Architektur, München 1886, S. 48 ; vgl. jetzt die Neuausgabe, Berlin 1998
10 OTTO FRIEDRICH BOLLNOW: Mensch und Raum, Stuttgart 1997, 8. Aufl., S.17
11 GASTON BACHELARD: Poetik des Raumes, München 1975, S. 29
12 BERNARD TSCHUMI: Haus ohne Eigenschaften, in: Daidalos, August 1995, Magie der Werkstoffe II, S.109
13 Die Aktivierung des Raumes. BERNARD TSCHUMI im Gespräch mit Arch+, in: Arch+, Heft 119/20, 1993, S. 71
14 PETER ZUMTHOR: Architektur Denken, Baden 1998, S.12

Dieter Bogner: Inside the Endless House

The »Endless House« is called the »Endless« because all ends meet, and meet continuously.[1]

Das »Endless House« ist kein reales Gebäude, sondern es handelt sich um eine Vision Friedrich Kieslers, deren Verwirklichung ihm – unermüdlichen Bemühungen und vielen Versuchen zum Trotz – nie gelungen ist. Mit obsessiver Konsequenz hat er bis zu seinem Tod die Idee verfolgt, einer am Beispiel des Einfamilienhauses in vielen Schritten entwickelten radikal neuen Synthese von Form und Inhalt zum Durchbruch zu verhelfen. Das Material, aus dem sich dieser »endlose« Traum konstituiert, ist überaus heterogen: Einige Modelle, eine große Zahl von Skizzen, Zeichnungen und Plänen sowie Photos von Ausstellungsinstallationen und typographisch aufwendig gestaltete Manifeste, aber auch theoretische Abhandlungen und poetische Texte und nicht zuletzt persönliche Tagebuchaufzeichnungen stellen einen mosaikhaften Fundus dar, aus dem sich die komplexen formalen und inhaltlichen Aspekte des »Endless House« rekonstruieren lassen. Zu diesen dokumentarischen Materialien gehören aber auch die in den späten vierziger und fünfziger Jahren entwickelten Skulpturen und Bildobjekte, die sogenannten »Galaxies«, denn Malerei und Skulptur sind konstitutive Teile des vielschichtigen Architekturkonzepts Kieslers. Die theoretischen und praktischen Ergebnisse dieser jahrzehntelangen experimentellen Suche haben sich – vielleicht gerade weil sie sich nicht in einem konkreten Gebäude manifestieren konnten – für Generationen von Architekten, Künstlern und Theoretikern als Anlaß produktiver Interpretationen, als Quelle assoziativen Weiterdenkens und als Anstoß für neue Utopien erwiesen.[2]

Die gedankliche Grundlage, auf der die umfassende Konzeption des Endlesse House beruht, ist die in den dreißiger Jahren formulierte und in der Folge kontinuierlich weiterentwickelte correalistische Theorie.[3] Correalismus definiert Kiesler – die Grenzen zwischen allen Kunstgattungen aufhebend und naturwissenschaftliche Erkenntnisse ebenso wie Magie und Mythos in seine Konzeption einbeziehend – als eine Wissenschaft, die den Menschen und seine Umwelt als ganzheitliches System komplexer Wechselbeziehungen auffaßt. In diesem Sinn soll das Endless House als Keimzelle neuer Lebensmöglichkeiten wirken, indem es die Koordination der physischen, psychischen, sozialen, mythischen und magischen Bedingtheiten und Kräfte des Menschen in einem räumlichen und geistigen Kontinuum gewährleistet. Im 1947 in Paris verfaßten ›Manifeste du Corréalisme‹ heißt es in diesem Sinn: »Jedes Element eines Gebäudes oder einer Stadt, ob es sich um Malerei oder Skulptur, um Inneneinrichtung oder technische Ausstattung handelt, wird nicht als Ausdruck einer einzelnen Funktion aufgefaßt, sondern als ein Kern von Möglichkeiten, der eine Korrelation mit den anderen Elementen entwickelt. Diese Wechselbeziehung bezieht ihren Halt sowohl aus den physischen Bedingungen als auch aus dem sozialen Milieu oder aus dem Wesen des einzelnen Elements selbst.«[4] Um die Grundlagen für diese Haltung zu schaffen, müsse in die Ausbildung – so Kiesler – eine neue Wissenschaft eingeführt werden, denn »[...] das gängige Curriculum der Architekturschulen bildet ihn (den Architekten) nicht zum Fachmann in jenen Wissenschaften aus, die für das Verständnis des Menschen als biologisches, psychologisches und sozialpolitisches Wesen notwendig sind«.[5]

Es mag überraschen, daß es nicht eine monumentale Bauaufgabe ist, an der Kiesler diese Architekturvision entwickelt (vergleichbar dem Raumstadtkonzept der zwanziger Jahre), sondern ein einfaches Einfamilienhaus. Der Grund für diese Entscheidung dürfte weniger in der Hoffnung auf eine leichtere Verwirklichung gelegen sein; ausschlaggebend war eher der Umstand, daß Kiesler seit den frühen dreißiger Jahren der Lösung des Problems des Einfamilienhauses als kleinste Zelle menschlichen Zusammenlebens eine zentrale Bedeutung beigemessen hat. Am Beginn stand als Reaktion auf die Wohnungsnot, die durch die wirtschaftliche Depression um 1930 ausgelöst wurde, das noch in den Formen des Internationalen Stils als modulares Niedrigpreishaus entworfene Nucleus House (1931), gefolgt von dem etwas später als Provisorium errichteten Space-House (1933). Diesem kommt in der Entwicklungsgeschichte des Endless House insofern zentrale Bedeutung zu, weil es Kieslers Bruch mit den rektangulären Formprinzipien des Funktionalismus sowie einen wichtigen Schritt in der Ausarbeitung des Correalismus-Konzepts darstellt, vor allem aber weil die Gelegenheit, den Prototyp eines Einfamilienhauses zu errichten, für Kiesler ein Anlaß ist, seine theoretischen Überlegungen zum Einfamilienhaus erstmals zusammenfassend zu formulieren.[6]

Die Geschichte des Endless House beginnt jedoch bereits in den zwanziger Jahren mit der Wiener Raumbühne von 1924 sowie der Pariser Raumstadt und dem Universal Theater von 1925. Zwischen der Raumstadt – einer im Pariser Grand Palais aus Holzbalken und bemalten rechtecki-

Inside the Endless House

Friedrich Kiesler um 1960

Dieter Bogner

gen Flächenformen als Trägerkonstruktion für österreichische Theatermodelle errichteten, doch von Kiesler als abstraktes Modell einer hoch über dem Erdboden schwebenden Stadt propagierten Ausstellungsinstallation – und dem aus einem dünnen, mit Beton überzogenen Maschendrahtgitter angefertigten Modell des Endless House von 1959, liegen vier Jahrzehnte intensiver Auseinandersetzung mit Architektur, Malerei, Skulptur, Design sowie Theaterarbeit, kombiniert mit einer kontinuierlichen Folge theoretischer Schriften und Manifeste. Kiesler verbindet die vielfältigen Erfahrungen, die er dabei macht, zu einem Gesamtkonzept, das um den einen zentralen Gedanken kreist, der sein künstlerisches Leben bestimmt: die Koordination heterogener Elemente/Kräfte/Spannungen in einem »endlosen« räumlichen Kontinuum.

Friedrich Kiesler · Raumstadt · Exposition Internationale des Arts Decoratifs et Industriel Moderns · Grand Palais · Paris 1925

In einer zentralen Passage eines 1925 in Zusammenhang mit der Raumstadt verfaßten Manifests sind Forderungen formuliert, deren theoretische Grundhaltung auch für das Endless House Gültigkeit hat: »Wir wollen keine Mauern mehr«, heißt es dort, »Kasernierungen des Körpers und des Geistes, diese ganze Kasernenkultur mit oder ohne Ornament, wir wollen: 1. Umwandlung des sphärischen Raumes in Städte; 2. Uns von der Erde loslösen, Aufgabe der statischen Achse; 3. Keine Mauern, keine Fundamente; 4. Ein System von Spannungen (Tension) im freien Raume; 5. Schaffung neuer Lebensmöglichkeiten und durch sie Bedürfnisse, die die Gesellschaft umbilden«.[7] Dieses utopische städtebauliche Konzept spiegelt Kieslers intensive Auseinandersetzung mit den Themen der architektonischen Avantgarde der Zwischenkriegszeit – besonders mit den russischen Konstruktivisten – wider. Die Bedeutung des Manifests liegt jedoch weniger in seinem radikalen Gehalt als in der Konsequenz, mit der Kiesler in den folgenden Jahrzehnten die darin enthaltenen Überlegungen durch die Verbindung mit quasi naturwissenschaftlichen (biotechnischen) Erkenntnissen,[8] ebenso wie mit surrealistischem Gedankengut zu einem holistischen Weltmodell weiterentwickelt hat. Zur utopischen Definition der Stadt als ein vom Boden abgehobenes offenes System von Spannungen und der Vision der gesellschaftlichen Wirksamkeit radikal neuer Architekturkonzepte tritt als dritter wesentlicher Faktor des Architekturkonzepts der zwanziger Jahre die Forderung nach der Vereinigung der Künste, das heißt der Aufhebung der traditionellen Abgrenzungen zwischen den Kunstgattungen. Die einzige Form, die als geeigneter Träger der das Innere des Endless House bestimmenden Einheit in der Vielfalt in Frage kommt, ist für Kiesler das abgeflachte Sphäroid.

Der hohe Bekanntheitsgrad des Endless House wird in erster Linie durch die internationale Verbreitung einiger weniger Photos bestimmt, die ein 1959 entstandenes großes Modell fand. Kiesler schuf es als Grundlage für ein temporäres Musterhaus, das im Garten des New Yorker Museum of Modern Art errichtet werden sollte.

Die charakteristische Form dieses auf viereckigen kannelierten Pfeilern vom Boden abgehobenen Gebäudes, das aus mehreren ineinander verschachtelten Einheiten besteht, gehört zu den Klassikern der utopischen Architektur der Nachkriegszeit. Die architekturhistorische Rezeptionsgeschichte des Endless House, die sich primär auf die äußere

Inside the Endless House

Form konzentriert, geht am Wesen der Vision Kieslers vorbei, denn diese galt einer radikalen Neuinterpretation des Innenraums. Während das Modell primär dazu geeignet ist, die plastische Gesamtform und eine grobe Idee der architektonischen Qualitäten des Innenraums zu vermitteln, hat sich Kiesler seit den zwanziger Jahren zweier anderer Medien bedient, um einen Eindruck der als Totalgestaltung konzipierten künftigen Lebensräume zu vermitteln: des gedruckten Manifests und der Ausstellungsinstallation.

Ein Buch, das den Charakter eines künstlerischen Testaments aufweist und kurz vor seinem Tod fertiggestellt wurde, trägt einen Titel, der sein zentrales Anliegen auf den Punkt bringt: Inside the Endless House. Es enthält Beschreibungen, die sich auf den Innenraum, auf die Materialien, auf das Licht, vor allem aber auf die Einheit von Architektur, Malerei und Skulptur ebenso wie auf die Lebensweise seiner Bewohner beziehen. Sie sind mit biographischen Details aus dem täglichen Leben und Erzählungen über fehlgeschlagene Versuche, den jahrzehntelang geträumten Traum vom Endless House endlich zu verwirklichen, vermischt. Eingestreut sind aber auch Berichte über Reisen nach Brasilien, Italien und Israel, theoretische Diskussionen mit Freunden, minutiöse Berichte über die Entstehung einer großen Skulptur (The Cup of Prometheus) sowie Gedichte und Skizzen. Mit dieser Bild- und Textmontage will Kiesler den Leser in seine vielschichtige Lebens- und Gedankenwelt verstricken, die einzig und allein um das Endless House zu kreisen scheint. Durch engmaschiges Verknüpfen heterogener, materieller sowie ideeller Elemente mit kulturellen und natürlichen will Kiesler im gedruckten Medium den Eindruck eines seinem Innenraumkonzept strukturverwandten endlosen Gewebes entstehen lassen.

Diese Technik gilt gleichermaßen für das 1949 in der französischen Architekturzeitschrift »L'Architecture d'Aujourd'hui« abgedruckte »Manifeste du Corréalisme«. Dort bringt Kiesler die formale und inhaltliche Komplexität des Endless House durch eine bis ins letzte Detail durchgestaltete Montage aus Texten, Photos, Schemata und Zeichnungen in einer Weise zum Ausdruck, die in ihrer Vielschichtigkeit und Informationsdichte den dreidimensionalen Modellen konzeptionell weit überlegen ist.[9] Als Titelblatt dient eine überarbeitete Photomontage, die erstmals 1944 in der Zeitschrift »VVV« erschienen ist und in der erstmals Begriff und Konzept des Endless House veröffentlicht werden.[10]

Das Ziel des Pariser Manifests ist ein doppeltes: Kiesler will die aus seiner Sicht bereits mehr als zwei Jahrzehnte umfassende historische Entwicklung des Endless House darstellen und andererseits eine Vorstellung des damit angestrebten ganzheitlichen Architektur- und Kunstkonzepts vermitteln. In diesem Sinn kann das Manifest als erstes »Modell« des Endless House aufgefaßt werden.

Der durch das zweidimensionale Printmedium erzwungenen Aufteilung des Bild- und Textkontinuums auf einzelne Seiten wirkt Kiesler durch ein breites, unregelmäßig geformtes rotes Band entgegen, das sich (mit Unterbrechungen) über alle Blätter hinwegzieht und sie miteinander verknüpft. Dieses gestalterische Prinzip, mit dem Kiesler das Ziel verfolgt, getrennte Elemente zusammenzufassen, kann mit einem Entwurf für die 1947 ausgeführte Umgestaltung

Friedrich Kiesler · Modell für ein Endless House
Maschendraht, Zement 1959 · Sammlung Bogner · Wien

Friedrich Kiesler · Modell für ein Endless House 1959

Dieter Bogner

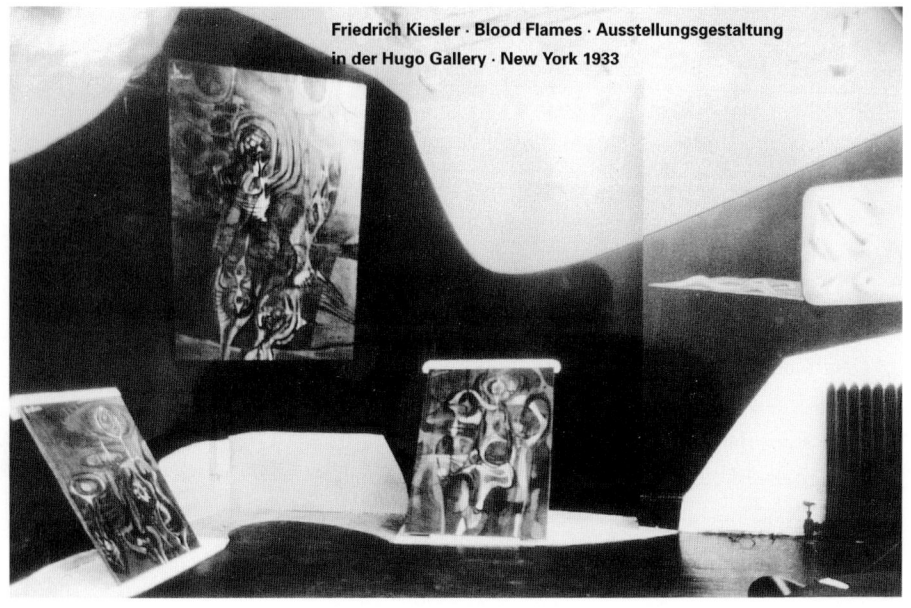

Friedrich Kiesler · Blood Flames · Ausstellungsgestaltung in der Hugo Gallery · New York 1933

der Hugo Gallery in New York verglichen werden. Dort will er die traditionelle Trennung der raumbegrenzenden Elemente – Boden, Wand und Decke – durch Farbgestaltung aufheben, um die Illusion eines räumlichen Kontinuums zu erreichen.

Wie schon 1924 in Wien und 1925 in Paris sind es auch in den vierziger Jahren Ausstellungsinstallationen, die Kiesler – wenn auch nur temporär – die Gelegenheit bieten, zentrale konzeptionelle Aspekte seiner architektonischen Visionen in lebensgroße Modellsituationen zu übertragen. Abgesehen von der Totalgestaltung der Hugo Gallery handelt es sich um die von Peggy Guggenheim 1942 in Auftrag ge-

Friedrich Kiesler · in der Surrealisten-Galerie · Art of this Century Gallery · New York 1942 · © Berenice Abbott

gebene Galerie Art of this Century, um die 1947 anläßlich der von der Pariser Galerie Maeght veranstaltete Surrealisten-Ausstellung konstruierte Salle de Superstition und die in Zusammenarbeit mit seinem Partner Amand Bartos 1956/57 in New York verwirklichte Einrichtung der World House Gallery. Bei jedem dieser Projekte handelt es sich um eine Annäherung Kieslers an seinen Traum vom Innenraum des Endless House.

Das »Manifeste du Corréalisme«, das die erste umfassende Darstellung des Endless House enthält, und das Buch »Inside the Endless House«, das Kieslers letzte umfassende Äußerung zu diesem Thema darstellt, bilden somit in Verbindung mit den genannten Ausstellungsinstallationen die wichtigsten Eckpunkte für die konzeptionelle Interpretation der Modelle, Zeichnungen und Pläne, die zwischen 1950 und Kieslers Tod entstanden sind.

Das erste aus eingefärbtem Gips hergestellte Modell geht auf eine Initiative des Bildhauers David Hare zurück. Der Künstler lud Kiesler ein, für die Ausstellung The Muralist and the Modern Architect, die 1950 in der New Yorker Kootz-Gallery zum Thema moderne Kunst und Architektur organisiert wurde und an der unter anderem Philip Johnson, Walter Gropius und Marcel Breuer beteiligt waren, ein Modell anzufertigen, das er in Beziehung zu seinen Skulpturen setzen wollte. Bereits in der Pariser Salle de Superstition hatte Kiesler eine Arbeit des Bildhauers auf die Spitze des zentralen, den Raum gestaltenden Elements gesetzt. Die von David Hare angestrebte Kombination von Architektur und Skulptur konnte jedoch nur bedingt realisiert werden, da sich Kieslers Modell als viel zu klein erwies und eine von David Hare hergestellte, aus mehreren Segmenten zusammengesetzte, wesentlich größere Variante nicht die Zustimmung des Architekten fand.[11] Einzige Rückschlüsse auf das Aussehen der mit größter Wahrscheinlichkeit zerstörten Version des Bildhauers gewähren zwei Photos, die die Verbindung von Architektur und Skulptur veranschaulichen sollten.[12]

Der Auftrag des Museum of Modern Art, für den Museumsgarten den Prototyp eines Endless House zu entwerfen, der zwei Jahre stehenbleiben sollte, erfüllte Kiesler nicht nur mit großem Optimismus, sondern veranlaßte ihn, ein großes und ein kleines Modell, einige Detailstudien sowie zahlreiche klein- und großformatige Zeichnungen anzufertigen. Wie so oft im Leben des Architekten gelangte auch dieses Projekt nicht zur Ausführung.[13] Als Ersatz wurden

Inside the Endless House

Modelle und Zeichnungen des Endless House gemeinsam mit den 1925 entstandenen Plänen für das Endless Theater im Rahmen der Ende September 1960 im Museum of Modern Art veranstalteten Ausstellung Visionary Architecture präsentiert. Gezeigt wurden Projekte von Bruno Taut, Frank Lloyd Wright, Buckminster Fuller, Bruno Soleri, Le Corbusier u. a. Doch auch der Plan, ein lebensgroßes Segment des Endless House in die Ausstellungsgalerie einzubauen, scheiterte. Kiesler gelang es schließlich, seine Raumidee durch die Installation wandhoher Photovergrößerungen eindrucksvoll zu vermitteln. Mit dieser Präsentation, der in der Ausstellung der größte verfügbare Raum gewidmet wurde, setzten die internationale Verbreitung und die bis heute andauernde Rezeption des Endless House ein.[14]

Als Kiesler 1933 die Möglichkeit erhält, in den Schauräumen der Modernage Company, einem großen New Yorker Möbelgeschäft, den Prototyp eines Einfamilienhauses zu verwirklichen, will er diesem Space-House die Form eines auf einem sockelartigen Unterbau ruhenden abgeflachten Sphäroids geben. »Die idealste Form des Hauses mit dem geringsten Widerstand gegen äußere und innere Spannung ist nicht die eiförmige, sondern die sphäroidale Matrix: eine abgeflachte Kugel. In ihrem äquatorialen Schnitt ein Kreis, in ihrem longitudinalen Schnitt eine Ellipse. Die Stromlinienform wird hier zur organischen Kraft, da sie sich auf das dynamische Gleichgewicht von Körperbewegung im geschlossenen Raum bezieht.«[15]

Die charakteristische Grundform des Space-House geht auf eines der ersten Architekturprojekte Kieslers zurück, und zwar auf den 1924/25 in Zusammenhang mit der Wiener Raumbühne entstandenen und in den folgenden Jahren weiterentwickelten Entwurf für ein Universal-Theater. Kiesler betont, daß die Wahl dieser Form nicht auf einem ästhetischen oder symbolischen Konzept beruht. Mit Hilfe neuer Materialien und Techniken – Spannbeton, Plastik oder Glas – will er vielmehr einen monumentalen, stützenlosen Einheitsraum schaffen, dessen Begrenzungsflächen – Boden, Wand, Decke – kontinuierlich ineinander übergehen und der damit der Forderung nach größtmöglicher Flexibilität in der Gestaltung des Innenraums entspricht.[16]

Weder Säulen noch Pfeiler sollen die Sicht auf die zentral angeordnete, sich spiralenförmig in die Höhe entwickelnde Raumbühne beeinträchtigen, die über frei durch den Raum geführte, geschwungene Stege mit den kreisförmig um das Zentrum angeordneten Zuschauerrängen verbunden ist. Kieslers Ziel ist es, das Ineinanderfließen der in der traditionellen Guckkastenbühne räumlich scharf getrennten Akteure, der Schauspieler und der Zuschauer, zu ermöglichen.

Die Kontinuität in der Beschäftigung mit diesem Raumkonzept der zwanziger Jahre – wenn auch auf wenige raumbestimmende Elemente reduziert – läßt den Einblick in ein Modell des Endless House erkennen. In einem großen ansteigenden Bogen führt eine Rampe durch das höhlenartige Volumen zu einem frei in die Wölbung eingehängten kleineren Raumsegment. Das Haus – ob ein-, zwei- oder mehrstöckig – faßt Kiesler als eine einzige Raumeinheit auf (»One Space Unit«), in der sich auf minimalem Grundriß ein Maximum an Nutzungsmöglichkeiten entfalten soll. Entsprechend der bereits im Theaterentwurf von 1925 erhobenen Forderung nach freier Entwicklungsmöglichkeit der Bewegung im Raum bestimmt Kiesler das Haus als die Summe »[...] von jeder nur möglichen Bewegung, die seine Bewohner in seinem Inneren machen können«, als ein Volumen also, in dem die Bewohner polydimen-

Friedrich Kiesler · Salle de Superstition Ausstellungsgestaltung in der Galerie Maeght · Paris 1947

Dieter Bogner

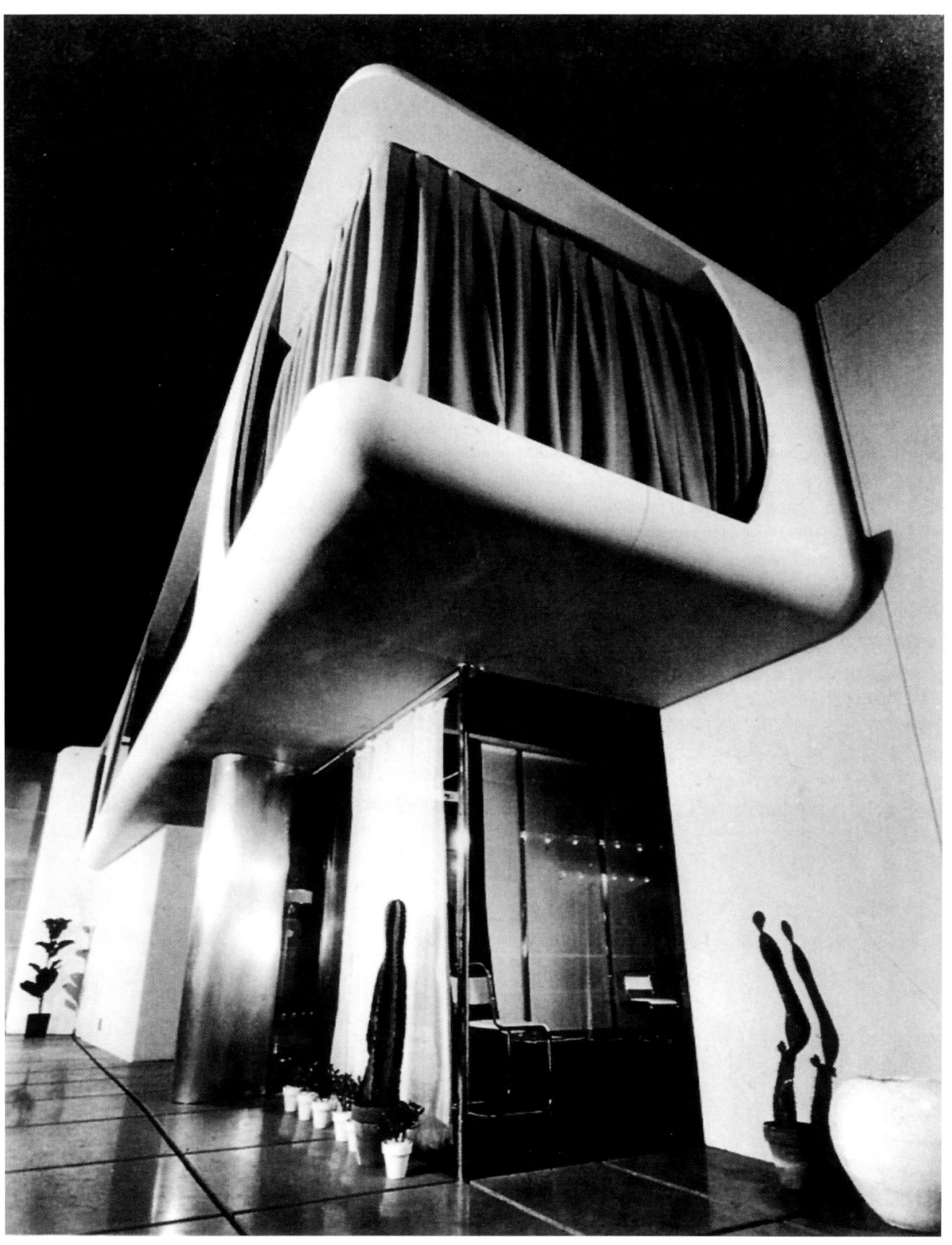

Friedrich Kiesler · Space-House · Modernage Furnitage Company · New York 1933

Inside the Endless House

sional leben.[17] Kiesler bot sich nie die Gelegenheit, diese Konzeption umzusetzen, doch hätte ihn die Verwirklichung seines Ideals vor mannigfache Schwierigkeiten gestellt und zu markanten Einschränkungen und Kompromissen gezwungen. Als Leitidee für die Planung menschlicher Lebensräume ist sein utopisches Konzept jedoch heute so aktuell wie damals.[18] Dies gilt auch für die erstmals in Zusammenhang mit dem Space-House formulierte Forderung nach einer aus den psychologischen und sozialen Nutzungsbedingungen abgeleiteten Differenzierung der Raumhöhen. Das Space-House, heißt es in einem Text von 1934, weist verschiedene Niveaus auf, bestimmte Räume verlangen je nach ihrer Funktion niedrigere Decken. Der Wohn- und Gemeinschaftsraum hat eine hohe Decke, die Bibliothek eine sehr niedrige, und, um die Bedeutung eines Ortes noch stärker zu betonen, in den man sich mit seinen Gedanken zurückzieht, liegt sie um einige Stufen niedriger als der Wohnraum. Das Eßzimmer ist hingegen zwei Stufen über dem Wohnzimmer gelegen, um einen leichten Eindruck der Förmlichkeit zu erzielen. Bei den Schlafzimmern handelt es sich um intime, private Räume; sie verlangen wiederum eine niedrige, freundliche Decke.[19] Diese Beschreibung und ebenso der hinter der stromlinienförmigen Scheinfassade des Space-House errichtete Prototyp einer modernen Wohnung erinnern an die unter dem Begriff Raumplan bekannt gewordene Raumkonzeption von Adolf Loos, die das in einem klar begrenzten Kubus verfügbare Raumangebot nutzungsspezifisch maximiert.

Beim Endless House entsteht ein differenziertes Angebot unterschiedlicher Raumhöhen sowohl durch die asymmetrisch geführte Wölbungskurve, die den Längsschnitt des Gebäudes bestimmt, als auch durch kleine Raumzellen, die wie Schwalbennester in die Innenraumwölbung eingefügt sind. Unterhalb dieser Elemente entstehen ebenfalls niedrigere Raumbereiche, die – Kieslers Konzept zufolge – abhängig vom jeweiligen funktionellen Bedarf entweder als nischenartige Sektoren des großen Wohnraums genutzt oder durch flexible Trennungselemente in kleine geschlossene Einheiten verwandelt werden können. »Die kugelige Gestalt leitet sich von der sozialen Dynamik der zwei oder drei Generationen ab, die unter einem Dach leben. Großzügige Räume, die für ein gemeinschaftliches Leben vorzuziehen sind, verlangen in Bereichen wie dem Wohnzimmer die doppelte oder sogar dreifache Höhe, während Minimalhöhen von 8 Fuß für die Schlafzimmer und andere private Räume am günstigsten sind.«[20]

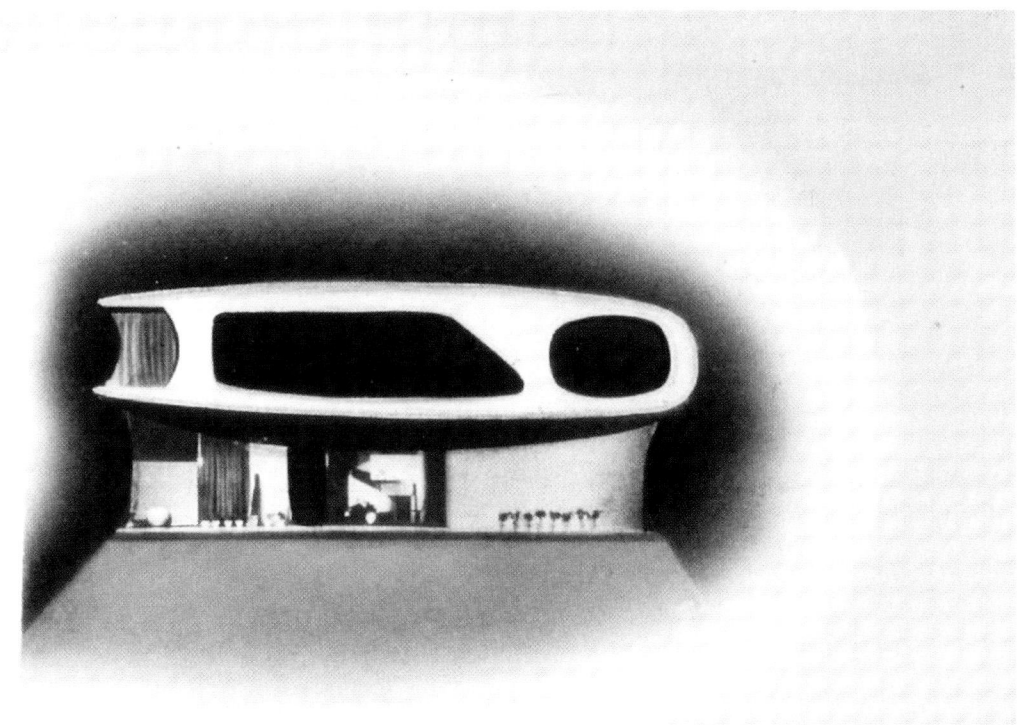

Friedrich Kiesler · Space-House · übermalter Andruck für »Architecture as Biotechnique« in Architectural Record, Sept. 1939
Österreichische Friedrich und Lilian Kiesler-Privatstiftung · Wien

Dieter Bogner

Friedrich Kiesler · Multifunktionales Möbel in der Abstract Gallery, Art of this Century Gallery · New York 1942

Inside the Endless House

Kiesler spricht wiederholt von einem elastischen Raumkonzept, das in der Lage sein soll, selbst in einem kleinen Haus den unterschiedlichsten sozialen Anliegen seiner Bewohner – individuelle Abgeschlossenheit in kleinen geschlossenen bis zur Gemeinsamkeit in großen offenen Räumen – durch die Veränderbarkeit der Begrenzungsflächen maximal zu entsprechen.[21] Kiesler prägt dafür in den dreißiger Jahren den Begriff der »Time-Space-Architecture«, worunter er die bedarfsabhängige Veränderung der Raumgrößen und -formen in der Zeit vesteht.[22] Wiederum wurzelt dieses Konzept in den zwanziger Jahren, und zwar in Kieslers Theaterarbeiten, die einen nicht zu unterschätzenden Einfluß auf seine architektonische und künstlerische Entwicklung ausgeübt haben. Er publiziert 1924 das Schema einer mechanischen Raumszenerie, die durch die automatisierte Bewegung raumteilender Elemente eine vorprogrammierte kontinuierliche Veränderung der Szene ermöglicht.[23] Auf die Frage, wie sich Kiesler im Gesamtraum des Endless House die temporäre Gestaltung kleiner individueller Räume vorgestellt haben mag, kann die Ausstellungsinstallation in der Hugo Gallery eine Antwort geben. Um die individuelle Betrachtung eines einzelnen Werkes zu ermöglichen, wird dem Besucher die Möglichkeit geboten, durch Zuziehen transparenter Vorhänge ein kleines geschlossenes Raumsegment, einen Raum im Raum zu schaffen. Ein 1942 für die Galerie Peggy Guggenheims entworfenes Sitzmöbel ermöglicht das bequeme Betrachten des an der Decke befestigten Bildes.[24]

Vom Universal Theater über das Space-House bis zum 1950 entstandenen ersten kleinen Modell des Endless House erfährt die perfekte geometrische Gestalt des Sphäroids – unter Beibehaltung der konstruktiven Idee des selbsttragenden Schalenbaus – durch Kieslers Hinwendung zu biomorphen Formen eine kontinuierliche formale Veränderung. Dieser Prozeß beginnt in den frühen dreißiger Jahren mit dem stromlinienförmigen Design des Space-House und führt in den fünfziger Jahren zu einer Zeichnungsserie, in der das Endless House eine markante Nierenform annimmt. Die Wurzeln dafür finden sich in Möbelentwürfen der dreißiger und vierziger Jahre: Zu den signifikantesten Vergleichsbeispielen gehören der zweiteilige Aluminiumtisch von 1935/36 und das 1942 für Peggy Guggenheims Galerie Art of this Century entworfene multifunktionelle Sitzmöbel. In dieser Metamorphose einer einfachen Form – Tisch, Sitzmöbel, Haus – kommt Kieslers Überzeugung zum Ausdruck, daß Primärstrukturen in der Lage sind, einer Fülle unterschiedlichster Funktionen zu entsprechen. Diese

Friedrich Kiesler · zweiteiliger Beistelltisch · Aluminium · 1935 - 38

Dieter Bogner

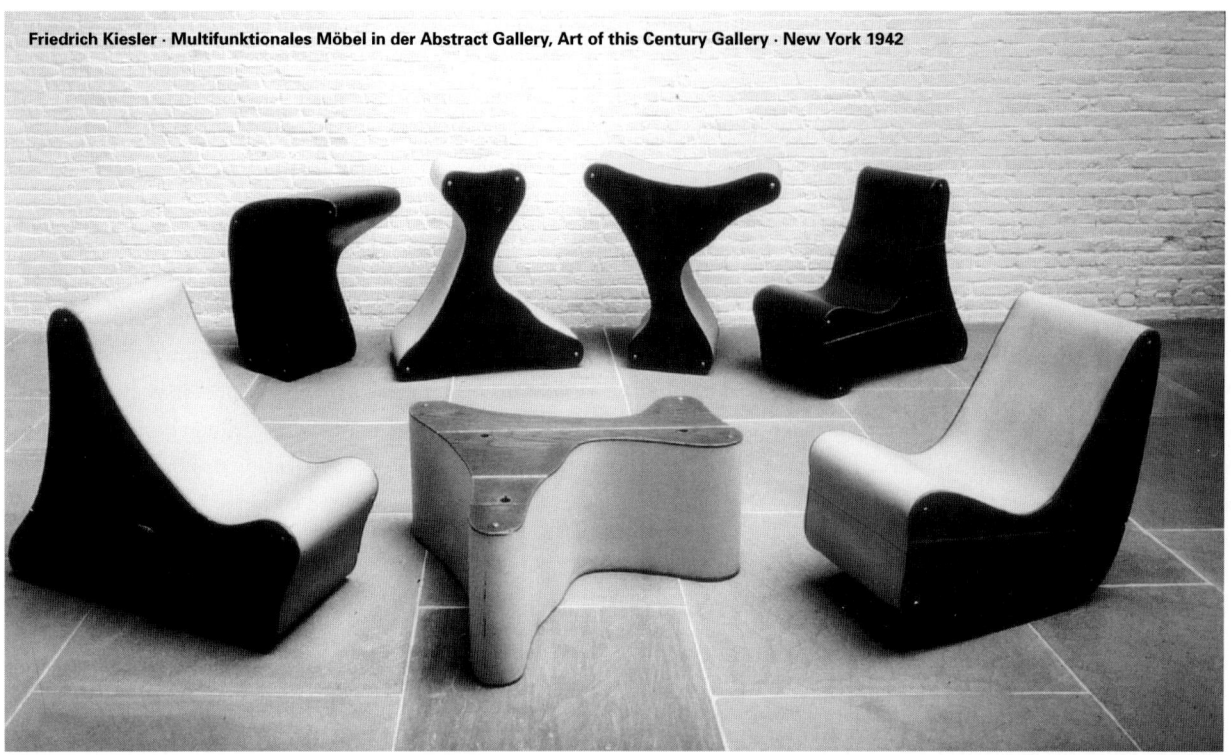

Friedrich Kiesler · Multifunktionales Möbel in der Abstract Gallery, Art of this Century Gallery · New York 1942

sind, schreibt Kiesler im »Manifeste du Corréalisme«, »[...] in der Primärstruktur der Ursprungszelle enthalten [...] ebenso wie die vielfältigen Funktionen der Organe bereits im amorphen Embryo des menschlichen Körpers enthalten sind«.[25] In der Welt des Correalismus, so Kieslers weiterführende These, werden, ohne ihre Integrität zu verlieren, das Bild zur Architektur, die Skulptur zum Bild und die Architektur zur Farbe.[26] Diese Metamorphose der Nierenform entspricht der Verwandlungsfähigkeit des Innenraumes und schließlich aller Elemente, denn – so Kieslers These – alles hängt mit allem zusammen. Die Funktion des Endless House ist es »diese, ›ununterbrochenen Mutationen‹ der Lebenskraft in sich aufzunehmen, die Teil des Tatsächlichen ebenso wie des Magischen sein dürften«.[27]

Ab den vierziger Jahren fließen in zunehmendem Maße symbolische Konnotationen in das Konzept des Endless House ein. Dazu gehören die Anspielung auf die Unendlichkeit der Himmelssphäre, das heißt die Auffassung des »Endless House als vom Menschen gestalteter Kosmos«, und vor allem die unter dem Einfluß des Surrealismus erfolgte Entwicklung des Konzepts einer magischen Architektur, das in der Pariser Salle de Superstition kulminiert.[28] Diese Entwicklung ist eng mit der Deutung des Innenraums des Endless House als Höhle verbunden, eine Assoziation, die bereits die Salle de Superstition hervorruft und die in der Entwurfsskizze für die Umgestaltung der Hugo Gallery besonders deutlich zum Ausdruck kommt. Parallel zu diesen Ausstellungsinstallationen entsteht eine Zeichnungsserie, in der Kiesler höhlenartige Gebäude- und Stadtutopien entwirft. Die kleinen kubischen Räume der Hugo Gallery verwandelt er mit den Mitteln der Malerei und durch eine die Raumecken verschleifende Anbringung der ausgestellten Bilder in ein höhlenähnliches »endloses« Kontinuum. Er will, heißt es in einem begleitenden programmatischen, dadaistisch anmutenden Text, der das Raumstadtmanifest von 1925 in Erinnerung ruft, »[...] die niedrigen Decken hochfliegen lassen, die Schlupfwinkel vergrößern und dort die Illusion von Löchern oder Erweiterungen erwecken, wo sich der ›eigene Kerkergeist‹ versteckt und zurückzieht.«[29] Diese Ausstellungsinstallation bietet die Möglichkeit, einen Eindruck von Kieslers Vorstellung einer als Einheit von Architektur, Malerei und Skulptur gedachten Innenraumgestaltung zu gewinnen, wie er sie für das Endless House in den fünfziger Jahren plant. Gleichzeitig macht sie deutlich, welche formale Entwicklung das ideale konstruktivistische Raumkonzept der Raumstadt im Laufe von etwas mehr als zwanzig Jahren unter dem Einfluß der biotechnischen Theorie und des Surrealismus genommen hat. Was die beiden Projekte jedoch unter anderem miteinander verbindet, das ist Kieslers Konzept von der Vereinigung der Künste im Gesamtkunstwerk, eine Idee, die

Inside the Endless House

sich in diesem Zeitraum von einer konstruktivistischen Utopie zu einer kosmologischen Sicht entwickelt.

Wiederum sind es zwei Zitate, die die Kontinuität einer in den zwanziger Jahren aufgenommenen Grundidee und deren Weiterentwicklung anschaulich vor Augen führen: »Meine Idee war«, schreibt Kiesler um 1950 in einem Rückblick auf die Pariser Raumstadt von 1925, »eine Kristallisation von einfachen Linien und Grundfarben, eine Architektur, eine Skulptur und ein Bild, alles in einem zu schaffen.« Als Zeitzeugen für die erfolgreiche Verwirklichung dieser Idee zitiert er Theo van Doesburg, der beim Anblick der monumentalen Konstruktion der Raumstadt gesagt haben soll: »Du hast realisiert, wovon wir geträumt haben, es könnte eines Tages gemacht werden. Das hier ist die Vereinigung der Künste und nicht der Pavillon de L'Esprit Nouveau.[30] Die Wiener Tradition des Gesamtkunstwerks, mit der Kiesler im Umkreis Josef Hoffmanns eng verbunden war, prägte diese Konzeption ebenso wie seine intensiven Kontakte zur holländischen De-Stijl-Gruppe, die vor allem durch seine Freundschaft zu Theo van Doesburg bestimmt wurde.

Die wohl programmatischste Aussage zum Thema Gesamtkunstwerk formuliert Kiesler jedoch 1947 im Katalog der Surrealistenausstellung, wo er seine führende Rolle in der konzeptionellen Entwicklung der Salle de Superstition definiert: »Die Salle de Superstition stellt eine erste Bemühung dar, mit den Mitteln und dem Ausdruck unserer Epoche einen Zusammenhang von Architektur – Malerei – Skulptur aufzuzeigen. Das Problem ist ein zweifaches: 1. Schaffung einer Einheit; 2. deren Bestandteile, Malerei – Skulptur – Architektur, sich ineinander verwandeln lassen. Ich habe die Raumgestaltung skizziert. Ich habe die Maler Duchamp, Max Ernst, Matta, Miró, Tanguy und die Bildhauer Hare und Maria gebeten, meinen Plan auszuführen. Sie haben eifrig mitgearbeitet. Ich habe jeden Teil des Ganzen – Form und Inhalt – speziell für jeden Künstler entworfen. Es gab keinerlei Mißverständnisse.« Im Falle eines Fehlschlags, so Kiesler, würde ihm die alleinige Verantwortung dafür zufallen. Diese magische Architektur der Salle de Superstition mit ihrer inhaltlichen Auflagung durch surrealistisches Formen- und Gedankengut stellt Kiesler in Gegensatz zu einem – aus seiner Sicht – sinnentleerten Funktionalismus: »Ich setze dem Mysterium der Hygiene, die der Aberglaube funktionaler Architektur ist, die Wirklichkeit einer magischen Architektur entgegen, die ihre Wurzeln in der Totalität des menschlichen Wesens hat, und nicht in den gesegneten oder verfluchten Aspekten dieses Seins. [...] Das von der traditionellen Ästhetik befreite Haus ist zu einem Lebewesen geworden.«[31]

Das Endless House ist demnach nicht ein Gesamtkunstwerk im traditionellen Sinn, das heißt eine künstlerische Gesamtgestaltung aus Architektur, Malerei, Skulptur und Einrichtungsgegenständen, ein Raum also, in dem dem Bewohner eine mehr oder weniger »beobachtende« Rolle beigemessen wird; es handelt sich vielmehr im Sinne einer erweiterten correalistischen Theorie um ein komplexes System materieller und ideeller, natürlicher und kultureller Wechselbeziehungen, in die der Bewohner mit seinen physischen, psychischen und sozialen Bedingtheiten ebenso wie mit seinen mythischen und magischen Vorstellungen eingewoben ist.[32] Die Pariser Salle de Superstition mit ihrer ausgeprägten Inhaltlichkeit und die New Yorker Installation in der Hugo Gallery, durch die formale Gestaltung kombiniert, repräsentieren das künstlerische und intellektuelle Innenraumkonzept des in den fünfziger Jahren von Kiesler propagierten Endless House in seiner ganzen Komplexität. Das leitende Prinzip, das den correalistischen Zusammen-

Friedrich Kiesler · Einblick in das Modell · 1959 · Whitney Museum of Modern Art · New York

Dieter Bogner

hang der unterschiedlichen Elemente, die den Innenraum des Endless House bestimmen, regelt, bringt Kiesler in der theoretischen Bestimmung des Wesens der ab 1947 parallel zum Endless House entwickelten und als Galaxies bezeichneten Bildobjekte auf den Punkt: »Die Breite, Höhe und Tiefe der Elemente jeder Galaxy sind vor Beginn des Malaktes genau festgelegt. Die Galaxies unterscheiden sich von ›Gemälden‹ dadurch, daß sie nicht aus einem einzelnen Bild bestehen, sondern aus mehreren Werken; ihre Abstände zueinander sind genau vorbestimmt. Während ein Gemälde eine Hinzufügung zum Raum ist, ist die Galaxy eine Vereinigung mit dem Raum. Deshalb sind die Zwischenräume der Elemente einer Galaxy genauso wichtig wie die einzelnen Elemente selbst, speziell da die Zwischenräume fließend in den Umraum übergehen und sich mit diesem verbinden.«[33] Abgesehen von der kunsthistorisch interessanten und entwicklungsgeschichtlich wichtigen Tatsache, daß Kiesler die geschlossene Bildform radikal aufbricht und die autonomen Partikel nach einem präzisen Korrelationsplan (der auf der Rückseite einiger Objekte mit genauen Maßangaben aufgezeichnet ist) flächig bzw. räumlich verteilt, ist die Aussage von Bedeutung, daß er den Intervallen zwischen den Elementen die gleiche Bedeutung beimißt wie diesen selbst. Dem Zwischenraum wird damit ausdrücklich eine doppelte Funktion zugewiesen: er gewährleistet einerseits die Autonomie der einzelnen Elemente (Monaden) und sichert andererseits den präzise definierten Zusammenhang: Der entscheidende Unterschied »zwischen einer Galaxy und einem Gemälde ist, daß das Gemälde eine vollständige Einheit in sich selbst bildet, während eine Galaxy eine dezentralisierte Komposition ist; und obwohl all ihre Bestandteile von einer inneren Beziehung durchdrungen sind, unterscheidet sich doch jeder Teil in Farbe, Komposition, Maltechnik und oft auch in seinem Inhalt. Der Betrachter hat daher die Freiheit, alle Elemente gleichzeitig wahrzunehmen oder sein Interesse auf nur einen Teil zu konzentrieren.«[34]

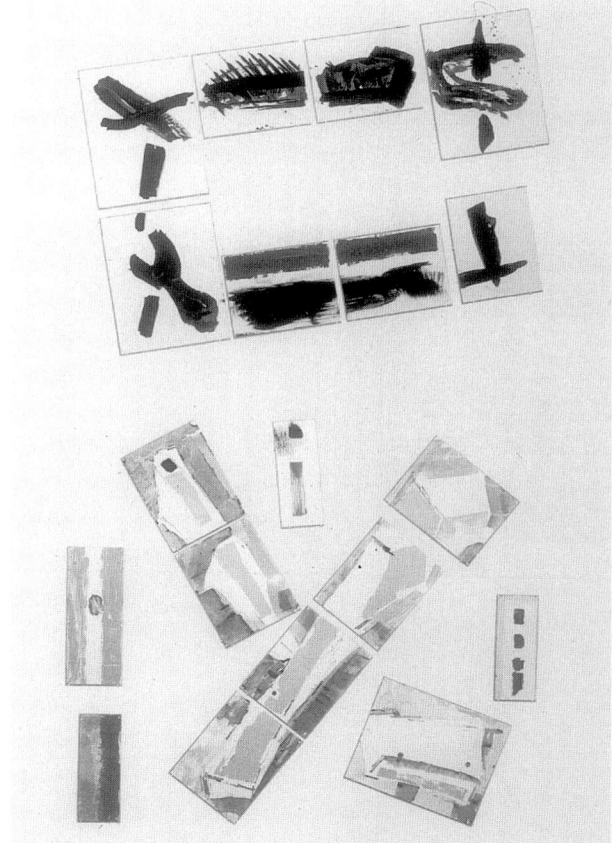

Friedrich Kiesler · Galaxy · 19 Teile, Chinatinte auf Papier, auf Karton aufgezogen ·Österreichische Friedrich und Lilian Kiesler-Privatstiftung · Wien

Diese Bestimmung kann im Sinne Kieslers auf die Innenraumkonzeption des Endless House übertragen werden. Kiesler selbst vergleicht eine Galaxy mit der Familie als kleinste soziale Einheit, für die er sein Endless-House-Konzept entwickelt hat: »[...] dem strukturellen Zusammenhang der Galaxy ist sowohl die Erweiterung wie auch die Begrenztheit des Zusammenlebens eigen. Jedes Element ist eine spezielle Einheit in sich selbst, so wie jedes Mitglied einer Familie eine eigene Individualität besitzt. Doch, ihr starker Zusammenhalt (zu einem Ganzen) ist angeboren, egal wie unterschiedlich die Charaktere der Mitglieder sein mögen.« Differenz, das heißt Individualität und Zusammenhang, bestimmt als Wechselbeziehung heterogener Elemente, ist die Grundkategorie der auf Bildobjekte, Skulpturen und Architektur ebenso wie auf Sozialgefüge angewandten correalistischen Theorie und die Voraussetzung für die Entstehung des Kieslerschen Gesamtkunstwerks: »Unter diesen Umständen erscheint es auch natürlich, daß sich jeder gemalte Teil, speziell wenn er von der Wand hervorspringt und von der Seite betrachtet wird, auch den Wert des plastischen Daseins im Sinne einer Skulptur aneignet, während zudem der Aspekt der ganzen Galaxy die Vorstellung eines architektonischen Zusammenspiels vermittelt, ohne den wesentlichen Charakter des Gemäldes zu zerstören. Somit ist die traditionelle Trennung der bildenden Kunst in Malerei, Skulptur und Architektur aufgelöst und überwunden; diese fließende Verschmelzung vollzieht sich eher im Inneren als durch äußerliche Vereinigung.«[35]

Inside the Endless House

Ein wichtiges Stadium auf diesem Weg zur Isolation autonomer Elemente ist die für Peggy Guggenheim installierte Galerie Art of this Century. Kiesler befreit in der Surrealistengalerie erstmals die ausgestellten Bilder von ihren Rahmen und positionierte sie mit Hilfe hölzerner Abstandhalterungen frei im Raum. Dazu schreibt er: »Diese verräumlichte Position des Bildes hat zwei Konsequenzen: es wird von der Wand abgehoben und nähert sich dem Betrachter. Das Bild scheint sich im Raum zu bewegen. Es ist eine feste Insel im Raum und nicht mehr eine Dekoration der Wand. Es stellt eine Welt für sich dar, die der Maler entworfen und die der Architekt verankert hat.«[36] Nicht durch den traditionellen Rahmen, sondern durch Raum(-Intervall) voneinander und von der Wand isoliert, doch in einem präzise bestimmten Spannungsverhältnis zueinander, schweben die Objekte wie Monaden in einem räumlichen Kontinuum, das Architekturelemente ebenso umfaßt wie den Betrachter und die Einrichtungsgegenstände. Raum ist in dieser komplexen Wechselbeziehung ein Medium, das allen Elementen gemeinsam ist, eine höchste Individualität garantierende, trennende und gleichzeitig Zusammenhang schaffende »Abwesenheit«. In der Hugo Gallery, schreibt Kiesler, »waren die Bilder (und Menschen gleicherweise) [...] eingerahmt von Räumen statt von Leisten, die Bilder waren umfangen und zärtlich umarmt von Weiten und Nähen, von Raum und Flächenformen statt von der geliehenen protzigen Pracht goldener oder mitleidsuchender roher Holzrahmen. Bilder und Skulpturen, Waisenkinder verlorener Eltern, waren aufgenommen in die große Familie der Architektur.«[37] Vom »unendlichen« Raum umflossen waren schon die rechtwinkeligen, in einen Koordinatenraster eingeschriebenen Tafeln der Pariser Raumstadt. Kiesler hat Architektur schon damals als System von Spannungen im freien Raum beschrieben, eine Definition, die auf die räumliche Organisation der vielteiligen Bildobjekte der fünfziger und sechziger Jahre ungeschmälert zutrifft.

Während die Pariser Raumstadt dem vom Individuellen und Natürlichen radikal abstrahierenden Gestaltungskonzept des Neoplastizismus folgt, gilt die correalistische Theorie Kieslers dem Aufbau spannungsreicher Konstellationen, deren Elemente in zunehmendem Maße durch formale und inhaltliche Individualität bestimmt werden und die die traditionelle Ästhetik des Gesamtkunstwerks weit hinter sich lassen, indem sie als Architecture Magique in der Totalität des menschlichen Wesens wurzelt. In diesem Sinn ist das Endless House für Kiesler »[...] ein lebender Organismus und nicht nur eine Anordnung toter Materie: es lebt als Ganzes und in seinen Details. Das Haus ist eine Haut des menschlichen Körpers.«[38]

Die Differenz autonomer Elemente und die Spannung im Intervall sind elementare Bestimmungsfaktoren dieser Zusammenhangsvision. Ist nicht diese Spannung im Intervall, von der Kiesler sein ganzes künstlerisches Leben hindurch spricht und träumt und die konstitutiv für das Wesen der Galaxies, der Skulpturen und schließlich des Endless House ist, nicht jener »Abwesenheit« verwandt, die Jacques Derrida in seinen Reflexionen über die »différance« zu fassen versucht?[39]

Friedrich Kiesler · Zeichnung, Typoskript um 1937

Dieter Bogner

ANMERKUNGEN:

1. KIESLER, »Inside the Endless House«, New York 1964, S. 566.
2. Die Wirkungsgeschichte Kieslers im künstlerischen Umfeld New Yorks ebenso wie in der internationalen Kunst, Architektur, Theater-, aber auch experimentellen Filmszene ist bis heute weitgehend unerforscht geblieben.
3. On Correalism and Biothechnique, in: Architectural Rec., Nr. 86/3, September 1939, S. 60-75.
4. KIESLER, Manifeste du Corréalisme, in: L'Architecture d'Aujourd'hui, Paris 1949, o. S.
5. KIESLER, Pseudo Functionalism in Modern Architecture, in: Partisan Review, Juli 1949, S. 738.
6. KIESLER, Notes on Architecture. The Space-House, Annotations at Random, in: Hound & Horn, Nr. 3, Jan.-März 1934, S. 292-297.
7. KIESLER, Vitalbau – Raumstadt – Funktionelle Architektur, in: De Stijl, 6. Jg., 10-11, 1925, S. 141 f.
8. KIESLER, On Correalism and Biothechnique, in: Architectural Record, Nr. 86/3, September 1939, S. 60-75.
9. Das Manifest ist mit 20. September 1947 datiert. Kiesler sendet es am 29. Juli 1948 an André Bloc ab, und es erscheint im Juni 1949, s. D. BOGNER, Friedrich Kiesler, Architekt, Maler, Bildhauer, Wien 1988, S. 123, 137.
10. KIESLER, Endless House – Space-House, Photomontage, in D. HARE (Hg.), VVV, Nr. 4, Februar 1944, S. 60-61. In den Texten zum Space-House verwendet Kiesler den Begriff Endless House noch nicht. Wie so oft in den Schriften Kieslers stimmen die von ihm angegebenen Entstehungsdaten seiner Werke nicht mit den Fakten überein. Dies gilt auch für die Datierung des Space-House am Titelblatt des Manifeste du Corréalisme (1934 statt 1933). Da auch die Sekundärlitertur bis heute vielfach auf Kieslers Angaben basiert, sollte Datierungen mit Vorsicht begegnet werden. Im Ausstellungskatalog, D. BOGNER, Friedrich Kiesler, Architekt, Maler, Bildhauer, Wien 1988, S. 9-190, wurde eine ausführliche Biographie erstellt, deren Daten mit wenigen Ausnahmen auf überprüfbaren Dokumenten basieren. In Zusammenhang mit dieser Gestaltung dürfte auch jene leicht korrigierte Ansicht des Space-House entstanden sein, in der Kiesler die von ihm angestrebte Idealform des abgeflachten Sphäroids durch Übermalung stärker herausarbeitet.
11. T. H. CREIGHTON, Pursuit of an Idea, Interview of Friedrich Kiesler by Thomas H. CREIGHTON, in: Progressive Architecture, Juli 1961, S.113f.
12. Ebd. und KIESLER, The Endless House and its Psychological Lighting, in: Interiors, Anniversary Number, Vom. 1950, S. 125f.
13. KIESLER, Inside the Endless House, New York 1964, S. 278.
14. KIESLER, Ebd., S. 278, 299.
15. KIESLER, Notes on Architecture. The Space-House, Annotations at Random, in: Hound & Horn, Januar-März 1934, S. 296.
16. The dye-cast-unit, not a dye-cast part of roof, floor, wall, or column, but a continuous unit overcoming the four-fold division of column, roof, floor, wall. Such construction I call shell-monolith. [...] Separation into continues into the roof, the roof into the wall, the wall into the floor. It might be called: conversion of compression into continuous tension, in: KIESLER, Notes on Architecture. The Space-House, Annotations at Random, in: Hound & Horn, Januar-März 1934, S. 296.

Durch die Aufgabe des Prinzips des Tragens und Lastens bricht Kiesler radikal mit der europäischen Architekturtradition und leitet daraus in Texten, die das Space-House begleiten, einen markanten Gegenpol zum Funktionalismus der zwanziger und dreißiger Jahre ab, der dem traditionellen rektangulären Bausystem verhaftet bleibt. Er formuliert diese Position kaum zwei Jahre nach jener architekturhistorisch bedeutsamen Architekturausstellung, die Philip Johnson gemeinsam mit Henry-Russel Hitchcock im New Yorker Museum of Modern Art organisiert hat und die der modernen europäischen Architektur in den Vereinigten Staaten zum Durchbruch verholfen hat. Es dauerte jedoch fünfundzwanzig Jahre, bis Kieslers Kritik am funktionalistischen Bauen durch die prominente Präsentation des Endless House in der Ausstellung Visionary Architecture Anerkennung fand.

17. KIESLER, Pseudo-Functionalism in Modern Architecture, in: Partisan Review, Juli 1949, S. 740.
18. Das von COOP HIMMELB(L)AU im Entwurf für das UFA-Kino Dresden entworfene offene Raumsystem läßt die Aktualität der Vision Kieslers erkennen.
19. KIESLER, One Living Space Convertible Into Many Rooms, in: Home Beautiful, Januar 1934, S. 32.
20. KIESLER, Kiesler's Endless House and its Psychological Lighting, in: Interiors, November 1950, S. 123-129.
21. D. BOGNER, Architecture as Biothechnique. Friedrich Kiesler und das Space-House von 1933, in: M. Boeckl (Hg.), Visionäre und Vertriebene. Österreichische Spuren in der modernen amerikanischen Architektur, Berlin 1995, S. 149.
22. KIESLER, Notes on Architecture. The Space-House, Annotations at Random, in: Hound & Horn, Jan.-März 1934, S. 293 f.
23. B. LESAK, Die Kulisse explodiert, Wien 1988, S. 89.
24. Dieses Motiv verwendet Philipp Starck in seiner Ausstellungsinszenierung für die kunstgewerbliche Abteilung des Museums in Groningen zur Vereinzelung der Ausstellungsstücke im gewölbten Gesamtraum.
25. KIESLER, Manifeste du Corréalisme, in: L'Architecture d'Aujourd'hui, Paris 1949, o. S.
26. »Sans perdre leur intégrité: le tableau devenant architecture, la sculpture devenant tableau, et l'architecture devenant couleur«, in: KIESLER, Manifeste du Corréalisme, in: L'Architecture d'Aujourd'hui, Paris 1927, o. S.
27. In: D. HARE (Hg.), VVV, Nr. 4, Februar 1944, S. 60-61. Zur inhaltlichen Deutung des Endless House s. M. SGAN-COHEN, Zur Ikonographie des Endless House, in: D. BOGNER, Friedrich Kiesler, Architekt, Maler, Bildhauer, Wien 1988, S. 242 f.
28. KIESLER, L'Architecture magique de la Salle de Superstition, in: Exposition Internationale du Surréalisme, A. BRETON und M. DUCHAMP (Hg.), Paris 1947, S. 131-134.
29. KIESLER, Manifeste du Corréalisme, in: L'Architecture d'Aujourd'hui, Paris 1949, o. S.
30. KIESLER, Die Vereinigung der Künste, Typoskript, um 1950, ÖFLKS.
31. KIESLER, Manifeste du Corréalisme, in: L'Architecture d'Aujour-d'hui, Paris 1949, o. S.
32. In diesem Zusammenhang ist Kieslers Bestimmung des Verhältnisses von Form, Funktion und Vision interessant: »La Forme ne s'ensuit pas de la Fonction. La Fonction s'ensuit de

Inside the Endless House

      la Vision. La Vision s'ensuit de la Réalitée«, in: KIESLER, Manifeste du Corréalisme, in: L'Architecture d'Aujourd'hui, Paris 1949, o. S.
33   KIESLER, A Short Note On The Galaxies, Typoskript, 1952, ÖFLKS.
34   A Short Note On The Galaxies, Typoscript, 1952, ÖFLKS, New York and Galaxies by Frederick KIESLER, Museum of Fine Arts of Houston, Ausstellungskatalog, 1955.
35   KIESLER, Galaxies by Kiesler, Ausstellungsfolder, Sidney 1957.
36   KIESLER, Manifeste du Corréalisme, in: L'Architecture d'Aujour-d'hui, Paris 1949, o. S.
37   KIESLER, Economie and Exuberanz, Typoskript, ÖFLKS, o. S.
38   KIESLER, Manifeste du Corréalisme, in: L'Architecture d'Aujourd'hui, Paris 1949, o. S.
39   DERRIDA, Die différance, in: P. ENGELMANN (Hg.), Postmoderne und Dekonstruktion, Texte französischer Philosophen der Gegenwart, Stuttgart 1993, S. 76f.

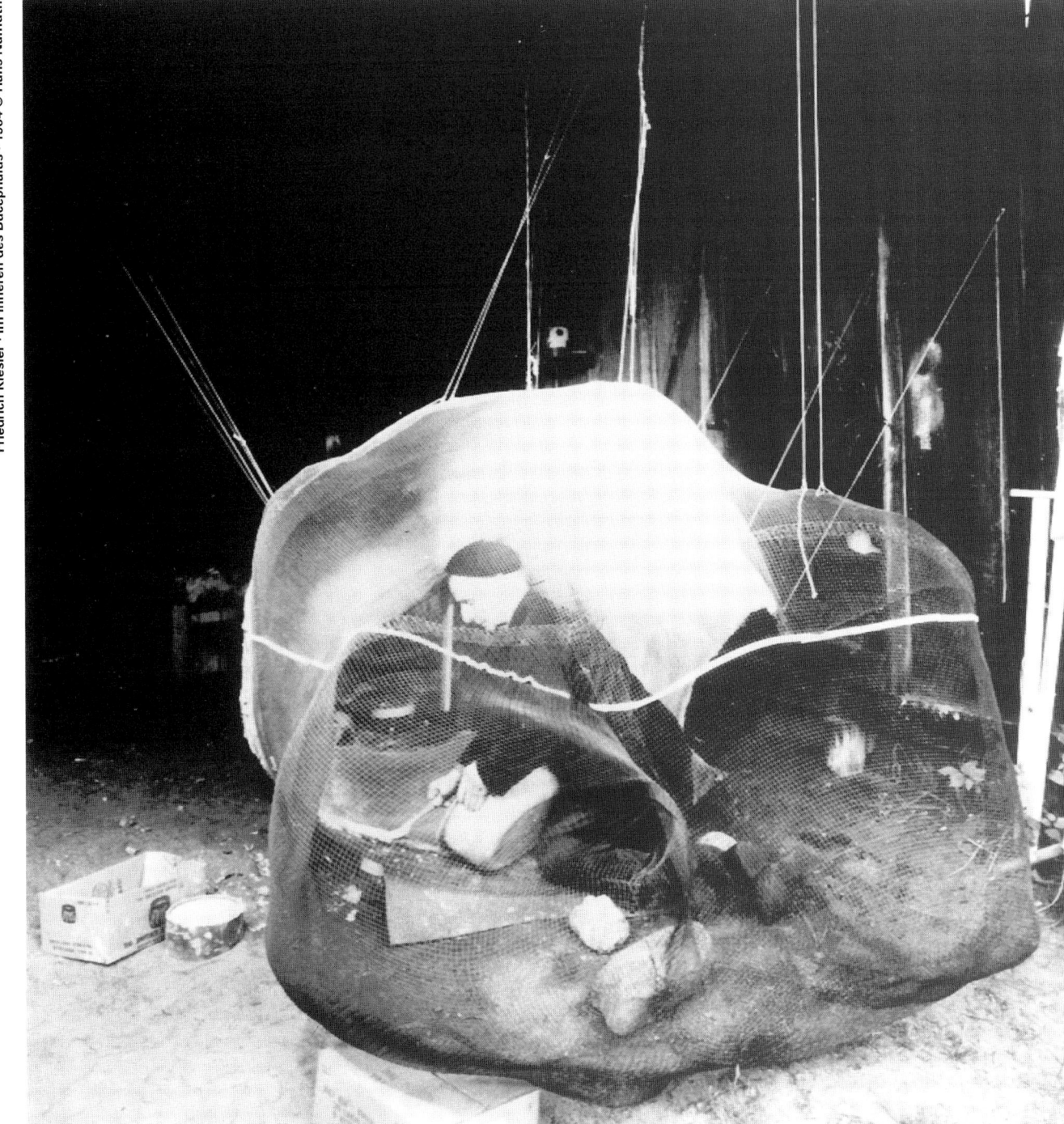

Friedrich Kiesler · Im Inneren des Bucephalus · 1964 © Hans Namuth

GIL FUNCCIUS
»Wer weiß, wo's langgeht ...«

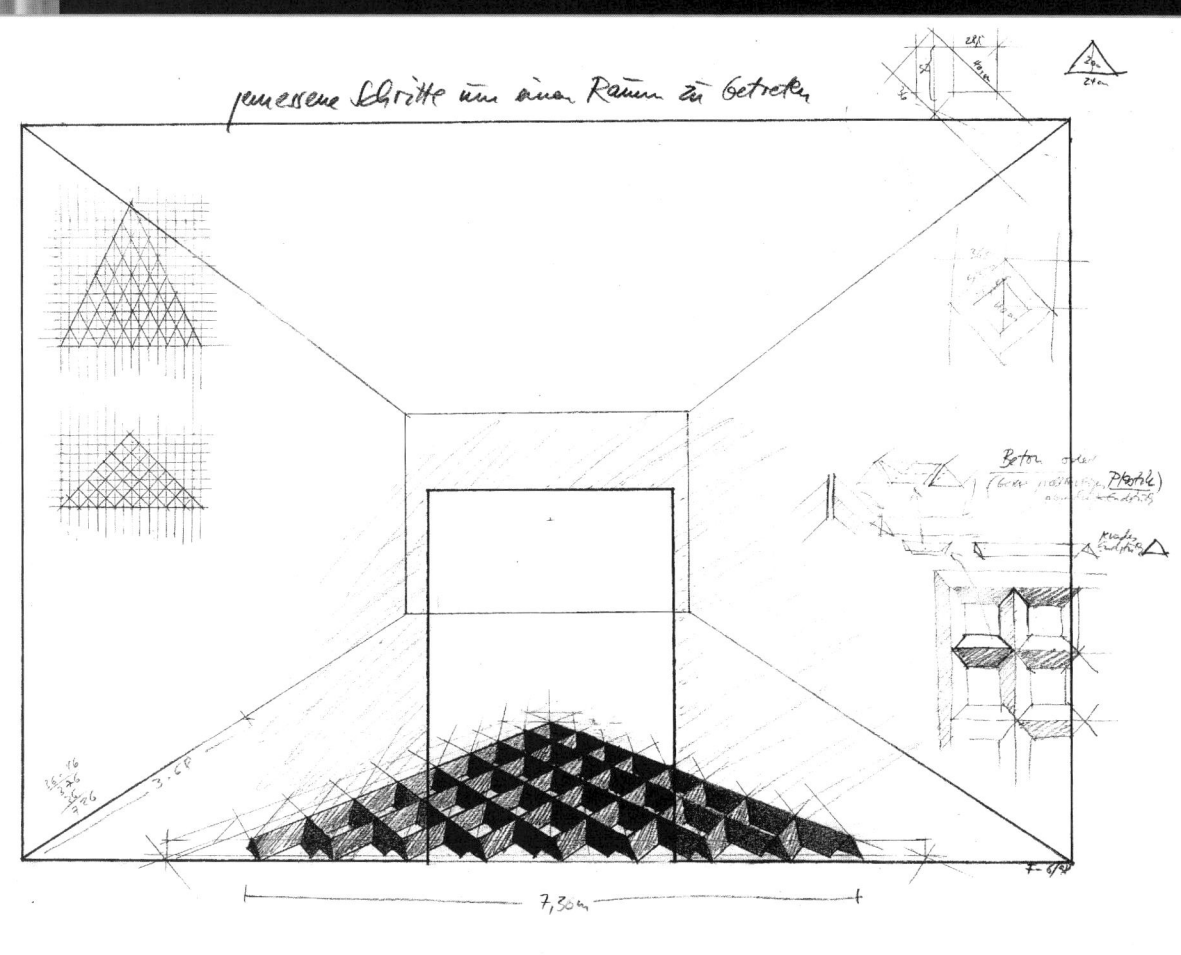

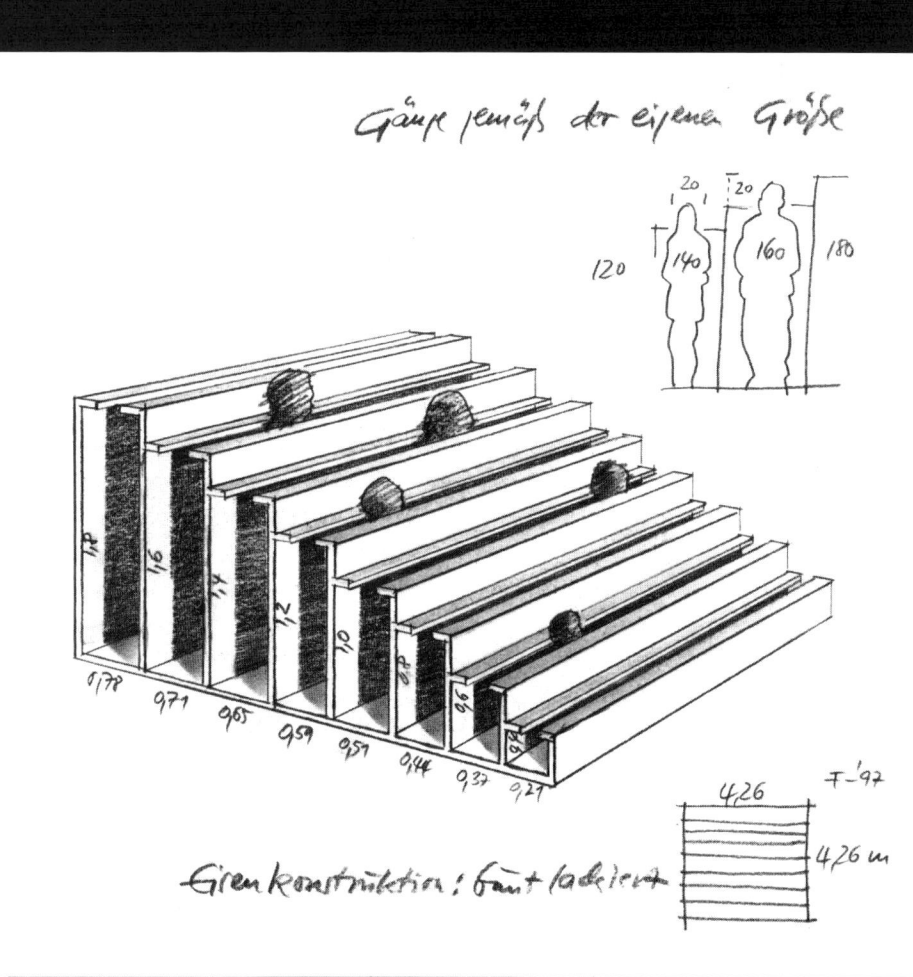

Theo Hilpert: Die Rematerialisierung der Architektur

PAUL VIRILIO UND DIE REMATERIALISIERUNG DER ARCHITEKTUR

Es gibt zwei Arten, Virilio zu lesen. Die verbreitete Lektüre gilt seinen Beobachtungen zum Modernisierungsprozeß und zur Rolle der Medien. Die Rezeption seines aktuellen Denkens war in den 80er Jahren oft geprägt von einer Erwartungshaltung, die seinen selten präzisen Zeitbildern die Unausweichlichkeit eines nahen Morgen gab, wo Ortsbindung sich in Mobilität auflöst und Kommunikation in medialer Virtualität. Das gilt vor allem für seine »Ästhetik des Verschwindens« (1980), die er eigentlich als eine Ästhetik des Widerstandes oder als Zukunftsforschung mit dem Ziel von Risikoabwägung gemeint hatte. Seit dem Golfkrieg betont er diese Seite erneut.

Die zweite Art, Virilio zu lesen, wäre eine kritische Lektüre. Sie führt in die 60er Jahre zu seinem architekturtheoretischen Denken und zu einem Raumbegriff, der seit den 70er Jahren sich verkapselt hat in immer neuen Denkschichten einer kulturtheoretischen Analyse seltener Schärfe. Die Philosophie Virilios ist deshalb besonders interessant, weil seine kulturkritische Reflexion aus einer Architekturtheorie hervorwächst und in der späteren Kulturkritik immer noch der Raumbegriff der Architektur eine Kernvorstellung bleibt. Es war vor allem Paul Virilio, der in Frankreich dem »Brutalismus« eine neue Wendung gab – indem er ihn aus der Antinomie von geometrischer und skulptural-organischer Form herausführte und eine neue, bis dahin unterschwellige Antinomie hervortreten ließ.

DIE RÜCKKEHR ZUM KÖRPER

Seit 1975 gehört Paul Virilio zum prominenten Herausgeberkreis um Jean Baudrillard und die Zeitschrift »Traverses« des Centre de Création Industrielle des Centre Georges Pompidou. Eine erste internationale Beachtung als Philosoph fand er im gleichen Jahr mit einem eigenartig beklemmenden Buch – »Bunker-Archäologie« –, das Photos publizierte, die nach 1958 entstanden und 1966 in einer Nummer von »architecture principe« erstmals publiziert worden waren. Es war der Katalog zu einer der ersten Ausstellungen des neugegründeten CCI (Centre de Création Industrielle). Die meisten Leser dieses international verbreiteten Buches haben die Sammlung von Betonkörpern des Atlantik-Walls damals wohl eher als Beispiel einer abseitigen Faszination genommen. Sie war jedoch Teil einer Architekturpolemik. Gerade diese Anziehung einer eigenartig rohen Plastizität (gar animalischer Gestaltassoziationen, auf die der Autor hinweist) hat Virilio als Artikulation eines legitimen Raumempfindens gedeutet, das den Hang zum »Kryptischen« wie zum »Monolithischen« als eine Reaktion auf den herrschenden Raumbegriff der Moderne kultiviert. »Der Bunker ist ein Mythos«, schreibt er 1975, »Objekt der Abstoßung gegen eine Architektur, die transparent und offen ist.« Der Künstler versteht sich als Interpret psychischer Grundstimmungen, denen er im Schreiben und im Bau zum kulturellen Bewußtsein verhilft. Stil ist Kritik. Die Polemik gegen Transparenz, jenem Merkmal von Modernität in der Tradition Mies van der Rohes, wird zu einer existentiellen Entscheidung gegen die Dynamik der Modernisierung.

Die Idee einer Rematerialisierung des Raumes bildete seit Mitte der 60er Jahre einen immer wiederkehrenden Bestandteil der kulturtheoretischen Arbeiten Virilios bis in seine medienkritischen Abhandlungen hinein. Sie hatte sich nach 1963 präzisiert in der Zusammenarbeit des 31jährigen mit dem erfolgreichen, neun Jahre älteren Architekten Claude Parent. Über Virilios Ausbildung und Tätigkeit bis zu diesem Zeitpunkt finden sich in den über ihn verbreiteten biographischen Notizen keine Hinweise. Die Zusammenarbeit mit Parent hält bis zu den Umwälzungen des Mai 1968 an, als beide zu den profiliertesten Sprechern der Architekten gehören. Paul Virilio wird 1969 Professor, »Urbanist«, an der »École spéciale d'Architecture«. Mentor Parents war seit Mitte der 50er Jahre André Bloc, der 1930 »Architecture d'Aujourd'hui« gegründet hatte. Gemäß der Forderung nach Zusammenarbeit von Architektur und Kunst (– Picasso und Cocteau hatten Gewölbe ausgemalt –), die Zeitschriften wie »Aujourd'hui« oder »Cimaise« seit Mitte der 50er Jahre illustrieren, vollzog André Bloc in den 60er Jahren die Orientierung der Architektur an der Skulptur, die in Frankreich zum überzeugendsten Einflußfeld der Moderne geworden war. Er selbst hatte um 1962 begonnen, Prototypen für begehbare Skulpturen zu fertigen – »Habitacles«. Es sind Auffassungen, die Parent teilt: »Der Verfall der Architektur ist im wesentlichen auf den Verlust des Sinns für Plastizität zurückzuführen.«

Das Interesse für André Bloc, dem bei der VI. Biennale für Architektur in Venedig 1996 der Französische Pavillon gewidmet ist, hat auch erneut die Aufmerksamkeit auf die

Die Rematerialisierung der Architektur

Zeitschrift »architecture principe« gelenkt, die Claude - Parent und Paul Virilio von Februar bis Dezember 1966 in - 9 Nummern herausgegeben haben. Die Hefte von »architecture principe« sind programmatische Manifeste mit Skizzen für monolithische Raumkörper. Vor allem Paul Virilio hat in seinen frühen Texten die internationale Tendenz eines »Brutalismus« in der Architektur mit roher Materialität und betont statuarischem Volumen zur Gegenfigur und Antwort erklärt, die über die Ablehnung eines geometrischen Rationalismus hinausgeht und zur Kritik einer Entmaterialisierung des Raumes wird.

In den gemeinsamen Beiträgen in ihrer Zeitschrift »architecture principe« radikalisierte sich die Forderung nach einer neuen Plastizität. Die Rückkehr 1966 zum Monolithischen in der Architektur hat – im Rückblick in den 90er Jahren – für den Philosophen Virilio die Bedeutung einer Zäsur: Die betonte Plastizität der architektonischen Körper nehmen eine Opposition gegen die kulturellen Auswirkungen des Modernisierungsprozesses voraus: »Zu Ende der 60er Jahre, in jenem Moment, wo gerade die Revolution der Fernübertragung begann und wo der Ort der urbanen Szene – der öffentliche Raum – zu verschwinden begann zugunsten der Zeiteinheit des häuslichen Bildschirms – dem öffentlichen Bild – mit der Entortung postindustrieller Aktivitäten war diese Rückkehr zum Körper wirklich aktuell, aber dies war … 30 Jahre zu früh.«

Virilios Werk war vielleicht deshalb von beachtlicher Wirkung, weil er den Modernisierungsprozeß eines »Verschwindens« von Figur, Ort und endlich das Aufgehen in Virtualität seit den 70er Jahren nicht allein mit anschaulicher Schärfe und Genauigkeit beschrieben hat wie kein anderer Gegenwartsphilosoph, sondern dies mit dem Impuls eines künstlerischen Aktes eröffnete, der Kirche von Nevers (1966). Über die Frage einer ausschließlichen Autorenschaft für diese kritische räumliche Setzung hat er mit Claude Parent immer wieder gestritten.

Die Kirche Sainte-Bernadette, bei der Paul Virilio zwischen 1963 und 1966 mit Claude Parent zusammengearbeitet hat, galt ihm als »erste Materialisierung unserer theoretischen Recherchen«. Er setzte die »kryptische Architektur« mit Zitaten einer Bunker-Architektur als Extrem eines anderen psychischen Raumbedürfnisses, das aus einer skulpturalen Formidee hervorwächst und sich gegen die Tendenz der Moderne zur Entgrenzung richtet. Die wie eine Grotte gedachte Kirche mit 600 Plätzen sollte durch bewußt gewollte Roheit außen abweisend und gar zurückstoßend wirken, um dem Hang zu passiver Kontemplation schmerzhaft zu begegnen.

Die Kirche Ste-Bernadette du Banlay hatte im direkten Zitat von Stilelementen der Bunker das Motiv eines archaischen Innenraums radikalisiert, das Le Corbusier in der Höhlenkirche von Sainte Baume, in Ronchamp, beim Philips-Pavillon in einer lapidaren Schaffenswut gegen Glas und Stahl gesetzt hatte. »Seit dieser Kirche«, schreibt Claude Parent »habe ich den Bezug auf das Skelett [...] aufgegeben. Ich habe jede Richtung der Moderne des Skeletts verworfen und ich habe Mies van der Rohe verworfen ...« Parent, der noch 1961 das Maison d'Iran in der Cité Universitaire als leichtes Skelett schwebender Baukörper realisiert hatte, entdeckte 1964 bei seiner Amerikareise Louis Kahn, Paolo Soleri, Bruce Goff und propagierte Friedrich Kiesler.

Aber Virilios assoziative Gedankenwelt geht über das Ziel einer »architecture-sculpture« (Parent) hinaus. In einer späteren Polemik gegen Erich Mendelsohns Einsteinturm hat er verdeutlicht, daß es ihm, wenn er die Bunker »Habitacles« nennt, um mehr als die Plastizität geht, die André Bloc sucht. Es geht nicht um Plastizität, sondern um den Ausdruck einer Kraft des Beharrens (durch das »Monolithische«) und geschützter Innerlichkeit (durch das »Kryptische«). Es gibt für Virilios Raumdenken einen Traditionsstrang, der in seinem Bezug auf die martialischen Fortifikationen am Atlantik nicht unmittelbar hervortritt. In der Vorstellung des Kryptischen bezieht er sich auf den Surrealismus und die frühe Kritik an der Transparenz der Moderne. Bereits 1933 hatte Tristan Tzara in einem Beitrag im »Minotaure« das Bedürfnis nach dem Organischen und Höhlenhaften in der Architektur als Ausdruck einer im Unterbewußtsein verankerten archetypischen Raumerfahrung gedeutet. Die Kritik am Verlust der »Tätowierung«, mit der Fernand Léger die CIAM-Delegierten beim Kongreß von Athen im gleichen Jahr konfrontiert hat, ist hier nur der Ausgangspunkt für die Ablehnung eines Raumkonzepts, dessen Modernität eine Welt des Unbewußten verdränge. »Die moderne Architektur, die ebenso hygienisch wie von Ornamenten enthäutet ist [...] hat keine Chance zu überleben«, schreibt Tzara, »denn sie ist die vollständige Verneinung des Bildes vom Heim. Von der Höhle – der Mensch

Theo Hilpert

bewohnte die Erde, die ›Mutter‹ – über das Iglu des Eskimos – Zwischending zwischen Grotte und Zelt und bemerkenswertes Beispiel einer Uterus-Konstruktion [...] – symbolisiert das Heim den pränatalen Komfort.«

Programmatischer Text einer anderen Moderne, dem besonderes Gewicht zukommt, weil aus der Feder jenes Tristan Tzara, Mitbegründer von DADA, für den Adolf Loos 1926 auf dem Montmartre eines seiner schönsten Häuser – das mit dem Natursteinsockel – gebaut hat. Paul Virilio hat in den 60er und 70er Jahren dem Verhältnis zum Raum, das sich an der Nahtstelle von Unbewußtem und rationalem Denken artikuliert, eine Berechtigung gegeben, die über die Legitimität künstlerischen Ausdrucks und über Prozesse einer »Stilbildung« hinausgeht. Im Raumbegriff artikuliert sich für ihn das kritische Bewußtsein im Modernisierungsprozeß.

DIE ÖKOLOGISCHE REVOLUTION GEGEN DIE JAPANISCHEN SCHATTEN

Wenn die Beiträge in »architecture principe« zwischen Juni und Dezember 1966 fast ausschließlich um das Thema einer Stadtvision kreisen, dann weil seit Anfang der 60er Jahre die architekturtheoretische Diskussion sich im Thema der Stadt mit dem Interesse für Futurologie überschneidet. Die Salinen in Arc-et-Senans des Claude Nicolas Ledoux sind 1965 wegen ihrer monolithischen Architektur von Parent und Virilio bewußt gewählt worden als Ausstellungsort für ihre Vision einer »architecture oblique«. Ihre Zukunftsstadt, zu der es nicht einmal Modelle gibt, nur die Skizzen Parents, ist eine reaktive Vision, eine Re-Vision, die allein auf eine vorherrschende Faszination für Mobilität antwortet, die anderen um 1960 entstandenen Stadtvisionen – vom »Paris spatiale« der Gruppe um Friedman über die Metabolisten um Kenzo Tange bis zu Archigram in London – gemeinsam ist. Friedman gibt seiner Gruppe einen Namen, der sich international verbreiten läßt – GEAM, Groupe d'Étude d'Architecture Mobile.

Ebenso wie Vorstellungen einer Stadt der »architecture mobile« von den industriell gefertigten Raumfachwerken eines Konrad Wachsmann angeregt sind, der sich auf Mies bezieht, entsteht die utopische Antithese Parents und Virilios aus dem Konzept einer skulpturalen Architektur. In ihrer Stadtutopie verbindet sich eine Kritik an industriell gefertigten, flexiblen Stadtsystemen mit der Kritik des Zwangs zu motorisierter Mobilität. »Figur«, die Parent meint, ist das Beharren des Charakteristischen gegenüber einer Abstraktion und Typisierung, die mit der industriellen Reproduzierbarkeit von Behälterarchitektur sich verbreitet. »Die Architektur muß die Versuchung zur Mobilität und Flexibilität zurückweisen«, schreibt Parent 1966 in »architecture principe«. »Es ist notwendig, daß man in der Welt eine ›Figur‹ wiedererkennt [..] Es ist notwendig, daß das Prinzip des dauernden Wechsels, die tragende Philosophie der Industrie, zurückgewiesen wird.« Der Begriff des Mobilen deckt nun beides – Auflösung räumlicher und sozialer Gefüge. Parent trifft die Vorstellungen seiner architektonischen Zeitgenossen recht genau, wenn er karikierend anmerkt: »Das individuelle Wohnen träumt davon, sich dem Automobil anzupassen [...] die Architektur muß eine Umrahmung des Lebens bleiben«.

Die Ruskinsche Formel von der identitätsstiftenden Kraft des handwerklichen Unikats hat sich im Streit der Utopien zur Chiffre von der »Figur« in einer Brandung von geometrischer Abstraktion, industrieller Reproduktion und Mobilität gewandelt. Die Stadtutopie Parents und Virilios ist selbst »Figur« – futuristische Skizzen für »künstliche Reliefs«, schräg aufragende und konstruierte Topographien, in denen sich moderne Bergmassive einnisten und die eine Landschaft darunter unangetastet lassen.

Die Stadtutopien jener Zeit haben, gemessen an denen der 20er Jahre, eine bemerkenswert geringe emphatische Wirkung sowohl für die architektonische wie für die politisch-soziale Praxis. Es gibt keine soziale Bewegung, die sie als Bauplan nimmt. Die Moderne der Nachkriegszeit deutet ihre Utopien in Überarchitekturen, die zu niemandes Verheißung oder Horror werden. Und doch werden sie zu erheblicher sozialer und politischer Relevanz, denn sie sind die sinnlich-bildhafte Vorausnahme jener Theoriekonzepte, mit denen in den folgenden Jahrzehnten der massive Urbanisierungsprozeß bewertet wird.

In den architektonischen Gedanken, die Skelett und Skulptur, Raster und Figur konfrontieren, wird die Stadt als universelles System zur ausschließlichen Umwelt. Die Modellentwürfe, die allein für die Publizistik bestimmt sind, sind eine sinnlich-anschauliche Ausführung für die kategorialen Systeme, die in den 70er und 80er Jahren die unterschiedlichen Wertungen zur Stadt bestimmen. In der Theorie des Urbanen werden die alten Polemiken zwischen Planung und Chaos, Zonierung und Nachbarschaft hinfällig

Die Rematerialisierung der Architektur

(wie in der Architektur die Polarität von geometrisch gegen organisch). Was wie ein Rückzug auf nur räumliches Denken oder architektonischen Entwurf erscheint, umreißt die Thematik des neuen Urbanismus – Raum, Mobilität, Kommunikation und die Polarität der damit verbundenen Lebensmodelle zwischen Ent- und Rematerialisierung. Städtebau und Architektur sind nicht mehr Zukunftsentwürfe, sondern Stellungnahmen zum Urbanisierungsprozeß und seiner Dynamik.

Virilios Denken hat in den 70er Jahren auf immer neuen Abstraktionsebenen die polaren Muster variiert, die in Stellungnahmen zum Raumbegriff ihren Kern haben. Seine Kulturtheorie bleibt eine Theorie des Urbanen, die einen Raumbegriff umschließt und zu einer Kritik der Medien übergeht. »Geschwindigkeit«, schreibt er 1976, »ist die moderne Form der totalitären Macht«, die sich in »audiovisuellen Medien oder automobilen Fahrzeugen« vermittelt. In den kulturtheoretischen Abhandlungen der 70er Jahre bleibt der Bezug auf die Stadtmodelle Friedmans, Tanges und Archigrams latent als Ebene bildhafter Vergleiche. Er beobachtet eine »Kinetik des Urbanen«, worin sich ein »Verschwinden [...] der Architektur« ankündigt, zu dessen Propheten er Kenzo Tange erklärt oder Peter Cook mit der »moving city« .

Die Auseinandersetzung mit der klassischen Moderne spielt in der Bestimmung architektonischer Kultur bei Virilio nur eine untergeordnete Rolle. Hingegen hat er eine intensive Wahrnehmung für das Verschwinden von Orten und historischen Milieus, die mit Bildern aus dem Repertoire der »Ville Radieuse«, Autos und Türmen, gerechtfertigt wurde. Kein Kulturtheoretiker oder Städtebauer hat die Zerstörung der deutschen Städte so deutlich beschrieben und als Präzedenzfall gewertet. »Ich sah neulich einige Photos von Berlin«, notiert er 1977, »genauer des Alexanderplatzes [...] von den 30er Jahren bis zu unseren Tagen. Diese Bilder zeigen weniger den Zustand des Ortes als die Geschwindigkeit seines Verschwindens ...« In dieser Betrachtung Berlins hat er einen Ausdruck geprägt, der mit dem Titel des Buches von 1980 zu einer Formel für die Kulturtheorie eines Jahrzehnts wird – »Ästhetik des Verschwindens«.

Die »ökologische Revolution«, zu der Virilio 1976 aufruft, als die ökologische Bewegung gerade erst beginnt, meint eine Kulturrevolution gegen eine Umwelt »japanischer Schatten«. Es gibt ein durchgängiges Denken, das die Polemik gegen Transparenz und Dematerialisierung bei Mies van der Rohe vom Ende der 60er Jahre mit den »luttes urbaines«, den Stadtteilkämpfen in den 80er Jahren, verbindet. Es ist eine Auseinandersetzung um den Raumbegriff, der im Begriff der »Figur« aufgeht und später wiederum umschlossen wird vom Begriff des »Ortes«. Die »ökologische Revolution« im Sinne Virilios ist eine Verteidigung von Milieus und ihrer Artenvielfalt – was Oikos meint: ineinander verschlungene, relativ stabile sozial-räumliche Einheiten – gegen audiovisuelle Medien und automobile Fahrzeuge. »Die ökologische Bewegung bestünde also darin, die Basis zu bilden für eine [...] Mobilisierung des Sinns für den Ort.« Drei Jahre vor der Schrift von Christian Norberg-Schulz »Genius loci« umreißt er 1976 eine bestimmende Thematik der 80er Jahre: »Das Vergessen der Orte, die Ent-Ortung, ist eine der schrecklichsten Formen der Entfremdung.«

Selbst dort, wo seine Beschreibungen in die schwarze Perspektive des Unausweichlichen einmünden, haben seine Diagnosen genug Ambivalenz in der Bewertung, daß sie einer optimistischen Interpretation des Medienzeitalters offenstehen, die bei reinen Apologeten der Mediengesellschaft immer wieder nur in die alte Mär von der Freiheit und den Reizen eines entorteten und entleibten Lebens münden. Vermutlich denkt sich die Perspektive eines medialen Zeitalters schöpferischer aus der Sicht von jemandem, der – wie er über sich eingesteht – den Don Quijote vermeiden muß. Nicht umsonst haben jene Architekten, die wie Bernard Tschumi und Rem Koolhaas seit Anfang der 80er Jahre die Wirklichkeit von Mobilitätsmustern gegenüber »Figuren« und die Leerstellen eines urbanen Niemandslands gegenüber »Orten« zum Ausgangspunkt machen, gerade durch die Generation französischer Philosophen wie Paul Virilio einen Sinn für die Kultivierung der Kinetik des Urbanen und seiner flüchtigen Situationen entwickelt.

Indem er sein Denken an der Schwelle von psychischer Reaktion und dialogischer Abwägung positioniert, kann sich der Leser mit seinen Alltagsbeobachtungen als Teil einer kollektiven Grundströmung wiedererkennen, die der Klärung einer Existenz dient, die zwischen der Faszination für De- und Rematerialisierung ebenso schwankt und daraus das Spannungsgefüge einer zeitgenössischen Umwelt entstehen läßt.

Theo Hilpert

In jenem Text, wo er auf das Dilemma des Don Quijote anspielt, hat Paul Virilio 1998 die Möglichkeit einer Verankerung des »virtuellen Raumes« im »aktuellen Raum« der Wirklichkeit angedeutet. Er prophezeit den Eintritt eines »elektronischen gotischen Zeitalters« – Kathedralen und nicht mehr Bunker.

Indem er über Jahrzehnte eine Re-materialisierung forderte und De-materialisierung verwarf, brachte er eine Polarität ins Bewußtsein, die für das Reaktionsgefüge des gegenwärtigen künstlerischen Denkens konstituierend ist. Virilios Leistung und anhaltende Wirkung bestehen wohl – unabhängig von den Antworten – in der logischen Stringenz, mit der er das Thema Raum ins Zentrum der kulturtheoretischen Erörterung gebracht hat.

Seine Sichtweise könnte eine Erklärung dafür liefern, - warum für ein Verständnis der seit den 80er Jahren kraftvollen Formausprägung einer Neo-Moderne das alte kategoriale Spektrum der Nachkriegsmoderne zwischen minimal und plastisch (bzw. organisch) nicht mehr greift, obwohl doch augenscheinliche Gestaltparallelen auf eine Anknüpfung an diese Zeit hindeuten. Vielmehr könnte eine Überlagerung der alten Antinomie durch die neue bestimmende Polarität von De- und Rematerialisierung, die Virilio beschreibt, für das Spektrum der gegenwärtig entstehenden Komplexität architektonischer Auffassungen eine Erklärung schaffen. Eine Vielfalt neuer Querbezüge und Konstellationen – wie z. B. organhafte Plastizität, die sich entmaterialisiert bis ins Virtuelle, und ein Minimalismus mit der Materialität des Kryptischen – werden erkennbar als neue architektonische Konfigurationen.

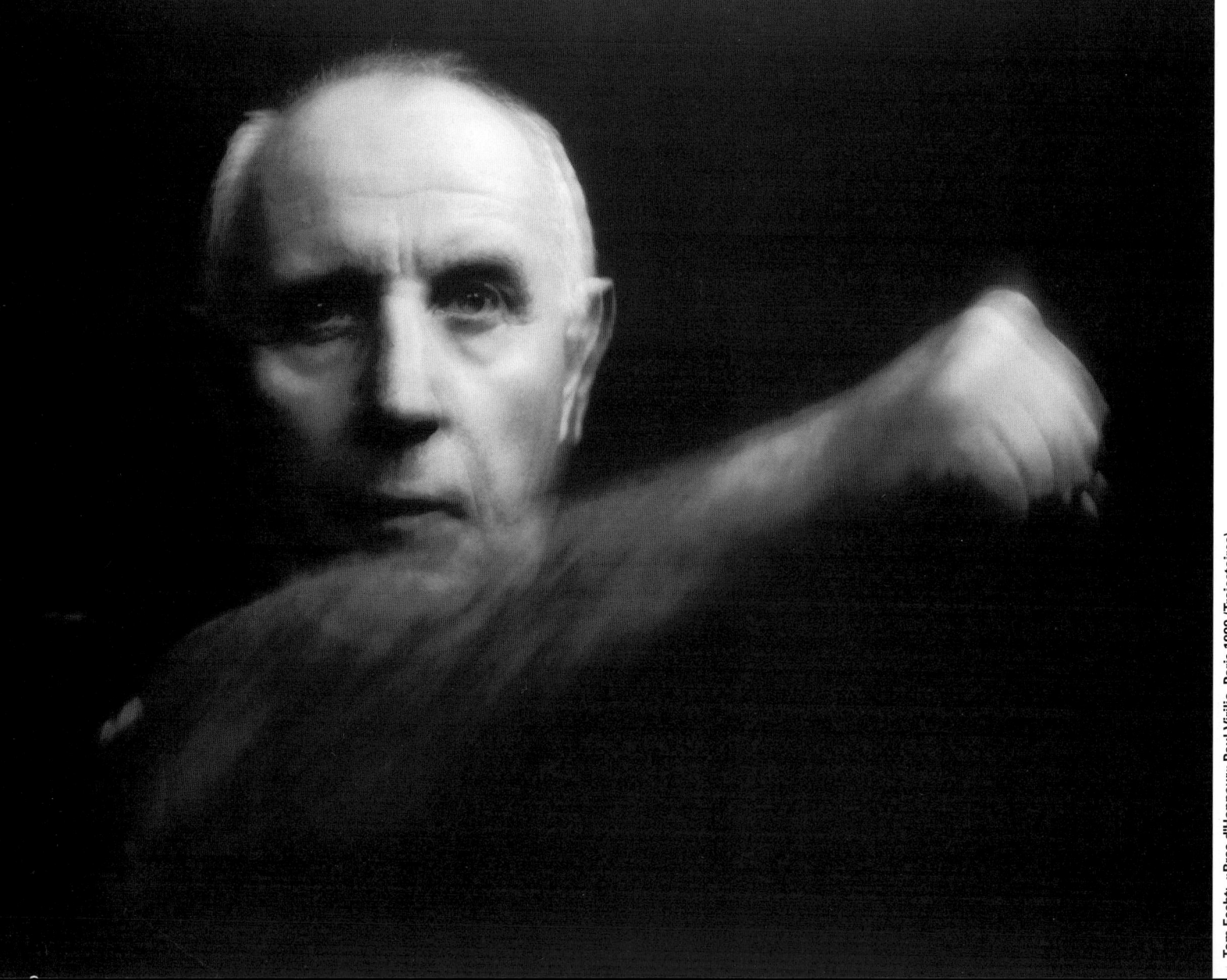

Tom Fecht: »Bras d'Honneur« Paul Virilio, Paris 1999 (Trajectoires)

Paul Virilio im Gespräch: Der Körper – die Arche

Ein Gespräch über den Umzug ins Offene und die Geheimnisse der Raumproduktion zwischen Paul Virilio, Dietmar Kamper und Tom Fecht. Aus dem Französischen übersetzt von Barbara Hahn – aufgezeichnet in Paris am 7. 3. 1998.

Dem Gespräch sind einige schriftlich fixierte (und übersetzte) Fragen von Dietmar Kamper vorausgeschickt worden, zu denen sich Paul Virilio ausführliche Notizen gemacht hatte. Weder die Fragen noch die Antworten entsprachen aber zum Schluß dem schriftlich Fixierten. Nach wie vor ist Paul Virilio ein Zeitdiagnostiker von Format, der das vermeintlich Bekannte mit fremden Augen sieht und den Hörer (und Leser) immer einlädt, seine Wahrnehmung zu überprüfen.

DIE FRAGEN
»Umzug ins Offene« – so heißt die teils ernötigte, teils gewollte, teils bejahte, teils verneinte Richtung, die das Menschenwesen beim kollektiven und individuellen Älterwerden einschlägt: von der (Bauch)Höhle über die Wiege, das Zimmer, das Haus, den Hof, den Marktplatz, die Stadt, das Land, das Meer, den Globus bis zum Weltraum und so weiter. Die Gefahren der Richtung ergeben sich aus der Verselbständigung der verschiedenen Stationen, aus ihrer Abdichtung gegen andere und aus ihrer Selbstverschließung.

Die Richtung hat eine gewisse Zwangsläufigkeit. Im nachhinein betrachtet, scheint sie einem Programm zu folgen: vom Kleinen ins Große, aus der Nähe in die Ferne, vom Körperlich-Materiellen zum Abstrakt-Geistigen, von der Tiefe des Raumes auf die Bildfläche, vom Geborenwerden zum Selbermachen, von der rhythmischen Zeit zur absoluten Beschleunigung. Das Hauptproblem des Umzugs ist der Abriß fortgeschrittener Zustände aus ihrer Herkunft, weil dadurch die Orientierung verlorengeht und die Kräfte versagen.

Zur Vermeidung eines solchen »point of no return« sind von alters her Sicherungen in den Prozeß der Menschwerdung eingebaut, die als »Geheimnisse der Raumproduktion« umschrieben werden können. Die einzelnen Stationen sind den Menschen nämlich um so förderlicher, je durchlässiger sie für die Herkunft sind. Das ist der Sinn von »arche«. Die Kette muß halten. Die Kräfte für die Ferne sind nur in der Nähe zu lernen. Ohne Erinnerung an das Geborenwerden bleibt ein Selbermachen leerer Anspruch. Und die hohle Größe ist kleinkarierter als jedes füllige Kleine.

Für den Umzug ins Offene gilt der doppelte Satz: »Il faut être absolument moderne« – »Il faut être absolument traditionel«. Das ist eine Zerreißprobe zwischen Vergessen und Erinnern, die aktuell zu Lasten des Gedächtnisses und der »arche« geht. Die Entmachtung des Körpers und seiner Ordnungen, räumlich: rechts – links, oben – unten, hinten – vorne, innen – außen; zeitlich: still – bewegt, langsam – schnell, früh – spät, scheint unaufhaltsam. Längst unbehaust und obdachlos, verliert der Mensch heute den Boden unter den Füßen – und verfällt dem Schwindel –, eine seismische Katastrophe ohnegleichen.

Beim Umzug vom Globus zum Weltraum ist offenbar erneut ein Punkt erreicht, nach dessen Überschreitung eine Rückkehr nicht mehr möglich ist. Muß deshalb die Notbremse gezogen werden? Die »Befreiungsgeschwindigkeit« entmachtet die räumlichen und zeitlichen Körperordnungen definitiv. Es bleibt nur ein Sturz nach allen Seiten, so daß die Frage des Offenen sich unabweisbar stellt. Ist der Umzug in den Weltraum und entsprechend der Eintritt in Cyberspace und Internet ein Abriß der Kette? Ist der Geist, der sich für global hält, doch nur eine lokale Größe, eine kleine lächerliche Form der Selbstüberhebung mit todernsten Konsequenzen?

DAS GESPRÄCH
Tom Fecht: Das Thema unseres Hamburger Experimentes heißt: »Umzug ins Offene – Geheimnisse der Raumproduktion«. Zuerst hatten wir nur Henri Lefebvres Begriff »Raumproduktion«. Seitdem wir Henri Lefebvres Begriff der Raumproduktion mit dem Suchbegriff »Geheimnis« liiert haben, bekommt das Thema eine unerwartete Dynamik. Wir haben auf diesem Gebiet lange mit einigen selbstverständlichen Annahmen gelebt: erst seit kurzem kommen vermehrt Fragen nach dem Raum in die aktuellen Debatten. Welcher Raum ist das, in dem wir leben, in dem wir sterben, den wir beherrschen, in dem wir verloren sind? Wer baut ihn? Wer produziert ihn? Die Architekten, die Landschaftsplaner, die Politiker, die Generäle? Die Menschen selbst? Die Menschen in der Stadt? Produziert die Stadt ihren eigenen Raum? Zunehmend mischen sich in die Debatte der Architekten auch Künstler, Philosophen, Schriftsteller und Sozialwissenschaftler ein.

Paul Virilio: Anfang der 60er Jahre waren es besonders die Bildhauer und die Architekten, die das Thema diskutierten. Dann trafen sich die Architekten mit den Philosophen. Dazu

Paul Virilio im Gespräch

gehören auch Lefebvre und die Situationisten. Man ging damals in die zwanziger Jahre zurück. Erst 1968 kamen dann die Künstler, die Architekten und die Philosophen überein, das Thema fundamentaler aufzugreifen, sich ihm zu stellen. Die Künstler wurden dabei selbst zu Philosophen. Sie machten kaum noch Werke und hielten sich an Konzepte, Ereignisse, Situationen. So auch Foucault und Deleuze.

Tom Fecht: Wo stehen Sie selbst denn heute? Sie haben Ihre Lehrtätigkeit für Urbanistik an der Architekturhochschule in Paris gerade aufgegeben.

Paul Virilio: Ich habe vergangenen Dezember meine Tätigkeit als Lehrer aufgegeben. Und ich bin glücklich, daß ich aufgehört habe, Architektur zu lehren, denn es besteht eine solche Kluft zwischen der zeitgenössischen Architektur und den Fragen, die wir uns für dieses Gespräch gestellt haben, daß die Lehre in der Architektur im wahrsten Sinne revolutioniert werden müßte, um wirklich auf der Höhe der Fragen zu sein, die sich z. B. im Zusammenhang mit dem virtuellen Raum stellen. 1984 habe ich einen Essay bzw. eine Studie für das Ministerium für Architektur veröffentlicht mit dem Titel »Espace critique« (Kritischer Raum). In dieser Studie habe ich geschrieben, daß das erste Material des Architekten der Raum ist, die Konzeption des Raumes und nicht etwa der Ziegel oder das Stück Eisen oder das Blech. Und daß dieser Raum gegenwärtig – 1984 – so stark in der Krise ist, daß der Raum neu konstituiert werden muß, um eine wirklich zeitgenössische Architektur realisieren zu können. Im gleichen Jahr, also 1984, hat William Gibson ein Buch veröffentlicht, in dem er die Idee des virtuellen Raumes, des Cyberspace, entwickelte. Ich glaube, daß der virtuelle Raum aus der Krise des realen Raumes entstanden ist. 15 Jahre später haben die meisten Architekten dies noch immer nicht verstanden. Sie wissen noch immer nicht, daß sie sowohl im realen Raum als auch im virtuellen Raum gleichzeitig arbeiten müssen. Das zur Begründung für das Ende meiner Lehrtätigkeit.

Dietmar Kamper: Ich würde gerne über das Verhältnis des Offenen und des Geschlossenen im menschlichen Leben sprechen. Wir haben da in der Anthropologie in Europa eine erstaunliche Übereinstimmung zwischen Pleßner und Morin z. B. Ich nenne mal nur diese beiden Autoren. Es gibt heute eine Grundbewegung aus den geschlossenen Verhältnissen in offene Lagen. So haben wir gedacht, wir könnten das Thema des Raumes unter die Frage stellen: Ist derzeit ein weiterer Schritt nötig, aus einer nicht ganz offenen Situation in eine radikal offene Situation? So kam es zu diesem experimentellen Titel: Umzug ins Offene. Umzug heißt nicht nur von einer Wohnung in die andere ziehen. Umzug heißt auch, eine Prozession machen, Umzug ins Freie. Das Problem, das dabei auftaucht, ist die Angst, daß die Hypothese, die Menschen seien für das Offene bestimmt, vielleicht nicht radikal gefaßt werden kann, und daß wir als Geborene immer eine Verbindung zu geschlossenen Räumen behalten müssen, also zu dem, was wir die Schoßrealität des Raumes nennen. Das wäre meine erste Frage.

Paul Virilio: Dazu gibt es mehrere Antworten. Mein Freund Dietmar Kamper bringt sehr gut die Ungewißheit zum Ausdruck, die wir heute in bezug auf den Raum haben. Wenn ich mich hier auf etwas beziehen wollte, so würde ich mich auf drei Zustände beziehen, drei Zustände im Verhältnis zur Stadt z. B.: das 19. Jahrhundert mit dem Gegensatz zwischen Stadt und Land, das 20. Jahrhundert mit dem Gegensatz zwischen Vorstädten und Stadtzentrum und das 21. Jahrhundert – ganz offensichtlich – mit dem erneuertem Gegensatz zwischen nomadisierenden Menschen und seßhaften Menschen. Doch die Nomaden und die Seßhaften sind nicht mehr das, was sie ursprünglich waren. Nomaden sind diejenigen, die nirgendwo zu Hause sind, die nichts besitzen, keine Papiere, keine Arbeit, keine Familie. Die Seßhaften sind überall zu Hause. Im Flugzeug, im Hochgeschwindigkeitszug, im Auto, mit ihrem Handy – überall. Wir haben hier also ein Verhältnis zum Raum, das eigentlich nichts mehr mit einer Territorialisierung zu tun hat. Und es ist kein Zufall, daß das angelsächsische Denken heute vorherrscht. Es gibt zwei Denkhaltungen, die die Welt geschaffen haben und die man vergessen hat: Es ist das Denken der Seemächte, ein angelsächsisches Denken, und das kontinentale Denken, das Denken in territorialen, kontinentalen Einheiten, ein mit dem Boden verbundenes Denken, das zu tun hat mit der Verwurzelung im Boden, in einem städtischen Gefüge usw. Die neuen Technologien sind Wander-Technologien, es sind keine maritimen Technologien mehr, sondern elektromagnetische. Und sie dominieren gegenüber allem, was kontinentales, territorialisiertes Denken war. Das ist meine erste Antwort. Die zweite Antwort – und dabei werde ich es bewenden lassen – bezieht sich auf das Verhältnis zwischen Objekt und Subjekt. Hier gibt es ein Trajekt, einen Weg, eine bestimmte Strecke zurückzulegen zwischen beiden. Man kann sich

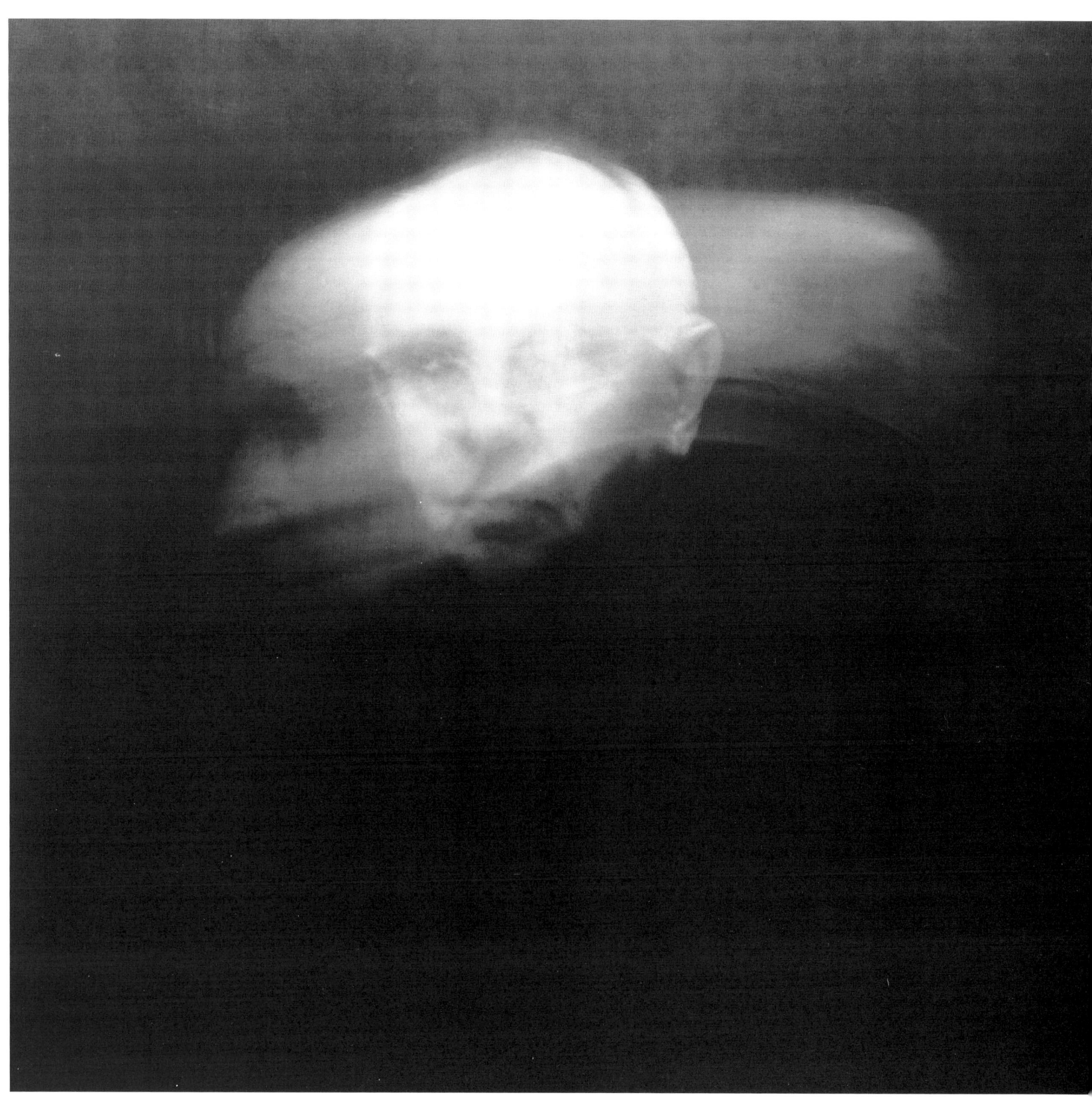

Tom Fecht: »Speedmaster I« Paul Virilio, Paris 1999 (Trajectoires)

Paul Virilio im Gespräch

nicht mehr mit Subjektivität oder Objektivität auseinandersetzen, ohne von der Trajektivität, also von der Strecke Weg, die zwischen beiden zurückzulegen ist, zu sprechen. Ein Beispiel aus dem Bereich des Rechtswesens in der Raumfahrt. Es gibt drei Rechte, das ist wichtig: das Grund- und Bodenrecht, das sich auf die Erde bezieht; dann gibt es das maritime Recht, das natürlich auch etwas mit den maritimen Eroberungen zu tun hat, und nunmehr gibt es noch ein Recht des kosmischen Raumes. Und in diesem Recht des kosmischen Raumes ist die Umlaufbahn des Objekts sein Eigentum. Als z. B. die russischen Satelliten in Kanada runtergekommen sind, war nicht nur die Umlaufbahn russisch, sondern auch die Aufschlagstelle des Satellits in Kanada; ein kleines Stück kanadischer Erde wurde durch diesen Aufschlag russisch. Das ist es, was ich mit Trajektivität, mit dieser Wegcharakteristik meine. Natürlich haben wir es hier nicht mit einer Spur oder einer Straße zu tun. Eine Straße ist eine Trajektivität, aber eine Umlaufbahn ist keine Straße, sondern eine Möglichkeit, von einem Ort zu einem anderen zu gelangen. Ich glaube, daß die Politik in Zukunft sich stark mit diesem Problem des Trajektes und mit der Geschwindigkeit auseinandersetzen muß.

Dietmar Kamper: Diese drei Phasen, diese drei Epochen haben ja eine Beziehung untereinander. Eine historische Beziehung. Man kann sagen, es begann vielleicht, obwohl das nicht sicher ist, mit dem Land, dann ging man aufs Meer. Wobei das schon eine Risikoerhöhung war. Und nun gibt es den Weltraum. Was mich jetzt interessiert, wäre, wie die jeweiligen Ordnungen sich zueinander verhalten. Ich habe die Vermutung, daß die alten Ordnungen von Land und Meer auch in der symbolischen Welt abgelöst werden durch die Raumfahrt und ihre Metaphern. Das heißt, daß wir auch in unserem normalen privaten Leben gezwungen sind, Gesetze anzuwenden, die eigentlich dem Weltraum angehören. Und das ist jetzt der Punkt. Gibt es eine Möglichkeit, sich dagegen zu wehren? Es gibt Leute, die gehören aufs Land. Ich bin ein Landbewohner, ich war ein Pilgrim nie übers Meer, sondern immer nur auf dem Lande. Und ich habe am Strand von Santiago de Compostela gestanden, und ich hatte körperlich den Eindruck, daß es Finistère ist, also nicht das Ende der Welt, sondern das Ende des Landes. Aber was jetzt ansteht, für die gegenwärtige Lebensführung, für das, was die Menschen zu leisten haben, in der neuen Abstraktion ihrer Verhältnisse, das scheint mir diese eigenartige Logik des Überall und Jederzeit zu sein, welche die Menschen durch Überforderung dazu bringt, zu regredieren, also Fluchtbewegungen zurück zu machen, sich eine Heimat mindestens auf dem Wasser, wenn nicht auf dem Land zu suchen. Und da ist nun meine Frage: Gibt es heute eine Heimkehr, die keine Regression ist?

Tom Fecht: Da kommen wir zu einem unserer zentralen Ausgangspunkte, einem großen Archetyp der Raumproduktion, zur *Arche*. Nach uns die Sintflut? Die moderne Form der Sintflut scheint doch eher im Raum zu liegen, oder in uns?

Paul Virilio: Ich habe das Gefühl, daß diese Regression zum eigenen Körper führen wird. Zunächst wird die Regression in Form einer Rückkehr, z. B. zur Cité, erfolgen. Das ist eine der großen Tendenzen: das Ende der Nation und die Rückkehr zum Stadtstaat (État de la Cité). Aber hinter diesem Verhältnis zur Erde und zu einem begrenzten Territorium steht meiner Meinung nach die Rückkehr zum Körper. Und das hat schon angefangen. Alle Body-Art-Aktivitäten, alle Choreographien zum Tanz und zum Neuen Tanz, das ganze Neue Theater, von Beckett hin bis Müller oder Wilson, führen zurück zum Körper als dem letzten Planeten. Das ist ein wenig auch das Bild des kleinen Prinzen von Saint-Exupéry, nur daß sein Planet nunmehr der Körper ist. Ich habe den Eindruck, daß das natürlich auch ein Element ist, das die Frage nach dem Zentrum aufwirft. Es gibt kein Verhältnis zur Erde ohne ein Verhältnis zu einem Zentrum welcher Art auch immer. Unser Verhältnis zur Erde ist gegenwärtig exozentriert, d. h., man ist im Verhältnis zum Zentrum der Erde exozentriert. Und diese Bewegung, die ich fühle und die ich eben beschrieben habe, ist eine egozentrierte Bewegung: Das Zentrum der Welt bin ich selbst. Das ist der neue Seßhafte, er hat sein Zentrum in sich selbst, wie ein Mensch, der sich auf einer Umlaufbahn um die Erde befindet und ein kleiner Satellit der Erde wird. Das Bild des Astronauten, der seine Kapsel verläßt. Dabei hat man jedoch das Wesentliche vergessen: die Zeit, die Frage der Zeit. Wir sind immer noch Menschen der italienischen Renaissance. Das Privileg des Raumes hat Vorrang gegenüber dem Privileg der Zeit. Quattrocento und die Perspektive des realen Raumes. Im übrigen auch Galileo. Galileo und Quattrocento – das Privileg des realen Raumes. Einstein – das Privileg von Raum und Zeit, beide gemischt. Unsere Zeit – das Privileg der Zeit. Die Perspektive, die wir eben beschrieben haben, ist eine Perspektive der realen Zeit, die dominiert, so wie der Raum im Quattrocento domi-

Der Körper – die Arche

nierend war. Und ich glaube, daß wir einfach noch nicht so weit sind, das wirklich zu leben. Es gibt aber schon technische Elemente. Und nachdem sie entstanden waren, bildete sich das Global Positioning System heraus. Die Uhr, die uns sagt, wie spät es ist, wird zur Uhr, die uns sagt, wo wir sind. GPS – Global Positioning System. Das ist ein System, das man jetzt am Arm tragen kann, wie eine Armbanduhr, um immer zu wissen, wo man ist. Das ist ein Beispiel für diese Egozentration, von der wir sprachen. Die Sprache des Offenen muß meiner Meinung nach nicht als eine Frage eines »no-man's-land« gestellt werden, sondern einer »no-man's-time«. Und wenn ich das sage, klammere ich den Raum nicht aus, sondern ich verändere nur die Anzeigerichtung des Zeigers. Das ist klar. Doch diese Eliminierung des Raumes ist ein Ergebnis der Technik und der Geschwindigkeit. Die Technik hat eigentlich nichts anderes gemacht, als den Raum zu beseitigen, indem die eigene Welt zugunsten des eigenen Körpers eliminiert worden ist. Ein Beispiel dafür: Die Schiffe, die den Atlantik oder den Pazifik überquert haben und mit Christoph Kolumbus ausgezogen waren, um Amerika zu entdecken, bildeten eine Flotte, eine Macht. Wenn einer allein mit seinem Ruderboot den Pazifik überwindet, dann ist er wesentlich mehr, als alle Flotten zusammengenommen. Demnächst wird eine Frau mit einem Ruderboot den Atlantik überqueren. In gewisser Weise ist das eine Mißachtung der irrsinnigen Ausdehnung des Ozeans, ob es sich nun um den Atlantik oder den Pazifischen Ozean handelt, eine maßlose Egozentrik. Es gibt nur noch den Segler, es gibt keinen Atlantik mehr. Das will ich damit sagen.

Dietmar Kamper: Diese Art des Absehens von der Welt, in der wir gelebt haben, in der wir leben, dieses Gezwungenwerden auf sich selbst als letzten »Grund« oder als letzten Planeten, das scheint mir eine Konsequenz zu sein, die allerdings nirgendwohin führt, die keinen Ausweg hat, die in die engste Enge des Geschlossenen führt. Dort hört der Raum auf, real zu sein. Ich möchte festhalten, daß nur noch die Zeitgenossen zusammen einen Raum haben. Aber die Raumgenossen leben nicht mehr in derselben Zeit. Das wäre eine dieser Epochenbeschreibungen. Und die hauptsächliche Frage, die sich daraus für mich ergibt, ist: Kann

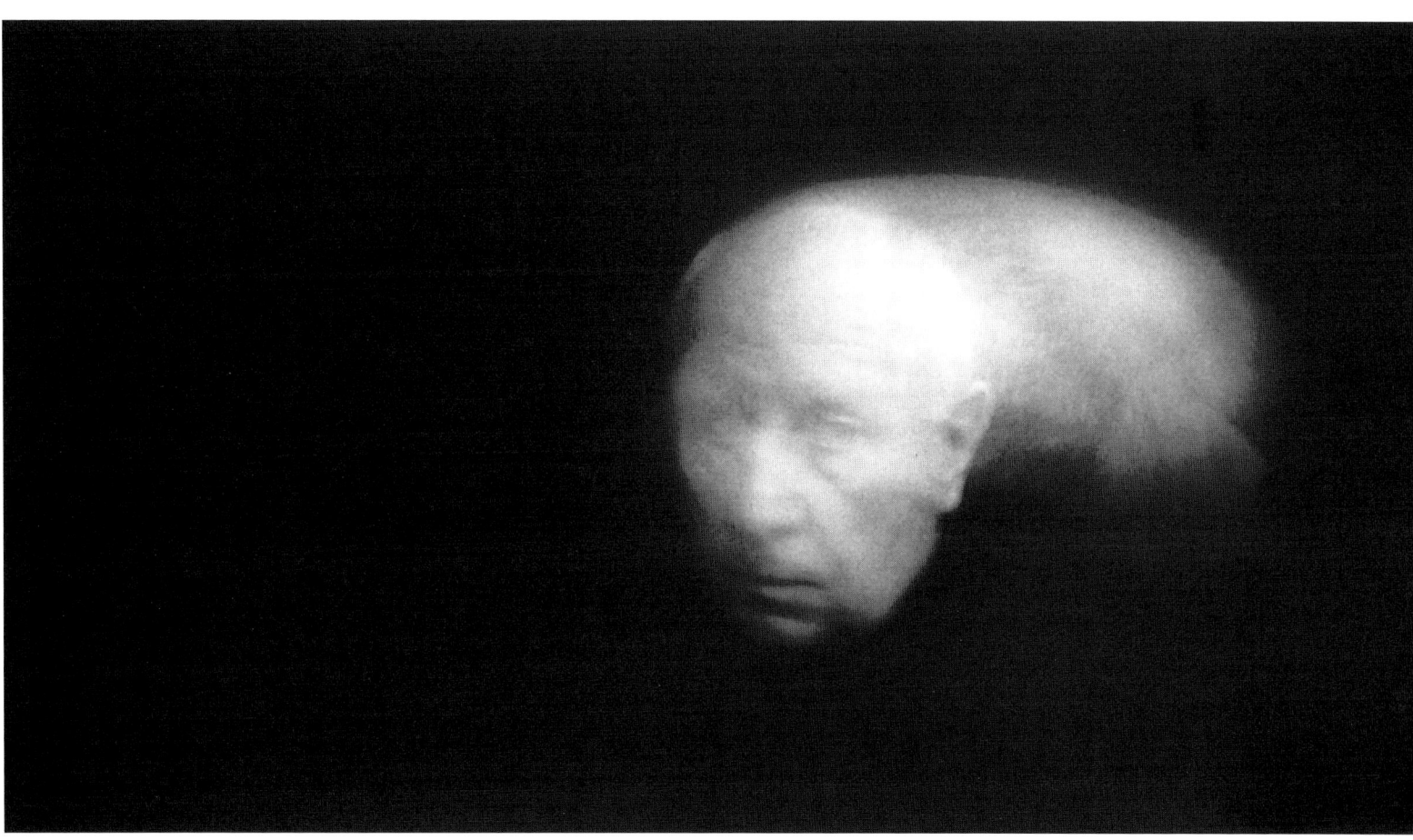

Tom Fecht »Speedmaster II« Paul Virilio, Paris 1999 (Trajectoires)

Paul Virilio im Gespräch

die Position gehalten werden, daß der eigene Körper der letzte Garant von Realität ist. Oder – heißt das nur, einen Körper als Referenz auf den Raum benutzen, aber nicht in Bezug auf die Zeit? Ich meine damit, daß auch unser Körper eine Geschichte hat, die eine Art Gegen- oder Parallelgeschichte zu der Geschichte des Bewußtseins ist. Ich denke, daß Freud und Lacan u. a. die Differenz gezeigt haben und daß das nicht dasselbe ist: Körper im Raum und Körper auf Zeit. Und so könnte ich von mir sagen, daß ich mich nicht kenne … Wenn ich mich unter Zeit-Reflexion betrachte, dann erfahre ich einen Körper, der mir fast vollkommen unbekannt ist. Er ist eigentlich der unbekannte Kontinent, während ich mein Bewußtsein und mein Gedächtnis einigermaßen kenne. So wie der späte Nietzsche auf einmal entdeckte, daß er einen Körper hat, daß der Körper eine Geschichte hat und daß die Organe ganz eigenwillige Wesen sind, die ganz neu bestimmt werden müssen, nicht in der üblichen Weise, wie die Medizin das gemacht hat.

Paul Virilio: Einschließlich der Krankheit. Die beiden Arten der Beziehung zum Körper sind die Lust und der Schmerz.

Dietmar Kamper: Sobald aber beides aufhört, ist die Möglichkeit des Erkennens blockiert.

Paul Virilio: Ist aber nicht gerade das, was Dietmar sagt, der letzte Schmerz und die letzte Lust? Das ist eine Frage. Die Beziehung zum Körper ist immer extrem, sei es im Orgasmus oder sei es im Entsetzen des Schmerzes. Was gegenwärtig passiert, ist von gleichem Schweregrad, es ist extrem. Doch bevor ich auf den Körper zurückkomme, und darin sind wir uns völlig einig – es ist schwer, einen Dialog zu führen, wenn man sich so einig ist; ich bin fast mit allem einverstanden, was du eben gesagt hast. Das erstaunt mich nicht weiter, denn auch ich bin jemand, der sehr erdverbunden und sehr körperbezogen ist. Aber ich liebe die Küste. Es liegt auf der Hand, daß das Phänomen des Eingesperrtsein eine Erscheinung des 21. Jahrhunderts ist. Ich habe von grauer Ökologie gesprochen, im Vergleich zur grünen Ökologie, und habe gesagt, daß es neben der Verschmutzung der Natur durch Schadstoffe eine Verschmutzung der Entfernungen gibt, also eine Verschmutzung der Größe der Natur. In ein, zwei oder drei Generationen wird dieses Gefühl des Eingeschlossenseins ein absolutes Leiden darstellen. Was Michel Foucault als das große Eingeschlossensein des 18. Jahrhunderts beschrieben hat, ist eigentlich nur eine Metapher des großen Eingeschlossenseins des 21. Jahrhunderts. In einer endlichen Welt, in einer Welt, die ich als abgeschlossen erlebe. Es ist durchaus möglich, daß mein nächstes Buch den Titel »La Terre ferme« (Die feste, harte Erde) haben wird. Der Untertitel wird sein »Na wennschon, dann gehen wir eben woandershin«.

Dietmar Kamper: Das ist ja wunderbar. Nur: Wie kommen wir dahin?

Paul Virilio: Ach, lassen wir das. Das war nur ein astronautischer Spaß.

Dietmar Kamper: Was fest wird, ist nicht der Körper, sondern der Geist. Eine bestimme Art des Geistes wird härter als die Dinge – das ist meine Erfahrung –, und dieser Geist behauptet gleichzeitig, er sei das Universum, er sei universal. Dagegen sage ich: Es kommt darauf an, das Universum, das geistige Universum von außen wahrzunehmen. Weil das Universum sagt: Es gibt nichts draußen. Das ist ein logischer Widerspruch – vermute ich –, der aus der Raumfahrt stammt. Es gibt nichts außen, alles ist innen. Und der einzige Punkt – das ist ein Ergebnis meiner Überlegungen –, der einzige Punkt, der mir erlaubt, das Universum des Geistes von außen wahrzunehmen, ist mein Körper, der Lust hat und leidet. Das ist ein fait accompli. So weit würde ich gehen. Aber was heißt das jetzt für das Nachdenken? Es ist nicht dauernd der Schmerz. Das kann ich nicht behaupten, denn es geht mir ja eigentlich gut. Es ist auch nicht dauernd die Lust. Es gibt Zwischenzeiten, in denen man nachdenkt und lebt und spricht und erzählt. Und das, denke ich mir, ist der Ort, von dem aus die Frage des Raumes und der Zeit noch einmal neu thematisiert werden muß. Ich denke an Hölderlin, der Anfang des 19. Jahrhunderts geschrieben hat: Es gibt einen extremen Punkt, an dem der Mensch nicht mehr mit Räumen und Zeiten, sondern nur noch mit den Bedingungen des Raumes und der Zeit zu tun hat. Das ist der Punkt der Einsicht in den göttlichen Verrat. Die Menschen sind nicht eigentlich schuldig an der Entgöttlichung der Welt, sondern die Götter. Daß Gott tot ist, liegt an ihm. Daß die Götter verschwinden. (Das ist der noch immer unbekannte Streit zwischen Hegel und Hölderlin zwischen 1796 und 1800 in Frankfurt.) Hölderlin ist darüber verrückt geworden und Hegel erstarrte.

Der Körper – die Arche

Paul Virilio: Da wir von Gott sprechen, werde ich von einer deutschen Heiligen sprechen, die ich sehr verehre: Hildegard von Bingen. Sie hat einen Satz gesagt, der sehr gut dem entspricht, was ich denke. Es ist ein revolutionärer Satz, den man gar nicht bemerkt hat. Es ist ein Satz, der den Anthropozentrismus und den Geozentrismus und damit alles, was unsere Geschichte ausmacht, in Frage stellt. Sie sagt in Lateinisch: Homo est clausura mirabilium dei. Das heißt: Der Mensch ist der Abschluß der göttlichen Wunder. Das Wort »clausura« ist für mich von entscheidender Bedeutung. Das heißt: Der Mensch ist nicht das Zentrum, sondern das Ende der Welt. Jeder Mensch ist das Ende der Welt. Ich glaube, wir haben hier ein ganz zeitgenössisches Bild des Humanismus, nicht des weichen Humanismus, sondern eines harten Humanismus, der dem, was du eben gesagt hast, weitgehend entspricht. Von dem Moment an, wo man innerhalb des Christentums daran denkt, daß der Mensch das Ende des Welt ist, daß die ganze Welt in den Menschen kommt, um diesen Abschluß zu vollziehen, von dem Moment an ist das Verhältnis nicht mehr das gleiche wie das bisherige zum Objekt und zum Subjekt. Das nur zu Hölderlin.

Tom Fecht: Bei Ihrem letzten Gespräch in der Cité Universitaire haben Sie Ihr Manuskript aus heiterem Himmel zur Seite gelegt und über Landart und Landartisten, die Landkünstler gesprochen. Mike Heitzer, Walter de Maria oder Richard Long haben Sie als die grünen Propheten bezeichnet, die noch einmal den Versuch unternommen haben, paradiesische Zeichen in die Oberfläche der Erde zu ritzen. Für mich persönlich war das der erste Moment, wo ich Ihr Denken auch in seiner religiösen Dimension verstanden habe. Es würde mich interessieren, wie weit der Unterschied geht, den ich in Ihrem sprachlichen Ausdruck empfunden habe. Ich hatte das Gefühl, Sie sind berührt von Ihrem eigenen Ausdruck. Sie waren den Tränen nahe. Ob emotionale Einsicht mit Ratio allein zu lösen ist? Sie hatten diese Gedanken zuvor mit einem kurzen Exkurs über den Tanz als letztes Refugium des Körpers eingeführt. Welche Auswirkungen haben also Gefühle auf Ihr Denken? Da auch für Sie ja Gefühle sein müssen, auch wenn Sie sich selbst als eines der Enden der Welt begreifen.

Paul Virilio: Es gibt Worte, die man spricht, bevor man stirbt. Bekannt ist der Ausspruch Goethes: »Licht, mehr Licht!« Auch die letzten Worte eines französischen Autors, ich glaube, es war Léautaud, sind bekannt. Man hatte ihn gefragt, was er empfinde im Angesicht des Todes. Und in dem Augenblick, als er starb, sagte er: »Eine ungeheure Neugier! Auch ich!« Ich glaube, daß wir gegenwärtig etwas Ähnliches erleben. Gegenwärtig auf der Welt zu sein heißt, diese ungeheure Neugier zu erleben, nicht nur auf seinen eigenen Tod, sondern auf das Ende einer Welt, einer Welt, d. h. eines Verhältnisses zum Realen, das verschwindet. Wir haben eben von der Beschleunigung der Geschichte gesprochen. Viele Philosophen und viele Historiker haben von dieser Akzeleration der Geschichte gesprochen. Was wir gegenwärtig erleben, ist die Beschleunigung der Realität. Das ist etwas für uns Unfaßbares, so wie der Tod für uns unfaßbar ist. Gegenüber dieser Beschleunigung der Realität können wir nur diese nicht zu stillende Neugier haben, die Léautaud empfunden hatte.

Dietmar Kamper: Auch mich interessiert dieser Sinn des Wortes »Ende«. Die Frage nach dem Religiösen taucht in unseren Breiten immer dann auf, wenn man nicht mehr hören will oder nicht mehr glauben kann. In diesen extremen Verhältnissen aber – wir haben ja vorhin von den extremen Verhältnissen des Körpers gesprochen – wird der Boden des Religiösen touchiert. Auch die Religionen sind historische Größen. Sie haben kein Monopol auf die Geschichte, obwohl sie die einzigen Instanzen sind, die bisher eine große symbolische Ordnung auf den Körper gebaut haben. Aber sie sind nicht selbst der Grund der Geschichte. Das ist der Körper. Das heißt, man kann das Problem, das die Religionen hatten, erreichen, und zwar im Rückgang auf den Körper. Was ist für jemanden, der das entdeckt und der einen solchen Gedanken hat, das Gefühl? Ich hatte in den Vorüberlegungen zu unserem Thema geschrieben, daß das Gefühl eine Lesart der Entdeckungen der körperlichen Bewegungen ist, die dem Bewußtsein vorausgehen. Ich meine, daß in den philosophischen Erörterungen der Bedingungen der Möglichkeit von Erkenntnis die Bewegungen vorkommen, die der menschliche Körper auf dieser Erde wirklich macht.

Paul Virilio: Damit kommen wir wieder zu dieser Frage Subjekt – Objekt – Trajekt. Und zur Choreographie.

Dietmar Kamper: Damit sind wir wieder in diesem Kreis. Der Platz, an dem wir jetzt sitzen, macht in seinem Verhältnis zur Sonne, zum Fixstern, im Laufe eines Tages eine bestimmte Bewegung, er macht im Laufe des Jahres eine

Paul Virilio im Gespräch

Bewegung um die Sonne, und dann gibt es noch das Schaukeln, dieses Torkeln zwischen Frühling und Herbst.

Paul Virilio: Es gibt eigentlich überall nur Trajekte.

Dietmar Kamper: Ja, aber das Verrückte ist, daß in der philosophischen Selbstaufklärung die Bewegungen ohne klares Bewußtsein wiederholt werden. Jene großen planetarischen Bewegungen, die der menschliche Körper wirklich macht, die er mit der Erde gemeinsam hat. So daß es bisher das Höchste ist, dieser Bewegung innezuwerden und davon Zeugnis abzulegen. Es gibt eigentlich nichts Größeres. Vielleicht ist das der Punkt, wo die Erde oder die eine Welt zu einem Ende kommt, wo sie ihren Sinn findet, im Menschen, der seine Trajekte, seine Wegstrecken weiß.

Paul Virilio: Ich werde eine Zeichnung machen. Für mich gibt es drei Körper: den territorialen Körper – das ist das Gestirn. Es ist der Ursprung, denn ohne es gibt es keinen sozialen Körper – und sozial im weitesten Sinne. Dann den sozialen Körper, und schließlich den animalischen Körper, oder den menschlichen Körper. Diese drei Körper hängen voneinander ab, ohne den territorialen Körper gibt es keinen sozialen Körper, ohne sozialen Körper gibt es keinen animalischen Körper. Und die Schwerkraft hält alle drei zusammen. Vor kurzem haben wir zwei Exzentrationen erfunden: durch den Astronauten hindurch – hier könnten wir also Raum hinsetzen, und durch das Virtuelle hindurch die umgewandelten, geklonten Wesen, die Gespenster. Für mich ist die Frage Schwerkraft eine Frage, deren man sich ganz neu annehmen müßte, nicht nur in der Physik. Alle Bewegungen, von denen wir gesprochen haben – die Bewegung des Gestirns, Bewegung des sozialen Körpers und Bewegung der individuellen Choreographie –, all diese Bewegungen gehören zu diesem Kosmos in Bewegung. Das ist nur ein kleines Hilfsschema.

Dietmar Kamper: Aber das heißt doch jetzt, wenn wir auf die Schwerkraft verzichten, wenn wir eine Welt erfinden, die ohne Schwerkraft ist, was ist dann? Die virtuelle Realität? Ich habe das in meinen schriftlichen Fragen an dich betont.

Paul Virilio: Als ich sie gelesen habe, habe ich sofort an diesen Zusammenhang gedacht, und ich habe mir eine Reihe Notizen dazu gemacht: Ich glaube, es gibt ein diskretes Verhältnis zwischen dem Ende der physischen Eroberung des realen Raumes, zunächst des terrestrischen – die Welt ist bekannt und es gibt nichts mehr zu entdecken – und dann des extraterrestrischen. Ich wiederhole: Ich glaube, es gibt ein diskretes Verhältnis zwischen dem Ende der physischen Eroberung des realen Raumes und der Entwicklung der riesigen Blase des virtuellen Raumes. Ich glaube, man kann die neuen Technologien des Cyberspace nicht richtig verstehen, wenn man trotz aller Reklame der NASA oder der europäischen Raumfahrtgesellschaft Aérospatial außer Acht läßt, daß die Eroberung des Raumes zunächst die Tat eines Tieres war. Laika und die Versuchskaninchen, der Mensch in der Station Mir, und jetzt haben wir die Roboter. Irgendwo treten wir in den Zeitraum der Robotertechnik ein. Hinter dem Mißerfolg der Station Mir steht der Mißerfolg des Menschen im Weltraum. Das zeigt schon das Ende der Eroberung des Raumes durch die Astronauten selbst an. Und ich würde noch hinzufügen, daß noch ein weiteres Verhältnis besteht, ein geheimes und kein diskretes Verhältnis zwischen der Suche des Extraterrestren vor allem in den 60er Jahren, also der extraterrestrischen Wesen, und der Suche des Außermenschlichen in unserem Jahrzehnt, in den neunziger Jahren, die Klonung von Lebewesen, die Gentechnik, Transplantationen, Maschinenmenschen usw. Zum Abschluß würde ich noch Folgendes sagen: Ich glaube, daß die Eroberung des extraterrestrischen Raumes für den Menschen abgeschlossen ist. Man wagt nur nicht, dies offen zuzugeben und zu verkünden. Das ist auch wieder ein Sichverschließen, es ist nicht zu wagen. Was diesen Sommer auf dem Mars pas-

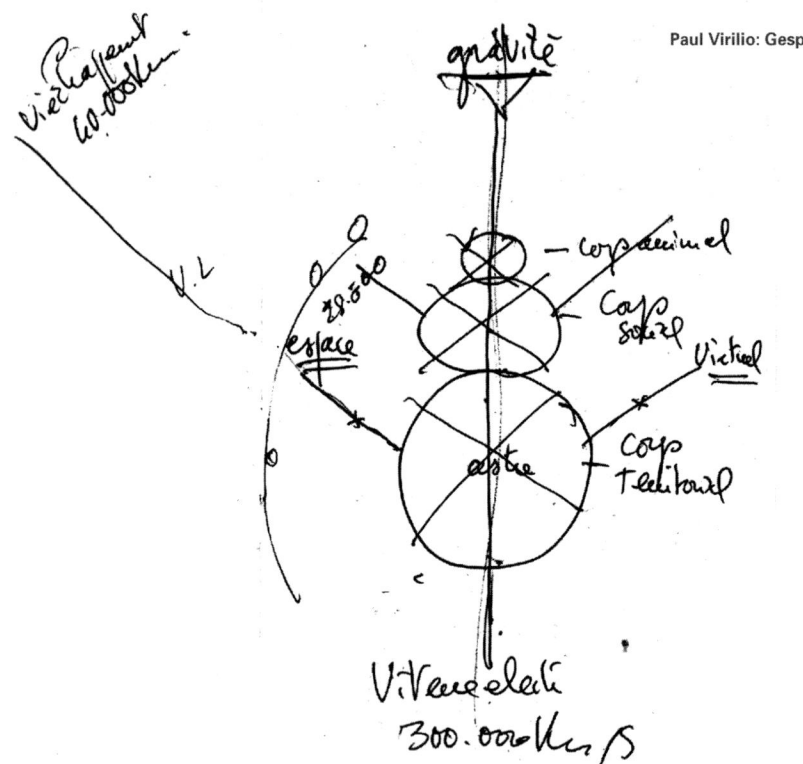

Paul Virilio: Gesprächsskizze

Der Körper – die Arche

siert ist, mit dem kleinen Roboter, ist die Zukunft der Eroberung des Weltraums, nämlich das Fernsehen. Und damit kommen wir zum virtuellen Raum. Was ist das Virtuelle? Ein Substitutionsraum.

Tom Fecht: Sie kennen doch den ersten Spielfilm, der tatsächlich auch im Weltraum gedreht worden ist, an Bord der Mir; André Ujickas Film »Out of the Presence«. Sie haben ihn ja bei seiner Uraufführung in Paris kommentiert und mit seinem Autor eine öffentliche Debatte geführt. Auszüge daraus habe ich in meinem Hamburger Projekt »Hautlabor« 1997 gezeigt. Dieses Experiment verhandelte die Haut und damit die räumlichen Verhältnisse von Innen und Außen. In der Diskussion wurde André Ujicka auf die unglaubliche Unordnung im Inneren dieses Flugkörpers angesprochen, seine Formel hieß schlicht und einfach: »Überall, wo Menschen hinkommen, entsteht Erde.« In diesem Kontext noch einmal meine Frage nach dem Einschluß: Können wir den Körper nicht auch als ein Projektil begreifen? An diesem Punkt wird Dietmar Kamper auf die Befreiungsgeschwindigkeit und die Verweigerung derselben zurückkommen. Ich möchte aber zuvor noch ein Beispiel geben, zumal ich mit philosophischen Begriffen nicht so gut arbeiten kann wie er. Elisabeth von Samsonow hat in ihrem Beitrag über die Werkzeuge der Raumproduktion vorgeschlagen, die Produktion des Raumes als eine mögliche Ausdehnungsform des Körpers zu begreifen. Insbesondere der beiden zum Werkzeug besonders geeigneten Teile des Körpers, nämlich des Auges und der Hand. Sie geht von der Jagd aus, vom Überbrücken von Distanzen durch den Pfeil, der das begehrte Wild, sprich Opfer, schneller als der eigene Körper erreicht. In diesem Zusammenhang beschreibt sie die Bewaffnung des Auges mit dem Teleskop, aber auch mit dem Pfeil Amors, mit dem Blick des Begehrens in der Renaissance. Diese Pfeilwaffe verfolgt uns bis zum Cursor der Computerbildschirme, Inbegriff der Suchbewegung und Ausdehnung im Cyberspace. Wenn wir in unserem Gespräch über die Werkzeuge von Künstlern und Architekten diskutieren, stellt sich ja die Frage, ob die Bewaffnung des Auges mit Werkzeugen nicht auch konstituierend für den Begriff der Vision wird. Die These von Elisabeth von Samsonow: Ohne Cyberspace wäre die menschliche Neugier gegenüber dem unbekannten, unbemannten Raum in der Atmosphäre eines heute nahezu vollständig bekannten Planeten Erde verglüht und es wäre zu einer Implosion gekommen. Ich habe in meinen Gesprächen mit Dietmar den Eindruck gewonnen, daß er die Abstraktion vom Körper für lebensgefährlich hält. Eine Abstraktion, die mir als Bildhauer nicht in den Sinn käme. Deshalb habe ich auf das Gefühl angespielt, ob die Frage des erneuten Einschließens nicht auch eine Frage des Ausschließens von Gefühlen, Instinkten und Leidenschaften berührt und damit auch eine entscheidende Frage für unsere künftige Lebensorganisation und Reproduktion.

Paul Virilio: Ich habe irgendwo einmal gesagt, daß die Realität nicht mehr objektiv ist, sondern teleobjektiv. Die Erfindung des Teleobjektivs, des Zoom, ist zeitgleich mit der Erfindung des elektronischen Fernsehens. So wie das Teleskop in die Zeit der Renaissance und des Denkens, das uns leben läßt, gehört, sind auch das Fernsehen und das Teleobjektiv zeitgleich. Gegenwärtig müssen wir noch nicht vom Cyberspace sprechen. Wir werden sicher später darauf zu sprechen kommen. Was ist der Zoom, was ist das Teleobjektiv? Was ist also das Fernsehen? Es ist die Beschleunigung des Sehens. Schon das Teleskop von Galilei war eine Art Beschleunigung des Sehens. Doch das war nur die erste Stufe. Mit dem Fernsehen und mit dem Zoom haben wir in der Tat die Möglichkeit, in diese beschleunigte Realität einzutreten, von der ich eben sprach. Was ist das Teleobjektiv des Fernsehens? Es ist die Verwirklichung der Lichtgeschwindigkeit. Es ist also das eigentliche Teleskop. Als der Elektroniker Wladimir Sworikin das elektronische Fernsehen erfand, hatte er gesagt: »Man muß auf die Godard-Raketen Kameras montieren, weil man auf diese Art und Weise ein wirkliches Teleobjektiv und ein wirkliches Teleskop hätte, viel wirksamer als das von Mount Wilson, das es Hübel ermöglicht hatte, die Rot-Verschiebung (décalage) zu entdecken. Ich glaube, das ist von grundsätzlicher Bedeutung. Das Teleobjektiv stellt die Objektivität in Frage. Wir haben von Objekt – Subjekt – Trajekt gesprochen, die Strecke des Hörens und des Sehens – es handelt sich ja um ein audiovisuelles Phänomen – stellt das Reale in Frage. Ebenso wie das Teleskop von Galilei die Kosmologie und Astronomie seit Kopernikus in Frage stellte, stellen das Teleobjektiv und das Fernsehen das Reale in Frage. Doch kommen wir auf die Werkzeuge und den Cyberspace zurück. Hier sollten wir sehr genau sein, wenn wir über den virtuellen Raum sprechen. Der andere Aspekt für die Herausbildung des virtuellen Raumes ist die Entstehung einer wirklichen Stereorealität. Das sage ich nicht einfach so dahin. So wie es einen Feldeffekt bei der Stereophonie zwischen den tiefen und den hohen Tönen gibt, so gibt es auch einen Feldeffekt zwischen der gegenwärtigen Welt, in

Paul Virilio im Gespräch

der wir hier leben, und der virtuellen Welt, nämlich der Perspektive in Realzeit, die es mir ermöglicht, in der Welt zu handeln. Das alles erzeugt einen stereorealen Feldeffekt. Das ist eine neue Perspektive, denn es hat ein neues Relief. Die Perspektive für den realen Raum, die Perspektive für die Maler bestand darin, ein Relief zu schaffen. Die Betonung wurde auf die Perspektive gelegt, auf den Fluchtpunkt, während es eigentlich darum ging, ein Relief zu schaffen. Es ging nicht um irgendeinen Fluchtpunkt weit dahinten, sondern um diesen Punkt hier, um die Nasenspitze. Der gegenwärtige Raum, in dem wir leben, und der virtuelle Raum, der permanent werden wird, werden einen Feldeffekt erzeugen, und die Architekten, die Städteplaner, Politiker und Strategen werden in diesem stereorealen Relief arbeiten (Vgl. dazu die Simulation S. 284-285). Einerseits das Aktuelle, andererseits das Virtuelle, zusammengeführt in dem gleichen Feldeffekt. Das ist die Perspektive der Realzeit. Sie erst bringt den Raum zur Geltung, d. h. die Tiefe des Feldes. Fluchtpunkt auf der einen Seite und Relief auf der anderen. Die Perspektive der Realzeit, die die beiden Aspekte, von denen wir soeben sprachen, berücksichtigt, ist die Tiefe der Zeit. Das Tele. Der Fluchtpunkt ist das Tele, ein Teleobjektiv auf Distanz.

Meiner Meinung nach werden die Architekten der Zukunft damit arbeiten müssen, so wie sie mit den Spiegeln gearbeitet haben, mit den verschiedenen Spiegeleffekten usw. Vor zwei Jahren hat man das virtuelle Portal erfunden. Worum geht es? Es ist ein Äquivalent zu einer Telefonzelle. Sie haben zu Hause eine Diele, plötzlich klingelt es, und Sie wissen, daß ein Gespenst gekommen ist, ein Avatar, ein umgewandeltes elektromagnetisches Wesen. Das funktioniert, wie man schon vor zwei Jahren hat sehen können. Man spricht nicht davon. Ich spreche davon. Was tue ich? Ich weiß, daß ein Gespenst gekommen ist. Ich ziehe einen Anzug an, setze den Helm auf, trete ein und sehe mein Gespenst. Ich spüre es mit meinem Dataglove, ich sehe es. Das ist natürlich eine Karikatur, ein umgewandeltes Wesen. Ich höre es. Es ist eine virtuelle Begegnung in einer virtuellen Diele. Für den Architekten ist dies eine außerordentliche Geschichte. Die erste Virtualisierung war das Fenster. Man kann das Fenster durch einen Videoschirm zur Überwachung in Realzeit ersetzen. Der Bildschirm wird so das neue Fenster. Ich spreche hier von Video-Live-Überwachung. Jetzt haben wir die virtuelle Tür. Man kann zu Ihnen hereinkommen, ohne dazusein. Ein fabelhaftes Ereignis! Ein Element für den Architekten.

Dietmar Kamper: Ja, aber dieses Element ist doch ein Ungeheuer, ein Gespenst.

Paul Virilio: Ich kann es aber spüren, mit all meinen Sinnen. Alle Sinne sind betroffen. Das Sehen, der Geruchssinn, das Gehör – nur der Geschmack nicht. Es gibt keinen Tele-Geschmack.

Dietmar Kamper: Ich frage mich, was das noch mit dem leidenden und lusthabenden Körper zu tun hat.

Paul Virilio: Es ist die Ästhetik des Verschwindens.

Dietmar Kamper: In dem Gespenst verschwinden der Andere und die Alterität, die immer an dem Körper hängt, nicht nur am Körper des Anderen, sondern auch an meinem Körper. Diese Alterität verschwindet. Und das heißt, auch mein eigener Körper wird mir ein Gespenst. Das war schon mit dem Spiegel so, das wird jetzt noch anders. Wahrscheinlich intensiver, überzeugender. – Jetzt würde ich gern noch auf einen Verdacht zu sprechen kommen. Ich weiß, daß einige Künstler, die Bildhauer und Maler sind, auf dieser Kippstelle zwischen Bildfläche und Körperraum Erfahrungen machen und Probleme haben, die sie auch thematisieren. Vielleicht ist das für das Schicksal des Raumes von Wichtigkeit, denn mit der Perspektive und mit der Abbildung kam die große Erwartung auf, es ließe sich der Raum ohne Verlust auf der Fläche abbilden. Diese Erwartung hat sich nicht erfüllt. Wir leben nicht mehr in einer räumlichen, körperlichen Welt, sondern in einer Welt korrespondierender Flächen, wobei unsere Augen die Korrespondenten sind. Dieses Verhältnis, zwischen einem Körper, der nicht ganz ins Bild geht, und der Fläche, die Bilder faßt, ist ein unlösbares Problem. Das ist eine der Grundthesen von Lacan: Der ganze Körper ist immer ein Bild, er ist kein Körper. Deshalb ist diese Bruchstelle für unser Thema von grundsätzlicher Bedeutung. Dort endet die Macht der Menschen. Wenn du dazu noch etwas sagen könntest. Ich bin sehr skeptisch, was die Augen können. Ob die Augen noch in der Lage sind, den Raum auf eine adäquate Weise wahrzunehmen. Das Gesicht produziert Oberflächen, überall und jederzeit. Das Gefühl kennt ab und zu Räume.

Paul Virilio: Ganz sicher ist die Revolution der Information keine Revolution der Industrie und noch weniger eine Revolution der Landwirtschaft, also eine neolithische Revo-

Der Körper – die Arche

lution. Diese ursprünglichen Revolutionen, die industrielle und die landwirtschaftliche – vor allem wenn man bedenkt, daß die industrielle Revolution schon im Mittelalter begonnen hatte, in den Abteien und der Organisation der Arbeit –, zeigen, daß der Körper eingesetzt wird, der Körper des Bauern, der Körper des gezähmten Tieres. Die Revolution der Information stellt die Information in den Vordergrund. Die Materie hat drei Dimensionen: die Masse, die Energie und die Information. Die Masse wurde zur Geltung gebracht. Die Ursprünge der Revolution mit ihrer Statik und ihrer Energie, einschließlich der menschlichen und tierischen Energie, zeigen es deutlich – denken wir an die Versklavung und die Ausbeutung der Arbeitskraft usw. – Die Revolution der Information stellt also die Information in den Vordergrund. 60% aller Informationen werden über die Augen aufgenommen. Die Revolution der Information privilegiert das Optische. Internet wird das neue Fernsehen werden. Die Bilder werden – und das ist ja schon heute der Fall mit den Live-Kameras, den Online-Kameras – dem Bild eine vorrangige Rolle einräumen. Das Bild wird das Netz erobern, denn ein Bild ist besser als eine lange Rede. Ich sage nicht, daß ich mich darüber freue, sondern es ist eine Tatsache Die Revolution der Information ist eine optische Revolution, eine im wesentlichen optische, nicht ausschließlich optische Revolution. Um diesen Teil abzuschließen, möchte ich einen Satz von Hannah Arendt zitieren, der uns zeigt, daß wir übereinstimmen: »Der Totalitarismus strebt nicht nach einer despotischen Ordnung über die Menschen, sondern nach einem System, in dem die Menschen überzählig sind.« Mit der Globalisierung befinden wir uns im Globalitarismus. Das ist die Totalität der Totalitäten. Die Menschen sind überzählig. Wir sehen es an der Arbeitslosigkeit, der Massenarbeitslosigkeit.

Dietmar Kamper: Aber das ist eine sehr eigenartige Gesellschaft, zu der am Schluß niemand mehr gehört.

Paul Virilio: Es ist eine eliminatorische Gesellschaft. Das ist natürlich eine Tendenz. Es ist keine Apokalypse.

Dietmar Kamper: Sind wir daran beteiligt? Durch irgendetwas, das wir noch nicht verstehen.

Paul Virilio: Ich habe es schon gesagt. Ich wiederhole es noch einmal: Es gibt heute Widerständler und Kollaborateure. Diese Begriffe verwende ich seit langem, ich greife sie jetzt wieder auf. Die Technik und die Herrschaft der Technik ist gegenwärtig, jetzt eine Art Besatzungsmarkt. Jedes Denken muß sich also positionieren, entweder als widerständisches oder als kollaborierendes Denken.

Dietmar Kamper: Ich nenne es das KörperDenken. Das ist die Fähigkeit zur Geistesgegenwart, und das ist ein Unterschied zu den Kollaborateuren in aller Welt: Sie sind nicht mehr fähig zur Geistesgegenwart, und das heißt, sie sind nicht mehr fähig zum KörperDenken, d. h. zu einem Denken, das aus dem Körper mit dem Körper geschieht. So daß am Schluß eine Front, eine Konfrontation entsteht von Agenten einer zivilisatorischen Besatzung dieser Erde und einigen oder sogar vielen Menschen, die auf ihren Körper nicht verzichten wollen und die insofern zu einem Widerstand bis zum Lebensende gezwungen sind. Was haben wir für Möglichkeiten? Gibt es etwas anderes, als zu denken und zu sprechen? In einem letzten Vortrag hier in der Cité universitaire habe ich auch bei dir eine Klage herausgehört. Du denkst, daß viele Leute nicht hören. Sie hören nicht mehr gut genug. Vor allem die ganz jungen. Das ist für mich eine sehr wichtige Frage, vor allem im Zusammenhang mit unserer eigenen Arbeit seit zwanzig Jahren. Wie ist das einzuschätzen, wie kann man ein Resümee anfertigen oder einen Grund dafür angeben, daß man dennoch weitermacht?

Paul Virilio: Alles, was wir sagen, ist nicht etwa verzweifelt. Wir sind beide von dieser Neugier erfaßt, von der ich vorher gesprochen habe. Ich bin Widerständler, einfach weil ich neugierig bin. Wäre ich ein Kollaborateur, wäre ich nicht mehr neugierig, dann wäre ich schon überzeugt. Ich meine, daß mit dem virtuellen Raum eine neue Möglichkeit auftaucht: die neue Kolonie. Eine Kolonisierung der Seelen, der Mentalitäten. Michelet hat gesagt: Wer große Kolonie sagt, sagt auch große Marine und damit große Kanonen! Die neuen Technologien funktionieren wie die großen Kanonen und die große Marine. Immer, wenn man ein Volk kolonisiert hat, hat man seine Körper gezähmt, sein Verhältnis zum Raum, sein Verhältnis zum anderen, sein Verhältnis zu Gott. All dies wurde umorganisiert. Und man stellt fest, daß das, was wir beide seit einer Stunde beschreiben, von gleicher Art ist. Es geht darum, den Körper zu domestizieren, um ihn zu befähigen, in einer außerhalb von ihm selbst voll programmierten Welt zu leben. Die alten Gesellschaften hatten Sitten und Gebräuche, hatten ihre Religionen. All das wurde von den Kolonisatoren geringgeschätzt. Heute geht es nicht mehr nur um die Tradi-

Paul Virilio im Gespräch

tion, um die Kultur einer bestimmten primitiven Bevölkerung, die kolonisiert wird, sondern es geht um die Kultur und die Nation schlechthin. Der virtuelle Raum kann als die letzte Kolonie gesehen werden, als das letzte Imperium. Und noch etwas anderes: Die kolonisierenden Gesellschaften haben sich der Zauberei bedient, um die Ureinwohner zu täuschen. Mit Mondsichel, mit Sonnenbildern, mit Spielen, mit Mathematik, mit Zauberkunststücken machten sie glauben, Söhne Gottes zu sein. Heute erfüllen die elektronischen Spiele und die virtuellen Technologien die gleiche Funktion.

Dietmar Kamper: Dann sollten wir die Widerstandsformen der früher Kolonisierten vielleicht etwas besser studieren?

Paul Virilio: Ich glaube, die Kolonie ist eines der großen Mysterien Europas. Als ich die »Sécurité du territoire« (Die Sicherheit des Territoriums) geschrieben habe, hatte ich gedacht, daß die Kolonie im Zentrum der Geschichte Europas steht und daß man noch nicht verstanden hatte, was hinter der Kolonisierung stand. Wenn man Opfer der Kolonialisierung, der Kolonialisierung durch die neuen Technologien oder des Cyberspace ist, wird man vielleicht unser eigenes Verhältnis zu dem befragen, was den Ureinwohnern eigentlich geschehen ist.

Dietmar Kamper: Ich habe eine Stufung vorgenommen, was den Umzug ins Offene angeht, und die Sicherungen, die eingebaut sind, um die Gefahren zu mindern. Das ist mir aber auch erst dann beim Lesen wieder aufgefallen. Die These lautet: Die Gefahren werden dadurch vermieden, daß die Durchlässigkeit aller Stationen bis zu dem Punkt des Heranwachsens im Mutterleib, daß die Durchlässigkeit die Garantie ist, daß keine der Stationen absolut wird und totalitär werden kann. Das ist natürlich am Ende einer Geschichte eine schwierige Sache. Man müßte sagen: Der Rückweg ist sehr lang, und die Stationen, die es schon gegeben hat, sind alle zu eigenen Welten ausgebaut worden. Man muß sie alle durchdringen. Aber so wie ich dich jetzt verstanden habe, was auch das Lernen von den Primitiven anbetrifft, ist es nicht ganz ausgeschlossen, daß diese Kette, die unsere nicht so sehr lange Geschichte durchläuft – 5000 Jahre, was ist das schon im Verhältnis zu den 4 Millionen, seit es schon Menschen gibt –, geschlossen gehalten werden kann durch eine Strategie, durch Nutzung einer Möglichkeit, damit sich kein einzelnes Teil der Kette schließt. Und das war mit dem Satz gemeint: Man muß absolut traditionell sein, nur dann kann man absolut modern sein.

Paul Virilio: Ich möchte noch einmal wiederholen, daß all das, was wir gegenwärtig sagen, von uns aus in einer unermeßlichen Freude über den unerhörten Charakter der Welt gesagt wird, in der wir leben. Das Ende des 20. Jahhunderts ist das Ende eines monströsen und gleichzeitig eines wundervollen Jahrhunderts. Ich würde hier gern von meinem Projekt sprechen, das ich seit zwanzig Jahren hege und das in gewisser Weise dem deinen gleicht. Es geht um die Notwendigkeit einer politischen Ökonomie der Geschwindigkeit. Im 18. Jahrhundert hatten die Physiokraten die Politische Ökonomie erfunden. Das war die Politische Ökonomie des Reichtums. Wenn wir uns aber Quesnay anschauen – er war Arzt und einer dieser Physiokraten –, so sehen wir, daß sein Verhältnis zur Ökonomie ein Kulturverhältnis war. Er war ja kein Ökonom in unserem heutigen Sinne. Er ging aus von einer bestimmten Sicht des Körpers, des kranken und des gesunden Körpers, er berücksichtigte die Animalität des Lebens auf dem Lande und die ländliche Wirtschaft. Das war der Anfang dieser neuen Wissenschaft, der Politischen Ökonomie. Er brachte den Reichtum mit dem Körper in Zusammenhang, mit dem gesunden Körper oder dem Tier, den Rindern, Kühen, den Tieren auf dem Lande. Zwei, drei Jahrhunderte später müssen wir auf der Grundlage des eben Gesagten eine neue Physiokratie schaffen, eine neue Wissenschaft, die der Politischen Ökonomie der Geschwindigkeit. Schnelligkeit und Reichtum hängen auf jeden Fall miteinander zusammen. Die Politik wäre dann nicht mehr nur geopolitisch oder biopolitisch, wie Foucault gesagt hat, sondern sie könnte chronopolitisch sein. Das heißt, die Gewalt, die die unendliche Akzeleration darstellt, würde politisiert. So wie sich die Politik den Reichtum und die Akkumulation aneignet, müßte auch die Akzeleration politisiert werden. Wir haben die drei Grenzen erreicht. Die Geschwindigkeit der Befreiung, 28.000 km pro Stunde, ermöglicht es, aus dem Körper der Erde herauszutreten (Paul Virilio ergänzt seine Skizze). Hier haben wir die Befreiungsgeschwindigkeit, die es uns ermöglicht, ein Objekt auf eine Umlaufbahn zu bringen. Wir haben die Ausbruchsgeschwindigkeit: 40.000 km pro Stunde, mit der man überall hingehen kann. Parallel dazu die elektromagnetische Geschwindigkeit: 300.000 km pro Sekunde. Von dem Moment an, wo man diese drei Geschwindigkeiten erreicht hat, ist die Politisierung dieser Geschwindigkeiten eine unumgehbare Forderung. Sie wird zu einer

Der Körper – die Arche

kategorischen Notwendigkeit. Das ist für mich die Antwort. Schafft man es nicht, die Grundlagen für eine Politische Ökonomie der Geschwindigkeit zu schaffen, wird alles Tun unnütz. Wir brauchen eine Geschwindigkeitsbörse, so wie es eine Börse des Reichtums gibt.

Dietmar Kamper: Das Unnütze, das ist ein wichtiges Stichwort.

Tom Fecht: Wäre eine solche Ökonomie der Geschwindigkeit nicht gekoppelt an die Entwicklung einer Wahrnehmungsökonomie?

Paul Virilio: Aber ja, natürlich. Unsere Gesellschaft ist eine kinematische Gesellschaft. Die Geschwindigkeit ist nicht mehr ein Problem des Fortbewegens von einem Punkt zu einem anderen. Wir leben im Geschwindigkeitsmilieu, ob wir nun im Auto oder vor dem Fernseher sitzen, ob wir mit dem Handy telefonieren oder im Internet surfen, wir befinden uns immer in einer Gesellschaft, die nicht nur mobil, also auf das Zurücklegen einer Wegstrecke ausgerichtet ist, sondern die auch kinematisch ist. All unsere Teleobjektiv-Wahrnehmungen hängen mit Kinematismen zusammen. Die Geschwindigkeit ist das letzte Milieu.

Tom Fecht: Ich schlage für unser Gespräch noch drei Dinge vor. Der erste Punkt wäre ein Versuch: Stellen Sie sich vor, daß ich nie etwas von Ihnen gelesen hätte.

Paul Virilio: Das finde ich völlig normal. Ich bin weder Shakespeare noch Plato. Ich hätte überhaupt kein Problem damit. Shakespeare haben Sie ja doch gelesen, nicht wahr? Und Plato auch?

Tom Fecht: Könnten Sie den Versuch machen, ohne Netz und doppelten Boden, einmal die Bewegung Ihres Denkens von Anfang an – der Begriff der Résistance spielt in ihm ja eine große Rolle, – die Bewegung von der Befreiungsgeschwindigkeit bis zur Rückkehr zum Planetenkörper zu skizzieren? Was wären denn die Kernbegriffe, in denen sie Ihre Denkbewegungen fassen möchten? Und mit »möchten« meine ich freiwillig.

Paul Virilio: Meine Herangehensweise seit 20 Jahren an die Erscheinungen der Akzeleration und an die Phänomene der gestaltenden Raumproduktion und der entsprechenden Strategien – denn die erste raumordnerische Maßnahme war militärischer und religiöser Natur, bevor sie politisch wurde – hat bis heute zu keiner strukturierten Theorie geführt. Warum? Weil meine Generation unter den prätentiösen Theorien gelitten hat, und ich hatte eigentlich niemals das Anliegen, eine strukturierte Theorie zu hinterlassen. Ich lebe in einer kinematischen Welt, und es waren die Impressionisten, die die Welt kinematisch gemacht haben. Die impressionistischen Dichter und Maler. Ich bin also ein »impressionistischer« Philosoph. Die Philosophen, die mich beeinflußt haben, sind Maurice Merleau-Ponty, ein Phänomenologe, Wladimir Jankewitch. Meine Herangehensweise ist also die eines Reporters, eines Voyeurs der kinematischen Erscheinungen um mich herum. Apriori weigere ich mich immer, auf eine derartige Frage zu antworten. Ich könnte anfangen, ein System zu konstruieren, das wäre überhaupt kein Problem, aber ich glaube nicht daran. Um so mehr, als dieses System sehr schnell zu einem mathematischen, digitalen System würde. Naturwissenschaftler haben mir schon vorgeworfen, ein Hochstapler zu sein. Ich denke dabei an die Sokal-Affäre, mit Deleuze und vielen anderen durchaus guten Leuten. Dabei habe ich mich immer dagegen gewehrt, eine mathematische Sprache zu führen. Warum? Weil eine solche Sprache die kinematischen Wahrnehmungsphänomene nicht wiedergeben kann, die der Impressionist, der Filmemacher, der Dichter behandelt. Das ist der Unterschied zwischen Phänomenologie und kognitiven Wissenschaften. Ich werde weniger denn je ein solches System aufbauen, denn in den kommenden 10 Jahren werden alle analogen Informationen in den Bereich der digitalen Informationen übergehen. Ich gehöre zur Opposition, die da heißt: Leben. (Goethe!)

Tom Fecht: Und der Architekt?

Paul Virilio: Der Architekt – dazu einen Satz von Balzac: Leben gibt es nur an den Rändern. Ich bin ein Marginaler.

Tom Fecht: Sehr gut. Und nun zum zweiten Thema. Welches sind Ihre Überlegungen zu zwei Objekten: zum Panthéon und zur Arche Noah. Es geht mir dabei um das Prinzip der Arche. Was für diese Reflexion wichtig ist, ist die Frage des Horizonts, des Meeres und des Berges Ararat. Es ist die Idee der mobilen Einheit, die sich in alle Richtungen bewegen kann – das Boot –, und das feststehende Haus, das durch die Fenster definiert wird, und ein viertes Element, das man im allgemeinen übersieht, die Kommunikation mit Taube und Olivenzweig. Man sagt: »Nach uns die

Paul Virilio im Gespräch

Sintflut«, und verteilt Diplome und andere Freischwimmerzeugnisse als Abschluß der Hochschulausbildung. Die können aber künftige Generationen auch nicht mehr retten.

Paul Virilio: Der Text von Dietmar »Der Sinn der Arche« hat mich beim Lesen sehr berührt. Denn es gibt drei Archetypen von Architektur, es gibt drei Mythen: die Arche, die Krypta und das Schiff. Die Arche ist arc, der Bogen (Paul Virilio macht eine Skizze, vgl. S. 116), das Schiff, ein Kirchenschiff oder auch ein richtiges Schiff, und dann die Krypta. Das sind die drei Archetypen der Architektur. Die Überquerung – die Brücke mit ihrer Symbolik, das Schiff – der Tunnel des Glaubens, das Schiff der Kirche oder des Tempels, der Rumpf des Schiffes –, hier haben wir wieder das Trajekt, es ist präsent, und dann die Krypta – Bunker, Kasematten, Gefängnis. Wenn wir in Frankreich »une ferme« (eine Farm) sagen, dann meint man Kasematten, ein geschlossenes Gehöft. Daher kommt auch mein Interesse für Bunker als verschlossene Räume. Das scheint mir sehr wichtig zu sein. Wenn wir auf die Bibel zurückgehen, stoßen wir auf ein anderes Objekt, das hier nicht enthalten ist: Babel, der Turm. Und die Frage ist heute die eines neuen Babel. Die Revolution der Information ist die Revolution von Babel. Babel auf der einen Seite, die Arche auf der anderen – das sind die beiden Elemente unseres Jahrhunderts. Nur weiß man nicht, ob die Arche Noah die Erde ist oder ein Gefährt. Wir wissen es nicht. Man könnte sagen, daß diese beiden Mythen an das erinnern, was ich ganz zu Beginn unseres Gesprächs gesagt habe. Der Turm zu Babel gehört zum kontinentalen Denken, erinnert an eine Verwurzelung, die Arche Noah dagegen gehört zum maritimen, sich in Bewegung befindlichen Denken. Ersteres ist ein Zeichen für den Niedergang, für die Diaspora – der Turmbau zu Babel ist das Symbol für die Katastrophe der Diaspora –, während die Arche Noah für das Heil steht, die Taube mit dem Olivenzweig. Zum Horizont gäbe es natürlich sehr vieles zu sagen. Ich habe dazu ein ganzes Buch geschrieben, »Le Horizon négatif« (Der negative Horizont). Dazu würde ich nicht so sehr gern sprechen wollen. Nun zu diesem Bild von Nanaé Suzuki noch ein paar Worte: (Paul Virilio dreht die »Arena«.) Diese Umkehrung ist von entscheidender Bedeutung, das Bild funktioniert sehr gut auf beiden Seiten, konkav oder konvex. Wenn wir über das Panthéon sprechen, dann ist das auch eine Art Modell für das Gedächtnis der Welt. Es ist die Idee der Bibliothek zu Babel, die das gesamte Gedächtnis der Welt aufbewahren könnte: das Gedächtnis der großen Männer, der großen Theorien. Ich glaube, daß das alles sehr materialistisch ist. Der Mensch ist das Ende der Welt. Hildegard von Bingen. Er ist nicht das Zentrum der Welt. Hier ist er das Zentrum der Welt.

Dietmar Kamper: Es gibt da ein Grab, von Raffael. Und auf dem Sarkophag steht: Hier liegt einer, den die Natur im frühen Leben hat sterben lassen, damit er nicht besser wird als sie.

Paul Virilio: Wissen Sie, was auf dem Grab von Ozu, dem Filmemacher, steht? Wim Wenders hat einen Film dazu gemacht. In ihm geht er an das Grab von Ozu, um ihn zu ehren. Wie alle japanischen Gärten ist der Friedhof sehr schön. Auf dem Grab liegt eine Art Pflasterstein mit der Inschrift: »Hier ist nichts.« Damit bin ich sehr einverstanden.

Dietmar Kamper: Ich habe etwas Ähnliches gehört, als ich einmal im Dom in Aachen nach dem Thron Karls des Großen Ausschau hielt. Ich wußte, daß Hegel auf seinen Reisen nach Flandern dort zweimal heimlich Platz genommen hatte. Aber ich hörte die Worte eines betenden Priesters, der aufstand, mir den Zugang zu verweigern. Er sagte: »Da ist nichts!«

Dietmar Kamper: Seltsamerweise denke ich bei der Arche mehr an den Anfang, an den Ursprung. Er ist seit langer Zeit kein Bauwerk, sondern der menschliche Körper. Er ist das Gedächtnis, er ist die Kontinuität. Die Menschen sind auf der ganzen Erde verbunden durch ihre Körper, nicht

Der Körper – die Arche

durch ihren Geist. Der Geist ist immer kleiner, er hat eine geschlossene Form. Die Kriege sind immer aus dem Kopf entstanden, nicht aus dem Körper. Die Arche ist vielleicht für die kommende Zeit nicht mehr das Symbol. Vielleicht ist es der Vogel, der fliegt, das hat man ja auch versucht. Wie ich überhaupt glaube, daß die Tiere, so schlecht ihr Ruf in unserer Gesellschaft ist, vielleicht weiter sind. Meine Tochter, die hochschwanger ist, hat mir jetzt gesagt: Die Tiere haben uns immer verstanden. Wir haben sie nie verstanden. Und ich sagte ihr: Das geht mir mit dem Körper auch so. Mein Körper versteht mich immer, aber ich verstehe meinen Körper nur selten. Das ist das Grundproblem, das ist Arche.

Tom Fecht: Die Arche ist vielleicht der Archetyp für das Hier und Jetzt. Ein schwimmender Raum stiftet ja immer nur Gemeinsamkeit auf Zeit. Nun, die Tiere sind drin. – Jetzt sind wir reif für eine Flasche Champagner.

Paul Virilio: Ich möchte nur einen Satz dazu sagen. Stellen Sie sich doch bloß einmal vor, wie wir hier zusammensitzen. Dietmar, den ich seit langem kenne, Tom, den ich seit kurzem kenne, und Sie, Barbara, die ich gerade erst entdeckt habe. In Millionen von Jahren haben Milliarden von Menschen gelebt, und die Komplexität der Geschichte hat sie miteinander verbunden. Nun sind sie nicht mehr da. Und nach uns werden in Millionen von Jahren Milliarden von Menschen leben. Und wir treffen uns hier. Was für ein Zufall – wir müßten uns lieben. Es ist ein Wunder. Das ist das Wunder, und es ist ein politisches Wunder. Es ist der Sinn selbst der Politik.

Es ist unerhört in dieser Zeit.

Tom Fecht: Paul Virilio und Dietmar Kamper, Paris 1998

Bernard Tschumi: »To really appreciate architecture ...« Questions of Space

Ralph Stern: Drei Ordnungssysteme des Raumes

> »It is surprising how long the problem of space
> took to emerge as a historico-political problem.«
> Michel Foucault

> »Letztendlich kam Narzissus aufgrund
> seiner Augen ums Leben.«
> Leonard Barkan

DREI ORDNUNGSSYSTEME DES RAUMES IN DER MODERNE
»Architekten reden immer wieder über den Raum. Meistens machen sie aber nur Objekte«[1], behauptet Herman Hertzberger. Der holländische Architekt hat recht: Architekten sind eher zum Objekthaften als zum Räumlichen geneigt. Dieses Zitat könnte man noch präzisieren: Wenn Architekten den Raum konzipieren, wird meistens der Raum selbst als Verkörperung wahrhafter Objektivität verstanden. Dagegen möchte ich postulieren, daß der architektonische Raum aus keiner Objektivität besteht, sondern durch den Menschen – das betrachtende Subjekt – selbst bestimmt wird. Demzufolge ist davon auszugehen, daß grundlegende Veränderungen seitens des Subjekts und seiner Wahrnehmungen den Raum selbst neu konstituieren. Dementsprechend stellt sich die Frage, ob das Subjekt und seine Wahrnehmung dauerhaft und stabil sind oder ob es von einem geschichtlichen Wandel geprägt oder gar diesem ausgesetzt ist.

Dieser Aufsatz widmet sich skizzenhaft der epistemologischen Basis der Wahrnehmung des Raumes. Er bezieht diese Problematik auf Ordnungssysteme, die ich als drei »Ordnungssysteme des Raumes« in der Moderne bezeichnen möchte. Die Anregung dieser Formulierung verdanke ich dem 1988 von der New Yorker Dia Art Foundation veröffentlichten Aufsatz Martin Jays: ›The Scopic Regimes of Modernity‹. Was der Kulturhistoriker Jay in seinem Aufsatz für das Thema des Sehens und der »Visualität« leistete, wird hier auf die Räumlichkeit bezogen. Insofern ein epistemologisches Verständnis der Wahrnehmung eine subjektive Wahrnehmung bedingt, wird mit der Geschichtlichkeit der Wahrnehmung sowohl bezüglich der Auffassung ihrer Subjektivität als auch ihrer Objektivität begonnen. Jay ist keineswegs der erste, der erörtert,[2] daß die der Neuzeit zu verdankende Auffassung der Moderne die menschliche Wahrnehmung fast ausschließlich mit dem Sehen verband. Prägend ist die Auffassung Michel Foucaults, daß die Kultur des Sehens die epistemologische Basis für die Kultur der Aufklärung bildete. Dieser Auffassung zufolge fungiert das Sehen als Bürge des Wissens selbst. Anhand des von Foucault übernommenen Konzeptes des Panoptismus soll die räumliche Auswirkung der Kultur des Sehens kurz erläutert werden. Diese Auffassung des Raumes wird hier als der Raum des Sehens bezeichnet. Diesem Konzept werde ich jedoch zwei weitere epistemologische Auffassungen des Raumes gegenüberstellen, die, um den Historiker und Philosophen Michel de Certeau zu zitieren, »jenseits der Sichtbarkeit« liegen. Somit werden sowohl der Raum des Handelns als auch der Raum der Sehnsucht kurz umrissen. Zum Schluß wird anhand kultureller Ausdrucksformen wie der Feste, Karnevale und Revolutionen erläutert, wie die drei Ordnungssysteme des Raumes im städtischen Leben ineinander übergehen. Die Spannung zwischen den unterschiedlichen Auffassungen des Raumes markiert den Bogen von einer Philosophie der Wahrnehmung zu einer des Ausdrucks, von einer der Figuralität zu einer der Diskursivität. Die Spannung könnte als diejenige bezeichnet werden, die zwischen Sehkraft und Sehnsucht zu finden ist.

WAHRNEHMUNG: OBJEKTIV ODER SUBJEKTIV?
Das Thema der Wahrnehmung wird oft, wenn auch nicht zwangsläufig, auf Theorien der Psychologie zurückgeführt. Manches, das dem Bereich der Psychologie zugeordnet wird, erklärt sich jedoch durch unsere biologischen Gegebenheiten. Zu den Kunsttheorien, die zu dieser Neigung tendieren, zählt insbesondere die Gestalttheorie:

> »Die Gestaltpsychologie ist als eine empirische Theorie zur Aufklärung der Leistungen der Wahrnehmung entwickelt worden. Ihr wichtigstes Prinzip ist, daß Wahrnehmung nicht als eine synthetische Leistung verstanden werden kann, der strukturlose Sinnesdaten unterworfen werden. Ihre wichtigste Verfügung mit anderen naturwissenschaftlichen Theorien ergibt sich aus der Neurologie, die nach Meinung der Gestalttheoretiker ohnedies dazu zwingt, Bewußtsein nicht von Bewußtseinsinhalten und von Gegebenheiten für Bewußtsein abgetrennt zu betrachten.«[3]

Ralph Stern

Zweifelsohne leistete die Gestaltpsychologie im Bereich des Erkennens der Form oder des Musters einen wichtigen Beitrag zum Verständnis der ästhetischen Wahrnehmung. Darunter fällt die Erkenntnis, daß das »Sehen« erst erfolge, wenn eine »Figur« vom »Grund« abzutrennen sei.[4] Viel weniger jedoch leistete die Gestaltpsychologie bezüglich der Erklärung zur Formierung von Werten, die üblicherweise mit den Konzepten der Vorstellungs- und Urteilskräfte verknüpft wird. Insofern unsere Wahrnehmungsapparate vorgegeben sind, ist davon auszugehen, daß für Kunsttheorien die Entschlüsselung der Wahrnehmungsapparate von geringer Bedeutung ist. Vielmehr wäre hier zu fragen: Was machen wir daraus? Selbst Ernst Gombrich – ein prominenter Kunsttheoretiker, der die Gestalttheorien befolgt – sieht hier deutliche Grenzen: »Während sich die Wahrnehmung spontan formiert, ist die Darstellung der Wirklichkeit, insofern sie wahrgenommen wird, eine Aufgabe ganz anderer Art. Sie kann nur in einer Abfolge von Experimenten mit der Wirklichkeitsdarstellung gelöst werden.«[5]

Experimente solcher Art gehören jedoch Weltanschauungen an, die vom Menschen selbst geschaffen sind. Somit müssen wir weniger im Bereich des Neurologischen als im Bereich des Anthropologischen und Kulturellen beginnen. Die auf Werte bezogenen Systeme sind geeignete Gegenstände einer Forschung, da sie grundlegende Fragen der Formierung kulturbedingter Wahrnehmung stellen. Historisch gesehen, könnte man diese auch mit klassischen Freiheitsfragen verbinden: Welchen Stellenwert hat die Freiheit der Vorstellungs- und Urteilskräfte des Individuums gegenüber der Gesellschaft? Obwohl es letztendlich nicht möglich ist, daß der Mensch sich aus dem hermeneutischen Kreis befreien kann, so wird er jedoch besser verstehen, warum er bestimmte Gegenstände wahrnimmt und für geeignet, gut oder gar eine Wahrheit hält und andere Gegenstände eher übersieht.

> »Wir sehen die Sachen selbst, die Welt ist das, was wir sehen: Formulierungen dieser Art sind Ausdruck des Glaubens, der dem natürlichen Menschen und dem Philosophen gemeinsam ist, sobald er die Augen öffnet; sie verweisen auf eine Tiefenschicht stummer Meinungen, die unserem Leben inhärent sind. Aber seltsam an diesem Glauben ist, daß wir – sobald wir versuchen, ihn als These oder Aussage zu formulieren, sobald wir uns fragen, was dieses Wir, dieses Sehen, das Ding oder die Welt sei, in ein Labyrinth von Schwierigkeiten und Widersprüchen geraten.«[6] [...] »Auf der einen Seite ist die Welt das, was wir sehen, und auf der anderen Seite müssen wir dennoch lernen, sie zu sehen. In diesem Sinne müssen wir das Sehen zunächst in Wissen überführen, wir müssen es in Beschlag nehmen und sagen, was dieses Wir, was dieses Sehen heißt.«[7]

Somit stellte der französische Phänomenologe Maurice Merleau-Ponty die Selbstverständlichkeit der wahrgenommenen Welt in Frage. Diese Frage beschäftigte jedoch nicht nur Philosophen, sondern auch Wahrnehmungspsychologen und Künstler. Wo liegt der Ursprung oder die Quelle der Wahrnehmung? Falls wir Merleau-Ponty folgen wollten, so bliebe zu fragen, ob der Mensch seine wahrgenommene Welt selbst erzeugt. Arthur Danto schreibt hierzu: »Abgesehen von unseren Repräsentationen der Welt, haben wir keinen Zugang zu ihr.«[8] Falls dies der Fall ist, wäre zu erörtern, ob unsere Repräsentationen biologisch oder gesellschaftlich bedingt sind, und weiterhin, ob sich die menschliche Wahrnehmung im Lauf der Zeit verändern kann. Die »skandalöse Idee, daß unsere Sinne eine Geschichte haben, ist einer der Prüfsteine unserer eigenen Geschichtlichkeit«, formulierte selbst Marx.[9] Ist es möglich, eine solche Geschichtlichkeit der Wahrnehmung nachzuvollziehen?

DAS SUBJEKTIVE SEHEN

Ein Topos des heutigen theoretischen Diskurses ist, daß unsere heutige Kultur eine fast exklusiv visuelle sei, eine Kultur, die vom Sinn des Auges beherrscht wird. »Die moderne Logik ist eine visuelle Logik. Deswegen muß sie im Rahmen der Bedingungen der visuellen Wahrnehmung umfaßt werden«,[10] erklärt die Kunsttheoretikerin Rosalind Krauss. Bereits in der ›Kritik der Urteilskraft‹ berichtet Kant über die reine Freude des Sehens. Ist das Sehen eine neutrale und eingeborene Fähigkeit des Menschen, oder lernen wir zu sehen? Der Kunsthistoriker Norman Bryson schreibt:

> »Wenn ich lerne, reden zu können, werde ich in Systeme des Diskurses eingefügt, die existierten, bevor ich existierte, und die existieren werden, nachdem ich nicht mehr existiere. Mir geht es ähnlich, wenn ich lerne, sehen zu können: Ich werde genauso in Systeme des visuellen Diskurses eingefügt, die die Welt vor mir sahen und die Welt weiterhin sehen werden, nachdem ich nicht mehr sehe. Um die visuelle Erfahrung für die Menschheit kollektiv zu orchestrieren, ist es erforderlich, daß jeder seine ›Netzhauterfahrung‹ einer sozial vereinbarten Beschreibung einer verständlichen Welt unterordnet. Das Sehen wird sozialisiert, danach werden alle

Drei Ordnungssysteme des Raumes

Abweichungen dieses sozialen Konstruktes meßbar und nennbar und somit unterschiedlich verstanden als ›falsch gesehen‹, Halluzination usw. Zwischen dem Subjekt und der Welt wird die gesamte Summe eines Diskurses eingefügt, die das Visuelle konstituiert und dieses kulturelle Konstrukt von der reinen Sehkraft unterscheidet.«[11]

In seinem Aufsatz ›The Scopic Regimes of Modernity‹ identifiziert Martin Jay nicht nur eine, sondern drei verschiedene abendländische »scopic regimes« oder »visuelle Ordnungssysteme«. Erstens das vertraute perspektivische,[12]

»Scena della Festa Teatrale« - Giuseppe Galli da Bibiena, Architetture e prospettive (1740).

zweitens das System des nichtperspektivischen »mapping«, das Svetlana Alpers der niederländischen Kunst zugeschrieben hat,[13] und drittens die Flut der Bilder, die mit dem Barock assoziiert wird.[14] Während das Zeitalter des Barocks eher mit einer haptischen Wahrnehmung verbunden wird, nahm die lineare Perspektive die Entwicklung des isotropen und geometrisierten Raumes der Moderne vorweg. Die Perspektive Brunelleschis und Albertis beschreibt und symbolisiert »die Harmonie zwischen den mathematischen Regelmäßigkeiten der Optik und dem Willen Gottes«.[15] Auf wissenschaftliche Art und Weise konnte der »dreidimensionale und rationalisierte Raum der albertianischen Perspektive«[16] auf einem zweidimensionalen Blatt dargestellt werden. Während im Mittelalter die Welt als heiliger Text verstanden wurde, als ein Text, der zu interpretieren war, werden in der Moderne die konstituierenden Elemente der Welt eher als »natürliche Gegenstände einer raum-zeitlichen Ordnung«[17] begriffen: eine Ordnung, die nur durch die »neutrale und distanzierte Betrachtung des Forschers«[18] zu entschlüsseln sei. Somit wird behauptet, daß das Erzählerische und das Rhetorische, die bis dahin die Wahrheitskriterien der Welt vermittelten, durch das Visuelle ersetzt wurden. Wahrheit ist für die Moderne mit dem Sehen nicht nur verknüpft, sondern wird mittels des Sehens gewährleistet.

Leider liefert das Auge nicht immer die erwünschten und zuverlässigen »Wahrheitsberichte« der äußeren Welt. Wir wissen, daß das Sehen selbst täuschen kann. Als beispielhaft für solche Täuschungen, die auf dem Körper beruhen, wurden im 19. Jahrhundert Netzhautbilder erforscht. Solche Bilder vermitteln den Eindruck, daß etwas tatsächlich »gesehen« wird, obwohl das Netzhautbild vom Körper selbst produziert wird. Geschehnisse solcher Art haben die Aufrichtigkeit des Konzeptes eines transzendenten – im Sinne eines ahistorischen und akulturellen – Betrachters in hohem Maß problematisiert. In ›Die Techniken des Betrachters‹ weist Jonathan Crary auf den Anfang des 19. Jahrhunderts als den spezifischen Beginn einer Betrachtungsweise hin, die das Subjekt als wissenschaftlich betrachtetes Objekt begreift. Zwischen 1810 und 1840 wurde sowohl die Frage der Geschichtlichkeit der subjektiven Wahrnehmung als auch die entsprechende Fragestellung bezüglich der Bedingungen einer Entstehung und Neu-Entstehung der Wahrnehmung systematisch erforscht. Die »Wahrheit des Sehens« wurde im Körper lokalisiert und in Abhängigkeit von der physiologischen Zusammensetzung des Körpers konzipiert. Die Formierung des Beschaffenseins des Betrachters stellte sich in den Vordergrund, und dementsprechend wurde das Sehen selbst zunehmend als willkürlich begriffen. Gegen 1860 zeigte sich eine epistemologische Krise bezüglich der Fundamente unseres Wissens, die sich mit der Frage beschäftigte: Wie kann ein wahres Wissen gewährleistet werden, wenn wir von unseren Wahrnehmungsapparaten allein abhängig sind? Eine detaillierte Erörterung dieser Krise ist im Rahmen dieses Aufsatzes nicht zu erbringen, es soll jedoch bemerkt werden, daß – unter anderen – die zu diesem Zeitpunkt entstandenen Wahrnehmungsrecherchen die Entwicklung neuer Künste wie des Impressionismus und des Pointillismus ermöglichten.[19] Während solche Neuerungen als positiv zu bewerten sind, gibt es jedoch auch einen eher finsteren Aspekt der

Ralph Stern

Traité des Practiques Géométrales et Perspectives von Abraham Bosse, 1665 (Radierung)

wicklung des Tele- und Mikroskops, des Freilegens der archäologischen Vergangenheit und der Entdeckung der »neuen Welt« wurden die neu gewonnenen Wissenskenntnisse buchstäblich durch das Sehen transportiert. Darüber hinaus postulierte Descartes, daß das Wissen selbst durch das »Sehen des inneren Auges« vermittelt wird. Dieser Rationalitätsauffassung zufolge ist es notwendig, daß die von uns zu verarbeitenden Informationen der Außenwelt vor dem cartesianischen Konstrukt des inneren Auges vorübergleiten müssen. Um dem »inneren Auge« wahrhafte Sinnesinformation zu liefern, so Descartes, funktioniere das Auge selbst wie die Camera Obscura: ein mechanisches Instrument, das die Objektivität der Sinnesinformation gewährleistet.[21] Im weiteren Sinne des Wortes wurde das Auge zum Analogon des metaphysischen Auges Gottes erhoben: Man sieht so, wie Gott selbst sieht. Man versuchte weniger, sich das Sagen Gottes anzueignen (wie vielleicht in der Tradition der katholischen Kirche oder in der politischen Auffassung des Absolutismus), vielmehr wurde versucht, die eigene Position durch das Sehen der Wahrnehmung Gottes anzugleichen.

Zu Beginn der Neuzeit wurde der Wissensanspruch zum Universalen erhoben. Vor allem wurden die Neuentdeckun-

Entwicklung der Modernität –, die Crary als die »Neu-Entstehung der Wahrnehmungserfahrung« definierte –, und diesem Aspekt wenden wir uns jetzt zu.

DAS OBJEKTIVE SEHEN

Die Begrifflichkeit der Aufklärung lautet: Belehrung, Wissensvermittlung, Erkundung.[20] Die Epoche, die als die der Aufklärung bezeichnet wird, setzte bereits im 17. Jahrhundert in England und Frankreich und im 18. Jahrhundert in Deutschland ein. Sie ist die Epoche des aufsteigenden Bürgertums und die der entsprechenden Emanzipationsprozesse: die Emanzipation von Feudalabsolutismus und Kirche. Im Licht der Vernunft wurde das innewohnende Recht dieser beiden Institutionen geprüft, analysiert und meist verabschiedet. Der Fortschritt des Wissens ersetzte die Aufrechterhaltung alter Machtstrukturen als treibende Dynamik der europäischen Gesellschaft. Aufgrund der Ent-

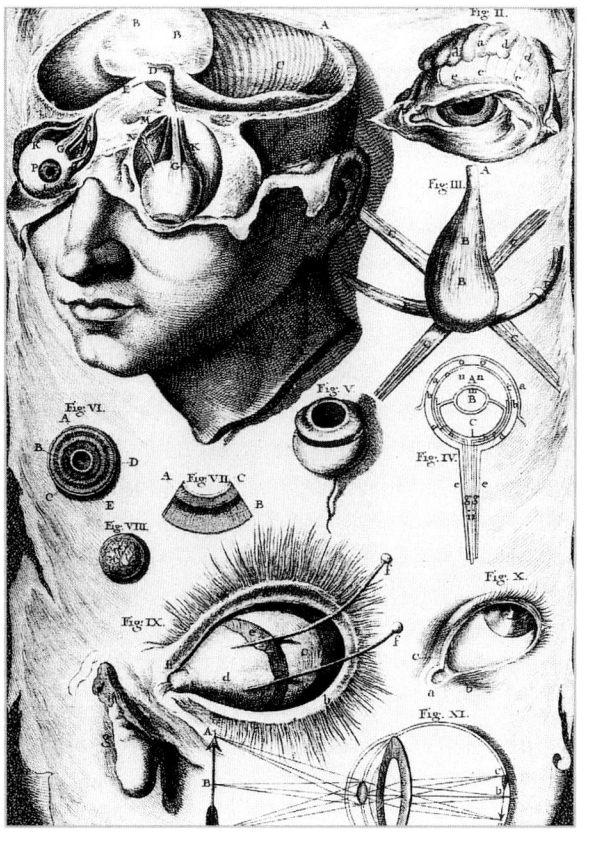

»Das Auge des Menschen ein Werk Gottes«, Physica Sacra, Tafel DXXXVIII, Johann Jakob Scheuchzer, 1732-37

Drei Ordnungssysteme des Raumes

gen gesammelt, systematisch organisiert und – in Instrumentarien wie Enzyklopädien – kategorisiert. Das Vermitteln von Wissen sollte nicht mehr durch die älteren, geheimnisvollen Institutionen wie die Zünfte erfolgen. Demzufolge schuf die Aufklärung neue Institutionen wie Museen, Bibliotheken, Schulen, Universitäten, Krankenhäuser und Gefängnisse. Durch die neuen Institutionen wurden die neu gewonnenen Kenntnisse der Hygiene und Pädagogik zur Erziehung einer fortschrittlichen Gesellschaft angewandt. Zusammen mit den neuen Sozialeinrichtungen wurden die mechanischen Komponenten der Naturwissenschaften instrumentalisiert, und setzte die erste von zwei »Revolutionen«, die industrielle, in Gang. Die zweite, die Französische, folgte kurz danach. Beide Revolutionen haben neue Wahrnehmungen der Zeit und des Raumes eingefordert.

DER AUFSEHER

In ›Überwachen und Strafen: Die Geburt des Gefängnisses‹ postulierte Michel Foucault folgendes: Bezüglich gesellschaftlicher Strukturen hat die industrielle Revolution gewaltige organisatorische Probleme ausgelöst. Massenhaft mußten Menschen mobilisiert und zu neuen Zwecken eingesetzt werden, und der neue Arbeitstakt benötigte eine veränderte Wahrnehmung von Zeit und Zeitabschnitten. Der Tag, der die Rhythmen der Jahreszeiten bis zur industriellen Revolution bestimmte, wurde in Stunden unterteilt, deren Genauigkeit durch die neu erfundene mechanische Uhr gewährleistet wurde. Arbeiter, die das rationalisierte Zeitregime nicht annehmen konnten, wurden als unproduktiv oder gar irrational bezeichnet und von der Gesellschaft, die zunehmend von ökonomischen Werthaltungen geprägt war, ausgeschlossen. Im Notfall dienten die Irrenanstalten und Gefängnisse zur Verbüßung der Strafe. Foucault geht jedoch weiter und argumentiert, daß alle Aufklärungsinstitutionen wie »Disziplinar-Institutionen« funktionieren.

Im Vorhergesagten wurde erläutert, daß der Wissensanspruch der Aufklärung ein universaler war. Die Prinzipien der Naturwissenschaften galten als grundlegend und zeitlos; der Mensch wurde als rationelles Wesen konzipiert. Kant postulierte die Ethik der Menschheit als kategorischen Imperativ: für alle, an allen Orten und zu jeder Zeit gültig. Ein halbes Jahrhundert später problematisierte Marx den universalen Menschen der früheren Aufklärung, indem er ihn in eine Klassenstruktur einfügte. Dazu kam ein Klassenbewußtsein, das eine auf Klassen bezogene Wahrnehmung benötigte. Foucault postuliert jedoch ein wesentlich differenzierteres »Macht- und Wissensverhältnis«, das sich auf autonome Institutionsstrukturen bezieht. Obwohl die verschiedenen Institutionen, seien sie Gefängnisse oder Universitäten, relativ eigenständig funktionierten, vertritt Foucault die Auffassung, daß sie alle wie auch die Naturwissenschaften selbst den im übertragenen Sinne transparenten und überschaubaren »Raum« der Aufklärung übernahmen. Foucault stellt sich »das Gebiet der moderne Episteme« als »einen voluminösen und nach drei Dimensionen geöffneten Raum«[22] vor. Die Figur, dieser Raum, wird in dem Panopticon Jeremy Benthams als eine architektonische konkretisiert.

DER RAUM DES AUFSEHERS

1787 schrieb Jeremy Bentham seinen Aufsatz ›Das Panopticon oder das Untersuchungshaus‹, der eine architektonische Form thematisiert, die normalerweise mit dem Gefängnis assoziiert wird. Benthams Aufsatz hat jedoch einen einleuchtenden Untertitel: Die Idee eines neuen Prinzips der Konstruktion, das sich auf jedes Etablissement anwenden läßt, in dem Personen jeder Art unter Beobachtung stehen: insbesondere (unter anderen) Gefängnisse, Arbeits-, Kranken-, Armen- und Irrenhäuser sowie Schulen. Das Panopticon ist so organisiert, daß jeder zu jeder Zeit überschaubar und hörbar ist. Der Aufseher okkupiert den zentralen Punkt jener Anstalt und ist zudem der einzige, der nicht zu sehen ist. Von den Insassen soll er nicht gesehen werden, da es evident wäre, wenn dieser menschliche Aufseher in eine andere Richtung sieht, denn dies würde dem Prinzip der ständigen Beobachtung widersprechen. Aufgrund dessen wird der Aufseher in einer verdunkelten Kammer plaziert,

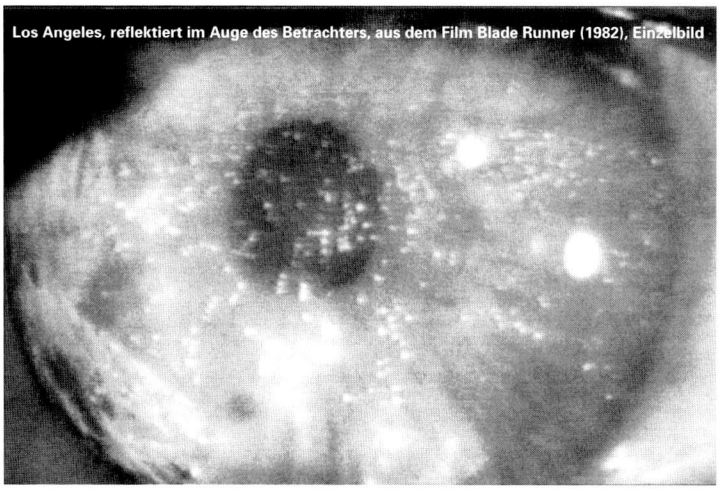
Los Angeles, reflektiert im Auge des Betrachters, aus dem Film Blade Runner (1982), Einzelbild

um den Insassen den Eindruck zu vermitteln, daß sie immer beobachtet werden. Somit wird das »Licht der Vernunft« zum dunklen Punkt der Macht gewandelt. Foucault stellt dieses pessimistische Bild des Überwachungsraumes als Sinnbild der »Disziplinargesellschaft« der Aufklärung vor. In seinem Buch ›City of Quartz‹ schildert Mike Davis solche Überwachungsstrategien am Beispiel von Los Angeles. Hierin beschreibt Davis die Kameraüberwachung von Shopping Malls, Straßen und ganzen Wohngegenden. Er dokumentiert aktuelle Sicherheitsvorschläge, nach denen wertvollen und leicht entführbaren Gegenständen wie Autos oder auch kleinen Kindern Computerchips implantiert werden können, um sie von Militär- bzw. Aufklärungssatelliten überwachen zu lassen. Nie schlafend und fest in der synchronisierten Laufbahn, rückt das Auge des Menschen dem Auge Gottes immer näher.

JENSEITS DER SICHTBARKEIT: DER RAUM DES HANDELNS

Michel de Certeau teilt die Auffassung von Foucault (und Davis) nicht. In der ›Kunst des Handelns‹ schildert er, daß der Raum von solchen Überwachungsstrukturen befreit werden könne, und das einfacher, als Foucault es sich vorstelle. Certeau führt aus, daß die Sozial- bzw. Alltagspraktiken sich verräumlichen und sich nicht innerhalb eines repressiven »Rasters der Sozialkontrolle« lokalisieren lassen. Als Beispiel liefert er zwei Betrachtungen aus New York.

> »Der Wille, die Stadt zu sehen, ist den Möglichkeiten seiner Erfüllung vorausgeeilt. Die Malerei der Renaissance zeigte die Stadt aus der Perspektive eines Auges, das es damals noch gar nicht gab. Die Maler erfanden gleichzeitig das Überfliegen der Stadt und den Panoramablick, der dadurch möglich wurde. Bereits diese Fiktion verwandelte den Betrachter in ein himmlisches Auge. Sie schuf Götter.«[23]

> »Von der 110. Etage des World Trade Center sehe man auf Manhattan. Unter dem vom Wind aufgewirbelten Dunst liegt die Stadt-Insel. Dieses Meer inmitten des Meeres erhebt sich in der Wall Street zu Wolkenkratzern und vertieft sich bei Greenwich; bei Midtown ragen die Wellenkämme wieder empor, am Central Park glätten sie sich und jenseits von Harlem wogen sie leicht dahin. Eine Dünung aus Vertikalen. Für einen Moment ist die Bewegung durch den Anblick erstarrt. Die gigantische Masse wird unter den Augen unbeweglich.«[24]

> »Die gewöhnlichen Benutzer der Stadt aber leben ›unten‹, jenseits der Schwellen, wo die Sichtbarkeit aufhört. Die Elementarform dieser Erfahrung bilden die Fußgänger, die Wandersmänner, deren Körper dem mehr oder weniger deutlichen Schriftbild eines städtischen ›Textes‹ folgen, den sie schreiben, ohne ihn lesen zu können. Diese Stadtbenutzer spielen mit unsichtbaren Räumen. [...] Muß man wieder in den finsteren Raum zurückfallen, in dem sich die Massen bewegen, die – sichtbar von oben – dort unten nicht sehen?«[25]

Nightview © Berenice Abbott 1932

Wie de Certeau kritisiert der Soziologe Pierre Bourdieu die Vorstellung Foucaults, indem er die Position des Betrachters vom zentralen Punkt des Panoptismus verlagert.

Die von der Gesellschaft autorisierten Betrachter, die die Gesellschaftsstrukturen interpretieren und als Planer die Interpretationen als eine Art sozialer Kartographie implementieren möchten, werden von Bourdieu in einer Position außerhalb der Bedingungen des Alltags lokalisiert. In diesem Verhältnis zum Betrachteten übersehen die Betrachter

Drei Ordnungssysteme des Raumes

viel von dem, was im Alltag vorkommt. In ›Überwachen und Strafen‹ konzipiert Foucault dagegen den Panoptismus in einer Weise, in der kein »Außerhalb«, sei es für den Betrachter oder für den Betrachteten, möglich ist. Die gesamte Gesellschaft wird von den »überwachenden« Strukturen durchdrungen, und letztendlich werden die Strukturen selbst verinnerlicht. Um die Verinnerlichung zu verdeutlichen, verglich Foucault unsere Aufklärungskultur mit der Antike, die eine »Zivilisation des Schauspiels gewesen war«.[26] Mit dem »Schauspiel dominierten die öffentliche Lebensweise, die Intensität der Feste, die sinnliche Nähe«.[27] Statt dessen befinden wir uns »eingeschlossen im Räderwerk der panoptischen Maschine, das wir selber in Gang halten – jeder ein Rädchen«.[28] Gefangen in einem »endlos weit gespannten und unendlich eng geknüpften Netz der panoptischen Verfahren«[29] existiert für uns kein »Außerhalb«.

Im Gegensatz zum Konzept eines »Innerhalb« und eines »Außerhalb« sucht de Certeau nach möglichen Lücken im scheinbar lückenlosen Netz der homogenen Gesellschaftsstruktur. Die Lücken sind in der Diskrepanz zwischen den Repräsentationen, den abstrahierten Darstellungen von Glauben und Praktiken und den alltäglichen Praktiken selbst zu finden. Obwohl ein herrschendes System seine Herrschaft bewahrt, behauptet de Certeau, daß genau in den Lücken neue Arten von Räumen konzipiert und »eröffnet« werden können. Das Verhältnis zwischen den Lücken und der dominanten Struktur kann als parasitär konzipiert werden: Die Terminologie de Certeaus beruht auf Begrifflichkeiten wie Ablenkung, Umlenkung, Umkehrung, Bekehrung und Umdrehung.[30] Ein Widerstandspotential gegenüber der repressiven Ordnung des Panoptismus wird jedoch artikuliert. Es wird argumentiert, daß die Ordnungsstrukturen, die die Sozialwissenschaften den Alltagspraktiken aufzwingen, die tatsächliche Heterogenität dieser Praktiken zugunsten der Homogenität einer Interpretationsstruktur verfälschen und daß diese Verfälschung selbst einen taktischen, wenn nicht strategischen Handlungsraum ermöglicht. Während Foucault die Überwachung als lückenlos betrachtet, behauptet de Certeau, daß die strategischen Ansätze eines Herrschaftssystems nie so lückenlos seien, daß man sie nicht taktisch konterkarieren könne.

De Certeau sucht nach den Instrumentarien, die ein Taktieren ermöglichen, die das Gewicht von repressiven Strukturen verschieben können. Er findet diese in der Sprache der Listen und der Verschiebungen. Dies sind die Taktiken, die die Umwidmung der Bedeutungen des Diskurses einer ständischen Gesellschaft in die Bedeutungen einer »populären« Kultur ermöglichen. Durch die Umwidmung eines offiziellen Diskurses gewinnen die Alltagspraktiken gegenüber den Herrschaftssystemen ihre eigene Opazität. Die räumliche Einschreibung solcher taktischen Manöver bedingt den Raum des Handelns.

JENSEITS DER RATIONALITÄT: DER RAUM DER SEHNSUCHT
Zwei Arten von Raumauffassungen sind jetzt umrissen worden: der starre, sichtbare, überschaubare Raum des Sehens einerseits und der fließende, unsichtbare, unüberschaubare Raum des Handelns andererseits. Obwohl Foucault den Panoptimus als negative Konkretisierung der räumlichen Einschreibung des Sehens konzipierte, wird jedoch die Vorstellung einer reinen Visualität mit anderen räumlichen Strukturen oder Topographien verbunden. De Certeau beschrieb New York als ein »Meer inmitten des Meeres«. Das Meer selbst – wie auch zu einem gewissen Grad die Wüste[31] – hatte eine zentrale Bedeutung für die Moderne: sei es in der Literatur (Melvilles ›Moby Dick‹, Conrads ›Lord Jim‹), in der Malerei (von Turner zu Monet), in der Philosophie (›Tausend Plateaus‹ von Deleuze und Guattari) oder als notwendiger Gegenpol zur corbusianischen Formulierung der Architektur als Dampfschiff. Rosalind Krauss schreibt:

> »Für den Modernismus ist das Meer eine besondere Art des Mediums, und dies aufgrund seiner perfekten Abgeschiedenheit, seines Abstands vom Sozialen, seines Gefühls der Selbst-Einfriedigung und, vor allem, seiner Öffnung auf eine visuelle Fülle, die irgendwie pur und verstärkt ist und zugleich eine endlose Weite und Gleichheit anbietet, die sich ins Nichts – in einen Nicht-Raum des Sinnesentzuges – ausglättet.«[32]

Es könnte hier jedoch der Einwand erhoben werden, daß das Meer auch als ein Raum des Handelns zu betrachten sei. Fredric Jameson beschreibt das Meer sowohl als »eine Strategie der Eindämmung als auch als Ort des seriösen Geschäfts. Das Meer ist eine Grenze und ein dekoratives Limit, es ist aber auch eine Autobahn.«[33] Ob Nichtraum oder Geschäftsraum, das Meer bleibt im wesentlichen überschaubar und unendlich. Erst im dunklen Inneren eines Schiffes finden wir eine andere Art von Raum. Dieser Raum ist der dritte der Triade, und auf ihn möchte ich jetzt weiter eingehen.

Ralph Stern

Der Architekturhistoriker und Kritiker Anthony Vidler spricht von einer »doppelten Sichtweise« der Aufklärung, in der »der Moment, der die Schaffung der ersten überlegten Politik des Raumes erblickte, die auf den wissenschaftlichen Konzepten des Lichts und der Unendlichkeit basierten, zugleich und in der gleichen Epistemologie die Schaffung einer Phänomenologie des Raumes erblickte, die auf der Dunkelheit basiert«.[34] Beispielhaft für die Umkehrung der Aufklärungsideale und das Exponieren ihrer »Unterseite« ist die »Architektur der Schatten«[35] Etienne-Louis Boullées. Obwohl Boullée üblicherweise als Propagator einer leeren und homogenen Architektur rezipiert wird, verfolgt Vidler die Spuren eines anderen Verständnisses und zitiert die folgende Passage aus Boullées Essay ›Architektur – Abhandlung über die Kunst‹:

> »Als ich mich einmal auf dem Lande aufhielt, ging ich entlang einem im Mondschein liegenden Wald. Mein im Licht entstandener Schatten nahm meine Aufmerksamkeit gefangen. [...] Ich erblickte damals die düsteren Seiten der Natur. [...] Ich suchte nach einem Projekt, das aus der Wirkung der Schatten entstehen würde.«[36]

Obwohl Boullée seinen Eindruck als Anlaß für eine »neue Art der Architektur«,[37] die als Monument dem Tod gewidmet werden sollte, reservierte, kombiniert Vidler die Überlegungen Boullées mit den allgemeinen Interessen des 19. Jahrhunderts für Keller, Kerker und Katakomben. Dieser Kategorie können sowohl die Carceri Piranesis als auch die spätere Faszination für Abwasserkanäle[38] sicherlich zugeordnet werden. Solche Räume sind die Kennzeichen einer unsichtbaren Welt, in der solche »dunklen Räume«[39] als Metapher für »all die möglichen Unterminierungen des körperlichen und sozialen Wohls des Bürgertums«[40] zu verstehen seien. Die Aufklärung, betrachtet als Lokus der Rationalität, tabuisierte die Irrationalität. Obwohl verdrängt, konnten die Spuren des Irrationalen jedoch nicht ganz verwischt werden. Sie spukten durch die Gänge des Panopticons. Die Zelle, Bestandteil des rationalisierten Gefängnisses, die letztendlich von Le Corbusier als ideales »Heim« übernommen wurde, kehrte ins Unheimliche wieder zurück.

Der dunkle Raum ist eher der Raum des Verbrechers oder all derer, die von einer disziplinierten Gesellschaft als solcher betrachtet werden. In bezug auf die oben erwähnten Schiffe, die sich auf dem leeren und homogenen Meer bewegen, ist der Raum »unter Deck« der der Meuterer. Er ist der Raum, der allgemein »unterhalb« liegt und weniger mit der Bewegung des Körpers als mit der Körperlichkeit des Körpers verknüpft wird. Letzten Endes wird der Körper selbst als politische Macht wieder eingeführt: eine Macht, die als Gegenpol zur Macht des Staates zu verstehen ist. In den Texten der Architekturtheorie verdrängt,[41] kommt dieser Raum eher in der Literatur selbst vor. Er ist jedoch kein literarischer Raum, sondern der Raum der Erotik. Dieser Raum schafft seine eigene und getrennte Welt: unter den Decken, unter der Straße, unter dem Äquator,[42] unter der Erde[43] und unter dem Bewußtsein. Politisch gesehen ist er der Raum des Untergrundes, während er, existentiell gesehen, der Raum der Geburt und der Raum des Todes ist.[44]

SCHWELLEN AUFGEHOBEN: DAS FEST

Am Anfang dieses Aufsatzes bezog ich mich auf die drei »Scopic Regimes«, drei visuelle Wahrnehmungsweisen der Modernität. Daraufhin wurden die drei Arten der räumlichen Wahrnehmung geschildert: der Raum des Sehens, der Raum des Handelns und der Raum der Sehnsucht. Dieses Muster bietet drei unterschiedliche Ordnungs- und Interpretationsmöglichkeiten der rohen Sinneinformation bezüglich der Wahrnehmung des Raumes an. Räumlich

»Monument sépulcral, coupe général passant par le monument principal«
2. Preis der Grand Prix: 1785, (Ausschnitt), Pierre-François-Léonard Fontaine

Drei Ordnungssysteme des Raumes

sind die unterschiedlichen Raumauffassungen jedoch nicht unbedingt voneinander zu trennen. Raum wird ständig geschaffen, in Besitz genommen und wieder aufgelöst, während die Wahrnehmung des Raumes unterminiert, überlagert, angefochten wird. In der ›Geburt der Klinik‹ schreibt Foucault, daß das strenge Parzellieren das Kennzeichen des modernen, kontrollierbaren Raumes sei. Um die Übertragung von Krankheiten zu verhindern, wurde dieses Konzept der räumlichen Abgrenzung erst aufgrund der Pest formuliert und danach eingehalten und fortgesetzt, indem die Gefängniszelle selbst eingesetzt wurde, um die Übertragung von »moralischen Krankheiten« zu verhindern. Streng eingehaltene Grenzen können sowohl als Metapher als auch als Kennzeichen des kategorisierenden Impulses der Aufklärungswissenschaften verstanden werden. Die Grenzen des Handelns und der Sehnsucht sind jedoch flexibel und tendieren zu sogenannten Grenzüberschreitungen. Wenn die normalerweise eingehaltenen Grenzen nach rituellen Gesetzmäßigkeiten überschritten werden, wurde dieser Akt als Fest oder Karneval bezeichnet, wenn nicht als Aufstand oder Revolution. Somit konnte visualisiert oder gar konzipiert werden, daß der Karneval und das Fest, sogar das Revolutionsfest, eher »horizontal« verlaufen: Sie überschreiten Grenzen oder setzen neue, temporäre Grenzen innerhalb eines Systems, ohne das System ganz in Frage zu stellen. Die Kulturhistorikerin Mona Ozouf schrieb, daß »der wesentliche Aspekt der räumlichen Zusammenstellung der Revolutionsfeste aus dem Privileg besteht, das der Horizontalität geschenkt wird«.[45] Dagegen verläuft eine Revolution selbst eher vertikal: vertikal, um eine neue Horizontalität zu etablieren.[46] Sie kommt eher von »unten« und will das »Oben« stürzen. Sie überschreitet Grenzen zwischen Systemen und stellt diese grundsätzlich in Frage. Fest, Karneval und Revolution gehen öfter ineinander über. Die Zusammenhänge zwischen Fest, Revolution und Ritus sind in bezug auf räumliche Einschreibungen vielfältig. Die Festsetzung eines Zentrums während einer Stadtgründung,[47] die Umschreibung von Grenzen während einer Wallfahrt[48] und die allgemeine Aufhebung von Raum und Zeit während Initiationsriten[49] sind Beispiele, die von anderen ausführlich recherchiert wurden. In diesem Aufsatz möchte ich mich jedoch umrißhaft auf die Strukturen von Karnevalen und Revolutionen beschränken.

In ›Städtische Kultur in Italien zwischen Hochrenaissance und Barock‹ schreibt der Historiker Peter Burke über den Karneval Venedigs:

»[...] die Tausende von Maskierten, die zum größten Teil am Markusplatz herumliefen [...] Boccaccio erwähnt als Bären oder wilde Männer Verkleidete [...] später trifft man auf Frauen, die sich als Männer verkleideten; oder man trat als Mitglied einer Geißler-Bruderschaft oder als Doge mit Gefolge auf. [...] Könige, Bettler, Bauern, Narren, Türken und Juden, mit langen Nasen und manchmal weinend dargestellt. [...] Was hat das alles zu bedeuten? Die Karnevalszeit galt in Venedig wie auch anderswo als eine Zeit ›allgemeiner Freiheit‹. Es war eine ›verkehrte Welt‹ (Goldoni) [...] in der das Haus eines Venezianers nicht länger seine Burg war. ›Alle Orte waren jetzt zugänglich, man durfte überall eintreten.‹«[50]

Grenzen zu überschreiten, »sich den Bauch vollzuschlagen, sich sexuell auszutoben und in ritualisierten Aggressionen zu üben«[51] waren die erlaubten Ausdrucksformen des Karnevals. Diese Zeit der »allgemeinen Freiheit einer verkehrten Welt« hat jedoch andere Ausdrucksformen und Bedeutungen, die weit über die bloße Vernachlässigung normaler Sozialgesetzregeln hinausgehen. In Frankreich gab es, so schildert Michail Bachtin in ›Rabelais und seine Welt: Volkskultur als Gegenkultur‹, um 1500 »Diablerien«, die:

»[...] der volkstümlich-festliche Marktplatzteil der ›Mysterienspiele‹ waren. Den Teufeln aus der Diablerie war es gewöhnlich vor den Mysterienspielen gestattet, oft mehrere Tage lang kostümiert durch die Stadt und die umliegenden Dörfer zu ziehen [...] Die kostümierten ›Teufel‹ fühlten sich zu einem gewissen Grad von den allgemeinen Tabus ausgenommen [...] und da sie sich im gesetzlosen Raum wähnten, verstießen sie häufig gegen das Eigentumsrecht und bestahlen die Bauern [...] Die Teufel handelten und redeten im Gegensatz zur offiziellen christlichen Weltanschauung, dazu waren sie schließlich Teufel.«[52]

»Die äußere Freiheit der volkstümlich-festlichen Formen war nicht zu trennen von ihrer inneren Freiheit und ihrem positiven philosophischen Gehalt. Sie boten einen neuen positiven Aspekt der Welt und gaben gleichzeitig das Recht auf dessen ungestraften Ausdruck [...] Die Renaissance suchte nach Konventionen und Formen, die eine extreme Freiheit und Offenheit in Gedanken und Wort ermöglichten und rechtfertigten [...] Offenheit verstand man natürlich nicht nur im subjektiven Sinn, als ›Aufrichtigkeit‹, ›Wahrhaftigkeit‹, ›Intimität‹, usw., es ging um die objektive, das ganze Volk betreffende, laute Offenheit auf dem Marktplatz.«[53]

Ralph Stern

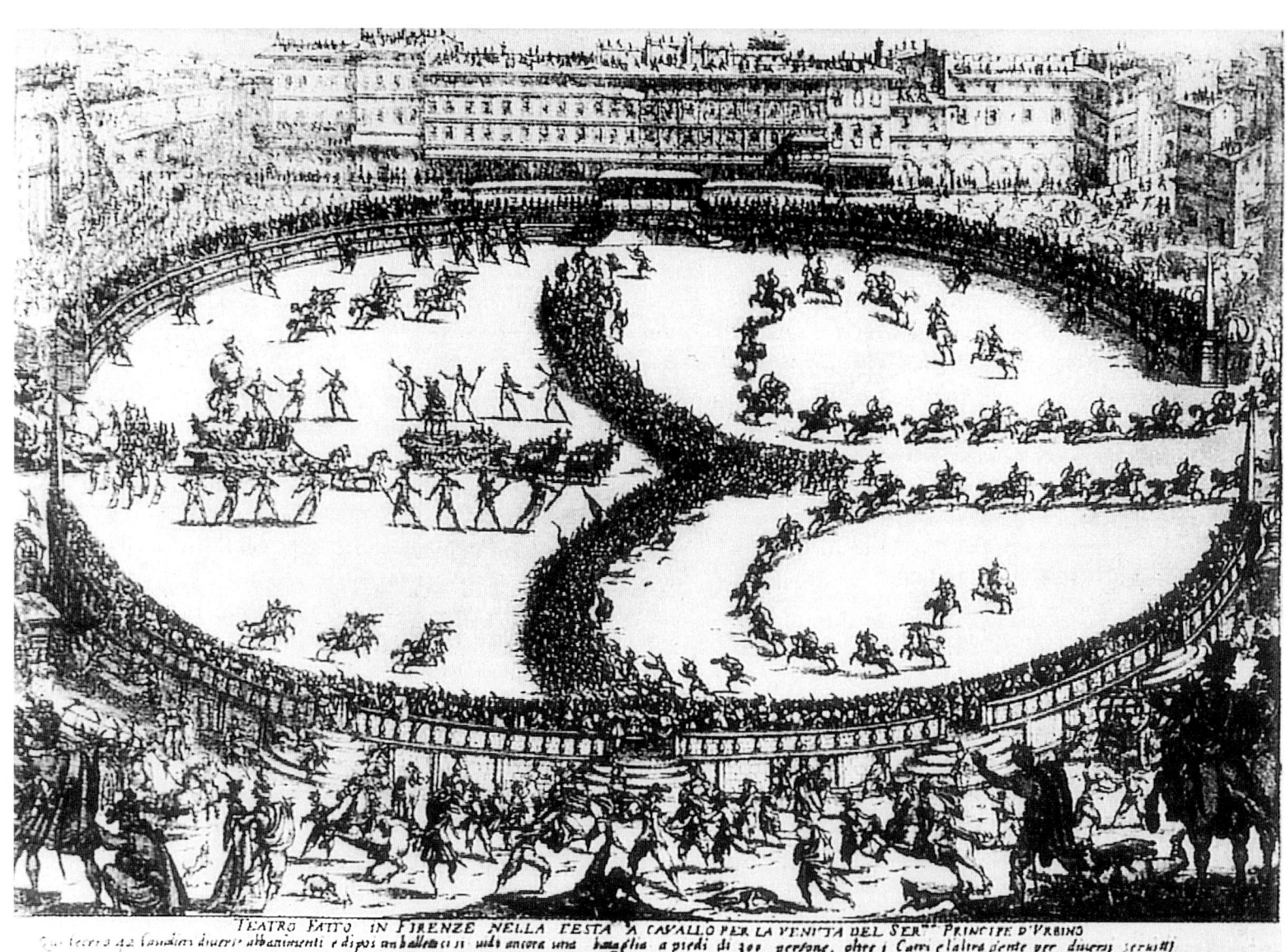

Jacques Callot: »Der Festplatz« im Rahmen des Florentiner Hoffestes · »Der Krieg der Schönheit«, 1616

Drei Ordnungssysteme des Raumes

Jacques Callot: »Das Defilée: die afrikanischen und asiatischen Wagen« im Rahmen des Hoffestes · »Der Liebeskrieg«, 1616

»Gedanke und Wort suchten hinter dem sichtbaren Horizont der herrschenden Weltanschauung eine neue Realität. Man stellte Worte und Gedanken mit Absicht auf den Kopf, um zu erfahren, was sich hinter ihnen verbirgt, wie ihre Rückseite aussieht. Man suchte eine Position, von der aus man die Kehrseite der herrschenden Denkformen und der herrschenden Werte sehen konnte und von der aus man die eigene Situation in der Welt auf neue Art wahrnehmen könnte.«[54]

Somit kann eher begriffen werden, was die vorhin von Foucault erwähnte »Intensität der Feste« zu bedeuten hatte. Die »Offenheit des Marktplatzes« ermöglichte die Umkehrung der herrschenden Weltanschauungsformen. Feste haben den öffentlichen Raum des Marktplatzes nicht nur neu belegt, sondern auch neu gestaltet. Festarchitektur als Ausdrucksform einer räumlichen Verkehrung hat einen wichtigen Stellenwert in der Architekturgeschichte von den Zirkussen der Antike bis zu den heutigen Inszenierungen wie Christos Verhüllung des Berliner Reichstags. In ›Festarchitektur: Der Architekt als Inszenierungskünstler‹ wies Werner Oechslin[55] nach, daß in der Renaissance Kunst und Fest explizit verknüpft wurden, und letzteres,

> »[...] durch die zunehmende Virtuosität der architektonischen Festapparate ausgezeichnet, verschafft aber auch gleichzeitig und in ebenso steigendem Maße den für den Künstler notwendigen Freiraum [...] Die architektonische Leistung wird in der Festbeschreibung und in der aufwendigen Festpublikation gewürdigt, festarchitektonische Entwürfe finden Eingang ins architektonische Repertoire [...].«[56]

Letzten Endes kann Festarchitektur als »Experimentierfeld der gebauten Architektur«[57] verstanden werden. Darunter können sowohl die experimentellen Projekte der Weltausstellungen des 19. und 20. Jahrhunderts als auch die konstruktivistischen Ansätze der Revolutionsarchitektur Rußlands eingeordnet werden.

Wir müssen jedoch fragen, inwiefern sich Foucaults »Gesellschaft des Schauspiels«, in der sich die Feste verwirklicht hatten, von Guy Debords Konzeption einer modernen »Gesellschaft des Spektakels« unterscheiden läßt. Für Debord ist das Spektakel mit einer autonomen Bilderwelt verbunden, einer Welt, in der die Rolle des Körpers als politische Macht reduziert oder eliminiert wird. Die Gesellschaft des Spektakels verfolgt Strategien der Isolierung des Individuums. Dies ist eine Isolierung, die sowohl mit dem Konzept des Parzellierens Foucaults als auch mit der innerlichen Isolierung des Menschen (wie vom Soziologen Max Weber geschildert) und den allgemeinen, marxistischen Kritiken der Privatisierung des öffentlichen Raumes viel gemeinsam hat. Beim Spektakel wird die verkehrte Welt zur »konkreten Verkehrung des Lebens, die eigenständige Bewegung des Unlebendigen«.[58] Anstatt des Hervorhebens einer Sinnlichkeit verknüpft das Spektakel das Sehen mit der Simulation und bildet eine Gesellschaft ohne ein Gemeinwesen.

SCHWELLEN AUFGEHOBEN: REVOLUTION

Michail Bahktin hat nachgewiesen, daß »die Renaissance quasi die ›Karnevalisierung‹ des Bewußtseins, der Weltanschauung und der Literatur«[59] war. Dagegen wird im 19. Jahrhundert das Bewußtsein von einer »Revolutionierung« durchdrungen. Wie bereits erwähnt, sind die beiden Aspekte nicht leicht voneinander zu trennen. Gustave Flaubert beschreibt die Tage nach dem Pariser Aufstand von Februar 1848: »Eine karnevalistische Fröhlichkeit schwebte in der Luft.«[60] Victor Hugo schrieb: »Was ist es, das Paris hat? Revolution!«[61] Während der Karneval auf dem öffentlichen Marktplatz stattfand, fand die Revolution auf den Straßen statt. Um die Fortbewegung der Regierungstruppen zu verhindern, wurden die Straßen verbarrikadiert. Der Held Flauberts, Frédéric Moreau, erblickte den Beginn der Konstruktion einer Barrikade. Was er sah, blieb jedoch unklar. Es könnte einfach ein Detail einer zufälligen Unordnung gewesen sein. In seinen Memoiren schrieb Gustave-Paul Cluseret, erster Kriegsdelegierter der Pariser Kommune 1871, genauer:

> »Es ist nicht wichtig, daß die Barrikaden perfekt gebaut werden. Sie können genauso gut aus umgedrehten Kutschen, Türen, die von ihren Scharnieren gerissen worden sind, aus dem Fenster geworfenen Möbeln, Kopfsteinpflaster oder Balken und Tonnen sein.«[62]

Die geschilderten Objekte wurden aus ihrem Alltagsgebrauch herausgerissen und in einem neuen Kontext verwendet. Dies ist sowohl als eine Art der Zweckentfremdung des Objektes als auch als die Einsetzung des Alltäglichen im Sinne von de Certeaus Taktieren zu verstehen. Alles wurde verwendet, um die Fortbewegung der aufgrund ihrer Disziplin weniger flexiblen Regierungstruppen in den Straßen aufzuhalten, um sie mit Steinen zu bewerfen. Auguste Blanqui beschreibt eine weitere Taktik: hier werden die Häuser selbst durchbohrt:

Drei Ordnungssysteme des Raumes

»Wenn ein Haus, das auf der Verteidigungsfront liegt, besonders bedroht wird, demolieren wir die Treppe vom Erdgeschoß aufwärts. Wir machen Löcher in die Dielenbretter der nächsten Etage, um auf die Soldaten, die in das Erdgeschoß eindringen, zu schießen.«[63]

Cluseret erweiterte dieses Konzept in der horizontalen Richtung. Die Brandwände sollten durchlöchert werden, um die freie Bewegung von den Aufständischen nicht zu verhindern. Er schreibt: »Straßenkämpfe finden nicht in den Straßen statt, sondern in den Häusern. Nicht draußen, sondern im Untergrund!«[64] Der Straßenkampf hängt von der Mobilität und der ständigen Verschiebung oder Versetzung ab. Häuser wurden in Passagen umgewandelt, und damit wurden die Bereiche des öffentlichen und des privaten Raumes umgekehrt oder ihre Trennung gänzlich aufgehoben.

SCHLUSS

Wenn das Fest als beispielhaft für die temporäre Verkehrung einer herrschenden Weltanschauung zu verstehen ist, wird die Pariser Kommune 1871 als beispielhaft für eine mögliche permanente Umwidmung der Verräumlichung herrschender Machtstrukturen gesehen. Während de Certeau nach Lücken in den existierenden Machtstrukturen gesucht hat, die im Alltäglichen immer noch zu finden seien, und während die Feste den Alltag selbst zum Sonderereignis erhoben haben, fungierte die Kommune eher als der Versuch, ein Sonderereinis zum Alltäglichen zu machen. Die Kommunarden haben nicht nach Lücken im Netz gesucht: Statt dessen haben sie das Netz zerrissen und neu geknüpft. Die bereits vom konstruktiven Aufwand her reduzierte Architektur der Feste wurde weiterhin auf die vollkommen provisorische Form der Barrikade reduziert: Die konstruktiven Ansätze einer Festarchitektur wurden buchstäblich in dekonstruktive Ansätze umgewandelt. Die letzteren haben immerhin neue, fließende Raumstrukturen ermöglicht, und aus diesem Grund gewann die Pariser Kommune sowohl für den Philosophen Henri Lefebvre eine grundlegende Bedeutung als auch für die Situationisten, die Künstler der 50er und 60er Jahre, die mit Raumintervention experimentierten. Von ihnen wurde der Raum nicht als vorgebender Fundus verstanden, sondern als ein aktives und produziertes Umfeld begriffen. Der Raum hat kein ahistorisches und akulturelles Dasein, sondern wird immer neu konzipiert, produziert und wahrgenommen. In seiner Geschichtlichkeit wird er auch als veränderbar begriffen, und das Konzept einer aktiven »Intervention«, die dazu dient, eine neue, räumliche »Situation« zu schaffen, prägte Studenten und Theoretiker der 60er. Die Literaturhistorikerin Kristin Ross, selbst von Lefebvre beeinflußt, schrieb: »Raum, als soziale Tatsache, als sozialer Faktor und als Bestandteil der Gesellschaft, ist immer politisch und strategisch.«[65] Darüber hinaus ist es kein Zufall, daß die Architekten dieser Generation, insbesondere Rem Koolhaas und Bernard Tschumi, ihre Architektur als eine »Architektur der Ereignisse« konzipieren.

Am Anfang des Aufsatzes erläuterte ich, wie Jonathan Crary die Geschichtlichkeit des Betrachters nachwies. Wenn wir das zentrale Postulat Lefebvres akzeptieren, daß der Raum, der aus der Triade des Wahrgenommenen, des Konzipierten und des Gelebten entsteht,[66] selbst produziert wird, müssen wir auch die Geschichtlichkeit des Raumes akzeptieren. In diesem Zusammenhang hat Lefebvre die brisante These aufgestellt, daß die Stadt weder in Form des Marktplatzes (Lokus des Festes) noch in Form der Straße (Lokus der Revolution) eine bedeutsame Entität im modernen Leben sein könne. Die Stadt wurde von »einem Urbanisationsprozeß überholt«, in dem »die Produktion des Raumes das

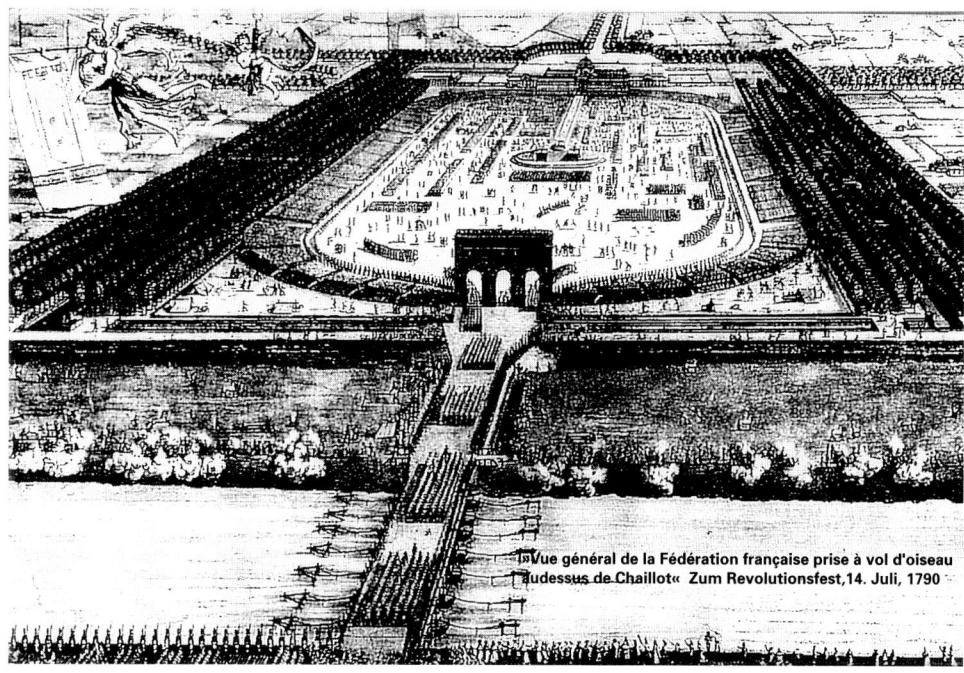

»Vue général de la Fédération française prise à vol d'oiseau audessus de Chaillot« Zum Revolutionsfest, 14. Juli, 1790

Ralph Stern

Globale und das Lokale, die Stadt und das Land, das Zentrum und die Peripherie auf vollkommen neue und unbekannte Art und Weise verbunden hat«.[67] Dieser Schluß, daß der Raum, wie er bisher in der Stadt produziert und verkörpert wurde, jetzt seine Bedeutung endgültig verloren hat, ist zum zentralen Thema des aktuellen Architekturdiskurses geworden.

Die Fragen, in welcher Hinsicht sich dieser Schluß als richtig oder falsch erweisen läßt oder bis zu welchem Grad die virtuellen Räume des globalen Kommunikationsnetzes die Räume der realen Welt ergänzen oder ersetzen, werden das Thema der Wahrnehmung des Raumes sicherlich noch weiter ausdehnen.

Mein Beitrag sollte in den Grundzügen darlegen, daß der Raum kein neutraler Behälter ist und daß er weder von einem neutralen Betrachter wahrgenommen wird noch daß Wahrnehmung – insbesondere das Sehen – eine neutrale Fähigkeit ist. Das einleitende Zitat des Aufsatzes sprach vom Schicksal des Narziß, der nur aufgrund seiner Augen ums Leben kam. Selbst wir können ein solches Schicksal nur vermeiden, wenn wir lernen, uns nicht nur in unserer eigenen Widerspiegelung zu sehen, sondern uns auch in die Räume, die jenseits dieser Sichtbarkeit liegen, hineinzubewegen.

Rolling Stones · »Steel Wheels« Konzertbühne (1989/90)

Drei Ordnungssysteme des Raumes

ANMERKUNGEN

1. HERMAN HERTZBERGER bei seiner Vorlesung an der Technischen Universität Berlin am 15. Februar 2000. Für weitere Auffassungen des Raumes aus der Sicht der Architekten siehe z. B.: Le Corbusier: A New World of Space, Boston 1948; Dom Hans van der Laan: Der architektonische Raum: Fünfzehn Lektionen über die Disposition der menschlichen Behausung (Leiden 1992); Bernard Tschumi: Questions of Space, London 1990; Cornelis Van de Ven: Space in Architecture: The Evolution of a New Idea in the Theory and History of the Modern Movements, Assen 1978; Bruno Zevi: Architecture as Space, New York 1957. Weiterhin siehe: Gaston Bachelard: La poétique de l'espace, Paris 1957; Otto Friedrich Bollnow: Mensch und Raum, Stuttgart 1984; Philippe Boudon: Der architektonische Raum: Über das Verhältnis von Bauen und Erkennen, Basel 1991; Christoph Feldtkeller: Der architektonische Raum: eine Fiktion. Annäherung an eine funktionale Betrachtung, Braunschweig 1989; Sigfried Giedion: Architektur und das Phänomen des Wandels: die drei Raumkonzeptionen in der Architektur, Tübingen 1969; Sigfried Giedion: Space, Time and Architecture. The Growth of a New Tradition, Cambridge, Mass. 1941; Martin Heidegger: »Bauen, Wohnen und Denken« in: Vorträge und Aufsätze, Stuttgart 1954; Christian Norberg-Schulz: Existence, Space & Architecture, New York 1971. Für die prägende Auffassung von Raum als architekturstiftend siehe den grundlegenden Aufsatz von August Schmarsow: Das Wesen der architektonischen Schöpfung. Antrittsvorlesung, gehalten in der Aula der Universität Leipzig am 8. November 1893, Leipzig 1894. Weiterhin und zu Beginn des 20. Jahrhunderts siehe: Hermann Soergel: Einführung in die Architektur Ästhetik, München, 1918; Fritz Schumacher: »Die künstlerische Bewältigung des Raumes«, in: Zeitschrift für Ästhetik und allgemeine Kunstwissenschaften, Bd. XIII, 1919; Hermann Soergel: Theorie der Baukunst, München 1921; Paul Klopfer: Das Wesen der Baukunst, Leipzig 1920; Leo Adler: Vom Wesen der Baukunst. Die Baukunst als Ereignis und Erscheinung, Leipzig 1926; Paul Flechter: Die Tragödie der Architektur, Jena 1921; Otto Schubert: Architektur und Weltanschauung, Berlin 1931.
Der aus den Quellen zu entnehmende Eindruck, daß die Verknüpfung von Architektur und Raum in erster Linie ein deutsches Phänomen war, läßt sich von Architekturhistorikern bestätigen. Siehe z. B.: James Ackerman: »Forward«, in: Principles of Architectural History, by Paul Frankl, trans. J. O'Gorman, Cambridge, Mass. 1968, S. vii; Stanford Anderson: »Modern Architecture and Industry: Peter Behrens and the AEG«, in: Oppositions 23, Winter 1981, S. 56. Für eine Einführung in den kunst- und architekturtheoretischen Hintergrund der Raumauffassung siehe Harry Francis Mallgrave und Eleftherios Ikonomou (Hrg.): Empathy, Form, and Space. Problems in German Aesthetics, 1873-1893, Santa Monica, Calif. 1994, S. 1-88; Paul Zucker: »The Paradox of Architectural Theory at the Beginning of the Modern Movement«, in: Journal of the Society of Architectural Historians, 10/3, March 1951, S. 8-14.
2. Siehe MARTIN JAY für eine umfassende Einführung in die Literatur: Downcast Eyes. The Denigration of Vision in Twentieth Century Thought, Berkeley 1993.
3. DIETER HENRICH: »Theorieformen moderner Kunsttheorie« in: D. Henrich und W. Iser, Hg., Theorien der Kunst, Frankfurt am Main 1992, S. 20.
4. ROSALIND KRAUSS: The Optical Unconscious, Cambridge, Mass. 1993, S. 13.
5. DIETER HENRICH: a.a.O., S. 21.
6. MAURICE MERLEAU-PONTY: Das Sichtbare und das Unsichtbare, München 1994, S. 17. Für seine allgemeine Auffassung des Raumes siehe Maurice Merleau-Ponty: Phänomenologie der Wahrnehmung, Berlin 1974.
7. MAURICE MERLEAU-PONTY: a.a.O., S. 18.
8. ARTHUR DANTO: »Description and the Phenomonology of Perception«, in: Norman Bryson, Michaels Holly, Kieth Moxey, Hg., Visual Theory: Painting and Interpretation, New York 1991, S. 204.
9. FREDRIC JAMESON: The Political Unconscious, Ithaca, N.Y. 1981, S. 229.
10. ROSALIND KRAUSS: a.a.O., S. 14.
11. NORMAN BRYSON: »The Gaze in the Expanded Field«, in: Hal Foster Hg., Vision and Visuality, Discussions in Contemporary Culture, Heft 2, New York 1988, S. 91-92.
12. ERWIN PANOFSKYS »Die Perspektive als symbolische Form« gilt immer noch als grundlegende Analyse der epistemologischen Auswirkung der Perspektive.
13. SVETLANA ALBERS: The Art of Describing. Dutch Art in the Seventeenth Century, Chicago 1983.
14. Die »Bilderflut des Barocks« wird öfter mit dem Zustand de Modernität verglichen. Dieser Vergleich hat weniger mit der »Bilderflut der Moderne« zu tun als mit dem »Seriellen« der Kinematographie. Der Barock ersetzte den einzelnen Standpunkt der Renaissanceperspektive mit einer Multiplizität von Standpunkten. Das Interesse seitens SERGEJ EISENSTEIN für die Carceri Piranesis ist beispielhaft für diese Verknüpfung zweier Zeitalter.
15. MARTIN JAY: »Scopic Regimes of Modernity«, in: Hal Foster, Hg., Vision and Visuality, Discussions in Contemporary Culture 2, New York 1988, S. 6.
16. Ebd., S. 6.
17. Ebd., S. 9.
18. Ebd., S. 9.
19. JONATHAN CRARY hat diese Bemerkung in bezug auf die Entwicklung der Künste in einem Vortrag, den er im November 1996 an der Hochschule der Künste Berlin gehalten hat, geäußert. Siehe auch unten.
20. Etymologisches Wörterbuch des Deutschen, München 1995, S. 75.
21. JONATHAN CRARY: Techniques of the Observer. On Vision and Modernity in the Nineteenth Century, Cambridge, Mass. 1990, S. 48.
22. MICHEL FOUCAULT: Die Ordnung der Dinge. Eine Archäologie der Humanwissenschaften, Frankfurt am Main1974, S. 416.
23. MICHEL DE CERTEAU: Die Kunst des Handelns, Berlin 1988, S. 181.
24. Ebd., S. 179.
25. Ebd., S. 180-182.

26 MICHEL FOUCAULT: Überwachen und Strafen. Die Geburt des Gefängnisses, Frankfurt am Main 1976, S. 278.
27 Ebd., S. 278.
28 Ebd., S. 279.
29 Ebd., S. 287.
30 Siehe insbesondere JEREMY AHEARNE: Michel de Certeau. Interpretation and its Other, Cambridge, Mass. 1995.
31 Siehe z. B. REYNER BANHAM: Scenes in America Deserta, Salt Lake City 1982. Banhams scharfe Kritik an Bachelards Beschreibung der Wüste ist besonders treffend. Siehe auch Gaston Bachelard: Poetik des Raumes, München 1960.
32 ROSALIND KRAUSS: a.a.O., S. 2.
33 FREDRIC JAMESON: a.a.O., S. 210.
34 ANTHONY VIDLER: The Architectural Uncanny. Essays in the Modern Unhomely, Cambridge, Mass. 1992, S. 169.
35 ETIENNE-LOUIS BOULLÉE: Architekur: Abhandlung über die Kunst, Zürich 1987, S. 153.
36 Ebd., S. 128-129.
37 Ebd., S. 129.
38 Z. B. sowohl VICTOR HUGO: Les Miserables als auch Fritz Lang: M.
39 ANTHONY VIDLER: a.a.O., S. 167.
40 Ebd., S. 167.
41 Es gibt jedoch einige Beispiele, in denen Architekturtheorie und Erotik oder Sexualität zusammengefaßt werden. Vgl. Beatrice Colomina, Hg.: Sexuality and Space, Princeton 1988; Bernard Tschumi: Questions of Space, London 1990; und (bereits im 18. Jh. verfaßt) Jean-François de Bastide (übers. von Rodolphe el-Khoury): The Little House: An Architectural Seduction, New York 1996.
42 Z. B. in JOSEPH CONRAD: Herz der Finsternis, Frankfurt am Main 1995, S. 14.»Sicher, zu dieser Zeit war das kein weißer Fleck mehr. Er hatte sich seit meiner Knabenzeit gefüllt mit Flüssen, Seen und Namen. Er war schon längst kein leerer Raum mit einem süßen Geheimnis mehr – ein weißer Fleck, der einen Jungen prächtig träumen ließ. Er war ein Ort der Finsternis geworden.«
43 Z. B. in E.M. FORSTER: Auf der Suche nach Indien, Frankfurt am Main 1986, S. 177-178. »Was Mrs. Moore anging, so war jene Marabar-Grotte eine Zumutung für sie gewesen, denn sie wäre um ein Haar darin in Ohnmacht gesunken [...] Gedrängt voll von Dorfbewohnern und Dienern, begannen die Rundkammern einen beklemmenden Geruch auszuströmen [...] es war nicht allein das Gedränge, der Gestank, was ihren Verstand bedrohte: es war auch ein erschreckendes Echo zu vernehmen [...] wenn mehrere Leute sich gleichzeitig unterhalten, setzt ein dumpf-verschwommener Heullaut ein, eine ganze Kette von Echos, von denen jedes ein anderes zeugt, und die Grotte ist wie von einer Schlange ausgefüllt, die aus lauter kleinen, wie gesondert sich ringelnden Schlangen besteht.«
44 Siehe z. B. GEORGES BATAILLE: Die Erotik, München 1994; Denis Hollier: Against Architecture. The Writings of Georges Bataille, Cambridge, Mass. 1989.
45 MONA OZOUF: Festivals and the French Revolution, Cambridge, Mass. 1988, S. 135.
46 KRISTIN ROSS beschreibt das Umstürzen der Vendômesäule 1871 als das »Gleichmachen der Geschichte, als Angriff auf die Vertikalität, die Genealogie und die Vererbung, um eine zeitlose Gegenwart zu etablieren«. Siehe Kristin Ross: The Emergence of Social Space: Rimbaud and the Paris Commune, Minnesota 1988, S. 5. Fünfzig Jahre nach Rimbaud empfiehlt André Breton in Le Surréalisme au Service de la Révolution, daß die Obelisken in Paris versetzt werden sollen. Plaziert vor den Eingängen der Stadtschlachthöfe, sollten sie jeweils von einer riesigen mit Handschuh verkleideten weiblichen Hand gehalten werden.
47 Siehe z. B. JOSEPH RYKWERT: The Idea of a Town: The Anthropology of Urban Form, Princeton 1975.
48 Siehe z. B. VICTOR TURNER: Dramas, Fields and Metaphors: Symbolic Action in Human Society, Ithaca, N.Y. 1974.
49 Siehe z. B. VICTOR TURNER: The Ritual Process: Structure and Anti-Structure, New York 1969.
50 PETER BURKE: Städtische Kultur in Italien zwischen Hochrenaissance und Barock, Frankfurt am Main 1996, S. 188-190.
51 Ebd., S. 190.
52 MICHAIL BACHTIN: Rabelais und seine Welt. Volkskultur als Gegenkultur, Frankfurt am Main 1995, S. 307-308.
53 Ebd., S. 313.
54 Ebd., S. 313.
55 WERNER OECHSLIN: »Festarchitektur - Zur Kontinuität und Aktualität eines Kompetenzbereiches der Architektur«, in: W. Oechslin und A. Buschow: Festarchitektur: Der Architekt als Inszenierungskünstler, Stuttgart 1984, S. 8.
56 Ebd., S. 80.
57 Ebd., S. 81.a
58 GUY DEBORD: Die Gesellschaft des Spektakels, Berlin 1996, S. 13.
59 MICHAIL BACHTIN: a.a.O., S. 315.
60 CHRISTOPHER PRENDERGAST: Paris and the Nineteenth - Century, Oxford 1992, S. 102.
61 Ebd., S. 103.
62 KRISTIN ROSS: The Emergence of Social Space: Rimbaud and the Paris Commune, Minnesota 1988, S. 36.
63 Ebd., S. 37.
64 Ebd., S. 38.
65 Ebd., S. 9.
66 HENRI LEFEBVRE: The Production of Space, Oxford 1991, - S. 39.
67 Ebd., S. 431. Im Nachwort von David Harvey.

Andreas Ruby: Space Time Architecture

VON DER BEWEGUNG IM RAUM ZUM RAUM IN BEWEGUNG

Große Bücher haben häufig kurze Titel. Wenn mit der Zeit sogar der Name seines Autors an seine Stelle tritt, ist das ein sicheres Anzeichen dafür, daß es sich um ein Standardwerk handelt. »Der Neufert« wäre so ein Beispiel, das sich in jedem Architekturbüro findet. In der Architekturgeschichte hingegen gibt es nicht viele Werke, die einen solchen Kultstatus erreicht haben. »Space Time Architecture« von Sigfried Giedion gehört definitiv dazu. In alle Weltsprachen übersetzt und mehr als zwei Dutzend Mal neu aufgelegt, ist es längst zu einem Klassiker der modernen Architekturgeschichte geworden. Sein überbordender Abbildungsteil macht es zu einem visuellen Lexikon des Neuen Bauens, und wahrscheinlich liegt seine größte Wirkung auch in dieser fulminanten Bilderreise begründet. Während die Bildauswahl von Giedions spielerischer Assoziationsfreude lebt, hat der Textteil oft etwas von der Trockenheit eines wissenschaftlichen Traktats. Mit einer stellenweise nicht ganz überzeugenden Systematik beschreibt Giedion die Entwicklung der modernen Architektur aus der technischen Revolution des Ingenieurbaus im 19. Jahrhundert. Sein Anliegen ist es, zu zeigen, wie die neuen Methoden der industriellen Baukonstruktion und die Anwendung neuer Baumaterialien wie Glas, Stahl und Beton eine neue Raumvorstellung, eben den Raum der Modernen Architektur, hervorgebracht haben.

Angesichts dieser inhaltlichen Grundaussage des Buches wirkt die Wahl seines Titels einigermaßen überraschend. Eröffnet doch die Trias von »Space Time Architecture« – von Giedion ohne Bindestriche wie ein Hegelscher Dreischritt intoniert – ein ganz anderes Assoziationsfeld, das in dem Buch nominell zwar vorkommt, aber nie zu einem bestimmenden Thema wird. So nimmt das Kapitel »Raum-Zeit-Konzeption in Kunst, Konstruktion und Architektur« zwar knapp ein Drittel des Buches ein, doch setzt sich Giedion mit dem Thema nur auf ein paar wenigen Seiten auseinander. Dennoch, und allein das ist an sich schon bemerkenswert in der Wirkungsgeschichte dieses Buches, hat seine Darstellung eine fast kanonische Gültigkeit erlangt, so daß jede neue Reflexion zum bewegten Raum einen Blick zurück auf Giedion werfen muß.

An dieser Untersuchung muß zunächst verwundern, daß sie wie eine Luftblase im theoriefreien Raum schwebt. Ruft man sich in Erinnerung, daß Giedion seine Promotion bei Heinrich Wölfflin geschrieben hat, dann erstaunt es schon, mit welcher Nonchalance Giedion die zeitgenössische kunsthistorische Diskussion zum Thema – nämlich das variable Verhältnis von Raum, Betrachter und Bewegung – ignoriert. Denn die Problematik, die man eigentlich hinter dem Titel »Space Time Architecture« erwartet, wurde in dieser Diskussion bereits eingehend behandelt.

Hier ist vor allem der Kunsthistoriker August Schmarsow zu nennen, der als einer der ersten die Aufmerksamkeit auf den »motorischen Vorgang der Raumdurchschreitung« gelenkt hat.[1] Schmarsow beschreibt die Raumerfahrung als ein »Abtasten des Raumes« – eine Art durch die Wahrnehmung erzeugter 3-D-Scan. Im Vollzug dieser körperlichen Durchquerung vermittelt sich uns der Raum als eine Folge optischer Eindrücke – als eine Bildsequenz also. Hier wird die Nähe zum gerade entstehenden Kino als sequentiellem Bildmedium überdeutlich, doch schlägt Schmarsow diese Brücke zur Alltagskultur nicht.[2]

Nach Schmarsow hätte Giedion auch in den Schriften Fritz Schumachers eine Menge inspirierender Anregungen finden können.[3] Schumacher, der als praktischer Architekt, aber auch als Städtebauer in Leipzig, Köln und Hamburg tätig war, untersucht explizit den »Aspekt der Wahrnehmung von Architektur durch Bewegung des aufnehmenden Subjekts im Raum«.[4] Um die räumliche Gestalt der Architektur zu erfassen, ist die Bewegung zwingend notwendig, so Schumacher. Aber, »wir können diese Bewegungen nicht allein auf Raumbegriffe beziehen. Es sind zugleich Zeitbegriffe, die mit ihnen in Verbindung stehen, denn Bewegung spielt sich nicht nur ab im Raume, sondern zugleich in der Zeit. Diese Verbindung eines Zeitbegriffs mit dem optischen Vorgang, der an das System der drei Raumkoordinaten gebunden ist, hat für die Architektur eine ganz eigentümliche Folge. [...] Das, was beim Betrachten des Teiles eines Bauwerks, der sich unserem Auge nur bieten kann, in uns geweckt wird, ist nicht etwa nur das optische Bild, das wir vor uns sehen: der optische Eindruck wird durch einen motorischen ergänzt. Bewegung und Bild zeitigen etwas Neues.«[5]

Warum Giedion diese Quellen an Beobachtungen und Analysen (die noch beliebig fortsetzbar wären) nicht für seine Untersuchung genutzt hat, bleibt zunächst unverständlich. Daß er sie nicht gekannt haben soll, scheint unwahrscheinlich; daß er sie willentlich ignoriert haben könnte, ist dage-

Andreas Ruby

gen nicht ausgeschlossen. Denn in einem unterscheidet sich die Herangehensweise Giedions grundlegend von dem seiner theoretischen Vorgänger Schmarsow und Schumacher: Diese beschreiben die zeitliche Information der Architektur durch die Bewegung des Betrachters als ein transhistorisches Phänomen – d. h. etwas, was das phänomenologische Dispositiv der Architektur an sich betrifft – und insofern in jeder Epoche der Architekturgeschichte beobachtet werden kann (mal mehr oder weniger intensiv, man denke an die Vergleichsstudien Heinrich Wölfflins über die Architektur der Rennaissance und des Barocks).

Giedion dagegen möchte den Zusammenhang von Raum, Zeit, Bewegung und Betrachter als eine Entdeckung der modernen Kunst und Wissenschaft – und von ihnen abgeleitet – auch als der modernen Architektur darstellen. Von diesem Blickwinkel aus entpuppt sich der Untertitel von Giedions Buch als sein eigentliches Thema: »Die Entstehung einer neuen Tradition«. Giedion möchte in seinem Buch die Architektur der Moderne als eine radikal neue Bewegung begründen, die zwar aus der Architekturgeschichte hervorgegangen ist und in ihr auch verwurzelt ist, aber sich durch ihre Neuartigkeit dennoch von ihr löst und eine eigene Geschichte begründet.

Die Thematisierung der Zeit in »Space Time Architecture« hat nun vor allem die Funktion, diese radikale Neuartigkeit der modernen Architektur zu beweisen. Neue Entwicklungen in den neuen Naturwissenschaften und der modernen Kunst hatten zu Beginn des 20. Jahrhunderts einen regelrechten Hype um die Zeit entfacht und sie als erkenntnistheoretische Kategorie zu einem Synonym der Entwicklung der modernen Gesellschaft stilisiert.[6]

Dieser Fortschrittsbonus ist es, der die Zeit für Giedion interessant werden ließ, und in ihm liegt die diskursive Funktion des Zeitkapitels für ihn. Deswegen bemüht sich Giedion, den Zeitdiskurs aus der Kunst und der Physik für seine Darstellung der modernen Architektur nutzbar zu machen. Und so begründet Giedion ganz folgerichtig – im Sinne einer selbsterfüllenden Prophezeiung – das radikal Neue der modernen Architektur durch die Aufnahme des neuen Raumbegriffs aus der modernen Kunst und Physik. Als die eine Quelle dieses neuen Raumbegriffs gibt Giedion den Kubismus an:

»Der Kubismus brach mit der perspektivischen Auffassung der Renaissance. Er sah Objekte gleichsam relativ, von verschiedenen Standpunkten aus, von denen keiner die absolute Autorität über die anderen hatte. Indem er Objekte zerlegte, transparent sah, erfaßte er sie gleichzeitig von allen Seiten, von oben und unten, von innen und außen. Er ging um die Objekte herum und drang in sie ein; so wurde den drei Dimensionen, die den Raum der Renaissance umschrieben und die durch so viele Jahrhunderte das konstituierende Element bildeten, eine vierte angefügt: die Zeit.«[7]

Als Beispiel für diesen multiperspektivischen Raum in der Architektur bezieht sich Giedion auf die Villa Savoie von Le Corbusier: »Es ist unmöglich, die Villa Savoie von einem einzigen Blickpunkt aus zu erfassen. Sie ist ein Bau in raumzeitlicher Auffassung.«[8]

Sieht Giedion in diesem Punkt die Bedeutung der Zeit in der modernen Architektur also dadurch gekennzeichnet, daß sie nicht von einem Standpunkt und zu einem Moment erfaßt werden könne, so definiert er sie an anderer Stelle durch die simultane Wahrnehmung ihrer unterschiedlichen Aspekte – also das genaue Gegenteil. Als Beispiel für diese simultane Raumorganisation benutzt er den Neubau des Bauhauses von Walter Gropius in Dessau:

»Manifestartig erschien hier zum ersten Mal in einem großen Komplex die Durchdringung von Innen- und Außenraum, wie in Picassos ›L'Arlésienne‹ von 1911/12 mit seiner simultanen Darstellung von Profil und en face eines Gesichtes.«[9]

Bei seinem Versuch einer theoretischen Begründung der modernen Architektur operiert Giedion also, wahrscheinlich ohne es recht zu merken, mit zwei gegensätzlichen Raumkonzeptionen: nämlich a) mit der simultanen Präsenz transparenter Raumebenen und b) mit einer zeitlichen Aufeinanderfolge unterschiedlicher Perspektiven.

Für beide Raumkonzepte holt sich Giedion die Legitimation in der modernen Physik: erstens mit der Definition der Simultanität in Einsteins »Elektrodynamik bewegter Körper«, zweitens durch die Feststellung, daß »Raum in der modernen Physik als relativ zu einem in Bewegung befindlichen Punkt gesehen wird, nicht mehr als die absolute und statische Einheit des barocken Systems von Newton«.[10] Der Widerspruch bleibt offen stehen und wird von Giedion nie aufgelöst. Es bleibt letztlich ungeklärt, was die Bedeutung der Zeit in der postulierten Trias von »Space Time Architecture« wirklich ist bzw. wie sie im Zusammenspiel mit dem Raum architektonisch wirksam werden kann.

Space Time Architecture

In den wenigen Passagen, in denen Giedion über Bewegung spricht, bleibt diese rein subjektiv, das heißt, sie beschränkt sich auf die Vorstellung von Subjekten, die sich durch den Raum bewegen. Wie sich diese körperliche Bewegung verändernd auf den Raum auswirkt, bleibt ungeklärt.

Diese Kritik übte schon frühzeitig Alexander Dorner, der Giedion überdies vorwarf, seine Raum-Zeit-Konzeption größtenteils von ihm – unter sträflicher Vereinfachung – übernommen zu haben, ohne ihn entsprechend zu zitieren.[11] Dorner hatte auf der Internationalen Kunstausstellung 1926 in Dresden El Lissitzkys »Raum der Konstruktiven Kunst« gesehen und den Künstler daraufhin beauftragt, einen ähnlichen Raum für den von ihm geleiteten Kestnerschen Kunstverein in Hannover zu schaffen (das sogenannte ›Abstrakte Kabinett‹, 1927). In El Lissitzkys konstruktivistischen Environments sah Dorner ein reziprokes Verhältnis, eine dynamische Wechselbeziehung von Raum und Benutzer, die Giedion zwar postuliert, aber für die Architektur der Moderne nicht nachweist. Anders als Dorner fragt Giedion nicht danach, inwiefern eine körperliche Bewegung durch den Raum die Wahrnehmung dieses Raumes verändert.

Spätestens hier erweist sich Giedions Beschränkung auf die Physik und Kunst als einzige architekturfremde Theoriequellen als Sackgasse. Völlig unerwähnt bleibt beispielsweise der Film als jenes neue Bildmedium, in dem Raum und Zeit per Definition untrennbar miteinander verbunden sind. Das wirkt schwer nachvollziehbar, hatte das Experimentalkino doch bereits seine Blütezeit überschritten, als Giedions Buch erstmals erschien (1941). In der Tat bietet der Film jene bidirektionale Lesemöglichkeit des Bewegungsbegriffs, die man bei Giedion vergeblich sucht. In Gestalt der »Subjektiven Einstellung« bringt der Film zur Anschauung, wie sich die Bewegung eines durch den Raum wandernden Subjekts auch auf den Raum selbst überträgt.

Überraschenderweise war es Erwin Panofsky – in der deutschen Kunstwissenschaft der große Gegenspieler Wölfflins –, der in einem 1934 in den USA veröffentlichten Text »Style and Medium in the Motion Pictures«[12] diese Aufladung des wahrgenommenen Raumes durch die motorische Aktivität des Betrachters als erster analytisch formuliert hat.

Nach Panofsky transformiert der Film grundlegend die bisherigen Vorstellungen von Raum und Zeit, indem er einerseits den Raum dynamisiert und andererseits die Zeit verräumlicht (»dynamization of space and spatialization of time«)[13]. Der Betrachter eines Films ist dabei »in permanenter Bewegung, insofern sich sein Auge mit der Kamera identifiziert, die sich fortwährend in Entfernung und Richtung bewegt«.[14] Am wichtigsten ist nun die Schlußfolgerung, die Panofsky daraus zieht:

> »So beweglich wie der Betrachter ist, und zwar aus dem selben Grund, auch der Raum, der ihm dargestellt wird. Es bewegen sich nicht nur Körper im Raum, sondern der Raum selbst bewegt sich – kommt näher, weicht zurück, dreht sich, löst sich auf und kristallisiert sich wieder aufs Neue – entsprechend der kontrollierten Kamerabewegung, des Schnitts der Einstellungen«.[15]

Dieser Analyse liegt implizit jenes Verständnis von der Relativität der Bewegung zugrunde, das Albert Einstein in seiner Einführung zur Relativitätstheorie anführt: »Bei der bloßen Feststellung bzw. Beschreibung der Bewegung ist es prinzipiell gleichgültig, auf was für einen Bezugskörper man die Bewegung bezieht.«[16]

Diese Auswirkung der Geschwindigkeit auf die Welt des Stabilen, Statischen hat Paul Virilio Dromoskopie genannt – die Sicht der Geschwindigkeit. Ich möchte diese Bewegung als eine virtuelle Bewegung bezeichnen – um sie klar abzugrenzen gegen die aktuelle Bewegung im Sinne einer physischen Ortsverlagerung eines Gegenstandes im Raum.

Um diese virtuelle Bewegung theoretisch handhabbar zu machen, muß man in der Architektur zunächst zwei Ebenen unterscheiden: Einerseits ihre physische Existenz, die statisch ist (die Statik ihrer Materialien und ihrer Konstruktion), und andererseits ihre phänomenologische Existenz, die veränderlich ist (durch die Dynamik ihrer Wahrnehmung eines mobilen Betrachters).

Erst mit dieser Unterscheidung kann Bewegung in der Architektur mehr sein als die bloße Bewegung von Subjekten durch den Raum (die an sich banal wäre, weil jede Architektur diese Bewegung zwangsläufig aufweist). Vielmehr kann der Raum nun selbst von der Bewegung affiziert werden. In Begriffen der Figur-Grund-Relation ausgedrückt, äußert sich der Unterschied wie folgt: In Giedions Vorstel-

Andreas Ruby

lung findet die Bewegung immer auf der Ebene der Figur statt, der Grund bleibt davon unberührt. Die virtuelle Bewegung erfaßt dagegen Figur und Grund gleichermaßen und löst ihre Opposition in einem dynamischen System auf.

In der Entwicklungsgeschichte der Medien ist das Kino das erste Beispiel, in dem die virtuelle Bewegung greifbar wird. In seinem grundlegenden Werk »Film als Kunst« hat sie Rudolf Arnheim als »scheinbare Bewegung« beschrieben und ihr kinematographisches Zustandekommen wie folgt veranschaulicht: »Unser Gleichgewichtssinn ist, wenn wir einen Film betrachten, auf das angewiesen, was ihm die Augen vermitteln, und empfängt nicht, wie in der Wirklichkeit, direkte Reize.« Arnheim nimmt das Beispiel eines Kameraschwenks und der dadurch ausgelösten Veränderung des Wahrnehmungsbildes und folgert:

> »Da die Kamera nicht ein Teil vom Körper des Zuschauers ist wie sein Kopf und seine Augen, weiß er ja nicht, daß sie sich gedreht hat. Er sieht, daß sich auf dem Bilde die Gegenstände verschieben und nimmt also zunächst an, daß diese in Bewegung sind.«[17]

Im filmischen Dispositiv sind also betrachtendes Subjekt und betrachteter Raum unauflöslich aufeinander bezogen, sie funktionieren nicht mehr als Gegensätze, sondern verbinden sich zu einem dynamischen System.

Der chilenische Kognitionsforscher Francesco Varela sieht diese Verflechtung von objektiver und subjektiver Realität als Alternative zu den bisher vorherrschenden philosophischen Wirklichkeitsmodellen: ein Mittelweg zwischen Erkenntnis, verstanden als mentale Wiederherstellung einer vorgegebenen Außenwelt (Realismus), und Erkenntnis, verstanden als Projektion einer vorgegebenen Innenwelt (Idealismus). Varela schlägt als einen dritten Weg vor, Erkenntnis als verkörpertes Handeln zu begreifen. In diesem Modell wird weder eine äußere Welt rekonstruiert noch eine innere Welt projiziert, sondern es wird eine Welt aus einer Serie von Handlungen produziert.[18]

Auf der Grundlage dieser Prämisse wäre es möglich, die Bewegung in der Architektur von einem bloßen Ereignis innerhalb ihrer Räumlichkeit zu einem tatsächlichen Generator von Raum zu machen, das heißt, die Bewegung dem Raum nicht mehr nur nachgeordnet, sondern ihr vorausgehend zu begreifen. In diesem Zusammenhang hat der holländische Architekt Lars Spuybroek den Vorschlag gemacht, den Begriff »Raum« im Architekturdiskurs zu suspendieren:

> »Statt immer schon in Begriffen des Raumes zu denken, muß man zunächst den Körper konzeptionalisieren. Aber nicht den proportionalen Körper Vitruvs als dem architektonischen Zentrum der gebauten Welt, sondern den Erfahrungskörper, den erregten und vitalen Körper, in dem Millionen von Prozessen gleichzeitig stattfinden. Über Raum dürfte man eigentlich nur als Resultat eines Körpers sprechen, der sich im Zustand einer Erfahrung befindet.«[19]

Space Time Architecture

ANMERKUNGEN

1. Siehe vor allem sein grundlegendes Werk »Grundbegriffe der Kunstwissenschaft« Leipzig 1905.
2. Schmarsows Vorstellung der motorisierten Raumwahrnehmung nimmt in Teilen bereits die Forschungen der amerikanischen Wahrnehmungspsychologie nach dem 2. Weltkrieg vorweg. Man denke etwa an die Arbeiten von J. J. Gibson, der im Auftrag der US Air Force experimentelle Untersuchungen durchführte über die Raumwahrnehmung von Bomberpiloten. In seinen Analysen kam Gibson zu dem Schluß, daß sich Wahrnehmung des Raumes durch die permanente Verlagerung der Piloten im Luftraum grundlegend verfremdet. Gibson zufolge beschrieben die Piloten den Raum nicht mehr als dreidimensionale Ausdehnung, sondern als eine »Sequence of Vistas«. Näheres siehe bei Gibson, James J.: Motion picture testing and research. report # 7. U. S. Army Air Forces Aviation Program. Washington, D. C., 1947, und in Gibsons späterem, seine gesamte Arbeit zusammenfassendem Werk: The Ecological Approach to Visual Perception. Boston, 1979. Auf Gibsons Untersuchungen bauen übrigens die für die Kunstwissenschaft so fruchtbaren methodischen Ansätze von Ernst Gombrich und Rudolf Arnheim auf.
3. Siehe sein »Handbuch der Architektur«. Entwerfen, Anlage und Einrichtung der Gebäude. Stuttgart 1926, vor allem die Einleitung zum ersten Halbband des vierten Teiles »Das bauliche Gestalten« und sein spätes Werk »Geist der Baukunst«. Stuttgart 1938.
4. »Der Geist der Baukunst«, a. a. O., S. 227.
5. Ebd.,
6. Besonders intensiv wurden die neuen Erkenntnisse aus der Relativitätstheorie und Quantenphysik im französischen Experimentalkino diskutiert, zum Beispiel von dem Regisseur und Kritiker Jean Epstein. Siehe hierzu seine Texte »Espaces mouvants« und »Temps flottants«, in: Jean Epstein: Écrits sur le cinéma, 2 Tômes, Paris 1974, p. 365 ff.
7. SIGFRIED GIEDION: Raum Zeit Architektur. Die Entstehung einer neuen Tradition. Zürich (1978). S. 281.
8. Ebd., S. 331.
9. Ebd., S. 311. Daß Giedion hier das Bauhaus als erste Verkörperung dieser räumlichen Simultaneität darstellt, wirkt eher ideologisch motiviert als historisch korrekt. Denn natürlich bietet die moderne Architektur auch vor 1926 bereits gebaute Beispiele mit dieser Qualität, man denke nur an die Fagus-Schuhwerke von Gropius selbst (1911). Für eine historische Bewertung von Giedions Wirken besonders auch als Propagandist der modernen Architektur in seiner Funktion als CIAM-Sekretär siehe: Sigfried Giedion, 1888 – 1968: Der Entwurf einer modernen Tradition. Museum für Gestaltung Zürich. 1. Febr. bis 9. Apr. 1989. Mit Beiträgen von Jos Bosman ... (et. al.); eine Ausstellung organisiert vom Institut für Geschichte und Theorie der Architektur (gta) in Zusammenarbeit mit dem Museum für Gestaltung Zürich. Zürich: Amman Verlag, 1989.
10. Ebd.,, S. 280.
11. Daß Giedion über Dorners Ideen zumindest informiert war, zeigt eine Zeitungsbesprechung Giedions über einen Vortrag Dorners: »Auf dem letzten internationalen Kongreß für Ästhetik (Hamburg 1930) hat Alexander Dorner (Hannover) gezeigt, wie der Kubismus – zum ersten Mal seit dem Beginn der Renaissance – eine neue Auffassung des Raumes verwirklichte. An Stelle der Perspektive der Renaissance und ihrer einseitigen Tiefenrichtung wird der Raum allseitig. Zu den drei Dimensionen (Länge, Breite, Tiefe) tritt eine vierte Dimension hinzu, die Zeit. Unabhängig davon kam die moderne Physik zu ähnlichen Begriffen und Ergebnissen. So ist es zu erklären, daß in der Malerei die Gegenstände gleichzeitig von innen und außen, von oben und unten, von vorn und rückwärts gezeigt wurden (z. B. Picasso, Braque). An Stelle der naturalistischen Einzelform trat ein Gesamtrhythmus, und so erklärt sich auch das Eindringen abstrakter Elemente ... An Stelle naturalistischer Festlegung tritt ein Schwebezustand: Simultaneität.« Sigfried Giedion: Malerei im Zeitganzen, in: Neue Zürcher Zeitung, Nr. 1211, 28. Juni 1932, Bl. 5. Dorners eigene Untersuchungen finden sich am besten zusammengefaßt in seinem Spätwerk: Alexander Dorner: The Way beyond »Art«. New York University Press, 1958.
12. ERWIN PANOFSKY: Style and Medium in the Motion Pictures. In: Gerald Mast/Marshall Cohen (Eds.): Film Theory and Criticism. Introductory Readings. New York: Oxford University Press, 1985. S. 218. Original veröffentlicht in: Bulletin of the Department of Art and Archaeology (Princeton University, 1934)
13. Ebd.,
14. Ebd.,
15. Ebd.,
16. ALBERT EINSTEIN: Über die spezielle und die allgemeine Relativitätstheorie. Braunschweig 1972, p. 37. Einstein veranschaulicht das an seinem berühmten Beispiel des entlang einem Bahndamm fahrenden Zuges: vom auf dem Bahndamm stehenden Beobachter gesehen bewegt sich der Zug; vom im Zug mitfahrenden Beobachter gesehen bewegt sich die Landschaft des Bahndammes. Diese zweite Bewegung kann man nach Einstein eben nicht mehr als irreal abtun.
17. RUDOLF ARNHEIM: Film als Kunst. Frankfurt/M. 1979 (1930), S. 44.
18. FRANCISCO VARELA, EVAN THOMPSON, ELEANOR ROSCH: Der Mittlere Weg der Erkenntnis. München 1994.
19. Where Space gets lost. E-Mail-Interview with Lars Spuybroek by Andreas Ruby. In: Joke Brouwer (Ed.): The Art of the Accident. NAI Publishers/V2_Organisatie, Rotterdam 1998 S.138

Von der Bewegung im Raum zum Raum in Bewegung

WIDERSTAND

Sabine Siegfried: »TV-studies«
Quelle, ARD-Tagesschau, Unruhen in Berlin am 1. Mai 1982

FLUCHT oder

Bernhard Waldenfels: Ortsverschiebungen

ZUR PHÄNOMENOLOGIE DES RAUMES IM ANSCHLUSS AN MERLEAU-PONTY

Wenn ich von Ortsverschiebungen spreche, so in doppeltem Sinne. Gemeint sind zunächst allgemeine Verschiebungen in der Bedeutung von »Ort« und »Raum«, die unsere Raumauffassung verändern. Gedacht ist aber auch an spezifische Verschiebungen im Raumgefüge selbst, die der gewohnten Zeitverschiebung ähneln. Hierbei geht es darum, daß verschiedene Zeit-Räume sich überlagern und ineinanderschieben. Das schlichte Nebeneinander (iuxtapositio) wird ebenso fraglich wie die schlichte Aufeinanderfolge (successio).

Zu Beginn werde ich einige entscheidende Voraussetzungen einer Phänomenologie des Raumes und, in eins damit, einer Phänomenologie des Leibes skizzieren, ausgehend von älteren Raumauffassungen, die immer wieder als Folie dienen und weiterhin ihren Einfluß geltend machen. Diese allgemeinen Überlegungen bilden die Basis für eine Problematisierung und Radikalisierung unserer Raumauffassung, die Motive wie Vielheit, Andersheit, Abwesenheit und Fremdheit ins Spiel bringt. Meine Überlegungen greifen zurück auf Einsichten einer Phänomenologie des Raumes, die nicht nur bei Edmund Husserl und Martin Heidegger, sondern auch bei Kurt Goldstein, Erwin Straus, Eugène Minkowski und Gaston Bachelard zu finden sind und die bei Maurice Merleau-Ponty eine besondere Dichte erreichen. Mein eigener Versuch, Räumlichkeit und Örtlichkeit als Differenz von Eigen- und Fremdort zu denken und diese Differenz aus einer sich selbst entziehenden Leiblichkeit zu gewinnen, knüpft bei den genannten Autoren an.[1]

1. DREI HISTORISCHE PARADIGMEN

Meine historische Skizze kreist um drei Begriffsworte: Topos, Spatium und Lebenswelt. Der Wechsel des Vokabulars weist schon auf einen historischen Wandel der Raumauffassungen hin. Wenn man diese historischen Variationen überspringt, läuft man Gefahr, zu wiederholen, was sich nicht einfach wiederholen läßt. Die Geschichte des Denkens ist kein Spielfeld für Rösselsprünge in beliebigen Richtungen.

Beginnen wir mit dem Topos im Sinne der aristotelischen Physik, der am besten mit »Ort« zu übersetzen ist. Jedes Wesen, ob Stein, Pflanze, Tier, Mensch oder Gestirn, hat seinen eigenen, eigentümlichen Ort (οἰκεῖος / ἴδιος τόπος) innerhalb eines Gemeinortes (κοινὸς τόπος), der mit dem Weltall als einem wohlgeordneten Ganzen, einem Kosmos zusammenfällt. Alles befindet sich in zielgerichteter Bewegung und strebt zu seinem eigentümlichen Ort hin. Der Stein sucht als schwerer Körper die Nähe des Erdmittelpunkts, das Feuer entweicht nach oben, die Pflanze wendet sich dem Licht zu usf. Der Mensch ist in dieser Welt buchstäblich zu Hause. Was aus dieser »Ökonomie« und »Ökologie« des Weltalls ausgeschlossen ist, stellt sich dar als Wildnis, in der das Chaos, die Gesetzes- und Vernunftlosigkeit lauert.[2]

Machen wir einen Sprung in die beginnende Neuzeit, so verändert sich die Lage. Der Mensch wird hin- und hergerissen zwischen einem Gefühl der Heimatlosigkeit angesichts der leeren Räume und Abgründe, die ihm den Boden unter den Füßen[3] wegziehen, und der Entschlossenheit, sich ein eigenes Haus zu bauen. Unter dem Druck der neuen mathematischen Physik und dem Sieg von Galilei über Aristoteles zersetzt sich die qualitative Raumauffassung, die jedem Wesen seinen gemäßen Ort zuwies. Der Natur im modernen Sinne, in der das kosmische Zielgefüge abgelöst wird durch bloße Wirkzusammenhänge und Kräftespiele, entspricht die Auffassung des Raumes als Spatium, als Zwischenraum zwischen den Dingen. Die Nähe und Ferne der Dinge wird ersetzt durch den relativen Abstand (distantia) von einem Ding zu anderen, und die qualitative Größe und Kleinheit der Dinge, die an unseren leiblichen Möglichkeiten maßnimmt, weicht der puren, berechenbaren Ausdehnung (extensio). Der skelettartige Raum, der sein kosmisches Fleisch verloren hat, nimmt die Form eines leeren Behälters an. Niemand und nichts ist mehr an seinem Platz oder umgekehrt fehl am Platz, alles findet sich irgendwo, an einem beliebigen Raum, getrieben durch eine Bewegung, die sich – aller Zielstrebigkeit beraubt – als bloßer Ortswechsel darstellt. Dieser Raum erweist sich als buchstäblich unbewohnbar und führt zu einer Entleiblichung des Menschen, die in der neu entstehenden Ästhetik lediglich kompensiert wird. Die »wahre Wirklichkeit« ist anderswo.[4]

Der phänomenologische Begriff der Lebenswelt, den Husserl in den dreißiger Jahren mit solcher Vehemenz verfochten hat, bahnt erneut den Weg für eine Welt, bewohnt von leiblichen Wesen, die in der Welt ihre Ziele, Gefahren, Hindernisse, Wege und Aufenthaltsorte finden und nicht

Ortsverschiebungen

nur in ihr vorkommen wie in einem großen Container. Der Husserlsche Begriff der Lebenswelt hat allerdings einen transzendentalen und keinen bloß deskriptiven Charakter; als Boden und allgemeiner Horizont ermöglicht die Welt ein geordnetes Zusammenspiel der Dinge, des Menschen mit den Dingen und des Menschen mit seinesgleichen. Wir haben es erneut zu tun mit einer Ordnung der Dinge, nur daß diese sich als wandelbar erweist. Dieser erneute Weltbegriff findet Rückhalt und Widerhall in neueren Feld- und Umwelttheorien sowie in den ökologischen Bestrebungen der Gegenwart.

2. ORIENTIERTER UND HOMOGENER RAUM

Die phänomenologische Erneuerung der Raumauffassung stützt sich auf den grundlegenden Unterschied von homogenem und orientiertem Raum. Der homogene Raum besteht aus Raumstellen, Raumpositionen und Raumlinien, die allesamt gleichrangig sind und von denen keine einen besonderen Vorzug genießt. Alles ist irgendwo, gleich wo (n'importe où), einschließlich des Menschen, soweit sein Geist an den Körper gebunden ist. Dagegen sind im orientierten Raum bestimmte Orte und Richtungen bevorzugt auf ähnliche Weise, wie man in der Gestalttheorie von bevorzugten Gestalten und Verhaltensweisen spricht. Das Wort »Orientierung« erinnert bekanntlich an die Ausrichtung nach dem Ort des Sonnenaufgangs, wie wir es von traditionellen Kirchen- und Tempelanlagen her kennen. Diese Ordnung weist zurück auf ein Hier und Jetzt, das heißt auf eine leibliche Situation, die nicht mit der objektiven Lage im Raum zu verwechseln ist. »Hier« ist da, wo ich mich als Sprecher und Akteur, als jemand, der wahrnimmt, sich bewegt oder sich verletzt, befinde. Sprachlich betrachtet gehört das »hier« zu den Zeigewörtern, die ein Zeigefeld konstituieren.[5] Das Zeigen selbst besteht in einem Sprechen und Sagen, das förmlich statt-findet und in dieser generativen Lokalisierung und Temporalisierung über alles bloß Gesagte hinausgeht. Es gibt einen Raum und eine Zeit des Redens und nicht bloß einen beredeten Raum und eine beredete Zeit. Das leibliche Hier bildet einen Nullpunkt,[6] einen bevorzugten Ort, der nicht einfach im Raum vorkommt, weil die Raumordnung in ihm entspringt und weil alle raumkonstituierenden Bewegungen von ihm ausgehen.

Von diesem Hier aus entfalten sich verschiedene Aspekte einer Raum-Leiblichkeit, die auch für die Raumkunst der Architektur unabdingbar sind.

Die Richtungen im Raum zerteilen sich in verschiedene Raumdimensionen, die allesamt symbolisch überdeterminiert sind. In der Differenz von oben und unten spiegelt sich der aufrechte Gang, und ihm entspricht die Erde als Boden und Trittfläche, die eine Statik ermöglicht. Es gäbe kein »Drunter und Drüber« (frz. sans dessus dessous) ohne ein Drunten und Droben. Ohne Ordnung keine Unordnung, ohne Normalität keine Abweichung. Der Unterschied von vorn und hinten verdankt seine maßgebliche Bedeutung dem menschlichen Angesicht, das in der Fassade der Bauwerke wiederkehrt und in Rückwand und Hinterhaus seinen Gegenpart findet. Rechts und links würden ihre Unterscheidungskraft verlieren, wenn rechte und linke Hand oder rechte und linke Gehirnhälfte völlig symmetrisch fungieren würden. Man denke z. B. an das Schriftbild, dessen Entzifferung dem Duktus des Schreibens folgt und von daher auch unser Bildsehen beeinflußt. Die moralischen und politischen Konnotationen verweisen schließlich auf Körpermoral und Körperpolitik, die mehr bedeuten als eine binäre Alternativschaltung.

Die leibliche Bewegung im Raum führt zur Differenz von Nähe und Ferne, wobei die Techniken der Fortbewegung einen entscheidenden Faktor darstellen. Die Nähe steigert sich von der unmittelbaren Nähe des Fußgängers über die mechanische Nähe des Autofahrers oder Flugzeugpassanten bis zur elektromagnetischen Nähe, die der Lichtgeschwindigkeit folgt. Auf die Probleme, die sich aus dieser Beschleunigung und Raumschrumpfung ergeben, hat Paul Virilio in seiner Dromologie immer wieder aufmerksam gemacht.

Hinzu kommt die Differenz von Draußen und Drinnen, die einer gleichzeitigen Bewegung der Ein- und Ausgrenzung entspringt. Diese Differenz gäbe es gar nicht ohne ein Selbst, das in die Grenzen eines bestimmten Raumbezirkes eingeschlossen und von anderen Raumbezirken ausgeschlossen ist. Dieses Grenzgeschehen beginnt mit der Haut als der Grenz- und Kontaktfläche des Leibes. Es setzt sich fort in der »Haut der Dinge«, die dem eindringenden Blick und der zudringlichen Hand Widerstand entgegensetzt. Daß Kinder ihre Spieltiere und Puppen zerschneiden, um in ihr Inneres hineinzuschauen, zeigt, daß sie die Dinge noch ernster nehmen als der bloße Zuschauer, der sie in die Bildfläche bannt. Das Haus, das wir bewohnen, läßt sich schließlich verstehen als Erweiterung des leiblichen Selbst, so daß im Hausfriedensbruch auf gewisse Weise auch ein Leibfriedensbruch geschieht. Die Genese von Innen- und Außengrenzen bildet die Voraussetzung für die wichtige Unterscheidung von Eigen- und Fremdort, ohne die es keinen Gastgeber und keine Gäste, keine Eroberung und keine Gefangennahme gäbe. Die grundlegende Differenz von Innen und Außen verschwindet schlechterdings, wenn man die Grenzzonen von oben her aus der Vogelperspektive betrachtet oder wenn man von einem Ganzen ausgeht, dem – wie dem Aristotelischen Kosmos[7] – nichts äußerlich bleibt. Eine Globalisierung, die durch keine lokalen Gegenkräfte ausgeglichen würde, könnte eine kosmopolitische Klaustrophobie erzeugen, in der das Schaudern vor den unendlichen Räumen nach innen umschlägt.[8]

Schließlich führt die wechselnde Anordnung von Dingen und Personen im Raum zur Differenz von Leere und Fülle, die mit dem leeren Raum der Newtonschen Physik nicht zu verwechseln ist, da Leere und Fülle sich in diesem Falle qualitativ bestimmen. Ein Zimmer, ein Haus, eine Stadt ist zu voll oder zu leer; in beiden Fällen geraten wir an die Grenze der Ordnung. Eine Stadtlandschaft kann sich dem bunten Vielerlei eines Flohmarkts nähern oder dem Einerlei einer Wüste. Als Grenzerfahrungen genommen, haben beide Möglichkeiten etwas Befreiendes, das überquellende Durcheinander, das die normalen Ordnungen zersprengt, so gut wie der Rückzug in die Kargheit, der jedem Ding und jedem Wesen ein Eigengewicht zurückerstattet und mit jedem Ding die Welt neu beginnen läßt. Auch die Ambivalenz von Ruinen rührt daher, daß Konstruktion und Destruktion nicht eindeutig auf die Licht- oder Schattenseite fallen. Die Spannung zwischen Leere und Fülle beweist, daß Dinge und Menschen nicht nur den Raum bevölkern, sondern sich auch den Raum streitig machen, und sei es der sprichwörtliche »Platz an der Sonne«. Nur weil es so ist, hat der Raum seinerseits etwas mit dem Ethos zu tun und nicht nur dieses mit jenem.[9]

Was wir in Grundzügen skizziert haben, gehört zum Abc der Phänomenologie des Raumes. Doch selbst wenn dies zugestanden wird, bleiben wir von Problemen nicht verschont. Die Rehabilitierung der Welt als Lebenswelt, des Raumes als eines gelebten Raumes und des Körpers als eines lebendig fungierenden Leibes führt uns zurück zur kosmischen Welt- und Raumauffassung – dies allerdings nur auf gewisse Weise. Das Ich-hier-jetzt, das Descartes uns in seinem Cogito beschert und das in neueren Sprachtheorien seinen Platz gefunden hat, konfrontiert uns mit einer neuen Problematik. Es fragt sich, wie die Zentrierung auf einen beschränkten, kontingenten Ort, den Ort des Cogito, sich mit dem Anspruch auf ein Weltganzes und eine entsprechende Totalisierung vereinbaren läßt. Ist es möglich, an einem unaufhebbaren Eigenort zu beginnen und dennoch bei einem Gemeinort zu enden? Wie löst sich der »Widerspruch zwischen der Ubiquität des Bewußtseins und seinem Engagement in einem Präsenzfeld«?[10] Die Lösung, die sich schon in der Leibnizschen Monadenlehre andeutet und die Husserl weiter ausgearbeitet hat, liegt in der Perspektivität und in der Horizontstruktur der Erfahrung, die ein Ganzes auf unbestimmte Weise vorwegnimmt.

> **»Die Landschaft, die mir vor Augen liegt, kündigt mir wohl die Gestalt derjenigen an, die hinter jenem Hügel gelegen ist, doch nur in einem gewissen Grade der Unbestimmtheit: hier sind Felder, dort vielleicht Wälder, und jedenfalls weiß ich von der Gegend hinter dem nächsten Horizont allein, daß dort Land oder See ist, ferner jenseits offenes Meer oder Eismeer, ferner jenseits noch der Bereich der Erde oder Luft, und von den Grenzen der irdischen Atmosphäre weiß ich allein, daß überhaupt etwas wahrzunehmen sein muß, von jenen Fernen ist mir bloß ein abstrakter Stil gegeben.«**

Wie ist diese Offenheit der Welthorizonte zu verstehen, als offen-unendlicher Prozeß, als ein nie endendes Und-soweiter? Hieße dies nicht, daß man der Phantasmagorie des Ganzen nachläuft wie einer Luftspiegelung?

3. DER ZERSPRUNGENE RAUM

Ein Prozeß der Bestimmung und wiederholten Umbestimmung, der hier verliert, was er dort gewinnt, wird das jeweilige Hier und Jetzt niemals in eine raum-zeitliche Allgegenwart aufheben. Es öffnen sich Spalten und Abgründe, es kommt zu Verwerfungen, Verschiebungen, Verzweigungen, die durch keine Vermittlung zu überbrücken und auszugleichen sind. Dies besagt, daß der Raum sich zerteilt, sich zerklüftet, daß er aufklafft, daß der Gesamtraum Sprünge[11] bekommt. Einige dieser Sprungstellen sollen nun in den Blick gerückt werden.

3.1. AKTUELLE UND VIRTUELLE RÄUMLICHKEIT

Das Hiersein, das sich nicht auf einen punktuellen Augenblick beschränkt, sondern in eine Leib- und Raumgeschichte eingebettet ist, konfrontiert uns mit dem alten Problem von Wirklichkeit und Möglichkeit. Das Hier bezieht sich auf ein Dort als mögliches Hier. Der aktuelle Leib stützt sich auf einen habituellen Leib, der uns in der Vergangenheit ver-

Ortsverschiebungen

ankert. Die leibliche Gewöhnung läßt uns in der Welt wohnhaft werden. Diese Macht der Gewohnheit beschwört Marcel Proust gleich auf den Anfangsseiten seiner Recherche, die Samuel Beckett später bereitwillig aufgreift. Der Erzähler sieht sich als Hotelgast, der in ungewohnter Umgebung aufwacht und in seiner Ort- und Selbstverwirrung genötigt ist, das Puzzle der Wirklichkeit neu zusammenzusetzen. Dabei kommen ihm die Glieder des Leibes, jene »Hüter der Vergangenheit (gardiens du passé)« zur Hilfe, indem sie gleichsam die Rolle eines lebendigen Kompasses spielen. Doch der aktuelle Leib würde nicht aufwachen, wäre er nicht gleichzeitig offen für die Zukunft eines virtuellen Leibes, der sich in der Gegenwart regt und uns aus der Ruhe bringt.

Dieser doppelte Rück- und Vorverweis wirft keine besonderen Probleme auf, solange wir mit Husserl von einem einzigen, zusammenhängenden Gegenwartsfeld ausgehen. Von einem Kern der Gegenwart aus erschließt sich mein Vergangenheits- und mein Zukunftsraum. Vergangenheit- und Zukunftshorizonte sind in der Gegenwart mit da, und ausdrücklich erschlossen werden sie in der wiederholenden Wiedererinnerung und in der vorwegnehmenden Vorerinnerung. Räumlich gesprochen bedeutet dies: Ich bin auch dort, wo ich sein kann, ähnlich dem fliegenden Pfeil, der laut Aristoteles der Möglichkeit nach (δυνάμει) schon dort ist, wo er noch nicht ist. Doch dieser einheitliche Raum bekommt Sprünge, sobald die Raumordnung nicht mehr fest in den Dingen verankert ist.

Zum einen drängt sich eine Polarisierung und mögliche Spaltung von Wirklichkeit und Möglichkeit auf. Das Gewicht kann stärker auf den »Wirklichkeitssinn« oder stärker auf den »Möglichkeitssinn« übergehen. Diese Polarisierung tritt deutlich zutage, wenn wir die Pathologie des Raumerlebens in Betracht ziehen. Eugène Minkowski, der polnisch-französische Psychiater, der sich in seinen psychopathologischen Forschungen von der Phänomenologie und von Bergson inspirieren ließ, berichtet von zwei Patienten, denen er die alltägliche Frage »Wo bist du«? vorlegte.[12] Die Antworten sind so verschieden wie die Erkrankungen der beiden Befragten. Der eine Patient, ein Paralytiker, zeigt auf die Stelle, wo er gerade steht. Er geht so distanzlos im aktuellen Hier und Jetzt auf, daß nur das Zeigen übrigbleibt und die sprachliche Ortsangabe mißlingt. Die Gebärde des Zeigens schöpft ihre Wahrheit aus der Teilhabe an der aktuellen Situation, die sie anzeigt. Der andere Patient,

ein Schizophrener, antwortet ausdrücklich, aber ausweichend: »Ich weiß, wo ich bin, fühle mich aber nicht dort.« Die Distanzierungsmöglichkeiten, die dem ersten Patienten abgehen, steigern sich in diesem Falle bis zur Spaltung zwischen Raumgefühl und Raumwissen. Ähnliches berichtet Kurt Goldstein von Beobachtungen her, die er mit seinen Mitarbeitern in den zwanziger Jahren an dem Patienten Schneider durchgeführt hat. Dabei geht es um den Gegensatz von Greifen und Zeigen. Dem Patienten gelingt es nicht, der Aufforderung zu folgen, auf seine Nase zu zeigen, obwohl er eine lästige Mücke jederzeit mühelos verjagt. Das Greifvermögen ist also intakt, während die symbolische Bewegung des Zeigens sich als beeinträchtigt erweist. In der Sprache von Goldstein besagt dies, daß der Patient in der »konkreten Einstellung« auf das Nächstliegende und praktisch Dringliche verharrt, während ihm die »abstrakte Einstellung« auf allgemeinere und auf fiktive Möglichkeiten verschlossen bleibt. Wie Merleau-Ponty bemerkt, findet der Patient sich »ins Aktuelle eingesperrt«, während beim Normalen der Leib als »virtuelles Aktionszentrum« in Kraft tritt.[13]

Dieser Ausflug in die Pathologie des Raumerlebens zieht weitere Konsequenzen nach sich, die zeigen, in welchem Maße die Grenzen zwischen Pathologischem und Normalem durchlässig sind. Es lassen sich zwei Extreme benennen, einerseits eine Wirklichkeit mit schwindendem Möglichkeitsfeld, andererseits eine Virtualität mit schwindender Verankerung in der Wirklichkeit. Die beiden Schwundformen tendieren wechselweise auf einen doppelten Grenzzustand hin, auf den eines Dinges im Raum bzw. eines Geistes außerhalb des Raumes. Wir erkennen unschwer den cartesianischen Dualismus wieder, wenn wir davon absehen, daß der Geist als Software keine eigene Substanz mehr besitzt. Technologien und Medien haben das Möglichkeitsfeld inzwischen so sehr erweitert, daß das zweite Extrem ein deutliches Übergewicht bekommt. Ich bin irgendwo, weil der aktuelle Raum, mein Leib, mein Ich oder meine Kultur uns als eine Möglichkeit unter anderen begegnet. Für die Störungen, die daraus entstehen können, ist natürlich nicht die Virtualisierung als solche verantwortlich, sondern die Selbstvergessenheit derer, die sich diesen Prozessen blindlings und widerstandslos überlassen.

Ein weiterer wunder Punkt, der die Geschlossenheit des Gegenwartsfeldes unterminiert, findet sich in dem Entzug von Vergangenheit und Zukunft. Dieser Entzug bedeutet nicht, daß es etwas gibt, das sich entzieht, es bedeutet vielmehr, daß die Erfahrung sich selbst entzieht; ebendeshalb gibt es kein Ersatzmittel, dem es gelingen könnte, die Erfahrung doch wieder zu vervollständigen. An der schon erwähnten Stelle der ›Phänomenologie der Wahrnehmung‹ (frz. u. dt. S. 382) heißt es: »Mein Besitz der Ferne und der Vergangenheit wie der der Zukunft ist also nur ein grundsätzlicher, auf allen Seiten entzieht sich mir mein Leben und ist umgeben von Zonen des Unpersönlichen.« Demgemäß verliert sich unsere Herkunft in einer »Urvergangenheit«, einer »Vergangenheit, die niemals Gegenwart war« (PP 280, dt. 283). Umgekehrt steht uns der Tod bevor als »unzugängliche Zukunft« (PP 418, dt. 417). Ähnliches gilt für jene Formen der Geburt und des Todes, die uns im Leben, in der Ebbe und Flut unseres Empfindungslebens, heimsuchen (PP 250, dt. 253). Der Entzug erfährt eine weitere Steigerung in der Abwesenheit des anderen oder der anderen, welche dort sind, wo ich nicht sein kann. Kein Perspektivenwechsel, der stets ein potentiell lückenloses Erfahrungssystem voraussetzt, kann die Momente des Unheimlichen, des Ungewohnten und Fremden absorbieren, die schon mit dem fremden Blick beginnen. Keiner ist also völlig bei sich zu Hause, chez soi.[14]

3.2. ZERSPRENGTE PERSPEKTIVEN

Ein weiterer neuralgischer Punkt zeigt sich in der Vereinheitlichung des Raumes durch die Perspektivität. Bei Leibniz gibt es eine Vielfalt von Gesichtspunkten, hinter denen jedoch ein »wahrer Gesichtspunkt« steht, der die einzelnen Aspekte koordiniert und allgemeine Harmonie garantiert. Die Welt nimmt sich aus wie eine Stadt, die aus verschiedenen Perspektiven zugänglich ist, so daß die Possibilitäten sich zu Kompossibilitäten der Erfahrung zusammenschließen. Diese Annahmen, die Husserl von Leibniz übernimmt und in eine Phänomenologie der offenen Erfahrung umformt, werden von Merleau-Ponty nochmals gründlich in Frage gestellt. In seiner Nachlaßschrift Das ›Sichtbare und das Unsichtbare‹,[15] in der er seine frühen phänomenologischen Einsichten einer ontologischen Revision unterzieht, wendet Merleau-Ponty sich dagegen, daß man den euklidischen Raum als ontologisches Modell einsetzt:

> **»Der euklidische Raum ist das Modell des perspektivischen Seins, er ist ein Raum ohne Transzendenz, er ist positiv, ein Netzwerk von Geraden, die parallel zueinander verlaufen oder senkrecht zueinander stehen entsprechend den drei Dimensionen, und er enthält alle möglichen Plazierungen in sich.«**

Die mangelnde Transzendenz und die Positivität dieses klassischen Raumschemas, das mit den neuzeitlichen Ontologien eines Descartes und Leibniz im Bunde steht, erklärt sich damit, daß diese Raumordnung nicht als eine bestimmte Ordnung begriffen und genealogisch hergeleitet wird. Diese festgefügte Ordnung enthält nur deshalb alle möglichen Plazierungen in sich und sie verspricht eine durchgehende Kompossibilität nur deshalb, weil sie ihren Ursprungsort zu absorbieren bestrebt ist und somit den Anschein erweckt, sie sei nirgendwo verankert. Eine solche Ordnung ist, was sie ist. Doch der Aufbau einer derart fugenlosen Ordnung gelänge selbst dem mathematischen Denken nur, wenn es sich über jeden Zeichengebrauch erheben und auf Zahlenketten oder topologische Markierungen verzichten würde. Die Revision, die Merleau-Ponty an diesem klassischen Vorurteil vornimmt, läuft zunächst über eine Kritik an der angeblichen Natürlichkeit der klassischen Zentralperspektive, die zu einer Domestizierung des Blicks führt. Die Rivalität der Dinge, die um unseren Blick streiten, ihn anstacheln, einander verdrängen, wird gewaltsam beruhigt, wenn das Kräftespiel des Blicks, an dem auch die libido videndi beteiligt ist, in ein flächiges Tableau verwandelt wird. Doch die Simultaneität, die so entsteht, kommt über eine Simultaneität des Inkompossiblen nicht hinaus, da vereint auftritt, was sich nie endgültig miteinander verträgt.

> **»Die Dinge sind da, nicht mehr nur wie in der Perspektive der Renaissance nach ihrem projektiven Augenschein und nach den Erfordernissen des Panoramas, sondern im Gegenteil aufrecht, eindringlich, mit ihren Kanten den Blick verletzend, jedes eine absolute Gegenwart beanspruchend, die mit der anderen unvereinbar (incompossible) ist und die sie dennoch alle gemeinsam haben, kraft eines Gestaltungssinns, von dem der ›theoretische Sinn‹ uns keine Idee vermittelt.«**[16]

Der Rückgang auf eine Erfahrung des Blicks verwandelt das angebliche Panorama zurück in eine Blicklandschaft, in der eines den anderen im Wege steht und den Rang streitig macht. In seinem Spätwerk verstärkt Merleau-Ponty die ontologische Revision des Sichtbaren, indem er empfiehlt, das euklidische Raummodell durch ein topologisches Modell zu ersetzen, das heißt durch ein Raummodell, das nicht planimetrisch angelegt ist, sondern mehrdimensional, in dem es »Nachbarschaften«, »Umgebungen«, »Einschließungen« und »Ränder« gibt, die selbst dem mathematischen Denken eine eigentümliche Körperlichkeit verleihen.[17]

Ortsverschiebungen

> »Die ästhetische Welt muß als Raum der Transzendenz, als Raum der Inkompossibilitäten, des Zerspringens, des Aufklaffens und nicht als objektiv-immanenter Raum beschrieben werden. Und in der Folge ist das Denken und das Subjekt ebenfalls als räumliche Situation, mit seiner eigenen ›Ortschaft‹ zu beschreiben.«

»Transzendenz« bedeutet überschreiten der jeweiligen Raumordnung, »Inkompossibilität« verweist abermals auf Unvereinbarkeiten, die von keinem durchgreifenden Gesetz zu beheben sind. »Aufklaffen« besagt nicht, daß etwas neben dem anderen oder außerhalb des anderen vorkommt, sondern daß vielmehr im Auseinandertreten selbst etwas als dieses oder jenes entsteht, dessen Beschaffenheit von seiner Orthaftigkeit, dessen Was von seinem Wo nicht abzulösen ist. Die Räumlichkeit haftet an den Dingen wie eine Haut. So bilden rechte und linke Hand, wie schon Kant in seiner Schrift ›Was heißt sich im Denken orientieren?‹ feststellt, nicht zwei Teile des Raumes. Es handelt sich, wie Merleau-Ponty weiter ausführt, um »Teilganze, Ausschnitte innerhalb eines umfassenden topologischen Raumes«, so wie die Paarbildung sich generell nicht darauf beschränkt, daß das Gleiche zweimal vorkommt, sondern bewirkt, daß das Sein selbst bruchstückhaft auftritt, sich fragmentiert, daß eines vom anderen abweicht. Ein Teilganzes bedeutet nicht einen Teil des Ganzen, sondern ein Ganzes in all seinen Teilen. So besteht der Leib nicht aus Einzelorganen, die man willkürlich einsetzen oder ausschalten kann, vielmehr verdichtet er sich in konkreten »Emblemen« wie Auge, Mund, Hand oder Genitalien (vgl. VI 194, dt. 193).

Im Hintergrund dieser Topologie des Seins, die in mancherlei Hinsicht an Heideggers spätes Seinsdenken anknüpft, steht ein wildes und rohes Sein, dessen »unmotiviertes Auftauchen« nicht aus anderem herzuleiten ist. »Es gibt« Raum, wie es Sinn, Vernunft oder Ordnung gibt. Dieses Sein entpuppt sich als »fortwährendes Residuum«, weil man immer wieder darauf zurückkommt, ohne endgültig bei ihm anzukommen. Darin gleicht es der eigenen Geburt, die wir nie einholen, einem Vorbeginn, der »älter als alles« ist.

3.3. TELEPERZEPTION, TELEPATHIE

Wenn der späte Merleau-Ponty auf seltene Motive wie Teleperzeption und Telepathie zurückgreift, so gewiß nicht, um einer neuen Art von Geisterseherei das Wort zu reden, vielmehr geht es ihm darum, die räumliche Nähe und Ferne anders zu denken. Anders, das heißt nicht in Form einer bloßen Staffelung, die mit ihren Fluchtlinien und Fluchtpunkten der Zentralperspektive verhaftet bleibt und auch die Ferne noch einer »Gegenwartserinnerung« einverleibt. Es treten hier ganz andere Aspekte hervor. Nähe und Ferne wurzeln zunächst in einem Begehren. »Ich kann, wiewohl ich hierbleibe, ›ganz woanders sein‹, und wenn man mich fernhält von dem, was ich liebe, fühle ich mich exzentrisch gegenüber dem wahren Leben.« (PP 330, dt. 332) Ohne die »geduldige und schweigsame Arbeit des Begehrens« (VI frz. u. dt. 189), ohne die gleichzeitige Anziehungs- und Abstoßungskraft, die vom Begehrten ausgeht, würden Annäherung und Entfernung herabsinken zu einer bloßen Vergrößerung oder Verringerung von Abständen. Es wäre nicht der Raum selbst, der sich weitet und verengt. Außerdem bedeutet eine leibhaftig erfahrene Ferne, die nicht nur etwas oder jemand von mir, sondern mich selbst von mir trennt, eine Überlagerung von Gegenwarten, die nicht auf die binäre Alternative von An- und Abwesenheit reduziert werden kann.[18] Daher wendet Merleau-Ponty sich gegen Sartres Annahme, der ferne Peter in Afrika sei nur in der Vorstellung gegenwärtig.

> »Das Sinnliche, das Sichtbare darf nicht als das definiert werden, zu dem ich durch das wirkliche Sehen eine tatsächliche Beziehung habe, – sondern auch als das, von dem ich in der Folge eine Teleperzeption haben kann – denn das gesehene Ding ist Urstiftung dieser ›Bilder‹. Wie der Zeitpunkt so ist auch der Raumpunkt ein für allemal Stiftung eines Da-Seins.« (VI 311, dt. 325)

Telepathie besagt also, daß ich selbst woanders bin, nämlich bei dem, was mich fesselt, anzieht und sich mir zugleich entzieht, und dies in der Weise, daß das Sehen Television, Transzendenz ist und eine Kristallisation des Unmöglichen bedeutet (VI 327, dt. 342). Der Entzug des Fremden trifft mich stärker als fremder Widerstand, gegen den ich mich wehren kann. Das Kräftemessen folgt immer noch dem Gesetz eines Mehr oder Weniger. Nicht so der Entzug, der dem Schatten gleicht, der sich nicht fassen läßt. Jeder Zugriff vertreibt, was er zu erfassen glaubt, so wie Orpheus Eurydike durch seinen Blick in die erneute Abwesenheit des Todes treibt. Widerstand kann eigene Kräfte wecken, doch der Entzug übersteigt meine eigenen Möglichkeiten, indem er sie in Unmöglichkeiten verwandelt. Die Ferne des anderen bedeutet eine gelebte Unmöglichkeit. Die Television, deren Blick nicht in die Ferne schweift, sondern aus der Ferne kommt, verbindet sich mit einer besonderen Form der Telepathie, einer Fremdbefindlichkeit, die daher rührt, »daß sie der tatsächlichen Wahrnehmung durch den Anderen zuvorkommt«; diese Ferne nistet sich in der nächsten Nähe der eigenen Leiblichkeit ein: »meine Augen spüren, das bedeutet die Drohung verspüren, daß sie gesehen werden« (VI 299, dt. 310). Dieser Blick aus der Ferne rührt an eine Verletzlichkeit, die jeder Eigeninitiative zuvorkommt. Sie fordert uns auf, das eigene Dasein im Raum als ein Ausgesetztsein zu denken und nicht als einen von fremden Schalen umgebenen Kern der Eigenheit.

3.4. EIGENORTE UND FREMDORTE

Als letzte Bewährungsprobe wartet auf uns die örtlich zu denkende Differenz von Eigenem und Fremdem. Wenn hierbei von Verschiebung die Rede ist, so drängt sich zunächst das geläufige Motiv der Zeitverschiebung auf. Zeitverschiebung besagt, daß jeder an seinem Ort ist, aber dem Regime einer besonderen Ortszeit unterliegt. Eine Art von Zeitübersetzung bringt es zuwege, daß jeder an seinem Ort bleibt und doch mehrzeitig lebt, so wie die sprachliche Übersetzung jedem seine Sprache beläßt und doch eine Mehrsprachigkeit erzielt. Prekärer wird die Lage, wenn jemand so rasch den Ort wechselt, daß er vorübergehend zwischen den Zeiten pendelt, nicht mehr hier und noch nicht dort. Doch eine allmähliche Körperumstellung, die der neuen Zeit Rechnung trägt, sorgt dafür, daß von dieser Zeitverschiebung eine nachhaltige Beunruhigung nicht zu befürchten ist, obwohl genauer betrachtet vielleicht doch gewisse Spuren einer Schizochronie zurückbleiben.

Die Schizochronie wird selber chronisch, wenn wir von einer Ortsverschiebung ausgehen. Eine solche Annahme widerspricht der Gewohnheit, Individuen durch die Raumstelle zu definieren, die sie in der Welt einnehmen. Ortsverschiebung würde nämlich besagen, daß das Hiersein seine Eindeutigkeit verliert. Ortsangaben und Zustandsbeschreibungen beginnen zu flimmern. Ähnliches gilt im übrigen für die moderne Physik, die im Gefolge von Relativitäts- und Quantentheorie die allgemeine Ausnahme klar definierbarer Positionen und Geschwindigkeiten längst verabschiedet bzw. eingeschränkt hat.[19]

Das Phänomen der Ortsverschiebung bringt uns zurück in die Domäne der Leiblichkeit. Nur wer niemals ganz hier ist, kann zugleich dort sein. Dies entspricht ganz und gar dem paradoxen Status des sogenannten Eigenleibes. Der Leib verdankt seine eigentümliche Seinsweise einem Prozeß der Selbstverdoppelung. Hierbei öffnet sich ein Spalt, der sich nie schließen wird, aber ebendamit eine Leibräumlichkeit besonderer Art erzeugt. Als Leib bin ich hier und jetzt, im Zentrum der Welt; als Körper bin ich irgendwo in der Welt; als Leib-Körper vereinige ich beide Aspekte in mir, ohne daß diese je zur Deckung kommen. Diese Doppelheit läßt sich abermals von Descartes her fassen. Dieser unterscheidet zwischen der res cogitans, die sieht und nicht gesehen wird und die ihren Ort nirgendwo, also außerhalb des Raumes hat, und einer res extensa, die gesehen wird und nicht sieht und die irgendwo innerhalb des Raumes vorkommt. Der Leib zeichnet sich ebendadurch aus, daß er sowohl sieht wie gesehen wird, berührt wie berührt wird, bewegt wie bewegt wird, ohne daß beide Aspekte je zusammenfallen. Diese »Koinzidenz von ferne« (VI 166, dt. 165) läßt sich bestimmen als ein Zugleich von Selbstbezug und Selbstentzug, das uns beim Blick in den Spiegel oder im Echo der eigenen Stimme begegnet. Indem ich hier bin, bin ich zugleich anderswo.

Nun der letzte Schritt: Die Ferne und Fremdheit, die ich am eigenen Leib erfahre, diese Fremdheit gegenüber mir selbst,[20] erweist sich zugleich als der Ort, wo ich mit der Fremdheit der anderen konfrontiert werde. Ich bin, wo du bist und ich nicht sein kann. In diesem Sinne können wir mit Levinas von einem »Nicht-Ort (non-lieu)« des Anderen sprechen,[21] und dieser Nicht-Ort entspricht der schon erwähnten Kristallisation des Unmöglichen.

Abschließend eine Bemerkung, die uns zum Beginn unserer Überlegungen zurückführt. Während der alte Kosmos sich als »Gemeinort« darstellt, dem nichts äußerlich ist, sondert sich die Lebenswelt in Heimwelt und Fremdwelt, und zwar derart, daß Vertrautheit und Fremdheit sich trotz aller Scheidung auf mannigfache Weise miteinander verschränken.[22] Insofern verweist jede Topik auf eine Vielfalt von Ordnungen, die man mit Foucault als Heterotopien[23] bezeichnen kann, und sie wird unterhöhlt von einer Atopie, einer Ortlosigkeit, die als région sauvage jede Ordnung überschreitet. Der Ort, wo Ortsnetze und Raumord-

Ortsverschiebungen

nungen entspringen, läßt sich ebensowenig innerhalb der Ordnung lokalisieren, wie der Ort des Kartenbenutzers sich nicht als bloßer Raumpunkt in das Kartennetz eintragen läßt. Der rote Punkt auf dem Lageplan weist hin auf einen Nicht-Ort, der immerzu ausgespart bleibt. Es fragt sich dann, wie eine Bau- und Wohnkunst aussehen kann, die solche Irritationen und Befremdlichkeiten nicht nur in Kauf nimmt, sondern fruchtbar macht.

ANMERKUNGEN

1   Zum weiteren Hintergrund dieser Überlegungen vgl. vom Verf.: Topographie des Fremden (1997), Kap. 9: Fremdorte, und Sinnesschwellen (1999), Kap. 9: Architektur am Leitfaden des Leibes; zur allgemeineren Problematik der Lebenswelt vgl. In den Netzen der Lebenswelt (1985).
2   An den antiken Ausdrücken für »wild«: ἄγριος (wörtlich: ländlich, auf dem Land lebend) bzw. silvestris (davon savage, sauvage) (wörtlich – waldig, im Wald lebend) wird deutlich, daß es sich hier um Grenzprozesse handelt, in der Kultur und Zivilisation ihren eigenen Boden suchen.
3   Vgl. in Pascals Pensées die seismographisch anmutenden Äußerungen zur Marginalisierung des Menschen innerhalb eines schwindenden Kosmos.
4   Vgl. John Lockes Unterscheidung zwischen primären und sekundären Sinnesqualitäten, eine Unterscheidung, die zugleich ein Wertgefälle und eine Abwertung sinnlicher Erfahrung anzeigt.
5   Vgl. die Ausführungen in Karl Bühlers Sprachtheorie, § 7.
6   Vgl. Husserl, Ideen II (Hua IV), S. 158.
7   Vgl. Aristoteles, Physik III, 6, 207 a 8: Das Weltall ist ein Ganzes, »das nichts außer sich hat (οὗ μὴ ὂν ἔξω)«.
8   Im Hinblick auf die technologischen Möglichkeiten einer elektromagnetisch erzeugten Allnähe äußert Paul Virilio die Befürchtung, »daß beim Menschen, der in einer Umwelt lebt, die sowohl ihres Horizonts als auch ihrer optischen Dichte beraubt ist, von nun an ein tiefgreifendes Gefühl des Eingesperrtseins entsteht« (Fluchtgeschwindigkeit, 1996, S. 62 f.).
9   Immer wieder wird betont, daß »Ethos« ursprünglich den gewohnten Aufenthaltsort bezeichnet; doch dieser Bezug läßt sich auch umkehren derart, daß der Aufenthalt in der Welt uns fremden Ansprüchen aussetzt.
10 M. Merleau-Ponty, Phénoménologie de la perception (im folgenden zitiert als PP): S. 382, frz. u. dt. S. 382. Der Wortlaut der Übersetzung von Merleau-Pontys Werken wurde teilweise leicht verändert.
11 Vgl. Le visible et l'invisible (im folgenden zitiert als VI), S. 269, dt. S. 276: Die »ästhetische Welt«, das heißt die Welt der Sinne, muß als »Raum des Zerspringens (éclatement)« beschrieben werden; dazu vom Verf.: »Das Zerspringen des Seins«, in: Deutsch-Französische Gedankengänge (1995).
12 E. Minkowski, Le temps vécu (1968), S. 257, dt. Bd. II, S. 110.
13 Vgl. PP 126 f., dt. 134 f. Die Differenz von Greifen und Zeigen und Kurt Goldsteins diesbezügliche Untersuchungen spielen eine zentrale Rolle in dem Kapitel der Phänomenologie der Wahrnehmung, das sich mit der Räumlichkeit des eigenen Leibes und der Motorik befaßt.
14 Der Oikos als Bleibe, die mir gehört, und als gleichzeitiger Ort der Gastlichkeit, der meine Eigenheitssphäre überschreitet, bildet ein zentrales Motiv in Levinas' erstem großen Werk Totalité et Infini. Dieses Werk setzt ein mit Rimbauds berühmtem Ausspruch: »La vraie vie est ailleurs«, wobei dieses Anderswo nicht als sekundäre und entfremdete, sondern als »originäre Form des Anderswo« zu verstehen ist (so Merleau-Ponty, VI 308, dt. 320).
15 Ich beziehe mich im folgenden, soweit nicht anders vermerkt, auf zwei kurze Arbeitsnotizen: »Ontologie« (Oktober 1959), S. 264, dt. S. 269 sowie auf eine titellose Notiz vom November 1959, S. 269 f., dt. S. 275 f.
16 Merleau-Ponty, Signes, S. 228, dt.: Das Auge und der Geist, S. 67. Vgl. ausführlich dazu vom Verf.: »Das Zerspringen des Seins« (a.a.O.).
16 Vgl. dazu J.-T. Desanti, »Der Leib der idealen Objekte. Nebengedanken zu Das Sichtbare und das Unsichtbare«, in: Métraux/Waldenfels 1986. Dort heißt es auf S. 46: Auch das theoretische Feld des mathematischen Forschens »hat sozusagen alle Eigenschaften, die man der Welt zuschreibt: Dichte, Unwegsamkeiten, Konsistenz und Bruchstellen«.
18 Wichtig ist in diesem Zusammenhang auch die Idee einer »Vertikalität« von Welt, Existenz, Geschichte und Intersubjektivität; vgl. dazu vom Verf.: Antwortregister (1994), Kap. III, 8, 1: »Vertikalität des Mitseins«.
19 Merleau-Ponty berücksichtigt diese neueren Entwicklungen durchaus, so vor allem in seinen Vorlesungen zum Begriff der Natur von 1956/57, von denen inzwischen Vorlesungsnotizen veröffentlicht wurden: La nature (1995) (eine deutsche Übersetzung ist in Vorbereitung). Vgl. besonders S. 139-165 zu den Begriffen von Raum und Zeit und zur Idee der Natur bei Whitehead. In dem entsprechenden Resümee heißt es (»le monde perçu est un monde ou il y du discontinu, du probable et du général, où chaque être n'est pas astreint à un emplacement unique et actuel, à une absolue densité d'être« (ebd., S. 369, Hervorhebung von B.W.) – eine Sichtweise, die mit den Entdeckungen der modernen Physik konvergiert und die Auffassung eines »polymorphen Raumes« und einer »polymorphen Zeit« nahelegt. Es ist bekannt, wie viele Voraussetzungen aus der klassischen Physik in die neuzeitliche Raum- und Zeitauffassung eingeflossen sind; es wäre doppelt fatal, wenn eine heutige Ontologie von Raum und Zeit sich von veralteten wissenschaftlichen Vorstellungen den Blick verstellen ließe.
20 Dazu Nietzsche in der Vorrede zur Genealogie der Moral: »Wir bleiben uns eben nothwendig fremd, wir verstehn uns nicht, wir müssen uns verwechseln, für uns heisst der Satz in alle Ewigkeit ›Jeder ist sich selbst der Fernste‹, – für uns sind wir keine ›Erkennenden‹ (KSA 5, 247 f.).
21 Levinas, Autrement qu'être ou au-delà de l'essence (1974), S. 58, dt. S. 110.
22 Vgl. dazu vom Verf. Topographie des Fremden (1997), Kap. 3: Verschränkung von Heimwelt und Fremdwelt.
23 M. Foucault, »Des espaces autres« in: 1994, Bd. IV, dt.: »Andere Räume« (1992).
24 Vgl. dazu Merleau-Ponty, Signes, S. 151, dt. in: Métraux/Waldenfels 1986, S. 21.

LITERATUR

BÜHLER, K., Sprachtheorie, Stuttgart/New York 1982

DESANTI, J.-T., »Der Leib idealer Objekte. Nebengedanken zu »Das Sichtbare und das Unsichtbare«, in: Métraux, A. und B. Waldenfels (Hg.), Leibhaftige Vernunft. Spuren von Merleau-Pontys Denken, München 1986

FOUCAULT, M., »Des espaces autres«, in: Dits et écrits, 4 Bde., Bd. IV, Paris 1994

HUSSERL, E., Ideen zu einer reinen Phänomenologie und phänomenologischen Philosophie, Bd. II, Husserliana IV, Den Haag 1952

LEVINAS, E., Totalité et Infini, Den Haag 1961. – Deutsch: Totalität und Unendlichkeit, übersetzt von W. N. Krewani, Freiburg / München 1987

Ebd., Autrement qu'être ou au-delà de l'essence, Den Haag 1974. – Dt.: Jenseits des Seins oder anders als Sein geschieht, übers. von Th. Wiemer, Freiburg/München 1992

MERLEAU-PONTY, M., Phénoménologie de la perception (= PP), Paris 1945. - Deutsch: Phänomenologie der Wahrnehmung, übersetzt von R. Boehm, Berlin 1966 -, Signes, Paris 1960

Ebd., Le visible et l'invisible (= VI), Paris 1964 – Deutsch: Das Sichtbare und das Unsichtbare, übersetzt von R. Giuliani und B. Waldenfels, München 1986

Ebd., Das Auge und der Geist, übers. von H. W. Arndt, Hamburg 1984

Ebd., La nature. Notes. Cours du Collège de France, Paris 1995. – Deutsch: Die Natur, übersetzt von M. Séglard-Köller, München 1999

MÉTRAUX. A., UND B. WALDENFELS (Hg.), Leibhaftige Vernunft. Spuren von Merleau-Pontys Denken, München 1986

MINKOWSKI, E., Vers une cosmologie, Paris 1936

NIETZSCHE, F., Kritische Studienausgabe, hg. von G. Colli und M. Montinari, Berlin 1980

VIRILIO, P., Fluchtgeschwindigkeit, übersetzt von B. Wilczek, München 1996

WALDENFELS, B., Antwortregister, Frankfurt am Main 1994

Ebd., Deutsch-Französische Gedankengänge, Frankfurt am Main 1995

Ebd., Topographie des Fremden. Studien zur Phänomenologie des Fremden, Bd. 1, Frankfurt am Main 1997

Ebd., Sinnesschwellen. Studien zur Phänomenologie des Fremden, Bd. 3, Frankfurt am Main 1998

Adolf Max Vogt: Die Gegend der hereinbrechenden Ränder

1. DAS SCHÖNE UND DAS ERHABENE

Eine der solidesten und stabilsten Unterscheidungen der letzten 250 Jahre betrifft das ungleiche Geschwisterpaar des »Schönen« und des »Erhabenen« oder »Sublimen«. Jeder Gymnasiast weiß (oder wußte bis vor wenigen Dezennien), daß sich Raffael zu Michelangelo verhält wie Dürer zu Grünewald. Nämlich: Wie der Meister des Schönen zu dem des Erhabenen. Der angehende Abiturient wußte zudem, daß es der Brite Edmund Burke war, der die damals fällige Klärung der Bezeichnungen in einem Eßay von 1757 vollzog.

Für die Gebildeten deutscher Sprache gewann diese Klärung deshalb besondere Bedeutung und Würde, weil Immanuel Kant, der Philosoph, sie übernimmt und präzisiert und weil hernach – von Kant angeregt und begeistert – Friedrich Schiller in seiner Bühnendichtung wie in seinen theoretischen Schriften eine Art von Doppelgipfel erreichte, der für viele Generationen durch das ganze 19. Jahrhundert verbindlich blieb. Er vermochte zu begründen, was er auf der Bühne sagen ließ, und er fand die stechende Formulierung im Dialog, weil seine Begründung der rhetorischen Steigerung klar und logisch durchdacht schien. Risikostücke wie »Die Räuber«, vom 22jährigen verfaßt, der noch dem Sturm und Drang verhaftet blieb, wurden ihm nachgesehen. Offenbar deshalb, weil die Nerven für das »High Idiom«, den zugespitzten hohen Ton, damals ungleich breiter angelegt schienen und weil das Schrille sehr viel seltener mit Lachen quittiert wurde.

Edwin Hubbles astronomische Beobachtung aus den zwanziger Jahren, daß das Universum sich weiter ausdehnt, mag eine Parallele darin finden, daß die Künstler unserer Epoche eine analoge Dehnung der Ränder wahrnehmen. Diese Dehnung der wissensmäßigen, aber auch geistigen Horizonte macht die heutige Generation nicht etwa sicherer in ihrem Überblick, sondern zurückhaltender. Friedrich Schillers Selbstvertrauen, das Erhabene aus voller Übersicht charakterisieren zu können, erscheint heute als überhoben. Denn die Randzone des Erhabenen ist heute nicht mehr rhetorisch abrufbar wie im Barock und nicht mehr prägnant definierbar wie bei Kant und bei Schiller. Wir erfahren sie deshalb nicht mehr als ein geographisch vermeßbares Gebiet, sondern als eine buchstäblich unheimliche, nicht überblickbare Gegend mit Bedrohungen der vulkanischen Art.

Man täuscht sich indessen, wenn man glaubt, Schiller hätte nicht schon selber Beobachtungen von Entzug und Verfremdung gemacht. Eine dieser verblüffenden Beobachtungen lautet: »Spricht die Seele, spricht, ach, schon die Seele nicht mehr.« Der in seiner aufsteigenden Rhetorik scheinbar völlig selbstgewisse Schiller gesteht damit ein, daß genau dann, wenn die Wahrnehmung der Ränder auf dem Spiel steht, eine Art Selbstverlust oder Identitätsentzug eintreten kann. Kurz: Nicht nur das Phänomen des Sublimen oder Erhabenen selber scheint sich insgesamt verändert zu zeigen – auch meine Annäherung an dieses Phänomen kann mich selbst verändern, ich gerate in eine Risikozone, erleide dabei Entzüge, Selbstverluste und Absenzen. So deutet es schon Schiller an, so erleben es mit scharfer Konsequenz Dichter wie beispielsweise Beckett, Maler wie beispielsweise der reife und späte Paul Klee oder ein Bildhauer und Maler wie Alberto Giacometti.

Grob vereinfacht gesagt, scheint das Erbe der Unterscheidung zwischen hohem und alltäglichem Ton (im Bauwesen bekannt als die mittelalterliche Unterscheidung zwischen Architettura maggiora e minora) durch die Renaissance und den Barock unangetastet weiterzuleben, wonach das 18. Jahrhundert mit Burke, Kant und Schiller Präzisierungen vollzieht, die dem 19. Jahrhundert eine erneute, aber zunehmend problematische Steigerung ins Pathetische erlauben (Richard Wagners Gesamtkunstwerk!). Doch die beiden Weltkriege mit ihren Folgen ernüchtern gerade die Empfindlicheren unter den Avantgardisten so sehr, daß sie eine Subversion, als bewußte Unterwanderung des sogenannten Sublimen, in die Wege leiten. In gleichem Maße, wie sich diese subtilere Hälfte der Avantgardisten durchsetzt und etabliert, gerät die altehrwürdige Unterscheidung zwischen »Erhaben« und »Schön« in eine Krise der Benennbarkeit. Aber zudem auch in eine Krise des Ortsverlusts innerhalb der Gattungen. Also nicht nur: Ist »Erhaben« das weiterhin taugliche Etikett für die Randzone? Sondern auch: Wo überhaupt wird das Randständige manifest? Gibt es noch Gattungen, die ein Vorrecht auf Erhabenheit reklamieren dürfen? Ist die Szene insgesamt nicht derart zerfurcht und zersplittert, daß lediglich noch ein Da-und-dort-Auftauchen des Kaum-mehr-Benennbaren die wirklich glaubhafte Erwartung darstellt? Weil ich auch im Titel dieses Beitrages die eben erwähnte Benennungskrise spürbar machen wollte, habe ich nach Kennzeichnungen für »Randzone«, »randständig« gesucht und dabei die Wendung »von den her-

Adolf Max Vogt

einbrechenden Rändern« gefunden, die im Werk des Genfer Essayisten Ludwig Hohl mehrfach und prominent auftaucht. Benennungskrisen mögen allerdings in der einen Sparte aktuell sein – in der benachbarten Sparte vorläufig jedoch unbemerkt bleiben. Das scheint in der Sparte der Philosophie der Fall zu sein, die neuerdings Fragen an die Sparte der Architekten, Maler, Designer stellt, die uns nun gleich beschäftigen sollen.

2. PHILOSOPHEN STELLEN NEUERDINGS FRAGEN AN DIE STUMME BILDENDE KUNST

Seit über 150 Jahren – also etwa seit 1850 – tauchen immer wieder Gruppen bildender Künstler auf, welche die Forderung stützen: »Bildende Künstler, rede nicht!«. Da wird das Wort als ernste Gefahr eingestuft und demzufolge das »Bilden« von Gebilden und Bildern (vom Haus über die Skulptur zum Bild und Zeichen) mit dem Lob der Stummheit verbunden. Stumm – eine seltsame Grenzziehung.

Doch zuerst: Wer sind diese Philosophen, was haben sie vor? Am 12. Mai 1998 hat der Amerikaner Richard Rorty in einem Vortrag vor dem Einstein-Forum Berlin (abgedruckt in der »Neuen Zürcher Zeitung« vom 15. August 1998) auf mehrere europäische Kollegen verwiesen, die, gleich ihm selber, ein gezieltes Interesse bekunden für Architektur, Malerei, Design, und zwar für den Randbereich dieser Gattungen: das Erhabene in den stummen Künsten. Rorty begründet dieses spezifische Interesse damit, daß nur im Erhabenen der Versuch beobachtet werden könne, »in Berührung zu kommen mit etwas Unvertrautem, weil Unsagbarem«. Die zweite Kennzeichnung, betreffend das Unsagbare, läßt uns aufmerken. Denn es scheint, daß Rorty sich damit bekennt zu jener vermutlich kleinen Gruppe von Denkern, denen bewußt ist, daß neben dem Wort- und Begriffshorizont (in dem sie sich berufsmäßig bewegen) noch andere Horizonte existieren. Horizonte, die wortfremde oder eindeutig nonverbale Gehalte bergen. Wäre damit, um diese Frage gleich vorwegzunehmen, nach unzähligen Exkursionen der Philosophen in Richtung Nordpol der Wortwelt, eine erste (oder mindestens pioniermäßige) Exkursion angesagt in Richtung Südpol der Bildwelt? In einer Zwischenbilanz seiner Rede fragt Rorty, was Philosophen von den anderen abendländischen Intellektuellen unterscheide? Seine aktuelle Antwort: »Ihre kompetente, explizite Diskussion der Spannung zwischen dem Schönen und Erhabenen.« Endlich, darf man daraus schließen, erwartet den Kunsthistoriker ein geistig anspruchsvoller Markt!

Rortys Neuorientierung hat eine Vorgeschichte, die bis auf den Franzosen Jean-François Lyotard (gestorben im Frühjahr 1998) und bis auf Theodor Adorno (gestorben 1969) zurückgeht. Adorno sah in der Darstellung des Erhabenen »den Statthalter der nicht länger vom Tausch verunstalteten Dinge« und wollte den so oft mißhandelten und mißbrauchten Begriff aus dem »Raster von Macht, Übermacht und Bemächtigung herausheben«, damit das »Hohl-Erhabene« ausklammern und »Abschied nehmen vom Heroisch-Erhabenen«.

Angeregt von solchen Forderungen in Adornos »Ästhetischer Theorie« (posthum publiziert 1970), hat sich eine ganze Gruppe jüngerer deutschsprachiger Denker mit dem Randbezirk Erhabenheit wieder zu befassen begonnen – unter ihnen vorab Wolfgang Welsch und Christine Pries, aber auch Hartmut Böhme, Karl Heinz Bohrer, Max Imdahl, Klaus Poenicke und Ullrich Schwarz. Wobei Schwarz, in seinem Buch über Peter Eisenman, die »Überwindung der Metaphysik in der Architektur« zum Thema macht und damit eine fraglos bestehende, aber hochgradig heikle Beziehung zwischen Erhabenheit und Metaphysik anspricht. Mit anderen Worten: Schwarz öffnet ein exquisites Fenster auf einen Fragenbereich, der von den Fachleuten bisher tunlich umgangen wurde.

3. DIE KÜHNHEIT VON LYOTARD

Während Adorno vor allem darauf bedacht war, die Zone des Erhabenen von den übelsten Schlacken und peinlichsten Mißbräuchen zu reinigen, welche die Nazi-Herrschaft mit ihrem »Hohl-Erhabenen« hinterlassen hatte, versucht Lyotard eine verblüffende Ausweitung der Randbezirke in bisher nicht ernstlich einbezogenes Gebiet. Er geht davon aus, daß »jede wichtige Malerei an der Grenze der Repräsentierbarkeit« arbeite, wobei allemal »die Schuld einer Präsenz zu begleichen« sei, »die stets verfehlt« werde. Aus derartigen Äußerungen schließt Klaus Poenicke, daß Lyotard im Erhabenen »ein radikales Jetzt« suche, »welches das Bewußtsein außer Fassung bringt und es mit dem konfrontiert, was ihm nicht zu denken gelingt und was es vergißt, um sich selbst zu konstituieren.«

Eben weil für Lyotard, den so sehr auf die bildenden Künste bezogenen Franzosen, »jede wichtige Malerei an der Grenze der Repräsentierbarkeit« arbeitet, traut er der Bildwelt eine Kraft der Aussage zu, welche in anderen, weniger bildbezogenen, mehr wortbezogenen Kulturen zunächst nur

Die Gegend der hereinbrechenden Ränder

Kopfschütteln und Verlegenheit auslösen kann. So lobt Lyotard zwei französische Essayisten für ihr Verständnis, »daß man Freud mit Cézanne kritisieren sollte«. Und er fügt dann hinzu, es wäre ebenso wichtig, »daß man zudem – mit Pollock z. B. – Kritik an einem marxistischen Theorem üben« sollte.

Ein absurder Einfall: Cézanne könne Freud kommentieren, Pollock sei geeignet, die marxistische Lehre zu kritisieren – absurd jedenfalls für deutsche oder angelsächsische Ohren. Möglicherweise jedoch eine Spur weniger absurd für französische, italienische oder spanische Ohren, wo der Bildenden Kunst von jeher die gleiche Dignität zugesprochen wurde wie den Wortkünsten.

Diese Behauptung läßt sich testen durch eine einfache Variierung von Lyotards Provokation. Wenn ich sage: Thomas Mann oder Beckett sollen als Kommentar zu Freud gelesen werden, dann ist das ungleich weniger irritierend, als wenn der Name Cézanne fällt. Offenbar deshalb, weil Mann und Beckett Buchstaben schreiben, Cézanne aber Linien und Flecken schreibt. Das gleiche gilt für die Kritik am marxistischen Theorem – sobald der Kommentar nicht von Pollock, sondern beispielsweise von Marx´ Zeitgenossen Balzac oder Fontane geliefert werden sollte, würde uns die Forderung sogleich glaubhafter erscheinen.

Treibt man die Feststellung Lyotards ein wenig voran, etwa so: Könnte denn nicht Cézannes qualvolle Mühe mit dem Portrait und seine noch qualvollere Gehemmtheit mit der Darstellung des Nackten etwas zu tun haben mit Sigmund Freuds Domäne? – Dann kann man sich vielleicht einen Austausch vorzustellen beginnen. Fragt sich nur, in welcher Sprache. –

Ähnlich mit Pollock: Seine rettende Idee aus der Malerverzweiflung heraus war bekanntlich, statt Farbe aufzutragen, diese Farbe als triefenden Tropfen auf die Leinwand am Boden fallen zu lassen – nicht ganz unähnlich jenen Geldströmen des Kapitals, die triefende Tropfen in Form von Zins zu Boden gehen lassen. Fragt sich nur, ob meine Metapher vom Geldstrom und vom Zinstropfen bloß ein spielerischer Einfall ist oder doch einen längeren Atem behaupten könnte, wenn man das Risiko eines derart ungewöhnlichen Vergleichs aufnähme.

4. DER STUMME UND DER BLINDE

Die Zumutung von Lyotard besteht darin, den Stummen und den Blinden aufzufordern, untereinander das Gespräch – aber welche Form von ernstzunehmendem Gespräch denn? – zu wagen. Und wie soll das zugehen?

Da die Exploration der hereinbrechenden Ränder von den Philosophen als dringendes Postulat vorgetragen wird, sind Beobachtungen auch dann von Belang, wenn sich herausstellt, daß die künstlerischen Meldungen von Teil-Invaliden stammen. Denn als solche treten wir unter den flimmernden Sternenhimmel des Universums – den unsere neueste Technologie übrigens inzwischen zu verwüsten begonnen hat mit ihren rasenden Wegwerfgeschossen aus dem kommerziellen Betrieb der Raumfahrt.

Gleichviel – die Stummen sehen die Ränder schärfer, die Blinden hören sie genauer. Doch der Versuch zur Hierarchisierung der Gattungen – ein verbissener, versteckter Kampf zwischen Wortwelt und Bildwelt, wer von beiden den Vortritt zu halten vermöge – reduziert die Bandbreite der Wahrnehmung immer von neuem.

Beobachtungen dieser Art, stelle ich mir vor, haben Lyotard dazu bewegt, seine verblüffenden Vorschläge wenigstens in locker andeutender Art vorzutragen. Und er hätte dabei einen Bundesgenossen zitieren können, der, obgleich er aus einer betont zurückhaltenden Ecke stammt, der Konstellation des Blinden und des Stummen sogleich hätte zustimmen können – Jacob Burckhardt. Es ist an mehreren Stellen nachweisbar, daß Burckhardt an eine geheime oder besser: instinktive Ökonomie der Kräfte geglaubt hat im Haushalt der künstlerischen Hervorbringung. Und zwar derart, daß der wichtige, d. h. der nachhaltige Teil der Kunstproduktion stets nur das artikuliert, was nur in seinem Medium, mit seinen Mitteln und Materialien, formuliert werden kann. Denn der Bildhauer z. B. wiederholt nie das, was der Dichter zum Thema sagt, sondern sagt anderes anders. Gattungen haben tiefe Wurzeln und sorgen dafür, mitten in den schlimmsten Obsessionen der gesellschaftlichen Selbstzerstörung, daß die Welt reich bleibt.

Ullrich Schwarz: Jenseits der Zeichen

PERSPEKTIVEN EINER »GEGENSTÄNDLICHEN« ARCHITEKTUR

Die Zeitschrift Arch+ ist bekanntlich immer für allerneueste Trendmeldungen gut. Keine andere deutschsprachige Zeitschrift spürt so zielsicher neue Windrichtungen auf und wirft dabei natürlich auch die eigenen Windmaschinen mit an, um die gemeldeten Trends noch zu verstärken. Im Heft 142 vom Juli 1998 wird nun die Wiederentdeckung eines vernachlässigten Feldes verkündet, die Wiederentdeckung von Erfahrung und sinnlicher Wahrnehmung in der Architektur. Und kaum überraschend können wir im weiteren lesen: »Architektur hat es mit dem ganzen Körper zu tun und bietet gegenüber den anderen Medien die Chance, alle Sinne anzusprechen, das Visuelle wieder in das Konzert der Sinne zurückzuholen, den Menschen »anders zu positionieren«.[1]

Diese Ausführungen sind nicht als akademische Belehrung der Leserschaft gemeint, sondern als Erläuterung der programmatischen Basis eines neuen konzeptionellen Schubs in der aktuellen Architektur. Sie gipfelt in der Frage: »Nach der ›Architektur des Ereignisses‹ nun also eine ›Architektur für die Sinne‹?«[2]

Für eine solche Reaktualisierung von Wahrnehmung und Erfahrung in der Architektur gibt es mancherlei Begründungen, zwei sind besonders interessant. Im Katalog der diesjährigen Ausstellung des Stockholmer Architekturmuseums, die unter dem Titel »Room on the Run« stand,[3] wird uns die folgende Argumentation angeboten: die unmittelbare Erfahrung des Raumes und der Materialien hänge mit dem Fehlen von verbindlichen Wert- und Regelsystemen nicht nur in der Architektur selbst, sondern insgesamt in der Gesellschaft zusammen, so daß eine Anknüpfung an übergreifende Sinn- und Symbolsysteme nicht mehr möglich sei. Dieser – von der Architektur unverschuldete – Mangel an Ideentiefe führe notwendigerweise zu einer Bescheidung mit der Oberfläche.

Erscheint aus dieser Sicht die Betonung der Wahrnehmungsdimension eher als defizienter Modus, wie die Philosophen sagen, so gibt es eine andere Tendenz, die den gleichen Tatbestand kulturkritisch eher offensiv wendet. Die materielle Erscheinungsebene wird zu einem Widerstandspotential, zur Verteidigung der Wirklichkeit angesichts ihrer drohenden medialen Auflösung. Die Oberfläche wird in diesem Sinne zur Tiefe, die Reaktivierung der Sinne zur Rettung der Phänomene. Die Materialität des architektonischen Objekts wird zur Kritik der globalen Entwirklichungsstrategien.

Die Überlast des Bedeutungsvollen und der zur Schau gestellten Selbstverankerung in gesellschaftlichen Tendenzen wird heute von einigen Architekten ganz programmatisch abgestreift. Architektur entzieht sich durch das Schweigen des Materials und die Form der Zumutung, etwas zu bedeuten. Als Beispiele könnte man die Schweizer Architekten Peter Zumthor und das Büro Herzog & de Meuron nennen.

Martin Steinmann hat schon seit längerem am Beispiel der Bauten von Diener & Diener ein Konzept einer »gegenständlichen Architektur« entwickelt, die jenseits der Bilder und Bedeutungen die materielle Dinglichkeit der Architektur in ihren sinnlichen Eigenschaften der »unmittelbaren Wahrnehmung« öffnen soll. Dieser Architektur geht es um Sichtbarkeit, nicht um Lesbarkeit. Die Strategie der architektonischen »Entsemantisierung« soll so zu einer »vorsemiotischen« Erfahrung führen.[4]

Auch Peter Zumthor möchte eine Architektur entwickeln, »die von den Dingen ausgeht und zu den Dingen zurückkehrt«.[5] Die Wirklichkeit der Architektur, schreibt Zumthor, »ist das Konkrete, das Form, Masse und Raum Gewordene, ihr Körper. Es gibt keine Idee, außer in den Dingen.«[6] Entscheidend erscheint ihm der Gebrauch der Materialien. Materialien können für ihn in einem architektonischen Objekt eine poetische Qualität annehmen, wenn es gelingt, ihr eigentliches Wesen freizulegen, das für Zumthor »jenseits der Zeichen« liegt und »bar jeder kulturell vermittelten Bedeutung« ist.[7] In einer solchen architektonischen Poetik sieht Zumthor einen Ansatz zum kulturellen Widerstand gegen den Verschleiß von Formen und Bedeutungen. Interessanterweise finden sich zumindest auf den ersten Blick (die Differenzen werden allerdings dann sehr schnell deutlich) verwandte Ansätze bei Peter Eisenman. Eisenman nun ist es, der für die »sinnliche Reaktion auf eine physische Umgebung« den traditionsbeladenen, aber im Rahmen des architekturtheoretischen Diskurses der Gegenwart ungewohnten Begriff des Affektes einführt.[8] Eisenman interessiert sich dabei für den Interaktionsprozeß zwischen einer anderen Architektur und dem wahrnehmenden Subjekt. Er begnügt sich nicht mit dem architektonischen Objekt, sondern konstruiert / de-konstruiert / re-konstruiert dieses Objekt als Erfahrungsraum. Eisenman

Jenseits der Zeichen

fordert eine Architektur, die nicht nur effektiv ist, indem sie ihre vorgegebenen technischen und sonstigen Erwartungen erfüllt, sondern die ebenso affektiv wirkt, indem sie die Widerständigkeit und Deutungssperrigkeit des Objekts mobilisiert. Die Reaktivierung einer affektiven Erfahrung bezieht sich einerseits auf das Subjekt der Erfahrung, indem die Körperlichkeit der Raumerfahrung zurückgewonnen wird. Zum anderen geht es um die Wiederherstellung des Erfahrungsobjektes als widerständige Wirklichkeit.

In den neunziger Jahren äußert sich auch bei Eisenman eine ausgeprägte Besorgnis hinsichtlich des medientechnologischen Verschwimmens der Grenzen zwischen Simulation und Realität. Überspitzt gesprochen stoßen wir jetzt auch bei Eisenman auf einen therapeutischen Impuls der Rettung des »Seins« und der »Wirklichkeit« in und durch Architektur. Herzog & de Meuron, Zumthor, Diener & Diener, Eisenman: es soll keinesfalls der Eindruck erweckt werden, die Positionen der genannten Architekten seien identisch. Aber immerhin sind sie in diesem therapeutischen Grundimpuls vergleichbar, der Architektur sowohl zum Widerstand als auch zur Rettung der Dinge werden läßt, zu einer restitutio in integrum. Diese Betonung von Gegenständlichkeit und Materialität reagiert dabei jedoch nicht allein auf die heutige Inflation des medialen Scheins und das allgemeine geschichtsphilosophische Verstummen, sondern wendet sich in deutlicher Weise von einem beherrschenden Paradigma der klassischen Architekturmoderne ab, nämlich der Suche nach dem Wesen ›hinter‹ den Erscheinungen. Man könnte von einer Entwicklung von der Essenz zur Präsenz sprechen.

Die Verdrängung des Werdens, der Vergänglichkeit, der sinnlichen Erscheinung zugunsten einer »wahren« Welt des Wesens und der ewigen Ordnung (der »Hinterwelt«): Nietzsche nannte dies die Psychologie der Metaphysik.[9] Diese Psychologie der Metaphysik war nun mit dem Ende des 19. Jahrhunderts keineswegs erledigt. Es hat sich inzwischen herumgesprochen, daß Nietzsches Urteil immer noch für zentrale Vertreter der klassischen künstlerischen und architektonischen Moderne im 20. Jahrhundert zutrifft, von Kandinsky bis DeStijl, von Corbusier bis Mies van der Rohe, um nur einige Großnamen zu nennen. Wir stoßen hier allerorten auf eine platonisierende Suche nach dem Wesensbild und einer korrespondierenden Ablehnung der oberflächlichen Sinnlichkeit, die diesem Konzept zufolge

den Blick auf die Strukturen – polemisch: auf die Hinterwelt – gerade verstellt. Um die Schönheit des Werkes als ontologische Realität verstehen zu können und es mit der Dignität des Wesenhaften und Seinsadäquaten ausstatten zu können, mußte es in Produktion und Rezeption dem Reich des Subjektiven enthoben sein. Corbusier scheint hier zunächst in eine andere Richtung zu gehen, wenn es bei ihm heißt:

> »Die Architektur ist eine künstlerische Tatsache, ein Phänomen innerer Bewegung; sie steht außerhalb von Konstruktionsfragen, jenseits von ihnen. Die reine Konstruktion gewährleistet die Stabilität; die Architektur ist da, um uns zu ergreifen«.[10]

Wäre das nicht schon die Architektur des Affekts, die Eisenman erst einfordern zu müssen glaubt? Alles klingt danach, wenn Corbusier das Uns-Ergreifen oder sagen wir ruhig, das uns Affizieren, nicht an eine bestimmte Kondition knüpfen würde. So heißt der folgende Satz bei ihm:

> »Die Architektur ergreift, wenn das Werk einer Stimmgabel gleich die Musik des Weltalls anschlägt, dessen Gesetze wir anerkennen und bewundern.«[11] Was uns ergreift, das sind die Gesetze des Universums, die »das Menschenwerk mit der Weltordnung in Einklang bringen«[12], das ist jene »vernünftige Mathematik […], welche Bedingung für den wohltuenden Eindruck von Ordnung ist.«[13]

Was Corbusier hier als den goldenen Weg zum architektonischen Ergriffensein skizziert, das fällt tendenziell unter das, was Nietzsche die Psychologie der Metaphysik nennt oder Heidegger den Ideenblick. Die Ideen, kritisiert Heidegger Platons Wahrheitsbegriff und könnte dabei auch Corbusiers luzide mathematische Ordnung des Universums meinen, die Ideen »sind das im nichtsinnlichen Blicken erblickte Übersinnliche, das mit den Werkzeugen des Leibes unbegreifliche Sein des Seienden«.[14] Gegen die Unordnung der Romantik und alle Fieberprodukte eines überspitzten Individualismus gerichtet, plädiert Corbusier wieder und wieder für den Geist der Geometrie, für klare Ordnung und das Regelhafte. Corbusier schreibt:

> »Das Allgemeine, die Regel, die allgemeine Regel erscheinen uns als die strategischen Ausgangspunkte für den Marsch nach dem Fortschritt und nach dem Schönen. Das Allgemein-Schöne zieht uns an, und das heroische Schöne erscheint uns ein theatralischer Zwischenfall. Bach ziehen wir Wagner vor […] «[15]

Ullrich Schwarz

Bach ziehen wir Wagner vor: diese Parteinahme auf dem Feld der Musik könnte charakteristischer gar nicht sein. Nicht nur ist es bis heute ein Topos der Musikkritik, Wagners Musik etwas Rauschhaftes zu attestieren, und der Musikgeschichte ist seit langem Wagners Abhängigkeit von Schopenhauer bekannt, der, wie Dahlhaus betont, der Musik gerade als tönendem Phänomen und nicht den verborgenen mathematischen Implikationen philosophische Würde verlieh.[16] Dagegen fügt sich Corbusier mit seiner Hochschätzung des Jenseits des Subjektiven und oberflächlich Sinnlichen in die Reihe derjenigen Liebhaber Bachs ein, gegen die Adorno Bach zu verteidigen sucht. Diese Bachrezeption kennzeichnend, schreibt Adorno: »Seine Musik sei dem Subjekt und seiner Zufälligkeit enthoben; sie töne nicht sowohl vom Menschen und seinem Inwendigen, als daß in ihr die Ordnung des Seins an sich verpflichtend laut werde.«[17] Im übrigen hat Wagner selbst Bach in diesem Sinne verstanden, wie wir den Tagebüchern Cosimas entnehmen können. 1871 äußert er: »Bachs Musik ist gewiß eine Idee der Welt, seine gefühllosen Figurationen sind wie die Natur selbst gefühllos.« Und über die Bachschen Fugen heißt es 1878: »Es ist wie ein Weltbau, der nach einem ewigen Gesetz sich bewegt, ohne Affekt [...]«[18]

Bach ziehen wir Wagner vor. Im programmatischen Diskurs der klassischen Architektur der Moderne findet sich bekanntlich eine inhaltlich analoge Polarisierung auf dem Felde der Malerei. Wir wissen, daß die Moderne sich aktiv ihre eigene Tradition konstruiert hat, und es sind nicht nur Architekten wie Corbusier daran beteiligt, sondern auch die Propagandisten und Geschichtsschreiber der Bewegung selbst. Wenn Giedion schreibt: »Es kann keinen schöpferischen Architekten geben, der nicht durch das Nadelöhr der modernen Kunst gegangen ist«[19], dann versteht er unter moderner Kunst bekanntlich vor allem den Kubismus. Interessant in unserem Zusammenhang ist aber mindestens ebenso, welche moderne Kunst hier nicht gemeint ist. Nicht gemeint ist in erster Linie der Impressionismus.

Schon Muthesius definiert in seiner programmatischen Rede auf dem Werkbund-Kongreß von 1911 die kulturellen Fronten sehr klar. Das Wesen der Architektur liege im Stetigen, Ruhigen, Dauernden. »Repräsentiert sie doch in der durch Jahrtausende reichenden Tradition ihrer Ausdrucksformen selbst gleichsam das Ewige der Menschheitsgeschichte.«[20] Diesem Willen zum Essentiellen und Ewigen muß natürlich alles Flüchtige, Instabile, Bewegliche und bloß an der sichtbaren Oberfläche Liegende ein Greuel sein. Daher grenzt sich Muthesius entschieden gegen den Impressionismus ab: »In gewissem Sinne ist (der Architektur) daher auch die in den anderen Künsten heute herrschende impressionistische Auffassung ungünstig. In der Malerei, in der Literatur, zum Teil auch in der Bildhauerei, vielleicht selbst noch in der Musik ist der Impressionismus denkbar und hat sich Gebiete erobert. Der Gedanke an eine impressionistische Architektur aber wäre einfach furchtbar. Denken wir ihn nicht aus! Schon sind in der Architektur individualistische Versuche unternommen, die uns in Schrecken versetzt haben, wie sollten es erst impressionistische tun.«[21]

Nikolaus Pevsner hat in seinem Standardwerk über die Vorgeschichte der modernen Bewegung »Wegbereiter moderner Formgebung von Morris bis Gropius« als Historiker eine ähnliche inhaltliche Position in die Form einer Entwicklungslogik gegossen, deren Gipfelpunkt die klassische Moderne darstellt. Pevsner bescheinigt den impressionistischen Bildern einen hochgradigen sinnlichen Reiz. Doch statt solcher bezaubernder Oberflächenwirkung fordert er eine »Übertragung auf eine Ebene von abstrakter Bedeutsamkeit«.[22] Er schreibt:

> »Den Impressionisten interessiert einzig das, was er mit eigenen Augen sehen kann, was hinter der Oberfläche liegt, bedeutet ihm nichts. Er ist Materialist, nicht weniger als der materialistischste Philosoph des 19. Jahrhunderts.«[23]

Doch was Bach in der Musik gegenüber Wagner darstellt, das war in der Malerei, noch vor dem Kubismus, Cézanne. Cézanne gilt als Überwinder des bloß sinnlichen Reizes vergänglicher Schönheit bei den Impressionisten.

Cézannes Ziel ist es, so Pevsner, »die dauernden Eigenschaften der gewählten Gegenstände auszudrücken«. Und weiter: Nicht das Individuelle kümmert Cézanne, er »sinnt der Idee des Weltalls nach« und strebt nach »künstlerischen Gleichnissen der ewigen Natur«.[24] Daß Cézanne die Gesetze der ewigen Natur in geometrischen Grundformen wie Zylinder, Kreis und Kegel suchte, ist bekannt. Und daß etwa zur gleichen Zeit ganz andere Ansätze eines Naturverständnisses entstehen, etwa bei Bergson, sei hier nur erwähnt. Zu erwähnen ist allerdings ebenfalls, daß es in der Nachfolge von Heidegger und Merleau-Ponty auch ganz andere Deutungen von Cézanne gibt, die, ausgehend von Cézannes Begriff der Realisation, zeigen, daß die Malerei

Jenseits der Zeichen

bei Cézanne eine eigenständige Ebene der Bildwirklichkeit erreicht, die nicht länger als abgeleitete Erscheinungsform einer dahinter liegenden Idee oder als Nachahmung einer vorausliegenden Wirklichkeit zu verstehen ist.[25] Hier, in einer »Parteinahme für die Dinge« und in einer Einräumung eines nicht der Subjektivität unterworfenen Eigenrechts des Sichtbaren (und nicht nur des Sichtbaren) liegen die eigentlichen Anknüpfungspunkte für eine heutige Reaktualisierung der Wahrnehmungs- und Erfahrungsdimension in der Architektur, die dabei allerdings sowohl jeden Platonismus, aber auch den Impressionismus hinter sich läßt. Dieser Fragestellung will ich noch etwas weiter nachgehen. Wir haben wiederholt gesehen, daß sich der Antisubjektivismus der klassischen Moderne an geradezu zeitenthobenen Strukturwahrheiten orientiert, die die Erscheinungswelt ordnen sollen, ja sogar noch emphatischer: in Ordnung bringen sollen. Auch Mies van der Rohe erklärt, daß die Baukunst »auf den ewigen Gesetzen der Architektur« beruhe.[26]

Interessant ist nun, daß Mies zwar von Ordnung, aber auch von den Dingen spricht.

> »Wir wollen aber eine Ordnung, die jedem Ding seinen Platz gibt. Und wir wollen jedem Ding geben, was ihm zukommt, seinem Wesen nach. Das wollen wir tun auf eine so vollkommene Weise, daß die Welt unserer Schöpfungen von innen her zu blühen beginnt.«

Und nun folgt der berühmte Satz:

> »Durch nichts wird Sinn und Ziel unserer Arbeit mehr erschlossen als durch das tiefe Wort von St. Augustin: ›Das Schöne ist der Glanz des Wahren‹«.[27]

Mies ist von der mittelalterlichen Philosophie und ihrem Ordnungsdenken tief beeindruckt. Er zitiert nicht nur Augustinus, sondern auch Thomas von Aquin. Der Glanz des Wahren – Mies verwendet im Englischen den Begriff »radiance« – ist der Glanz eines Wesens, der Strukturen der Seinswirklichkeit selbst. Wenn also bei Mies vom Ding und seinem Wesen die Rede ist, dann ist damit der nicht geringe Anspruch verbunden, die Essenz des Seins an sich zu reflektieren. Mies hält jedoch die geistige Unordnung seiner eigenen Zeit für so gravierend, daß er sich auf die Frage, ob denn eine einfache Wiederbelebung mittelalterlichen Denkens im 20. Jahrhundert überhaupt denkmöglich ist, erst gar nicht einläßt. Daß auch am Beispiel Mies die Architektur mit ihrer Tendenz zum Ideenblick und ihrer ontologischen Sehnsucht sich von anderen künstlerischen und philosophischen Entwicklungen des 20. Jahrhunderts deutlich unterscheidet, wird ein weiteres Mal deutlich, wenn wir ein anderes Konzept des Leuchtens der Dinge, der »radiance« betrachten, das ebenfalls in Auseinandersetzung mit dem mittelalterlichen Denken, hier vor allem der Scholastik, entstanden ist und eine radikal andere Version einer Dingästhetik darstellt. Gemeint ist der Begriff der Epiphanie bei James Joyce. Joyce setzt sich ausführlich mit den Bestimmungen des thomistischen Schönheitsbegriffes auseinander. Sie lassen sich nur nicht mehr mit dem Geist des Mittelalters erfüllen, wovon der weltanschauliche Voluntarismus von Mies schlichtweg ausgeht. Bei Joyce vollzieht sich auf anderer Ebene noch einmal, was in der querelle des anciens et des modernes am Ende des 17. Jahrhunderts für die Architektur bereits durchgespielt worden ist: »die ontologischen Modi der Schönheit (werden) zu Modi des Rezipierens (oder Hervorbringens) der Schönheit«, wie Umberto Eco in seiner hier zugrundegelegten Analyse der Joyceschen Poetiken feststellt.[28] Joyce kann das Leuchten des Gegenstandes nicht mehr als Manifestation seiner formalen Harmonie und Perfektion, seiner ontologischen Vollkommenheit verstehen. Mehr noch: Das Leuchten, der Glanz der Epiphanie ist nicht an bestimmte ausgezeichnete Eigenschaften des Gegenstandes gebunden. »Die Seele des gewöhnlichsten Objekts […] scheint uns zu strahlen«, heißt es bei Joyce.[29] Es geht nicht mehr um das exquisite Objekt, um Vollkommenheit, die ewigen Gesetze der Schönheit, um das Wesen der Wahrheit, um das Echte oder Authentische – und dennoch kommt es zu einer Erfahrung des Leuchtens. Diese Erfahrung, so Eco, wird damit zum Ergebnis von Kunst, sie wird durch bestimmte künstlerische Praktiken erst möglich. Eco schreibt:

> »Hier handelt es sich nicht um ein Sichenthüllen des Dinges in seiner objektiven Wesenheit (quidditas), sondern um das Sichenthüllen dessen, was das Ding in diesem Augenblick für uns bedeutet: und es ist der Wert, welcher dem Ding in diesem Augenblick zugeschrieben wird, der das Ding tatsächlich macht. Die Epiphanie verleiht dem Ding einen Wert, den es vor der Begegnung mit dem Blick des Künstlers nicht besaß. So gesehen steht die Lehre von den Epiphanien und der radiance der thomistischen Lehre von der claritas genau gegensätzlich gegenüber: bei Thomas ein Sichhingeben an den Gegenstand und seinen Glanz, bei Joyce ein Herausreißen des Gegenstands aus seiner gewohnten Umgebung, ein Unterwerfen seiner unter neue Bedingungen und ein Verleihen neuen Glanzes und Wertes an ihm kraft schöpferischer Vision.«[30]

Ullrich Schwarz

Eco gibt diesem Befund eine ambivalente Wertung. Einerseits weiß er, daß der Übergang vom objektiven Kunstgegenstand zur ästhetischen Erfahrung eine übergreifende Entwicklung der Institution Kunst im 20. Jahrhundert darstellt. Andererseits muß er kritisch feststellen, daß hier der Gegenstandsverlust tendenziell durch subjektive Sinnsetzungen, wie emphatisch und epiphanisch sie auch sein mögen, ersetzt wird. Im epiphanischen Augenblickserlebnis versucht das Subjekt noch einmal, sich der Welt zu bemächtigen. Ein locus classicus dieser Augenblicksemphase, der Plötzlichkeit, wie Karl Heinz Bohrer es nennt, ist Hofmannsthals Chandos Brief. Wirklichkeitszerfall und momenthafte Wiederaneignung korrespondieren auch hier:

> »Eine Gießkanne, eine auf dem Feld verlassene Egge, ein Hund in der Sonne, ein ärmlicher Kirchhof, ein Krüppel, ein altes Bauernhaus, alles dies kann das Gefäß meiner Offenbarung werden. Jeder dieser Gegenstände und die tausend anderen ähnlichen, über die sonst ein Auge mit selbstverständlicher Gleichgültigkeit hinweggleitet, kann für mich plötzlich in irgendeinem Moment, den herbeizuführen in keiner Weise in meiner Gewalt steht, ein erhabenes und rührendes Gepräge annehmen, das auszudrücken mir alle Worte zu arm scheinen.«[31]

Diese Erfahrung stiftet eine das abgespaltene Subjekt in den Schoß des Friedens der Welt wieder zurückführende Empathie:

> »Es gibt unter den gegeneinanderspielenden Materien keine, in die ich nicht hinüberzufließen vermöchte. Es ist mir dann, als bestünde mein ganzer Körper aus lauter Chiffren, die mir alles aufschließen.«[32]

Die Wiederherstellung einer Harmonie von Ich und Welt in einer sich universalisierenden empathischen Erfahrung ist ideologiekritisch als Nichtaushalten der Moderne analysiert worden; in unserem Zusammenhang wichtiger ist die Frage, ob ein solches Erfahrungsmodell den Dingen – gerade den unscheinbarsten – überhaupt ihre Dinglichkeit beläßt oder sie nicht vielmehr durch das grenzenlose subjektive Empathiewollen restlos aufsaugt. Wenn es also in der Erfahrung, in der Wahrnehmung nicht immer wieder nur um Subjektivität gehen soll, wenn das Subjekt sich nicht immer nur selbst begegnen soll, was könnte dann – auch in der Architektur – eine Parteinahme für die Dinge heißen? Unter dem – allerdings mißverständlichen – Titel eines kritischen Regionalismus hat Kenneth Frampton bereits in den frühen achtziger Jahren eine der maßgeblichen Positionen einer architektonischen Parteinahme für die Dinge formuliert. Im Zentrum von Framptons Überlegungen zu einer Architektur des Widerstands gegen die globale Modernisierung steht der Begriff des Tektonischen, der wiederum in einer sehr spezifischen Weise gedeutet wird. Das Grundprinzip einer Architektur des Widerstands liegt für Frampton in einer »strukturellen Poetik«,[33] die ein Bauwerk nicht nur visuell und szenographisch begreift, sondern ihre unterschiedlichen Bestandteile und Materialien in ihrer jeweiligen Dinglichkeit präsentiert und damit eine umfassendere sinnliche Wahrnehmung von Architektur ermöglicht. Dieses Hervortreten des Dinglichen erläutert Frampton durch ein Zitat aus Heideggers »Ursprung des Kunstwerks«:

> »Der Stein wird in der Anfertigung des Zeuges, z. B. der Axt gebraucht und verbraucht. Er verschwindet in der Dienlichkeit. Der Stoff ist umso besser und geeigneter, je widerstandsloser er im Zeugsein des Zeuges untergeht. Das Tempel-Werk hingegen läßt, indem es eine Welt aufstellt, den Stoff nicht verschwinden, sondern allererst hervorkommen und zwar im Offenen der Welt des Werkes: der Fels kommt zum Tragen und Ruhen und wird so erst Fels; die Metalle kommen zum Blitzen und Schimmern, die Farben zum Leuchten, der Ton zum Klingen, das Wort zum Sagen. All dies kommt hervor, indem das Werk sich zurückstellt in das Massige und Schwere des Steins, in das Feste und Biegsame des Holzes, in die Härte und den Glanz des Erzes, in das Leuchten und Dunkeln der Farbe, in den Klang des Tones und in die Nennkraft des Wortes.«[34]

Diese Widerständigkeit des Dinglichen widersteht nicht nur dem restlosen technischen Gebrauch und Verbrauch, sondern das Konzept der Widerständigkeit des Dinglichen erscheint Frampton auch als einzige Möglichkeit, der totalen Verfügbarkeit von Architektur, ihrer völligen gesellschaftlichen Unterwerfung und Dienstbarmachung, ihrem grenzenlosen Verbrauch und damit ihrer kulturellen Annihilierung etwas entgegenzusetzen.

Framptons Bezug auf Heidegger legt es nahe, der Frage nach dem Gegebensein einer Dinglichkeit, die nicht vollständig einer instrumentellen Verfügung unterliegt, noch ein Stück weiter nachzugehen. Steht das, was sich der Verfügung entzieht, denn selbst einfach zur Verfügung? Ist das Unverfügbare einfach verfügbar? Ist es selbst – sozusagen nach Durchstreichen des Verfügenden – am Ende doch wieder als ein Ding gegeben und als solches wahrnehmbar?

Jenseits der Zeichen

Ist das Unverfügbare als ein Objekt präsent? Will man sich bei dieser Frage von Heidegger ein Stück weit leiten lassen – und sowohl Frampton als auch Zumthor tun es –, dann darf man vor Heideggers entscheidender Einsicht nicht haltmachen, daß erst jenseits unserer Einstellung, uns die Wirklichkeit als Objekte vorzustellen, die Überwindung der Verfügung beginnen kann. Anders gesagt: Erst jenseits ihres Objektstatus können Dinge zu Dingen werden. Sie stehen damit aber auch der sinnlichen Wahrnehmung nicht unmittelbar zur Verfügung, das Unverfügbare entzieht sich und erschließt sich nicht mehr einfach. Vielleicht sollte man in bezug auf diese unverfügbare Dinglichkeit auch lieber von Erfahrung als von Wahrnehmung sprechen. In dieser Erfahrung des Unverfügbaren kehrt uns das Ding dann seine Nichtverrechenbarkeit zu, sein Fremdes, sein Anderes.

Hierbei tritt die Überlagerung von Präsenz und Absenz an die Stelle von älteren Kategorien wie physischer und mentaler Raum. Das ist auch der Grund, warum in diesem Zusammenhang, nicht nur bei Eisenman, das Konzept des Dazwischen, des Zwischenraums eine so große Rolle spielt. Auch hier findet man, wenn man will, einen Bezug zu Heidegger, der in seinem späten Vortrag »Die Kunst und der Raum« vom Hohl- und Zwischenraum spricht und zumindest die Vermutung formuliert, »daß die Wahrheit als die Unverborgenheit des Seins nicht notwendig auf Verkörperung angewiesen ist.«[35] In diesem Zusammenhang kommt bekanntlich wieder der Begriff des Ereignisses ins Spiel.

Das Ereignis im Sinne Heideggers kann jedoch weder auf einen körperlichen Affekt noch auf etwas die Körperlichkeit schlechthin Übersteigendes zurückgeführt werden, sondern unterläuft gerade derartige Fixierungen. Die Verdinglichung des körperlichen Affekts zur bloßen sinnlichen Wahrnehmung führt aus der klassischen Gegenüberstellung von Subjekt und Objekt nicht hinaus. Heidegger hat gerade in seiner Kritik Nietzsches ausgeführt, daß es mit einer bloßen Umkehrung des Platonismus, die die Rangfolge von Sinnlichem und Übersinnlichem einfach umdreht, nicht getan ist. Erst wenn wir eine Erfahrung jenseits des Bestimmten zulassen, kommt eine andere Dimension des Körperlich/Dinglichen ins Spiel, die sich in der Spannung zwischen dem Anwesenden und dem Abwesenden bewegt. Versuchsweise könnte man von dem Affekt des Entzuges sprechen. In dieser – selbst nicht dinghaften – Dimension des Dinglichen wird das Konzept einer »gegenständlichen Architektur« interessant und aktuell.

Kritisch bleibt jedoch festzuhalten: Der Schritt von der Essenz zur Präsenz mißversteht die Präsenz doch wieder als Essenz, die nach bestimmten architektonischen Purifizierungsakten am Ende »als solche« zu haben ist. Gegenständlichkeit »jenseits der Zeichen« wird wörtlich als »Gegenstand« genommen, der nach der Befreiung von allen gesellschaftlichen Kodierungen, nach Wegnahme aller Bedeutungsschichten angeblich »entsemantisiert«, aber erstaunlicherweise eben doch in einer dezidiert bestimmten Gegenständlichkeit und Materialität übrigbleibt (»Holz«, »Stein«, »Glas«, »Stahl«). Auch das Bild von der Überschreitung einer Schwelle in ein »Jenseits« der Bedeutungen wird zu wörtlich genommen.

Daß sich dem Netz der gesellschaftlichen Vermittlungen dadurch entgehen läßt, indem man entschlossen aus ihm herausspringt, ist jedoch eine ganz und gar grundlose Hoffnung, ganz gleich, ob man nun dialektisch (Adorno) oder poststrukturalistisch (Derrida) argumentieren möchte. In dieser architektonischen Gegenständlichkeitsdiskussion wiederholt sich in Teilen die Naturdiskussion der siebziger und achtziger Jahre und endet ebenso in der Einsicht, daß es das behauptete »Jenseits« aller Vermittlungen nicht gibt.[36]

Schon in der historischen Debatte um die Minimal Art wurde deutlich, daß deren Objekte keineswegs von allen Bedeutungen befreit, sondern hochgradig mit der Bedeutung »Reinheit« und »Nicht-Bedeutung« aufgeladen waren.[37] Zu dem von Steinmann in Anlehnung an die Minimal Art beschworenen semantischen Nullpunkt kommt es auch in der Architektur nicht, da allein schon die hier Verwendung findenden Materialien immer schon gesellschaftlich produziert und historisch kodiert sind. Insofern bleibt jeder Bezug auf diese Einzelmaterialien im Sinne der Entsemantisierung aporetisch. Nicht das einzelne Element, sondern nur das Relationsgefüge aller Elemente kann feststehende Kodierung verflüssigen und »dezentrieren« und insgesamt eine »gegenständliche« Wirkung entfalten. An dieser strukturalistischen Grundeinsicht kommt man auch in diesem Zusammenhang nicht vorbei.

Im übrigen scheint aber häufig eine solche – ästhetisch möglicherweise ja eher verstörende – Bedeutungsaufhebung gar nicht beabsichtigt zu sein, sondern wieder nur der »wahre« Gebrauch der Materialien. Der Begriff des Materials nimmt dabei sofort etwas Weihevolles, Edles und

Ullrich Schwarz

Exquisites an und streift bei dieser tendenziellen Sakralisierung »die Spur der Kontingenz ab, die ehemals seine Kritik gestattete«, wie es bei Adorno heißt.[38] Genau dieser Begriff der Kontingenz bzw. des Kontingenten wäre dem allen essentialistischen Verführungen nachgebenden Begriff des Materials vorzuziehen. Der Begriff des Kontingenten bewahrt vor illusionären Rückzügen in ein »Jenseits« und macht durch Vermeidung der Aura des Reinen eindeutig klar, daß auch die Architektur notwendigerweise innerhalb eines Systems eines durch und durch historisch bestimmten Stoffwechsels operiert. Und innerhalb der Immanenz dieser historischen Kontingenz, nicht jenseits davon, hat sie die Spur des »Nichtidentischen« (Adorno) aufzusuchen: »Dialektik ist das Selbstbewußtsein des objektiven Verblendungszusammenhangs, nicht bereits diesem entronnen. Aus ihm von innen her auszubrechen ist objektiv ihr Ziel. Die Kraft zum Ausbruch wächst ihr aus dem Immanenzzusammenhang zu; auf sie wäre, noch einmal, Hegels Diktum anzuwenden, Dialektik absorbiere die Kraft des Gegners, wende sie gegen ihn.«[39]

Wer sich dem dialektischen Tiefgang Adornos so nicht unbedingt anschließen möchte, sei vielleicht auf die philosophisch »leichtere«, nämlich pragmatische Position von Richard Rorty verwiesen, der das Bewußtsein der Kontingenz in Korrespondenz zu einer »nominalistischen Kultur«[40] setzt, die die Suche nach der Wahrheit und dem Wesen (»da draußen«) durch die Freiheit als Ziel des Denkens ersetzt: »Diese Wendung zum Historismus hat dazu beigetragen, daß wir uns langsam, aber sicher von Theologie und Metaphysik – oder von der Versuchung, nach einem Fluchtweg aus Raum und Zeit Ausschau zu halten, befreit haben.«[41]

In diesem Sinne hat sich auch das Konzept einer »gegenständlichen Architektur« von der Vorstellung zu lösen, sie könnte das Wahre und Essentielle eröffnen und nach Wegziehen aller Vorhänge als faktischen Gegenstand, als Objekt vor uns hinstellen. Die Vergegenständlichung wird demgegenüber zu einer kritischen Operation innerhalb des Kontingenten, wenn sie nicht versucht, aus allen Bezügen herauszuspringen, sondern diese Bezüge prozessierend in Bewegung zu bringen. Dieser Prozess kann nicht in einer nichtkontaminierten Zone stattfinden, »weltfrei«, sondern muß sich – wenn man will: subversiv – auf die »Welt« einlassen, statt sie beiseite zu schieben. Die Architektur von Rem Koolhaas könnte hierfür ein interessantes Beispiel sein, das man unter dieser Perspektive genauer untersuchen sollte.

Wollte man noch einmal hilfsweise sich Heideggerscher Kategorien bedienen, dann könnte man sagen, daß in diesem Prozeß die »Welt« (das gesellschaftlich konkret Bestimmte) mit so viel »Erde« versetzt wird (dem Unbestimmten, Unverfügten, Nichtlesbaren), daß in den so entstehenden Brüchen, Dezentrierungen und Nichtidentitäten die Grenzen der jeweiligen kontingenten Bestimmtheit von »Welt« erkannt und damit auch schon überschritten werden.

Die sich so ergebende Gegenständlichkeit erscheint weder als Objekt (ein »anderer« Gegenstand), noch ereignet sie sich reflexiv nur im Subjekt (etwa: Wahrnehmung der Wahrnehmung). Worin diese Gegenständlichkeit besteht, was sie »ist«, läßt sich nur schwer sagen. Jedenfalls eine andere Gegenwärtigkeit, die in der Spannung zwischen anwesend und abwesend dennoch ihr eindrückliches Hier und Jetzt behauptet.

Jenseits der Zeichen

ANMERKUNGEN

1 SABINE KRAFT: Editorial, Arch+, Heft 142, 1998, S. 22
2 Ebd.,
3 5D: Room on the Run, Stockholm 1998, S. 65
4 MARTIN STEINMANN: Diesseits der Zeichen. Zu neueren Arbeiten von Diener & Diener, in: Katalog Stadtansichten. Diener & Diener, ETH Zürich 1998, S. 66 ff ; ders.: Die Gegenwärtigkeit der Dinge. Bemerkungen zur neueren Architektur in der Deutschen Schweiz, in: Construction Intention Detail. Fünf Projekte von fünf Schweizer Architekten, Zürich/München/London 1994, S. 8 ff
5 PETER ZUMTHOR: Architektur Denken, Baden 1998, S. 30
6 Ebd., S. 34
7 Ebd., S. 9
8 PETER EISENMAN: Affekte der Singularität, in: ders.: Aura und Exzeß. Zur Überwindung der Metaphysik der Architektur, hg. von Ullrich Schwarz, Wien 1995, S. 217 ff
9 FRIEDRICH NIETZSCHE: Aus dem Nachlaß der Achtzigerjahre, in: ders.: Werke, hg. von Karl Schlechta, München 1972, Bd. IV, S. 504 f.
10 LE CORBUSIER: Ausblick auf eine Architektur, Braunschweig 1982, S. 33
11 Ebd.,
12 Ebd., S. 40
13 Ebd., S. 67
14 MARTIN HEIDEGGER: Platons Lehre von der Wahrheit, Bern/München 1975, S. 48
15 LE CORBUSIER, zitiert bei Reyner Banham: Die Revolution der Architektur, Braunschweig 1990, S.209
16 Vgl. CARL DAHLHAUS: Klassische und romantische Musikästhetik, Laaber 1988, S.484
17 THEODOR W. ADORNO: Bach gegen seine Liebhaber verteidigt, in: ders.: Prismen. Kulturkritik und Gesellschaft, Ffm 1969, S.162
18 COSIMA WAGNER: Die Tagebücher, 2 Bände, München 1976, Einträge 12. Februar 1871 und 9. Juni 1878
19 SIGFRIED GIEDION, zitiert bei Dorothee Huber und Claude Lichtenstein: Das Nadelöhr der anonymen Geschichte, in: Sigfried Giedion 1888–1968. Der Entwurf einer modernen Tradition, Zürich 1989, S. 90
20 HERMANN MUTHESIUS, zitiert bei R. Banham: Die Revolution der Architektur, a.a.O., S. 55
21 Ebd.,
22 NIKOLAUS PEVSNER: Wegbereiter moderner Formgebung von Morris bis Gropius, Köln 1983, S. 81
23 Ebd., S. 66
24 Ebd., S. 62
25 Vgl. z.B. BERNHARD WALDENFELS: Das Zerspringen des Seins. Ontologische Auslegungder Erfahrung am Leitfaden der Malerei, in: A. Metraux/B. Waldenfels (ed.): Leibhaftige Vernunft. Spuren von Merleau-Pontys Denken, München 1986, S. 144ff; Christoph Jamme: Der Verlust der Dinge. Cézanne – Rilke – Heidegger, in: Chr. Jamme/K. Harries (ed.): Martin Heidegger. Kunst Politik Technik, München 1992, S. 105ff ; Günter Seubold: Kunst als Enteignis. Heideggers Weg zu einer nicht mehr metaphysischen Kunst, Bonn 1996, S.103 ff
26 MIES VAN DER ROHE, zitiert bei Fritz Neumeyer: Mies van der Rohe. Das kunstlose Wort, Berlin 1986, S. 282
27 MIES VAN DER ROHE: Antrittsrede am AIT in Chicago am 20. 11. 1938, in: Neumeyer, a.a.O., S. 381
28 UMBERTO ECO: Das offene Kunstwerk, Ffm 1973, S. 325
29 JAMES JOYCE, zitiert bei Eco, a.a.O., S. 327
30 ECO, a.a.O., S. 336
31 HUGO VON HOFMANNSTHAL: Ein Brief, in: ders.: Gesammelte Werke, hg. von H. Steiner, Band 3, Prosa II, Ffm 1959, S. 15
32 Ebd., S. 18
33 KENNETH FRAMPTON: Kritischer Regionalismus – Thesen zu einer Architektur des Widerstandes, in: A. Huyssen/K.R. Scherpe (ed.): Postmoderne, Reinbek 1986, S. 168
34 HEIDEGGER: Der Ursprung des Kunstwerkes, zitiert bei Frampton: Grundlagen der Architektur. Studien zur Kultur des Tektonischen, München/Stuttgart 1993, S. 27
35 HEIDEGGER: Die Kunst und der Raum, St. Gallen, 3. Aufl., 1996, S. 13
36 Vgl. ULLRICH SCHWARZ: Auf der Suche nach der Natur oder: Von Artemis zum Cyberspace? Stadträumliche und architektonische Ansätze zu einer Rekonstruktion des Anderen, in: G. Bien/Th. Gil/J. Wilke (ed.): »Natur« im Umbruch. Zur Diskussion des Naturbegriffs in Philosophie, Naturwissenschaft und Kunsttheorie, Stuttgart/Bad Canstatt 1994, S. 331 ff
37 DAVID CLARKE: Der Blick und das Schauen – Konkurrierende Auffassungen von Visualität in der Theorie und Praxis der spätmodernen Kunst, in: G. Stemmrich (ed.): Minimal Art. Eine kritische Retrospektive, Dresden/Basel 1995, S. 683
38 THEODOR W. ADORNO: Negative Dialektik, Ffm 1966, S. 105
39 Ebd., S. 396
40 RICHARD RORTY: Kontingenz, Ironie und Solidarität, Ffm 1989, S. 17
41 Ebd., S. 41

Jürgen Albrecht: Das Instrument

VIDEOARBEITEN 1999

Das »Instrument« ist ein langer, aus leichtem Karton gebauter Kubus mit lichtdurchlässigen Öffnungen. Dieses Instrument wird durch verschiedene Außenräume bewegt, die unterschiedlichen Lichtsituationen unterworfen sind, bedingt durch Wetter und Tageszeiten. Die ständigen Veränderungen im Innenraum werden durch eine am Anfang des Kubus fest montierte Videokamera dokumentiert:

>»Durch den Gebrauch des Instruments fließen die Lichtfarben der Umgebung unangetastet durch den im Kubus befindlichen Raum und erzeugen ein Bild aus Licht, Raum und Zeit, welches durch die Videokamera aufgezeichnet wird.«

Die Raumvorstellungen sind weder kalkuliert noch berechenbar. Während das Instrument (und die darin befindliche Kamera) vom Künstler durch die Landschaft getragen und gedreht wird, gelangen die verschiedenen Farbtöne und Helligkeitsstufen des Lichts unmanipuliert in den Innenraum des »Instruments«. Allein durch die Licht- und Schattenverhältnisse entstehen visuell erfahrbare, vom Gesetz der Gravität unabhängige Architekturen: Die Drehungen und Umkehrungen des Raumes und damit die im ständigen Ungleichgewicht stehenden statischen Verhältnisse sind in der Videoprojektion unsichtbar, aber vorhanden. Der Blick des Betrachters wird vom Inneren der Lichtskulptur auf die Projektion desselben verlagert.

Dem von der Kamera aufgezeichneten Bild sind keine Anhaltspunkte zur Relativierung des Maßstabes zu entnehmen. Der Betrachter muß sich von seinem gegenwärtigen Maßstab lösen, um einen imaginären Raum in einer imaginären Zeit zu erfahren. Der Raum verläßt seinen festen Standort und bewegt sich frei in Raum und Zeit.

Versuch 3

TOM FECHT: THESENTELEGRAMM 3

Werfen ist eine Bewegung, mit der wir Zwischenräume überbrücken, die Ursprungsorte jägerischer List, um das Wild auf der Strecke zu halten und sich das Wilde vom Leibe. Die Menschen, wegen ihrer Herkunft als Geborene nicht in der Lage, die Wildnis des Offenen auf einen Schlag auszuhalten, bilden im Wechselspiel von Körper und Raum individuelle und kollektive Räume des Übergangs aus. Wie die Höhle die Gewalt des Urwalds mildert, brechen sie die Gewalt der jeweils bestehenden Räume und stellen zugleich den Keim für weitere Metamorphosen der Räume bereit. Im zyklischen Muster einer Kreation bilden diese Zwischenräume ein Reservoir kollektiver Stilmittel und werden zum Repertoire einer Epoche, so wie z. B. die Gotik den Übergang vom Mittelalter zur Neuzeit markiert. Dabei findet ein Taumeln zwischen sphärischen Zuständen statt, die mal zu weit, zu eng, zu lange dauernd, über Kreuz, zu eng, zu weit sind. Das betrifft bereits die Fruchtblase, das Bett, dann ernster werdend das Zimmer, das Haus, den Hof, das Viertel, die Stadt, die Metropole, die Megapole, die Landschaft, die Provinz, das Land, den Kontinent, den Planeten. Alles Archen, Typen, Bögen, tektonische Strukturen, Platten einer sich ausdehnenden heterotopen Bewegung, immer wieder neu verbunden durch die Wegstrecken unserer Sinne, sich ausbreitende Wellen, Trajekte. Das jeweils größere Feld ernährt sich aus den Kleinen, sanft wachsendes Durchbiegen, Netz: S, M, L, XL.

Die Choreographie der kreativen Gesten notiert sich im Rhythmus von Entwerfen und Verwerfen. Aus lernender Bewegung wird Intuition, seltene Ekstase, Tänze wie Jitterbug. Im Spiel mit dem Nukleus das Zwinkern der Winkel, tanzend wechseln die Phasen über die Schwelle toter kristalliner Strukturen zu lebendigen Architekturen. Im Wiederholen der Zwischenräume Treppen auch hier. Natur und Entwurf, das Organische und das Mathematische, Produzieren und Ausscheiden kann man hier sowenig trennen wie das Innen vom Außen. Inside outing, Repetition und Differenz. Immer komplexer schlingt sich das Körperwissen in Form zweier Kolonnen ineinander, wie zwei Wendeltreppen ab-steigend-in-einander aus-einander-an-steigend, Einschwingen und Auslenken in doppelter Helix; ein genetisches Werkzeug als Modell des Werks. In diesem Chaos herrscht Ordnung, die Fortsetzung einer alten Ordnung mit neuen Mitteln, Transformation. Sie wird wesentlich für eine dem Wachstum gewachsene Architektur, um auf eine andere Art Formen und Muster zu generieren. Die Gestaltungsprobleme zeitgenössischer Räume lassen sich nicht mehr mit Werkzeugen der industriellen Raumproduktion lösen, house habits stehen unserem Denk- und Vorstellungsvermögen bei der Suche nach neuen Resonanzen buchstäblich im Wege.

Erst mit der Trennung von Form und Funktion kommt Bewegung in den fließenden Grundriß hybrider Architekturen, in die sich neue Lebensstile nun temporär und nicht mehr dauerhaft einschreiben. Die Transformation der Werkzeuge zeigt sich am reflexiven Einsatz von Geschichte im Entwurfsprozeß, sie wird zum Transformator moderner Beziehungen von Form und Funktion, von Technik, Stadt und Staat. Wir lernen, den Raum aus der Bewegung zu denken und die Form zu generieren aus der Transformation. Eine solche Öffnung des Entwerfens führt zu einer Öffnung der Räume für vielfältige, nicht mehr planbare Aktivitäten. Das verlangt Chaoskompetenz, Verdichtung der Zeitgenossenschaft und eine konkrete Poesie des Gebrauchs. Für das städtische Alltagskino der Überlagerung bedeutet das: Umwertung des Materials durch die Rekonstruktion des Blicks und des neu entstehenden Feldes durch neue Choreographien der Körper-Gleit-Bewegung: Rollern, Surfen, Skaten. Als Städter sind wir noch Schmarotzer des 19. Jahrhunderts. Von einer flachen Vorstellungswelt kann getrost Abschied genommen werden, wenn wir uns im Relief einer neuen Stereo-Realität wieder zurechtfinden, die das Wirkliche und das Virtuelle zusammenführt in ein und demselben Feldeffekt. Bei der Entwicklung des urbanen Raumes wird man sich nun weniger am Architekten orientieren; Cineasten, Medienkünstler werden die besseren Trüffelschweine auf der Suche nach neuen erogenen Zonen im Organismus des Urbanen sein.

Take a walk, on the wild side.

Jakob Mattner: »Maillol-ica«, 1998

Umzug ins Offene
Space in Transition
Entwerfen und Verwerfen

VÉNUS AU COLLIER

Walter Prigge: Entwerfen und Verwerfen

ENTWERFEN NACH DEM BAUHAUS

Häuser gehören mit ihrem Äußeren immer der Öffentlichkeit, sie stellen die Wände des öffentlichen Raumes dar: Architektur ist auf dieser Seite Gesicht, Fassade als genuine öffentliche Kunst und Teil von Städtebau. Dagegen ist das Innere der Häuser abgegrenzt, der private Wohnraum als Verfügungsraum der Individuen entzieht sich weitgehend der öffentlichen Gestaltung.

Gegen solches Verhältnis von innen und außen opponierte die moderne Architektur. Durchdringung lautet das erste Stichwort für die architektonische Konzeption der Bauhausbauten in Dessau, für das also, was an diesen Häusern »modern« genannt werden kann. Durchdringung heißt: Die Wand zwischen innen und außen wird der Tendenz nach aufgelöst, innen und außen, Privatheit und Öffentlichkeit durchdringen sich durch die zu Wänden erweiterten Fenster. Diese Öffnung des Hauses ist das erste große Thema der modernen Architektur in den zwanziger Jahren, wie es Walter Gropius mit dem Bauhausgebäude bereits 1926 paradigmatisch demonstriert. Aus einem Gebäude heraus und in eines hineinzuschauen wird nun selbstverständlich – die moderne Architektur basiert auf einer neuen Art, den Raum zu sehen und zu konstruieren. Mit der Auflösung der abschließenden Wand zwischen innen und außen öffnet sich auch das Innere des Hauses zur Stadt und zur Öffentlichkeit. In diesem Sinne waren auch die Bauhausbauten, obgleich zum Teil als private Wohnungen gebaut und genutzt, bereits in den zwanziger Jahren »öffentlich«: Sie galten als Demonstrationsobjekte für die neue Art des durch Licht, Luft und Sonne befreiten Wohnens, wie es in der entsprechenden Ideologie der Architektur der Moderne hieß.

Die Durchdringung von innen und außen erfaßt den gesamten Baukörper und transformiert ihn grundlegend. Die traditionelle Form des Hauses, mit der klassisch dekorierten Schauseite zur Straße hin, wurde analytisch zertrümmert. Die moderne Baukunst bricht mit der bürgerlichen Fassadenkunst der Gründerzeit, die in der »Kunst am Bau« Bewegung der Nachkriegszeit fort- und in der postmodernen Architektur der achtziger Jahre wieder auflebte. Aus der Umgestaltung des Baukörpers resultierte die moderne freigestellte Kiste, die keine Schauseite mehr kennt, sondern von allen Seiten gleich behandelt wird – ohne daß alle Seiten der oft verschachtelten oder verdrehten Kuben gleich aussahen.

Ansatzpunkt der grundlegenden Transformation des Hauses war jedoch nicht die Form, sondern die Funktion des Hauses, die Analyse seiner Nutzungen. Aus den analysierten Tätigkeiten schlafen, essen, kochen etc. und ihren räumlichen Beziehungen sollte die Form des Wohnhauses resultieren. Dieser analytische, sogenannte funktionalistische Aspekt hat später die moderne Architektur diskreditiert – zu Recht, da in der Architektur der Nachkriegszeit allein der bauwirtschaftliche Aspekt alle formalen Beziehungen dominieren sollte. Bei den Bauhausbauten ist dieses jedoch nicht der Fall, denn sie sind noch aus jenem glücklichen Augenblick heraus konstruiert, von dem Jürgen Habermas sprach: »In der modernen Architektur hat sich, in einem glücklichen Augenblick, der ästhetische Eigensinn des Konstruktivismus mit der Zweckgebundenheit eines strengen Funktionalismus getroffen und zwanglos verbunden. Nur von solchen Augenblicken leben Traditionen ...«[1] Die Ästhetik der Konstruktion und die Soziologie der Zwecke gehen in diesen Bauten eine genuine Verbindung ein: Die ästhetische Form des Hauses korrespondiert mit der konstruktiven Durchdringung und funktionalen Anordnung der Räume – dem Zweck des Hauses.

POESIE DES GEBRAUCHS

Das zweite Thema in den zwanziger Jahren ist die Erforschung der industriell herzustellenden Massenwohnung. Sie hat funktionale Raumschemata etabliert, industrielle Typen, Standards und Normen der Nutzung, aus denen jeder konkrete Bau wie aus einem Baukastensystem konstruiert werden konnte. Die ästhetische Qualität der Bauten von Walter Gropius, Mies van der Rohe und anderen resultieren zwar auch aus dem funktionalen Raumschema des modernen Wohnens, doch wirken diese Gebäude nicht schematisch – sie haben ihre eigene, eigensinnige Poesie. Durch ihre Bindung an die Funktion produzieren sie eine Ästhetik, die vom Gebrauch des Raumes eingehegt wird: Es ist eine architektonische Poesie des Gebrauchs, die den bloßen geometrischen Formalismus, die vom Gebrauch abgelöste Form, negiert und eingrenzt.

Durch diese Verbindung von Ästhetik und Gebrauch findet die »sachlich« gewordene Architektur auch einen Zugang zur Soziologie der neuen industriellen Lebensweise: Mit den nun – gegenüber der Gründerzeit – ästhetisch versachlichten Wohnräumen machen diese Architekturen den Individuen das Angebot, sich durch das Wohnen an die Kul-

Entwerfen und Verwerfen

tur der modernen Lebensweise anzupassen und sich damit in die Massenkonsumgesellschaft integrieren zu können.[2] Diese Lebensweise ist in die Architektur eingeschrieben, die Bewohner »lesen« sie im aktuellen Gebrauch der Räume. Architektur als Gestaltung von Lebensvorgängen, Volksbedarf statt Luxusbedarf – so hieß es bei Walter Gropius und Hannes Meyer. Diese Verbindung von Ästhetik, Gebrauch und Soziologie hat diese Architektur zu einer weitreichenden Tradition werden lassen.

Die moderne Architektur löste den Zusammenhang des Hauses mit der Korridorstraße auf und stellt das Haus frei in den Raum. Das verändert die Stadtlandschaft fundamental. Die Natur, konkret die Garten- und Landschaftsgestaltung, wird nun ebenfalls freigegeben: Die Kultur des Gartens folgt nicht dem Geheimnisvollen, den verschlungenen Wegen der Paradiesvorstellung, die das Geheimnis des bürgerlichen Hauses aus dem Inneren bis in den Garten fortsetzte. Nun eher naturwissenschaftlich ausgerichtet (die Stellung des Hauses zur Sonne), folgt die Gestaltung des Gartens nicht mehr der des Hauses, er hat keine Beziehung mehr zum Baukörper, weder positiv noch negativ. Und diese landschaftliche Freistellung hatte nun dazu geführt, daß die moderne Architektur für die Siedlung plädierte und gegen die Stadt – gegen die europäische Stadtstruktur, die sie auflösen wollte (vergleiche Le Corbusier und seine Version der CIAM-Prinzipien). Der moderne Städtebau findet daher außerhalb des alten Stadtkörpers statt – hier, am Stadtrand, kann die Moderne mit neuen Siedlungs-Typologien der Zeilenbauten experimentieren, die die bürgerliche Stadtstruktur und ihre Geschichte negieren.

Siedlung versus Stadt: Das ist der Punkt, mit dem wir heute am wenigsten einverstanden sind. Der moderne Städtebau überzieht seit Jahrzehnten die urbane Welt mit Siedlungs--Satelliten, und die Wahrnehmung dieser von lokalen Raumzusammenhängen losgelösten Städte vom Modell-Tisch aus (reflektiert von Archigrams »Walking Cities« bis zu »S, M, L, XL« von Rem Koolhaas) gleicht dem Perspektivwechsel in der Sicht auf den Globus seit der Mondlandung. »Peripherisierung« lautet das aktuelle Stichwort für die gegenwärtige Form von Stadtentwicklung, in der wir weltweit starke Tendenzen der erneuten Auflösung von dichten Stadtstrukturen beobachten. Unser Alltag in Architektur und Stadt wird durch die sozialkulturellen und ökonomischen Mechanismen von Globalisierung und Peripherisierung geprägt – ob das eine Favela am Stadtrand von Rio de Janeiro ist oder der gegenwärtige Städtebau in China (zwei aktuelle Projekte der Stiftung Bauhaus Dessau). Überall stellen wir ähnliche Prozesse der Peripherisierung des Städtischen bis in die Stadtzentren hinein fest, tendenzielle Auflösung des Zentrums.

Antwortete das historische Bauhaus auf die Durchdringung der Gesellschaft mit industriellen Kulturen vor allem mit der Transformation des Wohnhauses – das Haus, der Bau stand in den zwanziger Jahren im Mittelpunkt – so fragen wir heute nach den Gestalten von städtischen Raumproduktionen, den aktuellen Transformationsprozessen in der Architektur der Stadt. »Beyond Sprawl«, jenseits peripherer Auflösungstendenzen, lautet daher der Obertitel für die Projekte der Stiftung Bauhaus Dessau, die sich in den nächsten Jahren mit der Architektur der komplexen Stadt beschäftigen – mit den Erlebnisarchitekturen von Konsum und Freizeit (EventCity), mit dem gewandelten Verhältnis von Arbeiten und Wohnen in der Dienstleistungsstadt (Serve City) und mit der medialisierten Architektur von Verkehr und Kommunikation (TeleCity). Und da die Probleme von Stadtentwicklung sich heute global artikulieren, wird sich die Stiftung entsprechend international reorganisieren: in der Forschung, in praktischen Gestaltungsprojekten und vor allem mit dem neu geschaffenen Bauhaus-Kolleg, einer Form der internationalen Lehre, mit dem das Bauhaus heute über Europa hinaus global agiert. Raus aus Dessau, Suche im Offenen.

Inhaltlich knüpft die Stiftung dabei an die Fragen der Moderne und die Antworten des historischen Bauhauses an, reflektiert sie jedoch kritisch für die Gegenwart: Wie gestaltet sich das Verhältnis von innen und außen, von Privatheit und Öffentlichkeit – wenn der Alltag zunehmend durch globale Mediennetze durchdrungen wird? Welche Verbindungen gehen Funktion und Ästhetik ein – wenn heute Form und Gebrauch, Hülle und Inhalt des Hauses wieder getrennt werden? Wie verknüpft sich die Soziologie neuer städtischer Lebensstile mit der Gestaltung von Wohnen und Arbeiten – wenn wir zunehmend in medialen Netzen des Wissens arbeiten und die Stadt bloß temporär nutzen? Mit welchen städtischen Typologien – und nicht denen von Siedlung – bauen wir heute die Stadt am Stadtrand weiter? Es sind also die alten Fragen im Verhältnis von Architektur und Stadt, Ästhetik und Soziologie, auf die die Stiftung heute eine neue Gestaltungsantwort sucht. Zwar laden wir auch heute wieder Künstler, Architekten, Sozial-

Walter Prigge

wissenschaftler und Philosophen zum Umzug ins Offene ein, um die gegenwärtigen Bedingungen und Werkzeuge der Raumproduktion zu bearbeiten und zu diskutieren; ihre Antriebsquelle ist heute jedoch nicht mehr der – durchaus auch spirituell inspirierte – Geist des neuen Menschen in einer neuen Zeit, wie es im historischen Bauhaus hieß; wenngleich auch wir gegenwärtig noch von der utopischen Stärke und der mythisch-propagandistischen Durchschlagskraft dieser kleinen, in alle Welt vertriebenen Gruppe von Bauhäuslern profitieren.

VERWERFEN DER MODERNE
Antworten auf die Gestaltungsprobleme des 21. Jahrhunderts sind allerdings nicht mehr mit den Werkzeugen der industriellen Raumproduktion zu finden. Das industrielle Entwerfen stellte Funktion und Konstruktion in den Vordergrund, gegenüber Form und Stadt sind sie die dominanten Elemente der modernen Entwurfshaltung. Die Funktion schreibt sich in das Raumprogramm und die elementaren Typen ein, die normierte Serie, das Standardprodukt war das beherrschende Thema der modernen Architektur der Stadt. Aus der Grundrißrationalisierung resultierte das Baukastensystem, das die Konstruktion technisch normiert und damit auf industrielle Herstellungsverfahren ausrichtet. Dem folgten auch die rechtlichen Normen der Stadtplanung, die sich in dem tendenziell industrialisierten Wohnungsbau professionalisieren und in der funktionalen Zonierung städtischer Räume ihre antistädtische Philosophie offenbaren. Die Architektur der Stadt wurde auf wenige geometrische Figuren von Kuben und Kisten reduziert, die im Baukastensystem als Varianten der immer gleichen Elemente zusammengesetzt werden. Der Form-Arbeit blieb in dieser systematischen Reproduktion nur wenig Spielraum, den Zusammenhang der weiteren Entwurfselemente Funktion, Konstruktion und Stadtplanung darzustellen. Reduziert auf die symbolische Form »des Neuen«, legitimierte sich diese Moderne durch das formale Abwerfen von »Geschichte«.

Solche symbolische Produktion von »Modernität« diente der Legitimierung des Bruchs, der die moderne Entwurfsarbeit auf die sich entfaltende große Bauindustrie verpflichtete, ihre Grenzen gegen alle bisherige Geschichte zog und damit die modernen Prinzipien als alleinige Tradition definierte. Seitdem wird »Geschichte« im Singular geschrieben, als Kanonisierung der Moderne und große Erzählung vom endlosen Fortschreiten der Modernisierung.

Diese Moderne und ihre Entwurfshaltung sind veraltet – sie lebt jedoch noch fort als Grenze in den gegenwärtigen Entwurfsstrategien, die sich an ihr reflexiv (»Zweite Moderne«) oder historisierend abarbeiten (die postmodernen Modelle »Rekonstruktion« und »Las Vegas«).

Die Entwurfsansätze der sogenannten zweiten Moderne reflektieren die modernen Entwurfsprinzipien, ohne mit ihnen zu brechen. Gleich einer »kreativen Zerstörung« radikalisieren sie die modernen Beziehungen von Funktion und Form, Technik und Norm, indem sie deren Geschichten jeweils neu schreiben. Die Entfunktionalisierung der Gebäude transformiert den architektonischen Raum und prüft die modernen Werkzeuge seiner Produktion: Erst mit der Trennung von Funktion und Form kommt wirkliche Bewegung in den fließenden Grundriß und den modernen Raumplan. Hybride Gebäude flexibilisieren die Grundrisse, in die sich neue Lebensstile temporär, nicht mehr dauerhaft einschreiben. »Form« ist nun nicht mehr das gleichsam automatische Resultat von Funktion und Technik. Die Konstruktion von Hüllen autonomisiert sich und spaltet den Inhalt/Zweck von der Gebäudeform ab. Im Computer generiert, wird die zunächst eigenschaftslose Entwurfsform mit Hilfe von Daten-Diagrammen der räumlichen Nutzung, des ökologischen Klimas und der Ökonomie der Mittel zur Gebäudegestalt transformiert, die die aktuellen Bedingungen der Raumproduktion und die gesellschaftliche Aneignung von Architektur mit Geschichte, Stadt und Lebensform vermitteln. Auf diese Weise reflektiert die resultierende Form die historischen Grenzen des modernen Entwerfens: Der reflexive Einsatz von Geschichten der einzelnen Entwurfselemente verwirft die historisch-moderne Verbindung von Funktion und Form und öffnet das Entwerfen auf die aktuellen soziökonomischen und kulturellen Bedingungen der Raumproduktion. »Geschichte« wird im reflexiven Entwurfsprozeß zum Transformationsraum der modernen Beziehungen von Funktion und Form, Technik und Stadt.

Demgegenüber brechen die postmodernistischen Ansätze der europäischen Stadt (»Rekonstruktion«) und der Event-City (»Las Vegas«) mit der Moderne. Der Einsatz von anderen, Distanz suchenden Geschichten der Moderne historisiert diese als eine architektonische Tradition unter anderen. Im rekonstruierenden Ansatz ist das aufgeschlagene Buch der ganzen Baugeschichte wieder Vorratsraum für die autonomisierte Formfindung. Auf der Suche nach einem gültigen architektonischen Kanon werden die klassizisti-

Entwerfen und Verwerfen

schen, gleichwohl industriell hergestellten Fassaden mit den Raumrastern der frühindustriellen »europäischen« Stadtform verbunden. Wird in diesem Ansatz Geschichte instrumentell historisierend eingesetzt, so wird sie dem themenorientierten Las-Vegas-Modell zum Designobjekt selbst. Die Funktion des Gebäudes wird in beiden Ansätzen fraglos akzeptiert, als vorgegebener Raumtyp oder festgeschriebenes Raumprogramm. Ob klassizistische Fassaden von Büro- und Wohnblocks oder medial inszenierte Bühnen von Konsum- und Freizeitcenter. Beide Ansätze teilen den Fetischismus von steinernen oder transparenten Materialien, die mit industriellen Methoden an die Hüllenkonstruktionen angeklebt werden. Die Verpackung der Box ist alles in der Inszenierung von Geschichte und Stadt.

Während im Rekonstruktionsmodell das an sich starke und ehemals sozialkulturelle Motiv des europäischen Block-Stadtrasters in Friedrich-Straßen-Manier ausgehöhlt wird, übertragen die Malls und Urban Entertainment Center im Las-Vegas-Modell die peripheren Raumnutzungsprinzipien auf die Innenstadt und zerstören diese ebenso wie jener vermeintlich behutsame Ansatz der Rekonstruktion bürgerlicher Stadtformen. Die elitäre Variante der klassizistisch konfektionierten Fassadenarchitektur fragt nach Konvention und sucht vor allem nach Ausdruck, den sie im frühindustriellen Zusammenhang von Architektur und bürgerlicher Stadtgesellschaft zu finden meint. Die populistische Variante »Las Vegas«[3] fragt nach architektonischen Produkten, die die aktuellen Marketingprinzipien der immer noch industriellen Massenkultur mit ausdrucksstarken, narrativen Raumerlebnissen in Konsum, Freizeit oder Sport verbinden sollen – die eigensinnige Differenz von Design-Produkten und subjektiver Aneignung eröffnet jedoch einen offenen Raum vielfältiger und nicht planbarer kultureller Identitäten, auf die auch der reflexive Ansatz setzt.

Ob »Geschichte« als Reflexions- oder bürgerlicher Fluchtraum oder als performatives Erlebnis dekorierter Schuppen: nach der Postmoderne werden Geschichten in der bildlichen Form narrativer Ereignisse wieder konstitutives Element des Entwerfens, das helfen soll, die modernen Werkzeuge der Raumproduktion entweder kreativ ins Offene zu transformieren oder im Sinne postmoderner ästhetischer Identitätsmuster und Politik zu verwerfen.

ANMERKUNGEN

1 Jürgen Habermas: Moderne und postmoderne Architektur. In: Katalog der Ausstellung »Die andere Tradition«. Callwey Verlag, München 1981
2 Vgl. Christoph Mohr, Michael Müller: Funktionalität und Moderne: das Neue Frankfurt und seine Bauten 1925-1933. Edition Fricke im Rudolf Müller Verlag, Frankfurt/M. 1984
3 Vgl. Robert Venturi, Denise Scott Brown, Steven Izenour, Lernen von Las Vegas: Zur Ikonographie und Architektursymbolik der Geschäftsstadt. Vieweg & Sohn Verlagsgesellschaft, Bauwelt Fundamente 53, Braunschweig 1979

Erik Recke: »Datenlande«, Hamburg 2000

Elisabeth von Samsonow: Ursprünge und Untergänge von Räumen

VERSUCH EINER TYPOLOGISIERUNG DER PRAKTISCHEN UND IMAGINÄREN PRODUKTIVITÄT VON WERKZEUGEN UND WAFFEN

Im ersten Teil meines Beitrages möchte ich einige allgemeine Thesen zum Status von Raumkonzepten vorstellen, die ein wenig erhellen sollen, warum eigentlich »der Raum« eine so komplexe und nicht leicht zu ergreifende Sache ist. Ich werde dazu etwas ausholen und beispielsweise versuchen, den Ort der Raumkonzepte mit den Mitteln einer allgemeinen Mnemotechnik, d. h. Gedächtniskunst, im Zwischenlager der kulturell trainierten Wahrnehmungsmuster auszumachen. Es wird dabei um ein Unbewußtes gehen, das eine Symbolisierung verlangt, die allerdings wiederum nicht anders zu haben ist als vermittels eines Symbols der Symbole, also vermittels eines Instruments oder Werkzeugs, also eines symbolischen ORGANS, mit dessen Hilfe die Verräumlichung angegangen und die Wahrnehmung gewissermaßen tiefenstrukturiert wird.

Im zweiten Teil will ich den Versuch unternehmen, an konkreten Beispielen von Leit-Instrumenten, also von solchen, die in der Kulturgeschichte eine herausragende Rolle gespielt haben, die ihnen jeweils zugehörenden Raumerfindungen und Kognitionsmodelle zu beschreiben. Um die Sache nicht allzu spekulativ erscheinen zu lassen, werde ich mich auf den Beistand von Giordano Bruno, Gilles Deleuze und Villard de Honnecourt, eines bedeutenden französischen Kathedralenbauer des 13. Jahrhunderts, verlassen.

I.

Es gibt eine Raumkrise. Es scheint ganz so zu sein, daß die zur Verfügung stehenden Bilder und Konzepte des Raumes mit der aktuellen Raumerfahrung nicht mehr übereinstimmen, daß die jeweilige allgemeine, individuelle oder auch in bestimmten Gruppen organisierte Performance mit der Vorstellung dessen, was Raum sein soll, erheblich zu divergieren oder auseinanderzuklaffen angefangen hat. Deshalb muß es einen neuen »Angriff« auf den Raum geben, und zwar natürlich »von unten«, von einer »Basis« aus, von seiner Werk- und Produktionsstätte her, also von dort her, wo er immer schon ursprünglich gemacht worden war. Raum-Krisen treffen immer vor allem die Philosophen und die Architekten, stellvertretend für die Kosmologen, die Astronomen, sämtliche Erbauer und Konstrukteure, die Macher und Werker, die Künstler, Ingenieure und Imagineure, also die, deren erstes Element der Raum in allen seinen wirklichen und symbolischen Dimensionen ist. Sobald sich die Evidenz eines bestimmten Raumtyps erledigt wird auch die Grundstruktur in Frage gestellt, die deren Erfindungsarbeit, d. h. die Ingenieursarbeit am Stoff, grundsätzlich gewissermaßen von innen her stützt und ermöglicht. Die Raumform ist immer elementare, außerordentlich voraussetzungs- und folgenreiche Organisationsform; wie soll ohne sie etwas entstehen? Wenn der Raum in die Krise kommt, dann steht das Werkzeug aller Werkzeuge zur Disposition, muß ein neues erstes TOOL sich finden oder erfinden lassen.

Und sofern natürlich das Wohnen als die menschliche Art und Weise, zur Welt »Haus« sagen zu können, eine Sache des Raumumgangs, ja des intimen Raumkontakts ist, muß gesagt werden, daß mit dem Raum selbstverständlich auch das Wohnen in der Krise ist. Es wird immer schwieriger, das Wohnen über die Gewohnheit zu rechtfertigen – wie Eisenman in seinem Buch »Aura und Exzeß« gesagt hat. Die Gewohnheit macht das Wohnen gerade noch in seiner überwältigenden scheinbaren Notwendigkeit plausibel, aber vielleicht nicht mehr lange. Es stellt sich nämlich die Frage, ob dieses eigentümliche Existieren in Systemen von möblierten Leibern in der Tat eine Bestimmung des Menschen in der Welt sein kann und ob es nicht vielleicht auch andere, die vorliegende Form überholende Weisen des Wohnens geben könne. Jenseits aller Fragen zur Ästhetik des Hausens zieht die Raumkrise das Hausen selbst auf eine schiefe Ebene, auf der, nach so vielen Jahrhunderten relativ konkurrenzlosen Triumphes, seine unbestrittene Notwendigkeit ins Wanken gerät. Die Wohn-Krise erscheint als Symptom einer tieferliegenden Unbehaglichkeit gegenüber den zu Gebote stehenden Deutungen des In-der-Welt-Seins; der Verdacht liegt nahe, daß ein Haus, d. h. das europäische Standardhaus mit seinen hochtrabenden Wohnzimmern, die Welt verbaut oder sie zumindest dergestalt ersetzt – und zwar auf kosmologisch undurchsichtige Weise –, daß ein Durchbruch zur Welt, ja ein Ankommen in ihr nicht mehr möglich ist.

Das krisenhafte Auseinanderdriften von Konzept und Erfahrung in bezug auf den Raum bietet aber, etwa wie bei einem optischen Trick oder bei einer Kaleidoskop-Drehung, die Möglichkeit eines neuartigen Eindringens in die Form- und Entstehungsprinzipien (im Sinne von Anfängen), in die Prämissen, in die Bedingungen, Verzweigungen und Ableitungen von Raumgestalten. Eine Krise des Raumes ist demnach die Bedingung der Raum-Erkenntnis, sie bildet die ideale Situation für eine Dekonstruktion des Raumes, die, so scheint mir, jetzt unbedingt genutzt werden muß. Mit

Ursprünge und Untergänge von Räumen

Hieronymus Bosch: »Weltgerichtstriptychon« (1504-08) Mitteltafel »Das Weltgericht über der irdischen Hölle mit den sieben Todsünden«, Gemäldegalerie der Akademie der bildenden Künste Wien

Elisabeth von Samsonow

»Dekonstruktion« meine ich ein Wiederaufrollen der Raum-Genesis, das Zurückdrehen der Spule, entlang deren sich die Raum EVOLUTIONEN und REVOLUTIONEN ereigneten. Es ginge darum, nicht nur die im Laufe dieser Genesis erscheinenden Raumtypen in den Blick zu nehmen, sondern das Wesen der Raum-Genesis zu erfassen. Es gälte insbesondere, dem Umstand Aufmerksamkeit zu schenken, der bewirkt, daß die Genesis zugunsten ihres Ergebnisses in den Hintergrund tritt; es gälte zu fragen, warum beispielsweise der euklidische Raum sich als objektives noetisches Konstrukt präsentiert hat, in dem seine praktischen und technischen Entstehungsbedingungen untergegangen waren bzw. verschwiegen wurden. Michel Serres hat in seinem Buch »Les origines de la géométrie« eine Tiefenanalyse des euklidischen Raumes unternommen und ihm seine Ursprungsvergessenheit nachgewiesen. Im Rückgriff auf basale Erfahrungs- und Handlungsformen, auf grundlegende Orientierungsmuster, die der Grundverfassung »Leib in Welt« eingeschrieben sind, hat Serres die euklidischen Evidenzen als Selbstverständlichkeiten einer eingeübten kollektiven Leibhaftigkeit dekodiert. Es scheinen sich nämlich verschiedene Raumformen verschiedenen Typen von Performances zu verdanken. Der Einsatz von Werkzeugen (gr. organon), also von symbolischen Organen, installiert je unterschiedliche Raumimaginationen als »Werke des Zeuges«. Die Raumgeschichte muß als Werkzeuggeschichte, als Instrumentengeschichte, als Maschinengeschichte, als wirkliche Produktions- und Erfindungsgeschichte, als »Universalgeschichte der Kontingenz« (Deleuze/Guattari)[1] geschrieben werden.

Deshalb bedeutet »Dekonstruktion« in diesem Zusammenhang zum zweiten auch das Aufsuchen einer ursprünglichen Typologie der Vielfältigkeit von Räumen. In einer solchen Perspektive wäre darzustellen, wie Raum-Generatoren allgemein als System-Generatoren funktionieren und auf welche Art von Urbeziehung sie sich gründen. Ich gehe mit Peter Sloterdijk davon aus, daß Raum grundsätzlich Beziehung ist, Beziehung ausdrückt, die Gestalt der Beziehung ist, was auch erklärt, warum jede Raumstruktur, neben der kosmologischen, architektonischen oder geometrischen, immer auch eine soziale Dimension einschließt. Mit Urbeziehung meine ich jede aus dem lebendigen Leib als Primärraum herleitbare Ausrichtung, etwa die Beziehung Mensch/Mensch, Mensch/Welt, Mensch/Instrument, Mensch/Maschine. Den Anfang jeder raumgreifenden Armierung oder Instrumentierung – zu der auch die Architektur zu rechnen ist – markiert der Leib in seiner Organisität, den Felix Guattari als das »transzendentale Unbewußte« bezeichnet hat. Das erklärt, weshalb der Rückgang auf diese Anfänge oder Ursprünge notwendigerweise erschwert oder unmöglich ist, da ein solches Unbewußtes sich per definitionem nicht durch die Absichten einer einfachen Reflexion wird ergreifen lassen. Die Dekonstruktion der Räume muß sich also gewissermaßen einer List oder eines schlauen Umwegs bedienen, und einer solchen List kommt die Existenz der Instrumente, Waffen und Maschinen entgegen, die als Manifestationen, Symbolisierungen oder Deutungen jenes Unbewußten gelten können, d. h. als »paranoide Spuren« eines kompensatorischen Spieltriebs. Sie spiegeln das sich Entziehende, das immer Entschwindende, das im Aufgang des Geistes Untergehende. In sie ist dieses sogenannte »transzendentale Unbewußte« eingelagert, was ihren »sex appeal«, wie Mario Perniola dies nennt, ausmacht.[2]

Raumgeschichte als Produktionsgeschichte zu schreiben bedeutet also, die Story von den Produktionsmitteln zu erzählen, meinetwegen von der Axt, dem Messer, dem Speer, von der Feder oder von der Schreibmaschine zu sprechen. Derlei findet statt, wenn beispielsweise eingesehen werden kann, daß die raumerschließenden Koordinatenstrahlen, die aus einem Punkt null emanieren, nichts weniger ausdrücken als den Gewinn, den ein Imaginarium für sich aus einer jahrtausendelangen Performance der Gattung der Jäger hat verbuchen können. Der sich mit Hilfe dieser dynamisierten Koordinatenachsen entfaltende Raum gibt sich als der mit Pfeilen durchzogene Spannungsraum zu erkennen, dessen Funktionalität sich mit dem Anwachsen der imaginären Schießbeherrschung bis zur vektoriellen Geometrie steigern läßt – wie wir im zweiten Teil meiner Ausführungen noch genauer sehen werden. Eine solche archäologisierende Lesart zeigt schon, daß die Dekonstruktion des Raumes eine bestimmte Methodik erfordern wird, und zwar eine, die tatsächlich Fährten in das in einem Raum-Modell jeweils Verborgene, in sein Geheimnis zu legen vermag. Diese Methodik wird eine bestimmte Mnemotechnik sein, eine Kunst der Erinnerung, die sich der Instrumente, und zwar der allergewöhnlichsten und die größten Gewöhnungen hervorrufenden, als Prinzipien bedient. Das Spiel mit der Gewohnheit gehört insofern zur Raumgeschichte, als ein Raum erst dann auffällig wird, wenn ihm etwa ein neues Instrument Konkurrenz macht und ihm die alten Evidenzen entzieht. Das heißt, daß ein wohlinstallier-

Ursprünge und Untergänge von Räumen

ter Raumtyp, auf der Höhe der basalen Instrumentation der jeweiligen Kultur befindlich, allen Akten impliziert ist und dadurch unproblematisch als »Welt« erscheint, ohne weiter befragt zu werden. Reminiszenzen dazu kann man allgemein in den Schöpfungsgeschichten finden, die allesamt »tales of spaces« sind, z. B. in denen Babylons, in denen der Lehm den Rang der prima materia vertritt und der Töpfer die göttliche Weise, ein Werk zu vollbringen, vormacht, wobei es im übrigen einen großen Unterschied macht, ob die Erzählung sich auf auf bauende Töpfertechniken bezieht oder von einem Töpfern auf Scheiben ausgeht.

Unbrauchbar werdende Raummodelle emergieren gewissermaßen aus den Tiefen ihrer früheren fraglosen Funktionstüchtigkeit. Es handelt sich um eine Art Auftauchen der Titanic, die zunächst unter der Oberfläche untergegangen oder verschwunden gewesen war. Das wirft auch ein Licht auf die jetzige Raumkrise; d. h., in den Blick geraten werden vor allem die zu überholenden Modelle, der junkyard ausrangierter Raum-Maschinen. Und der Umzug steht zwar an, aber der neue Ort hat noch keine Gestalt: wir ziehen um ins Offene. Leroi-Gourhan sowie Bourdieu haben aus unterschiedlichen Hinsichten gezeigt, daß der größte Teil der alltäglich zu bewältigenden Aktion mit Hilfe eines Mechanismus abgewickelt wird, der selbst nicht mehr Gegenstand bewußter Wahrnehmung ist. Leroi-Gourhan behauptet, von ihm so genannte »Operationsketten« regelten über lange Strecken Aktionsabläufe, ohne daß der Akteur sich der von ihm dabei zur Anwendung gebrachten Schemata bewußt würde. Bourdieu bezeichnet die alltägliche Prozesse steuernden Strukturen als »Habitusformeln«; ihnen komme eine gewisse Trägheit zu, die bewirke, daß sie sich über lange Zeit gleichförmig halten und den Bestand einer Tiefengrammatik der Kulturen ausmachen. Sie fungierten ferner als eine Art »Gesellschaftsmaschinen«, als Entlastungsgerinne, über die das Sichbefinden in einem gesellschaftlichen Raum organisiert, um nicht zu sagen automatisiert wird.

Wir können davon ausgehen, daß der Raum, ähnlich wie die Habitusformel Bourdieus, zur Kategorie unbewußt oder eben sogar automatisch regelnder Strukturen gehört. Die Raum-Imagines, die die Aneignung und Bewegung in Räumen ermöglichen, sind demnach als Muster von Operationsketten, als Handlungsabläufe zu rekonstruieren. Solange sie wirken, d.h., solange die ihnen zugehörende Performance souverän beherrscht und als Identität stiftende Selbstverständlichkeit empfunden wird, ist ihr Ort die Latenz. Das Aufsuchen dieser Muster wird ohne eine spekulative, inventive, mnemotechnisch re-inszenierende und künstlerische Strategie nicht ohne weiteres möglich sein; es wird um eine richtige Übertreibung gehen müssen, um eine »Raumfahrt«, JETZT, um eine Exploration, eine Expedition in imaginäre, erinnerte, wirkende und wirkungslose, in heiße und kalte Räume.

Wenn der wirksame Raum, also der beispielsweise eine Operationskette regelnde Raum, ein latentes Muster darstellt, wenn er DA ist und wirksam und doch nicht auf dem aktiven Fenster des Bewußtseins erscheint, dann muß es sich – zum zweiten – in seiner Analyse um eine Annäherung an das GEDÄCHTNIS handeln, genauer: um eine Annäherung an das Leibgedächtnis.

In ihm wird eine Erfindung wie beispielsweise die Drucktechnik zu einer die Wahrnehmung formatierenden Machination verwandelt. Während die Erfindungstätigkeit oder die Imagination für die Abfahrt in den Raum, für die Raumexploration und die Herstellung neuer Eingänge zuständig ist, ist es die REPETITION, die die Anlage eines neuen Gedächtnisdepots fördert. Die Repetition bildet aber nur dann einen kollektiv verbindlichen Gedächtniskern heraus, wenn sie sich über gegenständliche Mnemos oder Anhaltspunkte abrollt, d. h., wenn sie instrumentiert oder im eigentlichen Wortsinn organisiert ist. Das macht in der Tat das Wesen der Technik aus, genau dieser einer bestimmten Erfindungsspur folgende repetitive Einsatz eines Instruments zur Standardisierung der Performances. Heidegger hat in der Klage über das Gestell die gedächtniswirksamen Valenzen technischer Geräte übersehen; er hat auch übersehen, daß die Technik in dieser Hinsicht das Erbe der alten kultischen und rituellen Verfahren angetreten hat, die allesamt von extremer Technizität sind. Es ist ihm also entgangen, daß grundlegende Muster auch kognitiver Performance gewissermaßen vom Objekt, also vom Instrument her gedacht werden müssen, daß also das Primat des Bewußtseins für diesen Fall in Frage zu stellen ist. Die Riten und Liturgien folgen im übrigen in extremer Weise der Prämisse, daß die Performance einen Raum erschafft, und zwar einen Raum in kosmologischer und damit in theologischer und sozialer Hinsicht. Die Liturgie ist insofern eine Art Urtechnik. Das Ineinanderwirken von Erfindung und Erfahrung bildet schließlich die Textur bestimmter Räume heraus, wobei die erfolgreiche Etablierung eines neuen

Elisabeth von Samsonow

PERFORMATIVS, d. h. eines Handlungs- oder Wahrnehmungsstandards, in den Kulturen immer mit seinem Unauffällig- oder Latentwerden einhergeht. Das Funktionieren der Kulturen ist in erheblichem Maße an die Installation solcher Unauffälligkeiten, die sozusagen den Operationskettenantrieb ausmachen, gebunden; umgekehrt bedarf sie aber derjenigen Instanzen, von denen aus diese Automatismen mit Hilfe inszenatorischer, revolutionärer Mittel immer wieder aufgebrochen, befragt, ersetzt, verdreht und ad absurdum geführt werden, beispielsweise in der Kunst und in avantgardistischen Physiken und Architekturen. Der Ethnologe Turner nennt dies die Arbeit an der »Antistruktur«, die allerdings der Homöostase einer Struktur dient. Struktur und Antistruktur seien durch eine Schwelle voneinander geschieden, an der sich die etablierten von den nichtetablierten Formen scheiden und an der sich die Arbeit an der Struktur abspielt. Unsere Beschäftigung mit dem Raum wäre nach Turner als eine solche Schwellenarbeit zu verstehen, als ein intensiver Aufenthalt zwischen den etablierten und den aufzufindenden Räumen.

II.

Um jetzt im zweiten Teil meines Vortrags Ihnen Beispiele raumerzeugender Instrumente plausibel machen zu können, werde ich mich zunächst kurz auf die eigenartige Geometrie konzentrieren, deren sich der französische Kathedralenarchitekt des 13. Jahrhunderts Villard de Honnecourt in seinem Skizzenbuch bedient hat. Villard schreibt den Maßwerken der gotischen Architektur handelnde bzw. arbeitende Figuren ein: einen Mann mit einer Sichel, zwei Faustkämpfer, einen Ritter usf. Die verschiedenen geometrischen Konstruktionen erhielten so mnemotechnisch brauchbare Namen wie: die Trompetenspieler, der Mann mit dem Apfel, der Mann mit der Kugel, der Sensenmann, der Drescher, der Mann mit dem Schwert, der Steinmetz. Die zum Integral der Kathedralenarchitektur gehörigen Konstruktionstypen konnten so, mit Hilfe eines »Namens«, in ihrer Komplexität bezeichnet und unmittelbar aufgerufen werden, was wohl im Betrieb einer mittelalterlichen Bauhütte einen nicht geringen praktischen Vorteil hatte. Was aber dieses Verfahren für uns interessant macht, ist der Umstand, daß Villard mit diesen Figuren eine im Raum der Kathedrale für uns unsichtbar gewordene Welt erscheinen läßt. In dieser »Kunst der Geometrie« wird auf zeichenhafte Weise der Konnex eingefordert, der zwischen der Arbeits- und Erfahrungswelt einer Gesellschaft und ihrem archetypischen Bauwerk, nämlich der Kathedrale, angenommen werden muß. Vermittels der Zeichnungen Villards läßt sich begreifen, daß die Kathedrale mehr ist als ein souveränes Spiel mit Maß, Zahl und Gewicht: sie ist auch das System geometrisch übersetzter Performative, eine Raum-Maschine, die sich aus den Elementen eines bäuerlich und handwerklich orientierten Tuns zusammensetzt. In der Kathedrale spiegelt sich also die ständische Gesellschaft in ihren gewöhnlichen Szenen und alltäglichen Emblemata. Als Instrumente bzw. Werkzeuge sind hervorzuheben: der Hammer, die Sense, der Dreschflegel, das Schwert, die Posaune.

Villards mnemotechnische oder instrumentelle Raum-Meßkunst kann uns als Anhaltspunkt dienen für ein Verfahren, das den Zusammenhang zwischen dem Einsatz gewisser Instrumente und der ihnen zugehörigen Raum-Imagination bzw. -Halluzination dekodieren soll.

Am Beispiel des Schießens, des Fahrens und des Schneidens möchte ich die Entstehung der Raumtextur entlang den Linien oder Vektoren gut und lange eingeübter Performances vorführen und zugleich versuchen, die Archaismen in diesen Performances herauszupräparieren. Mit »Archaismus« meine ich die Anspielung einer Performance auf ein in den Leib eingeschriebenes Prinzip des Werdens, etwa wie Virilio in seinem kleinen Text »Die Metempsychose des Passagiers« an den Anfang des Transportwesens und der Lust zu fahren die primäre Reise in den geschwungenen Hüften der Mutter, der »Last-Frau«,[3] stellt. Virilio nimmt an, daß die Frau als erstes Vehikel oder Lasttier den Prototyp für zum Streicheln einladende Kotflügel abgibt,[4] so wie überhaupt die Selbstverständlichkeit, mit der man fahren will, ein Relikt dieser ersten Reise im Mutterleib sei, im ersten »lokomotorischen« Körper.[5] Virilio gibt mit dieser Deutung ein schönes Exemplar für die Möglichkeiten, die in bezug auf die Annäherung an das Guattarische »transzendentale Unbewußte« zu Gebote stehen.

II a. SCHIESSEN/DER JAGDRAUM

André Leroi-Gourhan führt in seinem Buch »Hand und Wort« aus, daß die erste, wirklich mächtige und folgenreiche Waffe die Speerschleuder gewesen sei, die seit dem Magdalénien zur Jagd gedient hat. Der Einsatz der Speerschleuder geht über das einfache Üben von Würfen noch hinaus, auf welche sich übrigens Peter Sloterdijk in einer Art Philosophie des Entwurfs konzentriert hat. Auch wenn beides, Schießen und Werfen, sich einer Imagination ver-

Ursprünge und Untergänge von Räumen

pflichtet, die ein Entferntes, über eine Distanz hinweg Stehendes erreichbar macht, so ist doch der Einsatz der Waffe gegenüber einer einfachen Nutzung der Kraftübertragung durch den Arm ein gewaltiger Fortschritt. Leroi-Gourhan hat den Körper selbst als das technische Kapital definiert, das die Instrument- und Waffenklassen, schließlich auch die Gattungen von Maschinen aus sich heraus freisetze. Seiner Meinung nach gehört es ausdrücklich zum Wesen des Körpers, Armierungen und Instrumentierungen gleichsam auszuschwitzen, wobei sich in diesen Apparaturen die Funktionsweise des Körpers selbst erklärt und in einer Art zweiter Evolution, die als technische in einer Differenz zur natürlichen steht, fortentwickelt. Die Speerschleuder markiert in dieser technischen Evolution eine spezifische Raumstruktur, die aus einem intensiv geladenen Feld des Zusammenwirkens von Gesicht bzw. Auge und Hand emaniert. Die Parallelisierung von Auge und Hand in Blick auf eine Ziel-Idee, auf ein heißes Objekt vor anderen in der Schußperspektive, in Verein mit der Beschleunigung, die die Speerschleuder auf das entsandte Projektil überträgt, tragen in einen ruhigen Raum die rote Spur einer vibrierenden Spannung ein. Entlang dieser Spur weitet sich der Raum zu neu erfaßten, intensiven Abständen, wobei zugleich mit dem Heißwerden der Distanzen dem Subjekt, das die Schleuderbewegung ausführt, starke Empfindungen der Raumbeherrschung zuwachsen. Jenseits der Magie der Jagd, die uns ja hinlänglich aus den Büchern der Paläontologen oder auch aus Burkerts berühmtem Buch »Homo necans« (Der tötende Mensch) bekannt ist, besitzt die Beziehung zwischen Jäger und Gejagtem eine exemplarische Bedeutung für die Raumerschließung. Natürlich zeigt sich gerade in diesem Modell der Jagd, daß raumgenerierende Akte von einem Netz von Affekten unterlegt werden müssen. Der Affekt, der den Jäger an das Gejagte bindet, fungiert hier als Motiv, um nicht zu sagen als Motor der Handlung. Der unbedingte Wille, zu demjenigen zu kommen, das sich vor einem davonmacht, beherrscht in der Jagd den Plan. Das heißt, die Jagd gibt grundsätzlich das Modell an die Hand erstens für eine expansive, aufmerksamkeitsgeleitete Tätigkeit und zweitens für Manipulationen über Distanz.

Aus diesem Grund taucht die Jagd in den Texten der Philosophen auf, beispielsweise bei Nikolaus von Kues, bei Giordano Bruno, bei Alsted – bei einer Reihe von Denkern der Renaissance und der frühen Neuzeit. Bruno bindet die Jagdimagination an den Mythos von Aktaion, der den Prototypen des gejagten Jägers abgibt: Aktaion wird, nachdem ihn seine Hunde an eine Höhle geführt haben, in der er der sich badenden Diana ansichtig wird, selbst in einen Hirsch verwandelt und von seinen eigenen Hunden zu Tode gehetzt. Die philosophische Deutung dieser Geschichte geht auf die Gewinnung von Bewußtsein als solches, das in seiner jägerhaften Hinwendung auf die Welt so dahinrennt, bis es in einer eigentümlichen Umkehrung selbst das Gemeinte ist, selbst gejagt wird: beide Aspekte kommen im Bewußtsein auf spezifische Weise zusammen bzw. formen sie beide gerade das, was man Bewußtsein nennt. Es ist nicht von ungefähr des öfteren der Hinweis gemacht worden, daß das Subjekt der Renaissance und der frühen Neuzeit sich in eminenter Weise über die Neueroberung des Raumes hergestellt hat, sei es in der kopernikanischen Revolution, sei es in der Entdeckung der unendlichen Welten, sei es in der Fortentwicklung der Geometrie und des sich anbahnenden Begriffs einer Infinitesimalrechnung. Daß nämlich die Schußhandlung den Kern zugleich der Raumerschließung wie den Kern des mit ihr gegebenen Bewußtseinstyps ausmacht, ist alles andere als unwahrscheinlich. In jedem Fall bleibt die heiße Signatur für ein Denken in der Lineage der Speerschleuder der Pfeil, an dem es sich stimuliert, mittels dessen es sich an etwas Aufregendes erinnert fühlt.

Neben der Jadgmetapher wird die Philosophie der Renaissance von einer Imago dominiert, die ebenfalls einen Bewaffneten zeigt: nämlich von der Figur des Amors, jenes kleinen, aber mächtigen Dämons, als den ihn Platon bezeichnet. Hier geht es nicht mehr um das Erlegen des Wildes, sondern um die Menschenjagd: es geht um den Geliebten. An der Verwundung, die Amor zufügt, wird eine Struktur entfaltet, die im wesentlichen alle Punkte enthält, die bereits im Modell der Jagd wichtig geworden waren: wieder ist es unerläßlich, daß – wie bei Brunos Aktaion-Deutung – Jäger und Gejagter identisch werden, daß also jeder der beiden Liebenden Liebender und Geliebter, Treffender und Getroffener wird. Der Aufschwung der Augen-Beziehung im Perspektivismus der Renaissance ist ohne den Hintergrund dieser Geschichte, in der Blicke töten, die also wieder den Scharfschützen und seinen Köcher voller zugespitzter Stöckchen verherrlicht, nicht denkbar. Amor bebildert die andere Seite des »Homo necans«, den liebenden, aber passioniert, in höchster Affektsteigerung liebenden Menschen. Bataille hatte übrigens gleich beide Seiten, die auf den Tod und die auf die Vereinigung hinauslaufende, im selben Impuls des Eros zusammengefaßt.

Elisabeth von Samsonow

Wir haben gesehen, daß in der Einübung einer Schießhandlung mit Speerschleuder oder Pfeil und Bogen etc. eine bestimmte Modifikation des Blickes einhergeht, daß die Augen beginnen zu schießen und so den Ursprung von Raumachsen zu markieren. Neben der zentralperspektivischen Malerei gibt die Optik, wie sie sich im Rahmen der astronomischen Grundlagendiskussion im 17. und 18. Jahrhundert entwickelt, ein beredtes Zeugnis dieser Vorgänge. Auf dem Wurzelpunkt der Koordinatenachsen sitzt ein Auge, der Punkt null, aus dem die Pfeile lotrecht aufeinanderstehend hervorschießen. Mit dem Heißwerden des Auges wird merkwürdigerweise die Hand, die das Auge sozusagen das Schießen gelehrt hat, zunehmend unterbewertet, was schließlich auch erklärt, wie die großen paradigmatischen Wahrnehmungsmodelle ihre Herkunft aus dem primitiven Gebrauch der Werkzeuge haben vergessen lassen.

Die Geometriebesessenheit der frühen Neuzeit, als man sich daranmachte, mit Zirkel und Lineal die ganze Welt zu vermessen, schließt sich nahtlos an die Begeisterung für den wunderwirkenden Schützen, für Amor an. Betrachtet man die geometrischen Traktate der Zeit, so wird man vor allem eine Art Figurationsgeometrie finden, die sich auf Probleme der Einbeschreibung der n-Ecke in einen Zirkel bzw. ihre Umschreibung um einen Kreis einläßt. Die Hauptoperatoren dieser Geometrie werden einmal vom Radius des Kreises gebildet, einer Linie, die aus dem Zentrum hervorkommt und auf die Zirkumferenz trifft, und zum zweiten von der sogenannten Sehne, also einem Bogensegment auf der Kreislinie. Stehen Radius und Sehne senkrecht aufeinander, ergibt sich wieder unser Urinstrument, Pfeil und Bogen. Die Sehne ins Verhältnis mit dem Radius des Kreises zu bringen – also mit dem Maß oder der Großen Eins/der Monas schlechthin – heißt dann, die Seite einer darzustellenden Figur richtig und wißbar zu konstruieren. Die gewisse Dynamisierung, der der geometrische Raum in der Renaissance und frühen Neuzeit ausgesetzt ist und die schließlich dem Funktionsraum den Weg ebnet, könnte durchaus als Effekt einer der räumlichen Imagination unterlegten, in ihr latenten expressiven Handlungsform interpretiert werden. Jedenfalls sehen wir die neuere Geometrie sich als ein Notationssystem formieren, das sich mit Pfeilen behilft. Amor triumphiert über Christus – das ist die Quintessenz, die Walter Seitter aus seiner Analyse der Fresken in Arezzo zieht; Piero della Francesca habe wohl gesehen, daß beide als Herren der gekreuzten Hölzer auftreten, aber während Christus am gekreuzten Holz sein Leben aufgibt, lernt der findige Amor mit einer ähnlichen Vorrichtung zu schießen, genauer: die Wunden der Liebe zuzufügen. Obgleich in beiden Fällen »Liebeswerkzeug«, ist im Falle Christi das gekreuzte Holz kalt, im Falle Amors heiß.

Mit Sicherheit charakterisiert die Ausrichtung des Imaginariums auf die Schußhandlung die Moderne zu einem gewissen Grad. Der Pfeil dient weiterhin zur Kennzeichnung erhöhter Aufmerksamkeit, einem suchenden, genauer: jagenden Subjekt zur Bahnung von autonomen Spuren in einem Kosmos, der dieses Subjekt in einer Komplexität x-ten Grades bestrickt und verstrickt. Heute versieht das Erbe der Speerschleuder und ihrer weltaneignenden Potenzen der CURSOR, der die Räume einer »zweiten Natur« hinter der Computerscreen kometenhaft durchzieht, den Willen eines mausklickenden Subjekts in sie eintragend. In der Tat ist er zum wichtigsten Instrument unendlicher Absichten geworden: Speerschleuder meets virtual worlds. Zum Wesen des Speers bzw. des Pfeiles bleibt zum Schluß dieser Anmerkungen zum Schießen und Jagen noch so viel zu bemerken, daß es sich in ihnen um Geräte handelt, deren Zulaufen in einer Spitze ein Kulminieren von Empfindlichkeit darstellt; die raumgreifenden, auf ein bestimmtes Ziel hinauslaufenden Wunschvorstellungen des Schießenden konzentrieren sich auf der Pfeilspitze, die dadurch etwas wie ein Hypersensorium wird; das ist deshalb interessant, weil ja die Pfeilspitze die Absicht des Schießenden mit sich trägt, wie ein Organ, eine Raumsonde in Remotecontrol-Funktion. Wir werden überhaupt sehen, daß diese Eigenschaft, Empfindlichkeit bzw. Wahrnehmungskalorien in verdichteter Form auf sich zu versammeln, in allen ausgezeichneten Werkzeugen und Waffen, die die Phantasie und das Imaginarium der Kulturen beflügelt haben, anzutreffen ist.

II b. FAHREN/DER DISKURS-RAUM

Fahren ist hier nicht unspezifisch gemeint; ich meine mit Fahren ein Anpeilen eines Zieles, dergestalt das sich während man sich dem Ziel nähert, kein Projektil von einem es Aussendenden löst. Im Unterschied zum Schießen besteht die Verbindung zwischen einem ein Ziel im Sinn Habenden und einem Vehikel bis zum Auftreffen auf dieses Ziel. Es handelt sich bei dieser Art des Fahrens also um ein Modell, das sich entschieden von dem des Schießens abhebt. Ich möchte gerne die Analyse des Fahrens am Beispiel des Ritterturniers angehen, weil, wie mir scheint, gewisse Rahmenbedingungen, die auch die Schußhandlung struktu-

Ursprünge und Untergänge von Räumen

riert haben, in ihm gegeben sind, wie z. B. die starke Konzentration auf ein Ziel, die aggressive Einstellung dem Ziel gegenüber etc. – zugleich aber die Differenz überdeutlich wird, die darin besteht, daß der Ritter hinter seinem Impetus nicht zurückbleibt.

In den Turnieren waren mindestens zwei armierte und mit einem Vehikel, dem Pferd, ausgestattete Personen in der Absicht, ihre Kräfte dem Publikum vorzuführen, gegeneinander losgegangen. Die Ritter – Protagonisten einer Weltgeschichte der Urfahrerei zu Pferde –, in ihren Rüstungen steckend, die in gewaltigen Lanzen zuliefen und in ihnen ihren technischen und teleologischen Abschluß fanden, schossen sich gewissermaßen selbst auf die Umlaufbahn. Man sieht dabei den Willen, einen heftigen Stoß raumtiefenwärts auszuführen, mit dem gleichzeitigen Unwillen, sich dabei zu verletzen, in der eisernen Haut Gestalt annehmen. Heute noch macht genau diese Konstellation die Ästhetik der Motorradkluft der Rüstung ähnlich; für die, die wie die Schützen und Perspektiviker selbst nicht unbedingt mit ihren Pfeilen mitfliegen wollen, sind derartige Schutzanzüge erläßlich. Sieht man einmal vom sozialen Rahmen ab, in dem das Ritterturnier stattgefunden hat und das es deshalb so unwiederholbar wie die frühe Feudalgesellschaft erscheinen läßt, so ließe sich durchaus eine Verwandtschaft zwischen den im Galopp auf einem schweren Gaul erzielten Sensationen und denjenigen ausmachen, die sich auf einem der Praterkarusselle der jüngeren Generation einstellen. In beiden Fällen herrscht der Wille vor, sich selbst mit Haut und Haar auf mehr oder weniger kühne Weise in die Kurve einer Bewegungsturbulenz zu investieren. Der Ritter fasziniert, weil er bei seinem Stoß das Kontinuum nicht unterbricht, weil er sich selbst als Projektil entsendet, sich und sein Pferd zum Geschoß verwandelnd, farbenprächtig ziseliert, vielleicht noch mit Maskenvisier und in jedem Fall mit absolut umwerfender Helmzier. Die Lust auf die Turbulenz, auf die riskante Fortbewegung im Spiel erhellt den Bedarf an einer Art chaotischen Geworfenseins, die möglicherweise gegenüber dem Schießen eine ältere Form der Bewegungsstimulanz und der Raumerfahrung hervorruft. Mit dieser »älteren Form« meine ich einen Erfahrungsbestand, der das In-der-Welt-Sein sich auf seine Möglichkeiten, sich in diese Welt einfach hineinfallen zu lassen bzw. sich in sie hineinzuwerfen, hin überprüft. Im Turnier bleibt auf Grund der duellhaften Anordnung eher durchsichtig, daß es auch um die Begegnung mit einem Gegenüber geht, das seinerseits auf den anderen einrennt; bei der Achterbahnfahrt ist der Gewinn allein schon durch das Herumwirbeln des Körpers erzielt, dadurch, daß man statt eines Lanzenstoßes einen oder zwei Loopings absolvieren muß.

Ritterturnier und Karussell scheinen einem eher infantilen Erbe anzugehören, und das organische Regime, das sich in ihnen artikuliert, ist nicht das von Auge und Hand, sondern eher das der großen Zehe. Gehlen hat in seinem opus magnum »Der Mensch« nachzuweisen versucht, daß der menschliche Fuß das wirklich einmalige Ereignis sei. Während die anderen, d. h. also die Affen, sich als Baumwesen herausbildeten, mit ihrer typischen Baumkletterhand und einer höchstmöglichen Ähnlichkeit der hinteren und der vorderen Extremitäten, sei der zukünftige Mensch in die Ebene hinabgestiegen; er sei buchstäblich vom Baum geklettert und habe dort unten sein eigentümliches Leben als Läufer angegangen. Diesem Umstand sei große Bedeutung beizumessen, weshalb es geboten scheint, einen eingehenderen Blick auf die Füße zu werfen.

Die gegenüber den vorderen eher als in die Länge gezogen erscheinenden hinteren Extremitäten des Menschen zeichnen sich aus durch die Zehen, unter denen die sogenannte große Zehe die wichtigste zu sein scheint. Sie bewirkt, daß im Zusammenspiel mit den übrigen Zehen sich der menschliche Fuß in einer beispiellosen Weise abzurollen imstande ist. Die Anordnung der Zehen ist es, die den menschlichen Fuß von der Hand unterscheidet; während der Daumen und sein Ort, d. h. die Art und Weise, wie er an der Handfläche und in Beziehung zu den Fingern angebracht ist, zuständig ist für die phantastische Fülle der Haltungen, also jener Handhaltungen, die Begreifen fördern und das Reich des Begriffenen unendlich differenzieren, ist die große Zehe zwar durchaus in Resonanz zu den Wundern des Daumens zu betrachten, ihr Werk ist aber ein anderes. Sie deutet hinein in den Raum, in ihr beginnt ein anderer Vektor in die Tiefe, auf eine andere und grundlegende, gleichwohl verborgenere Weise, als dieser Raumtiefenvektor etwa in Auge oder Hand seinen Ursprung hat.

Mittels einer Analyse des Fußes lassen sich die Techniken, sich selbst als Projektil zu haben, also zu fahren, in ihren Möglichkeiten und Aufstufungen auseinanderlegen. Nicht, daß dann nur noch von verschiedenen Gangarten die Rede wäre. Vielmehr sollte, analog zur Manualität und zu den Ungeheuerlichkeiten, die sie impliziert, der Gegenentwurf,

Elisabeth von Samsonow

vom andern Paar Extremitäten her, unternommen werden. Die Bewegung, die hier vollzogen wird, ist die des Diskurses. In der Anlage des Lauffußes als archaische entwicklungsgeschichtliche Auszeichnung zum Menschen scheint jenes Allererste gegeben zu sein, das dann gewissermaßen die Vorstellungen, wie das Bild aller Bilder, formatiert. Im Diskurs und in seinen begrifflichen Vorlieben schlägt ein Unbewußtes durch, das sich älteren Bahnungen, um einen Ausdruck aus der Freudschen Gedächtnistheorie zu benutzen, verdankt. Nie war der Diskurs so gefragt wie heute. Peripatetisches Wandeln oder selbst heideggersches Wandern bzw. Spazieren zeigen sich im Diskurs als überholt. Das Ideal einer leichten und beschleunigten Bewegung ist also nichts Neues, sondern das Allerälteste. Im Lichte der beispiellosen Beliebtheit dieses Begriffs Diskurs steigen die Staubkörnchen eines außerordentlich alten Erfahrungssediments auf. Wenn vom Diskurs die Rede ist, dann taucht so etwas auf wie die Unterwelt der Intelligenz, supponierte Gegenden, die nicht gesehen oder erkannt, sondern eben latent sind und als solche da. Die Diskurs-Idee nimmt also nicht nur rhetorische, mnemonische oder symbolische Figuren als primäre Organisationsstrukturen an, sondern verläßt sich mit demselben blinden Vertrauen, mit dem man auf seinen Füßen steht, auf sie. Der Diskurs erweist sich demnach als auf einer Raumvorstellung aufruhend, die aus dem Punkt null der großen Zehe emaniert und das Vertrauen darauf einflößt, daß die Umgebung eine Größe sei, der man sich ruhigen Mutes ausliefern kann. Michel Foucault schrieb in seiner Antrittsvorlesung am Collège de France: »Je voudrais qu'il (le discours, Verf.) soit tout autour de moi comme une transparence calme et profonde, indéfiniment ouverte où les autres répondraient à mon attente, et où les vérités, une à une se lèveraient; je n'aurais qu'à me laisser porter, en lui et par lui, comme une épave heureuse.«

> »Ich wollte, daß der Diskurs ganz um mich herum sei, wie eine ruhige und tiefe durchsichtige Hülle von unendlicher Offenheit, wo die anderen auf meine Erwartung antworten, und wo die Wahrheiten, eine nach der anderen, sich erheben; ich hätte nichts zu tun, als mich gehen zu lassen, in sie und durch sie, wie ein glückliches herrenloses Gut.«

Die Welt der Untersätze, Reittiere, Fahrgestelle, vom Kinderwagen bis zur Mondrakete, stehen auf diesem einen Vektor, der dem Menschen ein befahrbares Universum suggeriert. Die Gangarten, die hier die Raumerschließung skandieren, sind nicht nur nach dem Tempo und Rhythmus des Gebrauchs der eigenen Paar Füße, sondern nach den Vehikelklassen zu differenzieren. Auch wenn, wie behauptet, der Ritter und der Benutzer einer Achterbahn dieselbe unerklärliche Vertrauensseligkeit in die von Foucault so genannte »ruhige und transparente Hülle« unter Beweis stellen, so legen sie doch immerhin ganz verschiedene Weisen, sich auf dieselbe einzulassen, an den Tag. Die Raumform und die Raumwahrnehmung werden sich je nach dem Tuning, das man den Füßen mit Hilfe eines ihre Kompetenz erheblich erweiternden Apparats angedeihen läßt, modifizieren. Während der Raum der gegeneinander anrennenden Ritter zwei Blasen gleicht, die dort, wo sie einander zugewandt sind, in die Länge gezogen, zu Spitzen deformiert sind, wird die Achterbahnerfahrung ihren Sinn eindeutig in der Zerstörung des von den Augen dominierten optischen Raumes zugunsten eines Turbulenzraumes haben können: dort wird der aus dem großen Zeh emanierende Raumvektor zu einem schwindelerregenden Knäuel verwirrt.

II c. SCHNEIDEN/HALLUZINIERTER RAUM-VIRTUELLER RAUM

Als letztes Beispiel in unserer Parade von Werkzeugen, Waffen und Vehikeln möchte ich das Messer einer Betrachtung unterziehen. Es unterscheidet sich erheblich von den bisher betrachteten Instrumenten, indem es nicht so sehr auf die Wahrnehmung der Distanz Einfluß hat als vielmehr auf die Wahrnehmung von Oberfläche bzw. von demjenigen, was sich hinter ihr verbirgt. Der geschärfte Stein, der auf beeindruckend vollkommene Weise in den Stein geschliffene Steg, stellt, ähnlich der Speerschleuder, ein Gerät dar, dessen sich bereits in allerfrühester Zeit die Menschen bedienten. Die Trennung oder Entzweiung dort, wo vorher eins war, das einen Schnitt Ausführen brachte Ordnung in die Dinge, tat sie an ihren Ort, stellte die Quantitäten in das richtige Maß zusammen. Das Messer geriet zu einer Art magic stick, die »Trennschärfe« zum schönen Begriff einer Logik des Aufgeräumten. Der Schöpfergott in Platons Timaios schneidet aus der Urmaterie Stückchen ab und schickt diese auf ihre Bahnen, wodurch der Kosmos entsteht, Plastilin knetenden Kindern ähnlich, die aus den Abschnitten (griech. tomoi) der Materialwurst verschiedene Teile eines Männchens herstellen. In weiten Teilen Bayerns und Österreichs geht auch heute noch der Mann nicht ohne das Messer in der Seitentasche seiner hirschledernen Hose aus dem Haus. Was bedeutet das Messer aber nun für die Raumproduktion? Meiner Meinung nach ist es gerade an der Entstehung der jüngeren Raum-Phantas-

Ursprünge und Untergänge von Räumen

mata maßgeblich beteiligt. Eine »heiße Spur« läßt sich in Giordano Brunos und Lambert Schenkels Auskünften zur Schreibgeschichte ausmachen, in der das Messer den Vorfahr des Stiftes bildet, gewissermaßen – mit den Worten Niklas Luhmanns – den Erstvorfall des Systems. Die Menschen hätten, so Bruno und Schenkel, noch bevor sie die Rohrfeder (lat. calamus) erfunden haben, mit Äxten und Messern in Bäume und dann auch in Steine geritzt. Das Eingraben von Buchstaben auf der Oberfläche – Grab und Graph sind insofern verwandte Begriffe – scheint offenbar für die mnemotechnisch analysierte Schrift der in und mit ihr transportierte ältere Habitus zu sein, der eine entsprechende Autorität auf das Gedächtnis oder auf die Ordnung des Imaginariums auszuüben imstande ist. In der Handhabung des Messers bzw. auch des Pfluges (lat. culter) scheint überhaupt der Gründungsakt für das, was wir Kultur nennen, identifiziert werden zu können. Geritzte Oberflächen, vom Saatfeld bis zur behauenen oder ziselierten Schrifttafel, sind Flächen, von denen eine Ernte zu erwarten steht. Gegraben wird also in großem Stil, auf den großen Erdflächen der Agrikultur und auf den etwas kleineren der Skriptokultur: In beiden Fällen wird eine Art Weizenkorn »begraben«, dessen »Auferstehung« dann folgen soll. Schreiben und Lesen vollziehen sich dort, wo es noch nicht die alltägliche Übung aller ist, genauso wie das »Ackern« im Vorstellungsraum der Bauern und Viehzüchter: Die Vorstellung des Ackerns ist die imaginäre »Leihmutter« für die Herausbildung einer Vorstellung für das Schreiben.

In der allgemeinen Erwartung der Ernten interferieren Schreibkultur und Agrikultur, was besonders in Hinblick auf eine relevante Kulturtheorie eine wichtige Information sein könnte. Das Eisen ist für die Agrikultur höchstwahrscheinlich eine ebenso unerhörte, stimulierende und den kulturellen Prozeß geziemend vorantreibende Erfindung gewesen, wie es für die Gegenwart etwa ein Mikrochip ist. Im übrigen gehörte der Gebrauch des Pfluges auch zum Ritus der Stadtgründung, mit ihm trug man die hauptsächlichen Orientierungsachsen auf dem Boden ein.[6] In der Tat läßt sich die Präsenz der Agrikultur – im Modus des »Anwesendes abwesend« – aus den »Feldern«, »Speichern« und der »Maus« entnehmen, deren man sich nun auf jedem Schreibtisch ausgiebig und höchst selbstverständlich bedient.

Der Stift – stylus – als modernes Schreibgerät entpuppt sich auf dem Hintergrund der Schreibgeschichte als verkapptes Messer. Der barocke Philosoph Tommaso Campanella hatte die dem Eisen zugeordneten Künste als »potestative« bezeichnet, also als solche, die mit Macht operieren, das heißt wiederum, daß das Führen des Eisens einen verstärkten Willen zur Einflußnahme auf die Welt voraussetzt, also so etwas wie eine in Bahnen gelenkte Wildheit. McLuhan hat zu zeigen versucht, daß die Arbeit des Ziselierens, also die Arbeit der caelatores und der Graveure, in Griechenland die taktile Phase mit der alphabetisierten vermittelte; die bedeutendsten Kunstwerke könne man in der Toreutik finden, die sich in der stark taktilen Arbeit der Buchmaler an den Folianten des Mittelalters fortsetze. Solange die Graphie noch ein Eingravieren war, reichte der Raum der Schrift in der Tat in die Tiefendimension hinein; Schrift war geradezu der Anspruch der Zeichen auf Einschnitt. Im Streicheln der Oberfläche, wie es Stift und Pinsel ausführen, ist dieses Einschneiden natürlich überholt, aber mnemotechnisch nicht annulliert. Es scheint nämlich so, als habe sich im Führen dieser Schreibzeuge der alte Druck an der Spitze – wie beim Pfeil des Eros – in eine Art elektrische Ladung verwandelt.

Das gute Training in der Handhabung des Messers scheint sich merkwürdigerweise gerade dort bemerkbar zu machen, wo es selber gar nicht mehr unmittelbar im Spiel ist: beim Schreiben mit dem Stift und sogar beim Tippen. Insofern das Messer der Vorfahr des Stiftes ist, bringt es sich im Schreibakt in Erinnerung – und zwar nicht nur dort, wo noch in der Tat mit dem Stift operiert wird, sondern auch beim Schreiben auf einer Tastatur. Das Erlernen des Schreibens mit Äxten und Messern, das Kerben der Schreiboberfläche hat seine Spuren im Schriftzeremonial dergestalt hinterlassen, daß eine Fläche, bedeckt mit Schriftzeichen, diese in aufregender Weise virulent werden läßt und der in der Schrift gefangene Sinn in, vor und hinter dieser Fläche zu oszillieren beginnt. Wie die Kryptogrammatiker und Verfasser geheimer Postillen des 16. und 17. Jahrhunderts fängt man an, hinter dem Text einen geheimen oder Tiefsinn zu vermuten, und zwar buchstäblich und durchaus in räumlicher Hinsicht. Die Tiefenvermutung, die sich der Text gefallen lassen muß, insofern hinter jedem Zeichen der Einschnitt und mit ihm die weitere Dimension halluziniert wird, scheint wesentlich die Attraktivität der Computerscreens auszumachen. Die Fähigkeit, eine Fläche als Wunderding anzusehen und ihre Scheindimensionen zur Unterbringung einer neuen Welt zu nutzen, ist immerhin erstaunlich und nicht leicht erklärlich. Daß es von einem Text aus auf eine Autobahn geht, daß der Text sozusagen

Elisabeth von Samsonow

Anschlußstellen für Ein- und Ausfahrten anbietet, setzt immerhin voraus, daß man gewissermaßen von selbst in der Lage ist, in der Halluzination der alten Schreib-Ritzungen einen Weltraum in den Bildschirm zu projizieren. Das Messer gehört also zu denjenigen Instrumenten, die, ähnlich wie Speer und Pfeil, nach wie vor »heiß« sind; mit ihrer Hitze betreiben sie die ihnen nachfolgenden oder ihnen nachgebildeten Werkzeuge und Instrumente. Die Schneide des Messers bildet wie die Spitze des Pfeiles einen Ort der Kulmination von Wahrnehmung, ein echtes Organ mit eigenen Funktionen, das, einmal in Betrieb gesetzt, eine spezifische Operationskette und mit ihr natürlich eine entsprechende Raumtextur generiert. Wie im Falle des Pfeiles und der Speerschleuder erzeugen die Abkömmlinge des Messers nichts weniger als die Halluzination der mit ihm ursprünglich gegebenen Wahrnehmungen. Das Messer geht wie kein anderes Instrument auf das Verborgene, das hinter einer Oberfläche Versiegelte, weshalb die frühe Neuzeit als Zeit der großen Grammatiken gleichermaßen von der Faszination für die Geheimschrift wie für die Anatomie heimgesucht war.

Der virtuelle Raum wäre demnach nichts anderes als das Nebenprodukt einer Schreibzeugrevolution – was nun allerdings in Hinblick auf die kontingente Produktions- und Werkzeuggeschichte, die die Grundlage einer wahren Raumspekulation zu bilden hat, nicht überraschen kann.

Mit diesen versprengten Bemerkungen zu dreien, aus einer unendlichen Fülle von Möglichkeiten ausgewählten Raumtypen und den ihnen eingeschriebenen Produktionsorganen hoffe ich, eine Art Startschuß für eine phantasievolle Medientheorie gegeben zu haben, die nicht nur in Gegenwärtigkeit und Zukünftigkeit verharrt, sondern auch Schneisen in historische und symbolische Tiefen schlägt und sich von der Unscheinbarkeit gewisser Werkzeuge nicht täuschen läßt.

ANMERKUNGEN

1. GILLES DELEUZE/FÉLIX GUATTARI: Tausend Plateaus, Berlin 1992 (Original Paris 1980), Einleitung S. II
2. MARIO PERNIOLA: Der Sex Appeal des Anorganischen, übersetzt von Nicole Finsinger, mit einem Nachwort von Elisabeth von Samsonow, Wien 1999 (Original Turin 1994)
3. PAUL VIRILIO: Die Metempsychose des Passagiers, in: ders.: Der negative Horizont. Bewegung, Geschwindigkeit, Beschleunigung, Frankfurt/Main 1995 (Original Paris 1984), S. 31
4. Ebd.
5. Ebd., S. 35
6. S. O. BOLLNOW, a.a.O., S.146; mit dem Pflug wurden cardo und decumans als die bis zur mittelalterlichen Planungstechnik gebräuchlichen Hauptachsen der Stadt eingeritzt.

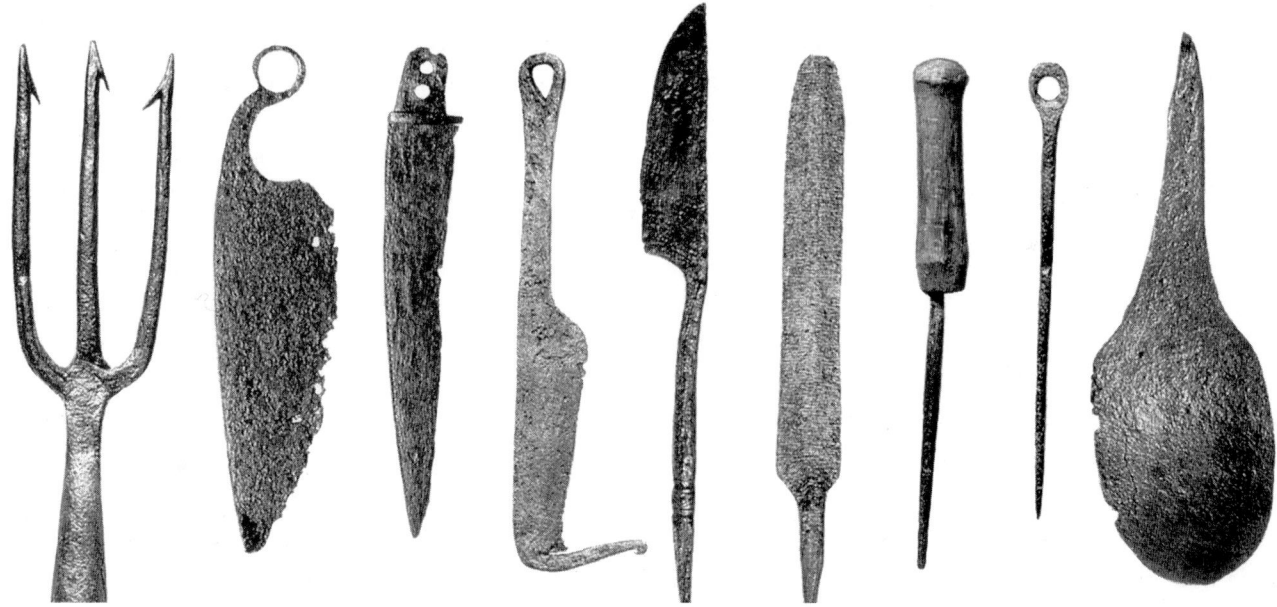

Joachim Krausse: Das Zwinkern der Winkel

Bevor ich auf das Zwinkern der Winkel eingehe, möchte ich mich noch einmal mit dem Bewegungsraum beschäftigen. In unserer Diskussion ist das Stichwort der Durchdringung gefallen, ein Wort, welches von Siegfried Gideon ideologisch überhöht worden ist. Ich denke, daß dies unbedingt um den Begriff der Überlagerung und des Phasenübergangs ergänzt werden muß. Insofern werde ich erst den Teil zum Bewegungsraum vorstellen und mich dann dem Zwinkern der Winkel zuwenden, wobei das ein Ausdruck von Buckminster Fuller ist, im Original »The Twinkling of an Angle«. Zuerst las ich allerdings »The Twinkling of an Angel«, wobei ich glaube, daß das genau die ganze Geschichte meint: Es ist das Zwinkern des göttlichen Dreiecks bei einer Eingebung, die er hatte und die zu einer interessanten Form von Modellierung geführt hat, auf die ich nachher noch eingehen werde. Es wird eine Parforcetour werden, wobei der erste Teil mit Aspekten des Städtischen beginnt, um dann zu Bewegungsuntersuchungen in den Künsten im Vergleich zur Wissenschaft überzugehen. Leider kann ich nicht auf Beispiele aus der Akustik oder der Tonkunst eingehen, ein wichtiges Gebiet um so mehr, als wir von der Obsession des Sehens ergriffen sind, so daß wir Raum zunächst hauptsächlich visuell verstehen und sich zeigt, daß in den Künsten interessante Vorstellungen von Raum verbunden sind mit anderen Sinnesorganen. Also mit dem Hören oder dem Tasten. Ich knüpfe zunächst einmal am Bekannten an und erinnere an die Diskussion der letzten Jahre über urbane Qualität.

DER STÄDTISCHE BEWEGUNGSRAUM – ÜBERLAGERUNGEN, BRÜCHE, SCHNITTE

Die Frage, was das Städtische eigentlich sei, welche Merkmale das Urbane habe und wie diese Charakteristika in handlungsleitende Kriterien aktueller Stadtentwicklung umzusetzen seien, beherrscht die Diskussion der letzten Jahre in Deutschland. Unter einem historischen Blickwinkel zeigt sich das 20. Jahrhundert im Widerspruch zwischen fortschreitender Verstädterung und regressiver Stadtbildung. Der weltweite Prozeß der Verstädterung, der im 19. Jahrhundert mit der Gewerbefreiheit und der Industrialisierung einsetzt, setzt sich mit ungebrochener Dynamik auch im 20. Jahrhundert fort, und zwar selbst dort, wo ein einschneidender Strukturwandel stattgefunden hat und der Prozeß der De-Industrialisierung schon seit Jahrzehnten zu beobachten ist. Verstädterung scheint irreversibel zu sein, bringt aber nicht selbsttätig etwas hervor, was wir Stadt nennen könnten. Daß es nicht zur Ausbildung von städtischen, urbanen Räumen gekommen ist, wird vielfach der Architektur angelastet, die in der Tat seit der Jahrhundertwende eher antiurbanistischen Vorstellungen gefolgt ist. Besonders kraß zeigte sich dies nach dem 2. Weltkrieg, als man Gebäude- und Bebauungsformen, die für den Siedlungsbau an Stadträndern im Grünen entwickelt worden waren, zur Bebauung zerbombter und planierter Innenstadtareale verwendete. Dem schematischen Modernismus, der in den Nachkriegsjahrzehnten grassierte, gesellte sich eine Verkehrsplanung bei, die ausschließlich dem Automobil eine Bresche schlug und systematisch die Straßenprofile zerstörte. Als man die Fußgängerzonen in den Innenstädten anlegte, hatte man offensichtlich kein Bewußtsein mehr davon, was ein Straßenprofil ist und wozu es dient. Dies alles ist bekannt. Heute herrscht wohl Übereinstimmung, daß das Urbane etwas Wünschenswertes ist. Nun aber, wo man das Urbane sucht, stellt man fest, daß das Urbane herzustellen nicht ohne weiteres gelingen will, und so verhalten sich die Architekten überwiegend retrospektiv und rekonstruktiv. Das Eingeständnis eines parasitären Daseins hinsichtlich des Städtischen gibt etwa Hans Kollhoff, wenn er sagt: »Wir sind als Städter – geben wir es ruhig zu – Schmarotzer des 19. Jahrhunderts.«[1] Es sei bisher nicht gelungen, der Stadt des 19. Jahrhunderts etwas substantiell Neues hinzuzufügen.

Woher kommt dieses Unvermögen? Im urbanistischen Diskurs unserer Tage wird die Krise des Städtischen entweder an den Formen des gebauten Raumes festgemacht oder auf einen Prozeß der Entmischung zurückgeführt, der vielfach ökonomisch begründet und zugleich ideologisch überhöht – etwa in der Charta von Athen – programmatisch festgeschrieben wurde. In der Tat scheint die Trennung der Funktionen Wohnen, Arbeit, Freizeit und ihre sektorale Dissoziation im Stadtkörper des Pudels Kern zu sein. Demzufolge werden heute Mischungsverhältnisse verschiedener Nutzung zwischen Bauherren bzw. Investoren einerseits und Planern plus Fachöffentlichkeit andererseits ausgehandelt. Wahrscheinlich sind dies unerläßliche Vorkehrungen gegen künftige Verödung, Teilzeitentlebung und Kriminalität.

Und doch werden wir erleben, daß ein Urbanismus der Form und ein Durchmischungsgebot der Stadtplanung zur Wiederherstellung von Urbanität oder gar zu einer Neufas-

Joachim Krausse: Das Zwinkern der Winkel

sung des Städtischen nicht hinreichen wird. Über die negativ nachhaltige Wirkung der Entmischungsprozesse für die Stadt dürfte – anders als vor zwanzig Jahren – ein breiter Konsens herzustellen sein. Die Ausdifferenzierung von Systemen jedoch schreitet unaufhaltsam voran. Sich ihr aus romantischen oder fundamentalistischen Motiven entgegenstellen zu wollen hieße, den Charakter der zivilisatorischen Evolution verkennen. Im urbanistischen Kontext liefe solche Widerständigkeit ins Leere, denn die Ausdifferenzierung von Funktionen und Systemen bindet sich immer weniger an Standorte oder baulich-räumliche Strukturen. Das eben ist der Ephemerisierungseffekt jeder Welle neuer Technologien. Daß sich die strukturell-funktionale Ausdifferenzierung in räumlichen Segregationsprozessen vollzieht, wird heute als eine historische Eigenart des mechanistischen Zeitalters erkennbar, eines Zeitalters, das den Determinismus der Monofunktionalität hervorgebracht hat. Einer historischen Betrachtung kann jedenfalls nicht verborgen bleiben, daß die angeblich »schöne« Stadt des 19. Jahrhunderts jene häßlichen Quartiere (jenseits des Bahndamms) hervortreibt und die Verelendung historischer Altbauquartiere im Zentrum besiegelt, die in der Folge die klassischen Anlässe von Sanierungsmaßnahmen werden. Hierin wurzelt nicht zuletzt die vor allem hygienisch motivierte Überreaktion des Modernismus.

Was wir heute sehr oft als ausgesprochen urbane Qualitäten der Großstadt des 19. Jahrhunderts wahrnehmen, verdankt sich einer aus Notwendigkeit entstandenen Verdichtung und Überlagerung von Funktionen, deren Zusammentreffen nicht das Werk behutsamer Stadterneuerung ist, sondern Resultat von mehr oder weniger gewaltsamen Schnitten, Brüchen, Trassierungen, Überbrückungen, Verknotungen der als Breschen in den Stadtraum geschlagenen modernen Kommunikationen. »Kommunikationen« ist der damals benutzte Sammelbegriff für Transportmittel, Medien, Netze und ihrer transitorischen Räume.[2] Daß wir den Begriff so heute nicht mehr kennen, ist bereits ein Hinweis auf die Ausdifferenzierung von Funktionen und Systemen, die als ein gemeinsames Merkmal von Modernisierungsprozessen erscheinen.

SCHNITTSTELLEN, KINEMATOGRAPHISCH

Überraschenderweise haben sich diese Schnittstellen im Stadtraum in einem Gebrauchstest von einem Jahrhundert nicht nur als nicht fortdauernd schmerzhaft herausgestellt, sondern sind mancherorts als Stellen gesteigerten und dabei verträglichen Austauschs beliebt geworden. Auf einer vergleichbaren Wirkung beruht die Arbeitsweise eines Bildmediums, das zeitgleich mit den modernen Schnellbahnen der Großstädte entsteht: des Films. Obwohl es sich beim Film und seiner Wiedergabe im Kino nur um lineare zeitliche Abfolgen von Bildern handelt, wird im Schnitt der Montage jene Intensivierung zwischen Bildern komponiert, die beim Betrachter die Spannung erzeugt.

Eine stadträumliche Schnittstelle extremer Art, bei deren Durchquerung die Wahrnehmung nahezu identisch wird mit der kinematographischen des Films, ist jener Ort in Berlin, nahe dem Gleisdreieck, wo die Hochbahn mitten durch ein Berliner Mietshaus fährt und etwa in Höhe des zweiten Stocks aus einem dunklen Stutzen in einen hellen Himmel zu schweben scheint, um in einer sanften Kurve den Landwehrkanal zu überfliegen. Selbstverständlich ließ sich ein Filmemacher wie Walter Ruttmann eine solche bizarre Übereinstimmung von Stadt und Film bei den Dreharbeiten zu »Berlin, Sinfonie der Großstadt« 1927 nicht entgehen. Ruttmann hatte sich seit 1914 mit einer abstrakten »Malerei mit Zeit«, wie er es nannte, befaßt, um sich dann dem realen Leben in der Großstadt zuzuwenden. Er schreibt:

> **»Während der langen Jahre meiner Bewegungsgestaltung aus abstrakten Mitteln ließ mich die Sehnsucht nicht los, aus lebendigem Material zu bauen, aus den millionenfachen tatsächlich vorhandenen Bewegungsenergien des Großstadtorganismus eine Filmsinfonie zu schaffen.«**[3]

Um dies zu erreichen, mußte die Kamera vom statuarischen Podest ihres Stativs herabsteigen und sich in eine bewegliche Handkamera verwandeln. Es mußten sich darüber hinaus die Aufnahmen aus einem »sinfonischen« Montageplan entwickeln, nicht umgekehrt. Das Geplante und das zufällig sich Ereignende wurde hier durch etwas ins Verhältnis gesetzt, das man als eine Annäherung an stochastische Verfahren bezeichnen könnte.

Nun ziehen Sie bitte aus dem Gesagten nicht den voreiligen Schluß, ich wolle Sie zu einer Stadtplanung überreden, die aus cineastischer Begeisterung die Schnellbahnen durch die Schlafzimmer führt. Dies besorgt bereits das Fernsehen. Mir geht es hier um die Frage, welcher Art die »Überlagerung« von Funktionen als Ereignismuster ist und wie sie wahrgenommen wird.

Vom Bewegungsraum zu den Phasenübergängen

Ein Beispiel mag das verdeutlichen. Es hat den Vorzug, daß ich es aus der Perspektive des Bewohners kenne und aus der Entfernung von einem Steinwurf täglich erlebe. Es ist eine jener unmöglichen, zugleich geplanten und die Planung über den Haufen werfenden Schnittstellen, deren Entwicklung von einer städtebaulichen Notlösung zu einem Komplex mit urbanen Qualitäten hier interessiert. Auf das Zeigen von Bildern will ich verzichten, da die meisten Berlinbesucher, insbesondere die Architekten unter ihnen, diese Stelle kennen werden. Es ist die Stelle in Berlin, wo der S-Bahnhof Savignyplatz die Bleibtreustraße überlagert. Sie steigen, vom Bahnhof Zoo kommend, aus der S-Bahn und gehen den Bahnsteig zurück zur Ausgangstreppe. Der Zug setzt sich in Bewegung und gibt den Blick frei hinab in die Bleibtreustraße. Sie sind in der Höhe zwischen zweitem und drittem Stock, haben Einsicht in Fenster und Balkons und könnten mich auf dem Balkon stehend sehen oder aber wie ich aus der Haustür auf die Straße komme. Ich laufe ein Stück die Straße zur Unterführung. Sie steigen die Treppe hinab und kaufen am Ausgang eine Zeitung. Ich durchquere die Unterführung, von der Sie gerade heruntergekommen sind und biegen nach rechts in die schmale Fußgängerpassage, die zwischen Bahntrasse und Wohnhäusern als Zugang zur S-Bahn gelassen wurde und auf der Sie sich etwas seitlich vom Strom der Passanten befinden und einen Blick durch das Fenster der Galerie Aedes auf neueste Architekturkreationen werfen. Da sieht Sie ein Bekannter, und Sie entschließen sich erst einmal, nebenan einen Espresso zu nehmen. Ich sehe Sie beide gerade ins Café verschwinden und laufe an Läden und Menschen achtlos vorbei, bis mir auf dem Savignyplatz ein Bekannter über den Weg läuft, der zum Bücherbogen will. Na, ich komme mit, und während wir uns unterhalten und das eine oder andere Buch in die Hand nehmen, grollt ein sanfter Donner von oben, wo die nächste S-Bahn über die Köpfe der Bücherfreunde hinwegrollt. Die das Häusermeer durchschneidende Trasse, die den gesamten Stadt- und Fernbahnverkehr nach Westen in dichtester Gleisführung aufnimmt, läßt seltsamerweise eine friedliche Koexistenz schneller Bewegung und ruhiger Geschäftigkeit auf engstem Raum zu. Die Bewegungsmuster, die sich hier überlagern, werden in diesem baulichen Ensemble nicht störend, eher belebend empfunden.

Die mit Mauerwerk abgeschlossene Hochbahnkonstruktion ließ ebenerdige Hohlräume mit bogenförmigen Öffnungen, die man dort nutzen konnte, wo Zugänge existierten. Nun ist aufschlußreich, daß die Räume in diesem technischen Bauwerk etwa ein drittel Jahrhundert fast nur als Lager oder Werkstätten genutzt wurden. Die Savignypassage wiederum belebte sich wildwüchsig durch Lokale der angrenzenden Häuser, bis ein Architekt und seine Frau (Gerhard und Ruthild Spangenberg) ein Quartier für eine Architekturbuchhandlung in einem dieser Bögen fanden und der Architekt Pläne für Ausbau und Umnutzung der S-Bahnbögen ausarbeitete und diese der Grundstücksverwaltung der Bahn nahebringen konnte. So entstanden ab 1980 weitere Teilstücke der Passagenerschließung entlang der Bahntrasse. Das Muster wurde an anderen Stellen, z. B. am Bahnhof Friedrichstraße, erfolgreich übernommen. Erst damit wurde diese aus dem städtebaulichen Raster fallende Zufallskomposition als urbanistische Komponente angenommen.

In diesem kleinen Ausschnitt zeigt sich, wie extrem langsam ein Bewußtwerden urbanistischer Qualitäten vor sich geht, wie aus einander durchkreuzenden Planungen und dem Selbstlauf der Dinge nicht zwangsläufig Chaos resultieren muß. Während meiner Langzeitbeobachtung über etwa 25 Jahre fiel mir auf, wie oft dieser Ort von Filmemachern mit Kamerateams aufgesucht wurde. Die Filmleute hatten ihn als Drehort entdeckt, lange bevor es dort ein wenig schick und sogar literaturfähig wurde.[4] Als urbanistischem Trüffelschwein ist auf Filmemacher mehr Verlaß als auf Architekten – warum? Weil Filmemacher in Zeit und Bewegung denken, wenn sie etwas im Raum zeigen wollen, und Architekten in Kategorien des Plans und der zwei räumlichen Schnittebenen, wenn sie Prozesse ordnen und die sich bewegenden Partikel, die die Menschen nun auch einmal sind, behausen wollen. (Die Beschreibung, die ich hier versuche, hält sich begreiflicherweise an ein Muster, das wir aus dem Kino kennen und das Handlungen in Sequenzen der Parallelmontage aufeinander bezieht.)

RAUM AUS ZEIT – STRUKTUR AUS BEWEGUNG
Ich komme damit auf ein Thema zurück, das im Darmstädter Gespräch von 1951 scheinbar behandelt worden ist. Tatsächlich jedoch wird die Frage der Auswirkung eines veränderten Raumbegriffs dort nicht diskutiert und nur einmal gestreift, und zwar in einer Bemerkung Heideggers, der feststellt, daß:

> »... auch die moderne Physik durch die Sache selbst gezwungen wurde, das räumliche Medium des kosmischen Raumes als Feldeinheit vorzustellen, die durch den Körper als dynamisches Zentrum bestimmt wird«.[5]

Joachim Krausse: Das Zwinkern der Winkel

Im übrigen bleibt der Hinweis folgenlos. Heidegger hätte das Problem gerne an Karl Friedrich von Weizsäcker weitergegeben, der an anderer Stelle das Raumproblem wie folgt umriß: »Einstein kritisierte Newtons Raum und Zeit als eine Mietskaserne, in welcher die Körper ein- und ausziehen ...«, und weiter in bezug auf Einsteins Allgemeine Relativitätstheorie:

> **»Der Raum wird aus einer starren Mietskaserne nicht zu einer bloßen Relation, sondern zu einer physischen Realität mit innerer Dynamik, mit variablen Eigenschaften«.**[6]

Die architektonische Metapher macht uns darauf aufmerksam, daß der traditionelle Raumbegriff der Architektur mit dem der klassischen Mechanik identisch ist: Der Raum wird gedacht wie ein Haus, das man ins Unendliche vergrößern kann. Umgekehrt wird die Vorstellung von der Welt nach dem Modell des Hauses gebildet. Hören wir, wie ein Oberbaudirektor von Darmstadt dies in Worte faßt:

> »Der Mensch, ein Staubkorn gegenüber dem Universum, ist hineingestellt in den unendlichen und unabänderlichen Raum. Aber ihm ist als Gottesgeschenk der Verstand gegeben. Er befähigt ihn, den Raum als objektive Erscheinungsform zu erkennen und als subjektive Anschauungsform zu erfassen. Er gibt ihm die Möglichkeit den Raum als Orientierungssystem sich dienstbar zu machen, ihn zu durchmessen und zu gestalten.«[7]

Das Gottesgeschenk des Verstandes führt die Physiker nun zu gegenteiliger Ansicht. Erwin Schrödinger etwa charakterisiert die klassische Auffassung durch die Vorstellung, nach der

> »... Raum und Zeit der Schauplatz und das Maß aller Vorgänge sind. Raum und Zeit haben (hier) keine andere Eigenschaft oder Aufgabe, als sozusagen die Bühne zu sein, auf der man sich die Korpuskeln bewegt und die Wechselwirkung übertragen vorstellt. Nun zeigt uns aber die relativistische Theorie der Gravitation, daß die Unterscheidung zwischen Darsteller und Bühne nicht zweckmäßig ist. Die Materie und die (feld- oder wellenmäßige) Fortpflanzung von etwas, das die Wechselwirkung vermittelt, sollte besser als die Gestalt der Raum-Zeit selbst aufgefaßt werden; das Raum-Zeit-Kontinuum darf nicht als begrifflich früher angesehen werden, als das, was bisher sein Inhalt genannt wurde.«[8]

Nun schien es lange Zeit, als betreffe die Revolution des Raum- und Zeitbegriffs nur die Natur der Naturwissenschaft, nicht die Welt der Artefakte und des Alltagslebens.

Aber bereits während sich diese Revolution (der Physik) vollzog, im ersten Viertel dieses Jahrhunderts, entstanden parallel und unabhängig davon experimentelle Anordnungen, Artefakte und Verfahren in den Künsten, die ein verändertes Raum-Zeit-Bewußtsein demonstrierten. So unterschiedlich sie nach Gattung, Ansatz und Künstlerpersönlichkeit auch sind, so stimmen sie doch darin überein, daß die Formen, die hier gefunden werden, durchweg aus Bewegungen, also Körpern in der Zeit, hervorgebracht werden. Ich möchte das an drei Beispielen verdeutlichen, die aus dem Bereich der bildenden Kunst, des Tanztheaters und der Architektur stammen und exemplarischen Charakter haben.

Das erste Beispiel ist ein kleines Objekt, das der Bildhauer Naum Gabo 1919/20 gebaut hat und das der spätere Bauhausmeister László Moholy-Nagy, seine Bedeutung erkennend, zehn Jahre später so beschreibt:

> »Ein Stiel aus Draht, oben mit einem Gewicht, wird durch eine Uhrfeder (es war ein kleiner Elektromotor) in Schwingung gebracht. Die unscharfe Fotografie zeigt mehrere ineinander gewischte Bewegungsphasen des entstandenen ›virtuellen Volumens‹.«[9]

Gabos »Kinetisches Objekt« war die erste kinetische Plastik überhaupt. Der dünne rotierende Stab, der im plastischen Sinne ein verschwindendes Eigenvolumen hat, bildet durch die Bewegung eine sogenannte stehende Schwingung in spindelförmiger Gestalt, die den Raum der Plastik definiert.[10] Moholy-Nagy drückt sich allzu vorsichtig aus, wenn er von einem »virtuellen« Volumen spricht, denn bei einer entsprechenden Geschwindigkeit kommen diesem Volumen Eigenschaften eines festen Körpers zu. Nicht viel anders entsteht Körperlichkeit, res extensa, auf der Ebene physikalischer Elementarteilchen. Das einschneidend Neue, das Gabos kinetisches Objekt demonstriert, ist die Verwandlung einer klassischen Raumkunst in eine der Zeit, oder allgemeiner: die Basierung des Raumes auf der Zeit.[11]

Das zweite Beispiel bezieht sich auf den lebendigen menschlichen Körper und seinen Bewegungshaushalt; ihren Bewegungshaushalt zu studieren und – sowohl grafisch wie auch räumlich-geometrisch – zu modellieren war die bleibende Leistung des großen Tanzreformers und -pädagogen Rudolf von Laban (1879-1958). Seine Tanzschrift »Kinetografie« ist heute unter dem Namen »Labanotation« weltweit ein choreographischer Standard. Bei seiner Erforschung der Gesetzmäßigkeiten der Körperbewegung entwickelte er ein Modell, das er »Kinesphäre« nannte, eine Sphäre, in die ein Mensch eingehüllt ist und die durch drei Schwungkreise, die der Körper aus dem Stand mit seinen Händen und Füßen ziehen kann, definiert wird. Diese Kugel der Bewegungen aus Großkreisen führt der Mensch unabhängig davon, an welchem Ort er sich befindet, immer mit sich; als Raum aktualisiert sich die Kinesphäre mit jeder einzelnen Bewegung. Mit Hilfe regelmäßiger Polyeder, die der Sphäre eingeschrieben sind, erhielt Laban Skalen, Eckpunkte und Teilungsflächen für die Wege im Raum, die er »Spurformen« nannte. Dies in zweidimensionale grafische Zeichen umsetzend, gelang es ihm, eine Grammatik der Körperbewegung auszuarbeiten. Das Laban-System war in seinen Grundzügen schon 1927 fertig. In seiner zusammenfassenden Lehre vom bewegten Körper und der Raumharmonie, die unter dem Titel »Choreutik« posthum erschien, hält er den Grundgedanken eines Raumbegriffs aus Bewegung fest:

> »Die Vorstellung des Raumes als einer Örtlichkeit, in dem Wechsel stattfinden, mag hilfreich sein. Gleichwohl dürfen wir den Ort nicht einfach als leeren, von der Bewegung getrennten Raum ansehen, noch Bewegung nur als gelegentliches Geschehen, denn: Bewegung ist ein kontinuierlicher Strom innerhalb der Örtlichkeit selbst, und dies ist der fundamentale Aspekt des Raumes. [...] Bewegung ist sozusagen lebendige Architektur – lebendig im Sinne von wechselnden Stellungen, wie auch von wechselnden Zusammenhängen. Diese Architektur wird mit menschlichen Bewegungen geschaffen und setzt sich aus Wegen, die Formen im Raum zeichnen, zusammen.«[12]

Labans Konzept des Bewegungsraumes befindet sich in ziemlicher Übereinstimmung mit der seines Berufskollegen Oskar Schlemmer, in dessen Gegenüberstellung von Figur und Bühnenraum zweierlei Raumkonzepte aufeinandertreffen.

> »Die Gesetze des kubischen Raumes, [der Bühne] sind das unsichtbare Liniennetz der planimetrischen und stereometrischen Beziehungen. Ist aber das Zentrum der Mensch, so schaffen dessen Bewegungen und Ausstrahlungen einen imaginären Raum. Der kubisch-abstrakte Raum ist dann nur das horizontal-vertikale Gerüst dieses Fluidums.«[13]

Ersetzt man das Wort »Fluidum«, was ja nichts anderes bedeutet als etwas Flüssiges, Fließendes, durch den Begriff »Feld« der Physiker, so dürfte sich eine doch sehr weitgehende Übereinstimmung in den Ansichten der Künstler

Abb. 1

und der Wissenschaftler herausstellen. Im übrigen sei hier vermerkt, daß Labans »Spurformen« der Bewegung und Schlemmers horizontal-vertikales Gerüst des kubisch-abstrakten Raumes in den Zeit- und Bewegungsstudien des Taylor-Schülers Frank Bunker Gilbreth in Filmaufnahmen sichtbar gemacht wurden. Der Bauunternehmer und Betonspezialist Gilbreth, der sich mit Hilfe einer Kamera zum Bewegungsforscher entwickelt, setzt an die Stelle realer Laborwände mit Rastereinteilung, die die 3D-Koordinaten der Bewegungspunkte liefern, einfach ein grafisches Koordinatennetz als Doppelbelichtung über der aufgenomme-

Abb. 2

nen Szene, während von den mit kleinen Glühbirnen versehenen Gliedern der sich bewegenden Person die Leuchtspuren der Bewegung festgehalten werden. Durch Abblenden können die Körper (visuell) zum Verschwinden gebracht werden, so daß die reinen Bewegungsstrukturen übrigbleiben: sie sind durch die Kinematographie und die Elektrizität vom konkreten Körper abgezogen worden, also abstrakt. Hier ist meines Wissens zum ersten Mal der vielbeschworene »virtuelle Raum« sichtbar demonstriert worden, in der Vorstellung der Mathematiker hat er ja von jeher existiert.

Joachim Krausse: Das Zwinkern der Winkel

DIE REGIE EINER »LEBENDIGEN ARCHITEKTUR«

Von Rudolf von Labans »lebendiger Architektur« der Wege oder Bewegungsspuren ist es nicht weit zu der von Architekten häufiger geäußerten Wunschvorstellung, die Architektur möge wie ein Organismus sein. Davon überzeugt sind Architekten, ich bleibe also in dem Zeitraum des ersten Viertels dieses Jahrhunderts, wie Oskar Strnad und Josef Frank. Strnad (1879-1933) war Architekturprofessor an der Hochschule für angewandte Kunst in Wien seit 1909. Er hat nicht viel gebaut, war aber ein bedeutender Designer von Möbeln und Inneneinrichtungen, einflußreicher Bühnenbildner und ein hervorragender Lehrer. Seine Entwurfsmethodik – und damit sind wir beim dritten Beispiel – legt er in einem Skript mit dem Titel »Gedanken beim Entwurf eines Grundrisses« (1915) dar, und die Form dieser Darlegung ist für uns nicht minder interessant als ihr Inhalt. Es scheint, als spräche hier nicht ein Architekt, sondern ein Regisseur:

> »Der erste Gedanke: Aus der ungeordneten und unkontrollierten Umgebung, Finden des Beginnens, des Weganfangs, (Vorplatz, Vorstufen). Der erste Halt (Tür, Tor, Portal). Weiterführung des Weges und Festlegen von Widerständen in rhyth-

Abb. 4

Abb. 3

mischer Aufeinanderfolge. Festlegen aller Wegabzweigungen und aller Wegenden. Die Möglichkeiten eines solchen Wegkonzepts sind unendlich vielfältige. – Der zweite Gedanke: Das Festlegen des Fußbodens dieses Weges in seinen Flächenausmaßen und das Eintragen der Widerstände, Stufen, Türen als Grenze in ihren Ausmaßen (Breite, Enge, Fläche, Tiefe usw.). Diese beiden Gedanken entstehen aus der Empfindung des Sich-bewegen-Könnens und der Empfindung des Rhythmus im Sich-bewegen (Stufen steigen, ebenso gehen, wenden usw.). – Der dritte Gedanke: Das Festlegen des Lichts in seinen Variationen (langsames Abdunkeln, Hellerwerden, bis an die letzte Helligkeit). Das Festlegen des Lichteinfalls. Das Festlegen der Löcher in die den Grundriß begrenzenden Wände (Fenster). Die Komposition der Harmonien dieser Lichtstärken durch das einfallende und reflektierende Licht. Die Decke als obere Begrenzung des so entstehenden konkreten Raumes ist die logische Weiterführung der Dynamik, der Wegvorstellung als Bewegungsvorstellung (Raumvorstellung).«[14]

Vom Bewegungsraum zu den Phasenübergängen

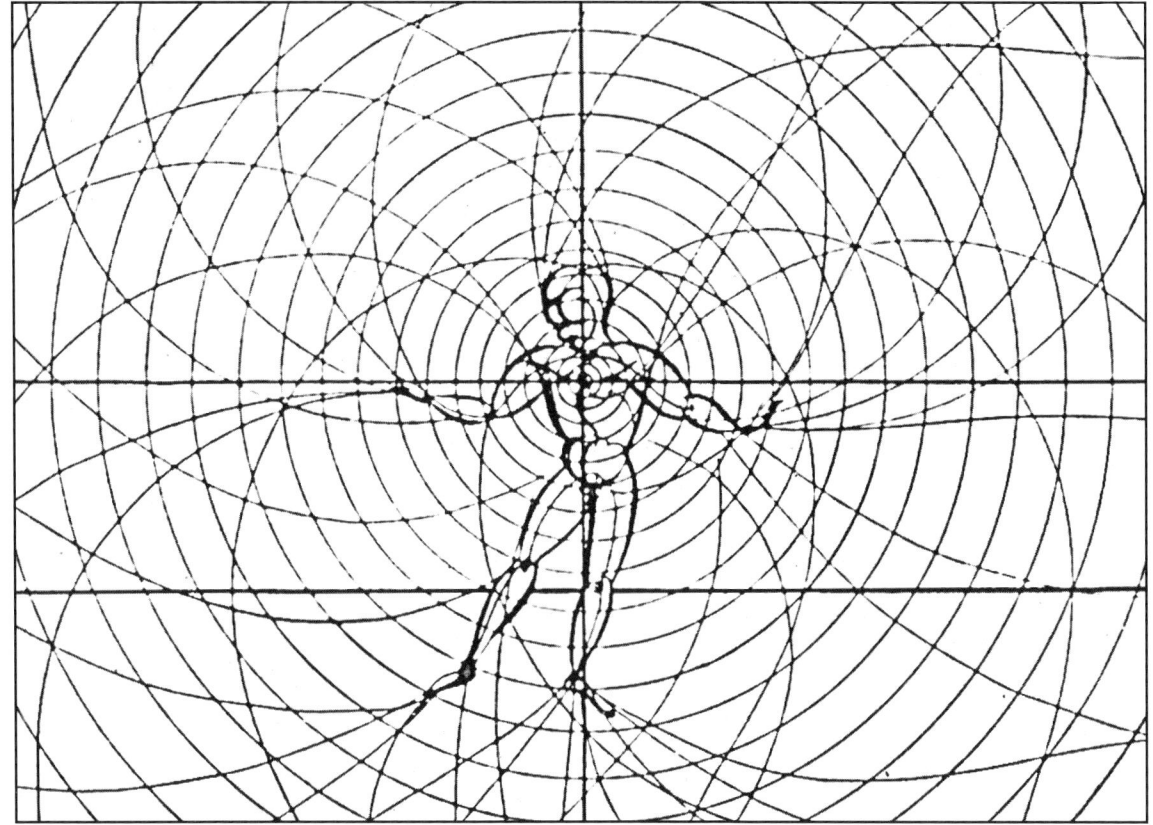

Abb. 5

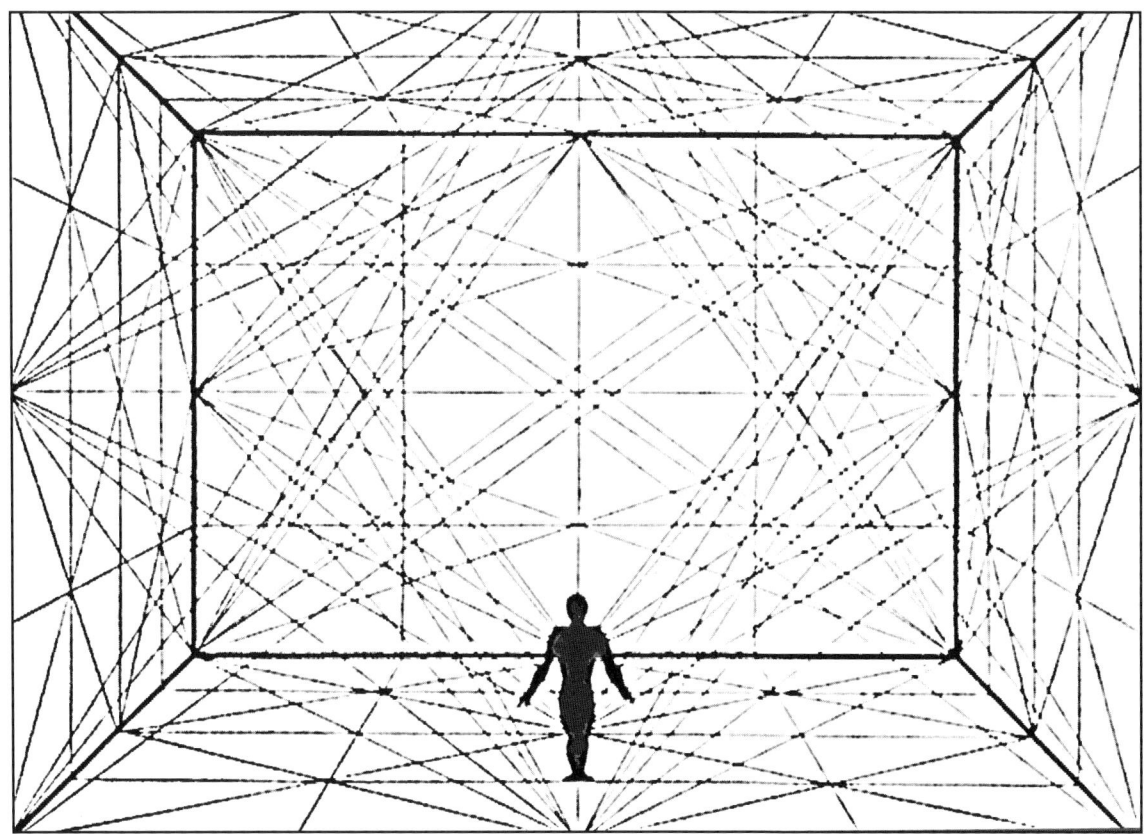

Abb. 6

Joachim Krausse: Das Zwinkern der Winkel

Für die Architektur neu ist die Generierung des Raumes aus der Bewegung. Grundriß und Schnitte sind Hilfsmittel zum Eintrag der Bewegungsmomente, nicht mehr die Generatoren des Raumes, wie sie es in einem rationalistischen Architekturverständnis mit seinen typischen Achsenbildungen, Längen- und Flächenproportionierungen sind.

Noch einmal zum Wegraum, den Oskar Strnad wie ein Theaterregisseur festlegt, als Koordination von Figurenbewegung, Licht und Bühne: Sein Entwurf verlangt nach einem der Architektur fremden Entwurfsmittel. Der gedanklichen Entstehung des Entwurfs gibt Strnad schon in der Art, wie er den Sachverhalt als Prozeß beschreibt, die Form eines »Szenarios«. Er versteht den Entwurf eines Grundrisses als Synthese der aufeinander abzustimmenden Empfindungen, also als Komposition. Er sagt:

»Das Konzept einer solchen Komposition ist ähnlich dem Konzept einer Musikpartitur und besteht aus einer Unzahl Koten (Höhenmarken, Maßpunkte auf einer Karte) und handschriftlichen Bemerkungen über Grundrißlinien, über Maßbeziehungen, über Materialien...«

Bauen wird nun die Aufführungspraxis dieser Komposition.

»Die vom Handwerker gespielte (also in die Materie übersetzte) Körperlichkeit in ihrer Gesamtheit ist die vom Architekten erlebte und durch seine Partitur festgelegte, jetzt wirklich gewordene Welt.«[15]

Abb. 7

Szenario und Partitur sind »deskriptiv« bezogen auf eine handlungs-, bewegungs- und ablauforientierte Imagination, Vision oder Konzeption und »praeskriptiv« in bezug auf eine raum-zeitliche Realisation. Im letzteren Sinne sind sie echte, klassische Planungsinstrumente, unverzichtbar als Ausgangspunkt von allem, was wir sinnvollerweise Simulation nennen können, also die Erzeugung von Symptomen eines Zustandes oder mehrerer in einem Prozeß. Die räumlichen Konfigurationen sind jedenfalls von beschränkter Dauer an Entwicklungsphasen gebunden, im übrigen als veränderlich und sich verändernd demonstriert. Das mag einem auf den Newtonschen Ruhe-Raum fixierten Architekturverständnis gegen den Strich gehen; für die Architekten einer in Veränderung befindlichen Stadt ist es unverzichtbar.

Halten wir fest, daß die kinetisch-kinematographischen Verfahren der Ereignis-Assoziation, die choreographischen Methoden der Entfaltung des Körperbewegungsraumes in seinen Spurformen und der szenisch-musikalische Entwurfsansatz des Wegeraumes die Keime eines neuen Raumkonzepts enthalten. Es geht hier nicht um andere Formen, neue expressive Muster oder gar Stile, es geht um eine andere Art, Formen und Muster zu generieren. Und dies wird wesentlich für eine dem Wachstum gewachsene Architektur.

Freilich ist unübersehbar, daß in den genannten Beispielen von der Einzelbewegung ausgegangen wird, darin liegt ihre Beschränktheit. Aber schon hier, im Wegeraum Strnads zum Beispiel, wird die Beziehung zwischen dem Gang einer

Vom Bewegungsraum zu den Phasenübergängen

Person, dem Boden, den sie betritt, und dem Licht, in dem die Gegenstände erscheinen, so komplex, daß, ich zitiere noch einmal Strnad:

> » ... nur der Architekt imstande ist, aus dieser Materie jene merkwürdige Welt zu schaffen, die die tote Materie als Organismus erlebt«.[16]

Josef Frank, der mit Strnad verbunden war und in vielen Dingen mit ihm übereinstimmte, gilt in der Architekturgeschichte als Urheber des Konzeptes »Das Haus als Weg und Platz«, welches der Titel seines 1931 veröffentlichten Aufsatzes ist. Frank hatte als Mitglied des Vereins Ernst Mach in Wien, aber auch durch seinen Bruder, den bekannten Physiker James Frank, Kenntnis von den Umwälzungen in den Naturwissenschaften. Er gibt dem Weg-Raum-Konzept eine für uns aufschlußreiche Akzentuierung. Obwohl er sich ebenfalls nur der Organisation des einzelnen Wohnhauses widmet, braucht er zur Generierung eines solchen belebt-unbelebten Ensembles eine Metapher, die jene des Organismus ergänzt, und diese Metapher ist die Stadt. Folgen wir seinen Gedanken:

> »Ein gut organisiertes Haus ist wie eine Stadt anzulegen mit Straßen und Wegen, die zwangsläufig zu Plätzen führen, welche vom Verkehr ausgeschaltet sind, so daß man auf ihnen ausruhen kann. Die Planung solcher Anlagen war früher [...] dem Menschen für Stadt und Haus traditionell geläufig, diese Tradition ist aber heute größtenteils verlorengegangen. Die gute Führung des Weges durch ein Haus verlangt einen empfindlichen Verstand und ein jeder Architekt kann nicht wieder von neuem beginnen, weshalb es wichtig wäre, diese Tradition wiederzugewinnen. Es ist sehr wichtig, daß dieser Weg ohne auffallende Mittel, ohne dekorativ-plakatartige Mittel vorgezeichnet wird, so daß der Besucher nie auf den Gedanken kommen kann, daß er geführt wird. Ein gut angelegtes Haus gleicht jenen schönen, alten Städten, in denen sich selbst der Fremde sofort auskennt ...«[17]

Wer denkt hier nicht – als Kontrastmittel – an jene Baukomplexe, etwa den Frankfurter Flughafen, wo die totale Desorientierung nur partiell und architekturprothetisch durch grafische Leitsysteme aufgefangen wird. Architektur dankt also ab, wenn sie es nicht versteht, sich durch Geläufigkeit selbst zu erklären. Die Sprache selbst scheint Josef Frank recht zu geben, indem sie das Vertrautsein bildhaft mit dem Laufen und dem Wohnen verbindet, wenn wir synonym von »Geläufigkeit« und »Gewohnheit« sprechen. Auch dort, wo Architektur bewußt die Konventionen durchbricht, bleibt sie auf ein überliefertes kulturelles System angewiesen, ohne das sie nicht selbstexplikatorisch sein kann.

Franks Inversion von Haus und Stadt zeigt schließlich, daß Architektur nichts realisieren kann, was im Begriff der Stadt nicht irgendwo enthalten ist. In diesem Kontext sei daran erinnert, daß in der Geschichte der europäischen Stadt ganz wesentliche formale Bereicherungen durch solche Inversionsprozesse zustande kommen. Die Stadt entwickelt sich in entscheidenden Phasen ihres Selbstbewußtwerdens durch ein Von-innen-nach-außen-Kehren des Hauses, wobei die topologische Übereinstimmung gewahrt bleibt.[18]

Zur Entwicklung des Städtischen und seiner städtebaulichen Komponenten scheint jedenfalls zu gehören, daß neue Ordnungen nicht etwa aus dem Chaos entstehen, so chaotisch die historischen Begleitumstände solcher Sprünge auch sein mögen, sondern daß hier in einem Sinne, in dem etwa Molekularbiologen davon sprechen, Ordnung aus Ordnung erwächst.[19]

Wegenetze gehören zu den ältesten naturwüchsigsten Ordnungssystemen der Menschheit. Sie bilden einen Code, der die Übertragung und Überlieferung sicherstellt. Bezogen auf Stadt und Haus kann man das Wege- und Gängesystem mit einem generischen Code vergleichen: Er legt die weitere Entwicklung der Materie koordinierend fest, er informiert die Teile über das Werden des Ganzen.

TEXTUR UND TEXT: ABSTECHER NACH KASHAN UND BOLOGNA
Wie eng Geläufigkeit und Gewohnheit primär nicht mit Form, sondern mit Netzen zusammenhängen, zu denen sich Spurformen der Wege verknüpfen, kann jeder leicht überprüfen, der versucht, sich in unbekannten Gängesystemen zurechtzufinden. Eine lebhafte Erinnerung an solche unüberschaubaren Gängesysteme verdanke ich einer Reise in den Iran, die lange zurückliegt, von der aber starke Eindrücke zurückgeblieben sind. Da waren Städte, die sich wie unter einer großen Decke verborgen in die Wüste erstreckten. Innen gelangte man in ein kompliziertes System aus Gängen, die sich labyrinthisch verzweigten. Nur selten eröffnete sich ein Ausblick, und dann sah man in einen Hof, in dem gefärbte Wolle zum Trocknen aufgehängt war. Sie leuchtete in allen Farben, vor allem Schwarz und Rot, die den stärksten Kontrast zur Staub- und Lehmfarbe der Umgebung bildeten.

Joachim Krausse: Das Zwinkern der Winkel

Ich erinnere mich besonders an die Stadt Kashan, von der ich damals noch nicht wußte, daß sie für ihre alte Sufi-Architektur berühmt ist. Meine naiven Eindrücke beschrieb ich einem Freund, der aus dem Iran stammt und der nach vielen Jahren im Ausland wieder nach Hause fahren durfte. Ich bat ihn, auch nach Kashan zu fahren und Aufnahmen der Dachlandschaft zu machen, die sich von der Karawanserei über die Stadt erstreckt. Sie sehen hier diese unglaublichen Lehmbauten als zusammenhängenden Komplex, der von einer homogenen Dachhaut umschlossen ist, die die verschiedenen Teilräume der Stadt in vielgestaltigen Wölbungen überspannt. In diese Haut sind die Öffnungen nur eingeschnitten. Sie sind nichts anderes als Ventile für den Lichteinlaß, die Ventilation und Generierung eines günstigen Binnenklimas am Rand der Wüste. Die Nähe einer Bergkette gewährt Kashan genügend Wasser für die Bewohner und die Durchreisenden, für Mensch und Tier. Ein kunstvolles Kanalisationssystem entstand und großzügige Bäder wurden angelegt. Die Ost-West-Verbindungen der Seidenstraße kreuzen sich mit der Nord-Süd-Verbindung zwischen Teheran und Isfahan. Der Handelsverkehr machte die Stadt einmal reich – günstige Bedingungen für das Aufblühen von Kunst und Handwerk. Vom Umgang mit der »Ressource Wasser« hängt Wohl und Wehe der Stadt nicht minder ab denn von klimatischer Umweltkontrolle des Stadtraumes im ganzen. Erreicht wird dies mit ebenjener Dachhaut, aus der sich zahllose große und kleine Kuppeln wölben, deren größte die Karawanserei überdacht. Diese Haut umfängt die Stadt so flächenökonomisch wie die Epidermis den tierischen oder menschlichen Körper. Sie schützt den Organismus vor der Strahlung einer unbarmherzigen Sonne, vor der Hitze des Wüstenklimas, vor allem aber vor dem Austrocknen. Es ist also mehr als eine formale Analogie, wenn man eine solche Stadt als Ausdehnung des Körpers versteht und als einen veritablen Organismus beschreibt.

Große Teile der Altstadt sind heute unwiederbringlich dem Verfall preisgegeben. Die bröckelnden Mauern an den Einsturzstellen zeigen einen mit Stroh und Palmwedeln gefüllten lehmigen Baustoff, eine plastische Masse, die durch das Fasermaterial die nötige Zugstärke für die Überwölbungen erhält. Man erkennt, daß die Gebäude aufgebaut sind wie ein Gewebe. Diese ganze Ordnung bricht ab mit den

Abb. 8

Vom Bewegungsraum zu den Phasenübergängen

neueren Bauten, die am Rande entstanden sind. Umgekehrt kann man die alten Behausungen nicht erhalten, ohne das komplette Gangsystem zu retten. Es macht hier keinen Sinn, das Haus als Einzelobjekt verstehen zu wollen. Alle Räume sind Kavernen eines geschlossenen Verbandes. Man kann sich vorstellen, daß sie eine phantastische Durchbildung besitzen, eine Plastizität, von der Architekten nur träumen können. Zur Erscheinung kommen diese plastischen Werte durch die Hell-Dunkel-Modulation des durch die Deckenlöcher einfallenden Lichts. Mein Freund Said erzählte mir von einer Backstube, in der die Arbeitsgänge der Teigzubereitung entlang einem einfallenden, wandernden Sonnenstrahl angeordnet sind. All das erinnerte mich an das Pantheon in Rom mit seinem einzigen Loch, dem Auge oder Opaion im Kuppelscheitel, durch das die Sonne einen wandernden Lichtfleck, ein Bild ihrer selbst, über die Kassettendecke der Innenkuppel wirft. Die orientalische Abkunft dieses bedeutendsten abendländischen Kuppelbaus scheint wenigstens durch seinen Architekten, dem syrischen Baumeister Apollodorus von Damaskus, verbürgt. Jede derartige Öffnung wirkt wie die Lochblende der Camera obscura: Lassen sie direktes Sonnenlicht hinein, so zeichnen sich in den Lichtflecken der Innenräume so viele Sonnenbilder ab, als es Deckenöffnungen gibt.

Im Gehäuse dieses erweiterten Körperbaus hatte ich schon nach kurzer Zeit die Orientierung verloren und mich hoffnungslos verlaufen. Gassen und Plätze boten immer nur Einblicke, nie Ausblicke. Es drängte sich mir auf, daß hier ein Element fehlte, ein Element, was in der westlichen Kultur eine unvergleichliche Karriere als Regler der Sichtbeziehungen zwischen innen und außen, zwischen Haus und Stadt, zwischen Stadt und Land, gemacht hat: das Fenster. Erst diese Abwesenheit erzeugt das Aufmerksamwerden für diese Kader westlicher Blickregimenter. Wie im Pantheon gibt es in Kashan nur zwei Typen von Öffnungen, die Tür und das Auge in der Decke. Natürlich gibt es Fenster in Kashan, aber nicht in diesem Gängesystem. Das Fenster gehört hier ursprünglich nicht zu den wirklich unabdingbaren Mitteln, mit denen der Mensch des Westens die Beziehung des Gesichts zum Raum reguliert. In Städten wie Kashan scheint das Auge ein Verwandter der Tastorgane zu sein, und das Licht spielt ihm diese taktilen Qualitäten zu. In den Stoffen und Formen lebt die Erinnerung an die

Abb. 9

Joachim Krausse: Das Zwinkern der Winkel

Gewebe, die Texturen der Häute, die Texturen der Flecht-, Web- und Knüpfwerke, die nach den Mustern des Lebendigen ein System von Artefakten entstehen lassen, in dem der entäußerte Körper erscheint, ein Ensemble, das dem Schutz des Lebens und seiner Reproduktion in einer widrigen Umwelt dient.

Ich hatte Bologna mit seinem das Stadtgewebe organisierenden System von Arkaden erwähnt. Natürlich folgt auch die europäische Stadt, namentlich im Mittelalter, organischen Wachstumsmustern. Diese Wachstumsringe der Stadterweiterung können Sie in Bologna abschreiten, wenn Sie den drei konzentrischen Ringen der Befestigungsanlagen vom Zentrum zur Peripherie folgen. Aber den Gesamteindruck von der Stadt beherrscht etwas anderes: das in Jahrhunderten gleichmäßig entwickelte System der Arkaden mit einer Gesamtlänge von 35 Kilometern. Dieses System der Bogengänge verdankt sich der einzigartigen politischen und intellektuellen Situation, in der Bologna vom 11. bis zum 14. Jahrhundert die günstige Verkehrslage und den privilegierten Metabolismus der reichen Landwirtschaft seiner Umgebung in ein kulturelles Zentrum ganz neuen Zuschnitts und europäischer Ausstrahlungskraft verwandelt.

Die intellektuelle Situation ergibt sich aus dem fortwährenden Streit um die Macht – der weltlichen, des Kaisers und der geistlichen, des Papstes. Bologna gelangt in die Rolle des möglichen Schlichters, der die Mittel des Ausgleichs durch Rechtsauslegung bereitstellen kann. Dazu müssen die Gesetzestexte gelesen, studiert und interpretiert werden. Die Gelehrten, die sich dieser Sache annehmen und Bolognas Rechtsschule und damit die erste Universität gründen, heißen Glossatoren. Bekanntlich sind Glossen Randbemerkungen. Sie machen also Randbemerkungen zu den überlieferten Gesetzestexten, den Justinianischen Codices, um sie zeitgenössisch zu interpretieren. Sie schreiben Bemerkungen in die Randspalten der Texte.

Die Gelehrsamkeit wäre nicht möglich ohne die Klöster, die sich in wachsender Zahl in und um Bologna ansiedelten. Als Parteien, die in der einen oder anderen Weise involviert sind, müssen sie gut unterrichtet und daher gut angeschlossen sein. Das führt dazu, daß direkte Verkehrswege zwischen den peripheren Orten der Klöster und dem Zentrum mit der Universität ausgebaut werden und daß sich die Stadt entlang dieser Kommunikation entwickelt. Ich verwende hier den Begriff »Kommunikation« mit Bedacht.

Denn vorangetrieben wird der Erweiterungsprozeß durch eine wachsende Zahl angezogener Zuwanderer, die am intellektuellen Austausch der Stadt teilnehmen, nämlich den Studenten. Der Bedarf an Unterkünften erfordert eine Verdichtung innerhalb der Stadtmauern. Hier entsteht nun eine neue Struktur, die das Einzelgebäude ebenso wie den Stadtraum prägt: die Arkaden. Ihre ursprüngliche Bauart läßt sich noch heute an einigen Beispielen wie der Casa Isolani in der Strada Maggiore erkennen. Dort findet man die geteerten hölzernen Stützen, die eine Balkendecke tragen. Sie kragt um jenen Teil der alten Hausfassade hinaus, der dem Fußgängerverkehr der Passanten eingeräumt wird. Um diesen Abstand konnte sich das Haus in den Obergeschossen erweitern und durch Vor- und Anbauten zusätzlicher Wohnraum entstehen. Wohnen und Verkehr profitierten gleichermaßen von dieser Lösung. Zwischen der Straße und der Eingangsfront der Häuser eröffnete sich ein überdachter, also halboffener städtischer Zwischenraum. Weder stechendes Sonnenlicht noch heftige Regengüsse führen hier zu einer Unterbrechung der Gespräche oder Geschäfte. Die Stadt macht das Arkadensystem zur Regel, so daß der Gang wie der Diskurs sich ununterbrochen über die ganze Stadt erstrecken kann. Das lebhafte Verhandeln und Erörtern meint ja das aus dem spätlateinischen entlehnte Wort »Diskurs«, das vom lateinischen discurrere, auseinanderlaufen, sich ausbreiten, abgeleitet ist.

Die Arkaden von Bologna, als System betrachtet, stellen eine spezifische städtebauliche Antwort auf die Erfordernisse des Diskurses dar; in gewisser Weise verkörpern sie ihn. Im Grundriß säumen sie die Straße, wie die Randspalte die Textspalte. Die neuzeitliche Wissenschaft entsteht aus den Randbemerkungen zu den Texten der Alten, sie münden in Übersetzung und Kommentar. Der Diskurs öffnet sich, er tritt aus dem klösterlichen Umgang, und damit dem Kreuzgang, heraus und kehrt sich der Straße, dem gesellschaftlichen Verkehr, zu, ohne mit ihm eins zu werden, ohne im Hauptverkehr unterzugehen. Entsprechend wiederholen die Arkaden ja nur das Muster, das ihnen in den Klostergängen ja schon vorgegeben ist. Die »Kommunikationen« der Stadt können es jedoch nur aufnehmen, wenn es zu einer Verkehrung von innen nach außen, einer Extroversion kommt. Und diese Transformation – auf dem inversen Prinzip beruhend – ist zugleich diejenige, die der Text des gelehrten Diskurses durchmacht: was Randspalte und Glosse war, wird Haupttext, und die Verknüpfungen zu den Auszügen aus den Codices und den

Vom Bewegungsraum zu den Phasenübergängen

kanonischen Texten der Alten werden marginal, und zuletzt landen diese im Anmerkungsapparat.

Bolognas Arkadensystem gibt dem Diskurs, komplementär zu den Kollegs als Brennpunkt der Textlektüre, den Auslauf in die Öffentlichkeit der Stadt. Nicht die Textur, sondern der Text durchwirkt hier die Gestaltungen, die die Stadt vermittels ihrer »Kommunikationen« verwandeln. Aus dem Umgang mit dem Codex werden die Codes entwickelt, die die »Kommunikationen« strukturieren, ihre Reproduktion und Verbreitung sichern. Der Ausgangstext wird als Werkzeug gehandhabt, als Organon, mit dem ein Stück intellektueller Freiraum der Macht abgerungen werden kann. Der Codex ist nicht selbst schon der Code. Er entsteht erst in dem geringfügigen Spielraum, den der Text der Auslegung läßt. Und dieser Spielraum kehrt als Toleranz im Stadtraum in den Bogengängen wieder. Ihre Zwischenräumlichkeit vermittelt zwischen innen und außen, zwischen Haus und Straße, zwischen Privatem und Öffentlichem. Die Arkaden verschränken diese Bereiche, wobei sie weder dem einen noch dem anderen angehören. Sie sind die verkörperte Toleranz. Die tausendjährige Geschichte dieses Systems macht klar, daß Toleranz etwas fundamental anderes ist als »anything goes«. Die größte historische Leistung bestand wohl darin, daß sie gegen alle äußere Machtdominanz ihr System der toleranten »Kommunikationen« beibehalten, weiterentwickelt und jedem Bürger auferlegt haben. Obwohl Bologna der Beinamen »la grassa« gegeben wurde (d. h.» die Fette« – wegen des Reichtums in Kellern und Küchen und hochentwickelter Tafelfreuden), kann man die Stadt nicht als organische Erweiterung des Körpers beschreiben. Wir müssen hier vom Körper zum Korpus übergehen, vom Organ zum Organon, von den Texturen der Gewebe zum Gewebe der Texte, vom Fußläufigen der Arkaden zu den Geläufigkeiten des Diskurses. Die Transformationen, die in seinen Spielräumen erkundet werden, setzen sich erst in einem Jahrhunderte währenden Prozeß in städtebauliche Struktur und architektonische Form um. Als Prozeß ist sie nicht leicht ablesbar, ganz im Unterschied zu ihrem Ergebnis. Erst in einem kühnen Zeitraffer erschließt sich die Bewegung der Transformation selbst.

NEUE KOORDINATEN
Essenz des rationalistischen Erbes der Architektur ist das Referenzsystem der kartesischen Koordinaten und ihrer Winkelmodule von 90 Grad, aus denen sich die Achsen und Schnittebenen der Entwurfspraxis unmittelbar ableiten. Bequem für die Konstruktionspraxis ist es, wenn die Wände, Böden, Decken parallel zu diesen Schnittebenen verlaufen, bequem sind ebenfalls die rechtwinkligen Verbindungen, bequem sind daher alle Kubus- und Quaderformen in der Architektur. Noch überzeugender wird dieses System, wenn wir es mit Behältnissen wie Containern oder Schuhschachteln zu tun haben, die sich reihen und stapeln lassen, und auf die ökonomischste Weise: nämlich als lückenloses raumfüllendes System. Erst wenn wir den Versuch machen, die Oberfläche des Globus lückenlos mit solchen Boxen zu bestücken, würden wir feststellen, daß das System nicht lückenlos aufgeht. In einer rechtwinklig modulierten Welt sind gerade die Strukturprinzipien, die für Dynamik stehen, nämlich die Diagonale im Rechteck (zugleich Kräfteresultierende der Kanten und daher als Strebe im Gefach der Garant für Stabilität) und die Krümmung, nur als irrationale Zahlen, nämlich Wurzel aus 2 und Pi, darstellbar und immer nur annäherungsweise zu berechnen.

Die Natur scheint anders vorzugehen, wenn sie die Bläschen im Wasser bildet, die Zellverbände packt oder die chemischen Verbindungen strukturiert, wenn sie die Viren in Kapseln behaust oder eben den Menschen sich bewegen läßt. Zu diesem Ergebnis jedenfalls kommen unabhängig voneinander der schon erwähnte Rudolf von Laban und der amerikanische Strukturforscher Buckminster Fuller (1895–1983), der als Pionier der Leichtbauweise mit seinen Geodesic Domes und Tensgrity-Strukturen bekannt geworden ist. Die Ausgangspunkte beider sind unterschiedlich: von Laban sucht nach Geometrien, die den Körperbewegungen auf den Leib geschneidert ist; Fuller sucht nach einer Geometrie, »wie sie die Natur selber verwendet«, beide arbeiten empirisch-experimentell, jenseits der mathematischen Zunft und ihres Begriffskanons. Beide gehen nicht von theoretischen Begriffsdefinitionen aus, sondern von Denkbildern dynamischer Prozesse, die sich anschaulich modellieren lassen. Labans Denkbild der Kinesphäre, das wir bereits kennen, ist zunächst ein imaginärer Raum, den die in alle Richtungen gehenden Bewegungen in Körperreichweite erzeugen; ihr Zentrum ist das Gravitationszentrum des Körpers in der Nähe des Bauchnabels.

In Fullers Anfängen als Entwerfer 1927/28 spielen Denkbilder eine Rolle, die auch die verbindliche Forderung eines Entwerfens »von innen nach außen« konkretisieren helfen. In der Tradition des amerikanischen Transzendentalismus stehend, nutzt er Denkbilder wie »Fontäne des Le-

Joachim Krausse: Das Zwinkern der Winkel

bens«, »Keim« und »expandierende Sphäre«, Metaphern, die sich bei Margaret Fuller-Ossoli (Fullers Großtante), dem mit ihr befreundeten Ralph Waldo Emerson und dem von Emerson und Walt Whitman beeinflußten Architekten Louis Sullivan finden.[20] Mit diesen Metaphern befinden wir uns im Keim oder Zentrum einer Bewegung, nämlich der des authentischen amerikanischen Funktionalismus, mit dem der stilistische Ableger in Europa nicht viel gemein hat. Es ist sehr charakteristisch, wie Fuller z. B. das Denkbild der Fontäne aus einem gestischen Verständnis in ein strukturell-funktionales Szenario einer Baukonstruktion verwandelt:

> »Eine neue Ära der Kunst des architektonischen Ausdrucks werden wir erst erreicht haben, wenn wir uns durch unsere Gebäude in einer konzentrierten Zone der Kompression entgegen der Schwerkraft und mit Hilfe eines Mastes oder Caissons erheben, von der Vertikalen in den Raum ausgreifen durch Zug und Druck, wobei der Druck sich vermindert, sobald wir aus der Vertikalen herausfallen, bis wir endlich abwärts fließen in direkter Zugspannung: dann werden unsere Außenwände, abhängend vom Auswärtsfließen der Spitze, wie eine große Fontäne sein – voller Geschmeidigkeit, Licht und Farbe.«[21]

Aus dieser Vision heraus entwickelte Fuller zwischen 1928 und 1946 Entwürfe, Modelle und Prototypen seiner 4D- oder Dymaxion-Häuser, die wenigstens als Ikonen der Architekturgeschichte von einigem Einfluß waren. »4D« ist Fullers Logo für eine Architektur der vier Dimensionen, präziser gesagt, eine zeitbasierte Architektur. Die Zeitbasierung von Fullers 4D-Architektur äußert sich zuallerletzt im Ausdruck der Form, erst in einer Imagination, die sich mitten in den Bewegungsstrom selber versetzt. Dabei aktualisiert sich das Bild der Fontäne in einem Zyklus von gestischen Körperbewegungen, die die Spannungspotentiale von Druck und Zug, die ja im Gebäude wie im Körper verborgen und unbewußt sind, einer sinnlichen Erfahrung zugänglich machen können.

Ich erwähne an dieser Stelle, nur summarisch, die anderen Aspekte der Zeitbasierung wie die Form des Entwurfs bei Fuller (Szenario, Comic-strip, Bilderserien in Foto und Film von Produktions- und Montagephasen), die industrielle Produktion und Logistik (Vorfertigung, Lufttransport), die haustechnische Organisation in Kreisläufen (Luftzirkulation, Wasserkreislauf), den dynamischen Austausch mit der

Abb. 10

Vom Bewegungsraum zu den Phasenübergängen

Umwelt (Strömungsverhalten, Wärmeaustausch, Membran) und das Konzept eines vollständigen Recyclings der Materialien in die industriellen Stoffströme. Alles das sind zwar Aspekte eines dynamischen Verständnisses von Architektur, erfordern aber nicht notwendigerweise ein anderes Koordinatensystem. Fullers Aufstand gegen den Kubus und die x-,y-,z-Koordinaten beginnt mit der Entdeckung, daß eine kubische Struktur nicht selbststabilisierend ist; baut man sie aus Stäben mit flexiblen Knotenverbindungen, so kollabiert sie; anders verhalten sich Strukturen, die sich aus Dreiecken zusammensetzen, wie das Tetraeder etc. Sie halten die Form wie das Dreieck selber. Triangulierung ist daher der Weg zur Optimierung von Stabilität. Eine Alternative zum rechteckigen Grundriß erhält Fuller bei seinen 4D- Masthäusern mit dem Sechseck, eine Form, die sich durch symmetrisches Wachstum um ein Zentrum bildet und sich deswegen so häufig in der Natur vorfindet. Fuller studiert, wie sich Röhren und Kabel am ökonomischsten in hexagonalem Querschnitt um ein Zentrum packen lassen. Er verwendet diese hexagonale Form für die Decken, die von dem Mast abgespannt werden, und unterteilt sie mit einem einheitlichen Dreiecksraster, in dem eine feinmaschige Verspannung verlegt wird. Das Gleichgewicht der Kräfte ist in diesem Sechseck perfekt, weil radiale Streben und periphere Kanten gleich lang sind – einzeln und in der Summe. In dieser zum zentralen Mast senkrechten Schnittebene gibt es nur den Winkelmodul von 60 Grad, wie im gleichseitigen Dreieck und Tetraeder. Fuller sieht hierin das Muster einer Matrix, mit der sich Abstände als Intervalle beschreiben und Entfernungen in Zeiteinheiten ausdrücken lassen. Längenmaße werden auf den Prozeß des Sichentfernens vom Zentrum zurückgeführt. Das Unbefriedigende ist für Fuller, daß diese Matrix nur für ein flächiges Von-innen-nach-außen taugt und immer den Mast als Symmetrieachse braucht. Fuller sucht nun nach einer Matrix, mit der sich die »omnidirektionalen« Prozesse eines allseitigen Von-innen-nach-außen modellieren lassen. Das Denkbild der Fontäne wird hier abgelöst durch das der expandierenden Sphäre.

Nichts in der Natur sei kubisch, vielmehr nähere sich alles der Kugelform an oder entstehe aus ihr, stellt Fuller 1928 in seinem ersten programmatischen Text »Lightful Houses« fest. Dort heißt es:

Abb. 11

Joachim Krausse: Das Zwinkern der Winkel

»Alle Sphären der materiellen Dinge«, , ob sie zu unserem Körper gehören oder ob sie aus Stein sind, sind wie Radiowellen expandierender Sphären, und sie bleiben expandierend mit einer bestimmten Wellenlänge für die Zeit, die sie existieren. Als Beispiel für eine Demonstration der vierten Dimension im Querschnitt nehmen wir einen Stein, der ins Wasser fällt und dadurch Wellen erzeugt, die sich radial ausbreiten bis sie durch eine entgegengesetzte Kraft ausgelöscht werden. Indem wir vom Zentrum aus messen, von der Stelle, wo der Stein fiel, bis zum äußersten Kreis, erhalten wir das Zeitlimit oder die Lebensdauer.«[22]

GEOMETRISCHES MODELL DER »EXPANDIERENDEN SPHÄRE«
Mit der Kugelgeometrie war Fuller während seines Marinedienstes im Ersten Weltkrieg und der folgenden Kurse in Nautik und Navigation auf der Marineakademie in Annapolis vertraut gemacht worden. Die neue Welt der Wellen und Strahlen hatte er aus erster Hand durch die Radio- und Sprechfunkexperimente des Erfinders Lee de Forset kennengelernt, die auf einem von Fuller kommandierten Schiff stattfanden. Das gedankliche Modell der expandierenden Sphäre bekam für Fuller einen universellen Charakter; er sah sie im Zylinderkopf jedes Benzinmotors explodieren, bei jedem akustischen oder optischen Phänomen, in den atomaren Strukturen und schließlich im Kosmos insgesamt. In jenen Jahren fand der Astronom Edwin Hubble immer neue Beweise für ein expandierendes Universum, durch die sich Fuller in seinen Spekulationen bestätigt sah.

Es dauerte anderthalb Jahrzehnte, bis Fuller zu einer geometrischen Lösung und damit zu einer Modellierung der expandierenden Sphäre kam. Er hatte sich mit dem prinzipiellen Problem der Übertragung des Globus in eine Weltkarte herumgeschlagen, also der Entwicklung einer neuen Projektion, die das Dilemma, daß man eine Kugel nicht zugleich winkel- und flächentreu in der ebenen Fläche abwickeln kann, wenigstens in optimaler Annäherung löst. Um einen geeigneten Vielflächner zu finden, der sich der Kugelform am besten nähert, verfährt man ähnlich wie bei der Bestimmung des Kreisumfangs durch regelmäßige

Abb. 12

Vom Bewegungsraum zu den Phasenübergängen

Vielecke, die dem Kreis eingeschrieben sind oder ihn umschreiben. Die entsprechenden räumlichen Konfigurationen sind die regelmäßigen Polyeder, die Platon in seinem »Timaios« beschreibt, weswegen sie Platonische Körper genannt werden. Die beste Annäherung an die Kugelgestalt liefert das Ikosaeder, das aus 20 gleichseitigen Dreiecken besteht und mit 12 Scheitelpunkten die Kugeloberfläche berührt. Volumetrisch gibt es aber noch eine bessere Lösung durch einen Vielflächner, der nur halbregelmäßig ist und aus 14 Flächen besteht, nämlich 6 Quadraten und 8 Dreiecken, und der ebenfalls mit 12 Scheitelpunkten die Kugeloberfläche einteilt: das seit Archimedes bekannte sogenannte Kuboktaeder. Diese Konfiguration nahm Fuller zur Einteilung des Globus, um seine Dymaxion Projektion der Weltkarte mit der geringst möglichen Verzerrung zu erhalten. [23]

Zur geometrischen Lösung eines Modells der expandierenden Sphäre wird nun dieser Körper durch eine Eigenschaft ähnlich der des Sechsecks, daß nämlich die Kanten gleich den Radien sind. Wenn man alle 12 Ecken oder Scheitelpunkte mit dem Zentrum verbindet, erhält man diese 12 Radien. Sie bilden einen Satz von 12 prinzipiellen Richtungen, Fuller nennt sie die zwölf Freiheitsgrade. Die Linien oder Stäbe des Modells, die vom Zentrum zu den Eckpunkten laufen, repräsentieren gerichtete Kräfte, die als Strahlen bzw. Wellen vom Zentrum nach außen gehen, sich also als Vektoren behandeln lassen. Die Expansion oder Explosion verhindern oder begrenzen die äußeren Kanten, die sich in vier Schnittebenen zu vier Sechsecken zusammenfügen und wie Ringe das Ganze zusammenhalten. Das Gleichgewicht, das hier zwischen den radialen Kräften und diesen Sechsecken, also den circumferenten Kräften, herrscht, veranlaßt Fuller, das Kuboktaeder als Kräftekonfiguration »Vektorequilibrium« zu nennen. [24] Mit ihm lassen sich allseitige Wachstumsprozesse modellieren. Bezogen auf die Koordinatenfrage läßt sich feststellen, daß die Symmetrieachsen der vier Schnittebenen der vier Sechsecke, die parallel zu den Flächen eines regelmäßigen Tetraeders liegen, als vier Dimensionen aufgefaßt werden können mit einem einheitlichen Winkelmodul von 60 Grad. Dementsprechend spricht Fuller von einer »tetraedrischen Koordinierung«. Das Koordinatensystem läßt sich in einer räumlichen Matrix veranschaulichen, die aus dem symmetrischen Expandieren des Vektorequilibriums gewonnen wird und in der alle Abstände bzw. Zeitintervalle gleich sind. Weil nach allen Richtungen des Raumes hin gleiche Eigenschaften vorhanden sind, heißt sie »isotrope Vektormatrix«.

Nun ist es aufschlußreich, Fullers geometrische Modellierung der expandierenden Sphäre, die trotz der anschaulichen Beispiele von Radio, Explosionsmotor und expandierendem Universum ein abstraktes Modell der Vierdimensionalität liefert, mit Rudolf von Labans Untersuchungen der Kinesphäre des menschlichen Bewegungshaushalts zu vergleichen. Wie Fuller experimentiert Laban mit den regelmäßigen Polyedern zur symmetrischen Einteilung der Kugel. Er will die wesentlichen Anhaltspunkte für die Ablenkung der Bewegungsrichtungen finden. Für ihn stellt sich die Frage, ob der Raum aus Bewegung nicht nach anderen Koordinaten verlangt. Für seine »lebendige Architektur« der Bewegung prüft er die Alternativen polyedrischer »Gerüste«, denn:

> »Wir können alle Körperbewegungen als fortwährenden Aufbau von Bruchstücken polyedrischer Formen auffassen. Der Körper selbst ist in seinem anatomischen (oder kristallinen) Bau nach den Gesetzen der dynamischen Kristallisation aufgebaut. In alten Zaubereien ist eine Menge Wissen über diese Gesetze tradiert worden. Platos Beschreibung der regelmäßigen festen Körper im ›Timaios‹ gründet auf solch altem Wissen. Er folgte den Überlieferungen von Pythagoras, der, soviel man weiß, als erster in der europäischen Zivilisation die Harmonie erforscht hat.«[25]

Obwohl Laban sein Modell der Kinesphäre streng nach der Anatomie des menschlichen Körpers entwickelt und die Analyse der Bewegungen mit Hilfe von drei horizontal parallelen Schnittebenen durchgeführt hat, gelangt er zu 12 fundamentalen Merkpunkten auf der Kinesphäre, die nicht befriedigend in einem kubischen Gerüst repräsentiert sind. Laban vergleicht kubische und sphärische Formen des Gerüstes. Er sagt:

> »Die Prinzipien der Choreutik können ohne Mühe mittels des Kubus, der Grundlage unserer Raumorientierung, dargelegt werden. In der Praxis ist die harmonische Bewegung von Lebewesen von flüssiger und gerundeter Art, was durch ein Gerüst, das der Kugelform nahesteht, klarer symbolisiert werden kann. [...] Es ist der Bau des Körpers, der eine Modifizierung des reinen würfelförmigen Aspekts des kinesphärischen Richtungsschemas erheischt und die Plazierung der zwölf Signalpunkte in der Bewegung des Körpers leicht verändert.«[26]

Die veränderte Plazierung der 12 Merk- oder Signalpunkte führt nun zu den uns bereits bekannten Konfigurationen des Ikosaeders und des Kuboktaeders, deren Gemeinsam-

Joachim Krausse: Das Zwinkern der Winkel

keit in ebenden 12 Ecken oder Scheitelpunkten besteht, die Laban für die Unterteilung der Bewegungssphäre braucht. Bereits in den frühen zwanziger Jahren hat er das Ikosaeder als – sowohl abstraktes wie auch konkret gegenständliches – »Gerüst« choreutischer Bewegungslehre verwendet. Dabei wird betont, »daß die Idee, das Ikosaeder als das Gerüst der Kinesphäre in der Bewegungspraxis zu verwenden, nicht aus der Kenntnis der obenerwähnten (polyedrischen) Beziehungen heraus entstand, sondern sich spontan aus dem Studium des Tanzes selbst ergab. Die systematische Beschreibung ist deshalb nicht von außen her angelegt, sondern gründet auf den der natürlichen Bewegung innewohnenden Gesetzen, die sich durch die berufliche Tätigkeit des Autors als Tänzer und Tanzlehrer mehr und mehr zeigten und klärten.«[27]

BUCKY TANZT DEN JITTERBUG

Wir wollen uns nun in das Jahr 1948 versetzen. Das Jahr, in dem Buckminster Fuller den mathematischen Durchbruch seiner Strukturforschung erreicht, um sofort danach am Black Mountain College in North Carolina und am Institute of Design in Chicago die Ergebnisse seiner Geometrie mit Studenten zu modellieren. In dieser Zeit lernt Peter Blake, Architekt und Ausstellungsdesigner sowie langjähriger Redakteur und Herausgeber von Architectural Forum, »Bucky« Fuller kennen. Von dieser Begegnung gibt er uns folgendes Bild:

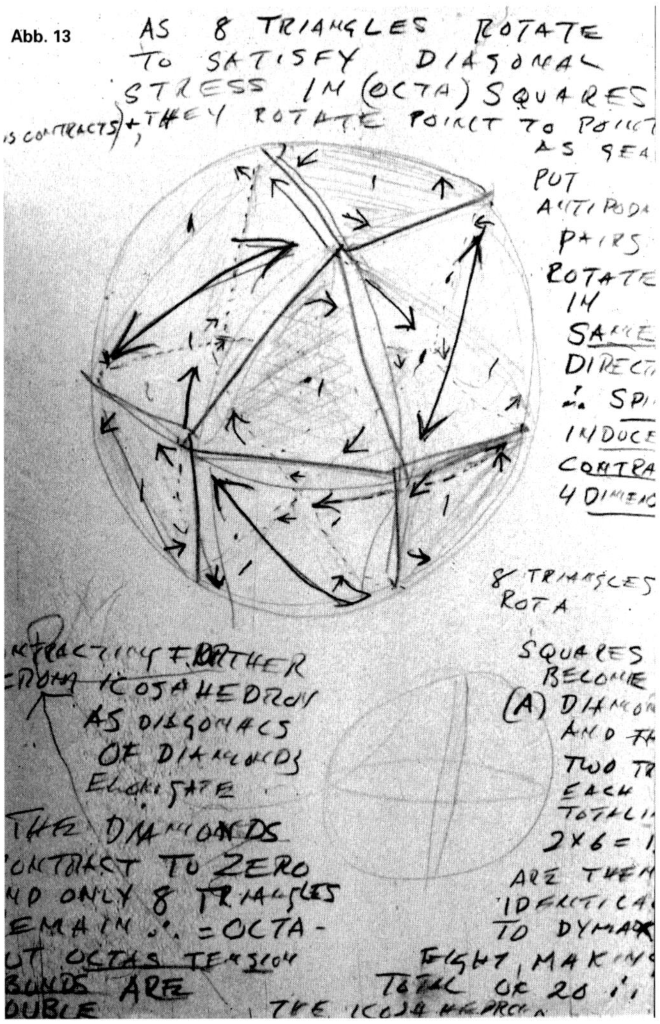

»Ich war Bucky noch nie in meinem Leben begegnet, aber er fing an zu reden, übersprudelnd, so als wären er und ich vor zehn Minuten mitten im Satz unterbrochen worden. ›Was ich gerade entdeckt habe, ist, daß der Bebop denselben Beat hat wie das neue mathematische Stenogramm, an dem ich gerade arbeite‹, sagte er und sprang auf einen der Zeichentische, die aufgereiht im Atelier standen. ›Es geht so‹, sagte er, schnippte mit den Fingern und steppte mit den Füßen, wobei er eine unverständliche Folge von Zahlen ausrief, etwa wie ›fünf, neun, siebzehn, einundzwanzig, dreiundfünfzig ...‹ Ich war vollkommen verblüfft und wie verzaubert. Zufällig hatte ich mal an Kursen über reine und angewandte Mathematik teilgenommen, und ich dachte, ich wüßte ein bißchen Bescheid über Zahlen. ›Du verstehst, was ich meine, nicht wahr mein Lieber‹, rief Bucky über dem Beat seiner Fußspitzen. Ich stand da mit offenem Mund und glaubte meinen Augen und Ohren nicht zu trauen. Er war offensichtlich vollkommen verrückt geworden und dabei absolut entwaffnend.«[28]

Ich bin mir nicht sicher, ob Peter Blake jemals herausgefunden hat, was Fuller meinte, als er ihm diesen Tanz aufführte. Jedenfalls findet sich der Schlüssel in Fullers Aufzeichnungen über seine geometrischen Forschungen in diesem Jahr, und eine der ebenso charakteristischen wie herausragenden Entdeckungen, die sich dort findet, ist eine Transformation, die die Platonischen Körper, also die regelmäßigen Polyeder, in einem völlig neuen Licht erscheinen lässt, nämlich im Licht der Metamorphose bzw. des Phasenübergangs. Dieser Transformation gibt Fuller den Namen »Jitterbug« nach einem in den vierziger Jahren in den USA populären Tanz, der schon Elemente des Rock'n'Roll enthielt. Ehe wir zur Sache selbst kommen, bleibt festzuhalten, daß Fullers radikal experimenteller Zugang zur Geometrie wie zum Entwerfen ohne die Dimension der Körpererfahrung und die Vervollkommnung eines »intuitiven dynamischen Sinns«, den er wie ein Athlet oder eben ein Tänzer ausbildet, nicht verständlich wäre. Bewegungen verstehen wir ja nur in dem Maße, als sie sich auf Eigenbe-

Abb. 13

Vom Bewegungsraum zu den Phasenübergängen

wegungen in irgendeiner Weise beziehen lassen. In unserem überwiegend automatisierten Bewegungshaushalt ist die Bewegungserfahrung vergleichsweise gering, das Potential aktualisiert sich in weit größerem Maße, wenn der Körper als Medium der Erfahrung rehabilitiert wird. Für Fuller ist dies gültig, obwohl er philosophisch kein Materialist ist, sondern das »mind over matter« betont. Im Rhythmus kommt für ihn beides zusammen. In den Tagen, als er seine Tochter Allegra als Säugling aufwachsen sieht, bemerkt er:

> »Was ist es, das ein Baby (fast völlig materiell kontrolliert) in den Schlaf wiegt? – Rhythmus. – Eine schaukelnde Wiege, ein Lied. Es ist dieser gemeinsame Grund des Rhythmus, auf dem es zum Treffen oder Verschmelzen von Materiellem und Spirituellem kommt.«[29]

Allegra Fuller-Snyder bekam später eine Ausbildung als Tänzerin am Bennington College, wurde Tanzpädagogin und begründete das Fach Tanzethnologie an der University of California Los Angeles. Rückblickend schrieb sie über ihren Vater:

> »Zu den lebhaftesten Erinnerungen an meinen Vater gehört das Bild seiner Fingerspitzen. Ich sehe ihn, wie er mit geschlossenen Augen dasitzt und in Gedanken versunken die Hände so hält, daß die Fingerspitzen einander fast berühren, oder wie er seine Hände ausstreckt mit einer jener deutlichen und lebendigen Gesten, die seine späteren Vorträge so oft begleiteten. Seine Fingerspitzen erforschten die Welt um ihn herum. Seine Fingerspitzen waren die Antennen seiner Erfahrung. Kein Gedanke wurde von ihm geistig bearbeitet und abstrahiert ohne eine solche Verbindung zur Erfahrung. Die abstraktesten Konzepte, seine ›principles‹, waren Summierungen und Kulminationen dessen, was er ›special case experiences‹ nannte. [...] Sein Denken war mit seinem Körper verbunden. Es war eine Integration von Körper und Geist. Das ist es, was ich unter Tanz verstehen gelernt habe. [...] Es ist der Sinn für das Physisch-Werden einer Idee, was mir so wichtig erscheint, um einen Zugang zum Werk meines Vaters zu finden und Verständnis dafür zu entwickeln. Es ist der Sinn für das Physisch-Werden, der ›Synergetics‹ vorantreibt und aus dem sich Kriterien seines Strebens nach einer Modellierung des Universums ergeben. Ich glaube nicht, daß man sich mit Buckys Werk ernsthaft beschäftigen kann, ohne sich der Quelle seiner eigenen Erfahrung zuzuwenden und ohne die Bereitschaft, die eigenen Erfahrungen als Grundlage des Verstehens zu benutzen.«[30]

DIE JITTERBUG-TRANSFORMATION

Unter dem Datum des 25. April 1948 findet sich in Buckminster Fullers Forschungspapieren zur Geometrie der Eintrag »Heureka, heureka – das ist es, was Archimedes suchte und die Pythagoräer und Kepler und Newton – und nochmals heureka!!!«[31] Fuller hatte seinen Stein der Weisen gefunden, und bezeichnenderweise war es das Gegenteil eines Steins: kein »solider« Körper, sondern eine fließende Bewegung, in der sich ein Körper in den anderen auflöst. In Fullers Jitterbug werden die räumlichen Elementarformen, die seit Platon als ein Set starrer Konfigurationen im Modell der fünf regelmäßigen Polyeder vorgestellt werden, eben wie man sich »Bausteine« vorstellt, als Phasenübergänge ein und desselben Prozesses demonstriert. Die Gesamtbewegung, wenn man sie gestisch erfassen will, läßt sich als schraubenförmige Verdrehung beschreiben, bei der sich das Gebilde zusammenzieht oder – gegensinnig gedreht – ausdehnt. Wir beschreiben zunächst einen halben Zyklus in Kontraktionsrichtung: Die ausgedehnteste Phase repräsentiert das uns bekannte Kuboktaeder, weil es seinem Volumen nach der Kugel am nächsten kommt. Eines der acht Dreiecke seiner Oberfläche dient als unverrückbare Grundfläche. Verdreht man dieses Gebilde mit seinen alternierenden Dreiecken und Quadraten, so behalten die Dreiecke die Form, verdrehen sich aber um die Mittelachse, während die Quadrate sich zu Rauten verformen. Durch diese Verformung bildet sich über die kürzere Distanz der Rauteneckpunkte jeweils eine neue Kante in der Diagonalen. Da dies in jedem der sechs Ausgangsquadrate geschieht, erhält die Konfiguration zusätzlich zu den 18 vorhandenen Kanten noch 6 weitere, also insgesamt 24 Kanten eines ganz aus Dreiecken bestehenden Polyeders. Dies aber ist der uns bekannte Zwanzigflächner, das Ikosaeder. Verdrehen wir das Gebilde weiter, so ziehen sich die Rauten ganz zusammen, und die Kanten legen sich paarweise zusammen, so daß sich ein Oktaeder bildet mit 12 Kantenpaaren und nur noch 6 Scheitel- oder Eckpunkten von ursprünglich 12, sie haben sich ebenfalls paarweise zusammengeschoben. Bei weiterer Verdrehung kollabiert das ganze System zunächst zu einem flachen, aus vier Dreieckspaaren bestehenden Superdreieck, aus dem sich ein Tetraeder faltet, dessen Kanten nun vierfach belegt sind. Schließlich ist eine Faltung in ein einfaches Dreieck kongruent der Grundfläche des Kuboktaeders möglich, bei dem sich die Kanten achtfach zusammenlegen. Hier ist eine Art Nullphase des Systems erreicht und der halbe Zyklus vollendet.

Joachim Krausse: Das Zwinkern der Winkel

Wenn das System durch diese Phase hindurchschwingt, kann es sich umkrempeln und in die andere Hälfte des Zyklus übergehen, der die Expansion des Systems wieder über Tetraeder, Oktaeder, Ikosaeder bis zum Kuboktaeder durchläuft. Betrachtet man das Ganze als Ausfaltung des (achtfachen) Dreiecks in den Raum, so ist überraschend, daß sich nicht nur Konfigurationen bilden, die aus Dreiecken bestehen, sondern es bilden sich gesetzmäßig auch Vierecke. Genauso unter dem Aspekt der Raumzellen: zu den tetraedrischen Formen kommen oktaedrische hinzu. In der Endstufe des Kuboktaeders wechseln sich tetraedrische Raumzellen mit Pyramiden, also halben Oktaedern ab. Sie bilden komplementäre Elemente, die sich raumfüllend ergänzen. Aus ihnen hat Fuller dann das »octet truss«, das Oktaeder-Tetraeder-Raumfachwerk entwickelt, auf das er ein Patent erhielt.

Die Jitterbug-Transformation konnte Fuller mit einem einfachen Modell aus gleich langen Stäben demonstrieren. Wesentlich dabei ist jedoch die Verwendung flexibler Knotenverbindungen. Im Modell ist es ein kleines Stück Gummischlauch, das über die Enden der Stäbe gezogen wird und das ein Abwinkeln in jede Richtung erlaubt. Denn es ist das »Zwinkern der Winkel«, was der Transformation zugrunde liegt. Fuller ist meines Wissens der erste, der systematisch von flexiblen Knotenverbindungen Gebrauch macht. Daß es sich hierbei um ein signifikantes Detail seiner Entwurfsphilosophie handelt, zeigen Hinweise, die Fuller schon 1932 in der von ihm redigierten Zeitschrift »Shelter« gibt.[32] Die Einführung eines kleinen Gummischlauches als Knotenverbindung kann der Natur einige der verborgenen »generalized principles« abringen. Das ist Buckminster Fuller, der Hands-on-Philosoph, in seinem Raum-Zeit-Laboratorium: mit einem Stück Gummi, ein paar Stäbchen und etwas Draht in seinen tastenden Fingern rückt er den großen Geheimnissen zu Leibe, von denen Platon im »Timaios« spricht.

Ich habe keinen Hinweis darauf gefunden, daß Fuller jemals Platons Dialog gelesen hat. Aber Platon gibt klar zu erkennen, daß er so etwas wie den Jitterbug im Sinn hatte, als er die Verwandlung der Elemente im »Kreislauf des Werdens« beschrieb, den sie »einander weiterreichen«. Der ewige Wandel der Elemente als Feuer, Luft, Wasser und Erde stellt ja nur den einen, energetisch-stofflichen Aspekt des Werdens und Vergehens dar, dem der Gestaltwandel der Elemente als geometrische Formen, als Tetraeder, Oktaeder, Ikosaeder und Kubus entsprechen muß. Die geometrischen Grundformen sollen diesen Gestaltwandel gewährleisten. Aus diesem Grund warnt Platon davor, sie als etwas Feststehendes, Starres, zu betrachten. »... ›Dreieck‹ oder was immer für andere Gestalten da eingebildet sind, das soll man nie als etwas von Bestand ansprechen, wo es sich doch mitten während der Ansetzung schon wieder wandelt ...!«[33] Das hindert ihn nicht, nach einem Dreiecksmodul zu suchen, aus dem sich alle regelmäßigen Polyeder aufbauen lassen. Dies gelingt jedoch nicht, auch der Versuch mit zwei Dreiecksmodulen bleibt Stückwerk. Die Metamorphose der Polyeder bleibt ein Traum, dem die mathematische Durchführung versagt bleibt. Aus heutiger Sicht fällt auf, daß dieses Scheitern mit der Methode verbunden ist, den Raum aus Fläche zu konstruieren wie Häuser aus Wänden. Für Fuller war das immer verbunden mit dem Entwerfen »von außen nach innen«. Genauso will Platon von den Oberflächen, die er analysiert, nach innen. Aber er kommt nicht weit, nur bis zu den Winkeln, die die Flächen bilden. Und nur über die zentralen Winkel der Radien entschlüsselt sich die Metamorphose der Polyeder, wie Fuller mit dem Vektorequilibrium und der Jitterbug-Transformation gezeigt hat.

JITTERBUG ALS »QUANTUM MACHINE«

Mit seinem »inside outing« krempelt Fuller Platons Methode um. Er geht nicht von den Platonischen Körpern aus, die ja immer so etwas gewesen sind wie ein Raumalphabet, in dem Sinne, wie Platons »schönste Körper« aus dem Dialog »Philebos« als Formalphabet einer Formensprache der Architektur verstanden und verwendet worden sind. Fullers rigoroses »Entwerfen von innen nach außen« experimentiert mit dem Nukleus und was sich um diesen Nukleus anlagern oder anordnen läßt. Der sechseckige Grundriß der 4D- und Dymaxion Häuser war das erste Ergebnis dieser Konzeption. Während des Zweiten Weltkriegs und 1947/48 entwickelt er seine zunächst »energetisch« genannte Geometrie, die man sich vereinfacht als Geometrie von Kern und Schale in Analogie zur Nuklear- und Elektronenphysik vorstellen kann. Die »Schale« läßt Fuller aus dem Spin der Polyeder entstehen. Genau wie bei Labans »Spurformen« der Schwungkreise liefert die Rotation der Polyeder um ihre jeweiligen Symmetrieachsen charakteristische Großkreismuster, die sich aus den Trajektorien der Scheitelpunkte ergeben. Aus diesen Großkreismodellen entwickelt Fuller 1947-50 die geodätischen Kuppeln. Es handelt sich hier sicherlich um eine Architektur aus Bewegung.

Vom Bewegungsraum zu den Phasenübergängen

Die Nukleargeometrie untersucht, welche Formen sich beim symmetrischen Wachstum ergeben. Fullers Methode ist dabei das dichte Packen von Kugeln. Die Kugeln repräsentieren je eine energetische Feldeinheit, in ihrer Aneinanderreihung in den symmetrischen Packungen zu Clustern jedoch auch die Ausbreitungsmuster von Wellen, die vom Nukleus ausgehen. Die erste geschlossene Formation um einen Kern in der Ebene liefern sechs Kugeln um eine. Aus den linearen Verbindungen der Mittelpunkte ergibt sich das regelmäßige Sechseck. Die kleinste räumliche Konfiguration ist ohne Kern: Aus vier Kugeln ergibt sich das Tetraeder. Eine vollständige Schale um einen Kern ergibt sich aus 12 Kugeln plus einer: das uns bekannte Kuboktaeder. Und nun beobachtet Fuller, daß sich aus dem weiteren Packen um diese erste Schale keine neue geometrische Figur ergibt, sondern daß alle weiteren Schalen ebendiese Form des Kuboktaeders annehmen. Das heißt, daß alles, was sich gleichmäßig nach allen Seiten in diskreten Quanten ausbreitet, in der Form des Kuboktaeders organisiert. Die Anzahl benötigter Kugeln in der Reihenfolge der Schichten ist 12, 42, 92, 162 usw. Das Bildungsgesetz dieses Modells allseitigen Wachstums bringt Fuller auf die Formel $10 f^2 + 2$, wobei [f] für die Ordnungszahl der Schichten steht. Den Buchstaben **f** wählte Fuller für »Frequenz«. Er begründet das so:

> **»Diese aufeinanderfolgenden Schichten, die einander in alle Richtungen durchdringen, können als Energiewellen identifiziert werden, die von einem Nukleus in alle Richtungen ausgestrahlt werden.«**[34]

Hier wird deutlich, wie Fuller die Polyeder nicht als »Körper« versteht und behandelt, sondern als prinzipielle Konfigurationen der Wellenmechanik. Diese Sicht der Dinge wird auch beibehalten, wenn er die Kugelcluster durch die Verbindungslinien der Kugelmittelpunkte ersetzt, ein regelmäßiges System von Vektoren gleicher Länge in dynamischem Gleichgewicht erhält und dies als Vektormatrix von vier Dimensionen und zwölf Freiheitsgraden an die Stelle der x-,y-,z-Koordinaten setzt.

Abb. 14

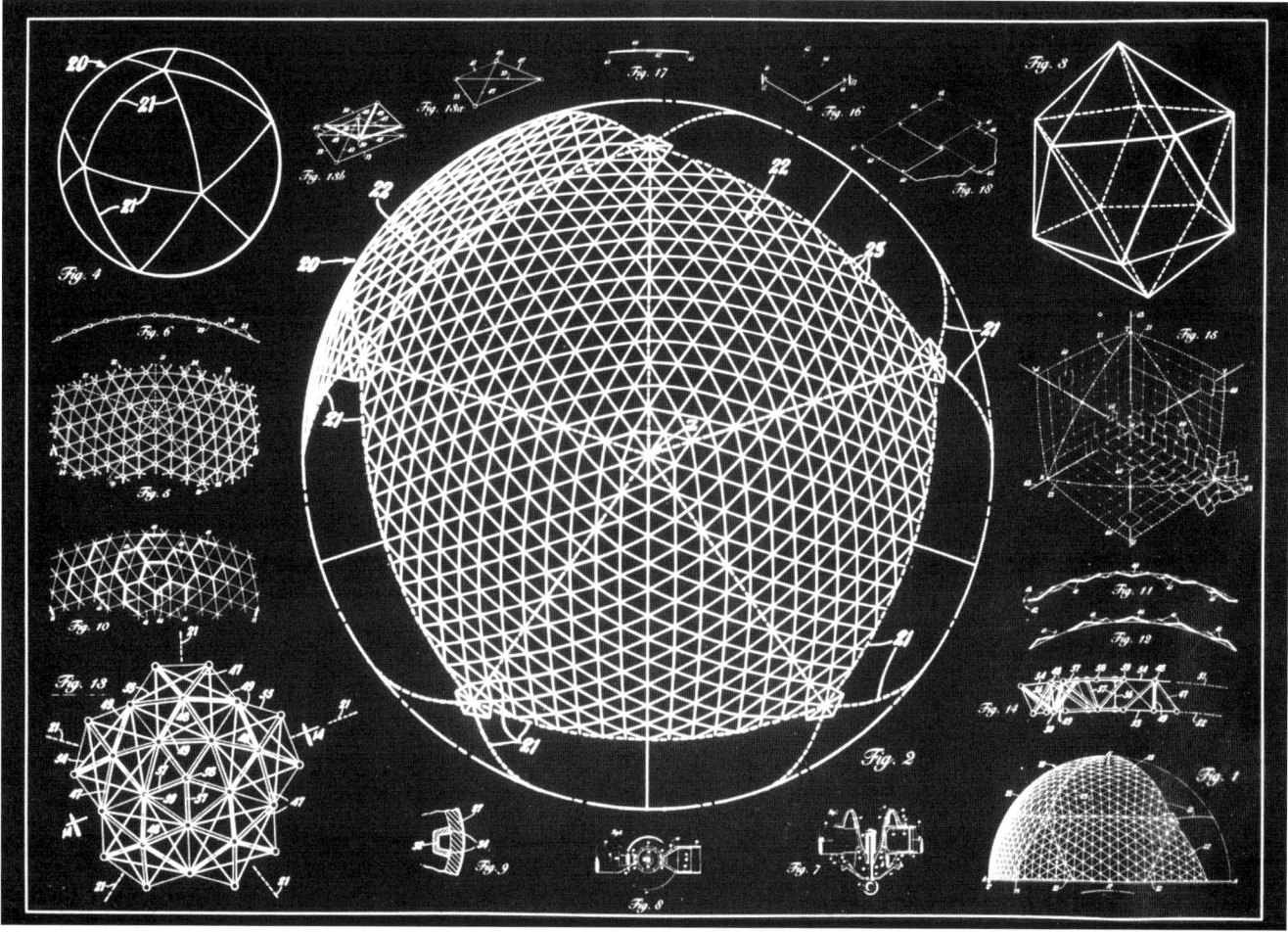

Joachim Krausse: Das Zwinkern der Winkel

»Dieses unbegrenzt sich ausdehnende Vektorsystem in dynamischem Gleichgewicht liefert einen Bezugsrahmen universaler Dimensionierung für die Messung jeder Energieumwandlung oder jeden Grad eines energetisch bedingten Ungleichgewichts bzw. dessen vorhersagbar sich entwickelnde Reaktionen – verhinderte wie freigesetzte – ergo, für atomare Charakteristik.«[35]

Wir hatten uns bisher mit der Generierung einer Form durch dichteste Packung um einen Kern befaßt. Was aber entsteht vergleichsweise, das heißt mit derselben Anzahl von Kugeln, wenn ein solcher Kern fehlt? Oder wenn ein solcher Kern aus dem Cluster des Kuboktaeders verschwindet bzw. im Inneren zusammengedrückt wird, durch äußeren Druck etwa? Hier macht Fuller eine bemerkenswerte Entdeckung. Verliert ein solcher Cluster einer Kugelpackung den Kern, d. h. ein Quantum, so schließen sich die verbleibenden Kugeln zusammen, und ihre Neuformierung generiert eine andere Form: die Ausgangsform des Kuboktaeders springt dann in die neue Form des Ikosaeders. Aus dem Vierzehnflächner wird plötzlich ein Zwanzigflächner, und zwar durch Verlust eines Raumquantums, nämlich einer Kugel. Wie wir wissen, ist die volumetrische Beschreibung nicht von einer energetischen zu trennen, der Verlust des Raumquantums ist dann gleichbedeutend mit dem Verlust eines Energiequantums. Das System gibt ein Energiequantum ab und zieht sich zusammen. Oder ihm wird Energie zugeführt, und es dehnt sich aus. Der energetische Zustand des Systems, ausgedrückt in ganzzahligen, diskreten Quanten, entscheidet darüber, in welche Form der Cluster springt. Wir haben es hier demnach mit der Modellierung eines Quantensprungs zu tun. Und wir wissen längst, daß es sich hierbei um den ersten Phasenübergang der Jitterbug-Transformation vom Kuboktaeder zum Ikosaeder handelt, der mit einer Volumenverminderung verbunden ist. Der Jitterbug hatte schon kurz nach der Entdeckung dieses Effektes den Namen »quantum machine« erhalten.[36]

Mit der Quantenmaschine läßt sich aber nicht nur der eine Phasenübergang vom Kuboktaeder zum Ikosaeder erzeugen, sondern die ganze Serie der Jitterbug-Transformation. Das heißt zunächst, daß die Formen, die der Transformationsprozeß generiert, keine willkürlichen sind, sondern grundlegende Ordnungsmuster, die das Ereignis, etwa die Abstrahlung eines Masseteilchens oder die Emission eines Photons, selber herbeiführt. Was wir als Formen dann finden, sind Resultate der Selbstorganisation durch minimale Quantendifferenzen, die durch Temperaturschwankungen und ähnliches permanent entstehen. Aus genau diesen Ursachen erklären sich erst die scheinbar trivialen Erscheinungen, daß Dampf zu Wasser kondensiert und Wasser zu Eis kristallisiert, daß also die drei Aggregatzustände des H_2O durch Phasenübergänge ihrer molekularen Architektur bei Abgabe oder Zufuhr von Energie zustande kommen.

DYNAMIK DER RAUMZELLEN: JITTERBUG IM VERBAND
Wir haben zwei unterschiedliche Beschreibungen der Jitterbug-Transformation gegeben, die den unterschiedlichen Modellrealisationen entsprechen. Mit der ersten, in der die Polyeder durch gleich lange Stäbe mit flexiblen Knotenverbindungen dargestellt werden, konnte der Transformationsprozeß – wenigstens über drei Phasen hinweg – als eine zusammenhängende Bewegung kontinuierlicher Art demonstriert werden. Begrifflicher Bezugsrahmen dieser Modellierung der Metamorphose der Polyeder ist das Raum-Zeit-Kontinuum, das seit Einsteins Allgemeiner Relativitätstheorie unverzichtbar für jede Theorie der Gravitation ist. Die zweite Beschreibung und ihre entsprechende Modellierung trägt den diskontinuierlichen Prozessen Rechnung, wie sie die Quantenmechanik versteht. Eine Vereinheitlichung beider Theorien ist den Naturwissenschaftlern bisher nicht gelungen. Fullers Antwort auf diese Dichotomie, von der ja auch die Modellierung nicht frei sein kann, ist die Ausarbeitung eines Konzepts, dem er den Namen »Tensegrity« gegeben hat. Die Strukturen, die aus diesem Konzept entwickelt worden sind, organisieren sich nach dem Prinzip der Polarisierung von Druck und Zug, wobei die Druckkomponenten nur verinselte, diskontinuierliche Kräfte darstellen, die Zugkomponenten aber ein integrierendes Kontinuum der Zugspannung bilden. Wir können an dieser Stelle nur auf diesen faszinierenden Ansatz hinweisen, ohne ihn im einzelnen zu erklären.[37] Auch mit solchen Tensegrity-Strukturen, in denen die Druckkomponenten, wie z. B. Stäbe, einander nicht berühren, läßt sich die Jitterbug-Transformation im Modell durchführen, und zwar noch einfacher, als wir es kennengelernt haben.

Jede der angeführten Modellierungsarten enthüllt jeweils andere Aspekte des Raum-Zeit-Begriffs, dessen Ablösung vom klassischen Container-Konzept und Verlagerung in die Bewegungsprozesse und Ereignisstrukturen selbst wir auch außerhalb der Naturwissenschaften nachvollziehen können.

Vom Bewegungsraum zu den Phasenübergängen

In der bisherigen Betrachtung wurde die Jitterbug-Transformation an einem dynamischen Einzelsystem demonstriert. Wie aber interagiert ein solches isoliertes Einzelsystem mit anderen Einzelsystemen? Gibt es eine derartige Transformation auch in einem geschlossenen Verband, etwa einem Zellsystem? Das ist tatsächlich der Fall; der Jitterbug läßt sich auch mit einem Verband einer Vielzahl von Raumzellen demonstrieren. Zunächst muß man sich klarmachen, daß keine Einzelkonfiguration des Jitterbug ein raumfüllendes System ergibt. In der Gruppe der Platonischen Körper ist es nur der Kubus, der dieses raumfüllende System durch Teilung oder Vervielfachung liefert. Daher seine Privilegierung als Raumsystem überhaupt. Daher auch seine herausgehobene Musterrolle für die Gitter, besonders die kubischen Gitter der Kristalle – das Paradigma der Starrheit, ein Ordnungsmuster, in dem Leben sich nicht entwickeln kann. Alle anderen raumfüllenden Systeme brauchen ein Minimum von zwei verschiedenartigen Elementen, die komplementär miteinander den Raum füllen. Aus solcher Zweiteiligkeit – einer dialektischen Einheit – kann sich Dynamik entwickeln.

Ein raumfüllendes Ensemble aus zwei Typen von Zellen ergibt sich etwa dadurch, daß sich Kuboktaeder an ihren quadratischen Oberflächen zusammenschließen lassen. Die Lücken in diesem Verband werden von Oktaedern ausgefüllt. Als raumfüllendes System jenseits des kubischen Systems sind uns vor allem die alternierenden Tetraeder-Oktaeder-Zellen des Oktet-Systems (Fullers octet truss) bekannt, aus dem sich die festesten, leistungsfähigsten Raumfachwerksverbände überhaupt ableiten. Eine leicht abgewandelte Form dieses Verbandes sehen wir täglich, wenn wir zu den Auslegerarmen der Baukräne aufschauen. Wenn sich nun im Bewegungsverlauf des Jitterbug die Kuboktaeder zusammenziehen, um durch die Ikosaederphase hindurch zu Oktaedern zu werden, kann die gleiche Anzahl von lückenfüllenden Oktaedern expandieren, um den umgekehrten Prozeß bis zum Kuboktaeder zu durchlaufen. Der Gesamtprozeß stellt sich dann als ein vollkommener Austausch zwischen beiden Konfigurationen dar. Fuller hat auch die Jitterbug-Transformation im Verband mit mechanischen Modellen demonstriert. Voraussetzung ist die Erkenntnis, daß es die Dreiecke sind, die ihre Form beibehalten, während die Vierecke sich verformen, weswegen sie im Modell offenbleiben. Die Dreiecke lassen sich um die vier Symmetrieachsen (in Position der vier Koordinaten bzw. vier Dimensionen des Vektorequilibriums) verdrehen, ohne ihre Verbindung an den Ecken zu verlieren. Sie gleiten auf der Rotationsachse ein wenig nach innen, wenn das Einzelsystem schrumpft. Dieses synchrone Rotieren der verbundenen Dreiecke stellt sich als ein Schließen zum Oktaeder dar. Im Verband schließen sich die Zellen des einen Typs, während sich gleichzeitig die des anderen Typs öffnen. Beim Betrachter entsteht der Eindruck, als würde der ganze Zellverband anfangen zu atmen: ein zellulärer Raum, der pulsiert oder lebt.

PASSAGE ZUR ARCHITEKTUR DES LEBENS

Zu den interessantesten Aspekten der Jitterbug-Transformation gehört der überraschende Wechsel der Symmetriegruppen, der die Phasenübergänge begleitet. Die Symmetrieeigenschaften einer Konstellation oder eines Ereigniskomplexes haben heute in dem Maße an Bedeutung gewonnen, als das Bausteinkonzept der Materie in den Wissenschaften aufgegeben wird. Über die Zugehörigkeit der einzelnen Polyeder zu Gruppen verschiedenzähliger Symmetrie besteht seit langem Klarheit durch die Forschung der Kristallographen, nicht jedoch über die Transformierbarkeit. So galt noch zu Lebzeiten Buckminster Fullers (1895-1983), daß in der Welt der unbelebten Natur, zu der die Kristalle ja wesentlich gehören, keine fünfzählige Symmetrie vorkommt. Der Mathematiker H. S. M. Coxeter, eine Autorität auf dem Gebiet der Polyedergeometrie, stellte dazu fest:

> »Es gibt ein Gesetz der Symmetrie, wonach ausgeschlossen ist, daß sich im Unbelebten etwas mit irgendeiner Fünfeckfigur zeigt, etwa in Gestalt des regelmäßigen Dodekaeders.«[38]

Statt des Dodekaeders hätte Coxeter ebensogut das Ikosaeder anführen können, denn beide teilen – als Duale – die Symmetrie des regelmäßigen Fünfecks, und beide gehören demzufolge nicht in die unbelebte Natur. Nach der Lehre der Kristallographen waren das Fünfeck und die Fünfzähligkeit Merkmal des Lebendigen. Hatte Fuller nun mit der Sequenz der Polyeder des Jitterbug etwas durcheinandergebracht oder gar gegen ein Gesetz verstoßen? Mit ihrer zwei-, drei- und vierzähligen Symmetrie gehörten Tetraeder und Oktaeder selbstverständlich zu den Elementarstrukturen der Kristalle. Auch das Kuboktaeder besitzt keine fünfzählige Symmetrie. Nur das Ikosaeder fiel heraus. Tatsächlich waren ikosaedrische Formen und Symmetrien in den Strukturen zahlreicher Lebewesen anzutreffen, worauf schon früh von Ernst Häckel und D'Arcy Thompson hingewiesen worden ist.[39]

Joachim Krausse: Das Zwinkern der Winkel

Abb. 15

Vom Bewegungsraum zu den Phasenübergängen

Die undurchdringliche Grenze, die die fünfzählige Symmetrie zwischen belebter und unbelebter Natur darstellte, wurde erst 1984, ein Jahr nach Fullers Tod, durch die Entdeckung der Quasikristalle durchlässig gemacht. Bei ihnen kommt auch die fünfzählige Symmetrie vor. Die Jitterbug-Transformation hatte diese Grenzüberschreitung – im Prinzip – vorweggenommen. Das Ikosaeder, das aus den kristallinen Strukturen herausfällt, ist von Fuller sogar am häufigsten zur geometrischen Ausgangskonfiguration der geodätischen Kuppelkonstruktionen gemacht worden. Kein Wunder, daß die Virologen auf die markanten Fünfecke an den Scheiteln der Geodesic Domes aufmerksam wurden und Fuller als Berater hinzuzogen, als sie die kleinsten Häuser der Welt, die Capside oder Proteinschalen der Viren, mit der Symmetrie des Ikosaeders unter dem Elektronenmikroskop enträtselten. Diese Häuser waren genau an der Schwelle des Lebens gebaut. Aber es war eben eine Schwelle, keine Grenze. Eine Ahnung davon müssen die alten Magiere gehabt haben, als sie das Pentagramm, das aus dem Fünfeck durch Verbindung der gegenüberliegenden Eckpunkte entsteht, zum Schwellensymbol am Hauseingang machten. Der Jitterbug hatte eine Passage von den kristallinen Strukturen zur Architektur des Lebendigen eröffnet. Fullers Modellierungen dynamischer Prozesse und Transformationen haben einmal durch jüngste Forschungen und zum anderen durch die rechnergestützten Animations- und Simulationsverfahren in fast allen Bereichen von Forschung, Entwicklung und Design eine zunehmende Aktualität bekommen.

Zunächst im mikrokosmischen Bereich: Die Entdeckung einer neuen Klasse von Kohlenstoffmolekülen, die 1985 mit der Identifikation von C 60, einem fußballförmigen Kohlenstoffmolekül aus 60 Atomen, einsetzte, löste eine Forschungslawine aus, deren Folgen für Halbleiter-und Supraleiter-Technologien, für die organische Chemie sowie die Nanotechnologie nicht absehbar sind. Erst kürzlich ist der Bau eines supraleitfähigen Molekulartransistors auf C 60-Basis gelungen.[40] C 60 erhielt von den Entdeckern, den Nobelpreisträgern (1997) Harold Kroto, Richard Smalley und Robert Curl, die offizielle Bezeichnung »Buckminsterfullern«. Es war Fullers Expo-Dome, den Kroto und Smalley 1967 in Montreal gesehen hatten, der sie auf die richtige Spur geführt hatte. Architektur als Katalysator wissenschaftlicher Erkenntnis? Wieso nicht – vor allem, wenn sich ein solcher Fall von Mustererkennung wiederholt ereignet. Die erste Katalyse dieser Art ereignete sich 1959-62, als Donald Caspar und Aaron Klug die Struktur der Virencapside mit Fuller diskutierten. Klug, Nobelpreisträger für Chemie 1987, sagte rückblickend über die Zusammenarbeit mit Fuller:

> »Man muß sich anstrengen, die Sprache zu übersetzen. Ich weiß, einige Leute hatten den Eindruck, er [Fuller] formuliere die Dinge nicht mit wissenschaftlicher Strenge, aber ich gebe keinen Pfifferling darauf. Es ist das Ergebnis, das zählt. Der Wert von Buckminster Fullers Arbeit für mich bestand darin, daß er – gleichgültig wie – zu einer Lösung kam, und zwar mit seinen eigenen Denkmethoden.«[41]

Systematischen Gebrauch von Fullers geodätisch-tensegrer Modellierung macht seit Mitte der 80er Jahre der Biologe Donald E. Ingber an der Harvard Medical School. Seinem Team gelang es, das bis dahin nur theoretische Modell eines Cytoskeletts der menschlichen Gewebezellen mit Hilfe der Tensegrity-Strukturen zu bauen, die Fuller mit seinen Schülern, vor allem dem Bildhauer Kenneth Snelson, seit Ende der 40er Jahre entwickelt hatte. Struktur und Verhalten der Einzelzelle wie des Gewebeverbandes werden durch geodätisch-tensegre Modelle erklärbar, ebenso die komplizierte Interaktion zwischen Muskeln, Sehnen, Knorpeln und Knochen in der Motorik des Organismus. Für Ingber besteht heute kein Zweifel mehr, daß die gesamte Mikroarchitektur des Lebens auf geodätisch-tensegren Prinzipien beruht, ebenjenen, die in Fullers Geometrie ausgearbeitet worden sind. Auch in der makroskopischen Forschung, etwa der Bildung von Galaxienhaufen, gibt es Bestätigung dieser Prinzipien.

Bleibt die Frage nach dem Mesokosmos unserer Alltagswirklichkeit, die wir mit den Sinnen erfassen. Buckminster Fuller war der Ansicht, daß die bestehende Architektur das Denken behindert hat.[42] Die Gewohnheiten, die »house habits«, stehen der Entwicklung unseres Denk- und Vorstellungsvermögens entgegen. Den Raum aus der Bewegung zu denken und die Form aus der Transformation – das fiel buchstäblich aus dem Rahmen. Die so generierten Strukturen regten ihrerseits Denken und Vorstellungsvermögen an. Es gibt in der Tat zu denken, wenn selbst führende Forscher zuweilen eingestehen, daß sie – am Ende des zwanzigsten Jahrhunderts – nur mühsam von einer flachen Vorstellungswelt Abschied genommen haben, um etwa die »Welt der runden Organischen Chemie und Materialwissenschaften über Nacht entdeckt« zu haben.[43]

Joachim Krausse: Das Zwinkern der Winkel

WINKELMODULATION: EINE GRAMMATIK DER RAUM-ZEIT
Wir haben uns in Abfolge und Analyse der Beispiele weitgehend an die Aussagen und Ratschläge der Naturwissenschaftler gehalten, wonach »der Raum zu einer physischen Realität mit innerer Dynamik, mit variablen Eigenschaften« wird (v. Weizsäcker). Dementsprechend sind wir den physischen Realitäten mit innerer Dynamik gefolgt, und zwar in ihren unbelebten Formen, wie Naum Gabos kinetischem Objekt, wie auch den belebten Formen der Bewegungen des Tänzers, der Arbeitsbewegung, den Gang in ein Haus oder durch das Gängesystem einer Stadt. Je tiefer man in die Ereignisstrukturen und die Bewegungsmuster selber vordringt, desto äußerlicher und willkürlicher erscheinen die kategorialen und instrumentellen Konstrukte, mit denen wir die »res extensa« beherrschen. Für das Bühnengeschehen wie für die Bewegungsforschung wird der gebaute Raum zu einem Hindernis, wenn er nicht – wenigstens optisch – zum Verschwinden gebracht werden kann. Es bleibt der virtuelle Raum der reinen Koordinaten, deren metrische Funktion für die Übersetzung von Bewegungsspuren in dreidimensionale Objekte erforderlich ist. Das umgekehrte Verfahren, nämlich Formen durch Koordinatentransformation zu modifizieren, wie es etwa die Evolution bei verwandten Arten in Erscheinung treten läßt, hat der Biophysiker D'Arcy Thompson in seinem bahnbrechenden Werk »On Growth and Form« durchgespielt. Diese methodischen Konzepte gehören heute zum selbstverständlichen Werkzeuginventar der Computeranimation und -simulation. Sie sind auch Wegbereiter eines generativen Verständnisses von Formgebung.

Wenn Schrödinger vorschlägt, die Materie und die feld- oder wellenmäßige Fortpflanzung von etwas als die Gestalt der Raum-Zeit selber aufzufassen, so empfinden wir das zwar als eine Zumutung an das Vorstellungsvermögen, aber doch im Einklang mit dem tiefen Bedürfnis des Tänzers, aus seiner Stasis herauszutreten, um das gesamte physische Bewegungspotential zu einem korrespondierenden Mitglied der Weltharmonik zu machen. Laban, der Reformer, der weder von Rausch noch von Ritus Gebrauch machen kann, über die die Antike so unbefangen verfügte, baut der Bewegung ein Gerüst, aber eines, das die Kristallisation der aus dem Inneren kommenden Bewegung sein soll. Hier genügen ihm keine Thompsonschen Koordinatentransformationen, sondern seine zwölf topologischen Merkpunkte, die sich in Fullers zwölf Graden der Freiheit wiederfinden. Sie sind für die Choreutik, die Lehre von den harmonischen Beziehungen im Bewegungsraum, einfach die praktischeren Mittel der Koordinierung. Fuller kann dann zeigen, daß Labans zwölf Merkpunkte und seine zwölf Freiheitsgrade aus einer tetraedrischen Koordination hervorgehen, die in konventionellen Begriffen als raum-zeitliches, vierdimensionales Koordinatensystem dreidimensional dargestellt werden kann, genauso wie wir das dreidimensionale Koordinatensystem zweidimensional darstellen können.

Erstaunlich ist die Tatsache, daß Labans Bewegungsanatomie des Menschen und Fullers raum-zeitliche Strukturforschung im Konzept einer grundlegenden Polyedertransformation übereinstimmen. Laban erhält aus der Analyse der Dreh- und Beugewinkel der Glieder und Körperpartien des Menschen in seiner Alltagswelt (also nicht des durchtrainierten Berufstänzers) einen Satz von Winkelmodulen, die man als eine Grammatik des menschlichen Bewegungshaushaltes verstehen kann. Diese Winkelmodule von 50, 45, 60, 72, 90 und 108 Grad kehren nicht nur in den Polyedern der Jitterbug-Transformation wieder, sondern auch in den zahlreichen Raumfachwerken, die die großen Konstrukteure des 20. Jahrhunderts, beginnend mit August Föppl und Alexander Graham Bell um 1900, in mehreren Innovationsschüben entwickelt haben. Die Winkelmodulation ist die geometrische Seite dieser Grammatik der Raumstrukturen, die Durcharbeitung der Knotenverbindungen und Anschlüsse die konstruktive, ingenieursmäßige Seite. Fullers quantenmechanische Clustermodelle lösen die Starrheit dieser Raumgitter auf, indem einmal die Transformationsregeln der Winkelmodulation mit den Phasenübergängen des Jitterbug aufgezeigt werden und indem zweitens die Winkelmodulation um den Aspekt der Frequenzmodulation bereichert wird. Modulare Unterteilung einer Strecke faßt er auf als Frequenz. Das Verfahren nennt er »Multiplikation durch Division«, und dieses Verfahren charakterisiert ja das, was wir als Zellteilung kennen, das Grundprinzip aller Wachstumsvorgänge.

Mit seiner Welt aus Winkel- und Frequenzmodulationen verschiebt Fuller den Focus des Raumproblems von einer Ordnung der Dinge und Körper hin zum »Patterning«, dem periodischen Auftauchen, Erneuern, Überlagern und Verschwinden von Mustern. Als Modellierer, Designer und Architekt hatte er den Ehrgeiz, diese weitgehend nichtsen-

Vom Bewegungsraum zu den Phasenübergängen

sorische Mikro-Makro-Welt, sinnlich erfahrbar zu machen, also durchaus eine ästhetische Ambition. Die Bewohner und Besucher seiner Geodesic Domes waren von diesem »Patterning«, das den Himmel anders vermißt, und das heißt hier dimensioniert, durch die Anschauung fasziniert, ohne sich das Gefühl schwebender Leichtigkeit erklären zu können, das sie so stark empfanden. Es scheint, als ob diese ästhetischen Effekte, die willkommen, aber nicht prätendiert waren, durch ein Zusammenspiel von Gleichgewichtssinn mit der übrigen Sinnestätigkeit in einer leicht veränderten Koordination zustande kommt. Unabweisbar wird dieser Eindruck angesichts der Tensegrity-Strukturen, denen wir, wie einem indischen Seiltrick, staunend gegenüberstehen, ohne hinter sein Geheimnis zu kommen. Diese Eindrücke machen uns aufmerksam auf die außerordentliche Rolle, die die synästhetischen Konditionierungen mit dem Gravitationszentrum des Gleichgewichtssinns für unsere Wahrnehmung und unsere Anschauungen von »Raum« spielen.

Abb. 16

8. Tales Told by the Spheres: Closest Packing

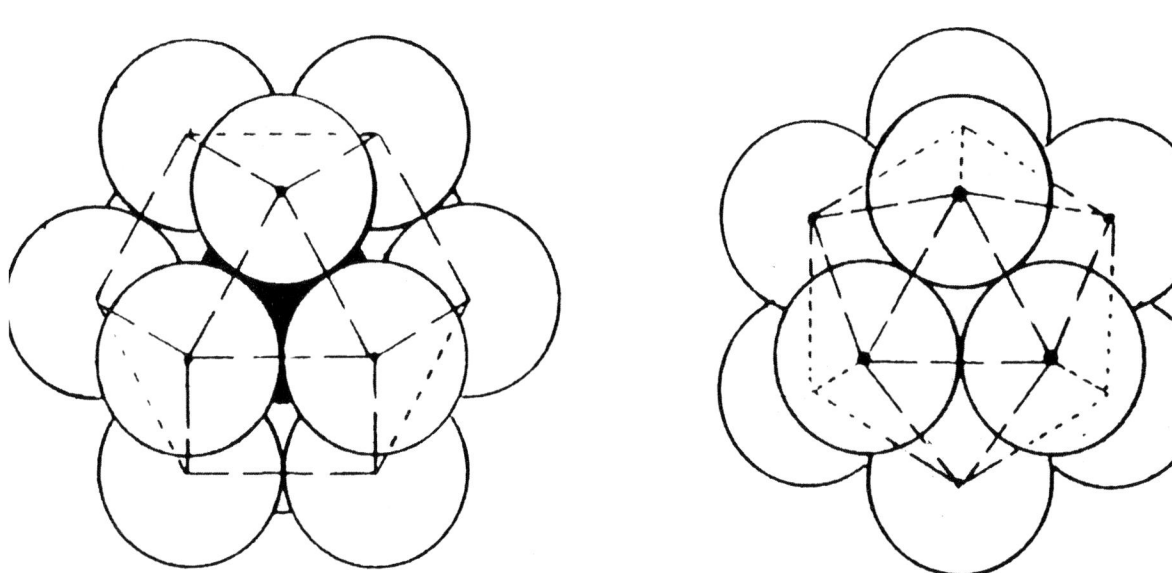

Fig. 8-14. Removal of nuclear sphere.

Joachim Krausse: Das Zwinkern der Winkel

ABBILDUNGEN:

Abb. 1: F. B. Gilbreth, »Chroneozyklograph« aus: The Original Films of F. B. Gilbreth, presented by Jones S. Perkins
Abb. 2: Ebd.,
Abb. 3: Rudolf v. Laban, Tanz für Alle - aus: W. Drexel 1928
Abb. 4: Rudolf v. Laban, Bewegungsschrift mit Ikosaeder
Abb. 5: Oskar Schlemmer, aus: »Bühne im Bauhaus« 1925
Abb. 6: Oskar Schlemmer, aus: »Bühne im Bauhaus« 1925
Abb. 7: Rudolf v. Laban, Ikosaeder mit Tänzern, aus: Zeit-Räume, S. 274
Abb. 8: Kashan, Iran 1996, Foto: Said Sharifi
Abb. 9: Kashan, Iran 1996, Foto: Said Sharifi
Abb. 10: R. Buckminster Fuller mit Modell, Quelle: (BFA) Buckminster Fuller Archive, Kalifornien
Abb. 11: D. Ingber, »Architektur des Lebens«, geodätische Struktur von Pollenkörnern, Quelle: Spektrum der Wissenschaft, Nr. 3/1998
Abb. 12: Tensegrety Icosaeder, Black-Mountain-College 1949, Quelle: BFA
Abb. 13: R. Buckminster Fuller, »Jitterbug«, Zeichnung 1948, Quelle: BFA
Abb. 14: R. Buckminster Fuller, »Geodesic Dome« 1951, Quelle: BFA
Abb. 15: C-60 Fulleren 1994, aus: J. Baggot »Perfect Symmetrie« (cover)
Abb. 16: »Close Packing-Removing the Nucleus« aus: A. Edmondson

ANMERKUNGEN

1 HANS KOLLHOFF, in: Archithese 6, 1992, o.p.
2 Vgl. JOACHIM KRAUSSE: Architektur und »Kommunikationen«: der mediastisierte und vernetzte Raum, in: Bernd Menser: Die Zukunft des Raums. Frankfurt/New York 1994, S. 111
3 Zit. nach Jean Paul Georgen: WALTER RUTTMANN. Eine Dokumentation. Berlin 1987, S. 26
4 HANS ZISCHLER: Tagesreisen Berlin 1993, S. 13
5 MARTIN HEIDEGGER: Bauen Wohnen Denken, in: Mensch und Raum. Das Darmstädter Gespräch 1951, Darmstadt 1952, S. 97
6 CARL FRIEDRICH VON WEIZSÄCKER: Wahrnehmung der Neuzeit. München 1983, S. 128
7 Oberbaudirektor PROF. PETER GRUND, in: Mensch und Raum, a.a.O. S. 33
8 ERWIN SCHRÖDINGER: Die Natur und die Griechen, Wien 1955, S. 32
9 LÁSZLÓ MOHOLY-NAGY: Von Material zu Architektur, München 1929, S. 156
10 Vgl. JÖRN MERKERT: Naum Gabo: Konstruktivist und Konstrukteur, in: Naum Gabo und der Wettbewerb zum Palast der Sowjets. Moskau 1931-1933. Berlin 1992, S. 12
11 Sie ist im physikalischen Begriff der Raum-Zeit auch impliziert. Zur »Union« beider bei Minkowski sagt C. F. von Weizsäcker: »Will man von Minkowskis ›Union‹ überhaupt reden, so besteht sie in einer Abhängigkeit der Definition des Raumes von der Zeit.« Die Einheit der Natur. München 1971, S. 148
12 RUDOLF VON LABAN: Choreutik. Wilhelmshaven 1991, S.14
13 OSKAR SCHLEMMER et al.: Die Bühne im Bauhaus. München 1925, S.13-15
14 OSKAR STRNAD: Gedanken beim Entwurf eines Grundrisses. in: MAX EISLER: Oskar Strnad. Wien 1936, S.56
15 OSKAR STRNAD a.a.O., S. 57
16 OSKAR STRNAD a.a.O., S. 57
17 JOSEF FRANK: Das Haus als Weg und Platz. 1931, in: Josef Frank 1885-1967, Hg. J. Spalt, H. Czech, Wien 1981, S. 36
18 Die Stadt sei wie ein bewohntes Haus, resümiert FREDERICO FELLINIS Rom-Portrait in »Fellinis Roma«, 1971
19 ERWIN SCHRÖDINGER: Was ist Leben? München, 1989, S. 133 ff.
20 JOACHIM KRAUSSE, CLAUDE LICHTENSTEIN (Hg.): Your Private Sky: R. Buckminster Fuller. Design als Kunst einer Wissenschaft. Baden (Schweiz) 1999, S. 84, 346f. (Im folgenden zitiert als: YPS 1)
21 R. BUCKMINSTER FULLER: Lightful Houses (1928), Teilabdruck in: Joachim Krausse, Claude Lichtenstein (Hg.): Your Private Sky. R. Buckminster Fuller, Diskurs. Baden (Schweiz) 2000, S.76. (Im folgenden zitiert als: YPS 2)
22 R. BUCKMINSTER FULLER: Lightful Houses. Manuskript, S.41, Buckminster Fuller Archive, Manuscript files 28.01.01.
23 Vgl. YPS 1 (s. Anm. 20), S. 250 ff.
24 Vgl. AMY EDMONDSON: A Fuller Explanation. The Synergetic Geometry of R. Buckminster Fuller. New York 1992, S. 88f.; R. Buckminster Fuller: Synergetics. Explorations in the Geometry of Thinking. New York 1975, S. 95ff.
25 RUDOLF VON LABAN: Choreutik, (s. Anm.12), S.108f.
26 Ebd., S.105
27 Ebd., S.111
28 PETER BLAKE: No Place Like Utopia. Modern Architecture and the Company we kept. New York 1995, S.94
29 R. BUCKMINSTER FULLER: 4D Time Look 1928, Albuquerque, NM, 1972, S.33
30 ALLEGRA FULLER-SNYDER: Experience and Experiencing, in: YPS 2 (s. Anm.21), S. 323
31 YPS 2 (s. Anm.21), S.128
32 SHELTER, MAY 1932, S.36; YPS 1 (s. Anm. 20), S.166
33 PLATON: Timaios. Hrsg.von Hans Günter Zekl, Hamburg 1992, S. 77f.
34 R. BUCKMINSTER FULLER: Energetische Geometrie (Dichtestes Packen von Kugeln), in: YPS 2, (s. Anm.21), S.83
35 Ebd.,
36 ELAINE DE KOONING: Dymaxion Artist (1952), in: dies.: The Spirit of Abstract Expressionism, New York 1994, S.113
37 Vgl. YPS 1, (s. Anm.20) S. 392; YPS 2, (s .Anm. 21) S. 243ff.
38 H. S. N. COXETER: Regular Polytopes (1948), New York 1973, S. VI
39 ERNST HÄCKEL: Report on the Radiolaria, London 1887 (Report on the scientific results of the voyage of H. S. M. Challenger. Zoology, vol.18, part 1,2); D'Arcy W. Thompson: On Growth and Form. Cambridge 142, S. 707ff.
40 Ein supraleitender Transistor, in: Frankfurter Allgemeine Zeitung Nr.131, 7. 6. 00, S. N1
41 The Return of the Renaissance Man. Hugh Aldersey-Williams talks to Aaron Klug, in: The Guardian, 30.11.1995, S.10
42 R. BUCKMINSTER FULLER: Designing a New Industry. Fuller Research Foundation, Wichita, KS, 1946, S.13
43 HAROLD W. KROTO: Die Entdeckung der Fullerene, in: Wolfgang Krätschmer, Heike Schuster (Hrsg.): Von Fuller bis zu Fullerenen. Braunschweig, Wiesbaden 1996, S. 79

Siegfried Zielinski: Einschwingen & Auslenken

I

Unter den Geheimnissen der Raumproduktion beschäftigt mich das Offensichtliche, das alltäglich Erfahrbare, das möglicherweise deshalb so rätselhaft ist, weil es uns so selbstverständlich erscheint. Treppen, Leitern, Skalen ... faszinierende Architekturen des Zwischenraums: Artefakte und komplexe technische Sachsysteme des urbanen Raumes und zugleich haptisch erfahrbar, begehbar, unmittelbar körperadressiert, sich an die Ausstellung (Exhibition und Präsentation) der Körper wendend wie an ihre Kinesis. Sie verbinden übereinandergeschichtete Räume und können Orte trennen, sind architektonische Konjunktionen auch zwischen dem Außen und dem Innen des städtischen Raumes und seiner Zellen und in diesem Sinne auch Räume des Übergangs. – Die Restbestände des Realen entfalten sich nicht in den parzellierten Grüften des Privaten selbst, sondern dazwischen, dort, wo sich die Spannungen austoben, wo Differenzen zu Hause und noch erfahrbar sind. Revolutionen – wenn es noch so etwas wie sie geben kann und wenn sie noch denkbar sind, dürften wohl Eruptionen in den Verbindungen, den Montagen, den Verknüpfungen sein und werden.

Treppen sind innerhalb der Meßkunst des Planens und Bauens hochgradige Ordnungssysteme mit strenger Struktur und Normierung. Das Zusammenspiel von Wiederholung (in der Horizontalen) und Differenz (in der Vertikalen) ist in vielen Staaten streng geregelt für die verschiedenen Nutzungszusammenhänge von Stufen, von flachen Freitreppen in städtischen Räumen mit sehr tiefen Stiegen bis zu steilen, engen Treppen etwa auf Schiffen und Booten. Und sie sind auf der anderen Seite hochgradig symbolisch besetzt, mit überschüssigem ästhetischem Material schwer beladen. Sie sind Brennpunkte im Zusammenspiel von Technik und Imagination, von Ordnung und Anarchie. Kein Wunder, daß Treppen in den diversen Künsten – vom Theater über die Literatur, die Malerei, die Ausdruckspraxen des bewegten Bildes bis hin zur Musik ein herausragendes Motiv lieferten und immer noch liefern. – Das »big piano« der Haus-Rucker-Co. von 1972, bei dem jeder Stufentritt einen spezifischen Ton auslösen sollte, spielte nicht zuletzt mit dem Klavier als Skala-Instrument par excellence; »Step it up and go!« klampfte und sang Bob Dylan 1992 noch im selben Rhythmus, in dem Shirley Temple zusammen mit B. B. Robinson als kleines Mädchen einst leichtfüßig die Stufen hinaufsteppte, von Bugsey Berkeley dirigiert.

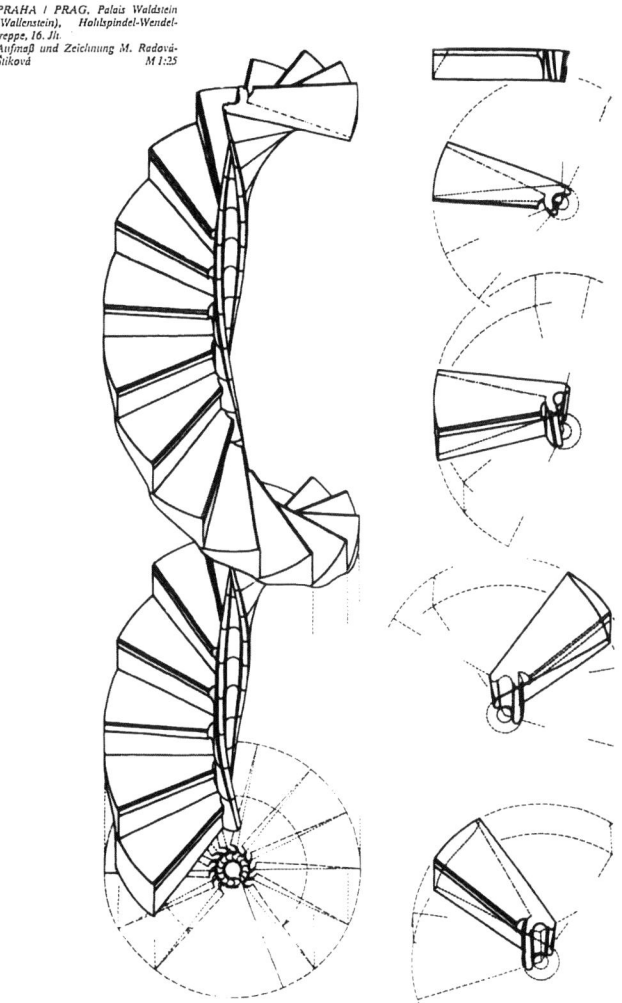

Abb. 1

Es gibt kaum ein anderes Phänomen, bei dem die Diskrepanz zwischen alltäglicher und archaisch-symbolischer Bedeutung einerseits und seiner Reflexion in der Architektur- und Kulturdebatte andererseits so groß ist.[1] Historischer Bedeutungsverlust und verzweifelte Sinnsuche mögen sich deshalb hier in besonderer Weise treffen und verbünden.

Ludwig Wittgenstein beschrieb den methodischen Weg und die summa summarum seines »Logisch-philosophischen Traktates« so: »Meine Sätze erläutern dadurch, daß sie der, welcher mich versteht, am Ende als unsinnig erkennt, wenn er durch sie – auf ihnen – über sie hinausgestiegen ist. (Er muß sozusagen die Leiter wegwerfen, nachdem er auf ihr hinaufgestiegen ist.)«[2]

215

Siegfried Zielinski

II

Schon zu Beginn eine erste Auslenkung: Meister der Eroberung der Höhe wurden in der Zivilisations- und Technikgeschichte nicht die Architekten, sondern die Aeronauten. Daedalus und sein Sohn Ikarus bauten Flugmaschinen, um vom labyrinthischen Reich des Bösen in die Lüfte zu entkommen und es von oben überblicken zu können. Ikarus wurde vermessen und übermütig. Er flog zu hoch. Nahe der Sonne schmolzen die Wachshalterungen seiner künstlichen Flügel. Er stürzte ins Meer. Daedalus erfand mit dem Segelschiff u. a. eine Suchmaschine, erlernte das Navigieren und barg den Leichnam seines Sohnes.

»Es gibt keine Treppen im Meer und auch im Schmerz keine Stufen«, sagte der Philosoph der Wanderschaft und der Wüste, Edmond Jabès.

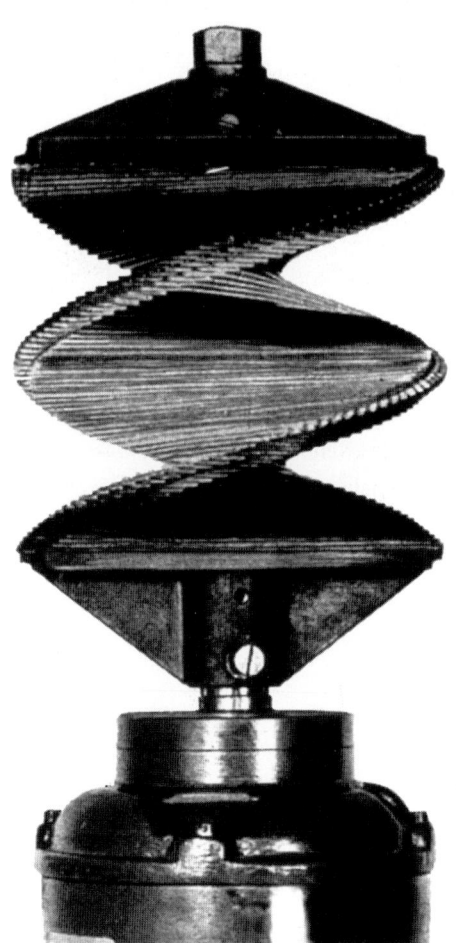

Abb. 2 Spiegelschraube für 90-Zeilen-Bildschreiber der TEKADE, 1932.

Am Ende des Jahrhunderts steht im Kontext der Medien wieder einmal die Hoffnung auf ein Miteinander ohne oben und unten, ohne wirksame Machtgefüge. Prominentester metaphorischer Bezug des kybernetischen Raumes der vernetzten Computer und Programme ist der unendliche Ozean und das ganze Phylum von Bedeutungsträgern, das um ihn herum existiert. Das ist eine Irreführung. Der kybernetische Raum ist ein hochgradig organisierter, formalisierter, letztendlich mathematischer Raum, bestimmt durch Abstände, Intervalle, meßbare Relationen, Verhältniszahlen, so dynamisch sie auch geschrieben und gerechnet sein mögen. Skalen bzw. Skalierungen bilden sein Gerüst, ohne das er nicht begreifbar und ohne das man in und mit ihm nicht operieren könnte. Bevölkert werden diese Stufen und Leitern durch die Agenten, die als zeitgemäße Engel, als Medien, zwischen den Information Suchenden und den Information Anbietenden vermitteln. Im Jargon nennt man diese Boten zwischen dem unüberschaubaren Ganzen und dem verlorenen einzelnen Benutzer der Datennetze Suchmaschinen, als Artefakte jenen gloriosen beflügelten Phänomenen nicht unverwandt, die wir aus den Revuefilmen vor allem der 30er und 40er Jahre kennen.

III

Meister der Eroberung des weiten Raumes über der Erde wurden die Aeronauten und die Astronauten, die Pioniere in der Entwicklung der Kultur des anorektischen Körpers. Aber das Raumschiff, mit dem Neil Armstrong zum Mond flog, verringerte nur gewaltig den Abstand zwischen ihm und dem einstmals utopischen Ort. Um ihn letztendlich betreten zu können, benötigte er etwas zwischen dem schnellen Flugcontainer und der Oberfläche des Planeten. Er benutzte eine mickrige Leiter.

Für Tom Fecht eine erste Wiedereinschwingung: »Was kann der Stein demjenigen antworten, der ihm vorwirft, hart zu sein?«[3] fragt Wolf-Dieter Gericke zu Beginn eines Bilderessays über Steinbrüche und Gesteinsschichten. Er wäre das Medium des grundlegenden Traums, könnte er antworten, jener Sehnsucht des Menschen von der Bewegung in der Horizontalen in die Vertikale zu gelangen, die zwar als Orientierung sich realisiert hat, aber bis heute nicht befriedigt ist. – Und die gerade am Ende des 20. Jahrhunderts wieder opponiert wird durch den Wunsch, zurück in die Horizontale zu kommen, in die Bewegung auf den Plateaus und Tanzflächen. – Jakob legte sich auf seiner Wanderung auf den Boden, um zu schlafen. Er wollte wirk-

Einschwingen & Auslenken

lich schlafen, nicht träumen. Er fürchtete seine Träume, weil sie böse zu werden drohten. Jakob war auf der Flucht. Übel hatte er seinen erstgeborenen Zwillingsbruder Esau vor ihrem blinden Vater Isaak mit einem Simulationstrick betrogen. Er bettete seinen Kopf auf einen Stein. Der Stein wurde zum Medium für die Vorstellung von Verbindungsmöglichkeiten zwischen dem hier unten und dem dort oben, dem Erreichten und dem nicht Erreichbaren, der Hölle und dem Himmel.

»Schweigt!« befiehlt der Stein in Richard Beer-Hofmanns bizarrem Drama von 1915 dem gemeinen »Gestein ringsum« [...] »Ich gleiche euch nicht!/Niederes Gestein, im Dunkel erzeugt,/ Spie euch ein Feuer zu Tag – / Ich – war ein Stern – und ich fiel!«[4]

IV

Die Relation von oben und unten läßt sich in der Flucht unserer Zivilisationsgeschichte nicht mehr ohne soziale, kulturelle, politische, geschlechterspezifische Ordnungen denken. Sie ist aufs engste verbunden mit der Idee des Fortschritts. Was sich dazwischen ausbreitet, zergliedert den Zeit-Raum als Anstieg (oder in umgekehrter Richtung: als Dekadenz), regelmäßig, rhythmisch, die Ästhetik des urbanen Öffentlichen ebenso gestaltend wie seine verborgenen, okkulten Innenräume.

Kursorisch eher und in wenigen Ausschnitten einige Praxen der Bezeichnung und ihre besonderen Bilder, wie sie sich in unseren Schatz der Erfahrung des gebauten/des medialen Raumes eingeprägt haben:

1. Die theoretische wie praktische Physik benötigen vielfältig die Zerlegung von Vorgängen, die wir als Kontinuität wahrnehmen, in diskrete, diskontinuierliche Einheiten zur Vermessung ihrer Welt. Die Durchgliederung etwa einer Sinuskurve durch stufenartige, visuell in Graphik geronnene Algorithmen macht die akustische Welt, die sie bezeichnet, begreifbar und an jedem Punkt manipulierbar. Skalierungen spielen bis hinein in die Quantenphysik eine zentrale Rolle.

Eine Urform solchen Denkens und technischen Handelns artikuliert sich in den Zeitmessern der frühen chinesischen Hochkultur. Wobei die beiden Bilder, die ich dazu zeige, zugleich die Faktionalität der Geschichtsschreibung verdeutlichen: In der mittelalterlichen Darstellung (aus dem 12. Jahrhundert) tritt zwar bereits das Konstruktionsprinzip klar in Erscheinung; hinter- und übereinander sind in gleichen Abständen Behälter (sie waren original aus Kupfer) montiert, aus denen die verflüssigte Zeit in ein großes Sammelgefäß abfließt; dies Gefäß hat als Zeitmaßeinteilung eine Skalierung. Je näher wir mit den Ikonographien der alten chinesischen Uhren an

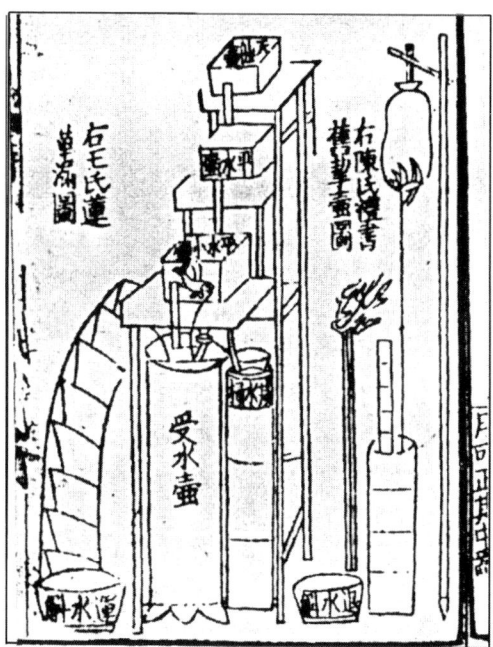

Abb. 3

Abb. 4

Abb. 5

Siegfried Zielinski

die Moderne herankommen, um so markanter tritt die kantige Stufenrationalität hervor. Im Holzschnitt aus dem Jahre 1609 ist die eher fragile leiterartige Konstruktion bereits einer massiven Treppenkonstruktion gewichen.[5]

2. Den theoretisch-visuellen Grundstein für die biologische Hierarchisierung der Welt legte Aristoteles mit seiner Ordnung »scala rerum naturae«, die kantige Hierarchie vom Kristall zum Göttlichen (hier in einer Illustration von Raymundus Lullus von 1512). Der stufenmäßige Aufbau der gesamten Welt hat seine inflationären Entsprechungen in den Lebensalterdarstellungen mit unterschiedlichen Skalierungen oder auch in den Visualisierungen der Genesen einzelner Spezies, wie in der Illustration aus Clarkes »History of the Primates«. Für die Evolution als »eine Beschreibung biologischer Veränderung durch die Zeit« ist die Treppe oder Leiter für diejenigen Biologen zum Leitmotiv geworden, die Entwicklung mit Progreß gleichsetzen und den Menschen als Maß aller bisherigen Entwicklungen begreifen.[6] Statistische Körper sind in der Regel abgestufte Körper. Der Wunsch nach dem Begreifen von Prozessen scheint uns zu ihrer Zerlegung und Wiederzusammensetzung zu zwingen. Auch das ist Strukturalismus.

3. Vor-Bild solcher Transmutationsprozesse vom Niederen zum Höheren, von der Dunkelheit (des Nichtwissens) zum strahlenden Licht (der Erkenntnis) sind die erkenntnistheoretischen Modelle der klassischen nachsokratischen Philosophie. Platons Höhlengleichnis des verordneten Aufstiegs aus dem trügerischen Reich der Schatten sinnlicher Wahrnehmung zur Erkenntnis ist vielfach als mühsamer Aufstieg in Stufen beschrieben worden. Auch das vernünftige Denken hat seine Büßertreppen. Bis in die Gegenwart hinein finden wir die »Stufen des Weltenbaus« (in der Regel als Heilige Dreifaltigkeit des Leiblichen, des Seelischen, des Geistigen, wie sie bis in die 3 Felder des Psychischen bei Lacan in Modifikationen sich fortsetzt) als Krücken, als metaphorische Hilfsgerüste zur Erklärung des Aufbaus der unendlichen Gemische von Materie und Geist. Einer der letzten Universalgelehrten und hermetischen Philosophen der Vormoderne, der Engländer Robert Fludd, blieb allerdings bei der siebenfachen Skalierung und führt uns mit der Fragilität seiner Konstruktion noch einmal zurück zu dem am meisten verbreiteten Stufenmythos:

4. Jakobs Leiter – der zweifach gerichtete Traum von der Niederkunft der Engel als Botschafter des Himmlischen, die wir in noch fast jedem Revuefilm als Inkarnationen der Verführung die Bühnentreppen herabschweben sehen kön-

Aus dem wohl berühmtesten spätalchimistischen Traktat Steffan Michelspachers von 1654 (Augsburg): 7 Stufen (die 7 Planeten) hatte der Adept vom Nichtsehen zum Sehen zu durchlaufen, 7 Stufen umfaßte der alchimistische Transmutationsprozeß von der Kaltination zur geheimen Tinktur, auf dem Weg der Prima Materia zur Projektion (die Verwandlung der gemeinen Materie in glänzenden Schein hat dieselbe Bezeichnung wie in der Kinematographie). Im Ikon aus dem Michelspacher fällt eine schöne Entsprechung auf: Sie ist eingefaßt in den kosmischen Kreis, im Quadrat markiert mit den vier Grundelementen Wasser, Erde, Feuer, Luft. Die berühmten Skizzen Andrea Palladios zum Treppenhaus von Chambord aus seinen »Vier Büchern über Architektur« von 1570 haben denselben Grundriß, über den sich in einer Doppelspirale die Treppenkonstruktion erhebt. The spiral staircase, Zeitaufbau und Spannung in vollendeter harmonischer Form, wie sie auch für eine sehr frühe Rolltreppenkonstruktion aus dem 19. Jahrhundert (in offensichtlicher Anlehnung an Palladio) vorgesehen war.

Abb. 6

167. A royal art conjured up in the darkness of closed cyclids and governed by nature's earth-returning, or regressive, instincts.

MICHELSPACHER, STEFFEN: CABALA SPECULUM ARTIS ET NATURAE, IN ALCHIMIA-AUGSBURG 1654

Einschwingen & Auslenken

nen, einerseits und vom Aufstieg der Seelen christlicher Adepten zum Unaussprechlichen, Jahve, dem Einzigen. »Stairways to Heaven«, wie eines der berühmtesten Lieder der Rockgeschichte von Led Zeppelin heißt.

Vermutlich gibt es Tausende erzählter Varianten von Jakobs Traum. Eine Art Standardwerk für viele Adaptionen ist Johannes Klemakos Buch »Die Himmelsleiter« aus dem 7. Jahrhundert. Es hat eine Vielzahl von Visualisierungen, erzählten Geschichten in Bildern und Texten hervorgebracht. Sie variieren beträchtlich in ikonographischer Hinsicht. Streng vertikal aufgerichtete oder schräg gestellte Leitern, stufige Bögen, schwindelerregend schwebende Sprossenformationen und, besonders eindrucksvoll, diagonal gegeneinander gestellte Leitern, als Vorwegnahme der architektonisch erst sehr viel später realisierten zweifachen Wendeltreppe, der Doppelhelix. Aber ihre Konfliktkonstruktionen und Motive sind identisch geblieben. Sie werden in der Regel in ausführlichen Inhaltsverzeichnissen theologisch verschlüsselt benannt. In einer der wenigen weiblichen Darstellungen, welche die Äbtissin Herat von Landsberg im zwölften Jahrhundert zur moralischen Unterweisung ihrer Mitschwestern anfertigte, werden sie besonders eindrucksvoll ins Bild gesetzt. Für Dietmar Kamper: Der Titel begegnet uns später bei Hieronymus Bosch, »Portus Deliciarum – Der Garten der Lüste«. Die christlichen Adepten bewegen sich strauchelnd zwischen dem Bösen unten und dem erstrebten Guten oben. Sie werden bei ihrem gefährlichen und mühsamen Aufstieg einerseits von den Dämonen mit tödlichen Pfeilen beschossen und andererseits von Schutzengeln hilfreich gestützt. Das verführerische Böse erscheint bei Herat von Landsberg schlicht im Gewand des Alltäglichen. Die Gefahren, in die sich der Körper begeben kann. Besitz, Bequemlichkeit, Begierde werden illustriert durch Goldmünzen und eine Burg, ein Ruhebett und eine schöne Frau. Was sich zwischen dem höllischen Drachenschlund einerseits und der ausgestreckten Hand Gottes, als Mittler zum Jenseits andererseits, dramatisch abspielt, ist das Leben und nichts als das Leben.[7]

4. Kafka schreibt im »Prozeß«: » ...im dritten Stockwerk mußte er seinen Schritt mäßigen, er war ganz außer Atem, die Treppen, ebenso wie die Stockwerke waren übermäßig hoch ... auch war die Luft sehr drückend ... die enge Treppe war auf beiden Seiten von Mauern eingeschlossen ... Gerade als K. ein wenig stehenblieb, liefen ein paar kleine

H. V. LANDSBERG: PORTUS DELICIARUM · 1170/80   Abb. 7

Mädchen aus einer Wohnung heraus und eilten lachend die Treppe weiter hinauf. K. folgte ihnen langsam ...« Die Träume der Männer und die Stiegen und die kleinen oder größeren Mädchen: in Ignaz Jezowers »Buch der Träume« von 1928, das den Schlafschutz und die imaginäre Wunscherfüllungsarbeit Hunderter Schriftsteller, Politiker und anderer Prominenter der Geschichte auflistet, tauchen sie immer wieder in dieser Konstellation auf, bei Gottfried Kellers Zürcher Traum vom 6. August 1846, in Robert Louis Stevenson's Träumen während seiner Zeit an der Universität von Edinburgh und in vielen anderen.

Siegfried Zielinski

5. In des Jägers und Sammlers Fuchs »Geschichte der erotischen Kunst« finden wir gar Orgiendarstellungen in Treppenhäusern; Krafft-Ebings »Psychopathia sexualis«, in keiner der früheren originalen Ausgaben mit auch nur einem Bild konzipiert, finden wir in der letzten deutschsprachigen Ausgabe bei Matthes und Seitz ein Treppenbild aus dem zeichnerischen Werk Pierre Klossowskis neben dem Innentitel. Alle diese Phänomene verweisen auf diejenige Treppeninterpretation, die für die Geistes- und Kulturgeschichte des 20. Jahrhunderts zu den bedeutendsten gehört: Freuds Traumdeutung, darin zentral unter Anrufung des Kollegen Otto Ranck: die enge Verbindung von Stiegenträumen und sexueller Wunscherfüllung (besonders des Mannes), vom Treppenaufstieg und seinem koitalen Rhythmus und der befreienden Bewegung in der Ejakulation, im schnellen Abstieg. Hans Bellmer hat dieses Bild in einer seiner Graphiken von 1968 ostentativ umgesetzt, mit einer überdimensionalen geöffneten Vagina am Fuße der Treppe und mit der geöffneten Tür, durch die das Licht fällt, am Ende des Aufstiegs.

HANS BELLMER

Svlékání, 1968 Aus: ANALOGON 4 - 1991 PRAG Abb. 8

V

Dem Anstieg zum (Nächst-) höheren, dem Klimax, dem Aufstieg zum Licht, zur Karriere, zur Herrschaft über andere diametral gegenüber steht der Fall, der soziale und individuelle Abstieg, die Bewegung ins Unbewußte, ins Traumtriebdunkel, ins Ungewisse, angstbesetzt, panisch, als Nachspiel, häufig mit Verletzungen und mit Tod verbunden. Die meisten Treppenunfälle, sowohl in Gebäuden als auch im städtischen Raum, passieren nachweislich in der Dekadenz. Dort ist auch Tom Waits zu Hause, der in seiner Interpretation des Jakobstraumes aus der Himmelsleiter eine Höllenleiter macht, wie ein um 20 Jahre verzögertes Echo auf den Song von Led Zeppelin: »Earth died screaming – Rudy's on the midway – Jacob's in the hole – monkey's on the ladder – the devil shovels coal ...« (Earth died Screaming, 1992).

Der plötzliche Fall, der Abstieg ins Fegefeuer oder die ewige Verdammnis – Vertigo: Die etymologische Bedeutung von vertikal ist zumindest doppeldeutig. Es steht heute für uns vor allem für senkrecht, hat aber, vom lateinischen Verb »vertere« abgeleitet, auch die Bedeutung von »drehen, wenden«. Im Lateinischen bezeichnete man damit die Bewegung eines Wirbels in Gewässern und übertrug diese Bedeutung dann auch auf den Haarwirbel, und sie wurde von dort metonymisch übertragen auf Kopf, Haupt, Spitze, mit dem Senkrechten als Richtungsbezeichnung: wie ein Lot von oben nach unten verweist, wie ein Körper, der von oben nach unten fällt, von der Spitze eines Turms zum Beispiel, die im Lateinischen VERTEX heißen würde. Im Lateinischen VERTIGO sind alle diese Bedeutungen enthalten und eine zusätzliche Dimension: die Negativkonnotation einer strudelnden Bewegung, einer schwindelnden Umdrehung. Im Angelsächsischen wird diese Dimension vor allem mit spezifischen Zuständen geistiger Verwirrung verknüpft: »a disordered state in which the individual or his/her surroundings seem to whire dizzily: giddiness. A dizzy confused state of mind«.[8]

Das Zentrum des Filmischen, der kinematographischen wie auch der aktuellen televisuellen, videographischen oder computeranimierten Kultur ist eigenartig schwerfällig mit der Produktion der klaren hierarchischen Bedeutungszuweisungen, der Bestätigung des etablierten Ordnungskonzeptes beschäftigt, offensichtlich und zumeist platt illustrativ. Die Treppe hat sich in der hundertjährigen Geschichte des Kinos im engeren Sinne vielleicht zum wichtigsten

Einschwingen & Auslenken

19/20 Im Gleichschritt. *Wir tanzen um die Welt* 1939 **Abb. 9**

Abb. 10 *"Les mystères du château de dés"* Man Ray 1929

Requisit oder Artefakt realer Ausstattung des Films der Vertikalen, wie ich die Erzählungen des Urbanen gerne nennen möchte, bestätigt, sehr weitgehend affirmativ gegenüber den tradierten Einschreibungen.

Griffith' »Intolerance« und Langs »Metropolis«, mit ihren monumentalen Inszenierungen mächtiger Repräsentativität einerseits und die mit ihren Hauptbewegungen nach unten, ins Dunkel, gerichteten expressionistischen Filme, wie z. B. Jessners/Lenis »Die Hintertreppe« (1921), Langs »Der müde Tod« (1921), oder Wienes »Raskolnikoff« (1923) bilden die Pole in den 10er und 20er Jahren. Kinematographische Lektüren der archaischen Grundsymboliken der Stufenanordnung, durchbrochen von einigen Sequenzen surrealistischer Bewegungsvielfalt (wie etwa in Richters »Vormittagsspuk« von 1925 oder in Légers mechanischem Ballett von 1924). Im Revuefilm der 30er und 40er Jahre werden die weiblichen Körper der gebauten Rationalität der Stufenformation untergeordnet, in den Gleichschritt gezwungen und verschwenderisch ornamentalisiert, wie es Fischinger in einer berühmten Zigarettenreklame für »Muratti« mit Offenbachscher Can-Can-Musik in den 20er Jahren bereits vormachte. Höhepunkt in dieser Tradition ist für mich Ray Enrights »Ready, Willing and Able« von 1937 mit dem Tanz auf der überdimensionierten Diskursmaschine, dem typewriter. Nur zwei Jahre später kommt indessen eine der eindrucksvollsten Inszenierungen des Zwischenraums in die französischen Kinos, Marcel Carnés »Der Tag bricht an« (Le jour se lève), die sich dramaturgisch ganz zwischen dem im obersten Stockwerk des einsam hinaufragenden Mietshauses in Paris verbarrikadierten, das freie Außenseitertum repräsentierenden Edelproleten und der Welt des Hundedresseurs Jules Berry entfaltet. Eine schöne Umkehrung des normalen gesellschaftlichen Oben und Unten der Städte. Die schwarze Poesie des Carné-Films findet dann in anderem kulturellem und architektonischem Kontext vielfache Entsprechungen in den Licht- und Schattenspielen der spannungsreichen Zwischenräume des film noir ...

Wir können weiter so durch die Filmgeschichte hetzen mit dem Blick auf den Protagonisten der Treppeninszenierung,

Siegfried Zielinski

"Ein Amerikaner in Paris" (1951) Der Schauspieler oben, halb, Georges Guetary

Abb. 11

von Hitchcocks Psycho-Architektur über Michael Powells Lebenszeitverdichtungen in »Red Shoes« (1948) oder »Matter of Live and Death« (1946), bis hin etwa zu Ken Russels gotischer Vertikal-Ästhetik, David Lynchs naiver Science fiction (in »Dune«), Brian de Palmas Gewaltphantasien, für die er sich auch nicht scheut, Eisensteins Odessa-Treppe als Bahnhofstreppe umzufunktionieren und für seinen Showdown nützlich zu machen (»The Untouchables«), oder den inflationären kinematographischen Illustrationen des Freudschen Stiegentraums als rhythmischem Aufstieg zur Ejakulation (etwa bei Mickey Rourkes und Kim Basingers Gewaltakt auf der engen Gossentreppe im nächtlichen strömenden Regen (in »Neuneinhalb Wochen«, in dem der Mann den Körper der Frau im Takt des Musikcomputers nach oben zwingt und die Kamera mit einem Vertikalschwenk auf das fahle Licht einer Straßenlaterne und das Neon einer Leuchtreklame die Szene beendet – das ist es, was vom strahlenden Licht übriggeblieben ist!), bis hin zu Peter Handkes »Die Abwesenheit« (1994), der mit einer penetranten Vergleichung der stufenlosen Poesie des Meeres und der gebauten Rationalität einer Stufenanordnung beginnt, oder auch Peter Greenaways »Belly of an Architect«, der den tiefen Fall seines Architekten-Protagonisten in der zentralen Sequenz als Aneinanderreihung von drei Treppenszenen erzählt: Rom gelesen in einer Verbindung von Freudscher und Jungscher Traumdeutung. Ich möchte mich hier lieber noch auf ein Beispiel konzentrieren, dessen Regisseur wir gemeinhin nicht mit der Inszenierung der Offensichtlichkeit verbinden.

Jean-Luc Godards »Le mépris« / »Die Verachtung« ist über die allergrößten Strecken ein Film der Horizontalen. Die Entfaltung des durch zwei einzuhaltende Verträge besiegelten Doppelkonflikts zwischen Autor und Produzent und Mann und Frau bewegt sich ganz in den Ebenen (von Cinecitta, im Garten der römischen Villa des Produzenten, innen im Apartment von Paus und Camille vor allem sowie kurz vor dem melodramatischen Ende noch einmal mit weit ausholenden Gesten im Salon der Ponti-Villa über dem Meer von Capri, (gebaut von Alberto Libera). In den konfliktentscheidenden Sequenzen 14, 16 und 17 (von 19 insgesamt) mutiert der Film jedoch ganz zur Vertikalinszenierung: Das (Film-)philosophische Streitgespräch über die Odysseus-Geschichte und die kontroversen Möglichkeiten ihrer Realisierung auf der Leinwand zwischen dem Regisseur (Fritz Lang) und dem Autor (Michel Piccoli) filmt Godard noch als relativ ruhigen, aber bereits steilen Abstieg hinunter zur Produzentenvilla. »Der Tod ist keine Lösung«, sagt der deutsche Meister der Todesinszenierung am Schluß dieser Sequenz etwas müde, und die Kamera blickt hinunter zum prächtigen Haus im Meer. Die Zelebration der Architektur als wie für den Film geschaffener Architektur dann in der plastischen Inszenierung des endgültigen Scheiterns der Beziehungen auf der Freitreppe der Ponti-Villa und schließlich im Abgang auf dem engen Stufenweg hinunter zum Wasser. Verträge sind einzuhalten, Filmverträge wie Eheverträge, auch ohne Liebe. Sie ist für Camille uneinholbar. Sie tritt nach dem Abgang kurz aus dem Bildkader, um einige Sekunden später als Penelope im Meer schwimmend wieder aufzutauchen.

»Le mépris ist ein einfacher Film ohne Geheimnis«, sagte Godard, »ein aristotelischer Film des äußeren Scheins, der in 149 Einstellungen beweist, daß Kino wie im Leben nichts Geheimnisvolles ist, nichts, was es zu erläutern gäbe, man braucht nur zu leben – und zu filmen.«

Die Treppe und was man im Film mit ihr machen kann und was sie mit den Körpern von Schauspielern macht – eine Miniatur-Studie am Beispiel einer einzigen Einstellung in der Aszendenz:

Das Bild hat ikonologischen Stellenwert. Camille und Paul in der eingefrorenen Bewegung des Abgangs von der Freitreppe der Villa. Beide aus starker Untersicht photographiert wie antike Statuen. Odysseus und Penelope wären sie in dem Film, den Fritz Lang in »Le mépris« dreht und

Einschwingen & Auslenken

den Paul umschreibt. In der feinen Differenz der Körperhaltungen der beiden drückt sich markant der dramaturgische Unterschied aus, den der Regisseur ihnen zuweist und für den sie zugleich als verschiedene Charaktere prädestiniert sind: Camille ist Darstellerin, ist Brigitte Bardot. Ihre Körperhaltung ist gerade, aufrecht, der Rücken durchgedrückt, der Kopf leicht erhoben. es ist ungeheuer schwer, so eine solche Treppe (ohne stützendes Geländer) hinabzuschreiten. Die Schultern sind gespannt, sie versucht sich an ihren eigenen Händen festzuhalten. Lediglich die Augen scheinen hinter den gesenkten Lidern den Kontakt zum gestuften Boden zu halten. Wie schwierig dieser Abstieg ist, kann man an Michel Piccoli sehen. Sein rechter Arm sucht den Halt am Körper, am rechten Oberschenkel. Der Oberkörper ist leicht nach vorne rechts geneigt, er scheint etwas zu kippen, ist deutlich den Stufen zugewendet, während sein linker Fuß in der Luft schwebt. Piccoli ist Schauspieler; er spielt eine Rolle: die des zögerlichen, seiner Identität unsicheren käuflichen Autors, der lieber dramatischer Schriftsteller wäre als Drehbuchautor. Als Schauspieler kann er sich die gebeugte Haltung leisten, sie paßt sogar zur Rolle. Aber BB ist Ikone. Sie spielt keine Rolle, sondern sie stellt dar, was die Traumfabrik aus ihr gemacht hat. Seit der Etablierung ihrer Identität als erotische Ikone des europäischen Erzählkinos der 50er und 60er Jahre durfte und konnte sie nicht mehr schauspielern, sondern nur noch repräsentieren. Godard benutzt und bestärkt sie zugleich in dieser Funktion. Auch eine Form der Dekonstruktion, auf den Stufen.

VI

Zwischen den Polen klarer hierarchischer Zuweisungen gibt es Phänomene, die sich auf den Plateaus aufhalten, in den Verstecken unter der Treppe, welche die Bewegungen auf den Stufenformationen ihres eindeutigen zweckgerichteten Charakters entkleiden und sich auf das spannende Spiel zwischen hochgradiger Ordnung (des gebauten Körpers) und der Anarchie des Körpers individueller wie gesellschaftlicher Existenzen einlassen.

Abb. 12

Siegfried Zielinski

Das ist vor allem das Aktionsfeld der bildenden Kunst. Marcel Duchamp hatte mit seinem die Treppe herabsteigenden Akt den seinerzeit unverschämten Initialpunkt gesetzt (zugleich von den Grenzen der Malerei unter den Bedingungen kinetischer Ausdruckspraxen kündend). Daraus hat sich ein dichtes Geflecht von Referenz-Werken entwickelt, in einem intermediären Zusammenhang. Richters »Ema – Nude on a Stair« (1966) scheint bereits – nicht nur direkt im materialästhetischen Sinne, sondern auch in der gesamten Bildkonstruktion – durch die Photo- und Filmgeschichte der Jahrzehnte zuvor hindurchgeschritten zu sein; darauf bezieht sich wiederum Werner Nekes im dritten Teil seines Films »Amalgam« von 1976 mit seinen mehrfach belichteten Bildkadern. Shigeko Kubota setzte in seiner Videoinstallation »Duchampiana – Nude Descending a Staircase« noch einen drauf, indem er in vielfachen Bearbeitungsschritten die Zeitmodi des Aktes variiert. »Tanzen wir noch immer auf der gigantischen Palme von Marcel und denken, es handele sich um einen großen Kontinent mit einem Ozean?«[9] Albert Oehlen leistet sich in seiner Arbeit von 1983 – »Skulptur die Treppe hinabsteigend« – die Inszenierung des genauen Gegenteils vom kinetisch fein durchgegliederten biegsamen Körper: Da steht ein schweres Balkengerüst auf den Stiegen, das bereits Spinnweben angesetzt hat. Und bei Volker Tannert stürzen nur noch Putzeimer die Treppe hinunter, die keine metaphysische Sinnzuweisung mehr zu haben scheint. Außer, daß ich mich an den Sturz des besoffenen Maurers Finnegan erinnere (die Ausgangsgeschichte von James Joyce' »Finnegans Wake« als radikale Umkehrung von Jakobs Traum) und daran, daß als Bezeichnung für Huren/Prostituierte noch bis ins 19. Jahrhundert hinein der Ausdruck »Treppenfleisch« benutzt wurde, der wiederum da herrührte, daß in den bürgerlichen Haushalten das Reinigen der Stufen zu den niedersten Tätigkeiten von Frauen gehörte, die bei den Bediensteten oft auch den sexuellen Mißbrauch durch den Hausherren einschloß.

Aber dieses Feld des Versuchs, die Formationen im rechten Winkel zu transgredieren, ist auch dasjenige der Musik. Zwischen 1915 und 1917 schrieb Arnold Schönberg den Text zu seinem Oratorium »Die Jakobsleiter«. Die Musik für Soli, Orchester und Chöre komponierte er in den Jahren 1917 bis 1922. Das Werk blieb unvollendet. Ein kühner Entwurf dafür, in die vertikale Konstruktion der Zivilisation mit seiner Zwölftonmusik eine andere Struktur hineinzutragen.

Anfang und Ende des Aufbaus der Skala sind kurzgeschlossen, zusammengebogen. Die Jakobsleiter wird quasi zu einem abgestuften Riesenrad, das Schönberg sich in sich selbst bewegen läßt. Kein Anfang und kein Ende, singt der Chor, repetitiv aufgeteilt in drei Gruppen: die Unzufriedenen, die Zweifelnden und die Jubelnden. Einige davon singen: »Wann hat unsere Liebe begonnen?« Andere antworten: »und dann ist unsere Liebe vorbei« und wieder andere: »nie endet dieser Kuß« und wieder einige: »nie Dich besitzen«. Die ersten Zeilen des Oratoriums singt der Erzengel Gabriel ob rechts, ob links, vorwärts oder rückwärts, bergauf oder bergab, man hat weiterzugehen, ohne zu fragen, was vor oder hinter einem liegt. Es soll verborgen sein? Ihr durftet, mußtet es vergessen, um die Aufgabe zu erfüllen.«

Lektüren von Filmemachern, welche die kulturhistorisch hochgradig ritualisierte Ordnung der Stufenformation brechen oder gar zu transgredieren vermögen, Einbildungen, die den Bedeutungsraum zwischen Himmels- und Höllentreppe entdeckerisch auszuloten versuchen, sind äußerst rar. René Clairs faszinierender Versuch von 1924, das raumzeitliche Potential des Eiffelturms kinematographisch auszuschöpfen, indem er in seinem Stahlgerüst panische Verfolgungsjagden inszeniert, während die Metropole im Dornröschenschlaf liegt, und damit ein absurdes urbanes Verbündungsfest von Technik und Körpern feiert, gehört zweifellos dazu (ich spreche von dem 21 minütigen »Paris, qui dort« von 1924). Meilensteine der weiblichen Filmavantgarde, wie Maya Derens »Meshes of the Afternoon« (von 1943) oder in jüngster Zeit der Österreicherin Valie Exports »Syntagma« (1992) spielen mit dem zentralen Relikt der vertikalen Durchorganisation von innenarchitektonischem und urbanem Raum. Die Kinesis–Studien der Brothers Quay (z. B. in »Extinct Anatomies of a Distant Observer«) öffnen aus einer besonderen kinematographischen Perspektive, derjenigen des phantastischen Animationsfilms, den Blick auf das, was in der Bewegung der Dekadenz an Freiheiten alles verborgen sein mag.

Exemplarisch möchte ich mich auch hier auf ein einziges Werk konzentrieren, an dem seine Hersteller fünf Jahre lang gearbeitet haben: »L'Ange« von Patrick Bokanowski (mit der Musik von Michèle Bokanowski) von 1983. Ein obsessiver Film und eine obsessive Treppeninszenierung, ein brennender Engel aus der kinematographischen Hölle.

Einschwingen & Auslenken

»L'Ange« ist aus fünf erzählerisch und dramaturgisch in sich abgeschlossenen Sequenzen aufgebaut, die den Status von selbständigen kürzeren Inszenierungen haben. Diese eigenständigen Sequenzen werden raum-zeitlich entfaltet wie auf den Zwischenplateaus einer Wendeltreppe, die uns die Bilder und die Musik zunehmend atemlos hinauf- und hinunterjagen: in miniaturelle mis en scènes gesetzte dramatische Ereignisse in einer irritierenden – in ihrer gebauten Zweckrationalität nicht mehr erfahrbaren, also nur medial existierenden – Architektur des Zwischenraums. Die fünf Kammern der Erinnerung, des Traumas und des Traums, absurder bedrohlicher Einbildungen werden getrennt und verbunden durch halsbrecherische Stufenansichten. Die spiralförmig gewundene Treppe als raum-zeitliche Vergleichung par excellence. Noch einmal: Vertigo. Damit beginnt Bokanowskis Engel auch. Über die Stufen der Einschwingung werden wir in das absonderliche Phantasiegebäude des Films hineingezogen. Und wir verlassen es im Ausgang, in einer Eskalation, mit dem letzten Engel, mit einem brennenden linken Flügel, wiederum auf Treppenstufen, auf dem Weg nach oben – innehaltend. Abrupter Stillstand. Auch diese letzte Bewegung entpuppt sich als trügerisch. Sie führt nirgendwohin. Die imaginäre Architektur kennt weder ein Innen noch ein Außen. Sie ist nicht repräsentativ, und sie besitzt deshalb auch keine Hierarchie des Oben und Unten. Die Körper sind ermattet. Eine Flucht ohne ausmachbares Ziel, die ihren surrealen Reiz in der Selbstbewegung hat. Moving images eben, die nah an den Vor-Bildern eines berühmten statischen Bilderstellers sind: Giovanni Battista Piranesi und seinen Zeichnungen aus den Kerkern der Imagination.

VII

Zum Schluß wieder eine Auslenkung zugunsten des Spielers. Wir kehren zurück zum Körper, zum sich zur Schau stellenden Körper. Wir versuchen damit eine Art Levitation, eine Bewegung der Befreiung zu erzeugen, möglicherweise derjenigen verwandt, die John Berger mit der Bewegung zwischen dem Jungen, dem Ball, der Mauer in seiner Geschichte poetisch kraftvoll erfunden hat.

Innerhalb der Sprache Sprache zu transgredieren ist ein schwieriges Unterfangen. Einige haben es versucht. Zum Beispiel Georges Bataille mit seinen Ideen und Phantasien zur Verschwendung, die am wenigsten intellektualisierten Ausdrucksformen eines Verlorenseins betreffend; Poesie heißt für ihn nichts anderes als Schöpfung durch Verlust. (»Die Aufhebung der Ökonomie, der verfemte Teil«). Jean Cocteau inkorporierte dem lächelnden Harlekin die Leiter, Paul Klee ließ die filigranen Strichfiguren seiner Radierungen häufig am Ende der Leiter straucheln, schweben ...

Mit seinen geistesgegenwärtigen Körpereinsätzen gegen die homogenisierten, gebauten Räume der Stadt pflegt Jacques Tati in seinen Filmen eine ganz besondere Form der Weltveränderung. In dem Kurzfilm »Le cours du soir«

Abb. 13

Siegfried Zielinski

(Die Abendschule) von 1967 unterrichtet er seine erwachsenen Schüler in Dingen und Bewegungen der Unmöglichkeit, etwa wie man mit der Schulter eine Betonsäule streift, wie man vom Pferd fällt und wie man eine Treppe hinaufstolpert. Selbstverständlich scheitern alle seine Probanden kläglich an der Aufgabe, trotz akribischer Berechnungen der Höhen- und Tiefenunterschiede der einzelnen Stufen und des Beugungswinkels der Beine, die sie beim Begehen einzuschlagen haben. Mit einer unbeschreiblichen Leichtigkeit überwindet der Meister selbst die Stufen als Hindernis. Sein hochgewachsener stattlicher Körper vermag das Stolpern auf der ersten Stufe zu antizipieren; den Fall nach vorne verwandelt er in die Energie, die er benötigt, um schließlich auf der rettenden Ebene elegant auszupendeln. Mit der Hausaufgabe, sie mögen weiterüben, entläßt der Lehrer seine Schüler in den Feierabend.

ANMERKUNGEN

1. Siehe dazu auch John Templers zweibändiges Werk »The Staircase. History and Theories« von 1991
2. Zit. hier nach dem wunderbaren Treppen-Special des DAIDALOS, Berlin Architectural Journal, vom 15. Sept. 1983, No. 9, p. 26
3. In: Jakobsleiter, Material. Ein Buch der Bochumer Symphoniker zum Konzertzyklus »Jakobsleiter« 1991/92, hg. v. E. Kloke, B. Budisavljevic und D. D. Gericke. Vgl. dazu Abb. 16, das Foto von Tom Fecht u. »Namen und Steine-Mémoire nomade 1992-2000« Katalog, Bonn 1997
4. Zit. aus der Ausgabe des S. Fischer Verlags von 1925, »Jaákobs Traum«, ein Vorspiel von R. Beer-Hofmann.
5. Entnommen aus Peter Omm: Meßkunst ordnet die Welt. Frankfurt 1958
6. Vgl. dazu auch Stephen Jay Goulds Aufsatz: Ladders and Cones: Constraining Evolution by Canonical Icons, in: Hidden Histories of Science. Ed. By Robert B. Silvers, London 1997, p. 37ff.
7. Einen Höhepunkt der Klemakosadaptionen aus archäologischer Sicht stellt eine griechische Handschrift aus dem 14. Jahrhundert dar, sie wurde vermutlich um 1345 verfaßt und befindet sich in Athos, in Staronikita. Die Handschrift besteht aus insgesamt 288 Blättern. Auf 38 davon entfaltet sich die Geschichte auch visuell in einer frappierend avancierten Dramaturgie des Zeitbildes. Ihr habe ich einen eingenständigen Text gewidmet: »Jakobs Traum. Eine medienarchäologische Miniatur«, in: Lab, Jahrbuch für Künste und Apparate, hg. v. d. Kunsthochschule für Medien Köln mit Walther König, Köln 1996
8. Der Große Webster.
9. Zit. nach Annelie Pohlen: Treppenstücke mit und ohne Titel, in: Treppen, hg. v. Gugu Ernesto, Köln 1984, p. 9

Abb. 14

Abb. 15

rechts: Abb. 16

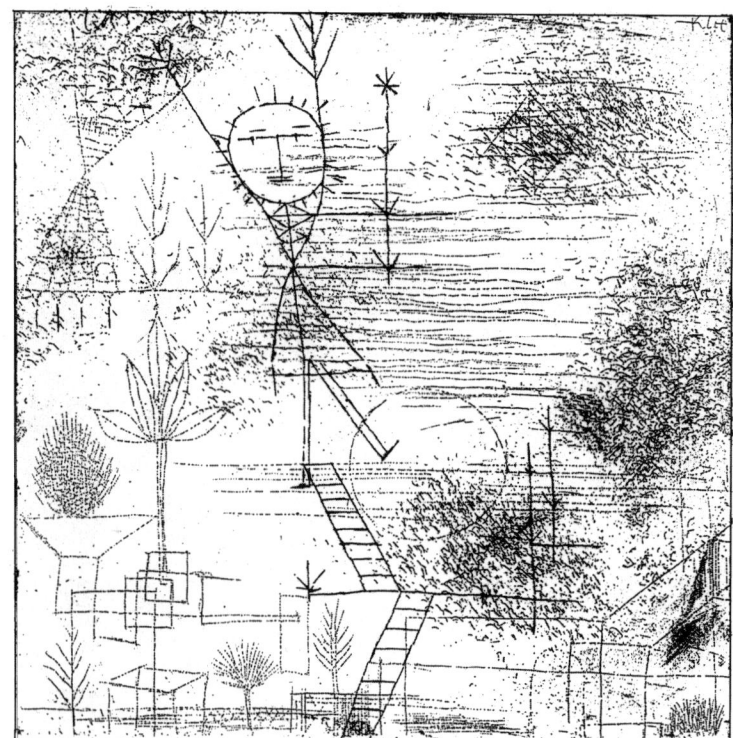

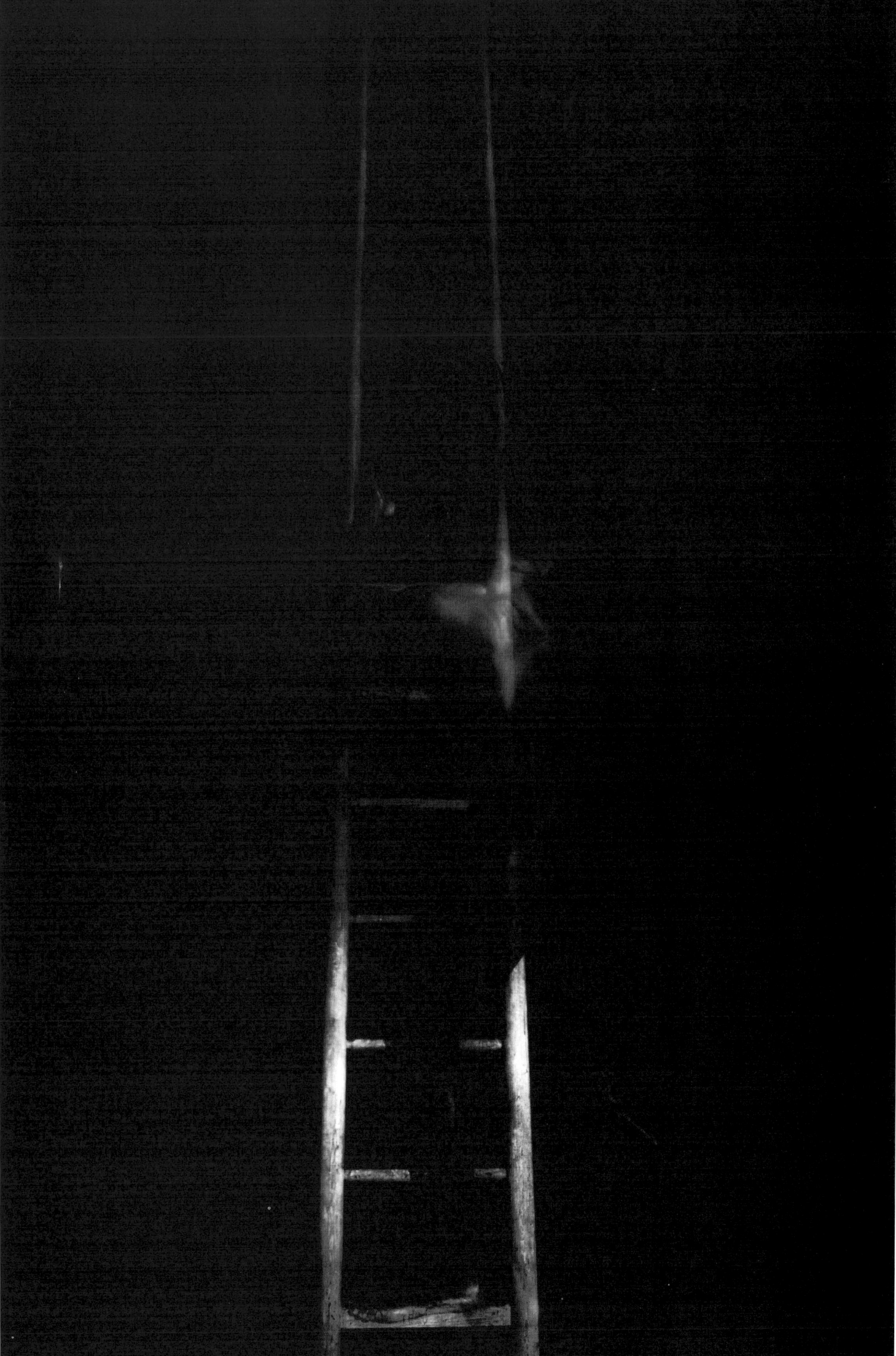

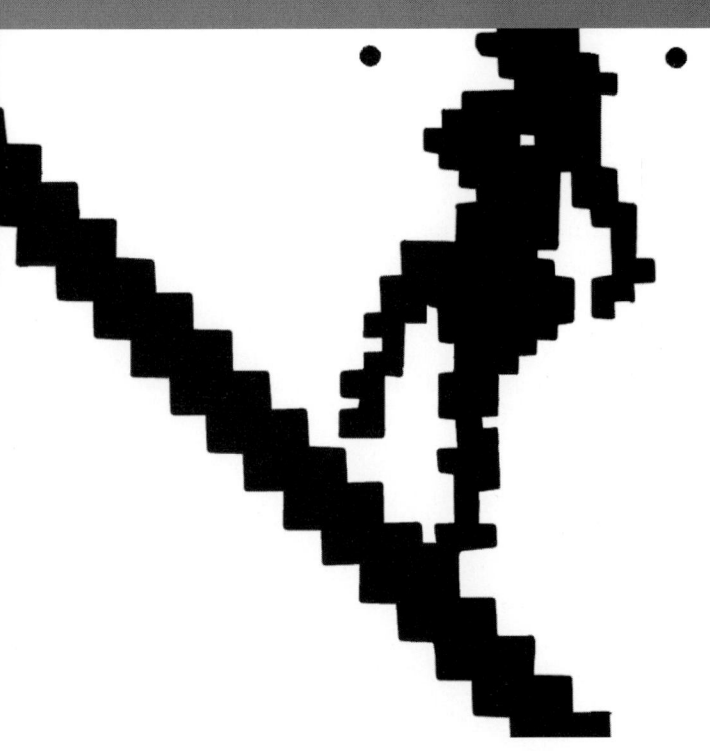

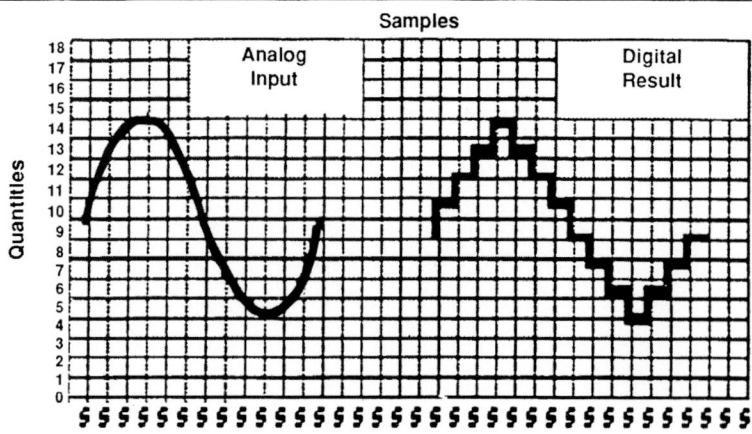

Figure 8.2: A/D Sampling Abb. 19

Abb. 17
Abb. 18

ABBILDUNGEN

1 Prag, Palais Waldstein, Hohlspindelwendeltreppe, 16. Jh. Aufmaß u. Zeichnung M. Radová-Stiková
2 Spiegelschraube für 90-Zeilen-Bildschreiber der Tekade,1932, aus: Gerhard Goebel, Das Fernsehen in Deutschland bis 1945, Frankfurt/Main 1953
3 »The steps to the heavenly city«, Die Stufen zur himmlischen Stadt, Holzschnitt aus Raymundus Lullus »Liber de Ascensus«, Valencia 1512
4 Chinese polyvasculat water clock (ca. 1155), aus: Marie-Louise Franz, Time, Rythm and Repose, 1978
5 Entwicklungsstufen des Homo Sapiens, aus: W. E. Le Gros Clarke, History of the Primates, London 1970
6 Michelspacher, Steffen: »Cabala speculum artis et naturae«, aus: Alchymia, Augsburg 1645
7 H. von Landsberg: »Hortus Deliciarum«, 1170/80, Quelle: Archiv: Siegfried Zielinski
8 Hans Bellmer, aus: Analogien 4/1991, Prag
9 »Wir tanzen um die Welt«, Spielfilm, Tobis
10 »Les mystères du château de des« Man Ray 1928 mit einem Zitat von Tom Waits aus dem Film: »Down by Law«
11 »Ein Amerikaner in Paris«, 1951 mit Georges Guetary (Filmstill 1951)
12 Foto aus dem Film von Jean Luc Godard »Le mépris«
13 L'Ange - un film de Patrick Bokanowski (Filmankündigung)
14 Paul Klee: »Gaukler im April«, 1928, Werk Nr. 127
15 Paul Klee: »Höhe«, 1928, Werk Nr.189
16 Tom Fecht: »Jakobsleiter«, Paris, 1999
17 Quentin Gluck: »Akt die Treppe hinaufsteigend«, 1999
18 Jean Cocteau: »Harlekin«, 1958
19 Diagramm Analog-Digital aus: The Electronic Image

Vorlagen: Overheadfolien von Siegfried Zielinski aus dem Vortrag

Dietmar Kamper/Jan Fabre: Ich spüre, daß ich verbrenne

ÜBER DIE CHAOS-KOMPETENZ DES KÜNSTLERS

> »Wahrlich, als erstes ist Chaos entstanden, doch wenig nur später Gaia, mit breiten Brüsten, aller Unsterblichen ewig sicherer Sitz, der Bewohner des schneebedeckten Olympos, dunstig Tartaros dann im Schoß der geräumigen Erde, wie auch Eros, der schönste im Kreis der unsterblichen Götter: Gliederlösend bezwingt er allen Göttern und allen Menschen den Sinn in der Brust und besonnen planendes Denken. Chaos gebar das Reich der Finsternis: Erebos und die Schwarze Nacht, und diese das Himmelsblau und den hellen Tag, von Erebos schwanger, dem sie sich liebend vereinigt.« (Hesiod)

Man muß Hesiod genau lesen. Das Chaos ist nicht die Unordnung, das Durcheinander, das Tohuwabohu. Das Chaos ist vielmehr fruchtbar und die etwas ältere Kehrseite der Erde. Das Chaos ist wie die Nacht nicht der Gegensatz, sondern die manchmal freundliche, manchmal feindliche Voraussetzung des Lebens. Das Chaos liegt der entstandenen Welt zugrunde, genauer zum Grunde. Dieser Grund, dieser Boden kann allerdings fehlen. Dann wird die Situation prekär, wie am Beispiel seismischer Katastrophen erfahrbar ist. Wenn die Erde bebt, tut das Chaos sich auf. Daß es dann vernichtend ist und viel Zerstörung hinterläßt, sollte nicht als Entschuldigung dienen für eine verkürzte Wahrnehmung und einen lediglich panischen Umgang mit ihm seitens der Menschen.

»Zwei Gefahren bedrohen das Leben: die Ordnung und die Unordnung«. schrieb Paul Valéry 2500 Jahre nach Hesiod. Das Chaos ist nicht die Ordnung. Das Chaos ist nicht die Unordnung. Es stellt das Woher dieser vermeintlichen Alternative dar. Insofern ist weder das triumphierende, ausgreifende und lineare Denken noch die althergebrachte Dialektik in der Lage, dem Chaos einen Ort zu geben, einen Ort zu lassen. Das kann nur einem transdialektischen, in seine eigene Unmöglichkeit zurücklaufenden, nach Art einer Möbius-Schleife verfahrenden Denken gelingen, insofern es Dunkel ins hellste Bewußtsein bringt, insofern es zwischen dem Denken des Innen, der wohlbekannten Reflexion, und dem Denken des Außen, der erst neuerdings erfolgreichen performance eine unwahrscheinliche Balance hält, nach Blade-Runner-Art.

Chaos-Kompetenz ist also überhaupt nicht Herrschaft. Das wäre Überheblichkeit und eine Lebenslüge dazu. Chaos-Kompetenz ist im Gegenteil die rückbezügliche Topologie der menschlichen Kompetenz des Selbst, des Denkens, des Handelns, des Fühlens – nach dem Muster: Erkenne dich selbst, daß du kein Gott bist! Erkenne dich selbst in deiner Sterblichkeit und Hinfälligkeit! Chaos-Kompetenz ist Selbstbeschränkung der Menschenmacht, und zwar nicht aus Unterwürfigkeit, sondern mit Macht. Chaos-Kompetenz ist die Kunst der unmöglichen Kunst, ist die souveräne Kunst, die eigene Unmöglichkeit an den Grenzen nach außen ins Innerste der eigenen Möglichkeiten zu verlagern. Chaos-Kompetenz ist somit verkörperte Paradoxie, um dem allgemeinen Wahn einer Zeichenherrschaft über das Gegebene der Welt zu entgehen, um dieser designierten Zeichenherrschaft, die nur noch als Wahn aufrechterhalten werden kann, nicht Folge zu leisten.

Es gibt hier einen veritablen Unterschied zwischen Design und Kunst. Und man muß ihn markieren. Er liegt in der Sache des Menschen, in seiner Wirklichkeit. Er liegt dort, wo es dem Menschen um sein Seinkönnen und sein Zeithaben geht. Nicht alles, was Menschen tun, ist Wahn und Verwirrung. Zwar ist das Reale von Phantasmata umlagert. Mitten in der Existenz findet die Insistenz statt. Dasein ist zutiefst Wegsein. Das Herz der Menschen ist keine Burg gegen äußere Feinde, sondern nach innen und ins Offene gewendet. Es ist eine Kluft, ein Ab-Grund, in dem das Un-Menschliche hockt und auf seinen Einsatz wartet. Aber die Arbeit der Phantasie findet im Souterrain der Bilder statt. Hier waltet die Angst, gegen die kein Kraut gewachsen ist und erst recht keine Methode. Hier heißt es nur: Wahrnehmung der Ungeheuer auf Teufel komm raus! Der Raum ist unendlich, leer, schwarz und richtungslos.

Das gilt sogar für den blauen Himmel. Der Schrecken meldet sich auch von oben in Form eines blutigen Kopfes und einer weißen Gestalt zurück. Das ist die »Nacht der Welt« (Hegel). Sie kann nicht weggedacht, wohl aber moderiert werden. »In lieblicher Bläue« (Hölderlin), das späte Gedicht des schizophrenen Dichters, bietet die Außenansicht der tiefsten Finsternis, dem Chaos in der Weglosigkeit unbeschränkter Einsamkeit abgerungen. So wie Jan Fabre seine bic-blue-Oberflächen dem Erebos abgerungen hat, nackt in die Leinwand eingedreht. So wie er den Formationskrieg der Käfer als Modell eines Körpergeschehens baut, das auf der Ebene der Zellen wie ein Theater sich abspielt, wie ein Theater mit dem Unerträglichen. Es gibt keine Garantie, daß dergleichen gut ausgeht. Die Gefahren sind dem Künstler vertraut.

Dietmar Kamper/Jan Fabre

Die Gefahren bestehen im Verlust der mit dem menschlichen Körper gegebenen Grundrichtungen: links und rechts; hinten und vorne; oben und unten; innen und außen. »Ästhetik des Schönen«; »Ästhetik des Erhabenen«; »Ästhetik des Abwesenden« – so heißt die Abfolge der Errungenschaften seit zweihundert Jahren. Die aktuelle Gefahr einer Entfernung des Körpers zieht die beiden letzten Richtungen in Mitleidenschaft. Die »Befreiungsgeschwindigkeit« (Virilio) befreit die Menschen buchstäblich von jeder Orientierung und macht lebendige Körper zu Leichen, reif für das Weltraumbegräbnis. Dabei ist der Höhenschwindel »Vertigo« unausweichlich. Strenggenommen ist es ein Fall nach allen Seiten, eine Art Explosion oder Implosion. »Wer nicht lernen will, fliegt raus« (Beuys).

Jan Fabre sagt nicht: »Ich verbrenne.« Er sagt: »Ich spüre, daß ich verbrenne.« (Alle Zitate, auch die folgenden der sieben Sätze, stammen aus dem Gespräch, das Jan Hoet mit Jan Fabre geführt hat und das unter dem Titel »Sich selbst verpflichten, langsam zu sein« im Jahre 1994 bei Cantz veröffentlicht wurde: »Jan Fabre im Gespräch«). Das ist erneut der Unterschied von Design und Kunst, ein Unterschied ums Ganze. Die Reflexion wird nicht simuliert, sondern von der performance getragen. Die Referenz der Reflexion entfällt nicht, sondern wird sprechend dem Spüren des Körpers überlassen, der letzten Instanz im Abgrund der Welt. Das Chaos wird produktiv durch den Künstler hindurch, falls dieser es schafft, das Scheitern seiner Kompetenz in ein virtuoses Können zu verwandeln.

ERSTENS: FINSTERNIS, NACHT, HIMMELSBLAU

> »Ich hatte stets das Gefühl, in geborgter Zeit zu leben. Und daß der Raum sich spaltet. Indem ich in obszöner und obskurer Zeit lebe und arbeite, in der Macht der Nacht, der Eulenzeit. Auf den Zeichnungen [...] reisen die Linien, ohne jemals anzukommen. Sie schweben, sie schaffen Raum, indem sie Raum spalten. Und Raum darstellen.« (S. 17f)

Obszön heißt jenseits der Szene, diesseits der Szene, außerhalb des Lichtes der Erscheinung. Obskur heißt finster, nächtlich, lichtlos. Eine Zeit, doppelt charakterisiert als obszön und obskur, grenzt mithin ans Chaos. Von dort her ist folgende Eskalation unvermeidlich: die Linie auf der Fläche spaltet den Raum. Indem der Künstler zeichnet, indem er die Kompetenz des Homo significans in Anspruch nimmt, reicht er in den Abgrund. Er arbeitet nicht auf festem Boden, sondern als »Lückenbüßer« unter den Zwängen der Zeit. Er füllt den fehlenden Grund, die Kluft mit seiner eigenen EksistenzInsistenz, indem er auf des Messers Schneide in Bewegung bleibt – eine einigermaßen absurde Angelegenheit. Wenn aber irgend etwas an der Kunst authentisch genannt werden darf, dann ist es dieser Einsatz des Körpers.

ZWEITENS: VOM HÖREN DES SICHTBAREN

> »Ich sehne mich danach, daß das Auge sich selbst ausschaltet.« (S. 25) »Ich tue nichts bewußt, ich denke nicht zusammenhängend, ich erwarte nichts, und alles passiert von selbst. Mir schwindelt der Kopf, und das Ohr tut seine Arbeit [...] (S. 25)« »Ich höre auf meine Wirklichkeit.« (S. 27) »Vielleicht ist die Kunst eine Übung, bis man selbst verschwindet?« (S. 29)

Seit Jahrzehnten schon besteht der Zweifel, ob die Entwicklung der visuellen Medien und die Rückkoppelung ihrer Folgen noch mit Bildern zu bezeichnen sind. Seitdem der Blick absolut gesetzt wurde, sich also von den Augen emanzipierte, kann man das Entscheidende nicht mehr sehen, sondern nur noch hören und spüren. Die Ereignisse der Bildfläche müssen in den Körperraum zurückübersetzt und dort zu Gehör und zur Resonanz gebracht werden. Weil das Labyrinth des Ohrs auch die Bedingung der Balance ist, hat es seit langem das Schwindelerregende der Finsternis, der Nacht und des unendlichen Weltraums alleine zu leisten. Das heißt mit zerbrochenem Kopf denken und mit zerrissenem Herzen fühlen. Dabei entsteht das Risiko, daß der Künstler sein eigenes Verschwinden betreiben muß.

DRITTENS: DIE KUNST NACH DEM SCHEITERN

> »Man muß etwas hinter sich lassen, wenn man etwas hinterlassen will. Ich glaube an den magischen Sonnenstrahl, der durch ein Kirchenfenster hereinfällt. Dafür stehe ich ein, mit dem Gedanken, dieses Unbeschreibliche mit anderen Menschen teilen. Es ist ein Glaube aus Verzweiflung. Ich bin der Ritter der Verzweiflung.« (S. 31ff)

Jan Fabres körperliches Wissen vom Feuer der Verausgabung führt nah heran an eine sonderbare Grenze, an die Grenze von innen und außen, die nicht verkehrt, nicht überschritten, nicht hinausgeschoben, sondern nur umgestülpt

Ich spüre, daß ich verbrenne

Jan Fabre: »Flämischer Krieger (Krieger ohne Hoffnung)«, 1996 · Juwelenkäfer auf Eisendraht, Holz, Rüstung · 230 x 46 x 60 cm · Foto: Attilio Maranzano

Dietmar Kamper/Jan Fabre

werden kann – eine Grenze, die sich nach innen öffnet und demjenigen, der an ihr angekommen ist, die Erfahrung des Anderen bietet. Das mag wie ein Einbruch von außen sein, die Bezeugung, daß der einzelne nicht »allein« ist. Der Künstler ist ein verzweifelter Ohren- und Körperzeuge für die bestürzende Erfahrung, daß eine Epiphanie vom Anderen her wirklich geschieht und daß das Material der Welt dem Geist der Beherrschung immer überlegen ist.

VIERTENS: SIGNIFIKATION, EREKTION UND DESTRUKTION

> »Die Symmetrie schafft aus der Ordnung Chaos und aus dem Chaos Ordnung.« (S. 40) » In meinem plastischen Werk ist Symmetrie ein Vorbote des Destruktiven, die Herausforderung einer allumfassenden Vernichtung [...] ein Sturm, von dem nur noch Stille bleibt.« (S. 41) »Linien sind immer Erscheinungen von Sein und Nichtsein.« (S. 40)

Das Medium, das sich selbst negiert, macht Platz für das, was nicht mediatisiert werden kann. Dem zur unendlichen Blase aufgeblähten Geist mag es so erscheinen, daß es nichts gibt außerhalb seiner, das heißt außerhalb der Vermittlung. Es mehren sich jedoch die Erfahrungen, daß die selbstbezügliche Vermittlung, das absolute Medium weltlos, körperlos und materielos ist – ein Signifikant, der von Spiegeln umgeben ist und sich selbst in seiner monströsen Erektion wahrnimmt. Die Symmetrie ist das Medium des Designs. Es sorgt für die Ausbreitung der toten Ordnung in der Welt und provoziert seinerseits eine tote Unordnung. Deren Verhältnis funktioniert wie eine schlechte, schiefe Alternative. Denn beide Seiten sind zuletzt unannehmbar. So wird das Leben endgültig ausgetrieben. Und in solch extremer Lage kann die Devise des Lebens dann nur noch heißen: Tod dem Tod!

FÜNFTENS: DAS INTERFACE ZWISCHEN BILDFLÄCHE UND KÖRPERRAUM

> »In Zeichnungen will ich ein Gefühl von 'loose ends', von Offenheit haben. So wie im Leben. Das Leben ist voller 'loose ends'. Die Komplexität ist auch die Komplexität der Kunst. Die Löcher in den Zeichnungen sind Denklöcher. Die Zeichnung ist ein Körper mit einer Nase, Augen und Ohren. Wir dürfen diese Werkzeuge nicht unterschätzen.« (S.32)

Seit Jahrhunderten bekümmern sich Religion, Philosophie und Kunst um die Frage nach Offenheit und Geschlossenheit der menschlichen Existenz. Ist diese Frage selbst offen oder geschlossen? Jan Fabre hat sich für die losen Fäden und damit für die offene Frage nach dem Offenen und Geschlossenen entschieden. Insofern ist sein Werk definitiv unabschließbar, und zwar aus Rücksicht auf die Kompetenzen des Künstlers, die in seinen Werkzeugen manifestiert sind. Daß Zeichnung Skulptur wird und Skulptur Szene und Szene Weltraum mit Himmelsblau, liegt letztlich an der Hand des Zeichners, der seine Macht aufgibt. Dieser Punkt, an dem nicht der Künstler die Zeichnung, sondern die Zeichnung den Künstler zeichnet, kann nur erreicht werden, wenn die erfahrene Unmöglichkeit der Kunst zurückübersetzt wird in eine Fähigkeit der Sinne, die weder den Sinn noch den Wahnsinn, noch den Unsinn scheut.

SECHSTENS: ZUR ANTHROPOLOGIE DER INSEKTEN

> »Ich habe jahrelang Tiere gezeichnet.« (S. 19) »Es ist ein Austausch von Energie.«(S. 22) » [...] eine Einführung in das Verständnis einer vergessenen Sprache.« (S. 18) »Ich kam zu zwei Tendenzen: einerseits das Zurückziehen [...] und ande-

Jan Fabre: »Flämischer Krieger« (Detail), 1995 · Juwelenkäfer, Eisendraht, Holz, Rüstung · Foto: Attilio Maranzano

Ich spüre, daß ich verbrenne

rerseits das Sich-selbst-Verlieren, das Medium, das sich selbst tötet. Mord aus Respekt vor den Dingen.« (S. 19)

In der Kunst Jan Fabres ist von Anfang an ein Chiasma aufgetaucht, eine merkwürdige Überkreuzung, in der die Anthropologie der Insekten zu einer Entomologie der Menschen wurde. Die Rätsel und die Aporien der Menschenkunde wurden mit den Rätseln und Aporien der Insektenkunde kreuzgeschaltet und ergaben eigenartige Einsichten in das Verhalten beider Spezies. Neuerdings versucht sich Jan Fabre am Thema der Idiosynkrasien, das heißt der unwillkürlichen, absichtslosen und unbewußten Äußerungen, in denen der menschliche Körper, ohne es zu wissen, Theater mit dem Unerträglichen des Lebens spielt. Das ergibt Aufschlüsse über einige fundamentale Strukturen wie zum Beispiel den Krieg, der offenbar bei der Formierung/Formatierung der Körper unerläßlich ist. Die Ähnlichkeiten zwischen einer Insektenschlacht und einem Gigantenkampf sind in Rücksicht auf den Krieg der körperlichen Zellen gegen die Antikörper nicht mehr zu leugnen. Im Kreuzungspunkt des Chiasmas taucht der Verdacht auf, daß der Krieg überhaupt ein metaphorischer Effekt der Bildfläche ist.

SIEBTENS: DIE OBERFLÄCHE UND DIE IRONIE

> »Wir Künstler sind eine aussterbende Rasse. Wir müssen Zauberer bleiben, die mit Liebe und Wärme den Betrachter in ein wildes Schwein oder ein ruhiges Lamm verwandeln, ihn heilen oder ihn im richtigen Moment krank machen, so daß er fühlt, daß er noch einen Körper und ein Herz hat. Ich glaube nicht an das Publikum. Das Publikum ist ein schwarzes Loch.« (S. 51)

Es gibt zwei unverrückbare, unüberwindliche Grenzen der Macht: die Oberfläche und die Ironie. Sie markieren die Arbeiten Jan Fabres zwar nicht in jeder Hinsicht, aber an entscheidender Stelle. Finsternis, Nacht und Himmelsblau sind reine Oberflächen. Die Tiefe der Nacht ist eine Einbildung. Auch der Abgrund ist nicht tief, so daß das Chaos, aus dem er stammt, nichts mit einer Wurzel zu tun hat. Oberfläche, exemplarisch, wäre die nicht definierte Haut. – Ironie wird hier verstanden nicht als Absicht oder gar Willkür, sondern als ein objektiver Status der Dinge, als ihre strikte Ambivalenz. Der große Versuch der europäischen Neuzeit, die Welt eindeutig zu machen, ist mittels der Zweideutigkeit der Bilder an der Sprache gescheitert. Objektive Ironie heißt, daß nicht mehr gesagt werden kann, was gemeint ist, daß nichts übrigbleibt als die Oberfläche der Sprache, die in sich selbst verschlungen und verdreht ist: eine hohe Zeit für Witze, Sprachspiele und Kabarett-Nummern. Das Verdrehte, Verschlungene ist nicht wieder gutzumachen. Fälschung, wie sie ist, ist unverfälscht, Lüge als Lüge. Aber man kann darüber lachen.

WER ALSO IST JAN FABRE?

Er hat zwei zusammenhängende »Obsessionen«: Zeichnen und Wahrnehmen, bic-blue und Insekten, Käfer. Er führt vor: die toll gewordene Signifikation und den funkelnden Glanz der Leere abgestorbenen Lebens.

Er geht aus von der irreversiblen Entfernung der Körper und kommt durch bis ins Souterrain der Bilder. Er installiert in Vorstellungen, Darstellungen, Ausstellungen ein Wissen, das aus dem Bruch zwischen Bildfläche und Körperraum stammt.

Er arbeitet transalternativ, ein freier Geist, jenseits der Alternative von Bewußtsein und Willen. Er handelt nicht, er läßt zu. Als Künstler verkörpert er eine seltene Mischung aus Souveränität und Sterblichkeit.

Er überschreitet keine Grenzen, da er weiß, daß jede Überschreitung die Grenze mitnimmt und daß Grenzen nur nach innen geöffnet werden können. Die allfällige Umstülpung ist sein hauptsächliches Metier.

Er definiert Symmetrie, den Gipfel allen menschlichen Könnens, als Vorschein der Katastrophe. Damit nimmt er in Kauf, daß an entscheidender Stelle sein Fehlen herauskommt.

Chaos und Ordnung sind also nicht entgegengesetzt. Chaos und Unordnung sind nicht dasselbe.

Chaos ist das Nicht-Gegenteil von Ordnung. Chaos ist auch das Nicht-Gegenteil von Unordnung.

In der Logik kann das Chaos nur über Aussagen in doppelter Negation, über eine nicht positive Affirmation erreicht werden. In der Kunst fordert es paradoxe, in sich selbst zurücklaufende Äußerungsformen.

Dietmar Kamper/Jan Fabre

Der rechte Umgang mit dem Chaos führt direkt ins Vergessen, in die Dummheit der Macht. Wer das Chaos durch Ordnung besiegen will, erzeugt nolens volens Unordnung, ohne sie noch wahrnehmen zu können.

Der linke Umgang mit dem Chaos endet auf Umwegen in einer Unordnung, die nicht mehr produktiv ist. Man hat dann die Wahl zwischen Stumpfsinn und Schwachsinn, zwischen einer Käfer-Existenz mit einem Chitinpanzer aus Bildern, die härter sind als die Dinge, und einer Blade-Runner-Existenz, die mit unablässigen Körperschmerzen kämpft, aber über einen dunklen Spiegel der Zeit nicht mehr hinauskommt.

Der adäquate Umgang kann nur im »Garten der Pfade, die sich verzweigen« (Borges), stattfinden, das heißt in der Geschichte, die lebt. Man muß vor den Punkt der Spaltung zurück, das heißt in das ungeschiedene Leben. Das ist der Ort des Körpers des Andern, der Ort der Dunkelheit.

Chaos ist der »unzerbrechliche Kern der Nacht« (Foucault).

Chaos heißt, »auf leidenschaftliche Weise nicht tot sein« (von Weizsäcker).

Chaos ist der springende Punkt im »Begehren des Unmöglichen« (Lacan).

»Ich glaube an den magischen Sonnenstrahl, der durch ein Kirchenfenster hereinfällt. Dafür stehe ich ein, mit dem Gedanken, dieses Unbeschreibliche mit anderen Menschen teilen. Es ist ein Glaube aus Verzweiflung. Ich bin der Ritter der Verzweiflung.« (Fabre)

Jan Fabre: »Kriegers Rosenkranz II«, 1997, Rüstung, Holz, Juwelenkäfer, Leder · Foto: Attilio Maranzano

Walter Prigge: Weltkulturerbe im 20. Jahrhundert

BAUHAUS UND BRASILIA, AUSCHWITZ UND HIROSHIMA

Ein Nachtrag zum Stichwort Chaos als katastrophische Komponente – ähnlich wie bei Jan Fabre im Kontext von Entwerfen und spezifisch im Kontext von Verwerfen. Und weiter: wie führt eine solche Komponente in unserer Erinnerungskultur zu fatalen Verknüpfungen – aber auch zu spezifischen Erkenntnissen. Auch John Berger hat die Genesis unserer Erinnerungskultur ja nicht zufällig im Kontext der Katastrophe beschrieben (The Art of Memory, S. 41). Ich möchte hier die Erinnerung an das Bauhaus neu einordnen, um die Notwendigkeit eines Umzugs ins Offene aus ungewohntem Blickwinkel zu beschreiben.

Das Bauhaus wurde vor 80 Jahren gegründet und steht seit 1997 auf der UNESCO-Liste des Weltkulturerbes. Diese Liste enthält für das 20. Jahrhundert drei weitere wichtige Orte/Ereignisse von insgesamt sieben. Sie symbolisieren den Spannungsbogen von Modernität und Barbarei dieses Jahrhunderts: die Stadt Brasilia, das Konzentrationslager Auschwitz und der Dom von Hiroshima. Die Aufnahme des Bauhauses in diese Liste und die intellektuelle und mentale Herausforderung dieser Konstellation hat die Stiftung Bauhaus Dessau zum Anlaß genommen, diese vier Orte/Ereignisse als Zusammenhang von Modernität und Barbarei zu diskutieren – wobei das »und« behauptet, daß Modernität und Barbarei sich ergänzen und nicht mehr durch ein »oder« aufklärerisch getrennt werden können.

»Politik der Erinnerung«, »Urbanisierung der Gewalt« und »totaler Entwurf« lauten die Themen, mit denen die vier Orte/Ereignisse im Zusammenhang gedacht werden können. Warum erinnern wir uns und warum in der Form von Denkmälern? Auch die Erinnerungsarbeit von Individuen und Kollektiven geschieht unter den besonderen Bedingungen der Gegenwart: Historische Reflexion ist immer selektiv an die Verfassung der Gegenwart gebunden und untersteht einer zeitgebundenen Politik der Erinnerung, die »vorschreibt«, was zu erinnern sei. Gegenüber Sprache und Text halten Orte Erinnerungen intensiver und anschaulich fest – von dieser Inkorporierung geht die Faszination von Denkmälern aus (vgl. die Diskussion um das Holocaust-Denkmal in Berlin). Was bedeutet es, wenn Ereignisse wie die Vernichtung von Menschen und Städten oder Ideen wie Gestaltung und moderne Stadtplanung in der Form von Denkmälern erinnert werden sollen?

Die vier Orte sind durch ihre urbane Struktur miteinander »verbunden«; Gewalt, militärisch-politische Macht und Gestaltungswirkung auf soziale Lebenswelten artikulieren sich in ihnen in städtischer Form: Die Lager-Stadt Auschwitz, die Vernichtung oder Gestaltung einer ganzen Stadt, das Bauhaus als urbane Kultur und städtischer Zusammenhang der Bauhaus-Bauten vor allem in Dessau. Diese vier Orte stellen das offizielle Weltkulturerbe im 20. Jahrhundert dar. In welchen Formen artikuliert sich in diesen Orten/Ereignissen der globale Aspekt von Welt-Formierung? Wir haben diese Frage in den politisch-kulturellen Dimensionen von totalitärer Macht/Gewalt und totalen Entwürfen der Gestaltung (Gesamtkunstwerken) diskutiert. Otl Aicher hat diese Dimension für das Bauhaus so beschrieben:

> »der architekt gropius hielt das bauhaus offen auch für profanes, für bauten, tische, stühle und möbel, aber nicht als solche, sondern als elemente eines neuen glaubens. diesen fanden die maler in der elementargeometrie, im quadrat, im dreieck, im kreis und den primärfarben [...] damit war der konflikt vorprogrammiert: ist design eine angewandte kunst, tritt es also auf in den elementen quadrat, dreieck und kreis oder ist es eine disziplin, die ihre kriterien aus ihrer aufgabenstellung, aus dem gebrauch, aus der fertigung und technologie zieht? ist die welt das einzelne und konkrete, oder ist sie das allgemeine und abstrakte? diesen konflikt hat das bauhaus nicht ausgetragen, konnte es nicht austragen, solange der begriff kunst nicht enttabuisiert war, solange man einem unkritischen platonismus der reinen formen als weltprinzipien verhaftet blieb.«

Das Zitat beschreibt nicht zuletzt auch in seiner klein geschriebenen Form, wie sich Entwerfen, Verwerfen, Umzug und Suche im Offenen an einen Tabubruch binden, auch wenn sich das »Abwerfen von Geschichte« wie im Falle der Moderne zunächst nur formal herstellt und sich allein durch die symbolische Form »des Neuen« in ihren Anfängen legitimiert hat. Das Städtische wird im 20. Jahrhundert zum wichtigsten Laboratorium der Gesellschaft und der zeitgenössischen Raumproduktion.

(Zusammenfassung aus den Dessauer Protokollen, vgl. den Beitrag des Autors »Entwerfen und Verwerfen« S. 172-175)

Johan Lorbeer: Meteoritenschlag

>»Wenn man von einer Kuppel das Dach wegschneidet [...]
>dann ist wieder Leben drin [...]
>dann geht der Umzug vorwärts [...]
>dann geht die Bewegung ins Offenen [...]
>endlich, wieder nackt unter Sternen stehen!«

Satz aus fünf aufeinanderfolgenden Zwischenrufen während der Dessauer Gespräche

SPIRALWANDERUNG IM NÖRDLINGER RIES, 1977

Von einer Kuppel das Dach wegschneiden [...] darüber läßt sich ganz verschieden berichten, mir fällt dazu eine Studie über das Nördlinger Ries ein, eine geologische Formation als Ergebnis eines planetarischen Unfalls vor x-Millionen Jahren. Ein riesiger Krater, verursacht durch einen der größeren Meteoriteneinschläge auf dem europäischen Kontinent. Das Gebiet liegt etwa 80 km südlich von Nürnberg. Dort findet man eine hüglige Landschaft. Vom nördlichen Kraterrand blickt man auf eine scheibenförmige Ebene, auch nach Millionen Jahren sieht man tatsächlich noch einen Rand, dieses Aufbäumen des Erdreichs, das sich aus dem Aufprall eines außerirdischen Himmelskörpers ergeben hat. Der Krater hat einen Durchmesser von ca. 22 km und bewirkt einen besonderen klimatischen Effekt. Wenn der Luftdruck über dem Krater ansteigt und die Wolkendecke verdrängt, entsteht des öfteren darüber ein mehr oder weniger blaues Loch. Gerade im November, Dezember, wenn es überall grau ist, ist da dieses merkwürdige Loch. Schon auf dem Weg dorthin, 10 bis 25 km vorher, bemerkt man am Himmel einen kleinen blauen Schimmer. Die Wolkenkuppel scheint wie weggeschnitten.

Gemeinsam mit Reiner Bergmann habe ich während unserer Studienzeit eine Generalstabskarte dieser Gegend besorgt. Eine Karte im Maßstab 1: 20000, auf der jeder einzeln stehende Baum, jeder Weg, einfach alles darauf verzeichnet ist. In der Mitte des Nördlinger Ries` steht ein Kloster. Ausgehend von dieser geographischen Mitte haben wir uns von einem Grafiker eine Doppel-Spirale in diese Generalstabskarte einzeichnen lassen, aus der sich eine Spirallänge von 220 km ergab. Schließlich haben wir uns zu dieser Spiralwanderung entschieden, mit der Vorgabe: wir laufen genau der Linie nach. Tag für Tag; inklusive campen. Ich wußte nicht, wie lange das ganze Vorhaben dauert, aber es war klar, diese Linie nicht zu verlassen und genau auf dieser Linie entlang den Krater des Nördlinger Ries` zu erlaufen. Der Karte folgend wollten wir so erfahren, was die Realität mit uns machen würde. Wir ließen uns zu der Stelle am Kraterrand fahren, während es schneite, und begannen, mit Rucksack bepackt, unsere Wanderung.

Die ersten beiden Tage mußten wir jede Viertelstunde auf der Karte überprüfen, ob wir uns noch auf der Linie befanden oder schon wieder zu weit links oder rechts liefen. So liefen wir auf dem Höhenzug des Kraterrandes fast zwei Tage, der Karte folgend, spiralförmig und gegen den Uhrzeigersinn, die Turmspitze des Klosters ständig im linken Augenwinkel, in immer engeren Kreisen ziehend spiralförmig weiter in die Ebene, über die flachen Felder eigentlich kein Problem. Aber wir mußten den umliegenden Bauern des öfteren erklären, warum wir z. B. mit Gepäck über den Fluß schwimmen, obwohl 80 Meter weiter eine Brücke gewesen wäre. Aber die lag eben nicht auf der Spirallinie.

Um nun zum Raumerlebnis zu kommen: die ersten fünf Tage sind wir die Spirale links hinein gelaufen und hatten stets diese Klosterturmspitze im linken Auge. Am fünften Tag erreichten wir dann den Wendepunkt in der Mitte, dort wo das Kloster samt Kirchturm stehen. Es wird nicht mehr bewirtschaftet, wir haben dort übernachtet. Uns war klar, nun ist es vorbei, jetzt geht es wieder in entgegengesetzter Richtung raus und wird genauso lange dauern wie der Weg zur Mitte: 5,5 Tage hinein und jetzt wieder 5,5 Tage heraus. Am nächsten Morgen nach dem Frühstück brachen wir wieder auf, diesmal aber mit rechter Drehrichtung. Das war überraschend. Durch diese neue, diese Rechtsbewegung setzte eine Art Schwindel ein. Nicht dieser Schwindel, der als Schnelligkeit einsetzt, vielmehr stellte sich eine vollständige Desorientierung beim Laufen durch die flachen Felder ein. Es war einfach so, als bewegte sich der Klosterturm allmählich von uns weg. In diesem Moment hatte eine andere geographische Wahrnehmung begonnen. Diese ersten drei bis vier Stunden der Spirale rechtsherum zu folgen, war eine extrem ungewohnte geographisch-psychologische Erfahrung, ein Taumeln durch die Landschaft.

Meteoritenschlag

Als Werkzeug der Raumproduktion zeigt der Körper immer wieder seine Überlegenheit und höchste Präzision. Es ist ganz einfach: erst linksherum und dann rechtsherum und so wird einem ganz anders.

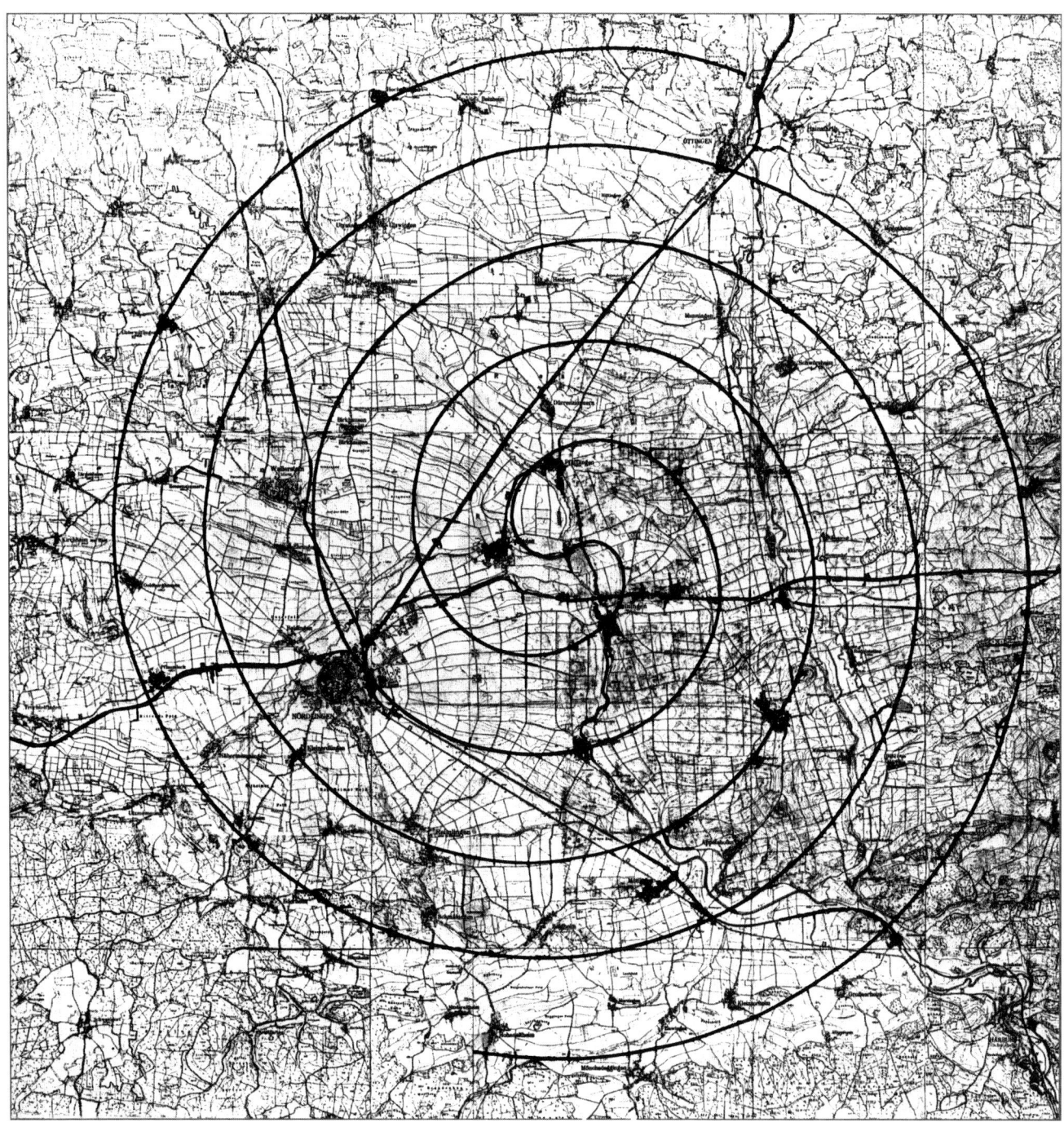

> io_dencies SERIES

Bei io_dencies tokyo (1997) [...] Das Java-Applet zeigte trans[...] notiert wurden und in die nun mehrere Benutzer gleichzeitig mithilfe verschiedener Tools eingreifen [...] Ebenen. Zuerst sucht es nach Formen des Lesens und Notierens städtischer Umgebungen, indem d[...] zessualität, Nichtlinearität und Selbstorganisation zu Schlüsselbegriffen geworden sind. Diese Analy[...] io_dencies tokyo Schnittstellen entwickelt, die in der Lage sind, die analysierten Daten zu transkodie[...] urbanen Maschinen: lokal und translokal, passiv / rezeptiv und aktiv / projektiv. Analyse, Schnittstel[...] tionspunkten in urbanen Umgebungen. Die Arbeit mit dem Online-Interface ist eine entschieden kol[...] die Effekte der Handlungen anderer unmittelbar auswirkt. [...] Die Ver-Ortung des Handelns und de[...] Shimbashi nur auf der Ebene der Darstellung zulässt, während die Interaktion innerhalb der Schnitt[...]

> http://io.khm.de/tokyo   > http://io.khm.de/sa[...]

Das von Knowbotic Research 1998 realisierte Projekt io_dencies são paulo stellt den Versuch einer Verortung der Schnittstelle und des Handlungsgefüges im Lokalen dar, der sich sowohl auf eine Psychogeographie des Ortes, als auch auf eine situationsgebundene, mediale Produktion und Artikulation eines Subjektiven stützt.[...] Während in io_dencies tokyo die topographisch bestimmte Notation urbaner Kräfte die Grundlage der Darstellung innerhalb der Schnittstelle bot, wurde für io_dencies são paulo eine abstraktere Darstellungsmetapher gewählt. Die Übersetzung von subjektiven Erfahrungswerten in maschinisch generierte Kräftefelder geschah in Anlehnung an situationistische Prinzipien des Erfahrens und Notierens einer Stadt. Über einen Zeitraum mehrerer Monate arbeitete

Überlegungen zu den Wirkungspotentialen 'immateriellen' Handelns trafen sich mit den Fr[...] und Kooperation in nicht-lokalen, digital vermittelten, konnektiven Umgebungen? So entst[...] das Thema der immateriellen Arbeit aufgeworfen wurde. Maurizio Lazzarato (italienischer T[...] Enzo Rullani, Iaia Vantaggiato) zusammenzustellen, die dann mithilfe der editorischen Instr[...] nischen Umgebung neu aufzuwerfen. [...] Die IO_dencies Werkzeuge im Internet (Datenban[...] terialisierung von Diskussionen und medialen Ausdrucksweisen. Die elektronische Schnitts[...] den kontinuierlich von anderen Teilnehmern weiterbearbeitet und re-animiert. Ihre Gültigke[...] bietet kein homogenes Ganzes, sondern eine konnektive Zone fluktuierender Subjektivität[...]

> knowbotic research >> 1997

ale Topologie des Netzes und die lokale Sozio-Topologie der Stadt über eine Schnittstelle ineinandergeschoben. [...]
ozesse und Kraftströme, die im Tokioter Shimbashi-Viertel (von dem japanischen jungen Architekten Sota Ichikaw
en konnten. [...] Das Projekt untersucht das Phänomen des Handelns in der urbanen Maschine auf verschiedenen
d dynamische Elemente betont werden. Hiermit bezieht sich die Arbeit auf einen Urbanismusdiskurs, in dem Pro-
gsdaten für die folgenden, hypothetischen Manipulationen bestimmter urbaner Schichten. Desweiteren werden in
borativen, konnektiven Handelns ermöglichen. Diese Schnittstellen vermitteln verschiedene Arten des Zugangs zu
che Teilnahme sind Teil eines Prozesses, der Fragen entwickelt zur Struktur und zu den potentiellen Transforma-
ei der die Aktivitäten der Handelnden nicht nur für die anderen sichtbar sind, sondern bei der ein Eingriff sich auf
jektivierungen findet über die gemeinsame, translokale Schnittstelle statt, die einen gemeinsamen Bezug auf den
raxis und Reflexionsfläche erfahren wird.[...]

eine Gruppe von sieben
jungen Architekten und
Urbanisten, die in São
Paulo leben, als Editore
an der Erstellung einer
Datenbank in der Text-,
Bild-, Video- und Klang-
material gesammelt wer-
den konnte, das aus der
jeweils subjektiven Per-
spektive des einzelnen
Editors bedeutsam war
für seine oder ihre
Wahrnehmung oder
Erfahrung der Stadt
São Paulo. Mithilfe
einer speziell ent-
worfenen Software
(Editor Tool) konnte
jede Editor die Inhalte
dieser Datenbank zu-
einander in Beziehung
setzen [...].
So entstehen innerhalb
der Datenbank Intensi-
tätszonen, Zonen star-
ker Beziehungen und
Spannungen, die in ei-
ner Visualisierung als
dynamische Kräftefel-
der dargestellt werden.

esearch in der IO_dencies-Serie zu stellen versucht. Was bedeuten Begriffe wie Arbeit, Konstruktion
IO_lavoro immateriale. IO_dencies sowohl in der technischen Anlage als auch in der inhaltlichen Diskussion
geladen, eine Gruppe von Soziologen und Philosophen (Luther Blissett, Michael Hardt, Hans Ulrich Reck
siehe IO_dencies são paulo) die Debatte über die immaterielle Arbeit innerhalb der translokalen maschi-
uelle mentale Karten und Visualisierungen der kollaborativen Denkflüsse) erlauben eine komplexe Ma-
bungsfläche, Bruchlinie und Spielraum für konnektives Handeln. Die individuellen Konstruktionen wer-
von anderen überprüft und in dynamischen Kräftefeldern in Kollision miteinander gebracht. IO_dencies
rnetzter Gruppen. Tendenzielles Eingreifen, Transformieren, Stören, Abschwächen, usw., verweisen auf
die Bedingungen konnektiven Handelns im Translokalen und implizieren eine alternative Ökonomie
des Öffentlichen. Auszüge aus: Andreas Broeckmann, Knowbotic Research - Wirksamkeit und konnektives Handeln, in: Heute ist Morgen, Bonn 2000

Rem Koolhaas: »Die Stadt ohne Eigenschaften« (Kapitel 6: Urbanismus), aus: S,M,L,XL, 1995

6.3 Die Straße ist tot – eine Entdeckung, die zeitlich zusammenfällt mit den hektischen Versuchen ihrer Wiederbelebung. ›Kunst im öffentlichen Raum‹ ist allgegenwärtig – als würde die Addition zweier Tode ein Leben ergeben. Die – als Erhaltungsmaßnahme gedachten – Fußgängerzonen kanalisieren bloß den Strom derjenigen, deren unabwendbares Schicksal es ist, das Objekt ihrer beabsichtigten Verehrung mit den eigenen Füßen zu zerstören.

BÜRO

REPRESENTATION

From the series: Future Cities by © Bureau Archipel 1998

ARCHIPEL

6.4 Die eigenschaftslose Stadt befindet sich auf dem Weg von der Horizontalität zur Vertikalität. Der Wolkenkratzer scheint die endgültige, definitive Typologie zu werden. Er hat alles andere geschluckt. Er kann überall existieren: in einem Reisfeld ebensogut wie in der Stadtmitte – das macht keinen Unterschied mehr. Inzwischen stehen die Hochhäuser nicht mehr dicht an dicht, sondern sind räumlich so angeordnet, daß sie nicht interagieren können. Konzentration in der Isolation – das ist das Ideal.

Take a Walk on

An urban experience of the new UFA-Cinema Center in Dresden

Architecture   Coop Himmelb(l)au
Storyboard   RE:VIEW
Photography   Jens Willebrand
Text Inserts   Andreas Ruby

the Wild Side

Julia ist 18 Jahre alt und geht noch aufs Gymnasium. Jede freie Minute verbringt sie mit den Freunden von ihrer Clique. Um aus dem drögen Schulalltag auszubrechen, organisieren sie zusammen Musikevents. Julia ist der location scout, und so ist sie ständig auf der Suche nach besonderen Orten. Sie kennt die Stadt genau. Am liebsten mag sie heruntergekommene Fabrikhallen, verwahrlost, kurz vor dem Zusammenfallen, irgendwo am Rand der Stadt, wo keine Touristen hinkommen.

Heute möchte sich Julia jedoch ein neues Haus mitten in der Stadt ansehen, den neuen UFA Kristallpalast

Eigentlich findet sie neue Gebäude eher langweilig die sind ihr zu sauber, zu glatt und ohne Atmosphäre Aber auf dem Bild in der Zeitung sah das neue Kino schon ziemlich abgerissen aus. Nicht schlecht, fand Julia. Also wollte sie sich das Teil mal anschauen, um seine Event Performance zu testen.

Dafür hat sie sich mit Alex verabredet, ihrem Freund Alex ist ein Jahr älter und macht eine Lehre. Bei der Gigs der Clique ist er der Video-Jockey. Zusammen wollen sie herausfinden, ob das Kino etwas für ihre Veranstaltungen hergeben könnte.

Julia kommt mit ihrem Motorroller, den ihr ein paar Freunde aus der Clique zusammengeschraubt haben. Damit kann sie sich am schnellsten durch die Stadt bewegen. Wenn es Stau gibt, fährt sie einfach zwischen den wartenden Autos hindurch.

Julia stellt ihre Vespa gegenüber dem Kino ab, Parkplätz gibt es noch genug. Alex kommt mit der Straßenbah (sein Arbeitgeber bezahlt ihm die Monatskarte), dere Haltestelle extra für das Kino hierher verlegt wurde.

In der Spalte hinter der Gitterwand könnte man eine Lichtanlage einbauen, die im Rhythmus der Musik pulsiert, überlegt Julia. Ein Track mit 150 Beats per Second würde der Fassade bestimmt gute Vibrations geben.

Auf die Betonwand könnte Alex bestimmt große Bild projizieren, denkt Julia, und dann würde der Platz hi draußen bei gutem Wetter automatisch zum Dancefloor.

... denn Alex kommt auf Inlines gerade durch das Foyer gefahren. »Das ist ein Kino und keine Fußgängerpassage!«, schreit ein Aufseher. »Ach, und das bestimmen Sie?« faucht Alex zurück, bevor er Julia in die Arme nimmt.

»Hast Du auch Hunger?« fragt er. »Ja«, antwortet Julia, »nur wo kriegt man denn hier was zu essen? Alex deutet mit dem Kopf auf die Unterführung un ter dem langen Apartmentgebäude. [...

Am Rundkino treffen sie ein paar Skater. »In dem Haus wohnt ein durchgeknallter Rentner, der immer die Polizei anruft, wenn wir abends hier noch grinden,« erzählt einer von ihnen. »Langsam werden in dieser Stadt die Plätze zum Skaten knapp.«

»Wow, kuck mal, wie hoch das geht!«, ruft Julia beim Reingehen. Alex hebt den Kopf, pfeift anerkennend, während er zur Kasse geht, um die Tickets zu kaufen. »Mann, die Preise sind ja jugendfeindlich!«, grummelt Alex so, daß es die Kassiererin hören kann.

Alex zeigt auf die Monitore: »Die hängen ja überall. Bei einer Party könnte man sie gut für das VJ-ing nutzen. Ich bin gespannt, wie alles von oben wirkt!«
»Aber nicht die ganzen Treppen hochlaufen«, protestiert Julia,

Sie fahren mit dem Aufzug wieder eine Etage tiefer. Alex möchte wissen, wohin die Treppengalerie gegenüber hinführt. »Tja, hier geht's nicht weiter«, meint Julia mit Blick auf die Absperrung. »Sieht auch nicht so wahnsinnig haltbar aus«, meint Alex mit einem Blick auf die dünnen Stahlseile, an denen die Gänge aufgehängt sind.

»Aber egal, uns zwei wird es schon aushalten.« Ein kurzer Blick zurück, kein Aufseher in Sicht, und schon sind sie oben. »Hier ist es eigentlich am schönsten«, flüstert Julia. Doch beim Aufzugsturm endet der Weg. »Ah, eine Mogelpackung«, rügt Alex. »Wenn es hier weiterginge, würde man bestimmt auf dem Dach über Kino 14 rauskommen.«

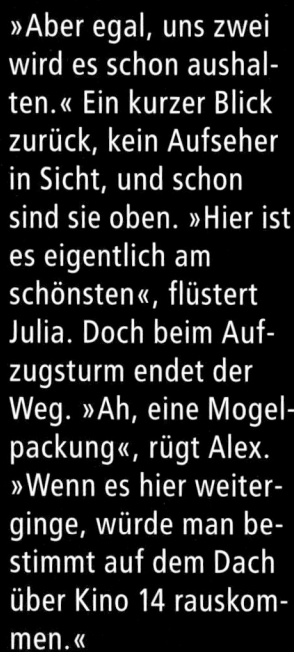

Alex träumt: »Da oben könnte man Open-Air-Kino machen, auf einer Riesenleinwand, so daß man die Bilder auch noch von der Straße aus sieht.« Julia zweifelnd: »Und was machst du mit der Tonspur?«. Alex überlegt kurz. »Über einen lokalen Radiosender ausgestrahlt, könnte sie mit einem Walkmantuner per Kopfhörer empfangen werden!«

Sie gehen wieder nach unten, weil der Film gleich anfängt. »Kuck mal, von da oben hat man bestimmt den Mega-Blick«, sagt Alex.

Der Film ist vorbei, gedankenversunken stolpern Julia und Alex in Richtung nach draußen. Sie kommen durch eine schwere Stahltür und finden sich plötzlich an der frischen Luft wieder. »Ach hier sind diese Treppen«, realisiert Julia. »Aber das Licht könnte ruhig etwas spaciger sein, so hell wirkt es leicht kontrollmäßig.«

»Das ist ja vielleicht absichtlich, damit hier nicht die Penner übernachten«, vermutet Alex. »Nee, da haben die schon vorgesorgt«, klärt ihn Julia auf. »Die Treppen sind doch alle vergittert, da kommst du von außen gar nicht rein.«

Kopfschüttelnd mustert Alex das projizierte Logo. »Da könnte man doch die aktuellen Filmtrailer laufen lassen!« Julia hat indessen bemerkt, daß eine Haustür des Apartmenthauses offen-

Von hier oben sieht das Kino am schärfsten aus, sind sich beide einig. Wie ein glühender Meteorit aus dem Weltall. Da gehen unten im Foyer die

Der Film

»Die Oma einer Freundin wohnt da. Die hat gesagt, sie würde nicht in das Kino gehen, weil es ihr zu unheimlich ist«, erzählt Julia. »Wußtest du, daß da noch Wohnungen leerstehen, 2 Zimmer für nicht mal 300 DM warm! Ich glaube, da zieh ich hin, wenn ich mit dem Studium anfange.«

»Die Graphics von dem Logo könnten eigentlich auch aus einem Gartenratgeber stammen«, witzelt Alex. »Nur warum überhaupt so ein statisches Logo?«, wirft Julia ein. »Mit einem Laser Beamer könnte man es auch ständig morphen und über die Fassade wandern lassen.«

Sie gehen noch mal um die Ecke zum Eingang weil sie den »Kristall« noch mal bei Nacht sehen wollen. »Sieht schon schräg aus mit dem Licht von drinnen. Nur das Haus daneben ist fast völlig dunkel, als ob da keiner mehr wohnen würde.«

... und zwei Minuten später sind Julia und Alex schon wieder unten. »Die geöffneten Fensterflügel würden sich gut als Inline-Slalomtrack für fortgeschrittene Skater anbieten«, sinniert Alex.

»Wer weiß, wenn wir die Kinobetreiber dazu kriegen, mal etwas Aufregendes mit diesem Teil anzustellen?!« sagt Julia und zieht Alex mit sich: »Was willst du trinken?«

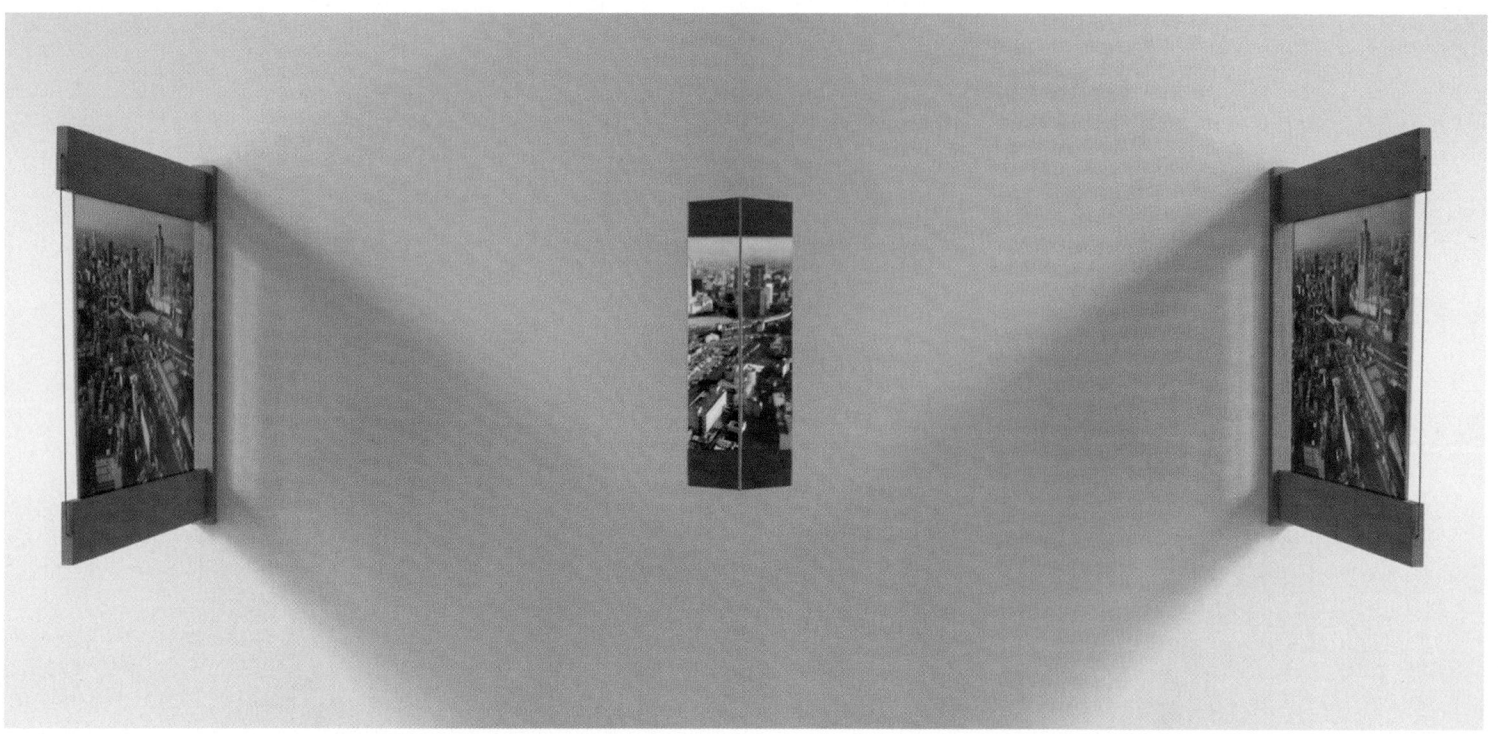

FOLKE HANFELD: DAS SEHEN DES KÖRPERS

NOTIZEN EINES STEREOFOTOGRAFEN

Ein Stereobild enthält mit seinem Bewegungsspielraum für die Augen unvergleichlich mehr als nur das Doppelte der Informationen eines Einzelbildes.

Ist das zweidimensionale Sehen eines Bildes ein Dekodieren von Projektion und Zeichen auf einer Fläche – eine Form des Lesens –, so ist das dreidimensionale, zweiäugige Sehen eine visuell-taktile Erfahrung, ein synästhetisches Ertasten einer Situation.

Das Wahrnehmen von dreidimensionalen Bildern ist nicht allein ein Sehen von Körpern und Räumen sondern darüber hinaus die Herstellung eines Verhältnisses von Körpern und Zwischenräumen zueinander und zum Körper des Betrachters.

Die Beteiligung des eigenen Körpers bei der Betrachtung eines 3D-Bildes macht sich einmal darin bemerkbar, daß er durch den Blickwinkel eine eindeutige Position im dargestellten Raum einnimmt; zum anderen aber, und darin liegt der grundsätzliche Unterschied zum Sehen eines zweidimensionalen Bildes, ist die Wahrnehmung von Größe und Entfernung der abgebildeten Körper an die Konstruktion des Aufnahmeapparates gebunden. Der Betrachter sieht durch die Augen eines Apparates, dessen beide Aufnahmeobjektive in einem bestimmten Abstand horizontal nebeneinander angebracht sind. Beim Anschauen eines Stereofotos adaptieren die Augen des Betrachters den Augenabstand der Stereokamera. Aus der Differenz dieser beiden Blickwinkel erschließen sich dem Betrachter alle Koordinaten des dargestellten Raumes.

Neben der Frage, wie sich Veränderungen des Augenabstandes bei der Aufnahme auf die Größendarstellung der Szene auswirken, wird sich hier das Augenmerk auch darauf richten, wie sich das Material unter dem stereoskopischen Blick verhält und welche Umwandlungen und Umwertungen es dabei erfährt.

Daß das Körpermaß der Zentimeter zwischen den Augen das räumliche Sehen kalibriert, ist eine Erfahrung aus der Mitte des 19. Jahrhunderts, als die Praxis der Stereofotografie es dem Betrachter erstmals erlaubte, räumliche Situationen und deren räumliche Abbildung miteinander zu vergleichen. Die Erfahrung ist die: Je weiter der Augenabstand der Aufnahme, desto kleiner erscheint in der Wiedergabe der Gegenstand bzw. fühlt sich der Betrachter gegenüber allem vergrößert. Das Auseinanderrücken der beiden Blickpunkte führt zu einer erweiterten plastischen Wahrnehmung in die Tiefe, ein Umstand, in dem damals die Militärs gleich eine »vollkommene und exakte Beschreibung der Tiefendimension des Schlachtfeldes« erkannten.

Die Möglichkeiten aller Veränderungen des Augenabstandes (auch in anderer Richtung – die kleinen Dinge groß zu sehen) werden seitdem von Paläontologen, Archäologen, Architekten, Landvermessern, Geologen, Biologen, Medizinern bis zu Chemikern, Physikern und Astronomen wahrgenommen, die sich damit an der Konstruktion eines Betrachters betätigen, dessen Körper den Expansionen und Kontraktionen der Perspektiven ausgesetzt wird. Kohlenwasserstoffverbindungen als Steckbaukästen und Skelette von Kieselalgen als Möbel und Architektur bieten sich den Händen und Schritten dar. Unter Gebrauch des Durchmessers der Erdumlaufbahn um die Sonne als Stereobasis

Oben: Osaka I, Stereoskop aus 2 Spiegeln und 2 Dia-Transparenten, je 50x70cm, 1998

Unten: Osaka I, Stereobildpaar, 35mm Diafilm, 1997, zum Parallelsehen

sind wir sogar imstande, mit dem Körper eines Giganten, der den planetarischen Raum umgreift, auf die Milchstraße zu treten, die Nachbarsterne zu taxieren und die Straße entlangzuschauen.

In den Anfängen der Stereofotografie versuchte man jegliche Übertreibungen des Räumlichen eher zu vermeiden, sah man doch gerade dieses Medium vornehmlich der Naturtreue verpflichtet. In der Nachahmung des zweiäugigen Sehens glaubte man mit der Stereokamera das ultimative Instrument der naturwahren, realistischen Abbildung gefunden zu haben. Indem der Apparat sich der Natur des Sehorgans annähere, werde auch das Bild größere Wirklichkeitsnähe erreichen, und der Betrachter sehe sich in das Bild hineinversetzt.

Daß diese suggestive Räumlichkeit der Stereofotografie in den Eindruck größter Künstlichkeit umschlagen kann, offenbart sich besonders in den Abbildungen des eigentlichen Elements des Flüssigen, des Wassers. Das Stereofoto einer gewellten Wasseroberfläche mit klarer Sicht auf den steinigen Grund bietet die Erfahrung, daß beim räumlichen Sehen der erstaunliche Sachverhalt des angehaltenen, fotografierten Augenblicks geradezu ins Auge springt, weil hier das beteiligte Tastempfinden das Wasser in ein gallertartiges, kristallines Material verwandelt.

Die Umwertung des Materials durch die Konstruktion des Blicks zeigt sich in anderer Weise bei einer Maßstabsänderung der stereofotografierten Szene. Mit vergrößertem Augenabstand aufgenommen, entpuppt sich die Ansicht einer Stadt als ein Modell ihrer selbst. Der Realraum der Stadt, die aus Plänen und Modellen entstanden ist, wird wieder in den Modellmaßstab zurückgeführt und begibt sich in ein ungewohntes Verhältnis zum Körper des Betrachters. Dabei tritt die plastische Form der Stadt überdeutlich hervor. Architektur, Infrastruktur, Objekte und Menschen, von den groben Zusammenhängen bis in die feinsten Verästelungen, alles besteht aus ein und demselben Material und wird zu einem einzigen Körper.

Durch das Fenster des Stereoskops auf diesen hingestreckt bewegungslos verharrenden und entblößten Körper schauend, wird der Betrachter zum Voyeur, dem sich etwas Intimes enthüllt. Der uns bergende Leib der Stadt hat nun die Gestalt eines Gegenübers angenommen, ist in die Nähe unseres Körpers gerückt und animiert unseren Blick, an all seinen Oberflächen entlangzustreichen und in die unzähligen Winkel, Faltungen und Transparenzen einzudringen.

Der Blick gleitet und tastet in die vielfach verzweigten Zwischenräume, was im Körper des Betrachters Resonanzen erzeugt und physiologische Aktivitäten in Gang setzt. Einmal von den Attraktionen des Zwischenraums verführt, erfahren die Augen ihn als Betätigungsfeld, oder besser als Betätigungsraum ihrer eher fließenden als sprunghaften Bewegungen. Hieraus entspinnt sich zwischen den Teilen des Bildes ein Netz von Beziehungen, die mit der Zeit den Raum anfüllen, was sich zur Vorstellung verfestigen kann, daß der Zwischenraum selbst Körper sei, daß er die Materie bedinge und die Formen bestimme, nicht umgekehrt.

Rechts: Stereobildpaare zum Parallelsehen: Seestück, Berlin - dreimal Umgebung Alexanderplatz, zweimal Umgebung Potsdamer Platz, Bahnhof Friedrichstraße

TOM FECHT: THESENTELEGRAMM 4

Seit Apollo, der Mondmission, sind intelligente Werkzeuge der Raumproduktion tätig im All. Von dort wurde der Blick zurück auf den blauen Planeten erst möglich. Seit Weltkrieg, Auschwitz, Hiroshima wissen wir, daß wir der primären Aufgabe, in einem einzigen Raum synchronisiert zu leben, bisher nicht gewachsen sind. Die gewohnten Techniken der Daseinsfristung werden obsolet, weil sie aus der Erprobung beschränkter Problemfelder stammen. Problemlösungen nach alten Mustern schaffen mehr Probleme als Lösungen. Machtvolle Fluchtbewegungen sind als Suchbewegungen einer verlorenen Heimat zu verstehen. Schoß-, Haus- und Lagernostalgien binden riesige Energien. In Fragen der Zugehörigkeit sind die meisten Menschen auf der Erde verwickelt. Die Not kann die Dinge in den Umkreis der Wärme bringen, wenn es gelingt, das Verhältnis von Problem und Lösung durch ein entwerfendes Erforschen der Werkzeuge umzukehren, Paradiesgärten städtischer Utopie.

Raumgeschichte ist Hausgeschichte, Werkzeuge haben darin ihren universellen Platz als Zeugen des Werks. Die Resonanzen, die sich zwischen Werkzeugen, Begriffen und befreiten Metaphern in der Verdichtung des organon ergeben, können Perspektiven in die subtilen Funktionen architektonischer, literarischer und philosophischer Kreation eröffnen. Struktur verdeckt Vielfalt, verschweigt unser Potential der Werkenergie, das immer noch Träume verwirklicht. Werkzeuge sind unverzichtbare Mittel unzähliger Möglichkeiten, eine den Raum erschließende Imagination, das Operationsfeld im Wechselspiel von Hand und Hirn, Körper und Raum vorantreibend; cleaning the tools for design. In glücklichen Fällen erinnern sie als Modell des Werks die eigene Geschichte, Werkzeuge können ausgetauscht werden, mit anderen geteilt. Das Erbe der Pfeil- und Speerschleudern und ihrer weltaneignenden Potenzen hat der Cursor angetreten. Treffsicher und schneller als Amors Pfeil des Begehrens durchzieht er den virtuellen Raum wie ein Komet, den Willen des modernen Jägers mit dem Klicken seiner Maus in die Zweite Natur eintragend. Die Cursor sind zum wichtigsten Werk-Instrument unendlicher Absichten geworden, einsame Ritter. Unser Bedarf an Zufälligem ist meist größer als der an Komfort. Die unbrauchbar gewordenen Raummodelle zeigen sich in den junkyards ausrangierter Raum-Maschinen, der Umbau, der Umzug steht an. Aber der neue Ort hat kaum Gestalt. Nur das Kettenkarussell des Jahrmarkts löst längst die Versprechen ein, die in zeitgenössischer Urbanität warten: Die Räume offenzulassen, die Volumen luftig, die Grenzen flüssig, Sensor-Architektur, motorische Geometrie. Hegel goes Hollywood: Das Karussell als architektonisches Urkonstrukt buchstabiert mit technischen Mitteln die lustvollen Formen des In-die-Welt-Geworfenseins; ins zweischneidige Schwert. Die Messer der Sehnsucht rosten.

Das dem Planeten adäquate Werkzeug wird noch gesucht, eine Gebrauchsanweisung ist für das Raumschiff Erde noch nicht in Sicht. Wahrscheinlich faltet sich das Universalwerkzeug im menschlichen Körper aus, als Ursprung und Instrument, als Arche verstanden zum Wechsel der Sphären, Felder und der Dimensionen: vom Land aufs Meer, vom Meer in die Luft, von der Luft ins Virtuelle, von der Zweiten Natur zurück in die Zwischenräume der Wirklichkeit des Seins, das weiter Offenes wird. Was einen Raum ursprünglich »einräumt«, ist der Ort für vertieftes Bei-sich-Sein, erst so wird Ekstase ins Offene möglich. Begriffe wie Haus, Heimat, Nähe, Wohnen, Aufenthalt lassen erkennen, daß das menschliche Existieren eher im Zeichen von Räumlichkeit als von Zeitlichkeit gedacht werden muß.

So betrachtet ist die Menschwerdung selbst eine Haus-Affaire in einem ungewöhnlich weiten Sinn. Raum ist Matrix für Dimensionen überhaupt, so wie Raum auch »Amme des Werdens« sein kann, um an Platons Metapher zu erinnern. Beim Wechsel von »Sein und Zeit« zu »Sein und Raum« wird ein tiefes Verständnis des Hauses zur eigentlichen Nagelprobe des Offenen und des Zusammen-Seins. Alle Neugier, alles Wissen, alle Liebe, das Zusammen trägt.

Because it is space not time that hides the consequences from us ...

Wiederholung auch jetzt. Wir kommen nur wenig verändert in die Möbiusschleife zurück: Die Gesetzmäßigkeit des Raumes ruht im Raum selbst. Seine Geheimnisse werden weitergegeben ...

... endlich wieder nackt unter neuen Sternen stehen.

Umzug ins Offene

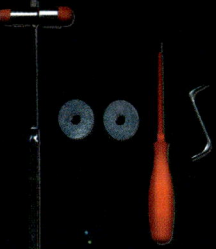 for concepts

Werkzeuge der Raumproduktion

Elisabeth von Samsonow: »In situ« oder »in motu«?

I. ZUR GENESE DES VIRTUELLEN VOLUMENS IN DER ARCHITEKTUR

»Our most critical area of ignorance is about the relation of means to ends.«*

THESE 1: WERK UND WERKZEUG

Das Werkzeug ist im Prozeß der Kreation über das Werk erhaben.

Meister Eckhart hat versucht, ein Pendant zum Begriff der Aristotelischen energeia zu finden und kam auf »Wirklichkeit«, auf ein Wort also, das »im Werk sein« heißt. Mir scheint, es ließe sich von hier aus, auf ähnlichen Spuren erhellendes zum Begriff der tools oder Werkzeuge finden. Die Werkzeuge sind auch en ergon, im Werk, sie sind die Möglichkeit des Werk-Werdens. Das Werk trägt die Signatur des Werkzeugs, so daß man postulieren kann, man müsse das Werkzeug erraten, das das Werk bewirkt hat. Das Werkzeug ist energeia, Werk-Energie. Sobald aber das Werk vollendet ist, überholt es die Werkzeuge und verweist diese, aus einer neuen Erhabenheit heraus, auf den Rang ihrer reinen Zweckgebundenheit, auf ihr reines Um-zu bzw. auf ihre in ihm überholte Finalität und hebt sie dadurch auf.

Zuvor sind es die Werkzeuge, die Produktionsmittel, die auf ihren Vorrang pochen und sich als die conditio sine qua non in den Vordergrund rücken. Aus diesem Grunde wird sich ein Denken, das vor allem an Prozessen, an dem Werden der Dinge und an den Bedingungen ihrer Entstehung interessiert ist, in der Tat eher an die Beschaffenheit der Werkzeuge als an das Werk halten, etwa in der Art und Weise, wie Foucault dies in »Archäologie des Wissens« und in ähnlichen, mit diesem in Verbindung stehenden Werken wie »Überwachen und Strafen« und »Sexualität und Wahrheit« vorgeschlagen hat. Es wird zumindest gefragt werden müssen, welches Verhältnis die konkreten Werkzeuge zur Idee des Werkes haben bzw. in welcher Weise sich die Werkidee an der Werk-Wirklichkeit oder Verwirklichung modifiziert bzw. inwieweit Werkzeug und Werkidee unauflöslich ineinandergreifen.

THESE 2: WERKZEUG UND RAUM

Raum entsteht als Effekt eines spezifischen Werkzeugeinsatzes.

Um es in bezug auf unser Thema genauer zu formulieren: Welche Werkzeuge verwenden wir im Entwurfsprozeß? Welche TOOLS müßten, wenn wir uns für das Raum-Werden interessieren, als eigentliche Prinzipien des Werkes wiederentdeckt werden? Auf welche Weise können wir hinter die Ebene des verabsolutierten Ergebnisses in der Geschichte unserer Disziplinen – Architektur, Kunst und Philosophie – zurück? Welche Möglichkeiten haben wir insbesondere in bezug auf das eine Werk, an dem uns sowohl in Philosophie, in Kunst wie in Architektur an erster Stelle gelegen ist und das die große Gemeinsamkeit und Ähnlichkeit beider ausmacht, also welche Möglichkeit haben wir in bezug auf den Raum und seine Figuration? Wie können wir die TOOLS absondern oder herauspräparieren, die im Entwurfsprozeß immer zu stark von der Werkidee überschattet werden, oder noch wichtiger: Was sagen uns die TOOLS, die wir verwenden? Was sagen sie uns über unsere Kunst, mit dem Werkzeugmachen den Horizont möglicher Werke zu verschieben?

Wenn es möglich gewesen ist, den Menschen als FABER zu charakterisieren, also als fabbro, als Schmied, als Werkzeugmacher, überhaupt als der Macher, der das Know-how der Werkzeugmacherei hat, dann berührt die Frage nach den verwendeten TOOLS auch die menschliche Grundverfassung.

Ich möchte nur kurz darauf hinweisen, daß das Bild des Raumes gerade in jüngster Zeit einige Korrekturen erfahren hat, die seinen Werkcharakter, ja seinen Charakter eines work in progress deutlichst vor Augen stellen. Ich nenne als Beispiel Deleuze/Guattaris Konzept des glatten und des gekerbten Raumes aus Tausend Plateaus[1], ihren Verweis auf die Verfahren der Raumordnung, die weitgehend identisch sind mit habitualisierten Alltags- und Produktionstechniken wie weben, filzen, eine bestimmte Musik machen etc. Auch Sloterdijks monumentaler Bericht über den ummauerten Raum in Sphären II zeigt die architektonische Raummacherei als soziales Projekt, als Fortsetzung einer Uterotechnik, d. h. als eine Kunst, in inklusiven Formen, die das Wir-Sagen ermöglichen, sich einzurichten. In seinen Ausführungen ist sogar die Raumfigur, die gebaute Form, die angestrebte urbane Struktur selbst TOOL, nämlich eben das TOOL einer bestimmten Auffassung von Beziehung und Interaktion. In all diesen philosophischen Ansätzen ist »Architektur« ein Universalbegriff, der das Ensemble aller Haltungen, Aktionen, Einrichtungen, Strukturen und Differenzen meint.

»In situ« oder »in motu«?

Sloterdijk zeigt im übrigen, daß der Raum die längste Zeit sowohl für die Architekten als auch für die Philosophen als Gefäß gedacht war, als etwas, das ein Drinnensein, also das Wohnen, ermöglicht, und daß die Neuzeit eine Krise des Großen Baus sei, die mit der kopernikanischen Wende zu datieren sei.[2] In diesem Moment, sobald die Erde als »Raumschiff« begriffen werden mußte, habe sich die Gefäßidee erledigt; der Raum sei definitiv ein offener geworden, in den es nun umzuziehen gilt. Derartige Umstürze der geltenden Raumordnung fordern insbesondere Philosophen wie Architekten als die Raumspezialisten heraus und treffen sie ins Mark. Mit dem Beginn der Neuzeit ist die Idee einer intimen Korrespondenz von Weltall und Haus aufgegeben worden, was für die Architektur einerseits wohl eine Befreiung von ihrer metaphysischen Überhöhung bedeutet hat, sie zugleich aber in ein leeres, koordinatenloses Feld auf sich allein gestellt hat.

Wohnen, Drinnensein und Umziehen – all dies Dinge, die Philosophen wie Architekten beschäftigen. Das heißt, daß die Raumfrage oder die Frage nach der Verräumlichung die Grundfrage des In-der-Welt-Seins in der Weise berührt, daß sich Resonanzen zwischen dem Status des Menschseins und dem state of space ohne weiteres ausmachen lassen. Eine Frage wird also sein, wie sich dieser »Umzug ins Offene« mit architektonischen Mitteln realisieren läßt, wie die offene Kontur des Raumes die Architektur der Neuzeit und der Moderne modifiziert hat. Als vorrangige TOOLS für den Umzug wären in jedem Fall – so etwa, wie sie für die »Texas Rangers« Geltung besessen haben – in einem Katalog zusammenzustellen: alle Objekte, die Transparenz, Durchlässigkeit, Glätte, Helligkeit etc. als Eigenschaften aufweisen. Alle diese Objekte vertreten symbolisch die Aufforderung, sich ins Offene zu begeben. Der Aufsatz »Transparency« von Colin Rowe und Robert Slutzky (Mitglieder der Architektengruppe »Texas Rangers«) beschäftigt sich mit dem Raumexperiment des Kubismus und der sich aus ihm ableitenden Möglichkeiten der Architektur, zu einer Transparenz im »übertragenen« Sinne zu gelangen.[3] Transparenz liest sich hier auch als ein »Resultat eines intellektuellen Bedürfnis[ses]«[4], nämlich »unseres Verlangens nach dem, was leicht erkennbar, offensichtlich und frei von jeder Vorstellung sein sollte«[5]. Rowe und Slutzky besitzen jedenfalls hinreichend kritischen Geist, um auch, neben der »kritischen Auszeichnung« des Transparenzbegriffs, seine »moralischen Obertöne«[6] nicht zu unterschlagen. Am Pol der Transparenz scheinen philosophische Konzepte von Rationalität mit architektonischen Konzepten einer offenen, nichtrepräsentativen Architektur in materialen Ordnungen zu konvergieren, die sich in ästhetischer Hinsicht der kubistischen Annihilierung des Verdeckten, also einem panoptischen Prinzip, und der »Maschinenästhetik«, d.h. der Schönheit reiner Artefakte, verpflichtet.

II. MENSCH UND WERKZEUG
Das erste Werkzeug ist das Organ.

Das griechische Wort für Werkzeug ist organon. Werkzeug und Organ koinzidieren, insofern sie beide durch ihre reine Funktionalität bestimmt sind. Genauso wie die Handhabung gewisser Werkzeuge sehr konkret die Raumimagination so formatiert, wie dies Deleuze in einer Kryptoanalyse des Webens vorgeführt hat, so scheint auch der Organbesitz als solcher oder das expressive Eigenleben der Körper raumgreifende und raumstrukturierende Phantasmata hervorzubringen. Die mantische Konzentration auf die Organe des Opfertieres und die symbolische Verwertung der Organe in der Beschreibung der Affekträume[7] könnten etwa dafür als Beispiele herangezogen werden. Als ein jüngeres und vielleicht sogar schlagenderes Beispiel ist die mediale Halluzination zu zitieren, die das Internet als Informationsmaschine evident als Nervensystem erklärt.[8]

Der Einspruch Antonin Artauds gegen den Organbesitz, der immer sogleich das vollständige Introjekt einer restriktiven gesellschaftlichen Autorität bedeutete – man denke etwa an staatliche Organe, an Organstrafen und dergleichen mehr –, ging zunächst gegen die alten Beschriftungen der Organe, die vor allem die besonders funktionstüchtigen als obszön diffamierten.[9] Mit solchen Organen war man also von vornherein diskreditiert, wogegen Artaud protestierte. Er hat richtig gesehen, daß eine solche Organmoral die Existenz in der Welt aus dem Grunde unmöglich macht, weil als Ersatz für die verdrängten lebendigen funktionstüchtigen Organe kompensatorische Maschinisierungen installiert werden müssen, auf die sich die Phantasmata der absoluten Funktion und der Bewältigung von Lebens- und sozialem Raum projizieren lassen. In diesem Sinne hat die Architektur tatsächlich Organfunktionen im Sinne kollektiver oder sozialer Organe und ihres symbolischen oder phantasmatischen Status zu erfüllen. Sloterdijk hat in seinen Büchern vor allem zwei Organe berücksichtigt, den Ute-

Elisabeth von Samsonow

rus und das rätselhafteste aller Organe, die Placenta. Aus dem Architektonisch- und Öffentlichwerden dieser beiden Organe leitet er die historischen Formen intimer und schließlich reichsstaatlicher Beziehungen her.

Deleuze und Guattari schließen in ihrem Anti-Ödipus eher an den Artaudschen Protest an und fordern den berühmten »corps sans organes«. Es ist auch klar, daß eine Krise des Makro-Hauses, also der Raumvorstellung in bezug auf das ganz Große, auf den embracing space, das räumliche Minimum auf seiner organischen Ebene, also den Körper als Primärraum, in Mitleidenschaft ziehen muß. Neue Organphantasmata, neue, auch halluzinatorische Vorstellungen von der Macht der Projektierung von Räumen kommen durch ungewöhnliche Identifikationen von physischen Funktionen und Dimensionalität auf den Weg; ein bedeutender Theoretiker eines solchen Axioms ist Virilio. Übrigens, und das ist nicht uninteressant, geht ein großer Teil paranoider Imagination, nach psychiatrischen Zeugnissen, in der Halluzination architektonischer Ausdehnungen, genauer: in der Halluzination bestimmter, pathogener Zimmer auf.

Nicht daß ich jetzt unsere Zusammenkunft zu einer Organtagung im medizinischen Sinne umfunktionieren möchte. Ich berufe mich nur auf die griechische Herkunft des Organbegriffs und denke, daß dieser Hinweis zumindest deshalb unerläßlich war, weil die Beziehung zwischen Mensch und Raum ebenso komplex und gewunden gedacht werden muß wie die zwischen Organ und Maschine. Wenn wir uns also an die Werkzeuge der Raumproduktion, an die Werkzeuge der Konzeptualisierung im philosophischen und im architektonischen Prozeß bzw. Entwurf machen, geht es auch um die »objets transitoires«, also um bestimmte Objekte, die ihren Ort zwischen realen oder halluzinierten Organen und Werken haben, also Werkzeuge im eigentlichen Sinne sind, ohne in jedem Fall Werkzeuge im traditionellen Sinne zu sein. An diesem Punkt spätestens wird klar, daß diese Objekte das sind, was man klassisch als »Projektionsfänger« bezeichnet hat, also vorläufige Inszenierungen einer phantasmatischen Objektbesetzung, die auf vermittelte Weise individuelle Vitalität erschließt. Es geht also auch um die stimulierenden Objekte und deren symbolischen Status, also um das, was Mario Perniola den »Sex-Appeal des Anorganischen« genannt hat.[10] Die Architektur muß in ihren Entwürfen die Projektionen, die in sie eingegangen sind, zu reflektieren versuchen; insofern hat sie die Unschuld reiner Funktionalität sowieso schon gar nicht mehr zu verteidigen. Allerdings, darauf weist Albert Pope in einem Artikel »The Unconstructed Subject of the Contemporary City« hin, vielleicht auch in der Anwendung neuer, antiparanoider Codes zur Entzifferung des »postanthropomorphic urban landscape«.[11]

»In situ« oder »in motu«?

III. PROTOTYP MODERNER RAUMGENERATOREN:
Das Karussell

Ich möchte meine Überlegungen mit einer Betrachtung zum Zusammenhang zwischen TOOLS, concepts und Raumfiguren mit einer Analyse einer Maschinerie abschließen, nämlich mit einer Analyse eines modernen Karussells.[12] Virilio hat in seinem Buch »Rasender Stillstand« auf den Umstand aufmerksam gemacht, daß sowohl in der »Mobilitätsforschung« bis in die Mitte des letzten Jahrhunderts wie in den phantastischen Geburten der Jahrmarktstechnologie das Thema der Beschleunigung, konkret: das Thema der physischen Grenzen der Beschleunigung im Zentrum stand. Mittel der Beschleunigungsforschung war bevorzugt die Zentrifuge, noch vor den komplizierteren Formen extremer linearer Beschleunigungsvehikel wie dem berühmten Atomschlitten, über den Virilio nicht ohne Begeisterung berichtet. Die Hingabe an ein Bewegungsmotiv, das gerade nicht das präkopernikanische der gleichförmigen (Kreis)Bewegung ist, sondern ein beträchtlich dramatisiertes, hat zur Folge, daß aus dem beschaulichen, emsig seine stets gleichen Kreise ziehenden Karussell eine Höllenmaschine für die Verzerrung des Leibschemas unter den Bedingungen der Beschleunigung zu werden hat.

Es scheint, daß im Karussell einige Punkte zusammenkommen, über die wir sagen könnten, sie hätten Einfluß auf die zeitgenössische Architektur und bestimmten sie. Vor allem das Verhältnis zwischen Immobilität und Mobilität ist in dieser Anlage in einer interessanten Form präsentiert. Von den erwähnten alten Roundabouts ist hier nur so viel zu sagen, daß sie, das Modell eines heliozentrischen Kosmos aufnehmend, das Subjekt in eine forcierte Kreisbewegung bringen, das ihm erlaubt, die Flieh- und Adhäsionskräfte einer Zentrifuge in erträglicher Form am eigenen Leib zu erfahren. Die jüngeren Karussellgenerationen erzielen mittels einer schon um einiges über die Touren eines gemütlichen Pferdekarussells hinausgehenden Geschwindigkeit und mit Hilfe von Neigungswinkelwechseln einen sehr buchstäblichen Schwindel, der die Aussetzung der gewöhnlichen Raumerfahrung und des ihr inhärierenden Achsensystems herbeiführt. Insofern also das Karussell die Maschine ist, die aus Raum und Zeit derart herauskatapultiert, daß der große Roboter an einem Praterkarussell mit Recht verkünden kann, man gelange mit Hilfe dieser Vorrichtung in eine andere Dimension oder Galaxie, ist es der Apparat einer futuristischen Architektur. Das Karussell ist der Apparat des »virtuellen Volumens«, von dem Maholy-Nagy in seiner Schrift »von material zu architektur«[13] spricht, also eines *transparenten* Baus. Christoph Asendorf zitiert in seiner jüngst erschienenen bedeutenden Analyse »Super Constellation – Flugzeug und Raumrevolution« eine Bemerkung Marcel Duchamps, die dieser seinem Begleiter Brancusi gegenüber gelegentlich ihres Besuchs im Pariser

Elisabeth von Samsonow

Salon d'Aviation gemacht habe: »Die Malerei ist am Ende. Wer kann etwas Besseres machen als diese Propeller? Du etwa?«[14]

Asendorf behandelt unter dem Titel »Luftschrauben« das, was er die »Propellerfaszination« und den »Rotationskomplex«[15] nennt. Das Rotieren der Luftschraube sowie das Kreisen des Karussells dematerialisiere oder immaterialisiere die jeweilige Vorrichtung, sie wird »körperlos, astral, gottähnlich«[16]. Während der Flugzeugkorpus aber eine in sich nur mäßig aufregende Konstruktion darstellt, die hinter der Sensationalität des Propellers um Längen zurückbleibt, kann sich das Karussell als ein Bewegungsmodell, das zugleich Mobile, Vehikel und virtuelles Volumen ist, doch ein gewisses Interesse sichern.

Die Karussells der zeitgenössischen »Fahrgeschäfte« setzen die Geltung der klassischen Dimensionierung und ihrer Wahrnehmbarkeit außer Kraft, indem sie eine, intensivierte Kosmonautik anbieten, die den Passagieren des Raumschiffes Erde angemessener ist als die Ruhe auf dem Sofa. Das Karussell rührt an das älteste Organ, an den Gleichgewichtssinn, dessen Aktivierung zugleich archaische wie vollkommen futuristische Zuständlichkeiten im Raum aufruft. Das Karussell, von dem ich im Besonderen spreche, wirbelt den Besucher innerhalb eines virtuellen Raumvolumens, das einem dreistöckigen Wohnhaus – also der gewöhnlichsten urbanen Immobilie – entspricht, herum. Es macht einen subversiven Angriff auf die alltägliche Erfahrung dieses Volumens, indem es die Karussellfahrer on top auf den Kopf stellt und sie dort buchstäblich hängen läßt und sogar unsanft schüttelt, frei in der Luft schwebend. Dann, nach solcher extrem sensationellen Pause, läßt es die Insassen mit einem mörderischen Schwung in ihrer Arche zu Boden gehen und dann wieder auf den Gipfel sausen, worauf wieder die unheimliche Mit-dem-Kopf-nach-unten-Hängerei folgt. Zumindest wird an dieser Maschinerie eines klar: daß den Kunden eines solchen Karussells ein Wille unterstellt werden darf, sich mit Haut und Haar auf mehr oder weniger kühne Art und Weise in die Kurven einer Bewegungsturbulenz einzulassen. Das Karussell löst so früher als jeder Bau die Versprechen ein, die eine zeitgenössische urbane Architektur gibt, nämlich die Räume offen zu lassen, die Volumen luftig zu gestalten und die Grenzen fluid zu machen, d. h., sich schließlich dem Imperativ der Mobilität auszuliefern. In jedem Fall beschreibt das Karussell eine Parabel über den Zusammenhang zwischen – sagen wir einmal: organisch getönter – leibhaftiger Bewegung, Raumerfahrung und Raumstruktur, die als Kommentar der urbanen Raum- und Bewegungssucht an der Schwelle zum architektonischen Raum gelesen werden darf. Im übrigen wird das Karussell nicht verkehrt als vielleicht letztes Residuum, an dem sich eine These zum Wesen des Menschen mit einer These zum Wesen des Weltraumes konsistent vereinigen, zu beschreiben sein. Lyotards Vermutung, die Philosophie erlebe ihre Wiederkehr aus Hollywood (»Hegel goes Hollywood«) wäre zu ergänzen um diejenige, die die Kosmologie im »Rotationskomplex« Lunapark und seiner Experimentierfreudigkeit in bezug etwa auf Axialität, Ekliptik und periphere Beschleunigung wiederauferstehen läßt. Von den Karussellen her wäre also eine neue, supermoderne Metaphysik der Architektur zu entwerfen, die die Befindlichkeit im Raum als ein Konzept anlegt, in dem sich das Sichaufhalten in gebauten Räumen und das Dasein im Kosmos in einer offenen, zukunftsweisenden Übereinstimmung befinden. Paradoxerweise aber ist diese zukunftsweisende Übereinstimmung zugleich superarchaische Projektion und somit in der Tat potentiell »anti-paranoid«. Das Karussell evoziert natürlich jene lustvollen Formen des »Geworfenseins«, die sich dem leibhaftigen Gedächtnis in seinen allerersten Anfängen eingeschrieben haben, nämlich in den zarten Zeiten der ersten Reise in einem selbst hochmobilen System, in dem sich fortwährend zwei Orientierungsachsensysteme kreuzen und gegeneinanderlegen. Das Karussell diente zugleich hypothetisch als Prototyp einer imaginären Kosmologie und als konkretes Konstrukt, als architektonische Urstruktur, die mit technischen Mitteln den Begriff des In-der-Welt-Seins buchstabiert.

»In situ« oder »in motu«?

ANMERKUNGEN

* BILL HILLIER: Space is the machine. A configurational theory of architecture, Cambridge UP 1996, p. 149
1. GILLES DELEUZE, FÉLIX GUATTARI: Kapitalismus und Schizophrenie. Tausend Plateaus, Berlin 1992 (Original Paris 1980), 1440 – Das Glatte und das Gekerbte
2. siehe: ELISABETH VON SAMSONOW: Touch down und take off. Entwurf einer Philosophie vom (Bau)Grund. Antrittsvorlesung an der Akademie der bildenden Künste Wien, ARCHITEKTUR & BAU FORUM, Nr. 1/1997
3. COLIN ROWE UND ROBERT STRUTZKY: Transparenz. Mit einem Kommentar von Bernhard Hoesli und einer Einführung von Werner Oechslin, Basel-Boston-Berlin 1997 (Vierte erweiterte Auflage), Band 4 der Schriftenreihe des Instituts für Geschichte und Theorie der Architektur (gta) an der Eidgenössischen Technischen Hochschule Zürich, S. 21-56
4. Ebd., S. 22
5. Ebd.
6. Ebd.
7. GUIDO RAPPE: Archaische Leiberfahrung. Der Leib in der frühgriechischen Philosophie und in außereuropäischen Kulturen, Berlin 1995
8. Anregung von MARIO HORTA
9. Siehe ELISABETH VON SAMSONOW: Deus sine natura: Theopathie in der Fabrica, in: Puppe. Monster. Tod: kulturelle Transformationsprozesse der Bio- und Informationstechnologien, hg. von Johanna Riegler, Turia + Kant, Wien 1999
10. MARIO PERNIOLA: Der Sex Appeal des Anorganischen, übersetzt von Nicole Finsinger, mit einem Nachwort von Elisabeth von Samsonow, Wien 1999 (Original Turin 1994)
11. ALBERT POPE: The Unconstructed Subject of the Contemporary City, in: Michael Bell and Sze Tsung Leond (eds.): Slow Space, New York 1998, p. 168
12. PAUL VIRILIO: Rasender Stillstand, Frankfurt/Main 1990 (Original Paris 1990)
13. Mainz 1968, Nachdruck des Textes von 1929, s. Abb. S. 96
14. zitiert nach: CHRISTOPH ASENDORF: Super Constellation – Flugzeug und Raumrevolution. Die Wirkung der Luftfahrt auf Kunst und Kultur der Moderne, Wien-New York 1997, S. 21
15. Ebd., S. 21-33
16. Zitat aus einem Roman KARL VOLLMOELLERS: »Die Geliebte« 1914, nach: Ch. Asendorf, a.a.O., S. 23

Alle Fotos: Elisabeth von Samsonow

Lars Spuybroek: Motor Geometry

SüßH$_2$OeXPO, Zeeland 1993-1997 · Interior

SüßH$_2$OeXPO, Zeeland 1993-1997 · Exterior

SüßH$_2$OeXPO, Zeeland 1993-1997 - Interior

SOFT SITE
[DAY 7]
KNOWB. 12.3498 > 216 (23)
SCOTT.   07.9441 > 73 (67)
NOXaRC 08.8420 > 101 (99)
MIKAMI   10.4774 > 80 (27)
SPIEGEL   12.3900 > 362 (12)

Lars Spuybroek

»There's this thing, this ghost-foot,« said one of Oliver Sacks' patients. »Sometimes it hurts like hell. This is worst at night, or with the prosthesis off, or when I'm not doing anything. It goes away when I strap the prosthesis on and walk. I still feel the leg then, vividly, but it's a good phantom, different – it animates the prosthesis, and allows me to walk.«*1

What is it that animates a mere mechanical extension? How is it that the body is so good at incorporating this lifeless component into its motor system that it recovers its former fluency and grace? The body does not care if the leg is made of flesh or of wood, as long as it fits; that is to say, it fits into the unconscious body model created by the different possible movements. Proprioception, the neurologists term it, the body's power of unconscious self-perception. Our legs are a »comfortable fit« by their very nature, but only because the leg coincides exactly with the ghostly image invoked by the automatism of walking.

Once a leg is frozen in immobility, however, it very soon no longer »fits«. Sacks reports one such instance: »When, after a few weeks, the leg was freed from its prison of plaster, it had lost the power to make all kinds of movements that were formerly automatic and which now had to be learned all over again. She felt that her comprehension of these movements had gone. [...] If you stop making complex movements, if you don't practice them internally, they will be forgotten within a few weeks and become impossible.«*2 With practice and training, the movements of the prosthesis can become second nature, regardless of whether it is of flesh, of wood or – a little more complex – of metal, as in the case of a car. That is the secret of the animation principle: the body's inner phantom has an irrepressible tendency to expand, to integrate every sufficiently responsive prosthesis into its motor system, its repertoire of movements, and make it run smoothly. That is why a car is not an instrument or piece of equipment that you simply sit in, but something you merge with; anyone who does a lot of driving will recognise the dreamlike sensation of gliding along the motorway or through traffic, barely conscious of what one is doing. This does not mean that our cars turn us into mechanical Frankensteins but that the human body is capable of inspiriting the car and making its bodywork become the skin of the driver. And this must be true, otherwise we would bump into everything. If we did not merge with the car, if we did not change our body into something four by one-and-a-half metres, it would not be possible to park our car, to take a curve, or to overtake others. Movements can only be fluent if the skin extends as far as possible over the prosthesis and into the surrounding space, so that every action takes place within the interior of the body, which no longer does things consciously but relies totally on »feeling«.

When this haptic sense of extension is taken seriously it means that everything starts at the interior of the body, and from there on it just never stops. The body has no outer reference to direct its actions to, neither a horizon to relate to, nor any depth of vision to create a space for itself. It relates only to itself. There is no outside: there is no world in which my actions take place, the body forms itself by action, by action it constantly organises and reorganises itself motorically and cognitively to keep »in form«. As Maturana and Varela say: there is no structured information on the outside, it becomes information only by forming itself through my body, by transforming my body, which is called action...*3

»Hey, we are lost!«, Michael said to his guide. The guide gave him a withering glance and answered: »We are not lost, the camp is lost!« »In a flash Michael realized a very important aspect of what separated his vision of the world from that of his guide: for Michael, space was fixed and having a free agent moving around in it, like an actor on a stage, a vast space in which you could lose your way. The guide however saw space as something within, rather than outside the body, a fluid and changing medium in which one could never lose one's way with the only fixed point in the universe consisted of himself and which although he might be putting one foot in front of the other he never actually moved.«*4

This, of course, is a nomad's view of the world, the view of somebody on the move, because only by the prosthetic act of walking does the whole space become one's own skin. And the tent nomads carry with them is part of that walking, it never interrupts space, as a house does. So every prosthesis is in the nature of a vehicle, something that adds movement to the body, that adds a new repertoire of actions to the body. Of course, the car changes the skin into an interface, able to change the exterior into the interior of the body itself. The openness of the world would make no sense if it were not absorbed by my body-car. The body

Motor Geometry

simply creates a haptic field completely centred upon itself, in which every outer event becomes related to this bodily network of virtual movements, becoming actualised in form and action.

»Where there is close vision, space is not visual, or rather the eye itself has a haptic, non-optical function: no line separates earth from sky, which are of the same substance, there is neither horizon nor background, nor perspective nor limit nor outline of form nor centre; there is no intermediary distance, or all distance is intermediary.«*5

In Tamás Waliczky's short film »The Garden«, made 1992 with video manipulation and computer animation, we see a little girl running around a garden, stretching out her hands for a dragonfly, sitting down under a big tree, climbing up the ladder of a slide, and then sliding down. We see all this and at the same time, nothing like it. In fact, during the whole movie the little girl does not move at all or rather, she moves her hands and feet all right, but her head never leaves the centre of the screen. We see the tree folding under her legs, we see the rungs of the ladder shrink and bulge under her feet, we see the slide deform under her body. Nothing moves, but everything changes shape. We see the dragonfly, as the girl reaches out for it with her hand, grow disproportionately large then shrink and disappear the moment she shifts her attention.

The girl does not move around in a perspective world where things are between the eye and the horizon, no, through her actions she is in perfect balance and stays fixed on the vertical axis: she has become the vertiginous horizon of things, she has become the vanishing point of the world. Things become part of her body by topological deformation, not by perspective distortion. She has become the gravitational centre of a field, or better, a sphere of action – a motor field – her own planet... This is not perception but proprioception, everything immediately becomes networked within the body, where the seen is the touched and the felt, where no distinction can be made between the near and the far, between the hand of manipulation and the sphere of the global.

An eye acts as if it were a hand, not as a receptive but as an active organ, and what is at hand is always nearby and close, without any sense of depth or perspective, and without background or horizon. So every action becomes prosthetic because it extends the feeling reach of the skin, and, the other way around, every prosthesis, and I mean every technological device, becomes an action, a vector-object, a twirl in the environmental geometry. Every change of muscle tone in the motor system has its topological effect, because outside and body are networked into one object with its own particular coherence, where seeing and walking and acting are interconnected in one (proprio-ceptive) feeling skin, without top or bottom but with an all around orientation. Without the orthogonality of the vertical and gravitational axis of the body's posture in relation to frontal and horizonal perspective, but a three-dimensionality where images and actions relate to one and the same geometry, without any X, or without any Y, or without any Z ...*6

Liquid architecture is not the mimesis of natural fluids in architecture.*7 First and foremost it is a liquidizing of everything that has traditionally been crystalline and solid in architecture. It is the contamination of media. The liquid in architecture has earlier been associated with the easing back of architecture for human needs, of real time fulfilment. This soft and smart technology of desire can only end up with the body as a residue, where its first steps in cyberspace will probably be its last steps ever. But the desire for technology seems far greater and a far more destabilizing force, since our need for the accidental is far greater than our need of comfort.

H2OeXPO, as we named it, (but generally known as the »water pavilion« in the Netherlands) build in 1997 has been completely seized by the concept of the liquid, not only its shape and its use of materials, but besides that the interior environment tries to bring about a prototypical merging of hardware, software and wetware.

Imagine the curves connecting all the ellipses being torn apart, bent and twisted again by outside forces – the wind, the dunes, the ground water, the Well – while internal forces try to maintain the ellipses, that is to say: try to stay smooth. The basis of the geometry is the vector-based changing of splines connecting the ellipses; in this way line and force become connected in this geometry. The spline with its control points and tangential handles in 3D modelling software originates directly from naval architecture where a curve was created by a wooden spline bend by the positioning of several weights at the »control points«. Line is

Lars Spuybroek

not separated from point, but every vertex is the basis of a vector. If one changes the position or direction of the vector, the others change too, in accordance with their mutual dependency. In this case the line becomes an action, and not the trace of an action. H2OeXPO is a bundle, a braid of splines. It derives its coherence from the moving, in its soft network no distinction is made between form and deformation.

We loved the idea of wheelchairs from the very first day. Could we design something that was completely in line with the law governing wheelchair accessibility (e.g. the steepness of ramps) while at the same time devising a prosthetic geometry, a geometry of wheels, a geometry of speed and imbalance? Not one part of the building is horizontal, no one slope stays within the same gradient. Conceptually the building has not been not so much »placed on« the ground as »dug out of« the ground. The essential instability is achieved through the idea that the ground is all around. The floor becomes hyperdimensional and tries to become a volume.

When dealing with a haptic, three-dimensional body, a body without the distinction between feet and eyes, the difference between floor and ceiling becomes irrelevant. With this kind of topological perception you lose the idea that action is on the ground and that your eyes are transported blindly. Buildings are generally based on this dichotomy of transport and vision, where the programmatic is on the floor and the formal is in the elevation. But, to paraphrase Jeffrey Kipnis, in this building the information on the floor is blended with the deformation of the volume. In H2OeXPO there is no horizon, no window looking out, there is no horizontality, no floor underlining the basis of perspective. This is of course the moment of dizziness, because walking and falling become confused. Or, as the manual for 3D Studio MAX has it, in the chapter on animation: walking and running are special cases of falling ... This imbalance is the very basis of this building, and also the basis of every action, because not one position is without a vector. This building is not only for wheelchairs and skateboards, it is also for the wrong foot, the leg one happens to stand on ... That is why, instead of a window, there is a well. The Well is another kind of horizon, more like a window to the centre of the earth, a hidden horizon, not horizontal, but vertical, on the axis of vertigo, of falling.

Where, then, is the point of action, where is the source of the will? Here, just like a surfer, the body is placed on a vector and is obliged to react to that outer force, although it can change its direction or goal at any time. The architecture charges the body because its geometry is one where points become vectors. In an architecture that has become transported and moved, whose geometry has become a prosthetic vehicle by contamination, the source of the action is exactly in between body and environment. This is not subject versus object, but an interactive blend. Part of the action is in the object, and when the object is animated, the body is too.

The interactivity is not only in the geometry, it is in the materials too. It is the action that moves through the material – not a form with a certain speed or on the move, but action in the form.[*8] The design does not distinguish architecture and information as separate entities, not even as separate disciplines. The design did not stop with the concrete and steel, which were considered as liquid, but instead moved on to cloth and rubber, to ice and mist and to fluid water, of course, and after that to electronic media, interactive sound, light and projections. We did not separate the material from the so-called immaterial, there was only substance and action.

Building is violence, it is force, sometimes excessive force. It is not drawing or generating the geometry in your office, and then going out and building it – the drawing itself is part of the violence necessary to deal with matter. The steel construction would never have been possible if the contractor had not picked up one of the cheapest beams you can get in the industry and torqued it with his hands, just by lifting it. So it is weak in one direction and strong in the other. This is like memory metal, it is steel plus experience, steel plus action. There is no unequal relation between form and material, the form is constructed by deformation and is part of the material-vector: stretching the material itself, using force, that is, drawing ...

The continuous surface of the interior is covered with different sensing devices. Imagine yourself walking or running up the central slope towards a wireframe projection in front of you on the floor. While walking you activate a few light sensors, one after the other, and step right into the projection – you'll be covered in a grid of light – the

Motor Geometry

waves start running through the mesh. Now you start to run with the waves, activating more sensors, creating more waves... The vertigo of the motor system is inextricably linked to sensory hallucination.

At the same time the pulse of light going through the sp(L)ine – a line of numerous blue lamps – is speeded up by the crowd activating the light sensors. When you dare to step on a touch sensor, suddenly ripples shoot out from your feet, circular decaying waves in the wireframe projection. Somebody else jumps onto the second sensor, a few meters away from where you stand, ripples shoot out from his feet too, interfering with your ripples halfway. As you both start jumping up and down you are also both pushing away the sound and activating the light running along the sp(L)ine: suddenly a high level of blue light splits in two and slowly fades away. Further on a sphere is projected in wireframe on a steep slope between handles. Four people are gently operating them, deforming the sphere in as many directions, while at the same time they »pull the sound« from the Well and... when pulling at their hardest they freeze the light on the sp(L)ine in its last position.

Why still speak of the real and the virtual, the material and the immaterial? Here, these categories are not in opposition, or in some metaphysical disagreement, but more in a electroliquid aggregation, enforcing each other as in a two-part adhesive, constantly exposing its metastability to induce animation. For where is the sun, anyway? Left out and reflected by the outer skin of stainless steel, the sun is left behind in a museum.*9 This building is lit from the inside out, by the endogenous sun of the computer – that must be why the light is so blue – doing hundreds of thousands of real-time calculations, shining on everybody, and rendering the action.

See these spectral bodies, without shadows, their motor systems exactly coinciding with the reality engine of the computers.

NOTES

1. OLIVER SACKS, The Man Who Mistook his Wife for a Hat, Picador, 1986., p. 66.
2. OLIVER SACKS, A Leg to Stand On, Picador, 91, epilogue note 2.
3. H. MATURANA AND F. VARELA, The Tree of Knowledge, Shambala, 1984, Chapter 7.
4. DERRICK DE KERCKHOVE, The Skin of Our Culture, Somerville House Books, 1995, p. 29.
5. G. DELEUZE AND F. GUATTARI, A Thousand Plateaus, The Athlone Press, 1988, p.492.
6. MAURICE NIO AND LARS SPUYBROEK, X and Y and Z – a manual, ARCHIS, 11/1995. (Vgl. dazu J. Krausse, S. 208)
7. Liquid Architecture, MARCOS NOVAK, in: Cyberspace: First Steps, ed. Micheal Benedikt, MIT Press, 1993, p. 225.
8. MAURICE NIO AND LARS SPUYBROEK, De Strategie van de Vorm, de Architect, themanummer 57, 11/1994.
9. PAUL VIRILIO, The Museum of the Sun, in: TechnoMorphica, V2_Organisation, 1997. Also: The Art of the Motor, Minnesota, 1995 and: The Function of the Oblique, AA Publications, 1996, and: ARCH+ 124/125, p. 46.

SüßH$_2$OeXPO, Zeeland 1993–1997 · NOX Architects: LARS SPUYBROEK

Der Wasser-Pavillon und die interaktive Installation für »WaterLand Neeltje Jans« entstand in einer öffentlich-privaten Partnerschaft mit dem niederländischen Ministerium für Verkehr, öffentliche Arbeiten und Wasserwirtschaft in Zeeland im Südwesten der Niederlande.

Mitarbeit:	Joan Almekinders, Maurice Nio, Pieter Heymans, William Veerbeek
Ton:	Victor Ventinck, Edwin van der Heide
Sensoren:	Bert Bongers
Entwurf:	Sp(L)ine: Lars Spuybroek
Licht:	Laurens van Manen, Mathies van Manen (hardware), Floris van Manen (software)
Projektionen:	Walther Roelen (Programmierung RIPPLES), Jo Mantelers (Programmierung WAVE), Daniel Dekkers (Programmierung BLOB)

Andreas Ruby: Geschmeidige Übernahme

DAS NEUE RESTAURANT IM CENTRE GEORGES POMPIDOU VON JAKOB UND MACFARLANE

Aus irgendeinem Grund sehen in Paris fast alle Cafés gleich aus: eine verglaste Terrasse zur Straße, die sich bis auf das Trottoir ausbreitet; im Gastraum dahinter eine lange Theke und eine Handvoll Tische, die sich in den verspiegelten Wänden trügerisch vervielfachen. Eingebettet ins uniforme Straßenbild der Haussmannschen Boulevards, vermitteln sie ihrem Besucher das Gefühl einer vorweggenommenen Vertrautheit, die es unmöglich macht, mit Bestimmtheit zu sagen, ob man hier schon einmal war oder nicht.

Das wird dem Besucher des neuen Café-Restaurants im Centre Pompidou mit Sicherheit anders gehen. Über die Kaskade der berühmten Außenrolltreppen auf der obersten Etage angelangt, spürt man sofort die Anwesenheit von etwas Neuem. Eigentlich ein Ding der Unmöglichkeit, daß dies gerade an diesem Ort gelingen sollte. Wie kaum ein anderes Gebäude ist das Centre Pompidou zur Ikone der modernen Architektur geworden, und das um so mehr jetzt nach seiner zweijährigen Generalsanierung und Wiedereröffnung, die mit französischem Faible für die Symbolik der Geschichte auf den ersten Tag des neuen Milleniums gelegt wurde. Ursprünglich gemeint als Manifest des

Foto: Nicolas Borel

Geschmeidige Übernahme

permanent Temporären, ist das Gebäude nach dem Fallen der Baugerüste in der Endlichkeit des Zeitlosen angekommen. Entworfen mit der Absicht, die Setzung des Gebäudes auf ewig in der Schwebe zu halten, droht sich die berühmte Flexibilität der Architektur in der Starre ihrer neu angenommenen Monumentalität aufzulösen. Jeder weitere architektonische Eingriff scheint da von vornherein zum Scheitern verurteilt zu sein.

Deswegen sei es zu Beginn ihres Entwurfs durchaus eine Erwägung gewesen, »nichts« zu machen, erzählen die Architekten Dominique Jakob und Brendan MacFarlane – einfach das Programm unterbringen, ohne es sonderlich architektonisch auszudrücken. Doch da jeder Eingriff Spuren hinterläßt, brauchte es eine Strategie, sich im Gebäude einzunisten, ohne sein architektonisches Vokabular zu benutzen. Auf der Suche nach einer solchen Bezugsebene stießen Jakob und MacFarlane auf das 80 x 80 cm-Raster, das die Architektur des Centre Pompidou in verschiedenen Größenordnungen beherrscht. So findet es sich auch in den Bodenplatten der Freiterrasse vor dem Restaurant wieder. Von hier nahmen es die Architekten auf und verlängerten es ins Innere des Restaurants. Ein Teppich aus vier Millimeter starken Aluminiumplatten dehnt sich über den 900 qm großen Innenraum und schafft einen zweiten Fußboden, der wie ein Teppich funktioniert. Dem Gedanken der minimalen Intervention folgend, werden die Bestandteile des Raumprogramms (Küche, Garderobe, Toiletten, eine Bar sowie ein Raum für separate Empfänge) camouflageartig unter diesen Teppich geschoben. Je nach ihrem Raumbedarf lassen sie ihn an verschiedenen Stellen nach oben schwellen und bilden weich geformte, separate Volumina aus. Das Bodenraster, das auf ihnen fortgeführt wird, vollzieht diese Bewegung mit und visualisiert die Deformation des Teppichs in einem frei schwingenden Linienspiel.

Während Rogers und Piano mit dem Centre Pompidou im wesentlichen einen Container zur Verfügung stellten, in dem potentiell jedes Programm untergebracht werden kann, gießen Jakob und MacFarlane Raum förmlich über das Programm. Durch die elastische Modulation des zweiten Fußbodens beamt sich das Restaurant, obwohl es im Innern des Pompidous situiert ist, in einen »interior outer space«. Diese Distanzierung materialisiert genau jene Unterbrechung, die das Programm einer Museumscaféteria von einem normalen Restaurant unterscheidet. Die architektonische Artikulation dieser Unterbrechung ist denn auch das grundsätzliche Anliegen von Jakob und MacFarlane: die Idee, dem Besucher des Museums einen Ort zu geben, den aufzusuchen nicht seine eigentliche Absicht war; einen Ort, an dem die visuelle Bombardierung der Ausstellungssäle ausgesetzt ist und er seine Sinne und seinen Körper erholen kann.

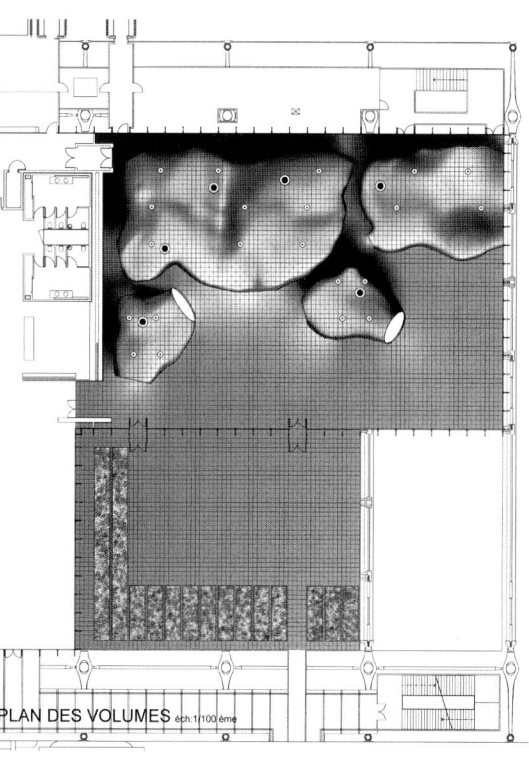

Für diese allgemeine Rekreation erweisen sich die Volumen bald schon als instrumental. Denn sie führen eine subtile Verfremdung des Ortes ein, die den Besucher tendenziell vergessen lassen, wo er ist. Weil sie in Form und Typologie etablierten Kategorien widersprechen, bemächtigen sie sich unmerklich der Aufmerksamkeit und rumoren lautlos im Unterbewußten. So wie sie das regelmäßige Bodenraster auf den Rundungen ihrer Oberfläche verfließen lassen, lenken sie auch die Gedanken des Besuchers auf andere Wege. Sie verbreiten eine fast kontemplative Ruhe, die sich sanft unserer Imagination bemächtigt und den Ort in immer wieder neuem Licht erscheinen läßt.

Diese permanente Reinterpretation seiner selbst ist vielleicht der eigentümlichste Effekt des Projektes. Wie Dalís über die Tischkante tropfenden Spiegeleier weichen einmal gemachte Prämissen auf, werden ambivalent – also reicher – und flirten mit ihrem Widerspruch. Nirgends wird dies so deutlich wie an den Volumen selbst. Konzipiert als reine Extension des Grundes, emanzipieren sie sich ab einem bestimmten Moment von ihm, um zu eigenständigen Figuren und Objekten im Raum zu werden. Die Art und Weise, wie sie aus dem Grund hervortauchen, unterstützt diese Verselbständigung. Anders als zum Beispiel der Wasserpavillon von NOX oder der Yokohama Ferry Terminal von FOA sind Fußboden und Wand nicht wirklich in einer alles umschließenden topologischen Landschaft aufgehoben, sondern vielmehr am Punkt ihres Zusammentreffens miteinander verschmolzen (nicht zuletzt sind sie aus zwei Schritten gebaut). Als dissimulierte Objekte entfalten sie aber eine ganz eigene interpretative Dynamik, wenn man die Macht ihres Kontextes in Betracht zieht. Logischerweise ist der Blick, der auf sie fällt, nicht neutral, sondern in

Andreas Ruby

einer ganz bestimmten Weise vorgeprägt. Ein Besucher, der im Museum nebenan gerade Skulpturen von Brancusi oder Hans Arp gesehen hat, wird die Volumen ziemlich wahrscheinlich in einer skulpturalen Logik wahrnehmen – eine mittlerweile gängige Auswirkung des Duchamp-Effekts, wonach alles zu Kunst wird, sobald es in ein Museum gestellt wird. Auch das Restaurant selbst ist nicht immun gegen diesen Effekt. Auf jeden Fall präsentiert es sich in dieser Perspektive nicht mehr als die Unterbrechung des Museums, sondern als seine Ausdehnung. Diese Überlagerung von Programmen wiederum berührt die zentrale programmatische Ambition des Centre Pompidou: den Avantgardetraum von der Aufhebung des Unterschieds zwischen Kunst und Leben zu verwirklichen. Im Verhältnis von Restaurant und Museum läßt sich diese Entgrenzung auf zwei verschiedene Weisen lesen. In der einen Lesart würde die Kunst das Alltägliche kolonisieren und ein zwiespältiges Bild von Mondrians Vision der im Leben aufgegangenen Kunst zeichnen – eine Invasion des Alltags durch das Life-Style-Design, die im Zeichen einer allgegenwärtigen Ästhetisierung des Lebens spätestens seit den 80er Jahren und neuerdings in Gestalt der Wallpaper-Kultur eher negativ konnotiert ist. Die Wirkung der gleichen Situation wäre eine völlig andere, würde man den Kunstbegriff der Performance Art zugrunde legen. Der Alltag selbst würde zum Kunstwerk erklärt werden. Am radikalsten ist dieser Effekt vielleicht von Timm Ulrichs »Lebendem Kunstwerk« (1968) vorgeführt worden: Das Kunstwerk besteht aus dem Künstler selbst, der im Museum vor den Augen des Kunstpublikums in einer Glasbox sitzt und ein Buch liest.

Die transformatorische Kraft der Volumen als »potentielle Skulpturen« liegt nun darin, das Bezugssystem der Kunst in den Raum des Restaurants zu verlängern und damit die normative Interpretation des Realen als Realität auszuhebeln. Der Besucher, der in der Ausstellung eben noch rätselnd vor Überresten Beuysscher Beschwörungen stand, könnte auch im Restaurant ins Zweifeln geraten. Kann er

Geschmeidige Übernahme

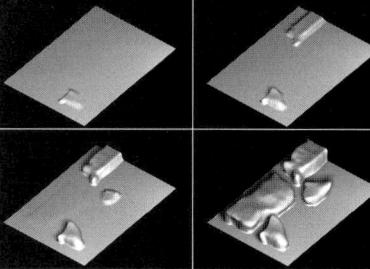

sicher sein, daß die Ansammlung der hier essenden Menschen nicht doch ein inszeniertes Ereignis ist, eine kollektive Eat-Performance in Erinnerung an Daniel Spoerri, von der er vielleicht sogar ein Teil ist, ohne es zu wissen?

Diese Destabilisierung der Wahrnehmung wird durch die bipolare Raumorganisation subtil verstärkt. Wie der Grundriß zeigt, konzentrieren sich die Volumen vor der Rückseite des Raumes. Sie überziehen das Restaurant nicht wie Follies in einem Garten, sondern formen einen neuen, topologischen Hintergrund. Dadurch wird die eigentliche Restaurantfläche in den Raum vorgeschoben und reicht an zwei Seiten bis an die Fassaden heran (teilweise erstreckt sie sich auch in die Volumen hinein, um die Grenzen zu verwischen): eine Grundrißkonfiguration, die an das typische Pariser Café erinnert, in dem die Stühle hinter der Fassade häufig frontal zur Straße ausgerichtet sind und das Straßenleben entsprechend zum urbanen Spektakel erklären. Dieselbe Inszenierung wirkt auch im Restaurant des Centre Pompidou, nur daß sich das Blickfeld dank der erhöhten Lage im 6. Geschoß zum Panorama über Paris erweitert. Beiden Situationen gemein ist ein Dispositiv des Blicks, das die Besucher in Betrachter verwandelt – womit sie wieder im Museum angekommen wären.

In gewisser Weise wirkt das Restaurant wie ein Theater mit zwei Bühnen. Die eine zeigt zur Stadt, die andere auf die Volumen. Daß die eigentliche Restaurantzone dazwischen als Zuschauerraum funktionieren kann, liegt nicht unerheblich an der wohlbedachten formalen Reduktion seines Mobiliars. Im Gegensatz zur ausgesuchten Opulenz des Panoramas und der durchaus überwältigenden Präsenz der Volumen nehmen sich Tische und Stühle spürbar zurück und erzeugen eine intime Mikroatmosphäre. Die Tischbeleuchtung ist in die Tischplatte integriert, die Stühle aus Polyurethan lassen sich zu Couches zusammenschieben und sind erstaunlich bequem. Eine perfekte Infrastruktur zum Tagträumen im öffentlichen Raum.

Fotos: Archipress

Hans Ulrich Reck

**DER HORIZONT DES VERSCHWINDENS
EIN GESPRÄCH ÜBER DIE STADT**

Wir leben in einer Epoche, die sich an finalen Konstruktionen erfreut, allerdings meistens ohne diese als artifiziell bewußt gesetzte zu würdigen. So verselbständigen sich die Furien eines dekretierten Verschwindens – unentwegt, unbeirrbar, unbelehrbar. Was vordem Gespenst war, besteht nunmehr gerade auf seiner unbezweifelbaren Wirklichkeit. Vorrangig in Hinsicht auf den Bestand und die Dynamik der Städte, die in allernächster Zukunft endgültig ins Unvorstellbare sich wenden und dies Unvorstellbare paradox zur einzigen Gewißheit dessen machen werden, was uns als Bild von der Stadt der Zukunft weniger offensteht als vielmehr sich unserer Imagination aufgedrängt haben wird, vorrangig im Blick auf das Urbane werden heute, allerdings wie schon so oft, immer wieder neue Perspektiven entworfen, in denen das Städtische – das doch immer das Umfassende der historischen Anthropologie und ihrer späten Entwicklung/Modellierung innerhalb der Zivilisationen ist – als ein Fremdes, ein Abhängiges, ein Funktionales zur Erscheinung kommt. Wurden früher Städte auf die Funktionen des Dekorums, der militärischen Befestigung und des absolutistischen Gestaltungswillens eines Fürsten, Autokraten oder allenfalls einer Oligarchie hin festgelegt, so in der Moderne auf die Logistik der Infrastrukturen (Verkehr, Telekommunikation, Elektrizität, Hygiene) und das Design des Unsichtbaren, so gegenwärtig zunehmend auf die Fähigkeit, ein Terminal zu sein. Das Urbane ist eine Projektionsfläche für Komplexität und Erneuerung, besonders aber für die kollektive Stilisierung der Gefühle exklusiver Zeitgenossenschaft. Städte erscheinen nicht nur als Paradigmen für den Wandel an sich, sondern mehr noch als Mittel für dessen unaufhaltsame Steigerung. In diesen Bedarf nach den Bildern der Stadt noch in der Ära urban entfesselter Bilderlosigkeit schießen offenkundig ebensosehr Kontrollbedürfnisse ein wie entregelnde Kompensationen einer permanenten Überforderung.

Wahrnehmung nimmt nur noch wahr, was sie an dem ihren Mustern Konformen sich zurechtzulegen vermag. Die Unwahrnehmbarkeit der Stadt entspringt also nicht nur ihrem Objektfeld, der radikalen Transformation der städtischen Ensembles, sondern auch der spezifisch durch Urbanisierung stetig überforderten Wahrnehmung, die sich Bilder vom Bildlosen macht, ohne daß darauf verzichtet werden könnte – schon gar nicht im Verweis auf die Unmöglichkeit eines angemessenen oder gelingenden Bildes. Kontrolle und die Hoffnung aufs Unvordenkliche, Ordnungspolitik und der Hunger nach radikaler Entfesselung regulieren im Vorfeld, was an Wahrnehmungsmustern des Urbanen sich der – irrtümlich sich allzu fähig wähnenden – Wahrnehmung überhaupt erst eröffnet.

Dietmar Kamper

ERSTENS: EINLEITENDE BEMERKUNGEN ÜBER DIE FRAGE, WOMIT DER ANFANG BEIM UMZUG INS OFFENE GEMACHT WERDEN MUSS:

Man muß

1. viel wegwerfen;

2. die verfallenen, engen Räume ausmessen, um endlich zu begreifen, daß der Raum kein Behälter, sondern ein lebendiges oder totes Zwischen ist;

3. über die früheren gescheiterten Umzüge nachdenken, denn seit 500 Jahren wird auf dem Globus mit Entschiedenheit umgezogen, und die Folgen entsprechen nie den Absichten;

4. die aktuelle Globalisierung als eine geschlossene Veranstaltung identifizieren, bei der die meisten Menschen nicht zugelassen sind, was eine verbrämte Schließung des Offenen darstellt;

5. eine Immaterialität der besonderen Art als Problem wahrnehmen: das Imaginäre als »Gefängnis der Freiheit«, dessen Wände nicht aus Stein und Stahl, also aus Materialien des Eingeschlossenseins, sondern aus Bildern und Zeichen der Emanzipation bestehen.

ZWEITENS: IM DICKICHT DER BILDER UND ZEICHEN
Wer sich der Mühe unterzieht, neuere Publikationen zum Zustand der großen Städte miteinander in Beziehung zu setzen, trifft auf eine seltsame Übereinstimmung: Die Stadt selbst scheint in die Bilder einzubrechen, die man von ihr hat, so als wolle sie ad oculos demonstrieren, daß diese Bilder nicht mehr passen. Seltsam ist diese Übereinstimmung insofern, als weiterhin auch in elaborierten Versuchen Bilder fabriziert werden, die eine zusammenhängende, einheitliche Darstellung der Stadt und ihrer Probleme erlauben sollen. Doch auch hier taucht irgendwann die Konzession auf, man könne sich irren, möglicherweise sei die Stadt jeglicher Darstellungsform, in welchem Medium auch immer, entgangen, entkommen, entschwunden. Und die Wahrnehmung halte sich gewissermaßen nach dem Einbruch einer wie auch immer gearteten Realität an die Formen ihrer Darstellung nur noch dort, wo

Der Horizont des Verschwindens

ZUKUNFT ALS ZEITFORM DES URBANEN

Urbanität ist ein Ensemble von Dispositiven, die sich historisch summieren zu einer Fülle. Diese besteht nicht linear geordnet oder in einem Nacheinander, sondern als Präsenz des Ungleichzeitigen, als ein auf viele Seiten hin offenes Geflecht ohne unverrückbare Hierarchien und Zentren. Die utopische Hoffnung auf die Freiheit des urbanen Lebens zeigt beispielhaft, daß das städtische Leben nicht nur Räume besetzt, sondern in einem besonderen Zeitmodus sich bewegt: der Zukunft. Lebendigkeit eines solchen dynamischen Gepräges existiert immer in der Zukunft und geht in keiner Gegenwärtigkeit auf. Sie findet die Plausibilität ihrer Bilder nicht in der Tradition, sondern darin, daß Vergangenheit aus dem sich vollziehenden Leben des Kommenden hervorgeht. Deshalb ist es möglich, daß aus der Kopräsenz der unterschiedlichen Dispositive auch die ›erinnerten‹ Bilder sich an Fluchtlinien kristallisieren, die, obzwar aus altem Bestand herrührend, doch nicht der Magie des Überlieferbaren unterliegen, sondern das Alte neben das Neue, das vermeintlich längst schon Begriffene neben das Überraschende und schwer Vorstellbare stellen. Dazu gehört auch, was nur dem ersten Blick paradox erscheinen mag: die Tatsache, daß das Urbane sich immer als ein determinierter, verstellter und keineswegs beliebig offener Raum erweist. Gerade diese Verstellung eröffnet Verwerfungen, die wiederum als Gegenstände einer präventiven Zurücknahme, vorrangig in jeweils akut sich behauptenden neuen Steuerungstechnologien erscheinen. Das Freiheitspathos digitaler Imperative ist deshalb nur ein weiteres Indiz in der endlosen Kette der Eingemeindung dieser urbanistischen Paradoxie, daß urbane Raum-Zeit offen, komplex, unvorstellbar und partiell determiniert zugleich ist. Aber diese Determinierung ist fließend, selber dynamisch und nicht an einen bestimmten Ort fixiert.

Das Umkreisen des Unvorstellbaren – der Präsenz der Bilder folgend durch die Prozeduren der Imagination – ist nicht nur eine Weise, das Urbane als in Bewegung Befindliches zu denken, sondern auch eine der Weisen, in der dieses sich tatsächlich bewegt. Diese kleine Verschiebung eröffnet den Umzug ins Offene von seinem Ende her, der bewerkstelligten Verwirklichung. So ist das Offene des Gegenwärtigen – wie das Urbane selbst – nur als aus der Zukunft ins Jetzt wirkend zu denken. Das ist die einzige gültige zeitliche und sachliche Dimension des Denkens des Städtischen, dessen Horizont nicht mehr ohne weiteres in das Vorstellbare paßt. Aus dieser Perspektive einer Zukunft der sich verstellenden Bilder, die immer zu viele sind und sich schon deshalb in kein Muster fügen – wofür das Urbane steht: Zukunftsdichte des Erfüllten, zugleich Musterlosen –, seien die hier zitierten, umspielten, umschriebenen Bildzusammenhänge des Urbanen gefügt, egal, welches ihre historischen Ursprungsdaten vermerken mögen. Sie fügen sich zu zwei Gestalten: einer geschichtlichen und einer achronen.

Lücken, Risse, Brüche zu verzeichnen sind. Die Zeit einer Vereinheitlichung, überhaupt eines Versuchs der Vereinheitlichung der Wahrnehmung unter einem verbindlichen Muster oder Modell scheint endgültig vorüberzusein.

Das legt eine doppelte Spur des Nachdenkens. Einerseits ist es erforderlich, in der traditionellen Richtung einer Rechenschaftslegung fortzufahren, andererseits muß man diese sichtbar gewordene Inkommensurabilität der alten Sichtbarkeit thematisieren und zu ihrem Recht kommen lassen. Das geschieht gegenwärtig in

Hans Ulrich Reck

STEINE, MENSCHEN, VOR ALLEM ABER GÄRTEN

Marsilio Ficino bemerkte zum Phänomen des Urbanen lapidar: »Die Stadt besteht nicht aus Steinen, sondern aus Menschen.«[1] Darin artikuliert sich ein wesentliches Erkenntnispotential, wenn man unter dem ›Menschen‹ kein statisches Bild imaginierter Natur, sondern eine dynamische Aktivität versteht. Sie schöpft ihre Kraft aus den Bedingungen von Natur, entwirft aber, was »Natur des Menschen« sein kann, nur kraft und in stets naturalisierender Künstlichkeit. Dann rechnen natürlich die Steine ihrerseits zu den Menschen und umgekehrt diese zu den Steinen. Es gibt im Geflecht des Urbanen keinen Grund für humanistische Exklusivität. Gehören Menschen zu den Steinen (später zu den Waffen und noch später zum Sand, aus dem die Silizium-Chips gebaut sind), so die Technologien des Künstlichen ebenfalls zu diesen. Entsprechend erweitert sich die historische Anthropologie um die Dynamik der Infrastrukturen und Maschinen. Das urbane Leben ist eines im dritten Geschlecht, der symbiotischen Potenz des Sächlichen, in welchem Infrastrukturen und Leib, Menschen und Maschinen koexistieren. Der humanistische Binnenzentrismus, der das Bild der Stadt um die Beherrschbarkeit des Bildes vom eigenen Leib herum organisiert hat, markiert unwillentlich einen nachhaltigen Bann des Entzugs der Bilder. Aber diese Bilder versuchen ein weiteres Mal, den Horizont des Verschwindens aus den Bildern zu vertreiben. Die Einsicht in die Koexistenz und der Überhang der Natur des Sächlichen, das Tertium des Artifiziellen als wesentliche Antriebskraft des Urbanen, sie öffnen sich einer Pluralität der Bilder, die sich alle dem Horizont des Verschwindens einschreiben, erfahren sie doch an sich die so typische Kraft jener Ohnmacht, die ihre Vitalität auf die Arbeit der Illusion gründet.

Die Bilderarbeit am Urbanen, die Selbstempfindung einer in der alten, archaischen Magie des Schutzes sich verlierenden Zustimmung zur humanen Exklusivität des urbanen Raumes, die Sehnsucht nach einer Zentrierung eines geschützten und aufgehobenen Menschlichen – sie sind verstrickt in die Ausweglosigkeit des ermächtigten Sehens. Dieses war noch bei Augustinus und für lange Zeit danach eine Sphäre des Göttlichen. Der ermächtigte und legitimiert gewaltige Blick war das Sehen Gottes, aus welchem Sehen der ontologisch gewürdigte Bestand der Dinge hervorgehe. »Wir freilich sehen die Dinge, die du gemacht hast, weil sie sind, sie aber sind, weil du sie siehst. Und wir sehen draußen, daß sie sind, und drinnen, daß sie gut sind.«[2] Die inwendige Moralität des guten Sehens entspricht der Logistik der Markierung nach außen, von Abgrenzung und Schutz. Nichts anderes besagt die wesentlich irdischer bewaffnete Theorie des Dekorums. Aus dieser entsteht im Sehen des Sehens als göttliche Erzeugung des Existierenden kraft des überwältigenden Blicks eine Innenbetrachtung, welche den Schutz des

Dietmar Kamper

der Form, daß nicht mehr von einem Dickicht der Materien, von Sumpf, Dschungel, Morast, also von einem Brei der Sinne gesprochen wird, der dann einer zeichenmachenden Rationalität als Herausforderung dient, sondern vielmehr umgekehrt von einem Dickicht der Zeichen, von einem Durcheinander der Muster, von einer tiefen Insuffizienz der Bilder die Rede ist, also von einer irgendwie gearteten Verwirrung der rationalen Kompetenz in Sachen der Signifikation. Man hat gesprochen von einer dritten Revolution im Zuge der Abstraktion der gesellschaftlichen Verhältnisse. Es besteht der Eindruck, daß diese dritte Revolution unwiderruflich in diversen Sackgassen steckt.

1. ZEICHENDICKICHT, SELBSTGEMACHT

Wer die Wahrnehmung in Anspruch nimmt, muß auf den Körper rekurrieren. Das ist die eigenartige Wendung, die die Philosophie dieses Jahrhunderts genommen hat. Eine Geistesgegenwart, die jederzeit gefährdet ist, stützt sich auf einen bewegten Körper, der als Horizont in Anspruch genommen wird, als Horizont der Erfahrung, als Horizont auch noch der Erfahrungsunfähigkeit der Menschen. Dieses Einverständnis reicht von Walter Benjamin bis Richard Sennett. Ob es möglich ist oder nicht, gegen die Stufen der Abstraktion wird deren Ausgangspunkt in der körperlichen Realität, bei den Materien der Stadt, bei den Steinen, beim Dreck, beim Abfall gesucht, um von dort her die hauptsächlich wirksamsten Tendenzen beschreiben zu können. Man kann in grober Skizze annehmen, daß im späten Mittelalter eine erste Abstraktion Großkörperschemata für das Verständnis der menschlichen Erfahrung durchgesetzt hat, daß mit der bürgerlichen Weltrevolution die Ware und das Geld als verbindliche Größen eines universalen Tausches behauptet worden sind, daß schließlich in der aktuellen medialen Revolution das Zeichen diese exorbitante Rolle spielen soll. Hegel hat in seiner »Phänomenologie des Geistes« und in den entsprechenden Enzyklopädien, die auf eine Anthropologie hinweisen, der zeichenmachenden Imagination die höchste Funktion zugewiesen, nämlich unabhängig von der ersten Schöpfung, unabhängig von der Natur, eine Vorschrift für die selbstgemachte Welt des Menschen konstruieren zu können. Das ist zunächst an den Materialien geschehen und bleibt schließlich in Reinkultur übrig. Das Zeichen als Zeichen

Der Horizont des Verschwindens

Menschlichen als eine Art zweite Schöpfung des Blicks behandelt – zwar dem göttlichen Sehen untergeordnet, aber doch an seinem Verstehen beteiligt. So wandelt der befestigte Raum nach innen sich zum Vorschein des schöpfungsgeschichtlich Verschonten. Es ist diese Fixierung auf die Funktionen der Zitadelle, welche dem urbanen Sehen das Sehen des Urbanen verstellt. Dennoch, da anders gerichtet, bleibt der Paradiesgarten die stärkste Utopie des Städtischen, über Kulturkreise und Zeiten hin verstreut. Dabei löst sich die Vision nährender und erfrischender Natur von der Allmacht des göttlichen Blicks in genau dem Maße, wie die Lieblichkeit der Natur als Frucht von Zivilisation, Technologie, Fertigkeit, Arbeit erscheint.

Die Inwendung des Sehens hat demnach immer mit der Betrachtung und Wahrnehmung der Wüste zu tun, nicht mit der schon finalisierten Form einer religiösen Erweckung oder gar einer Ordnung des Religiösen im langen Rhythmus der Beendigungen, Abbrüche, Weitungen und Transformationen alles Historischen. Bekanntlich sind aus der Bewegung in der Wüste alle wichtigen Visionen vom Paradiesgarten hervorgegangen. Stärker als im reinen Christentum, das vorrangig als Askese und Peinigung des Leibes sich zu verstehen anschickte, ist die Lieblichkeit als Leiblichkeit des paradiesischen Naturkörpers im Sinne einer Überwindung der Wüste in der darin unvergleichlichen Kultur des Mahgreb-Gebietes (nebenbei: einer alternierenden Geographie eines erweiterten Europas von bleibend insistierendem Wert), seiner Gründung des Architektonischen auf Fruchtbarkeitstechnik lebendig geblieben. Hier finden sich denn auch in einer berührenden Koexistenz mit dem Bedarf des militaristischen Dekorums die Werte einer Erbauung, welche die lösende Liebe und die süße Lockung der Zärtlichkeiten in der Nähe des Wassers, der schattenspendenden und erfrischenden Natur sich abspielen sieht. Beispielhaft und, wie leicht erinnerlich, auch beispielgebend verkörpern die Alhambra und mehr noch der Generalife in Granada diese Einheit. Die Wassergärten sind hier ein spezifisch geheiligtes Paradies. Mystische Konnotationen einer erlösten Regentschaft verbinden sich orgiastischen Aspekten, die sich nicht auf den Kult einer Inversion der Zitadelle beschränken – wie in so vielen Machtkulturen, in denen das Opfern von Menschen auf dem im innersten Bereich der Zitadelle gelegenen Zikkurat die Unbezwingbarkeit des Zentrums, Majorität des exklusiven Zentralpunktes, schieren Standort und damit Besetzungsenergie von Machtbehauptungen zu sichern hat. Die Lieblichkeit des Paradiesversprechens der wunderbaren und wunderbarerweise der andalusischen Wüste entsprungenen Gärten ist gänzlich eingewoben einer Bilderwelt, die in der Anordnung von Pflanzen gründet und die sich in der Konstellation der preisenden Worte und den Ornamenten der Architektur wiederholt, wie überhaupt die Architektur als ein Ornament der inwendigen Wiederholung des vielgliedrigen Bezugs zur Natur sich ausbildet. Bis

ist der Baustein einer durch und durch menschlichen Welt. Das macht gegenwärtig Probleme. Denn durch diese Zeichenproduktion ist die Welt nicht etwa einfacher geworden, sondern viel komplizierter. Man könnte ihre aktuelle Überkomplexität geradezu auf die nur noch durch Zeichen markierten Unterschiede zurückführen. Der ganze Stolz der Anthropologie, wie sie sich in Theorie und Praxis ausgebreitet hat, hat dilemmatische Effekte gehabt. Gerade die der Namengebung direkt folgende Urkraft menschlicher Selbstbestimmung, die Signifikation, hat durch pure Wirksamkeit eine überkomplexe Lage produziert, der sie selbst auf gar keine Weise mehr gewachsen ist. Das mag an der Rückwirkung der Stadtwahrnehmung auf die gängigen Muster, die in ihr zur Anwendung kommen, deutlich werden. Die eine Welt, das eine Bewußtsein, die in einer imaginären Einheit des Imaginären Halt zu finden suchten, driften auseinander, spalten sich in sich selbst und hinterlassen ein selbstproduziertes Chaos, dem kein Erkenntnisverfahren mit Dominanzgebaren noch in irgendeiner Weise gewachsen wäre. Man muß also konzedieren: Der Versuch einer Vereindeutigung der Welt mittels Zeichengabe ist nicht nur gescheitert, sondern so sehr danebengegangen, daß es kaum eine Chance gibt, die Resultate des angerichteten Desasters noch hinlänglich wahrzunehmen.

2. »DER KÖRPER DER STADT«
Man hatte sich an die einfache Konstellation gewöhnt: Ein ganzes Bewußtsein ist mit einer zerstückelten Wahrnehmung begabt und leistet mittels der Signifikation, der Grundkraft der Rationalisierung, eine Vereinheitlichung, die sowohl die Identität der Welt wie die eigene Identität sichert. Ein solches Muster ist von einer hochgradigen Selbstverständlichkeit, hat es aber historisch durchaus schwer gehabt. Nun möchte man es nicht mehr einfach aufgeben. Insofern sind die vielen Widerstände erklärlich, die sich um den Versuch gebildet haben, den Anspruch eines geschlossenen Ganzen überhaupt loszuwerden. Zerstückelung auf der Körperseite, imaginäre Einheit auf der Seite des Bewußtseins: so sah die Konstellation aus, als durch weitertreibende Entwicklungen eben die Einheit des Imaginären in Frage gestellt wurde. Das Imaginäre, sagt Jacques Lacan, ist die Beziehung der Menschen zu ihren Körpern. Wenn diese Beziehung abgebrochen wird, wenn der menschliche Körper in seiner Maß-

Hans Ulrich Reck

auf das 10. Jahrhundert zurückführende Textdokumente tragen zum Verständnis der Paradiesfähigkeit der Alhambra Granadas wesentlich bei. Besonders ein Gedicht des Poeten Ibn Luyun, der im 14. Jahrhundert in Granada lebte, dessen poetische Wurzeln aber auf die Geschichte des Cordoveser Kulturlebens seit dem 10. Jahrhundert zurückreichen, gehört in diesen Zusammenhang. Die Stadt besteht also nicht nur aus Menschen und Steinen, sondern auch aus Poetisierungen und Imaginationen ...

> »Häuser, die inmitten von Gärten liegen, errichtet an höherer Stelle, sowohl aus Gründen der Sicherheit als auch der Gestaltung;
>
> die Gärten liegen nach Süden hin an, mit dem Eingang nur an einer Seite, für die Zisterne und den Ziehbrunnen aber wählt höheren Boden;
>
> statt eines Ziehbrunnens mag man auch einen Wasserlauf vorziehen, der im Schatten dahinströmt.
>
> Wenn das Haus zwei Türen hat, erfreut man sich größerer Sicherheit, und der Bewohner hat es bequemer.
>
> Lasset in der Nähe des Wasserbeckens Sträucher pflanzen, die im Winter ihre Blätter nicht verlieren und das Auge erfreuen;
>
> und etwas weiter ab lasset Blumen verschiedener Art pflanzen, und noch weiter dahinter immergrüne Bäume,
>
> und rings im Umkreis Weinranken, dazu auch in der Mitte der ganzen Anlage eine Fülle von Weinreben;
>
> und unter den Weinranken führt Wege entlang, die den Garten umsäumen und als Grenze dienen.
>
> Und zu den Obstbäumen geselt den Weinstock, der einer schlanken Frau gleicht, oder Bäume, die Holz liefern:
>
> danach bepflanzt die jungfräuliche Erde mit dem, was nach euren Wünschen einmal gedeihen soll.
>
> In den Hintergrund setzt Bäume, die keine Schäden anrichten können, wie etwa die Feige;
>
> und alle Obstbäume, die hoch empor wachsen sollen, pflanzt in ein abgegrenztes Bassin, damit sie sich voll entfalten und einmal als Schutz gegen den Nordwind dienen können, ohne dabei den Sonnenschein von den Pflanzen abzuhalten.
>
> In der Mitte des Gartens lasset einen Pavillon errichten, in dem man sitzen und nach allen Seiten die Aussicht genießen kann,
>
> doch sollte er so beschaffen sein, daß niemand, der herankommt, die Gespräche im Inneren überhören und niemand sich wiederum unbemerkt nähern kann.
>
> In seiner unmittelbaren Nähe lasset Rosen, Myrten und was an Pflanzen sonst einen Garten ziert setzen.
>
> Und der Garten sollte länger sein als breit, damit der wandernde Blick des Betrachters sich darin ergehen kann.«[3]

Dietmar Kamper

geblichkeit für die Wahrnehmung und die Erfahrung der Welt ausgeschaltet oder gar abgehängt wird, dann spielt auch das Imaginäre verrückt und löst sich in seine Bestandteile auf, was, soweit man den Schrecken der Beteiligten hinlänglich interpretieren kann, niemand erwartet hatte. Die einfachen Körperordnungen rechts/links, vorne/hinten, oben/unten, innen/außen sind garantiert nur unter der Voraussetzung, daß die Menschen in ihren Körpern leben, daß sie sie als Orientierungsmittel in der Welt benutzen und daß sie die symbolischen Ordnungen einhalten, die auf diese Körper gebaut sind. Das aber ist von Anfang an in der Stadt attackiert worden. Die Stadt sollte nach Möglichkeit aus dem Kopf entstehen, aus einem vom Körper gelösten Kopf sollte überhaupt der Kopf werden, daher die Bedeutung der Kapitale, der HauptStadt, der Stadt als Haupt. Diese aber ist losgelöst, absolut, vom Körper und insofern dann einer eigenen Ordnung unterstellt, sofern sie sich halten läßt. Nietzsches Bestimmung der Stadt, daß sie ein Labyrinth sei, in dem sich das Denken wiederfinden kann, wenn es seine Übersichtlichkeit verliert und diesen Verlust akzeptiert, zeichnete einen möglichen Weg vor, der auch hier und da gegangen wurde, der aber offensichtlich nicht zufriedenstellte. Das Labyrinthische ist immer ein Effekt mißlungener Raumordnungen, die aus einer Einheit entworfen wurden. Das Labyrinthische wäre eine Konzession, aber immerhin eine, die gute Dienste bei der fortgesetzten Wahrnehmung der Stadt leisten könnte.

3. STADTSOZIOLOGIE, NARRATIV

Wer die Muster der gängigen stadtsoziologischen Untersuchungen zusammenstellt und dann seinerseits mustert, stößt auf eine tiefgreifende Ambivalenz der Erfahrungen, die man nach verschiedenen Richtungen akzentuieren kann. Man liest dann von Nähe und Ferne, von Vertrautheit und Fremdheit, von Wärme und Kälte, von Langsamkeit und Beschleunigung, von Solidität und Flüchtigkeit und ähnlichen Begriffspaaren. Durch die Entwicklung der Städte sind diese Muster auf eine spezifische Weise »schiefgedrückt«, so daß die Tendenz dahin zu gehen scheint, daß die Ferne der Nähe vorgezogen wird, die Fremdheit der Vertrautheit, die Kälte der Wärme, die Beschleunigung der Lang-

Der Horizont des Verschwindens

**INNEN WIE AUSSEN, EIN BLEIBENDES
ALS WEISE DER HER(AUF)KUNFT**

Daraus wird, wenn weitgreifend und ungesichert Linien auszuziehen erlaubt ist, erschließbar: Urbanität ist nicht die Ablagerung von Ringen um einen Kern herum, denn das Zentrum ist kein Ort, sondern eine Qualität, die in allen Markierungen der Ringe, Ablagerungen, Nischen, Widersprüchlichkeiten etc. sich erhält. Denn die Liebe als ein Verschlungensein in (als, durch) sich, als Agape und nicht nur als Eros, weiß diesen Ort des unbelauschbaren Gesprächs, der Unsichtbarkeit der vehementen Zärtlichkeiten sich überall einzurichten. Im Schutz solchen Ortes fügen die kosmischen Linien der Ordnung sich, im Schönen und im grundsätzlich Notwendigen. Nur ein äußerlich bleibendes Mißverständnis erinnerte die Beschreibung an das Panoptikum als eine Gewaltform der Kontrolle. Die intensiv sich selbst im Andern suchende Zärtlichkeit bedarf nicht solcher Form, gar einer darauf gestützten massiven Architektur. Sie entwirft ihr Antlitz in der Zeit an allen Orten, weiß sich gleich nahe mit dem Lieblichen, das von der Qualität her zu ihr spricht. Sie ist stark ohne Schutz und machtvoll durch ihr Unbewehrtes, das durch niemanden gehandhabt werden kann. Solche Liebe ist paradiesisch, weil sie sich verspricht, ohne daß sie darüber verfügen kann. Solche Intensität, nicht der Nullpunkt nach allen Seiten kontrolliert bewaffneter Blicksouveränität, ist die Keimzelle des Städtischen, das man sich als Nachbarschaft von Ankunft und Aufbruch in den Topographien der Wüste vorstellen sollte. Aus diesem Keim heraus das Städtische denken heißt, einem Leib zugehören, an den keine Bilder reichen und der seine Empfindung diesseits des Sehens hat.

Stadt ist also greifbar als eine Bepflanzungs- und Empfindungskunst. Ihren Kern bildet die Zisterne, aber damit diese möglich ist, bedarf sie der Umgebung, in der ihre fruchtbarkeitsbringende Kraft sich entfalten kann. Es herrscht eine besondere Ästhetik der Korrespondenzen, die keineswegs einer evolutionären Form der Zeit bedarf. Im Gegenteil: Das Fruchtbringende entspringt einem vorgreifenden Moment der Erfüllung. Diese Art gefügter Fruchtbarkeit und Labung entwirft ihre Gegenwart immer in jenem Stück Zukunft, aus dessen stetiger Vorsprünglichkeit sich das im Gegenwärtigen wendet, was notwendig ins Überleben einspringt. Solche Kunst ist eine der Anlage, eine Kerntechnik des Gewahrwerdens all dessen, was zum Gebilde des Städtischen dazugehört, eine Nuklearsensitivität für die Korrespondenzen und deren Intensitäten, die sich nicht nach Räumen sondern lassen, da Räume keine Abschwächungskörper einer diffundierenden Energie sind, sondern der gelebten Zeit der Erfüllung alle gleich nahe stehen.

São Paulo, März 2000 · Eine Reise mit Christine Bruggmann Reck, Birke Mersmann, Dietmar Kamper, Hans Ulrich Reck, Gerburg Treusch-Dieter, Bernd Ternes, Stefanie Stallschus · Fotos: Christine Bruggmann Reck

Hans Ulrich Reck

Die ausführliche poetische Schilderung des Ibn Luyun entspricht geschichtlich in auffälliger Weise dem »Patio de La Acqueia« des Generalife in Granada. Natürlich ist die Alhambra immer auch eine Zitadelle gewesen. Aber diese Funktion hat nicht dominiert. Sie war niemals exklusiv bestimmend, sondern allenfalls, in Zeiten des notwendigen militärischen Schutzes, funktional angemessen. Daran ändert auch nichts, daß die Symbolik beispielsweise des Löwenhofes bis in die Einzelheiten die Attribute der Löwen als Insignien des Heiligen Krieges sich auf die Autorität des Herrschers stützt. In erster Linie nämlich geht es hier immer um die Mythologie und Magie des Wassers. Das Wasser erscheint metaphorisch als eine feste Substanz, die zu einem skulpturalen Denkmal verarbeitet werden kann. Die urbane Anlage der erfrischenden Natur, das vollkommene Artefakt des Paradiesgartens steht, gerade im Falle der Alhambra, ganz im Zeichen der Mythologie des Salomon und dessen »ehernen Meer«, das als Gefäß für das kostbare Element dient.

Ist hier alles Geschenk, so doch eines, das nicht beliebig gewährt wird, sondern das den menschlichen Anstrengungen korrespondiert. »Man bewohnt nur das Haus wirklich, das man selber baut, man lebt nur dauerhaft in dem, was in Übereinstimmung mit der ›geprägten Form‹ gewachsen ist. Kein Volk, keine Klasse vermag längerfristig die leeren, vom Vorgänger oder Feind geräumten Muscheln zu kolonisieren: Die Zivilisation der Einsiedlerkrebse ist ohne Zukunft.«[4] Die stärkste Fallinie der urbanen Dynamik ist eine, die jenseits der Fragen des historischen Bestandes sich abspielt. Giovanni Battista Piranesi hat in seinem Traum von der vollkommenen Archäologie diese Fluchtlinie als die eigentlich bestimmende Kraft im Schicksal der universalen Stadt Rom erkannt. Die Kraft dieses Schicksals erhält die Stadt noch in jenen Zuständen der Wandlung, durch welche ihre Gestalt sich ihrem Grund verbindet und die amorphe Voraussetzung dessen wird, was in ihr greifbar Ausdruck gewonnen hat. So dominiert die Bedingung der Möglichkeit des Werdens im Zustand der Ruine und der Vergänglichkeit über das wirklich Gewordene. Es geht dabei keineswegs, wie Georg Simmels Bemerkungen über die Rückverwandlung von Geschichte in Natur als Kennzeichen der »Ruine« nahelegen, um den Zerfall des Historischen. Vielmehr scheint umgekehrt die Präsenz des Monumentalen etwas zu sein, was in der Zeit der Geschichte gar nicht verwirklicht erscheint. Unschwer, die tiefste Faszination Roms gerade in dieser Monumentalität des Unfaßbaren, Zerfallenen, Überflüssigen, Widerstehenden, im Leben der Monumente quer zur Geschichte und zur Historisierung der Dokumente zu erblicken. Der Blick auf die Stadt lebt im Grunde hier nur, wenn tiefer gegraben wird als bis zu dem, was die Historisierung der Abfolgen im zugänglichen Erscheinungsbild der Stadt zuläßt. Es bedarf dieses Blicks, der sich dem versprengten einzelnen, dem Zau-

Dietmar Kamper

samkeit, die Flüchtigkeit der Solidität, wobei aber nicht klar ist, ob es sich hier um Oppositionspaare fundamentaler Art oder um Effekte der historischen Abstraktion handelt. So daß also die Ferne die Nähe erst hervorbringt, die Fremdheit die Vertrautheit, die Kälte die Wärme, die Beschleunigung die Langsamkeit, die Flüchtigkeit die Solidität usw. Falls letzteres zutrifft, könnte man sich Steigerungen vorstellen, die dann nicht mehr zu einfachen Gegenbewegungen taugen, wie sie in den letzten Jahrzehnten immer wieder propagiert worden sind. Die Allianz von »flesh and stone« (Richard Sennett), die Beschwörung der Geistesgegenwart kann sich nicht einfach auf die Seite einer vorabstrakten Stadtrealität stützen, so daß man strategisch, sofern die Muster unter zerreißende Spannung geraten, nun die Nähe und die Vertrautheit und die Wärme und die Langsamkeit und die Solidität befürworten könnte. Vielmehr käme es auf eine Balance anderer Art an, die in Berücksichtigung der Abfolge Körper–Ware–Zeichen riskantere Gegenteile verlangen würde. Bestimmte Positionen sind nicht hintergehbar. Das zeigt sich auch immer deutlicher. Urbanität als geregelte Gleichgültigkeit, die große Stadt als Integrationsmaschine anonymer Mechanismen, die Surrealität der »divided city«, in der die Ausbeutung überboten ist durch Nichtbeachtung aller Beteiligten – solche Grundmuster lassen sich historisch nicht mehr zurückdrehen, denn in ihnen ist der Spin der Geschichte wirksam geworden, d. h. irreversibel mächtig.

4. SELBSTFREMDHEIT
Weder die Vogelperspektive noch die Perspektive des Kellerlochs, weder der pure Regionalismus noch der leere Universalismus, weder die methodische Regression, die auf historische Progressionen, die ins Leere gingen, zu antworten sucht noch die Verheimlichung des Unheimlichen können der Stadtwahrnehmung heute aufhelfen. Vielleicht gibt es eine Möglichkeit, mittels der akzeptierten Selbstfremdheit weiterzukommen, die Baudelaire schon in Edgar Allan Poes Erzählung »Man of the Crowd« wahrgenommen hat. Im Spiegel der Stadt erscheint ein fremdes Gesicht. Der Stadtbewohner erkennt sich nicht mehr. Er ist nicht mehr in der Lage der Erinnerung des Vergessenen, wie die Philosophie seit den Vorsokratikern bis Hegel

Der Horizont des Verschwindens

ber des Singulären übereignet. Die Dynamik dieser Urbanisierung vibriert aber eindeutig in einem leiblichen Gefühl, einer Intensität als Präsenz dieses Versprengten und Eigenwilligen, das keinem Blick zum Objekt einer Betrachtung dient, das aber sich dem eröffnet, der die stetige Insistenz des Obsessiven als eines die geschichtliche Lineatur Störenden empfindet. So ist der Idealzustand Roms über weite Strecken das, was immer noch ohne weiteres zugänglich ist: »Rom war zu einem Steinbruch geworden, die Säulen wurden für die Kirchen verwendet, der Marmor von den Kalkbrennern (einer der größten Zünfte der mittelalterlichen Stadt). Die wirklich unzerstörbaren Massen, die übrigblieben, wurden einfach wie eine Gegebenheit des Bodens behandelt, aus der man einen Vorteil der Verteidigung zu ziehen suchte.«[5]

VON DER STADT DER MODERNE ZUM VERSCHWINDEN DES HORIZONTES

Markiert die Insistenz des mit dem Boden Gleichwerdenden die Permanenz des Städtischen, so die erzwungene Offenheit die Aktualität der Bewegung, die sich aus einer um wenige kleine Momente immer schneller als die Gegenwart selbst in der Gegenwart aufscheinenden Zukunft ergibt. Nur deshalb ist alles Gegenwart, weil sich die Zeit nur aus der Tatsächlichkeit der Zukunft ergibt und Vergangenheit umstandslos in die Residualität der Bedingungen des Möglichen sich verwandelt, eine epistemische, aber keine chronometrische Funktion erfüllt. Offenkundig gab es für einen spezifischen Beobachter einen Zeitpunkt in der Entwicklungsgeschichte der modernen Stadt, in der die Einheit des Zeitgetriebes wenn nicht als unverbrüchlich, dann immerhin noch als einigermaßen stabil gewährleistet erschien. Noch nicht war eine irreversible Dynamik des Umbruchs von der reversiblen Naturzeit der Rhythmen und Zyklen, der Rhythmik der langen Dauer und der Kreisläufe geschieden. Etwa gegen Ende der 20er Jahre erscheint Berlin weiterhin als eine Stadt, in der das Getriebe der Zeit noch im Blick auf eine offene Zukunft funktionierte, als eine zyklische Stabilität des Irreversiblen, um es paradox zu formulieren, ein Paradoxon, das wenig später diktatorisch mittels erzwungenen Perennierens der Kreisläufigkeit dem Städtischen überhaupt ausgetrieben werden sollte. Weniger Walter Benjamin als vielmehr Siegfried Kracauer und der kaum mehr bekannte Lyriker, Dramatiker, Romancier, Erzähler, Essayist und Journalist Bernard von Brentano sind dafür unter den letzten Zeugen, welche den Vitalantrieb der Stadt unterhalb des Monströsen und Apokalyptischen – des heute so beliebt gewordenen »Post-Humanen« – denken konnten. So schreibt Brentano 1926: »Aus vollen Jahrhunderten ist nichts übriggeblieben. Die halbe Welt und ihre ganze Geschichte findest du in den Kanälen der Museen; nichts von Berlin. Alles ist Gegenwart. In verschollenen Gräbern beerdigt, schweigt die Vergangenheit; noch nicht einmal

bezeichnet worden ist (Jacob Taubes zitiert Franz Rosenzweig). Vielmehr wäre das ganze Arsenal der Zeichen zu verdächtigen, inzwischen eine Art Abwehrzauber gegen die Erfahrung der menschlichen Selbstfremdheit zu leisten. Um die Probe aufs Exempel einer solchen Annahme zu machen, muß man sich an den Grenzen der Theorie aufhalten, an den Grenzen aber auch der Erzählbarkeit der Stadt, an den Grenzen der Abbildbarkeit der Stadt. Man muß gewissermaßen das, was im Schrecken und zum Schrecken der wahrnehmenden Menschen geschieht, ausdrücklich provozieren, man muß den Einbruch der Stadt als der fortgeschrittensten Welt des Menschen in die menschliche Wahrnehmung forcieren, man muß die Texte, die Diskurse, die Semantik, die sich gebildet haben unter dem Druck der Bilder der Stadt, unterlaufen und unterminieren. Dann könnte es gelingen, das wild gewordene Zeichensystem als Fortschritt in Richtung einer Zerstückelung des Imaginären zu lesen, was zweifellos auch bedeutet, an die Stelle einer symbolischen Lektüre der Manifestationen des menschlichen Geistes eine diabolische Wahrnehmung zu setzen, die den Zusammenhang bestreitet, der nach wie vor als Wirkung einer dritten Abstraktheit angenommen wird. Es mag allerdings sein, daß eine solche Wahrnehmung nicht aus freien Stücken, aber doch mit einiger Zwangsläufigkeit eine Schuld an dem, was es gibt, begreift und damit eintritt in die dritte Rechnung einer bevorstehenden dritten Dialektik der Aufklärung.

DRITTENS: RE-SIGNATION IN SÃO PAULO

Nicht noch mal zeichnen, »pas encore«. Sondern Rücknahme der Unterschrift, mehr noch: Rückzug vom Außenposten der »Signatur« der menschlichen Zeichenmacht. Der Krieg gegen das Leben ist verloren, weil die Zeichen gesiegt haben, weil sie nichts (klein geschrieben), nichts mehr bedeuten. Das unaufhörliche Rauschen der Stadt – ein weißes, ein schwarzes Rauschen? Zuviel? Zuwenig Information? Jedenfalls ein neuer, neuartiger Durchschnitt im Verhältnis von Vernunft und Wahnsinn. São Paulo scheint in dieser Richtung die Stadt zu sein, die am meisten Weltstadt ist. Deutlicher noch als in New York hat man das Gespür einer Startsituation: als wollte ein Teil der Erde abheben und als Rakete eine abenteuerliche Himmelfahrt beginnen. Hier ist die sogenannte Realität schon vir-

Hans Ulrich Reck

Sterne gibt es, die reden könnten. Und die Gegenwart hat noch keinen Ausdruck. Jedoch, derweil man schweigend dahingeht, brüllt die verborgene Stadt. Wer achtet darauf? Wer versucht, ihre neue Sprache zu verstehen? Gibt es doch alte, unbekannte Sprachen genug [...] Aller Bewegung zusammen ergibt die Bewegung der Stadt [...] nichts ist beständig, wechselnd wie die Gedanken der Menschen, die alles beleben, wird immer ein Ding wieder vom anderen belebt.«[6] Im selben Jahr – 1926 – faßt Siegfried Kracauer eine seiner biokulinarisch pointierten Metaphorisierungen des modernen europäischen Stadtlebens am Beispiel eines Pariser Faubourg in eindringliche Worte: »Umspülte das Mittelmeer die Avenue, ihre Läden könnten nicht fensterloser sich öffnen. Ein Warenstrom entquillt ihnen, der zur Stillung der kreatürlichen Bedürfnisse dient; er klettert an den Fassaden empor, unterbricht sich auf Straßenbreite und schnellt dann jenseits des Querstrudels der Passanten mit doppelter Gewalt in die Höhe. Über dem Gestrüpp der ungerodeten Naturprodukte, die als Hors d'Œuvres später die Speisekarte beleben, neigen die Urwaldstämme der Fleischkeulen ihre Wipfel. Daneben schießt der Hausratsbedarf ins Kraut, mit Bezügen aus Sackleinwand, auf denen eine reizende Flora Blumen über den Alltag streut. Die Not bringt die Dinge in den Umkreis der menschlichen Wärme.«[7]

DIE Stadt ist Phantom, Fiktion, Fluchtlinie des Unausdenklichen. Im Denken der Verwerfungen, Verstellungen und Vernetzungen – für die Telekommunikationspathologie der gegenwärtigen Unterwerfung von Lebenszeit zählt bekanntlich nur letztere – wird DIE Stadt selber zum Bestandteil der Fäden und Knoten, Linien und Verbindungen. DIE Stadt erscheint als Qualität, als So-Sein einer bestimmten Weise des Existierens. Sie ist nichts Räumliches, nichts Vorfindliches, also auch nichts, das in einem bestimmten Modus der Zeit existieren würde. DIE Stadt wird zu einer Verweisfigur, ist selber immer delegierte und delegierende Stadt, eine Fülle der Rhythmisierungen. »Von der STADT, die fortan nicht länger in Majuskeln geschrieben werden soll, da es keinen Grund gibt, sie zu verherrlichen, insofern man ihr gegenüber gewöhnlichen Städten größere Bedeutung beimißt –, von dieser Stadt sollten wir jetzt sprechen, denn alle waren wir uns darin einig, daß jeder Ort und jede Sache mit der Stadt in enge Verbindung gebracht werden konnte, und so hielt es Juan durchaus für möglich, daß das, was ihm gerade passiert war, irgendwie mit der Stadt zusammenhing, daß es eine ihrer Invasionen war oder einer ihrer geheimen Zugänge, der sich an diesem Abend in Paris zeigte, wie er sich in jeder Stadt, in die ihn sein Beruf als Dolmetscher führte, hätte zeigen können [...] Die Stadt war nicht erklärbar, sie war; irgendwann einmal war sie aus den Unterhaltungen in der Zone aufgetaucht, und obwohl [...] ein Delegieren unserer selbst an diese momentane fremde Dignität, ohne im Grunde etwas von

Dietmar Kamper

tuell. Hier gibt es den schönen alten Unterschied von Sein und Schein nicht mehr. Alle wachen Menschen folgen dem Duktus ihrer instrumentell eingesetzten Vernunft und gehen willentlich – wie überall auf dem Planeten – einem plausiblen Geschäft nach. Aber zunehmend produzieren sie etwas mit, das niemand gewollt hat und das niemand für vernünftig ausgeben kann, den – für empfindliche Ohren – chaotischen Lärm und ein heftiges Augenleiden. Sprach- und Bildabstraktion sind über den »point of no return« hinaus. Im Hören von außen und im Sehen von innen ist das weiße oder schwarze Rauschen, ist das bunte Gewimmel der herrenlosen Zeichen wie ein aufgestauter Rest eines guten Handelns, aber in der Tendenz absolut zerstörerisch. In der großen Stadt kulminieren die Ausweichmanöver. Niemand kann mehr ungestört seiner Wege gehen. Jede Straße ist immerzu unterbrochen. Die rückgekoppelten Wirkungen ehemals unschuldiger Ursachen erzwingen einen dauernden Wechsel von Angriff und Verteidigung, der nicht mehr aufs Ganze geht, aber – soweit man sieht – virtuos gemeistert wird. Hier gibt es keine Fremden, weil es nichts Eigenes gibt. Eine Homogenisierung des Heterogenen hat nie stattgefunden. Die Ordnung von Mitte und Rand paßt nicht, auch nicht die von System und Umwelt. Und die Ordnung des Privaten und des Öffentlichen ist ein – manchmal tödliches – Spiel von Räuber und Gendarm. Die Un-Ordnung wuchs über jedes vorstellbare Maß hinaus. Doch genau für dieses Chaos haben die Menschen eine unbestreitbare Kompetenz entwickelt. Hier leben bereits jene Virtuosen der Unordnung, wie man sie in stadtsoziologischer Perspektive medienapokalyptisch extrapoliert hat: Chaoskompetenz als katastrophische Lust. Trotzdem trifft man kaum Menschen, die mit sich überworfen wären, kaum Verbitterung. Die übliche Selbstverhinderung als Sackgasse des Lebenslaufes, als internalisierte Turbulenz und protestantischer Schuldabtrag passiert nicht. Keiner übernimmt die Verantwortung, keiner weist sie anderen zu. Protest kommt zwar vor, ist jedoch immer »selbstbezüglich« und deshalb wirkungslos. Wer stört eigentlich in dieser Unordnung zweiter Ordnung? Denn es muß sich um eine Verstörung der konventionellen Störung des hilflosen Lebens handeln. Der Geist der abstrakten Unterscheidung, die vielgerühmte List der Vernunft, die miteinander den Verlust des Paradieses zu verantworten haben,

Der Horizont des Verschwindens

uns selbst aufzugeben, geradeso wie irgendein Bild von den Orten, wo wir gewesen sind, ein Delegieren der Stadt bedeuten konnte, wofern die Stadt nicht ihrerseits etwas von sich (den Platz der Straßenbahnen, die Arkaden mit den Fischhändlerinnen, den Kanal im Norden) an einen der Orte delegierte, wo wir zu dieser Zeit lebten und umherwanderten.«[8]

Architektur ist die Beschreibung nicht der Lösungen, sondern des unhaltbaren Versprechens ihrer selbst.[9] Sie ist – zuweilen immer noch drastisch – diejenige Herrschaftsfigur, die in ihrem Namen auch sprachgeschichtlich noch steckt, und maßt sich dementsprechend an, etwas zu bedeuten, was sie nicht wirklich sein kann. Der Trick dabei ist vorwiegend ein rhetorischer. Architektur als Bauen des Anfangs und Konstruktion der bedingenden Gründe, auf denen weiteres ruht, schreibt sich die Geste des Theoretischen – gar in der Figur der »Mutter der Künste« – ein. Das hilft ihr darüber, hinwegzusehen, daß sie natürlich ihre Fähigkeiten ausnahmslos praktisch zu erweisen hat. Aber sie reklamiert für sich theoretische Grundlagen, um dann ihre Funktion als Überführen dieser Theorie in das Wirkliche, mithin als eine Organik der Vermittlung, Transformation der Idee, Paradigma aller schöpferischen idealistischen Ästhetik, Ontologie der Entäußerung zu begründen. Das schützt sie davor, den Skandal der Idee ihrer selbst zu entdecken. Das nachzuvollziehen fällt aber mittlerweile leicht, weil das urbane Geflecht und die Dynamik des Urbanistischen als solche verkörpern, daß die Stein gewordene Lebenswelt der Menschen seit dem 19. Jahrhundert – Triumph des Bürgertums, der Ökonomie, der Medizin, der Massengesellschaft – schlechterdings nicht mehr architekturfähig ist. Und, dies sei gleicherweise nicht verschwiegen, auch außerhalb des Architektonischen zustande kommt, in mehrerer Hinsicht also des Architektonischen faktisch nicht bedarf. »Im allgemeinen enthält jede Architektur, die sich einer Philosophie oder Theorie zuschreibt, eine machtvolle, aber suspekte Tradition, die in der Architektur als angewandte Praxis verstanden wird. In dieser Tradition ist der Maßstab für den architektonischen Entwurf der Grad, indem er eine Theorie oder Philosophie illustriert, und nicht der Grad, indem er kontinuierlich neue architektonische Wirkungen erzeugt: als Folge davon wird die Wirksamkeit der Entwürfe als eigenständige generative Kraft der begrenzten Fähigkeit der Architektur untergeordnet, philosophische (oder theoretische) Effekte zu produzieren.«[10]

TECHNO-FOLKLORE, REGRESSIONEN
Die Genesis der modernen, megalophilen Stadt aus Gerücht und Journaille, Kolportage und Verbrechen ist gut aufgearbeitet.[11] Zugleich wird darin eine Methode fortgeschrieben, die wie selbstverständlich bestimmte Rahmen des Städtischen übernimmt, die

sind nun offenbar selbst unter Druck und zeigen sich allenthalben als hoffnungslos desorientiert. Keine der geschichteten Architekturen ist dermaßen »verwahrlost« wie die Moderne der 50er und 60er Jahre. Die Moderne überhaupt als Inbegriff einer »Herrschaft des Subjekts« ist von allen Epochen am meisten Ruine in São Paulo. Man kann daran buchstäblich sehen, daß der Sieg der Abstraktion eine Niederlage war. Zwar kursieren nach wie vor die leeren Phrasen der Herrschaft. Das rhetorische Spiel wird durchaus gepflegt, besonders von der Dienerschaft, die wie in Indien ihre Hierarchie behalten will. Aber die Dialektik der Anerkennung ist verrottet, weil das Prinzip eines Sieges mittels der Zeichen endgültig ausgespielt hat. Batailles Satz »Niemand kann einem Herrn dienen« insistiert darauf, daß wieder einmal, wie so oft in der Geschichte, die Verlierer gewonnen haben. Doch sie taten ein übriges: sie haben ihrerseits die Logik von Sieg und Niederlage außer Kraft gesetzt. Aufgefangen wird eine derart »elende Souveränität« im Netz der Freundschaften. Man kann in São Paulo begreifen, daß diese übermächtige Logik der Geschichte nicht von der Seite der vermeintlichen Sieger aus verlassen werden kann. Die stecken im Morast ihres Omnipotenzwahns. Verlassen werden kann die Dialektik von Herr und Knecht jedoch von der Seite des »Knechtes« aus, indem er darauf verzichtet, »Herr« zu sein. São Paulo ist der Ort, wo ein anderer Satz Batailles uneingeschränkt gilt: »Der Mensch wird seinem Kopf entgehen, wie der Gefangene dem Gefängnis.« Oder – wie es in Berlin heißt: »Reality crashes my brain.« Man muß heute mit zerbrochenem Kopf leben, wie man früher mit zerbrochenem Herzen gelebt hat. Vielleicht ist die virtuelle Welt der Maschinen der Schirm, den man aufspannt, um sich über diese Niederlage hinwegzutäuschen: Ein Kopf! Ein Geist! Ein Speicher! Vielleicht ist der Schirm aber auch eine Bildfläche, auf der die Wahrheit erscheint: daß nämlich das Imaginäre überall auf der Welt eine Kreuzigung des Realen darstellt. Gegen das Wuchern der Abstraktion und ihrer Mittel, der Worte, Bilder, Schemata, helfen nur die Erfindungen der Imagination. Nur virtuose Fiktionen kommen gegen die Übermacht des Virtuellen auf, keineswegs die Schemata, die Bilder, die Worte. Das schafft eine neue Situation für die Kunst. Auf der Kehrseite des Herrscherblicks hat ein Augenleiden der besonderen Art begon-

Hans Ulrich Reck

allesamt zweifelhaft geworden sind. Und zwar nicht einfach so, als ob sie heute nicht mehr gelten könnte, sondern vielmehr so, daß jeder Blick auf das Urbane, auch der nach rückwärts, sich von der neuen Undurchdringlichkeit und Unvorstellbarkeit des Städtischen durchformt sieht. Die Darstellung der urbanen »Patterns«, die chrono-topologischen Ordnungssysteme des Städtischen – sie alle gehen vom Bestand einer Topologie, einer Anordnung der Bedeutungen im Raume aus. Erschien gegen die frühere Utopie der Ordnung das atopischwerden der Stadt vorrangig als Drohung des Unheimlichen, so ist heute der Befund nüchterner zu interpretieren. Er zwingt zum Verzicht auf heimatlichen Tribalismus, multikulturell verblendete Sehnsucht nach der menschlichen Einheit im leeren Allgemeinen, vor allem aber immunisiert diese Einsicht gegen alle Verführungen zu jenem Haß auf die Stadt, der an vielerlei verschiedenen politischen Fronten sich regt, wenn es um die Beschwörung des dörflichen Kerns der Stadt, der tradierbaren Heimat und der Übertragung der Dörflichkeit auf die Globalarchitektur noch jener Welt zu tun ist, die sich unterm Diktat der digitalen Technologien als heimatlich Zuhandenes zu bewähren hat. Aber erstmals seit sehr langer Zeit und erstmals erst recht in diesem Ausmaß spielt die unheilvolle Dialektik von topischer Ordnung und Atopologie des Städtischen keine Rolle mehr, wenn man die formativen Kräfte der Zukunft, den erzwungenen Nomadismus der hungernden Migranten und die Verwilderung jeder Ordnung im Gefolge der harten Überflüssigkeit des Menschen in der Welt betrachtet, die zu erreichen so merkwürdig viele finale menschliche Anstrengungen derzeit unternehmen, ohne das Paradoxe daran wahrzunehmen. Die digitale Verdörflichung der Welt der Besitzenden jedenfalls ist ein lächerliches Modell. Eines zudem, das gerade in der Heimat der exzessiven Techno-Folklore, in den USA, in einer Weise Lügen gestraft wird, die zu vielerlei Konsequenzen zwänge, wollte man sie nur zur Kenntnis nehmen. Daß in den USA in jeder Nische die Umkehrfiguren der Gewalt, der Obsession, des Hasses und des Krieges vorherrschen und die topologische Ordnung auf die normative Macht der anmaßend sich setzenden Gewalt des Ursprünglichen, als Recht und Zwang zum Konformen, behaupten, bleibt ebenso offensichtlich wie nachhaltig ausgeblendet aus der Wahrnehmung dekultivierter Welt-Innen-Politik unterm Führungsmäntelchen einer dummdreisten Fröhlichkeit, Selbstbehauptung leerer Ausdehnung, Privileg der Rücksichtslosen. Das System ist nicht deshalb so erfolgreich, weil es allen Widerstand absorbiert, sondern wegen der Pathologie, die solches möglich macht. Es gibt kein Vorgelagertes oder Außerhalbliegendes, es gibt nur den perfektionierten Wahnsinn, der jedem Akt militanter Selbstermächtigung nicht nur den Spielraum, sondern auch die metaphysische Weihe des existentiellen Dramas gibt, das bezüglich der Pathologie USA-spezifisch depravierter Alltäglichkeit jederzeit die deutlichste Sprache spricht. Es gibt

Dietmar Kamper

nen. Das Auge ist Schauplatz unvermeidlicher Passionen, die auf die Allianz der theologisch-religiösen und der technologisch-säkularen Gewalt antworten. Kunst als Netzhautkunst, als großangelegte Augentäuschung, kann nur noch das fortsetzen, was sie unterbrechen sollte. Kein Standpunkt, Sitzpunkt eines Überblicks ist mehr möglich. Das Auge als Kontrollorgan hat ausgedient. Der Geist als institutionalisierte Störung des Lebens siecht dahin. Das Ganze ist nun für immer nicht nur das Unwahre (Adorno) sondern ein Herd der weiteren Zerstückelung und Vernichtung. Um den alten Störer zu stören, müßte die Kunst in den Zwischenräumen und den Lücken der Zeit anfangen können.

VIERTENS: THESEN

1. Die Stadt, wie man sie wahrnimmt, ruiniert derzeit alle Bilder, die man von ihr hat; sie entgeht deshalb zwar nicht der Wahrnehmung, wohl aber der modellierten Vorstellung, der Vorstellung nach Modellen.

2. Die Stadt wird immateriell; parallel zur laufenden Entfernung der menschlichen Körper findet eine Transformation von Steinen in Pixel, von Räumen und Flächen in Linien und Punkte statt.

3. Der Mensch, der sich auf dem Wege eskalierender Abstraktionen die Stadt zum »Werkzeug« erschaffen hat, ist unterderhand zum »Werkzeug« der abstrakten Stadt geworden.

4. Dieser Umschlag von der materiellen Gegenständlichkeit zum immateriellen Horizont der Erfahrung vollzieht sich auch in anderen institutionalisierten Lebenswelten, besonders auf dem Feld des Wissens.

5. Was wie eine Zerstückelung des Imaginären aussieht, könnte eine neue Mannigfaltigkeit sein; was wie ein Verschwinden anmutet, ist möglicherweise eine andere Qualität menschlicher Offenheit.

Das Gespräch wurde am 21. Oktober 1999 in Wien begonnen und im März 2000 in São Paulo fortgesetzt.

Der Horizont des Verschwindens

hier zwischen den Orten keine offenen Stellen, kein Möglichkeiten einer obsessiven Projektion in den Zwischenzuständen, sondern nur die vorbehaltlose Exekution der chrono-topologischen Organisation des Raumes. Go west, Mythos mit asiatisch-kalifornischem Synkretismus als vorläufigem Ende. Dann Weltraum, Cyberspace – aber immer mondoktrinal und geordnet, immer an den Rändern einer über(be)wältigten Natur. Deshalb – und nicht wegen der bescheidenen Internet-Anlage – der Erfolg von »The Blair Witch Project«, einem mindestens auf den zweiten, genauen Blick hin deutlich urbanen Film, der die normale zivilisierte Hilflosigkeit gerade im Gestus der mitreißenden Freisetzung von archaisierenden Ängsten vorführt ohne die sattsam bekannten trivialen Denkfiguren der Horrorisierung. Natur ist hier freigesetzt aus dem Formzwang bewältigter Gewalt – und überwältigt entsprechend ohne Widerstände. Daß die Welt ein multikulturelles Spielfeld sich versöhnender Rassen und Kulturen sein könnte, dieser Traum eines globalisierten Los Angeles möge uns auch als Traum erspart bleiben. Ein Blick auf das wirkliche Los Angeles müßte als Begründung eigentlich reichen – und zwar lange bevor der Irrsinn sich rund um den »Burning Man« und alle möglichen synkretistischen Pathologien in der Mojave-Wüste kompensatorischen Spielraum verschafft, immer noch weidlich kokettierend mit dem Weltrettungsmoloch der Streitmacht von Charles Manson und wohl auch mit den bei solchen Revanchisten mörderisch unausrottbaren Vernichtungsphantasien.

KAMPF UM DIE STADT UND EINE WEISE DES VERSCHWINDENS OHNE REST

Das Glück ist – nicht nur hier – nicht der Rest, und Gestaltung verläuft nicht von innen nach außen, ist bestenfalls ein Para, ein Neben.[12] Es geht um Aufspannungen, Gelenke, Maßverhältnisse, Einmessungen, Aufschwünge, es geht um punktualisierende Ordnungen, um ein Geflecht von Handlungen, nicht mehr um den Ort des Städtischen.[13] Das übersteigt auch die im Kampf um die Militanz verstärkt militant werdende Sehnsucht nach einer Eroberung der städtischen Versprechen zu Beginn der 1980er Jahre bei weitem. Die wollten zwar keineswegs Ordnung, aber sie gingen – ein vorerst letztes Mal – noch von einer räumlichen Organisation der als Stadt greifbaren und urbanistisch verrückbaren Machtverhältnisse aus.[14] Aus dieser Sicht blieb nichts übrig als der unentwegte Durchlauf durch die Unberechenbarkeiten, den Wandel, die Irritation, die zuletzt nur als Gewalt zur permanenten Selbstveränderung am eigenen Leibe überlebensfähig zu sein schien. Und zwar in der paradoxalen Gestalt der Selbstentleibung, was den wundersamen Erfolg dieser urbanen Revolten vor 20 Jahren erklärt im Hinblick auf ihr spurloses Verschwinden, das, hätte es sich in solchen Konstellationen artikuliert, ein radikal situationistisches gewesen wäre, aber in keiner Weise ein avantgardistisches. Weil nicht einmal die Spur ihrer selbst an ihr hat festgehalten werden sollen, sondern alles ins Flüchtige sich auflöste, was transitorisch gemeint war. Gänzlich auskommend ohne den Gestus des Avantgardistischen, aber als dessen immanent belebende Kraft auffallend. Auf diesem Wege verflüchtigt sich vielleicht das Utopische, seine Lockung, die immer auch eine Drohung beinhaltet, vor allem die, als Lockung und Aufgeschobenes niemals zu verschwinden und niemals Wirklichkeit geworden zu sein. Man muß sich einrichten nicht nur im Vorläufigen, sondern im Atopischen.

»Was, Lichtblicke? Oh,
Lichtblicke gibt es genug. Nur da nicht,
wo ihr sie sucht oder ich.
Utopien? Gewiß, aber wo?
Wir sehen sie nicht. Wir fühlen sie nur
wie das Messer im Rücken.«[15]

Hans Ulrich Reck

EINIGE THESEN: ZUSAMMENFASSUNG UND AUSBLICK
Folgende Thesen sind Komplemente und Supplemente zu denen von Dietmar Kamper.

1. In der Stadt, wie wir sie nicht mehr wahrnehmen können, ist die Geschichte eines doppelten Verschwindens aufbewahrt: Das (Verschwinden) der Zitadelle, aus der die Stadt – Symbiose von Priestertum und Jagdkult – hervorgegangen ist. Und das (Verschwinden) des Verschwindens der Freiheitsversprechen, die späte, illusionäre – meint zugleich: illusionistische, illusionierende und illusionsfähige –, jedoch vehement attraktive Bilder der Stadt erzeugt hat.

2. Unter anderem deshalb ist Stadtplanung nicht mehr möglich und Architektur seit langer Zeit nur noch Parzellenbewirtschaftung und keine städtische Architektur mehr. Die Gründe dafür sind, darüber hinaus, vielfältig. Am ehrlichsten wäre, die Kränkung der architektonischen Machtphantasien rückhaltlos und endgültig einzugestehen. Stadt ist zu komplex, als daß irgend etwas anderes aus Architektur werden könnte als situativer Pfusch oder, besser, da an-architektonisch gedacht, situationistischer Aktionismus, der Bilder zerrüttet, um sich vor bannenden Wirklichkeiten zu schützen.

3. »Stadt« ist zwar immer eine Montage von Ungleichzeitigkeiten gewesen: Schichtungen, die zeigen, daß die Stadt das herausragende Artefakt (als AI=Kooperation) ist und wesentlich: Zeitmaschine. Heute jedoch stülpt sich über die Schichten des urbanen Lebens und die Rhythmen historisch gefestigter Bewegungskunst das Diktat einer Infrastruktur, die kein Außen des Urbanen mehr zuläßt und kein Innen des Städtischen mehr kennt: Immaterialität, Infrastruktur, Kommunikationsnormierung, Nivellierung. Kurzum: Dekorum als Algorithmus einer Abbildung des städtischen Lebens auf die Befestigungswälle, den Ring des Äußeren, den Bann des Außen.

4. Diese Befestigung wird nach innen verlegt: Subjektivität als Zwangsverhältnis, immaterielle Ökonomie, Schattenwirtschaft, Symbolokratie. Ausgleichende Expansionen dieses gnadenlos im Verschlossenen zugerichteten Inneren: das Leben als Risikospiel, delirierendes Kapital, Attraktivität des Wahnsinns als letzte Steuerungsgrößen. Was aber, wenn der Wahnsinn in den blinden Fleck, die Steuerungszentrale, abgewandert ist?

5. Im Maße der Verfestigung dieses Innen – spätgeschichtlicher Nachhall der physische Zentralität und ästhetischen Imperialität der Zitadelle –, deren Funktionen dispers angeordnet sind und als Attraktoren eines Machtdispositivs fungieren, das andernorts intensives Vakuum erzeugt – im Maße dieses Zwangs-Selbstverhältnisses in den Subjekten also kehren sich die kritischen soziologischen Funktionen um. Nicht länger existiert eine Tyrannei der Intimität (Sennett), vielmehr ein Terror des Öffentlichen. Enthüllungen allenthalben an allen Orten belegen dies und stellen gerade für humanwissenschaftliche Disziplinen eine große Herausforderung dar. Herrscht doch ein Terror der Signifikate – im übrigen ganz gegensätzlich zu den landläufigen Annahmen von der navigatorisch offenen, ludisch und leichthändig zu bewältigenden Manipulierbarkeit der Symbole – und erscheinen somit die Differenzen und die Distanzen gefährdet, notwendiger- und aktuellerweise zugleich.

6. Die Stadt ist nicht mehr vektorieller Herrschaftsraum, nicht mehr Museum der nach dem Decorum ausgerichteten Lebensformen (Bsp. Venedig), ist nicht mehr der cartesianische Universalraum einer zentrumslosen Moderne. Ist aber auch nicht mehr durch irgendeine der Pathosformeln aus dem Laboratorium der entfesselten Sinne zu verstehen oder als Durchlauferhitzer metropolitan codierter Exzesse praktisch zu erzwingen.

Der Horizont des Verschwindens

7. Die perspektivische Öffnung der Sinne bedingt nicht den Abschied von diesen Bildern, sondern das permanent und aktuell erlittene Gefühl ihrer fundamentalen Unzulänglichkeit. Die Aktualität ist die in jedem Moment implizierte Gegenwärtigkeit des Verschwindens aller Horizonte. Stadt erscheint erst durch die Mechanik und Produktionslogik ihrer Wunschkraft offengelegt, insofern das urbane Leben überhaupt nur hat historisch wirksame Versprechungen machen können. Das wird freigelegt nicht mehr durch oder als Desillusionierung, findet also jenseits des Wunschprinzips und der damit liierten kompensierenden Entbehrungen statt. Dieses Offene erlaubt keine Verhandlung von Strategien, Ordnungen, Interventionen oder beliebigen anderen Formen der Besetzungen von (sowie zwischen) Raum und Zeit mehr.

8. Begriff und Modell des »Territoriums« erreichen solche Einsicht in den Bestand der Probleme nicht, auch nicht das in Zeit verwandelte Territoriale. Möglicherweise deutet sich in einer ganz anderen, fröhlichen Einsicht in das mehrfache Verschwinden der Illusionen der Horizont einer kairos-fähigen Lebensweise ganz neuer Art an. Siegfried Kracauer beschrieb 1926, wie bereits zitiert, das Entscheidende so: »Die Not bringt die Dinge in den Umkreis der menschlichen Wärme.« Nichts steht uns heute ferner und wenig wohl gibt eine wesentlichere Aufgabe vor. Dazu muß aber neben vielem anderen auch das Verhältnis von Problem und Lösung umgedreht werden.

ANMERKUNGEN

1 Zit. n. Giulio Carlo Argan, Kunstgeschichte als Stadtgeschichte, München 1989, S. 279.
2 Augustinus, Confessiones, hg. v. L. Verhejien, Turnhout 1981, S. 272.
3 Zit. n. Oleg Grabar, Die Alhambra, Köln 1981, S. 113 f.
4 Julien Gracq, Rom. Um die sieben Hügel, Zürich, 1993, S. 136.
5 Ebd., S. 137.
6 Brentano, Wo in Europa ist Berlin?, Frankfurt 1992, S. 11 f.
7 Siegfried Kracauer, Analyse eines Stadtplans, in: ders.: Gesammelte Schriften Bd. 5. Aufs. 1915–1926, Suhrkamp 1990, S. 401.
8 Julio Cortazar, 62/Modellbaukasten. Roman, Frankfurt 1993, S. 23 f
9 Es liegt nicht nur an der Konstruktion der Stadt, sondern auch an der Wirklichkeitskraft des Imaginären, wenn nichts anders ist, als wie es ist. Am genauesten hat Bernd Ternes ausgedrückt, was sich mir diesbezüglich als Einsicht seit langem darbietet. Ich zitiere aus einem Kommentar zu »einfache Lösungen« mittels eines Briefs vom 20. 08. 1999: »Die Pointe also ist, daß die Promotion oder Freigabe des Paradoxalen, des Heterogenen, des Differenten, des Grund- und Einheitslosen ›harmlos‹ bleibt, eben weil sich [...] ›obergründig‹ im Imaginären eine totale Tautologie, eine rigorose Immanenz vorbereitet Man könnte fast sagen, hier wiederhole sich Geschichte in anderen Registern; könnte sagen, daß die ›erste‹ Logifizierung und Abstraktifizierung (Symbolisierung), die sich noch auf Raum, Sozialraum und Symbolik bezog, in die falschen Dimensionen von Welt hineingriff, durch das Reale (das Nichtsignifizierbare, das Unsichtbare, das Paradoxe) aber uno actu ›korrigiert‹ wurde, und nun, in der eigentlichen agonalen Bipolarität, Reales vs. Imaginäres, auch die eigentliche Dimension von Welt trifft, in der Abstraktion zu sich kommt und aufhört, untergründig historisch zu sein: nämlich die Dimension des Imaginären. Diese Dimension ist ›obergründig‹ oder paragrundhaft, weil sie fortgeschrittener selbstreferentiell ist als alle bisherigen historischen Weltan- und Weltenteignungsmittel. Sie hat kein Unsichtbares, kein Nichtdarstellbares, kein Illusorisches (Baudrillard) mehr nötig, eben weil bei ihrem Gesellschaftlichwerden nicht wie sonst eine zukünftige Gegenwart unterströmig gestartet wird. Mit dem Totalwerden der Imagination wechselt die Art des Wechselns und Transformierens von historischen, sozialen und psychischen Wirklichkeiten. Es gibt nichts mehr, auf das man zurückgreifen kann, dessen Eigenart es ist, sich des Zugriffs zu entziehen. Die Wirklichkeit der Welt im Imaginären ist, was sie ist.«
10 Jeffrey Kipnis, InFormation/ DeFormation, in: Arch +, Nr. 131, 4/ 1996, S. 69.
11 Vgl. z. B. Rolf Lindner, Die Entdeckung der Stadtkultur. Soziologie aus der Erfahrung der Reportage, Frankfurt 1990.
12 Vgl. dazu Andreas Leopold Hofbauer, Diverse Verbindlichkeiten, Wien 1998, S. 55 ff.
13 Vgl. dazu die Arbeiten von Knowbotic Research, besonders diejenigen für São Paulo; s. die Projektbeschreibung ›10-dencies‹ auf der Projektseite von KRcF unter http://www. khm. de; vgl. außerdem Andreas Broeckmanns Beitrag über die Arbeit von Knowbotic Research in: Heute ist morgen. Zur Perspektive von Konstruktion und Empirie, Katalog Kunst- und Ausstellungshalle der BRD Bonn, Cantz, Stuttgart 2000.
14 Vgl. Rudolf Lüscher/ Michael Makropoulos, Revolten für eine andere Stadt, in: Ästhetik und Kommunikation Nr. 49, Berlin 1982, S. 113f.
15 Hans Magnus Enzensberger, Die Frösche von Bikini, zit. n. Lüscher/Makropoulos (Anm. 14), S. 125.

Tom Fecht: Wekzeugnotiz

Im Gespräch über Raumwerkzeug trifft die iranische Architektin Nasrine Seraji eine deutliche Unterscheidung zwischen gegenständlich und nichtgegenständlich. Zwischen Raumwerkzeugen, die körperliche Gegenstände geblieben sind und solchen, die an der Schwelle zum Werkzeug geblieben, Bezeichnungen geworden sind. Der gemeinsame Ursprung im Physischen und den Bewegungen des Körpers sorgt für gegenseitige Durchdringung und macht die Übergänge fließend. Bei der Auswertung der Gespräche mit Nasrine Seraji und ihrer Texte, bin ich ihrem Unterscheidungskriterium so weit als möglich bei der Zusammenstellung all jener Begriffe gefolgt, die in ihrem Verständnis Werkzeuge ihres Büro- und Arbeitsalltags sind. So ist kein Werkverzeichnis sondern das provisorische Werkzeugverzeichnis einer Architektin entstanden, deren Werk selbstverständlich auch die Spuren und Signaturen ihres Werkzeuggebrauchs trägt. Auffällig wenige Werkzeuge der Architektur erscheinen tatsächlich noch als körperliche Gegenstände. Die meisten Werkzeuge beim Raumentwurf - ich beziehe mich hier mehr auf die Konstruierbarkeit als auf die Konstruktion - bezeichnen überwiegend sich ausdehnende Bewegungsenergien, wiederholbare Zustände der körperlichen Erregung. Bei Zurückstellung gewisser Unschärfen handelt es sich ganz überwiegend um Affekte. Elisabeth von Samsonow kürt u.a. auch deshalb das Organ zum ersten Werkzeug in der Raumproduktion.

Das überholte Werkzeugverständnis der klassischen Mechanik können wir seit langem im typischen Generationsmuster der Hardwareproduktion erkennen: Ein Rechner dient als Werkzeug zu Herstellung der nächsten Computergeneration, deren Rechner selbst wieder zu unverzichtbaren Werkzeugen noch leistungsfähigerer Nachfolger werden. Bei dieser Art des »tooling« hat altes Werkzeug immer schneller ausgedient. Die Herstellung komplexer Raumwerkzeuge ist an Innovationszyklen gebunden und ist auch in der Architektur unsichtbar gewordene Selbstverständlichkeit: Referenz - Repetition - Differenz - der digitale Alltag läßt grüßen. Die Suchbewegung nach einem sich ständig wandelnden Ideal führt immer wieder zum Universalwerkzeug des Körpers zurück, zum Werkzeug als Modell des Werks. Die Bewegungsspuren aber erst machen das Werkzeug zum eigentlichen Zeugen eines Werks.

Bei Nasrine Serajis Entwurf für das Bremer »Musikon« z.B. diente Boulées Entwurf des Carroussel-Theaters von 1731 als Referenz, Imagination gebliebene Revolutionsarchitektur. Ein ungebauter Raum, dessen Konzeption und Plan zum Werkzeug wird und als solches unsichtbarer Teil in einem neuen Entwurf. Die Architektin hat daraus Methode gemacht, mit ihrem »Naming« und »Renaming« übernimmt sie das Risiko, alte Konventionen neu zu erfinden. Der städtischen Arbeitsalltag bleibt dem Joyce'schen Dilemma verhaftet.

Abb. rechts: Nasrine Seraji, »Musicon«, Neue Philharmonie Bremen, Entwurf 1995
Abb. links: Nasrine Seraji, »American Center«, Temporäres Gebäude, Paris 1991-94
Abb. oben: Vermuteter Grundriss nach G. B. Piranesi - Carceri D'Invenzione Nr. VII, Studie von Victor Jagsch, Architekturstudent in Wien bei Nasrine Seraji, 1999

Nasrine Seraji: The Joycean Dilemmma:

To reinvent conventions, one needs extreme rigor and a high degree of risk taking in order to give significance to the new language vis-a-vis the old.

Some space tools (physical):

affect - anchor - arch - arrow - beam - body - book - chair - city - detail - desk - drawing - ground - hardware - fassade - feeling - floor - form - foundation - foot - library - material - office - opening - organ - pencil - photo - plan - plotter - printer - rail - real estate - roof - school - sense - sky - staircase - sketch - screen - surface - table - tectonic - territory - wall - window - etc.

Some space tools (non physical):

abstraction - age - answer - archetype - birth - circulation - complexity - colour - communication - concept - continuity - construction - convention - craft - dance - decentralization - decision - deconstruction - deformation - density - detail - diversity - dialogue - discipline - discourse - dream - duplication - education - energy - foundation - fun - frame - geometry - hierarchy- hunt - idea - interface - internet - isms - knowledge - law - language - line - maturity - message - metaphor - mind - mobility - money - movement - name - number- norm - operation - perceptibility - periphery - power - practice - problems - project - projection - publicity - reference - rename - rhythm - rituals - schools - sensitivity - series - signature - simulation - singularity- structure - software - solution - speed - spirit - symbols - teach - text - thought - transparency - transport - value - virtuality - vision - will - word - writing - zoom - etc.

Creating space by sharing what reality demands ...

SIMULATION

Das Foto liefert ein selbstverständliches Abbild des Ortes. Es berichtet über das Dargestellte, es überhöht und gestaltet nicht. Die Wiedergabe der vorgefundenen Realität hat Vorrang vor der Gestaltung des Bildes als Objekt. Damit wird das Foto als Repräsentation von Realität anerkannt und als Ist-Zustand des Ortes nicht hinterfragt.

Die Simulation der noch nicht realen Architektur ordnet sich in diese Wertigkeit ein und übernimmt die Selbstverständlichkeit des Fotos. Sie verschleiert damit die ihr anhaftende Eigenschaft des Frühentwickelten und versöhnt den veränderten Ort mit ihrem plötzlichen Erscheinen. Der Ort stellt sich in die Zukunft projiziert, aber in seiner dann wiedergewonnenen Alltäglichkeit dar.

Foto: Dirk Robbers
Simulation: Erik Recke

Hermann Czech: Cleaning the Tools for Design

I'm very interested in the relationship between philosophy and architecture, or should I rather say, the relationship between architecture and language, architecture and text – in short, architecture and theory. I hesitate to draw a simple analogy between these two activities.

There seems to be is a basic difference in levels. What we are dealing with is thinking about architecture, thinking about building, thinking about designing in the sense of thinking about craftsmanship, while philosophy is thinking about thinking. In classical philosophy there was a part of philosophy thinking about art. This was called aesthetics; it was a field at the edge of philosophy and not dealing with the basic questions of cognition. I'd just like to raise this problem – I think it's good to walk in-between the lines, but even if we walk between the lines we should know what is on either side. Overstepping limits should contribute to our understanding, not to our confusion.

We have talked about metaphors. The difficulty with metaphors, I think, is not that they don't mean anything in architecture. The typology of a metaphor is that it has a real meaning in the physical world. For example, »transparency« is something which has a definite meaning in the physical world – even in architecture – and then it can also be used metaphorically in philosophy or politics or whatever, and you know what" it means, but it does not denote a special object or a special policy.

It becomes a little ridiculous when metaphors go in one direction and then back again. For example, the notion of the »Fold«. This notion went from the actual physical reality into philosophy and then back again into architecture, and now students are producing folded shapes – any which way – just working with this analogy, actually not even an analogy – with this similarity pretending to be an idea.

Another very dangerous notion in my opinion is the »Void«. We know the »Void« from any plan for the second floor of a two-story hall – when this void is then used as an illustration of what in philosophy is called Nothing or Nothingness, and then comes back to architecture and we have a space talked about seemingly laden with the philosophical notion of »Void« – this, I think, is really a fake meaning, a pretense of meaning, a bogus pregnancy – in German I would call it »Bedeutungsschwindel«. In any case, we could accept the function of even fake meanings, of quasi-philo-

sophical feelings as tools for generating form – if this is the ultimate goal of architectural design. But is this our ultimate goal? Is it worthy of modern man (to put the question as Adolf Loos put it) to invent new forms, a new style, new decorations, new illustrations? I am only raising the question because my personal approach to form is actually a destructive one. I try to deny, to avoid form as such, to use existing forms in other contexts etc., to destroy form. (To destroy form does not mean to use »destroyed« forms.)

Essentially, form is not an innocent beauty: where it is not the necessary product of thought, it deceptively lulls us into a false security – it is decorative. So, in its core, architectural theory is thinking to the purpose of design (in pedagogical terms: to enable to design). I mean this in a very concrete sense: a valid architectural theory must help you to design, even down to the constitutive detail: it must help you to shape a handrail, to select a color, etc.

Along these lines, I would like to state a few theoretical questions, or rather, to list a few themes, a few notions I think worthy of dealing with theoretically. As stated before, these notions might not involve central questions of philosophical cognition, they are rather reflections on craftsmanship, on the skill of the architect.

ABSTRACTION

Abstraction is a basic conceptual activity in design. In architectural discourse today, the relationship between abstraction and concreteness seems to be disturbed. On the one hand, architectural thinking only deals with the individual object. The step of abstraction towards the planning context – however this context would have to be conceived anew – is abandoned, actually delegated to the investor. Valid abstraction is, to a large extent, replaced by quasi-philosophical, metaphorical constructions unrelated to the factual issues. On the other hand, the search for innovation in architecture abstracts from the context – structures and materials sometimes are isolated to an extent that their unreflected rigidity turns over into even a rustic concreteness.

New media suggest communication in virtual space without the necessity of physical presence. This is not, in fact, a new experience: »The Nonplace Urban Realm« or »Community without Propinquity« were titles of planning literature in the sixties, and the delight with this abstraction has in the meantime been followed by enthusiasm for the con-

Cleaning the Tools for Design

creteness of actual urban density. »Globalization« is an economic term; it does not change our physical perception of the world any more.

BANALITY

An exclusive architecture can stay autonomous as a drawing or a model – as long as it is not confronted with everyday life. From that point on, a strategy is required – which could right away be an inclusive architecture – one that incorporates, in its essence, the external, the superficial that surrounds us, one that incorporates, in its unity, all possible multiplicity's.

A theme which at one time was theoretically constitutive for architectural design has completely vanished from the scene: participation of the user. It is true that the disingenuous fiction that architects had given up their claim to create their own expression in favor of the users' self-realization has proven stupid or dishonest. What is necessary is a strategy to deal with decisions where the effects lie partially or completely outside one's control. This strategy requires an attitude of intellectuality, of consciousness; further, a sense for the irregular and the absurd, the banal and the trivial, for that which breaks away from contemporary precepts: the attitude of mannerism. A culture of participation is possible only when based on mannerism.

UMBAU

This German word is only insufficiently translated with the terms »remodeling« or »adaptation«. It is a central notion of architectural theory, constitutive for architectural intervention in general. Everything is adaptation. The city can not function in time without change – and because its different scales have different time horizons, elements have to be adapted piecemeal while the system is in operation. Every intervention is a change within the existing. What can be controversial is the kind of approach toward the existing: Are we making a contrasting statement – in favor of a new context or not caring for any context – or are we continuing the existing in our comprehension of it?

DETAIL

One tends to use this word for what is insignificant in comparison to the whole. But the architect knows that God or the devil is in the detail – not only because this is where the water comes in, but also because the detail is what is repeated and establishes the cohesion of the fabric. What is considered to be a detail can always also be considered to be a whole and vice versa. Scales of decisions interlock. »Detail« is thus a transitory term that directs attention towards another element of the project at a given moment, indicating that the perspective is changing. Christopher Alexander's theory of the genesis of forms is based on this approach. His »patterns« are in fact relationships between different elements, but these elements are themselves patterns.

COMFORT

Comfort should also be a central notion of modern architecture as modern architecture undoubtedly has set out with the claim to provide us with an easier life. But our average door handles, terrace thresholds, coffee cups, alarm clocks, etc. are less comfortable to use than the ornamented ones that have been done away with; when we open an average hotelroom window, we get bleeding knuckles; when we pass behind somebody sitting in a designer's chair we trip over its leg(s). Some might think it is inferior to make the comfort of the user an objective of architecture – but in fact, he or she who refuses to do so upholds an inferior concept of architecture: If the essential content of architecture could exist only beyond everyday purposes, then – since everyday purposes can only be avoided in exceptional cases architecture actually would be an »applied«, i. e. contaminated art. What unconsciously underlies any sensible architectural understanding has to be worked out theoretically: Function is not a straitjacket or a handicap to be overcome in fortunate cases. It is the very artistic material of architecture – not imposing its conditions on architecture from outside, but being created by architecture.

Yet in analyzing comfort in this comprehensive way, we cannot ignore the question whether also discomfort can or even must be a valid aesthetic means of artistic communication. – Only when we architects, for the sake of pure originality, tend to reinvent the wheel in every generation, we should see that it does not first come out square each time.

These are some random topics of architectural theory as I would like to see it, understood as a tool for design.

(Transcription of the tapes of the Vienna Discussions, October 22nd 1999)

Dietmar Kamper / Birke Mersmann: Das Werkzeug als Modell des Werks

BESPROCHEN UND GESCHRIEBEN FÜR RUBENS MATUCK
Wien, Oktober 1999 und São Paulo, März 2000

Vorzeiten wollte man uns überreden, den Menschen als tool-making und tool-using animal zu verstehen, also als ein Wesen, das die Welt außerhalb und innerhalb seiner mittels erfundener Instrumente bewältigt und beherrscht. Inzwischen ist aber herausgekommen, daß dieses Wesen zum Werkzeug seiner Werkzeuge geworden ist, daß nicht der Mensch die Mittel beherrscht, sondern die Mittel den Menschen, und zwar in einer derart eklatanten Weise, wie sie nie vorausgesehen worden ist. Gerade die unendliche Perfektibilität der Werkzeuge garantiert rückwirkend ihre Unbrauchbarkeit. Flusser schreibt: Subjekt ist der Mensch geradezu als Unterlegener seiner Instrumente. Wenn er aus solch elender Unterwürfigkeit sich noch aufzurichten verstünde, müßte er begreifen, warum eine solche Geschichte der Verkehrung passieren konnte. Und zwar müßte er es begreifen durch ein entwerfendes Erforschen seiner Werkzeuge.

Die Vorstellung, Werkzeuge seien verlängerte Willensäußerungen und Vorstellungsformen, wie sie durch den amerikanischen Pragmatismus seit Benjamin Franklin noch einmal heftig exponiert wurde, ist offenbar die ideologische Voderansicht eines Geschehens, das schon seit Jahrhunderten eine unbeliebige Kehrseite hat: die Mittel der Lebensfristung werden nämlich unter der Hand zum alleinigen Zweck des menschlichen Lebens; das aus der Arbeitsanstrengung entstehende Werk macht den Menschen, der Werkzeuge erfindet und benutzt, zu einer historischen Variablen und unterdrückt ihn nach einer eigenen unbewußten Logik. Das heißt nicht nur, daß die aktuelle Medienentwicklung keinen souveränen Benutzer und Erfinder mehr kennt. Das heißt auch, daß Welten und Weltanschauungen mitgeliefert werden, die einen zwingenden Referenzrahmen setzen, der vom erfundenen und benutzten Werkzeug her nicht mehr aufgebrochen werden kann. Eine Chance allerdings könnte darin bestehen, die uralte Geschichte der menschlichen Arbeitsmittel zu studieren. Rubens Matuck hat uns in São Paulo einen Hobel gezeigt, der ihm von einem indianischen »Medizinmann«, der Boote baut, geschenkt worden war. Der Hobel war selbst ein Boot, mit innerer Aushöhlung und äußeren Kerben. Diese Ker-

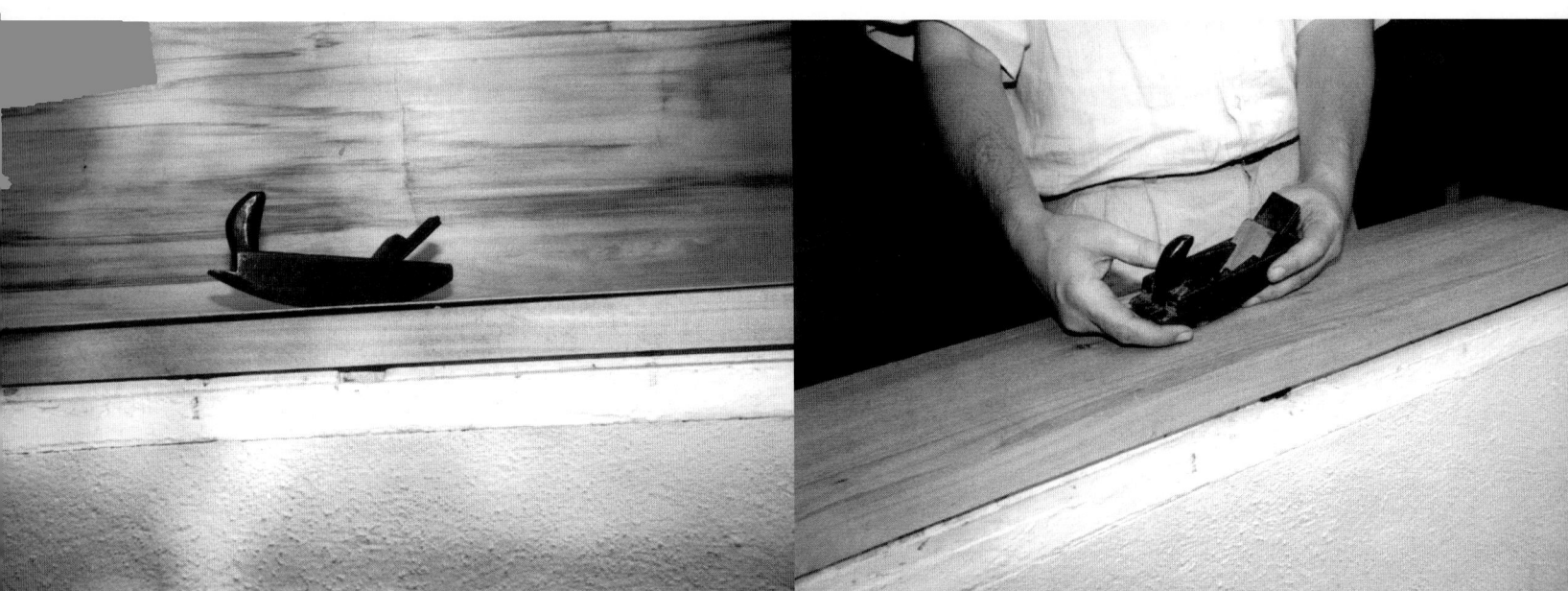

Das Werkzeug als Modell des Werks

ben, die das Verhältnis von innen und außen aufs genaueste markiert, das heißt festgelegt hatten, wie weit ausgehöhlt werden durfte, damit das Instrument erhalten und ein eigen Ding bleiben konnte, waren nicht nachträglich zum Verschwinden gebracht worden. Sie blieben die Spuren an der Grenze der Perfektion. Der Umstand jedoch, daß ein Instrument, das dem wirklichen Bootsbau gedient hatte, nun sowohl ein »Kultobjekt« ist, das heißt ein fast vollkommenes Modell eines wirklichen Bootes, als auch ein Werkzeug, das einem Holzbildhauer weiterhin gute Dienste tut, eröffnete uns beim Sehen und Hören ein weites Spektrum von Fragen.

Unsere erste Frage ist, wie das Mißverständnis, Werkzeuge seien Machtmittel, seinerseits Macht über den bekommt, der mißversteht. Dazu eine Vermutung: In den Zeughäusern der großen europäischen Städte sind seit dem Spätmittelalter die Waffen aufbewahrt, welche die Bürger in den Zeiten des Friedens deponierten. Diese Deponierung muß etwas mit dem Charakter der Waffen zu tun haben. Sie stellt wahrscheinlich eine Art Beschwörung dar, daß die Waffen im Gebrauch sich nicht gegen den Waffenträger wenden. Auf solche Weise wird daran erinnert, daß die Dinge ein Eigenleben haben und sich nicht in ihrer Funktion als vorstellungsgemäße Instrumente eines Willens erschöpfen. Wahrscheinlich sind solche Beschwörungen in all ihrer Hilflosigkeit Restbestände eines »magischen« Umgangs, der weit in die Geschichte der Werkzeugproduktion zurückreicht. Auffallend in Betracht der frühgeschichtlichen Situation ist, daß alle Werkzeuge zunächst nur im Horizont eines Kults Verwendung fanden. So zum Beispiel der Pflug, der nicht als Instrument bäuerlicher Wirtschaft erfunden, sondern als Darstellungsmittel in einer jährlich gefeierten Vermählung von Himmel und Erde kultisch benutzt wurde. Darstellungsmittel und instrumentelle Funktion gehörten offenbar so nah zusammen, daß eine Unterscheidung noch nicht möglich war.

Das verweist auf einen Zustand des Lebens, der vor der Herrschaft und auch vor dem Opferkult wirklich war. Es muß etwas gegeben haben, das nicht unter der Prämisse einer Trennung des Heiligen und des Profanen stand, also weder heilig noch profan war, sondern in Raum und Zeit eine unvordenkliche Fülle des Lebens darstellte, diesseits von Wille und Vorstellung, diesseits

Dietmar Kamper / Birke Mersmann

von List und Vernunft, ein freies Spiel, das in sich selbst sein großes Genügen fand, ähnlich dem wunderbaren Satz des Pausanias: »Alles ist voller Götter.« Man kann sich das sehr schwer vorstellen, weil alle Vorstellung bereits zur Zweckrationalität der Mittel gehört. Man kann es nur spüren – wenn man spüren und im Freien denken kann. Außerdem weiß man inzwischen, daß die Tradition der Opferkulte mit der List der Vernunft einhergegangen ist und die Logik des Marktes zunächst in der Nähe des Tempels erfolgreich war. Es geht hier also nicht um eine Parteinahme oder gar um eine Entscheidung für oder gegen das heilige Kultobjekt bzw. das säkularisierte Werkzeug, sondern um den möglichst unverstellten Zugang zu einem Offenen, das auch in der Frage der Lebensmittel transalternativ und indifferent ist.

Unsere zweite Frage ist, ob das genannte Zusammengehören auch in Zeiten des Vergessens wirksam bleibt, ob also die Herkunft der Werkzeuge aus einem kultisch-instrumentellen Zusammenhang sich auch auswirkt, wenn der Umgang mit ihnen total säkularisiert ist. Der Verdacht geht hier dahin, daß ein völliger Verlust der kultisch-magischen Dimension das Verhältnis der Menschen zu ihrer Welt einseitig aggressiv macht, wodurch die Werkzeuge, ob man will oder nicht, zu Waffen werden. Purer Funktionalismus wäre Krieg, reiner Krieg, der jegliche Lebensäußerung zu einer grausamen Vernichtung werden ließe. Es würde dann überhaupt nichts nützen, Schwerter zu Pflugscharen zu machen, da auch Pflugscharen nichts als Schwerter wären. Die gesamte Ökonomie bekäme Züge einer globalen Vernichtungsmaschinerie, die auch denjenigen nicht schont, der sie bedient. Ohne daß man wirklich begreift, wäre man Agent einer Rache der Natur, die sich die Opfer holt, welche wegen der mangelnden Kulte und wegen des versagenden Äquivalententausches aufgehört haben. Denn das uralte Gesetz, daß man mehr geben muß, als man nimmt, um die Welt in Ordnung zu halten, gilt gerade in den Zeiten des gegenteiligen Kalküls, schamlos mehr zu nehmen, als man zu geben je bereit wäre. Wenn man sich nicht erinnern kann an seine Abhängigkeit, muß man Zwänge wiederholen, die seit Sirius und Baal und Moloch überwunden schienen.

Nietzsche hat diesen Wechsel vom Lebens-Zweck, der die Menschen bindet, zu den Lebens-Mitteln, die scheinbar freilassen, das Selbstopfer des triumphalen menschlichen Geistes genannt: die dritte und letzte religiöse Grausamkeit. Nach dem Opfer des Körpers und dem Opfer der Gesinnung sei es schließlich unvermeidlich, daß der Geist, der die beiden ersten Opfer praktiziert, auch sich selbst anbietet, und zwar der Geist in zweierlei Gestalt, der Geist als Ingenieur und der Geist als Genie, wie sie sich im 18. Jahrhundert getrennt und am Ende des 20. Jahrhunderts wiedervereinigt haben. Wenn aber die Differenz getilgt ist und der menschliche Geist nur noch ein instrumentelles Verhältnis zur Welt hat, wenn alles aufs Machen abgestellt und kein Leiden mehr Sinn macht, wenn einzig noch die Strategie der Problemlösung vorherrscht und von der Erlösung keine Rede mehr sein kann, beginnt der Niedergang der Machthaber, der Instrumentenbauer und Werkzeughersteller.

Unsere dritte Frage ist, wie man dieser unerträglichen Alternative von reinem Funktionalismus und leerer, verzehrender Kulthandlung entkommen kann. Die Kunst schien lange Zeit ein Weg zu sein. Nun aber, da sie selbst als Design durchgeht, kann auch sie eingezogen werden in einen Funktionalismus, der ein ebenso unbewußtes wie stillschweigendes Selbstopfer ist. Längst produzieren deshalb die Problemlösungen der Künstler nur noch Probleme, für die sich die Lösungen nicht zuständig erklären. Das reicht tendenziell bis ans Ende der Welt. Der Globus kocht vor Überhitzung. Alle Systeme laufen nach und nach heiß und werden wahnsinnig. Zur Verleugnung, Verdrängung und Verwerfung der Symptome wird nach Strich und Faden simuliert. Doch

Das Werkzeug als Modell des Werks

selbst die geschicktesten Rechtfertigungsversuche müssen irgendwann aufgeben. Alles wird schließlich auf die Frage hinauslaufen, was in was eingebettet ist: das instrumentelle Handeln in einen horizontlosen Traum oder der Wahn der Perfektion in den Rahmen eines sinnlos gewordenen Funktionalismus. Das reicht dann in das Konkreteste.

Wir waren an einem Samstag bei Rubens Matuck in seinem Atelier in São Paulo. Man konnte den nahen Urwald spüren. Wir hörten Erzählungen von Sternenfahrern und Samenformen, von Wassertropfen und von Einem, der Viele ist – alle in der Spur des vergessenen Wunders, daß wegen des unvordenklichen Spiels in gegenstrebiger Fügung nichts Einzelnes und nichts Ganzes für sich existiert, sondern das Werk durch das Modell zum Werk zurückfließt, wie der Sternenfahrer im Firmament verschwindet und wieder auftaucht, wie die Samenformen Bäume werden und wieder Frucht, wie die Wassertropfen im Ozean ganz und gar sie selbst und ganz und gar nicht sie selbst sind. Als wir Abschied nahmen, wußten wir, daß Rubens Matuck ein Vorsokratiker ist.

Fotos: Birke Mersmann

Volker Lang: Die Portugiesin

Installation: Eichenholz, L 4,96m x B 2,64m x H 3,54m · Tonbandaufnahme · Leeuwarden/NL 1999

... Seine Frau nahm den alten Knecht, welcher der Burg vorstand, und streifte mit ihm durch die Wälder, wenn sie nicht vor den Bildern in ihren Büchern saß. Wald öffnet sich, aber seine Seele weicht zurück; sie brach durch Holz, kletterte über Steine, sah Fährten und Tiere, aber sie brachte nicht mehr heim als diese kleinen Schrecknisse, überwundenen Schwierigkeiten und befriedigten Neugierden, die alle Spannung verloren, wenn man sie aus dem Wald heraustrug, und eben jenes grüne Spiegelbild, das sie schon nach den Erzählungen gekannt hatte, bevor sie ins Land gekommen war; sobald man nicht darauf eindrang,

schloß es sich hinter dem Rücken wieder zusammen. Lässig gut hielt sie indessen Ordnung am Schloß. Ihre Söhne, von denen keiner das Meer gesehen hatte, waren das ihre Kinder? Junge Wölfe, schien ihr zuweilen, waren es. Einmal brachte man ihr einen jungen Wolf aus dem Wald. Auch ihn zog sie auf.
… Er folgte überall hin der Herrin; ohne Zeichen der Liebe und der Vertrautheit; er sah sie mit seinen starken Augen oft an, aber sie sagten nichts. Sie liebte diesen Wolf, weil seine Sehnen, sein braunes Haar, die schweigende Wildheit und die Kraft der Augen sie an den Herrn von Ketten erinnerten …

… Dieses Fieber, wie eine weite brennende Grasfläche, dauerte Wochen. Der Kranke schmolz in seinem Feuer täglich mehr zusammen, aber auch die bösen Säfte schienen darin verzehrt und verdampft zu werden. Mehr wußte selbst der berühmte Arzt davon nicht zu sagen, und nur die Portugiesin brachte außerdem noch geheime Zeichen an Tür und Bett an. Als eines Tags vom Herrn von Ketten nicht mehr übrig war, als eine Form voll weicher heißer Asche, sank plötzlich das Fieber um eine Stufe hinunter und glomm dort bloß noch sanft und ruhig.

Waren schon Schmerzen seltsam, gegen die man sich nicht wehrt, so hatte der Kranke das Spätere überhaupt nicht so durchlebt wie einer, der mitten darin ist. Er schlief viel und war auch mit offenen Augen abwesend; wenn aber sein Bewußtsein zurückkehrte, so war doch dieser willenlose, kindlich warme und ohnmächtige Körper nicht seiner, und diese von einem Hauch erregte schwache Seele seine auch nicht. Gewiß war er schon abgeschieden und wartete während dieser Zeit bloß irgendwo darauf, ob er noch einmal zurückkehren müsse. Er hatte nie gewußt, daß Sterben so friedlich sei; er war mit einem Teil seines Wesens vorangestorben und hatte sich aufgelöst wie ein Zug Wanderer: Während die Knochen noch im Bett lagen, und das Bett da war, seine Frau sich über ihn beugte, und er, aus Neugierde, zur Abwechslung, die Bewegungen in ihrem aufmerksamen Gesicht beobachtete, war alles, was er liebte, schon weit voran. Der Herr von Ketten und dessen mondnächtige Zauberin waren aus ihm herausgetreten und hatten sich sacht entfernt: er sah sie noch, er wußte, mit einigen großen Sprüngen würde er sie danach einholen, nur jetzt wußte er nicht, war er schon bei ihnen oder noch hier. Das alles aber lag in einer riesigen gütigen Hand, die so mild war wie eine Wiege und sogleich alles abwog, ohne aus der Entscheidung viel Wesens zu machen. Das mochte Gott sein. Er zweifelte nicht, es erregte ihn aber auch nicht; er wartete ab und antwortete auch nicht auf das Lächeln, das sich über ihn beugte, und die zärtlichen Worte.

Dann kam der Tag, wo er mit einmal wußte, daß es der letzte sein würde, wenn er nicht allen Willen zusammennahm, um leben zu bleiben, und das war der Tag, an dessen Abend das Fieber sank. Als er diese erste Stufe der Gesundung unter sich fühlte, ließ er sich täglich auf den kleinen grünen Fleck tragen, der die Felsnase überzog, die mauerlos in die Luft sprang. In seine Tücher gewickelt, lag er dort in der Sonne. Schlief, wachte, wußte nicht, was von beidem er tat.

Einmal, als er aufwachte, stand der Wolf da. Er blickte ihm in die geschliffenen Augen und konnte sich nicht rühren. Er wußte nicht, wieviel Zeit verging, dann stand seine Frau neben ihm, den Wolf am Knie. Er schloß wieder die Augen, als wäre er garnicht wach gewesen. Aber da er wieder in sein Bett getragen wurde, ließ er sich die Armbrust reichen. Er war so schwach, daß er sie nicht spannen konnte; er staunte. Er winkte den Knecht heran, gab ihm die Armbrust und befahl: der Wolf. Der Knecht zögerte, aber er wurde zornig wie ein Kind, und am Abend hing das Fell des Wolfes im Burghof. Als die Portugiesin es sah, und erst von den Knechten erfuhr, was geschehen war, blieb ihr das Blut in den Adern stehn. Sie trat an sein Bett. Da lag er bleich wie die Wand und sah ihr zum ersten Mal in die Augen. Sie lachte und sagte: Ich werde mir eine Haube aus dem Fell machen lassen und dir nachts das Blut aussaugen …

»Die Portugiesin« aus: »Drei Frauen« von Robert Musil

Birke Mersmann: Rostiges Messer und zweischneidiges Schwert

Ein rückwärts erzähltes Märchen

DOPPELSCHWERT UND KRÖNUNG: DES MÄRCHENS LETZTER SCHLUSS

»Abends, als der junge König zu Bett ging, sprach seine Frau
›Warum hast Du die vorigen Nächte immer ein zweischneidiges Schwert in unser Bett gelegt,
ich habe geglaubt, du wolltest mich totschlagen.‹
Da erkannte er, wie treu sein Bruder gewesen war.«

So endet ein Märchen der Brüder Grimm,[1] ein Märchen, das aufgespannt ist zwischen Reminiszenzen an ein Doppelkönigtum, der Evokation von Doppelgängermythen, den bürgerlichen Verschwörungen des »male couple« und gewiß auch der Verschworenheit des erzählenden Brüderpaares. Eine Antwort auf die Frage der Frau ist nicht überliefert.

Die Liebende hatte nicht gemerkt und nicht merken sollen, daß der Mann in ihrem Bett zwischenhin ein anderer gewesen war; und sie hatte den Gemahl, der nach ausgestandenen Abenteuern von Versteinerung, Rettung und Mord unversehens als ein Doppelter aufgetaucht war, nur auf Umwegen als den ihr vertraut-unvertrauten Angetrauten, als den ihr offiziell zustehenden, für sie Zuständigen identifizieren können. Im tiefsten Inneren bleibt sie ungewiß.

Es kommt dem Märchen nicht darauf an. Entscheidend ist die Bestätigung der unverbrüchlichen brüderlichen Einigkeit. Entscheidend ist die geschiedene Ungeschiedenheit des Mannes. Entscheidend ist, daß er als Zwei auftaucht, als ErSelbst und der Andere, und daß schlußendlich sich zeigt: ErSelbst mag noch so sehr der anerkannte Herr und Herrscher sein, zu Land und zu Bett – ohne den Anderen wäre er nur ein Stein noch, weggeworfen in einen Graben, in ein Grab, ein »Living Dead«. Ohne jenen Anderen, der ihn aus der Versteinerung löste; ohne jenen Artisten, der nie und nirgends herrscht; ohne jenen Vielköpfigen, der sich in alle Himmelsrichtungen drehen und wenden kann; ohne jenen, der offen hält, was längst beschlossen schien.

DOPPELSTAMM UND KRONE: DES MÄRCHENS RUMPF UND MITTE

Das Zwillings-Brüder-Paar spricht:
»Wir haben nun ausgelernt, wir müssen uns auch in der Welt versuchen,
so erlaubt, daß wir fortziehen und wandern.«
Ihr Pflegevater und Meister, ein wackerer Jäger, lobt sie ob ihrer Absicht
und reicht ihnen zum Abschied ein blankes Messer:
»Wann ihr euch einmal trennt, so stoßt dies Messer am Scheideweg in einen
Baum; daran kann einer, wenn er zurückkommt, sehen, wie es seinem abwesenden
Bruder ergangen ist; denn die Seite, nach welcher dieser ausgezogen ist, rostet,
wann er stirbt: solange er aber lebt, bleibt sie blank.«

Im Zentrum des Märchens, am Ort des zweiten, des größeren Aufbruchs, dort, wo nicht nur alte Geschichten, sondern nunmehr auch angestammte Gleichheit und perfekte Synchronizität aufgekündigt werden müssen; dort, wo das gedoppelte Eine entzweit wird, an jenem Ort, an dem in doppelter Einsamkeit der Umzug ins Offene beginnt: dort steht ein Baum.

Birke Mersmann

DAS MÄRCHEN SELBST HAT DIE FORM EINES BAUMES

> **Der Umzug ins Offene, noch geteilt, schon geteilt, geht aus von jenem Baum, in den das Messer versenkt wird: Tor, Knotenpunkt, Schnittstelle, von vor und zurück, von Heimat und Fremde, von Rücken und Front.**

Die Vor-Anfänge stecken, andeutungsweise, im rhizomorphen Wurzelwerk, in der Erzählung über die Väter, Vaterbrüder, Pflegeväter, Meister und Magier. Mit der Übergabe des magischen Messers an die Söhne beginnt der oberirdische Teil.

> Die Zwillinge, noch sind sie nicht unterschieden, machen sich auf.
> Ausgestattet werden sie zunächst mit gesparten Goldstücken in ausreichender
> Menge, mit je einem Hund, je einem Gewehr und, gemeinsam, mit dem telepathogenen Messer.
> Bald, in einem dunklen Wald, kommen ihnen, auch je ununterscheidbar,
> des weiteren zu: zwei Hasen, zwei Füchse, zwei Wölfe, zwei Bären und zwei
> Löwen, die ihnen fortan dienen, zum Zeitvertreib, als Pfadfinder, zur
> Nahrungsbeschaffung, im Kampf und als Boten.

Zunächst wird ein Weg für beide beschrieben, in Art und Richtung nicht unterschieden: die siamesische Geschichte als gemeinsamer, wenn auch bereits doppelter Stamm.

> Doch doppelt und mit doppelter Gefolgschaft findet sich kein Platz, kein Dienst, kein Verdienst für das Ganze. Die Zwillinge müssen sich trennen: Mensch- und Tierpaare werden mittig symmetrisch gespalten, am Ort des getrennten Aufbruchs wird das Messer des Pflegevaters in einen Baum gestoßen.

> **Das Messer schneidet am Ort der einschneidenden Trennung, markiert die Grenze von Einheit, Zweiheit und Dreiheit. Das Messer, das den Baum zeichnet zur Wahrnehmung eines drohenden Todes, treibt in ihn auch die Kluft einer zweiten Geburt: point of departure, point of no return.**

Dort, wo die Wege sich trennen, verzweigen sich die Äste des Baums und des Märchens. Der Gabelung auf der Erdoberfläche entspricht eine mehrdimensionierte, wiederum rhizomorphe Vervielfältigung in Breite, Höhe und Dichte unter dem Himmel.

> **Der Umzug ins Offene beginnt mit einer mehrfachen Zerreißprobe. Doch das Messer sichert die frisch Gespaltenen mit einem gemeinsamen Seil: doppelseitige Nabelschnur, Rettungsanker, Nachrichtenzentrale, Transmitter für Telepathie, point de repère für die Sehnsucht nach der verlorenen Einheit und Netz für den äußersten Fall.**

> Der Ältere geht gen Osten. Er wird fahrender Artist, zieht mit seinen Tieren herum, kurzum: er nomadisiert. Der Jüngere bricht nach Westen hin auf und besteht mit Hilfe der Tiere eine Serie von Abenteuern: er erschlägt einen siebenköpfigen Drachen, wird zunächst um seinen Gewinn, die geliebte und liebende Prinzessin, betrogen, verliert vorübergehend seinen Kopf, der ihm aber mit heilsamen Kräutern bald wieder aufgesetzt ist, kann im letzten Moment den Betrüger entlarven, heiratet die Prinzessin und wird vom alten König als Statthalter bestimmt. In dieser gediegenen und machtvollen Seßhaftigkeit hätte er glücklich bleiben können –

Rostiges Messer und zweischneidiges Schwert

DAS GEÄST BEGINNT, DIE FORM EINER KRONE ANZUNEHMEN

– wenn er nicht, Rest-Jäger, doch hin und wieder ausgezogen wäre und dabei einmal, in schwarzem Wald einer schneeweißen Hirschkuh nachjagend, in die Fänge einer Hexe geraten, die ihn und alle seine Tiere zu Stein verwandelt. Just zu diesem Zeitpunkt kommt es den Älteren an, zum Ort der Trennung zurückzukehren und den Stand des Messers zu erkunden. Er findet die Bruderseite rostend, jedoch nicht völlig zerstört; er ändert die Richtung und eilt nun seinerseits gen Westen, Rettung zu bringen.

Die unterschiedlich geschlungenen Wege treffen wieder zusammen, die Verästelungen werden neu gebündelt, die Richtungen von Blicken und Taten hin- und her und durcheinander getauscht –

An den Toren der Stadt, in der die junge Königin weinend auf die Rückkehr des verschollenen Gemahls wartet, hält man ihn für den Bruder und begrüßt ihn jubelnd. Er spielt mit, um herauszufinden, was geschehen sein mag. Doch legt er nächtens ein zweischneidiges Schwert zwischen sich und die junge Königin: er weiß, daß er ein Anderer ist.

– zuletzt, zuoberst, zuäußerst zusammengefaßt im gedoppelten doppelseitigen Messer, dem zweischneidigen Schwert im Bett der Prinzessin.

Auf der Spur, trifft auch er die weiße Hirschkuh, auch er jagt ihr nach, auch ihn spricht des Nachts die alte Hexe an. Aber er mißtraut ihr und entgeht so dem Schicksal, in Stein verwandelt zu werden; er schießt sie mit silbernen Zauberknöpfen vom Baum herunter; er zwingt sie, den versteinerten Anderen und dessen Gefolge zu erlösen; der Wald lichtet sich; und die Brüder ziehen mit ihren Tiervasallen zurück zu dem nun wieder deutlich erkennbaren Schloß. Auf dem Weg, in eifersüchtiger Anklage, ihn womöglich auch im Bett der jungen Königin vertreten zu haben, schlägt der frisch erlöste Jüngere dem Älteren den Kopf ab, bereut aber sofort seine Tat, woraufhin der Hase erneut das Zauberkraut in Anwendung bringt und die Tiere den Kopf wieder befestigen. Nun hat also auch der Ältere, wenngleich durch Bruder- und nicht durch Feindeshand, sein Haupt verloren und wieder gewonnen. Mehr noch: es wird ihm zunächst versehentlich falsch herum aufgesetzt, so daß er nach hinten, nach rückwärts schaut, aus welcher vorübergehenden Position er jedoch in einer nochmaligen Operation befreit wird.

Angekommen in der Stadt, marschieren die Brüder, alle Nasen nach vorn, zeitgleich und symmetrisch zu entgegengesetzten Toren ein. Der alte König und die junge Königin sind gebührend verwirrt, bis die Frau zwar nicht ihren rechtmäßig angetrauten Gemahl, aber doch seinen Löwen an jenem kleinen Schloß, Verschluß einer Kette, erkennt, das sie ihm einst aus Dankbarkeit umgehängt hatte.

So sitzt denn, letzte Krönung, auf der Baumkrone noch ein ganz kleines Krönchen, wiederum nach außen geöffnet, aus dem das nächste Brüderpaar entsteigen könnte ...

Des Nachts fragt sie schließlich den Mann: »Warum hast du die vorigen Nächte immer ein zweischneidiges Schwert in unser Bett gelegt, ich habe geglaubt, du wolltest mich totschlagen ...«

RHIZOMORPHES WURZELWERK: DES MÄRCHENS UNTERGRUND UND ANBEGINN

rückgreifend auf die Vor-Anfänge des Auszugs, in der Erzählung über die Väter, Vaterbrüder, Pflegeväter, Meister und Magier.

Es waren einmal zwei Brüder ...

Birke Mersmann

> Zum Auftakt spielen die Märchenerzähler nachdrücklich die alternative Moral des Entweder-Oder an: schwarz oder weiß, gut oder böse, rechts oder links, Osten oder Westen. Aber die Geschichte selber unterläuft diesen späten Versuch in einer immanenten Sabotage des ein-zweifachen Musters: im dunklen Wald lebt der freundliche Jäger; Schlaufen und Serpentinen brechen die Ost-West Ausrichtungen auf; die Köpfe schauen nicht entweder nach vorne oder nach hinten: die Positionen wechseln und ergänzen sich; die weiße Hirschkuh wird zur schwarzen Hexe.

... es waren einmal zwei Brüder.
Der eine ist ein Goldschmied, »reich und böse von Herzen«.
Er hat eine Frau, aber keine Kinder.
Der andere ist ein Besenbinder, »arm, gut und redlich«. Er hat zwei Söhne,
Zwillinge, einander »so ähnlich wie ein Tropfen Wasser dem anderen«.
Von einer Frau ist keine Rede.
Die armen Zwillinge gehen im Haus des reichen Onkels ein und aus und werden
dort (mit den Resten, die von des Herren Tische fallen) versorgt.
Eines Tages sieht der Besenbinder einen Goldvogel fliegen
und wirft einen Stein nach ihm. Es fällt ihm eine goldene Feder zu, die bringt
er dem Bruder, der kennt ihren Wert und kauft sie ihm ab.
Am anderen Tag scheucht er den Vogel – zufällig – aus einer Birke auf.

> Der Goldvogel ist Wohltäter und Opfer zugleich. Er nistet in einer Birke: im Baum des sowohl-Als-auch.

Der Arme findet ein goldenes Ei im Nest, das bringt er auch dem Reichen, der ihm wiederum einen guten Preis dafür zahlt.

> Der »hartherzige« Goldschmied ist nicht ausschließlich böse, sondern durchaus ein fairer Fachmann und Handelspartner, solange er sich nicht betrogen fühlt.

Am dritten Tag schließlich holt er, nun ausdrücklich im Auftrag des Goldschmieds, den ganzen Vogel mit einem Stein vom Baum und verkauft ihn für »einen großen Haufen Gold« an den brüderlichen Fachmann.

> Der Besenbinder andererseits ist nicht so bescheiden, wie man glauben mag. Auch changieren sein Zutrauen und seine Naivität später zu unterwürfiger Dummheit.

Der Experte aber weiß noch mehr als den Preis des Goldes. Er kennt die Zauberkraft des Einverleibens und will sich den Vogel braten lassen: wer dessen Herz und Leber verspeist, findet fortan jeden Morgen ein Goldstück unterm Kopfkissen.
Doch kommen anderntags, als der Vogel am Spieß steckt, die hungrigen Söhne des Besenbinders in die Küche der Verwandtschaft und essen, gewohnheitsmäßig und in aller Harmlosigkeit, was für sie abzufallen scheint, was nämlich vor ihren Augen in die Asche fällt. Das aber waren eben Herz und Leber, die goldproduzierende Doppelseele des Vogels.

> Aus der Asche eine erste Differenz: es muß doch wohl Einer das Herz, der Andere die Leber verspeist haben? Oder hätten sie etwa die doppelkammrigen, doppellappigen Innereien je gehälftelt, um in solcher zwiefach geteilten Nahrung um so länger die brüderliche Ungespaltenheit zu bewahren?

Rostiges Messer und zweischneidiges Schwert

Die kluge Hausfrau ersetzt heimlich die fehlenden Teile des Exoten durch die Innereien eines normalen Huhns. Der Hausherr bemerkt zunächst nichts, doch ist der Platz unter seinem Kopfkissen des Morgens weiterhin leer. Statt dessen bricht ein unvermuteter Goldsegen im Haus des Besenbinders aus. Der zieht, ob dieser neuen Entwicklung, wiederum seinen Bruder zu Rate, welcher rasch durchschaut, was geschehen ist und sich darob nun doch betrogen fühlt. »Um sich zu rächen, und weil er neidisch und hartherzig war«, suggeriert er dem Vater, dies müsse mit dem Teufel zugehen: er solle um seines eigenen Seelenheils willen die Knaben schnellstmöglich verstoßen.

Woraufhin der Besenbinder seine Söhne verängstigt aus dem Haus und in einen schwarzen Wald jagt.

Dort findet sie ein freundlicher kinderloser Jägersmann, der nicht meint, Gold sei immer des Teufels, sondern vorschlägt, es zu sparen. Er nimmt die Jungen mit nach Hause und läßt ihnen eine gute Ausbildung zukommen. Die Probeschüsse am Ende ihrer Lehrzeit gelten wiederum Vögeln.

> **Die Formationen der Schneegänse, die der liebevolle Jägersmann, Pflegevater und Meister an den Himmel zaubert, um das Können der »Söhne« zu prüfen – die beiden Tiere am äußersten Rand müssen getroffen werden – bilden einmal ein Dreieck, also ein V, und einmal eine Zwei, also ein Z. Das V entspricht den zunächst eingeschlagenen Doppelrichtungen – nach Osten, nach Westen –, zu denen hin die Brüder sich trennen und dessen eine Seite der Jüngere, Statthalter, künftiger König, seßhaft geworden, beibehält. Das Z, von unten her gesehen, entspricht dem schlangenförmigen Weg, den der Ältere, Artist und Nomade, zurücklegt: zunächst ein Stück nach Osten, dann zurück und auf den Weg des Bruders stoßend, im Bogen in die Hauptstadt von dessen künftigem Königreich. So sind die Wege, welche die Brüder auf der Erde nach ihrer Separation und bis zu ihrem Wiedertreffen gehen, in Form ihrer Meisterprüfung am Himmel bereits vorgezeichnet.**

Die erfolgreichen Meisterschüsse führen dazu, daß das Zwillings-Brüderpaar spricht: »Wir haben nun ausgelernt ...«

FUGE RÜCKWÄRTS: WÜNSCHELRUTE
»Wer auf dem Kopf geht, der hat den Himmel als Abgrund unter sich.«[2]

Dreht man und wendet sich, sputet man sich nicht nur von einer Seite zur anderen, sondern spurtet auch und vor allem Hals über Kopf von unten nach oben, so kann man, rückblickend, den Himmel, Grund oder Abgrund, ins niedergeschlagene Auge fassen, kann ihn, auf die Gefahr hin, ihn mit dem Meer zu verwechseln, unter den Fußsohlen spüren, kann eine andere Richtung einschlagen in der Betrachtung des Offenen, des Geschlossenen und des Umzugs. Nähern wir uns derart dem Baum von oben, so finden wir, daß noch ein Zauber aus seinem Holz geschnitzt ist. Greifen wir, die Füße fest im Himmel verankert, rechts und links in die östliche und westliche Hauptverzweigung der Krone, so schließen sich die beiden Äste, zwischen denen wir unsere Flügel aufgespannt haben, am Ort des rostigen Messers zum Stamm, durch den hindurch wir wiederum zuunterst ins Rhizomorphe gelangen, ins Unterirdische, ins Urgestein, ins Grundwasser: Initiation als Wünschelrutengänger. Im Märchen sitzt da, wo bei diesem Flugstück der Kopf ist, das besagte oberste Krönchen. Schauen wir von dort aus: was hätten wir unter den Füßen, wenn wir nicht über himmlischen Abgründen schwebten?

Im Wurzelwerk, dort, von wo aus die Wünschelrute, ihre Botschaften bündelnd am Ort des rostigen Messers, die Bewegungen durch die verasteten Flügel bis in den Kopf jagt, dort stecken späte Spaltungen, aus Zeiten, die den Erzählern noch unter der Haut gesessen haben mögen und in denen es, rest-feudalistisch und frühkapitalistisch, katholisch und calvinistisch, um vielfache Klüfte ging: zwischen den Habenichtsen und den Besitzenden; zwischen denen, die mit Naturalien handelten, und denen, die über Gold verfügten; zwischen denen, die sich die Natur unverwandelt ins Maul schoben, und denen, die versuchten, sie sich alchimistisch aufzubereiten; zwischen den Raffern

Birke Mersmann

und den Sparern; zwischen den Städtern und den Dörflern; zwischen den Verheirateten und den Verwitweten; zwischen den Kinderlosen und den Kinderreichen; zwischen denen, die blieben, und denen, die aufbrachen; und immer wieder, gemischt überlagert, zwischen den Erfolgreichen und den Erfolglosen, zwischen den Guten und den Bösen. Von weiter her, lange vor solchen bürgerlich gefaßten Komplexitäten, wandert durch den Stamm, rückwärts nach oben gehend, ein früheres Wissen in die Baumkrone und droht, die Arme des Wünschelrutengängers auseinanderzureißen. Die Botschaft dringt durch von den fundamentalen Trennungen: Jäger und Sammler; Ackerbauern und Viehzüchter; gut orientierte Nomaden und desorientierte, schließlich seßhafte Eroberer.

Und noch weiter zurück, dahin, wo der Wünschelrutengänger, mit dem Blick auf das oberste Krönchen, versucht, seinen Kopf nicht ganz und gar zu verlieren: dort sitzen auf ihrem Doppelthron, liegen in ihrem Doppelbett die Doppelkönige einer archaischen Zeit.

Und weiter. Was war vor der Zweiheit, was liegt im Abgrund unter den himmelwärts gerichteten, breit auseinander gestellten Sohlen des Sehers? Jenseits der Diskriminierung schlagen noch frühere Träume hier und da Wellen. Erzählt wird, zum Beispiel auf Kreta, von einer Zeit, wo Sakrales und Profanes nicht geschieden waren. Erst wenn aus Zwilling ein Älterer und ein Jüngerer, ein Nomade und ein Herrscher entstehen, beginnt die Trennung. Doch je mehr Zerklüftung, desto geringer wohl die Fähigkeiten der Menschen, die vielen Welten, jetzt diesseits und jenseits, wahrzunehmen wie zur Zeit des ungeteilt Profan-Sakralen. So werden Prothesen erfunden. Selbst die junge Königin braucht einen Schlüssel, um ihren Mann zu erkennen. Wünschelruten sind solche nach außen verlagerte Instrumente der Unterscheidung, zwischen Wüsten und Wassern, zwischen heiligen und unheiligen Orten.

Die Zwei-Brüder-Geschichte, handelnd von Einheit, Zweiheit und Dreiheit, erzählt vom Übergang einer ältesten zu einer älteren Zeit. Und wenn die Märchen darüber sprechen, daß einst das Wünschen noch geholfen habe, so mögen sie wohl jene kurze Spanne meinen, als Mensch und Messer zwar nicht mehr eins, aber auch noch nicht ganz und gar zwei waren: Traum, Erinnerung, Hoffnung?

»DIE UTOPIE IST DAS MESSER IM RÜCKEN DER MENSCHHEIT.«[3]

Um die Messer der Sehnsucht ist es ein unheimlich Ding: werden sie sorglos entfernt, müssen die Opfer verbluten; bleiben sie stecken, droht sie der Rost zu vergiften. Aber gibt es die Ausfahrt ohne Heimatadresse?

ANMERKUNGEN
1. Die zwei Brüder. Letzte Geschichte des ersten Bandes der Kinder- und Hausmärchen, gesammelt durch die BRÜDER GRIMM, Insel Verlag, Frankfurt 1974
2. PAUL CELAN: Der Meridian. Rede anläßlich der Verleihung des Georg-Büchner-Preises 1960, Frankfurt 1961
3. HANS MAGNUS ENZENSBERGER

Tom Fecht: »Waiting for the Crows«, Berlin 1997

Epilog

»The real spacious invention of our century is exclusion...«

»It is space not time that hides consequences from us.« John Berger

Peter Sloterdijk: Anthropogonischer Exodus

Um die Herkunft und die Möglichkeit dessen, was der Mensch als Hüter des nuklearen Feuers und als Schreiber der genetischen Schrift heute mit Rückwirkungen auf sich selbst tut, besser zu verstehen, setzen wir noch einmal bei dem Grundsatz an, daß der Mensch ein Produkt ist. Wir fügen sofort hinzu, daß wir nicht wissen, wer oder was sein Produzent ist. An diesem Nicht-Wissen ist bis auf weiteres festzuhalten, vor allem gegen die Versuchungen, es durch die beiden klassischen Pseudoantworten zu verhüllen, von denen die eine »Gott«, die andere den »Menschen selbst« als den Produzenten anführt. Beide Antworten beruhen auf grammatischen Luftspiegelungen, indem sie das Schema des Herstellungssprachspiels »X erzeugt Y« anwenden und dabei das Gefälle voraussetzen, in dem der Produzent über sein Produkt erhoben ist. Aber dieses Gefälle voraussetzen heißt wieder schon den Menschen voraussetzen und das Explanandum mit dem Explanans kurzschließen. Also kann der Mensch den Menschen nur erzeugen, weil er schon Mensch ist, bevor er Mensch wurde. Solche Kurzschlüsse mögen bei echten autopoietischen Systemen sinnvoll sein, im Hinblick auf die menschliche Tatsache, die kein System, sondern ein historisches Ereignis ist, müßten sie zu einer Blockade jeder tiefergehenden Untersuchung führen.

Wir müssen in der ontoanthropologischen Analyse bei einer entschieden vormenschlichen Situation beginnen, in der das Ergebnis nicht immer schon latent vorweggenommen ist. Der Mensch steigt nicht aus dem Hut des Zauberers nach oben, wie der Affe vom Baum herabsteigt. Er ist das Produkt einer Produktion, die selbst kein Mensch ist und nicht vom Menschen betrieben wurde, und er war noch nicht, was er werden würde, bevor er es wurde. Es kommt also darauf an, den anthropotechnischen Mechanismus zu beschreiben und an ihm klarzumachen, daß er entschieden vormenschlich und nichtmenschlich prozediert und daß er unter keinen Umständen mit einem Hersteller-Subjekt, weder einem göttlichen noch einem menschlichen, verwechselt werden darf.

Es ist seit dem späten 18. Jahrhundert üblich geworden, angesichts anonymer Produktionen die Evolution zu beschwören und sie als eine Art von allegorischem Subjekt für alles verantwortlich zu machen, was man nicht auf eine Autorschaft von subjektivem Charakter zurückführen kann. In dieser Sprachregelung liegt insofern eine gewisse Weisheit, als sie einen ersten Hinweis auf einen Maschinenbau ohne Ingenieur und auf Künstlichkeiten ohne Künstler enthält. Nichtsdestoweniger bleibt beim Gebrauch des Ausdrucks auf das Risiko einer Irreführung durch die Allegorie zu achten, weil man nur allzu leicht wieder die Evolution als eine Art Gottheit denkt, die ihre Ergebnisse nach einem vorausüberlegten Meisterplan langfristig – gewissermaßen durch die List der Mutations- und Selektionsvernunft – herbeigeführt hätte. Die vulgäre Rede von Entwicklung dient in der Regel nur dazu, teleologische Überinterpretationen der Natur- und Humangeschichte zu bedecken. Diese Warnung wird besonders akut, wenn es gilt, ein Ergebnis wie jene eksistentiale Lage, die Lichtung heißt, in Betracht zu ziehen, von der wir gesagt haben, daß sie von unten gedacht werden soll. Demnach lautet die Denkaufgabe, einem Lebewesen bei seinem Durchbruch aus der Umwelt in die Weltekstase zuzusehen und von diesem Ereignis rückwirkend phantastisch Zeugnis abzulegen.

Wir lassen uns die Schlüsselworte für die neue Konfigurierung von Anthropologie und Seinsdenken wieder von Heidegger, dem Gegner aller bekannten Formen von Anthropologie, vorgeben. Wir finden sie erneut in dem Brief »Über den Humanismus«, im Zusammenhang mit Sätzen und Wendungen, in denen die Rolle der Sprache bei der Lichtung des Seins erörtert wird. Es sind nicht umsonst die bekanntesten und dunkelsten Sätze des ohnedies hinreichend obskuren Textes, Sätze, deren dunkle Leuchtkraft zumeist als Lächerlichkeit empfunden wird und zu deren Außergewöhnlichkeit vielleicht auch der Umstand beiträgt, daß Heidegger hier einen Augenblick lang mit Sartre aus der Ferne französisch diskutiert. Die entscheidenden Ausdrücke lauten Haus, Nähe, Dimension, Heimat, Wohnen, Aufenthalt, plan – das letzte Wort bleibt auf französisch im deutschen Text stehen. Ich erlaube mir, ausführlich zu zitieren und die Stellen zu raffen:

> **»Die Sprache ist in ihrem Wesen nicht Äußerung eines Organismus, auch nicht Ausdruck eines Lebewesens ... Der Mensch ist der Hirt des Seins ... Das Sein ist das Nächste. Doch die Nähe bleibt dem Menschen am weitesten ... Diese Nähe west als die Sprache selbst ... Der Mensch aber ist nicht nur ein Lebewesen, das neben anderen Fähigkeiten auch die Sprache besitzt. Vielmehr ist die Sprache das Haus des Seins, darin wohnend der Mensch exsistiert ... So kommt es denn bei der Bestimmung der Menschlichkeit des Menschen als der Eksistenz darauf an, daß nicht der Mensch das Wesentliche ist, sondern das Sein als die Dimension des Ekstatischen der Eksistenz. Die Dimension ist nicht das bekannte**

Anthropogonischer Exodus

Räumliche. Vielmehr west alles Räumliche und aller Zeit-Raum im Dimensionalen, als welches das Sein selbst ist ... Ob dieses Denken ... sich noch als Humanismus bezeichnen läßt? ... «[1]

Gewiß nicht, wenn er Existentialismus ist und den Satz vertritt, den Sartre ausspricht: »Précisément nous sommes sur un plan où il y a seulement des hommes ... Statt dessen wäre ... zu sagen: nous sommes sur un plan où il y a principalement l'Être. Woher aber kommt und ist le plan? L'Être et le plan sind dasselbe ... Eksistenz ist das ekstatische Wohnen in der Nähe des Seins ... Die Heimat dieses ... Wohnens ist die Nähe zum Sein.« Ich will mich im folgenden nicht mit der Feststellung aufhalten, daß diese Sätze an Poesie, Abstraktheit und Anspruch in der Philosophie des abgelaufenen Jahrhunderts kaum ihresgleichen haben; ich will sie auch nicht einer Exegese unterziehen, mit der immerhin gezeigt werden könnte, daß sie in ihrer logischen Verfassung von mathematischer Strenge sind, obwohl sie zunächst klingen wie Orakelsprüche von maligner Mehrdeutigkeit, die vom Dreifuß herab verkündet werden. Worauf ich im Augenblick hinweisen möchte, ist nur der Umstand, daß wir hier einem Heidegger begegnen, der offenkundig nicht mehr so sehr über die Gleichung von Sein und Zeit nachzudenken scheint, die ihn berühmt gemacht hat. Vielmehr hat der Autor dieser Passage es mit einer veränderten Problemlage zu tun, die man ohne großen Interpretationsaufwand als die von Sein und Raum identifizieren könnte. Es liegt auf der Hand, daß die Tropen, Metaphern und Grundworte des Textes zu einem Versuch gehören, eine nichttriviale Raumtheorie auf den Weg zu bringen.

Vor allem die beiden logisch und ontologisch sehr anspruchsvollen Wendungen: daß alles Räumliche im Dimensionalen »west« und daß »Sein« und »plan« dasselbe seien, deuten auf eine Bemühung um ein vertieftes Verständnis dessen, was einen Raum erst ursprünglich »einräumt«, indem es eine erste Gespanntheit, eine Beziehung-auf-Weiteres, eine Ausdehnung und Hindehnung, ein vertieftes Bei-sich-Sein und eine Ekstase ins Offene ermöglicht. Auch die übrigen Termini dieses Diskurses – wenn sie denn Termini sind –, Haus, Heimat, Nähe, Wohnen, Aufenthalt, lassen erkennen, daß hier das menschliche Eksistieren eher im Zeichen von Räumlichkeit als von Zeitlichkeit gedacht werden muß, zumal, wenn man das etymologische Pathos Heideggers respektiert, mit dem er Eksistenz und Ekstase als Hinaus-Stehen oder Hineingehaltenwerden in eine nicht näher bezeichnete räumliche und zeiträumliche Offenheit verstanden haben möchte. Wir verwenden die ontologischen Metaphern vom Wohnen im Haus des Seins als Wegweiser für die anthropologische Denkbewegung und fragen dementsprechend, auf welche Weise ein noch durchaus vormenschliches Lebe-Wesen, ein Hordentier, das in paläontologischer Sicht irgendwo im Spektrum der Arten zwischen Vor-Affe und Vor-Sapiens angesiedelt werden muß, sich auf den Weg gemacht haben kann, der ins Haus des Seins führte. Die Antwort liegt zum größten Teil in der Metapher selbst enthalten, sobald man ihre übertragenen Bedeutungen suspendiert und sich die Menschwerdung selbst als eine wirkliche Haus-Affaire, als einen Domestikationseffekt in einem ungewöhnlich weiten Sinn des Wortes vorstellt.

Könnte man eine gültige Theorie des Hauses als des Orts der Menschwerdung formulieren, so besäße man zugleich auch schon eine Paläo-Ontologie – das heißt eine Seins-Lehre für älteste Zustände. Sie würde zeigen, wie der Aufenthalt an einem bestimmten Ort selbst zum Motiv und Grund für die Lichtung des Seins und damit für die Hominisation des Vorhominiden hat werden können. Die Erwartungen an die Untersuchung eines solchen ursprünglichen Orts sind also ungewöhnlich hoch, weil sie nach beiden Seiten hin, zur ontologischen wie zur anthropologischen, dem Stand der Kunst entsprechen müssen. Die Analytik des Hauses ist demnach die eigentliche Bewährungsprobe für die neue Theorie-Konstellation »Sein und Raum«.

Der Raumbegriff, der hier ins Spiel kommt, ist offenkundig ein nichtphysikalischer und nichttrivialer, sofern er, wie Heideggers überaus dunkle Bemerkung zeigt, älter sein muß als alle gewöhnliche Dimensionalität, älter zumal als jene Dreidimensionalität, unter der die Geometrie die Meßraumverhältnisse im elaborierten System der Örter vorstellt. Es muß ein Raum sein, der ähnlich wie die platonische chora – der Derrida vor nicht allzu langer Zeit bemerkenswerte Kommentare gewidmet hat[2] – eine Matrix für Dimensionen überhaupt und insofern die »Amme des Werdens« sein kann, um an Platons großartig dunkle Metapher für den »Raum« als behergendes Wo des Werdens zu erinnern.

Ich habe für diesen nichttrivialen Raum in jüngeren Arbeiten den Ausdruck »Sphäre« vorgeschlagen und ausführlich zu zeigen versucht, wie die ursprüngliche Einrichtung von

Peter Sloterdijk

Dimensionen in ihrem Inneren zu denken ist. Sphären sind als Orte der inter-animalischen Resonanz beschreibbar, in denen die Art und Weise, wie Lebe-Wesen beisammen sind, selbst zu einer plastischen Macht wird. Dies geht so weit, daß die Koexistenzform die Koexistierenden physiologisch verändert. An der Fazialisierung läßt sich dies besonders eindrucksvoll illustrieren: In sphärischen Resonanzen löste sich aus den Tierschnauzen die menschliche Gesichtlichkeit.[3] Man könnte diese sphärischen Ortschaften, die anfangs bloß Tiergruppenräume sind, am ehesten mit Treibhäusern vergleichen, in denen Lebewesen unter klimatischen Sonderbedingungen gedeihen. In unserem Fall soll nun der Treibhauseffekt bis zu ontologischen Konsequenzen reichen, weil wir ja zeigen wollen, daß aus einem tierischen Im-Treibhaus-Sein ein menschliches In-der-Welt-Sein hat werden können. Mit dem Sphärenkonzept wird eine Lücke im grundbegrifflichen Feld der Raumtheorien geschlossen, die, bisher weitgehend unbemerkt, zwischen dem Umweltbegriff und dem Weltbegriff aufklafft. Wenn Umwelt-Haben ontologisch als Umschlossensein von einem Ring aus relevanten Umständen und Mit-Bedingungen für organisches Leben verstanden werden kann – vor allem »Phänomene« mit Nahrungs- und Kopulations-Sinn –, In-der-Welt-Sein hingegen als ekstatisches Hinausragen ins Offene-Gelichtete, so muß es eine Mittel-Welt oder ein sphärisches Zwischen geben, das weder nur Einschluß im Umwelt-Käfig ist noch purer Terror der Hineingehaltenheit ins Unbestimmte.

Die Sphären haben den Status einer »Zwischenoffenheit«. Sie sind Medien vor allen Medien. Auf diese mittlere »Zone« deutet Heidegger, ohne sie eigens namhaft zu machen, mit hoch auffälligem Nachdruck hin, wenn er Wörter wie Nähe, Heimat, Wohnen, Haus und ähnliches »ins Feld« führt – allesamt Ausdrücke, die Anheimelungswerte auf ontologischer Ebene anzeigen. Das Sphärische ist der Mittelwert zwischen der animalischen Umringung und der menschlichen Apokalypse des Seins, es erlaubt seinen Bewohnern, sich zugleich in der Nähedimension und im Ungeheuren der Weltoffenheit und Weltäußerlichkeit zu lokalisieren. Es richtet die ursprüngliche räumliche »Struktur« der Möglichkeit von Wohnverhältnissen ein. Zugleich können Sphären als Austauscher zwischen Formen der animalisch-körperhaften und der menschlich-symbolischen Koexistenz fungieren, weil sie physische Berührungen, einschließlich der Stoffwechselvorgänge, wie auch die Fern-Intentionen auf Unberührbares wie den Horizont und die Gestirne umgreifen. Es bleibt im folgenden zu zeigen, wie Sphären sich bilden und wie die Hominisation in Sphärenhäusern geschehen konnte.

Ich verwende den Ausdruck »Haus« nun wieder bis auf weiteres metaphorisch, allerdings verbunden mit der Aussicht darauf, daß die Vormenschen evolutionär schon auf einem Pfad unterwegs sind, auf dem irgendwann der Häuserbau im buchstäblichen Wortsinn beginnen wird. Das zeigt immerhin an, daß das Wohnen älter ist als das Haus und daß gewisse raumschaffende Potenzen auf eine Art von Hausmenschenproduktion hinauslaufen. Die Haus-Metapher bietet den Vorteil, daß sie an einen Ort denken läßt, dessen Merkmal es ist, ein Gefälle zwischen Binnenklima und Umgebungsklima zu stabilisieren. Sie erlaubt es, Schon-Klimata als technische Produkte und Institutionen zu denken.[4] Häuser sind ja in erster Linie Isolationsanlagen, die es den Bewohnern gestatten, sich in einem Innenraum zu sichern und zu reproduzieren, indem sie sich gegen ein Nicht-Interieur absetzen – wobei man für den Augenblick den Unterschied zwischen der vertikalen Isolation, dem Dach, und der horizontalen Isolation, der Wand, nicht ausarbeiten muß. Wollen wir die Menschwerdung und die Lichtung ausgehend vom »Haus« interpretieren, so muß es bei den tierischen Präsapienten bereits etwas geben, was einer Interieurbildung, einem solchen Häuserbau vor der Erfindung des Hauses gleichkommt.

Wenn wir darauf achten, den Menschen als Produkt zu denken und ihn in keiner Weise vorauszusetzen, so haben wir das Recht, den Ort seiner Produktion ernst zu nehmen: eben jene Interieursituationen, die beim Werden des Menschen zugleich Produktionsmittel und Produktionsverhältnis sind. Sehen wir also zu, wie bei den Tieren, die eines Tages den Sprung zur Menschwerdung getan haben werden, das Interieur verfaßt war, in dem der Sprung geschah. Versuchen wir, zu rekonstruieren, wie der Treibhauseffekt eingespielt und stabilisiert wurde, unter dessen Rückwirkung das Aufblühen der menschlichen Ekstase möglich wurde. Für den Eintritt in die menschenbildende Situation ist das Zusammenwirken von vier Mechanismen vonnöten, deren Ineinandergreifen schon früh zu bizarren Kreiskausalitäten führt. Wir nennen diese nach den Vorgaben der paläontologischen Literatur: den Insulationsmechanismus, den Mechanismus der Körperausschaltung, den Mechanismus der Neotenie beziehungsweise der progressiven Fötalisierung und Retardierung von Körperformen und den

Anthropogonischer Exodus

Mechanismus der Übertragung.[5] (Einen fünften Mechanismus, den der Zerebralisation und der Neokortikalisierung, möchte ich hier außer Betracht lassen, zum einen, weil seine Berücksichtigung die vorliegende Skizze in eine nicht mehr bewältigbare Komplexität stürzen müßte, zum anderen, weil er in gewisser Weise die Auswirkungen der ersten vier Mechanismen in einem eigens sich ausbildenden Organ synthetisiert.)

Keiner von diesen könnte für sich allein genommen die Hominisation oder gar das Heraustreten in die Lichtung verursachen, aber in ihrer Synergie wirken sie wie ein Fahrstuhl in die menschliche Ekstase. Der älteste und am wenigsten spezifische Mechanismus ist ohne Zweifel jener, den Hugh Miller als »Insulation gegen den Selektionsdruck« beschrieben hat.[6] Er ist das erste Element, auf das wir bei der Suche nach den Faktoren der Haus-Schöpfung in Betracht ziehen müssen. Seine Anfänge reichen weit in die Geschichte der gesellig lebenden Tiere, ja bis in die Pflanzenwelt zurück. Er beruht im wesentlichen auf dem Umstand, daß die eher randständigen Exemplare in Lebensgemeinschaften mit ihrem physischen Aufenthalt an den Peripherien den Effekt einer lebenden Wand hervorbringen, auf deren Innenseite ein Klimavorteil für die Individuen der Gruppe entsteht, die sich regelmäßig dort aufhalten. Von diesem Treibhauseffekt erster Stufe profitieren insbesondere bei Herden- und Hordentieren die Mütter mit ihren Jungen, insofern sie sich in einem Klima geringerer Bedrohtheit und herabgesetzter Anpassungszwänge bewegen können. Wo der äußere Selektionsdruck nachläßt, gehen bei der Vergabe von Prämien auf vererbbare Eigenschaften gruppeninterne Aspekte in Führung. Schon auf der Primatenebene ist zu erkennen, wie Klimavorteile aus der Gruppenexistenz in Entwicklungen einfließen, die auf eine enorme Intensivierung der Beziehungen zwischen Muttertieren und ihren Jungen hinauslaufen. Man könnte so weit gehen zu sagen, daß die Transformation des Jungen zum Kind ein Resultat der Insulation ist, die den partizipativ aufgeheizten Mutter-Kind-Raum als solchen erst entstehen läßt. Die unverkennbare Tatsache, daß bei den Anthropoiden bereits ein Trend in Richtung auf erhöhte Kindlichkeit ausgelöst wurde, macht offenkundig, daß sich die riskantere Lebensform evolutionär durchgesetzt hat – was ohne einen Sicherheitszuwachs an anderer Stelle unmöglich wäre. Die Folgen hieraus tragen unabsehbar weit: sie lassen erkennen, daß die Fitneßgesetze der Darwinischen Selektion dehnbare, ja umgehbare Größen sind.

Tatsächlich gelten innerhalb von Insulationsräumen wesentlich verbesserte Sicherheitsbedingungen, unter denen der Nachwuchs herangezogen werden kann, und die evolutionären Variationen wachsen offenkundig sofort in die erweiterten Spielräume hinein, indem sich ein höherer Standard an luxurierender Kommunikativität zwischen den Nutznießern des Mutter-Kind-Brutkastens einspielt.

Auf den Wegen der insulierten Evolution würde aber niemals mehr entstehen können als ein hochgestimmtes Affentum, wie wir es etwa bei dem aktuellen Lieblingstier der Sozialpsychologen, den Bononos, mit ihrer avancierten Gruppendynamik und ihrem zugespitzten Sexualleben vor Augen haben. Um die Bewegung zu menschennäheren Körperformen und lichtungsbezogenen Verhaltensentwicklungen hin voranzubringen, muß ein weiterer Mechanismus eingreifen, von dem man wohl nicht zuviel sagt, wenn man bemerkt, daß durch sein Anspringen erst die anthropogonische Drift im eigentlichen Sinn ausgelöst wurde. Mit ihm beginnt die Geschichte des homo technologicus als die Geschichte eines Tiers, das die Dinge in die Hand nimmt, um sich von seiner Umwelt zu distanzieren. Es war Paul Alsberg, der mit seinem Buch »Das Menschheitsrätsel« von 1922 den entscheidenden Baustein zur Theorie der Menschwerdung geliefert hat – wenn dieser auch von der Zunft in verblüffend geringem Maß aufgegriffen wurde. Er erkannte in dem, was er die Körperausschaltung nennt, den Schlüsselmechanismus zur Anthropogenese. Es handelt sich hierbei um einen Begriff, mit dem die Naturgeschichte der Abstandnahme von Naturumwelten auf der Linie von spontanen Insulationen übergeht in eine erste Geschichte der Naturdistanzierung auf der Linie von zuerst zufälligem, dann elaboriertem und chronischem Werkzeuggebrauch. Das Alsberg-Theorem interpretiert die Menschwerdung als Effekt einer Hyper-Insulation, deren Hauptauswirkung darin bestand, den Vormenschen von der Notwendigkeit organismischer Anpassung an die Umwelt zu emanzipieren. Mit gutem Grund wurde das Ereignis, das mit der Körperausschaltung umschrieben ist, als der »Ausbruch aus dem Gefängnis« der biologisch determinierten Umweltbeziehung bezeichnet.[7] Wenn es so etwas wie eine Urszene der Lichtung in evolutionärer Sicht gegeben hätte, so bestünde sie ohne Zweifel in einer Handlungssequenz, in deren Verlauf der Vormensch einen Stein ergreift – und zwar schon nach Gesichtspunkten der Handlichkeit, als wären diese Steine apriori zweiseitig geformt, mit einer Griffseite zur Hand hin und einer Kontaktseite

Peter Sloterdijk

zum Objekt hin –, um dann von dem Ding in seiner Hand einen Gebrauch zu machen, der Phänomene in der Umwelt zum Nachgeben zwingt, entweder durch Würfe in die Ferne oder Schläge im Nahbereich.

In dieser Hinsicht ist die eigentliche Formationsphase des beginnenden Menschlichen eine Steinzeit im nichtmuseologischen Sinn des Wortes, oder wie man auch sagen könnte, eine Zeit des harten Mittels. Hier darf man an Heideggers Bemerkung erinnern, daß die Sprache weder die Äußerung eines Organismus noch der Ausdruck eines Lebewesens sei: Dies gilt schon für den Stein und jedes andere Material in der prototechnischen Hand – insbesondere Knochen und Äste. All diese Mittel führen primitive Wahrheitswerte – nämlich Erfolge und Mißerfolge ihres Einsatzes – mit sich und haben welteinräumenden Charakter. Am Stein gewinnt der Grundzug der Zuhandenheit von Zeug in der Lebenswelt erstmals Kontur. Aber der Stein als hartes Mittel ist mehr als Zeug. Der Vormensch erzeugt erste Löcher und Risse im Umwelt-Ring, indem er durch Schläge und Würfe zum Autor einer Distanztechnik wird, die unerhörte Rückwirkungen auf ihn selber zeitigt. Der Mensch stammt also weder vom Affen (singe) ab, wie voreilige Vulgärdarwinisten meinten, noch stammt er vom Zeichen (signe) ab, wie es im Sprachspiel der Surrealisten hieß, sondern er stammt vom Stein ab, sofern wir uns zu der Ansicht verstehen, daß es der Steingebrauch war, der die menschliche Prototechnik einleitete. Als erster Steintechnologe, als Werfer und als Operateur von Schlag-Zeug, wird der Präsapiens zum Praktikanten des harten Mittels und in dieser Hinsicht zum beginnenden Menschen.

Der Blick, der hinter einem geworfenen Stein herschaut, ist die erste Vorform von Theorie, und das Stimmigkeitsgefühl, das bei einem Wurferfolg, einem Treffer, einem wirkungsvollen Schlag aufkommt, ist die erste Stufe einer post-animalischen Wahrheitsfunktion. Man darf sich von der Primitivität der ersten Werkzeugeinsätze nicht zu der Ansicht verführen lassen, deren Reichweite wäre nicht groß genug gewesen, um den Vormenschen aus der Umwelt herauszusprengen. Sie war in jedem Falle groß genug, um das Primärereignis der Anthropogenese auszulösen: die erste ontologisch relevante Produktion im Sinne von Herstellung eines Effekts in einem offenen Raum. Um produzieren, also hervorführen zu können, muß ein Akteur eine Öffnung – eine Art Spielraum oder Fenster – vor sich sehen, in der ein Ergebnis als erfolgreich herbeigeführtes Werk eigenen Tuns wahrgenommen werden kann – und genau diese Öffnung wird erzeugt durch die nachhaltig ausgeübte Steinwurf- und Schlagtechnik, die bald von der Steinsplitter-Schneidetechnik ergänzt wird; diese beruht ihrerseits auf dem Schlagen mit Steinen gegen Steine. In dieser Öffnung sieht man erstmals, was »herauskommt«. Hier konvergieren das, was wahr ist, und das, was man tut. Das ontologische Über-Resultat dieser ersten Produktionen ist darum mehr als ein einzelnes Produkt – es ist die Offenlegung eines bearbeitbaren Raums überhaupt. In ihm wird die Möglichkeit von Zuhandenheit gesichert – gleichsam die Lichtung in der Hand. In diesem Sinn darf man sagen, daß das Ergebnis der Steinzeit in der Eroberung der Naturdistanz bestand, mit der zugleich eine erste Sprengung des Umwelt-Rings in Richtung auf Weltoffenheit geschieht. In dieser Offenheit wird der Unterschied zwischen erfolgreichen und erfolglosen Handlungen scharf: mit dem Aufkommen der Sprache werden auch Stimmgebärden und Sätze empfindlich für den Unterschied von Erfolg und Mißerfolg.

Man könnte versucht sein, diesen gesamten Vorgang als eine »Naturgeschichte der Naturdistanzierung« zusammenzufassen – das einzige, was gegen diese Formulierung spricht, ist die Tatsache, daß das im britischen Empirismus verankerte Konzept von natural history immer noch zu sehr von den Annahmen einer habituell kulturblinden Biologie geprägt bliebe. In Wahrheit geht es schon bei diesen scheinbar einfachen Vorgängen um nicht weniger als die Lichtung. Der Gebrauch des harten Mittels während der gesamten Dauer der steinzeitlichen Anthropogenese erzeugt eine evolutionär einzigartige Situation, in der die Organismen der Präsapienten von dem Zwang zur körperlichen Anpassung an die Umwelt freigesetzt werden. Dies bedeutet nicht, daß die dermaßen entlastete Gattung physiologisch in dem Zustand stehenbliebe, in dem sie sich beim Einsetzen der Körperausschaltung befand. Im Gegenteil, die Körper der Vormenschen beginnen zu luxurieren, sie »vermenschlichen« sich in dem Maß, wie es ihnen ermöglicht wird, Härte nach außen abzugeben und nach innen hin in Richtung auf Verfeinerung und Variation zu driften.

An dieser Stelle läßt sich das Eingreifen des dritten evolutionären Mechanismus zur Sprache bringen. Er ist es, der von allen genannten Prozessen die dramatischsten und mysteriösesten Wirkungen hervorruft, die zugleich jene sind, an denen sich die physiologische, morphologische und psychologische Sonderverfassung von homo sapiens

Tom Fecht: »L'homme oiseau«, Paris 1994 (Lapidation)

Peter Sloterdijk

am eklatantesten ablesen läßt. Inzwischen müßte zumindest auf indirekte Weise bereits klargeworden sein, daß die evolutionäre Situation der Vormenschen in ihren autogenen Treibhäusern auf eine Umkehrung der Selektionstendenzen hinausläuft. Im Treibhaus überlebt nicht der Tüchtigste im Sinne einer Bewährung an der Front von Umwelthärten, sondern der Glücklichste im Sinne der Klimaausnutzung und der Chancenverwertung in einem Milieu, das eine Tendenz zeigt, ästhetische Variationen zu belohnen.

Von nun an ist der Mensch unterwegs zur Schönheit – sie wird als bioästhetische Prämie innerhalb von Treibhaustrends verliehen. Insbesondere das Luxurieren der weiblichen Formen bezeugt diesen Effekt. Diese allgemeine Tendenzumkehrung wird von einer zweiten ergänzt, deren Ergebnisse in dem biologisch absolut unwahrscheinlichen Körperbild von homo sapiens mit Händen gegriffen werden können. Denn die Sapiens-Wesen weisen, wie die paläoanatomische Forschung gezeigt hat, zahlreiche Merkmale auf, die sich nur als luxuriöse Verlängerungen von fötalen Bildungen in die Erwachsenenformen verstehen lassen. Es ist das Proprium der Sapienten, daß sich bei ihnen dank des Treibhausprivilegs geradezu monströse Verwöhnungserfolge langfristig stabilisieren konnten: bis hin zu der Beibehaltung intrauteriner Morphologien in der extrauterinen Position. Dies deutet darauf hin, daß das »Haus des Seins«, in dem der Mensch zu wohnen eingeladen sein wird, nicht allein durch die lichtende Kraft der Zeichen errichtet wird. Vor der Sprache sind es umweltdistanzierende Gesten des härteren Typs, die den Menschenbrutkasten erzeugen. Der spezifische Ort des Menschen besitzt die Qualitäten eines technisch eingeräumten externen Uterus, in dem die Geborenen weiterhin Ungeborenenprivilegien genießen. Die Entdeckung dieser Zusammenhänge verbindet sich mit dem Namen des Amsterdamer Paläoanthropologen Louis Bolk, auf den das später von Adolf Portmann verbesserte Neotenie-Theorem im wesentlichen zurückgeht. In seiner Essenz besagt dieses, daß bei homo sapiens eine überaus merkwürdige Zeit-Revolution stattgefunden hat – die im übrigen sich zu vollziehen nicht aufhört. In ihrem Zentrum oder Drehpunkt steht eine extrem riskante Vorverlegung des Geburtszeitpunkts und ein enorm gedehnter Aufschub der Erwachsenwerdung – eine Entwicklung, für welche die prähistorische und historische Menschheit den Preis einer hohen Kleinkindsterblichkeit entrichtete. Tatsächlich ist das herausragende Merkmal der werdenden Sapiens-Gruppen der beispiellose Ausbau der Infantilität, ergänzt durch die Einbringung fortbestehender fötaler Züge ins reife Erscheinungsbild der Species.

Für diesen Trend ist unter anderem ein unerhörtes Luxurieren der Zerebralität mitverantwortlich, die nur durch hohe evolutionäre Prämien auf Intelligenzzuwachs erklärt werden kann: Dies führt zu einer bemerkenswerten Volumenvergrößerung beim Gehirn, zur Ausbildung der Neokortex und einem dramatischen intrauterinen Schädelwachstum, als dessen unmittelbare Nebenfolge der Zwang zur Frühgeburt erfolgt. Beide Tendenzen, Zerebralisierung und Frühgeburtlichkeit, sind kreiskausal voneinander abhängig. Sie sind über eine zusätzliche zurückgekoppelte Kausalität von der Tatsache mitbedingt, daß das stabilisierte Gruppentreibhaus unmißverständlich über lange Zeitspannen hin imstande war, die Funktionen eines externen Uterus zu garantieren, und zwar weit über die Periode der nachgeburtlichen Symbiose zwischen Mutter und Kind hinaus, die das Uterusdefizit des Neugeborenen ausgleichen muß – das Menschenkind bräuchte nach Erkenntnissen von Biologen und Paläopsychologen eine Tragzeit von 21 Monaten, wenn es den Geburtsreifezustand des Primatenniveaus mutterleibsintern erreichen sollte. Es muß aber nach spätestens neun Monaten geboren werden, um die letzte Chance zum Durchgang durch die mütterliche Beckenöffnung zu nutzen. Die uterusmimetischen Qualitäten des Menschen-»Hauses« erstrecken sich auch auf die Adoleszenten und die erwachsenen Mitglieder der Gruppen und geben bei ihnen Tendenzen zur Fötalisierung und Verspätung der reifen Formen frei. Auf diese Weise entsteht innerhalb der »Dimension« von Innesein im Menschen-Raum die existentiale Zeit – zuerst als Dimension für Zurückbehaltungen und Verzögerungen (sie machen die Substanz der Vorgeschichte als Hominisationszeit aus), später auch als Dimension für Vorwegnahmen und Beschleunigungen (sie sind die Substanz der Geschichte als Konkurrenz der Kulturen).

Die menschliche »Zeitmaschine« wird offenbar dadurch in Gang gesetzt, daß der »verspätete« Körper sich durch mentale Kompensationen an seine Umwelt anpaßt – nicht nur an die gegenwärtige, sondern auch an die künftige. Gerade weil die Menschenkörper es sich aufgrund der erstaunlich stabilen Brutkastentechnik leisten können, Züge ihrer fötalen Vergangenheit in die Gegenwart mitzunehmen, werden sie dazu gedrängt, in zunehmendem Maß ihre Gegenwart in die Zukunft hinein zu verlängern. Die Verwöh-

Anthropogonischer Exodus

nung erzwingt die Vorsorge. Sie macht sie nötig, weil die Unwahrscheinlichkeit des luxurierenden Zustandes einen Zukunftssinn freisetzt. Die Zukunft ist zunächst nichts anderes als die Dimension, in der die Unwahrscheinlichkeit eines sehr zarten Zustandes stabilisiert werden will. Man könnte auch sagen: Weil die Körper der Vormenschen zunehmend Luxuskörper werden – und aller Luxus beginnt damit, unreif sein zu dürfen und eine infantile Vergangenheit aufbewahren zu können –, müssen sich die Menschen selbst in Hut nehmen und Sorge-Tiere werden, das heißt Lebe-Wesen, die heute für den nächsten und übernächsten Tag Vorkehrungen treffen. Nur ein Luxus-Tier gerät in die Verlegenheit, sein eigenes künftiges Luxurierenkönnen sichern zu wollen. Die Zeit der Luxussicherungen heißt Geschichte. Die Geschichte aber beginnt früher, als die Geschichte-Erzähler glauben. Darum sollte alles anthropologische Denken eine Art Akt-Denken werden: eine logische und historische Meditiaton angesichts des nackten Menschenkörpers in beiden Geschlechtern. Die Humanphysiologie zeigt unzweideutig, wie an zahlreichen für die Humanitas wesentlichen Punkten Vorgeburtliches ins Nachgeburtliche hinübergenommen und fixiert worden ist – etwa beim weiblichen Genital, dessen halbfrontale Situation nur durch die Beibehaltung einer fötalen Stellung, wie sie Primatenföten noch heute aufweisen, zu verstehen bleibt. Von ihr hängt die menschliche face-à-face-Sexualität mit all ihren psychischen und symbolischen Erweiterungen ab. Auch die Bildungen des Gesichtsschädels, insbesondere die spezifisch menschliche Fazialität, lassen sich nur verstehen, wenn man das bioästhetische Wunder aller Wunder meditiert: daß aus der intrauterinen Vergangenheit ein Gesicht – eine Vorderseite, die sieht – in die offene Welt herausgehoben worden ist. Auch der Verlust des Tierfells und die Sonderevolution der menschlichen Haut sind nur im Licht der Neotenie-Hypothese als Retardierungsergebnisse und als auf Permanenz gestellte Fötalformen sinnvoll zu machen.

Das »Haus des Seins« wäre demnach, bevor man es als Sprache charakterisieren kann, vor allem eine Wiederholung von Uterusleistungen im Öffentlichen und »Objektiven«. Es ist, so seltsam es klingen mag, ein umweltoffener Brutkasten. Für diesen ist es charakteristisch, daß er durch den Einsatz massiver technischer Mittel zur Umweltdistanzierung hervorgerufen und auf Dauer gestellt wird. Angesichts dieser Zusammenhänge kann man sinnvoll behaupten, daß alle Technik ursprünglich Raumschöpfungstechnik oder Brutkastentechnik ist. Ihr erster und letzter Effekt besteht in der Freigabe von evolutionärer Plastizität beim Einwohner des bizarren Raumes, der in dem Maß offensteht, wie er durch eine Art von ekstatischer Einwohnung geöffnet und gedehnt wird. Wenn Merleau-Ponty sagt: Der Körper ist nicht im Raum, er wohnt ihm ein, so ist hinzuzufügen, daß dieses Wohnen kein träges Ausfüllen des Wohnraums ist; das Einwohnen löst eine plastische Drift zu fortschreitender »Wohnlichkeit« aus und züchtet ein durch Wohnen verwöhntes Wesen heran. Das Wohnen hat bereits selbstzüchtende Effekte, indem es den gene flow auf treibhausphysiologisch erfolgreiche, aber auch nur dort mögliche Formen hin zieht. Der Mensch ist darum von Anfang an ein Hybrid – Produkt einer Domestikation ohne Domestikateur.

Unter evolutionistischer Perspektive wahrgenommen ist die umweltdistanzierende Technik immer schon indirekte Gen-Technik gewesen – Raum-Schöpfungs-Technik mit der Nebenwirkung Menschwerdung, Behausungskunst, Ökotechnik. In der vertieften Bergung der Vormenschen innerhalb ihrer selbstbrütenden Räume ist eine paradoxe Vorbereitung für die spätere Weltoffenheit der Menschen zu sehen. Der Vormensch mußte erst ganz häuslich werden, bevor er ekstatisch werden konnte. Insofern bedeuten sein Wohnen und seine Ekstase dasselbe. Über einen Primat der Bodenständigkeit ist damit durchaus nichts gesagt: Im Gegenteil, nur weil Menschen seit jeher in wandernden »Häusern« leben, können sie in einer Phase ihrer Geschichte auch ortsfeste Häuser bauen und sich in gelobten Ländern bleibend verankern. Man muß die Fähigkeit zu wohnen vom Kleben an gebauten Häusern und besetzten Territorien trennen, um den Primat des Zusammenseins vor dem Haus-Bau radikal genug zu begreifen. Niemand hat dies großartiger auf den Begriff gebracht als Heinrich Heine, indem er die Bibel als das »portative Vaterland« des Judentums bezeichnete: ein Wort, das klarmacht, daß nicht das Territorium die Gemeinschaft ermöglicht, sondern daß die Gemeinschaft der Ort oder der symbolische Brutkasten ist, an dem die Zusammenlebenden ihre spezifische Art dazusein ausbilden. Somit ist der Ort-zwischen-uns älter als das Land. Die zunehmend wirksam werdende Technik der Umweltdistanzierung ist es, die dem entstehenden Menschen sein spezifisches Luxurieren im Para-Uterus der prototechnischen, sich selbst beherbergenden und verwöhnenden Gruppen erlaubt.

Peter Sloterdijk

Sobald den werdenden Menschen die Nebeneffekte und Eigenrisiken ihrer Luxusevolution auffällig werden, insbesondere ihre erhöhte physische und emotionale Verletzbarkeit, ihre motivationale Labilität, ihre Beunruhigung durch ungebundene Antriebsüberschüsse, ihre gruppendynamische Erregbarkeit bis hin zur Freisetzung von selbstdestruktiver Gewalt, werden Konventionen zur Regulierung der neuen Koexistenzrisiken notwendig. Auf diese Phänomene hat insbesondere Arnold Gehlen, allerdings in sehr tendenziöser Weise, unter Rückgriff auf die Herdersche Konzeption des Menschen als »Mängelwesen« aufmerksam gemacht. Heiner Mühlmann rückt in seinem Versuch über die Natur der Kulturen das Mängelwesentheorem zurecht und hat gezeigt, daß es nicht so sehr Mängel sind, die den menschlichen modus vivendi prägen, als vielmehr die Notwendigkeit, die stammesgeschichtlich ererbten Stress-Programme zu zivilisieren.[8]

Um mit den Selbstgefährdungen fertig zu werden, die den Sapiens-Wesen aus ihrer biotopologischen Sonderstellung zuwuchsen, haben sie das Inventar von Selbstformungstechniken hervorgebracht, die wir heute unter dem Sammelbegriff Kultur diskutieren – ein Ausdruck, in dem normative Momente zusammenfließen mit der Einladung zum Vergleich anderer Möglichkeiten. Zu den Kulturtechniken gehören symbolische Institutionen wie die Sprachen, die Heiratsregeln, die Verwandtschaftslogiken, die Erziehungstechniken, die Normierung der Geschlechts- und Altersrollen – mit einem Wort all jene Ordnungen, Techniken, Rituale und Üblichkeiten, mit denen die Menschengruppen ihre symbolische und disziplinarische Selbstformung »in die Hand« genommen haben. Sie sind es, die von dem Ausdruck Anthropotechniken getroffen werden, wenn man ihn angemessen verwendet. Die Anthropotechniken elaborieren und sichern die Plastizität des Menschen, die durch die Ent-Definiton des Lebe-Wesens »Mensch« innerhalb der Treibhausevolution entstand. Sie dürfen so heißen, weil sie eine direkte Modulation des Menschen durch zivilisatorische Prägungen zum Inhalt haben; sie umfassen alles, was modern mit Ausdrücken wie Erziehung, Bildung, Zähmung, Dressur wiedergegeben wird. Aber sie allein hätten niemals ausgereicht, Menschen hervorzurufen, weil sie ein erziehbares Menschenwesen ja schon voraussetzen. Ihnen mußten die primitiveren bioaktiven anthropogonischen Techniken vorausgehen, die die genetische Autodomestikation einleiteten. Diese jedoch ermöglichen den Menschen naturgemäß nur auf indirekte und völlig unbewußte Weise, indem sie den Raum einräumen, in dem der Sapiens in die genetische Drift zu anatomisch und neurologisch luxurierenden Formen mitsamt deren symbolischen Ausdehnungen geraten konnte.

Das Heraustreten des homo sapiens ins »Offene« meint nicht nur einen räumlichen Sachverhalt und bezeugt mehr als einen neurophysiologischen Befund. Denn was in der Lichtung geschieht, geht weit hinaus über die Heraushebung in eine biologisch entwaffnete, verwöhntere, offenere, riskantere Seinsweise eines Lebe-Wesens. Der menschlichen Extraversion entspricht von der Seite der mitseienden Dinge her ein Vorgang, den man als Weltaufgang bezeichnen muß. Die enorme affektive und somatische Verfeinerung des beginnenden Menschenwesens und seine dramatische Intelligenzsteigerung befähigt dieses nun, durch die bloße Merkwelt und Umwelt hindurch davon »Kenntnis« zu nehmen, daß von seiten der Welt her immer mehr zu erwarten ist, als sich bisher gezeigt hat. Mit dieser Erfahrung wird der Mensch für das sensibel, was Heidegger die ontologische Differenz nennen wird.

Die Umwelt kann Welt werden nur in dem Maß, wie die Welt ihre Fülle und ihr Andersseinkönnen voranschreitend enthüllt. Welt ist der Ort, an dem Menschen verstehen, daß immer »etwas auf sie zukommt«, was über das Anwesende hinausgeht. In ihr ist offenkundig, daß nicht alles offenkundig ist. Die Welt ist also ein Kompositum aus Evidenz und Geheimnis. Dem Verhüllten, vielleicht auf uns Zukommenden muß man in einer Haltung »entsprechen«, die weder unterwürfig noch anmaßend ist und die Heidegger als das »Hüten des Seins« umschrieben hat. Dem Sein entsprechen heißt, sich auf dauernde Offenbarung gefaßt machen. Dies ist auf eine ganz bescheidene Weise mit gemeint, wenn man alltäglich davon spricht, daß die Zukunft es erweisen wird. Man denkt dabei an den Unterschied zwischen dem, was bisher und heute evident zu sein scheint, und dem, was später ankommt und sich zusätzlich enthüllt.

Die Menschen geraten unter den Druck der Zeit, wenn sie für Wirklichkeitszuwachs offen werden. Entwickeln diese Zuwächse eine bedrohliche Seite, so versuchen die Menschen, sich im Raum und in der Vergangenheit zu verankern und das Neue zu blockieren. Ihre wichtigsten Instrumente bei der Innovationsabwehr sind die Gewohnheit und der Mythos – vorausgesetzt, man definiert den Mythos

Anthropogonischer Exodus

als das evolutionär erfolgreichste System der Welterschließung, das zugleich eine Dämpfung von Weltoffenheit anbietet. Es war Heideggers große Intuition, daß er schon in seinem Frühwerk den Abwehrcharakter auch der klassischen griechischen Metaphysik begriffen hatte. Tatsächlich wollte die Metaphysik die Weltoffenheit im Denken überholen, indem sie ein für allemal das Werden im Sein zum Stehen brachte. Von dieser Einsicht an suchte Heidegger nach neuen Wegen, freiere, nicht abwehrgeprägte Konstellationen zwischen dem »Denken« und der Ereignisoffenheit vorzubereiten. Was er von da an mit dem Ausdruck Sein bezeichnete, ist der unerschöpfliche Überschuß dessen, was noch »kommen«, noch enthüllt werden, noch gesagt werden kann über das bisher Gekommene, bisher Enthüllte, bisher Gesagte hinaus. Diesem Enthüllten und seinem Überschuß entsprechen: das heißt erst eigentlich auf seinsgemäße Weise denken. In diesem Denken wird das, was schon offenlag, verdeutlicht. Denken ist immer schon und immer nur Verdeutlichung der Lichtung.

Um das Schema des anthropogonischen Prozesses zu komplettieren, bleibt noch der vierte Mechanismus zu erörtern, den wir die Übertragung nennen. Von ihm hängt der Auszug des Vormenschen aus der Umwelt und sein Umzug ins Offene entscheidend ab. Wir haben, wie gesehen, die Menschwerdung als Effekt einer Hyper-Insulation interpretiert. Nun liegt auf der Hand, daß auch hochinsulierte Gruppen und Einzelne weiterhin unter Außendruck stehen, ja mehr noch, daß sie gerade wegen ihrer internen Verfeinerung ein zunehmendes Gefälle nach außen hin aufbauen und daher im Ernstfall zusätzlich unter Druck geraten. Um so dramatischer präsentieren sich von da an die Einbrüche der Umwelt in die prähuman humanen Gruppenhüllen. Wenn bei den Sapiensgruppen die Jäger wieder zu den Gejagten werden; wenn äußere Gewalten in Tier- und Menschengestalt bis in den hochsensibilisierten Mutter-Kind-Raum einbrechen; wenn Naturkatastrophen den Insulationsschutz aufheben; wenn Feinde das Lager verwüsten und Gruppen verschleppen; dann treten Verhältnisse ein, in denen die werdenden Menschenwesen den Preis für ihre biologische Verfeinerung und ihre ontologische Ekstase zu zahlen haben. Sie leiden um ein Vielfaches vermehrt an der Tatsache, daß ihr im allgemeinen sehr stabiler Binnenraum und ihre dem angemessene übersensible Organisation im Fall von Angriffen und Zerstörungen durch äußere Gewalten implodiert. Um so wichtiger wird für sie die Fähigkeit, auch nach Verletzungen und Zusammenbrüchen

Tom Fecht: »Extension«, Melbourne 1997

frühere integre Zustände wiederherstellen zu können. Der Rückgriff auf Erinnerungen aus der Zeit vor der Katastrophe ist wohl der Ansatzpunkt für die Entstehung von Religionen, sofern diese die explizitesten Operationen zur Übertragung von heilen Raumerfahrungen auf Zustände nach Unheil beobachten lassen. Der Ernstfall tritt für dieses Vermögen ein, wenn die Umweltrisiken vorwiegend in der Gestalt von anderen Menschengruppen auftreten. Sobald insulierte Horden nicht mehr einander ausweichen können, sondern sich gegenseitig chronisch bedrängen, vereinnahmen und zur Koexistenz zwingen, beginnt die »seinsgeschichtlich« bedeutsame Phase der Volksbildungen. In diesen schon durchaus menschlichen und historischen Prozessen sorgt der Mechanismus der Übertragung dafür, daß Qualitäten des ersten Raumes in äußere und äußerste Situationen übernommen werden können. Wo auch immer Neusituationen danach verlangen, gestaltet zu werden, greifen Menschen auf Routinen der früheren Situation zurück und legen sie in den fremden Raum hinein.

Nicht zufällig haben die romanischen wie die germanischen Sprachen den Begriff der Gewohnheit vom Aufenthalt im Primärraum, das heißt vom Wohnen, abgeleitet und deuten durchwegs das Sichgewöhnen an Neues als eine Gewohnheitsübertragung und eine Ent-Fremdung. In dem liegen wesentliche Motive dessen verborgen, was man das menschliche Erwachsenwerden nennt. Zu ihm gehört immer ein gewisses Sicheinleben im Nichteigenen. Erwachsene Geschlechterverhältnisse etwa sind dadurch charakterisiert, daß zumindest ein Partner umzieht; affektdynamisch kommt hinzu, daß »man« nicht anders kann, als die Mutter oder die Schwester zu suchen und eine Frau von anderswo zu finden, oder den Vater und Bruder zu begehren und den fremden Mann zu bekommen. Das endogame Begehren muß exogame Wege gehen. Die Wiener Psychoanalyse hat ein umfangreiches System psychologischer Konzepte aus der Beobachtung abgeleitet, daß die Gewohnheiten des Herzens sich immer übertragen, auch wenn die Subjekte nicht wissen, woher »es kommt«.

Wenn Heidegger die Sprache als das Haus des Seins bezeichnen konnte, so gibt er zu verstehen, daß die Sprache das universale Organon der Übertragung ist. An ihr ist nicht allein wichtig, daß sie die Nähe-Welt trivialisiert und aneignet, indem sie vertrauten Dingen, Personen und Qualitäten zuverlässige Namen zuordnet. Entscheidend ist, daß sie das Fremde und Unheimliche »nähert«, um es einzubeziehen in eine bewohnbare, verstehbare, mit Einfühlung auskleidbare Sphäre. Sie macht die menschliche Heraussetzung an die offene Welt lebbar, indem sie die Ekstase in Enstase übersetzt. Man könnte aber auch sagen, daß sie die Enstase im Gewohnten überträgt oder »hinaus«trägt in die Ekstase beim Ungewohnten. Ihre wesentliche Leistung besteht darin, wie Heidegger richtig bemerkt, daß sie das Seiende im Ganzen verhäuslicht – oder sollte man sagen, sie bestand darin? Sie ist – oder war – das allgemeine Weltbefreundungsmedium in dem Maß, wie sie der symbolische Raum ist für die Übertragung von Häuslichem auf Nichthäusliches.

Hegel hatte in seinen Vorlesungen zur Geschichte der Philosophie an den Griechen gelobt, daß sie es waren, die für uns, Europäer in ihrer Sukzession, die Welt verhäuslicht haben: Sie haben den Kosmos als das wohlgerundete Haus des Seienden eingerichtet. » ... der gemeinschaftliche Geist der Heimatlichkeit verbindet uns ... Wie die Griechen bei sich zu Hause, so ist die Philosophie eben dies: bei sich zu Hause sein, – daß der Mensch in seinem Geiste zu Hause sei heimatlich bei sich.«[9] Bei dem Apostel Paulus kündigt sich eine gegengriechische Grundstimmung an, wenn er in seinem zweiten Brief an die Korinther die Welt als einen Ort bestimmt, der für Menschen bis zuletzt unheimlich und unwirtlich bleibt: »Wir wissen, wenn unser irdisches Zelt abgebrochen wird, dann haben wir eine Wohnung von Gott, ein nicht von Menschenhand errichtetes ewiges Haus im Himmel. Im gegenwärtigen Zustand seufzen wir und sehnen uns danach, mit dem himmlischen Haus überkleidet zu werden.«[10]

Der Graecophile Heidegger nimmt das Hegelsche Motiv der Welthäuslichkeit auf; aber er transponiert es aus der idealistisch-olympischen in eine vorolympisch-titanische Tonart, indem er betont, daß es nicht der Mensch (und erst recht nicht der »Geist«) ist, auf dessen Bei-sich-Sein oder Einhausung in einer Welt es ankommt, schon gar nicht in der Welt des aufgeräumten humanistischen Scheins. Vielmehr fragt er, wie kann das Sein, dessen Lichtung durch den Menschen hindurchblitzt, überhaupt bei sich sein? Oder um es im Jargon deutscher Soziologie zu sagen: Wie kann das Ungeheure eine vernünftige Identität ausbilden?

ANMERKUNGEN

1 Martin Heidegger, Über den Humanismus, S. 18, 24–24, 33.
2 Jacques Derrida, Khôra, Editions Galilée, Paris 1993
3 Vgl. Peter Sloterdijk, Sphären I, Blasen, Kap. 2: Zwischen Gesichtern: Zum Auftauchen der interfazialen Intimsphäre, Frankfurt 1999, S. 141–210
4 Zu dieser raumtheoretischen Annahme ermutigt der Gründer der Umweltlehre, Jakob von Uexküll, wenn er ohne metaphernkritische Bedenken von den »Häusern der Tiere« und von ihren »Wohnhüllen« spricht.
5 Vgl. Streifzüge durch die Umwelten von Tieren und Menschen. Bedeutungslehre. Hamburg 1956, S. 110 f.
6 Den Hinweis auf Millers Theorem – wie einen Großteil der in der folgenden Skizze angedeuteten Motive – verdanke ich Dieter Claessens, auf dessen grundlegende Studie Das Konkrete und das Abstrakte, Soziologische Skizzen zur Anthropologie, Frankfurt 1980, man nicht genug hinweisen kann.
7 Vgl. den Titel der Neuauflage von Das Menschheitsrätsel: Der Ausbruch aus dem Gefängnis – Zu den Entstehungsbedingungen des Menschen, Vorwort von Dieter Claessens, Gießen 1975
8 Heiner Mühlmann, Die Natur der Kulturen. Entwurf einer kulturgenetischen Theorie. Wien/New York 1996,
9 G. W. F. Hegel, Vorlesungen über die Geschichte der Philosophie I, Theorie Werkausgabe, Frankfurt 1971, Band 18, S. 175
10 Korinther 5, 1–2

Dietmar Kamper: Fluchtpunkte

**NACHGEDANKEN ZUM UMZUG INS OFFENE
DIE WIENZEILE ENTLANG**

Ich schrieb frühzeitig: Es war keine Bruchlandung. Wir haben das Unternehmen leicht angehoben, die Fluchtpunkte sind sichtbar. Dabei geht es nicht ums Fliehen, um Ausflucht, sondern ums Fliegen, d. h., in die Flucht zu geraten, in der Flucht zu sein. In der Höhe der Fluchtpunkte ist ein doppeltes Lob der Sterblichkeit angeschrieben (vgl. Dietmar Kamper: von wegen, München 1998, Seite 20f. und Seite 87f.). Die aktuelle Enge, aus der heraus der Umzug geschehen soll, ist als unbedachter Effekt eines die Unsterblichkeit suchenden Geistes durchschaut. Sie besteht aus dem Schrott alter, unzulänglicher Umzüge, der unentwegt aufgehäuft wird. Auch in neuerer Zeit sind immerzu Ausbruchversuche aus der Enge unternommen worden, aber im Geiste, statt im Körper, theoretisch-praktisch statt poetisch, in der Form der Selbstbehauptung statt in der Form der Selbstverschwendung. Damit aber wurde genau das befestigt, was überwunden werden soll.

Es geht keineswegs mehr um den »frame of reference«, sondern um die »reference of frame«, so Jo Krausse. Der Umzug ins Offene ist buchstäblich rahmenlos. Wer ihn einrahmt, in alter Weise oder aufs neue, verhindert ihn. Es gibt keine geschlossene Theorie des Offenen, es gibt überhaupt keine Theorie des Offenen, denn Theorien sind der Tendenz nach immer geschlossen. Das ist die Crux mit dem Geist, der die Offenheit nicht aushält, der einrahmt, der »kastelt«, der auch sich selbst als Behälter versteht. Dabei verhält es sich wie mit Bilderrahmen. Es ist längst unwichtig, was die Rahmen halten. Wichtig ist, daß die Bilder gerahmt sind, wie am weltweiten Einsatz des gerahmten Bildschirms nach und nach deutlich geworden ist.

Das Hauptproblem des Umzugs wird mir nach und nach klarer: Es besteht darin, daß die aktuelle grassierende Klaustrophobie mit dem Immateriellen zu tun hat. »Das Gefängnis der Freiheit« – wenn man denn einen Namen braucht für das, was verstört, lähmt und dumm macht – hat keine materiellen Wände mehr, sondern Mauern aus Bildern, die von der Emanzipation und der Selbstverwirklichung handeln. Sie bilden das perfekte Futur, gegen das es die GeistesGegenwart und das KörperDenken schwer haben. Deshalb gelingt der Umzug nie auf Anhieb, deshalb muß man immer ein zweites Mal beginnen. Der private und der öffentliche Raum in ihrer gegenseitigen Verspannung sind längst geschlossene Veranstaltungen eines totalen Kulturbetriebes, die einen Pseudo-Umzug ins Pseudo-Offene inszenieren. Alles soll auf der Bildfläche stattfinden. Man hat dabei den Körper verworfen, verdrängt, vergessen. Und man hat auch vergessen, daß nur er einer Selbstwahrnehmung fähig ist, die nicht determiniert werden kann. Körperliche Einbildungskraft springt aus der Bahn. Sie ist das einzige Vermögen, das jederzeit und überall für Überraschungen gut ist, das die Behälter und die Kästen und die Rahmen hinter sich läßt.

Deshalb ist es wichtig, ein neues Verhältnis des Allgemeinen und des Besonderen, des Öffentlichen und des Privaten, des Abstrakten und des Konkreten auszuprobieren. Mein Vorschlag, es mit dem Pluralen und dem Singulären zu versuchen, die einander Kehrseite sind, hatte nur den Zweck, darauf zu insistieren, daß es ohne die Arche, den Körper, nicht geht, wobei die erste Aufgabe des Denkens darin besteht, die Begriffe und die Bilder vom Körper, die gesellschaftlich kursieren, zu zerstören. All das sind Wirkungen einer Strategie der Einschließung /Ausschließung. Man will nicht tolerieren, daß der menschliche Körper gerade wegen seiner Sterblichkeit und Hinfälligkeit das weiteste und das genaueste Erkenntnismittel ist, das es gibt: exakte Phantasie (Goethe). Insofern ist es nicht mehr die erste Pflicht der Wissenschaft und der Kunst, sichtbar zu machen. Es gibt längst genug Bilder auf der Welt, weswegen einzig der zweite Blick weiterführt: der das Unsichtbare im Sichtbaren wahrnimmt und die Differenz beider als unbeliebige Grenze der menschlichen Eigenmacht endlich akzeptiert.

Schluß mit dem Gottesgericht (Artaud)! Das heißt: Niemals mehr gibt es in den wichtigen Angelegenheiten der menschlichen Geschichte, der menschlichen Natur einen gemeinsamen Nenner. Das Ziel aller Prozesse ist nicht die Versöhnung, sondern die Zerstreuung, die sich als weltweites Einerlei tarnt. Eine solche Annahme, die jedem geborenen Menschen schwerfällt, kann weder dialogisch noch dialektisch aufgefangen werden. Das Binäre ist trotz seines weltweiten Funktionierens keine brauchbare Logik, erst recht nicht das Bestehen auf der Eins, auf der Einheit und auf der Einigkeit. Mit dem Umzug ins Offene ist eine Richtung angegeben, die endlich dorthin führt, wo es anfing. Ursprung ist das Ziel. Dieser Satz von Karl Kraus bleibt auch für uns verbindlich. Es gibt, es gab, es wird geben – das Mannigfaltige. La variedad del mundo. Es gibt

Dietmar Kamper

manches und es gibt Falten. Mehr kann im Grunde nicht gesagt werden. Alle Versuche, dem auszuweichen, enden schließlich im Autismus. Es geht also nur mit zerbrochenem Kopf. Wer einen ganzen einsetzt, zwingt sich selbst in den Wahn und andere zum Widerstand gegen ihn. Das ist die beste Voraussetzung der Sektenbildung und der geschlossenen Gesellschaften mit ihrem touch down zum Fundamentalismus. Es herrscht allenthalben eine »Lust der Schließung« (Franz Littmann), die nur selten gespürt werden kann, da sie auf eine unbewußte Angst antwortet. Die virtuelle Welt, in der alles gut werden soll, ist eine mondiale Verschlußsache nie gekannten Ausmaßes. Deshalb darf man es ein Hoffnungszeichen nennen, wenn ein berühmter Physiker öffentlich erklärt: »Autismus tut weh« (Otto E. Rössler). Was tun? So die inzwischen ewige Frage Lenins.

Was tun, wenn man keine Alternative hat, wenn die Alternativen nicht einmal mehr die Möglichkeit des kleineren Übels lassen, wenn weder die Unterwerfung unter die Konditionen des weltweiten Gefängnisses noch die herkömmlichen Ausbruchsversuche, auf die sich insbesondere die Künstler verstehen, irgendeine Chance des Entkommens bieten, wenn man immer wieder in »schiefen« Alternativen endet, deren beide Seiten Sackgassen darstellen? Dann muß man bei sich selbst den Willen zur Macht zerbrechen. Anders geht es nicht: Denken mit zerbrochenem Kopf, Fühlen mit zerbrochenem Herzen und Lieben mit zerbrochenem Geschlecht – eine mehrfache Balance der Aporien. Das Scheitern ist keine Tragödie, sondern die einzig adäquate Grundstellung der Menschen. Es ist kein Ende, sondern ein Durchgang, in dem viel gelernt werden kann, wie es im Buch mit Jan Fabre »Die Kunst des Unmöglichen« (Straßburg 1999) dargestellt ist.

Was nun die Geheimnisse der Raumproduktion angeht, so handelt es sich nicht um Spielarten der Geheimniskrämerei, sondern um Ziele der zweiten Aufklärung. Es ist buchstäblich vergessen worden, wie wir den Raum produzieren, wie wir das machen. Die Entdeckung der Mechanismen der Produktion verschafft uns aber erst die Freiheit, aufzubrechen, wohin wir wollen. In der Nachfolge Henri Lefebvres und Michel Foucaults lautet die Frage ähnlich wie die der Herausgeber der »Cahiers du Cinéma« vor Jahrzehnten: »Wie haben Sie das gemacht, Mr. Hitchcock?« Deshalb muß man bei den Virtuosen des Scheiterns nachsuchen, nachhören, nachlesen, nicht bei den Anfängern des Metiers. Deshalb wäre mit großer Strenge der Maßstab, der sich aus der Beschreibung eines stattgefundenen Prozesses ergibt, in der Beurteilung desselben anzuwenden. (Ich glaube allerdings nicht an die Zukunft der Urteilskraft. Die Kriterien sind längst ins Schwimmen und Schwinden geraten. Deshalb sollte man sowenig wie möglich urteilen und sowenig wie möglich identifizieren. Aber wenn man identifiziert, dann mit Strenge und Konsequenz.)

Die bevorzugte Bewegungsform in einer Welt, die auf Bewußtsein und Willenskraft beruht, war die Linearität, die einen kleinen beziehungsweise einen großen Bogen beschrieb. Eine solche Bewegungsform ist in der Komplexität unmöglich geworden und hat zumeist zu Stagnationen und verhärteten Standpunkten geführt. Will man die Klemme produktiv öffnen, dann muß es eine Antwort auf das Stocken der Linearität geben, die mit mindestens zwei, am besten mit drei, vier, fünf Gegenteilen und Widersprüchen agiert. Vor allem die buddhistische Weltformel des Geschehenlassens bekommt eine neue Konjunktur. Lassen heißt die Devise einer einfachen Lösung an der Mauer des Unmöglichen, im Schatten einer verstockten Handlungstheorie und -praxis. Lassen ist Poesie unter den Konditionen der zerbrochenen Macht. Auch das ist ein Hoffnungsschimmer: Unter Freunden knüpfen sich Netze der Ohnmacht, die im Unterschied zu den Netzen der Macht nicht wahnhaft sind.

Die aus diesem Scheitern stammenden Kriterien heißen: Obsession, Sabotage des Schicksals, Widerstand gegen die Macht des Imaginären, Untröstlichkeit und die Weigerung, mit den gesellschaftlich verordneten Dummheiten einverstanden zu sein. Ob es in jedem Falle funktioniert, ob es Ergänzungen gibt, geben muß, wird man sehen. Eine Unterschreitung dieses Niveaus wäre jedoch sträflich. Selbstverständlich gelten diese Kriterien auch gegen uns selbst, die wir den Umzug ins Offene als eine existentielle Angelegenheit betrachten, die bevorsteht, die hinter uns liegt und die immer auf Gedeih und Verderb gegangen ist. Deshalb finde ich es treffend, an der Fakultät für Geistes-Gegenwart und KörperDenken für die Zukunft festzuhalten. Hier ist die Frage vorrangig: Wie spricht man von seinem verletzten Herzen, mit verletztem Herzen? Die Schamröte, die einem ins Gesicht steigt, wenn man sich ertappt fühlt, kein »winner« zu sein, ist ebensowenig maßgeblich wie jene unerträgliche Aufdringlichkeit eines in den Medien gefeierten »Coming-out« um jeden Preis. Wahrscheinlich geht es nur auf hermetische Weise. Man muß so sprechen,

Fluchtpunkte

daß jeder, der weiß, versteht, und jeder, der nicht weiß, eine Chance zum Verstehen bekommt. Wer weder weiß noch zu verstehen versucht, hat ohnehin keine Chance mehr. Ob in der Frage der Produktionsgeheimnisse ein Recht auf Verständnislosigkeit besteht, bleibe hier dahingestellt.

Die Frage schließlich, ob das Offene Grenzen hat, muß gestellt werden, kann jedoch nicht in jeder Dimension beantwortet werden. Deshalb die Forderung, Paradigmenwechsel, Perspektivwechsel und Horizontwechsel vorzunehmen, die Treppe der Abstraktionen auszuschreiten. So hat etwa der Plan Grenzen, die auf ihm selbst nicht in Erscheinung treten, sondern erst im Raum oder auf der Linie. Die Zeichen, Metaphern, Karten und Bilder verdecken ihre eigene Wahrheit, daß nämlich seit langem eine Niederlage der menschlichen Zeichenherrschaft angesagt ist. Es reicht nicht, eine symbolische Re-Lektüre der dominanten Signifikation durchzuführen, sei es philosophisch oder künstlerisch-architekturtheoretisch. Erforderlich ist vielmehr eine diabolische Wahrnehmung der Folgen der Niederlage der menschlichen Willkür, durch Zeichen eine Weltbeziehung aufrecht zu halten. Im weitesten Sinne: der gescheiterten Bilder, Karten, Metaphern und Zeichen, wie sie danebengegangen sind. Und im spezifisch engsten Sinne, wie sie vernichtet haben, was sie zum Zwecke der Bemächtigung berührten.

Die Veranstaltung nach der angesagten Niederlage ist eine geschlossene: der weltweite Kulturbetrieb, wie er als imaginärer Orbit den Planeten einfaßt, hat aktuell keinen Ausgang. Die imaginäre Immanenz ist tendenziell total. Deshalb ist eine bloße Fortsetzung des guten Alten zunächst nur ein Beitrag zur kollektiven Selbsteinmauerung. Wenn es zutrifft, daß die verpaßte Utopie das Messer im Rücken der aufgeklärten Menschheit ist (Enzensberger), dann ist dieses Messer rostig. Zu wissen, auf welcher Stufe der Treppe der Abstraktionen man sich befindet, ist auch deshalb nützlich, weil es unterschiedliche diachron-synchrone Epochen der Erfahrung gibt. Neben einer Ästhetik des Schönen, die auf gleicher Ebene sich abspielte, und einer Ästhetik des Erhabenen, welche die Richtung von unten nach oben noch einmal stark machte, gibt es neuerdings eine »Ästhetik des Schwindels«, die auf den Fall nach allen Seiten antwortet und ambivalent arbeitet: als Vertigo und als Betrug.

Es ist nicht mehr die »bleierne Zeit«, von der Hölderlin sprach, sondern die Zeit der »rostigen Messer«. Die Schnitte sind gemacht. Die Vergiftung greift um sich. Man vergleicht sein eigenes Schicksal am Stand des Rostes mit dem der anderen. Das Imaginäre, das sich ewig dünkt, altert unaufhaltsam. Es setzt buchstäblich Rost an, wie man auf den Computerfriedhöfen sehen kann. Was in der Frage nachzittert: Wer liebt schon das Leben? Derjenige, der haßt, der sich selbst haßt, der die anderen haßt, der die Dinge haßt, hat am wenigsten Raum. Der Haß ist der Strick um den Hals, der sich durch jede Ausbruchsbewegung hindurch immer fester zuzieht.

Der Umzug ins Offene kann nicht gemacht werden. Man muß ihn zulassen. Er funktioniert wie das Lächeln am Fuße der Leiter.

Tom Fecht: »Fluchtpunkt Dessau«, 1999
v. l. n. r.: Jürgen Albrecht, Andreas Ruby, Dietmar Kamper, Walter Prigge, Johan Lorbeer, Joachim Krausse, Jakob Mattner, Sabine Siegfried, Tom Fecht, Anthony Moore, Folke Hanfeld

Jakob Mattner

Die Spirale und der Schwindel
auf dem Flug vom Tag in die Nacht – im Zwielicht kreisend taumeln,
im schwächsten Augenblick entscheiden.

Im Sturz aus der Nacht in den Tag – im Zwielicht taumeln,
im schwächsten Augenblick verharren
und Zeugnis geben.

J. M., April 1985

erste Aufnahme 1952 in Lübeck · zweite Aufnahme 1999 in Lübeck · Foto: Jakob Mattner

Quellen

BILDNACHWEISE

Die notwendige Überarbeitung und Gestaltung einzelner künstlerischer Beiträge für die Publikation haben die Autoren in Zusammenarbeit mit Sabine Siegfried übernommen: Jürgen Albrecht S. 168/169 · Büro Archipel (S. Siegfried) S. 4/5, 146/147, 240/241, 251 · John Berger/Juan Muñoz S. 54/60 · Christoph Ebener S. 76/77 · Tom Fecht. Umschlag, S. 42/43, 74/75 · Gil Funccius S. 102/103 · Folke Hanfeld S. 248/249 · knowbotic research S. 238/239 · Manuel Kubitza S. 30/31 · Volker Lang S. 292/294 · Johan Lorbeer S. 44/45 · Jakob Mattner, S. 171, 316/317, Umschlagklappe hinten · Erik Recke/Dirk Robbers S. 284/285 · Andreas Ruby/Jens Willebrand S. 242/247 · Jeanette Schulz S. 80/81 · Nanaé Suzuki S. 14/15, 21 · Ralf Weißleder S. 78/79.

TEXTNACHWEISE

Der Textauszug auf der Rückseite des Umschlages wurde mit freundlicher Genehmigung der Autorin zusammengestellt aus: Ute Guzzoni, »Wohnen und Wandern«, Düsseldorf 1999, Seite 98-101 (Parega Verlag). Der Prolog über die Spinne auf Seite 9 wurde entnommen aus: Henri Lefebvre, »La production de l'espace«, Paris 1974, und von Tom Fecht und Corell Wex nach dem französischen Original ins Deutsche übertragen, die englische Fassung auf Seite 4/5 wurde ebenfalls unwesentlich gekürzt der englischen Ausgabe entnommen: »The Production of Space«, Oxford 1991, S. 173f. Der Abdruck der Textzusammenstellung von Vilém Flusser S. 16-19 erfolgte mit freundlicher Genehmigung von Edith Flusser. Die Textauszüge im Beitrag von Volker Lang, S. 292-294 wurden mit freundlicher Genehmigung entnommen aus: »Die Portugiesin« – Drei Frauen von Robert Musil, Reinbek 1959 (Rowohlt Verlag). Zum Textfragment von John Berger auf Seite 58-60 vgl. auch seinen jüngsten Roman »King«, München 1999 (Hanser Verlag).

Bei der redaktionellen Überarbeitung wurden einzelne Beiträge den vier Versuchen neu zugeordnet, nicht alle Beiträge konnten dabei Berücksichtigung finden. Zudem verlangten spontane Diskussionen häufige Wechsel zwischen deutscher und englischer Sprache. Da eine Übersetzung bzw. Rückübersetzung nicht immer sinnvoll oder möglich war, wurde die Zweisprachigkeit der Publikation in Kauf genommen, die Originalsprache der Beiträge in der Regel übernommen und auf die Einebnung der damit verbundenen Eigenheiten verzichtet. Dies erschien sinnvoll, da der aktuelle Diskurs über den Raum besonders im englischen Sprachraum verankert ist und von den Beteiligten auch nach Abschluß der Publikation fortgesetzt wird.

Für die freundliche Genehmigung zum Abdruck danken wir allen genannten Rechtsinhabern. Alle anderen Abbildungen: Archiv, Umzug ins Offene.
Projektleitung: Tom Fecht und Sabine Siegfried
Beratung: Dietmar Kamper

© Springer Verlag Wien New York 2000

Für die einzelnen Beiträge bei den Autoren bzw. den einzelnen Rechtsinhabern wie angegeben. Alle Rechte vorbehalten, Nachdruck und Vervielfältigung einschließlich der elektronischen Speicherung und Verarbeitung jeder Art auch in Auszügen nur mit schriftlicher Genehmigung.

Redaktion: Tom Fecht, Dietmar Kamper, Sabine Siegfried
Übersetzungen: Barbara Hahn, Stephen Tree

1. Auflage Wien/New York 2000

Layout, Satz und Scans: Büro Archipel, D-20459 Hamburg
Druck und Bindearbeiten: Manz Crossmedia, A-1051 Wien
Gedruckt auf säurefreiem, chlorfrei gebleichtem Papier-TCF

SPIN: 10764282

Ein Titeldatensatz dieser Publikation ist bei
Der Deutschen Bibliothek erhältlich.

PRINTED IN AUSTRIA · ISBN 3-211-83476-1

Dank

Die Herausgeber danken allen, die sich neugierig auf dieses offene Experiment eingelassen haben. Für ihre engagierte Unterstützung bei der Durchführung der Vier Versuche über den Raum gilt unser persönlicher Dank besonders Sabine Siegfried und den beteiligten Künstlern und Autoren, im einzelnen:

1. VERSUCH: 5. Mai - 30. Juni 1998, Hamburg
Adrienne Goehler, Cato Jahns, Renate Kammer, Hans Weckerle (AG Bildende Kunst), Achim Könneke (Kulturbehörde Hamburg) sowie Daniel Defert, Angela Winkler und Stephen Tree (Simultanübersetzungen). Gastgeber: Büro Archipel, BRT Bothe Richter Teherani, Hochschule für bildende Künste, Sprinkenhof AG, Westwerk. Organisation: Uta Gielke/Anika Heusermann (Künstlerbetreuung), Marc Rossig (Sponsoring), Maren Vosshage (Öffentlichkeitsarbeit). Sponsoren: BRT Bothe Richter Teherani, Firma Johann Max Böttcher, Christians/Druckerei & Verlag, Holzinform Tischlerei.

2. VERSUCH: 22. - 24. Oktober 1998, Hamburg
Ullrich Schwarz (Konzeption) sowie Paul Virilio für das Gespräch und Barbara Hahn für die Simultanübersetzung. Organisation: Architektenkammer Hamburg. Gastgeber: Freie Akademie der Künste Hamburg.

3. VERSUCH: 8. - 11. Januar 1999, Dessau
Walter Prigge (Organisation) sowie Joachim Krausse. Gastgeber: Stiftung Bauhaus Dessau.

4. VERSUCH 22. - 23. Oktober 1999, Wien
Elisabeth von Samsonow/Nasrine Seraji (Konzeption) sowie Eric Alliez, Jean Attali und Helmut Federle. Organisation: Mario Horta/Felicitas Thun/Andrew Whiteside. Gastgeber: Akademie der bildenden Künste, Wien.

Alle Veranstaltungen in Zusammenarbeit mit der »Woche der bildenden Kunst«, Hamburg.

Paul Virilio, »Arche«